Serge Haroche

LICHT

Eine Geschichte

Aus dem Französischen
übersetzt von Ursula Held

KLETT-COTTA

Klett-Cotta
www.klett-cotta.de
Die Originalausgabe erschien unter dem Titel »La Lumière révelée.
De la lunette de Galilée à l'étrangeté quantique.«

Cover: Rothfos & Gabler, Hamburg
unter Verwendung einer Abbildung von © shutterstock, azazello photo studio, Borisovna.art
Gesetzt von Dörlemann Satz, Lemförde
Gedruckt und gebunden von Friedrich Pustet GmbH & Co. KG, Regensburg
ISBN 978-3-608-98495-8
E-Book ISBN 978-3-608-11850-6

Bibliografische Information der Deutschen Nationalbibliothek
Die Deutsche Nationalbibliothek verzeichnet diese Publikation in der Deutschen Nationalbibliografie; detaillierte bibliografische Daten sind im Internet über http://dnb.d-nb.de abrufbar.

INHALT

Kapitel VI

LASER, PHOTONEN UND RIESENATOME

Kapitel VII

SCHRÖDINGERS KATZE ZÄHMEN

ANHANG

»Obgleich die Erfindung glaubwürdiger Hypothesen losgelöst von jedem Bezug zur experimentellen Beobachtung kaum einen Nutzen in der Beförderung des Naturwissens haben kann, muss doch der Entdeckung einfacher und einheitlicher Prinzipien, durch die eine Vielzahl scheinbar heterogener Phänomene auf schlüssige und allgemeingültige Gesetze reduziert wird, eine beachtliche Bedeutung für die Verbesserung des menschlichen Intellekts zugestanden werden.«[1]

Thomas Young, *Bakerian Lecture*, 1801

1 »Although the invention of plausible hypotheses, independent of any connection with experimental observations, can be of very little use in the promotion of natural knowledge; yet the discovery of simple an uniform principles, by which a great number of apparently heterogeneous phenomena are reduced to coherent and universal laws, must ever be allowed to be of considerable importance towards the improvement of the human intellect.«

VORWORT

Das Licht erhellt und fasziniert die Menschheit seit Anbeginn der Zeit. Doch erst in den vergangenen vier Jahrhunderten sind wir seinen Geheimnissen allmählich auf die Spur gekommen. Wir haben es uns mit modernen Technologien zunutze gemacht, die unser Leben erst vor Kurzem revolutioniert haben. Nur ein gutes Jahrhundert ist seit der Entdeckung der Mikrowellen vergangen – inzwischen sind diese nahen Verwandten des sichtbaren Lichts aus Kommunikations- und Navigationsgeräten und der medizinischen Radiologie nicht mehr wegzudenken. Knapp sechzig Jahre ist es her, dass wir das sichtbare Licht gezähmt und den Laser erfunden haben. Die außergewöhnlichen Eigenschaften dieser Strahlen haben uns wichtige Entdeckungen ermöglicht und Geräte hervorgebracht, die noch zu meiner Jugendzeit unvorstellbar waren.

Ich habe das Glück gehabt, dieses Abenteuer der Forschung im Laufe des vergangenen halben Jahrhunderts selbst mitzuerleben. Indem ich hier ein dem Licht gewidmetes Forscherleben nacherzähle, versuche ich meinen Lesern zu vermitteln, welche Freude uns Wissenschaftler packt, wenn ein neu entdecktes Phänomen die Welt auf unerwartete und überraschende Weise beleuchtet. Nach langen Jahren des Forschens ist es mir und meinem Team gelungen, Mikrowellenphotonen für eine Zehntelsekunde in einer winzigen verspiegelten Kammer einzufangen. Indem wir die fragilen, flüchtigen Lichtteilchen mit durch Laserstrahlen angeregten Atomen in Wechselwirkung treten ließen, konnten wir in unseren Experimenten sowohl das Wellen- als auch das Teilchenverhalten des Lichts beobachten und so die seltsamen Eigenschaften der Quantenwelt veranschaulichen. Zur Freude über die Entdeckung trat der spannende Gedanke, ob diese Arbeiten nicht irgendwann zu neuen Anwendungen führen könnten – obgleich bisher schwer vorauszusagen ist, wie diese genau aussehen könnten. Jeder Forschende, der etwas Neues und Vielversprechendes entdecken konnte, wird diese Zufriedenheit und Euphorie kennen.

In einer Zeit, in welcher der Bedarf an Forschung größer ist denn je, ist es wichtig, einer nicht über Expertenwissen verfügenden Öffentlichkeit durch persönliches Zeugnis nahezubringen, welche Motive Wissenschaftler antreiben, welche Phänomene ihre Neugierde wecken und welche Rolle das Glück bei ihrem niemals zufallsfreien Vorgehen spielt. Genauso wichtig ist der Hinweis, dass die Forschung in erster Linie Wissen schafft, das ein über Jahrhunderte angewachsenes kulturelles Erbe bereichert. Wissenschaftler sehen die Welt aus einem etwas erhöhten Blickwinkel, denn nach dem Isaac Newton zugeschriebenen Ausspruch sitzen sie ja auf den Schultern von Riesen, nämlich ihren Vorgängern und Wegbereitern. Aus dieser privilegierten Position heraus fungieren sie als Wissensvermittler von einer Generation zur anderen und tragen die für unsere Zivilisation so bedeutende rationale wissenschaftliche Methodik weiter.

Indem ich über Forschung schreibe – über jene, mit der ich selbst mich beschäftigt habe, aber auch über die Arbeiten anderer, die mich bereichert und mir tiefere Einblicke in die Welt gewährt haben –, möchte ich meine Begeisterung mit jungen Menschen, Schülern, Studenten und Wissenschaftsneulingen teilen und sie anstacheln, das immer neue Abenteuer weiterzuführen. Ich hoffe genauso auf das Interesse der breiten Öffentlichkeit und richte mich an alle, die neugierig sind auf eine Geschichte, die unsere Sichtweise auf die Welt tiefgreifend beeinflusst und uns bedeutende Handlungs- und Kontrollmittel über sie gegeben hat. Nicht zuletzt möchte ich Leser ansprechen, welche die Grundzüge dieser Geschichte bereits kennen, indem ich ihnen meinen persönlichen Blick auf die Dinge vorstelle. In diesem Buch möchte ich darlegen, was wir inzwischen über das Licht wissen und wie wir dieses Wissen in Erfahrung gebracht haben. Dabei spreche ich aber auch über das, was uns noch unbekannt ist und für zukünftige Generationen zu entdecken bleibt.

Es erschien mir unmöglich, von meinen Forschungen zu berichten, ohne sie in eine mehrere Jahrhunderte umfassende Erkenntnisgeschichte einzubetten. Diese Geschichte geht über die Optik hinaus, sie berührt sämtliche Wissensgebiete. Wer entdecken wollte, was Licht ist, beschäftigte sich natürlich mit Physik, aber es kamen weitere Felder hinzu: Astronomie, Chemie, Biologie und sogar die Biowissenschaften sind von diesen Forschungen stark beeinflusst worden. So haben auch bei der Erkundung unseres Planeten und der Bestimmung seiner Größe und Form Erkenntnisse über das Licht eine entscheidende Rolle gespielt. Wer sich das Licht zum Thema nimmt, bezieht also alle Wissensgebiete mit ein.

Eine wesentliche Rolle in dieser Geschichte spielen immer präzisere Messmethoden. Die Beobachtung der Natur ist erst wirklich wissenschaftlich geworden, nachdem man Instrumente ersonnen hatte, mit denen sich die untersuchten Phänomene quantifizieren und anhand von Maßzahlen beschreiben ließen, die objektiv und reproduzierbar zuerst Entfernungen und Zeitintervalle und später auch weniger greifbare Größen wie Kräfte, Ladungen und Felder wiedergeben. Der gemeinsame Fortschritt von Mathematik, Geometrie und Algebra hat diese Zahlen in theoretischen Modellen in Beziehung zueinander gesetzt und konnte so scheinbar verschiedene Phänomene unter einen Erklärungsrahmen fassen. In diesem Kontext wird deutlich, wie sich wissenschaftliche Erkenntnisse schrittweise entwickelt haben, und zwar im steten Zusammenspiel von immer fortschrittlicheren Instrumenten und Rechenmethoden. Die Handwerker, welche die ersten optischen Linsen geschliffen und in Fernrohre eingebaut haben, oder auch die Uhrmacher, die erste präzise Pendeluhren konstruierten, sind genauso wichtige Akteure dieser Geschichte wie die Mathematiker, die komplexe Zahlen, Ableitungen und die Integralrechnung entdeckt haben.

Einem Laienpublikum wissenschaftliche Themen zu präsentieren, ist eine schwierige Kunst. Man ist versucht, Bilder und Metaphern zu verwenden, die dann leicht in die Irre führen. Die Erläuterung der Quantenphysik, die ja essentiell für das Verständnis vom Wesen des Lichts ist, läuft so Gefahr, in den Mystizismus abzurutschen. Zugegeben, diese Physik ist verwirrend, denn wir erfahren sie nicht auf direktem Weg über unsere Sinne und unsere intuitive Auffassung der makroskopischen Welt, und doch hat sie tatsächlich gar nichts Mysteriöses. Sie hat sich der Forschung logisch erschlossen und ist in eine strenge mathematische Theorie gemündet, mit der wir beobachtete Phänomene präzise berechnen können, ohne dass Raum für esoterische Verschwommenheit bleibt.

Galileo Galilei ist sicher einer der ersten Wissenschaftler, der es unternommen hat, seine Entdeckungen einer breiten Öffentlichkeit verständlich darzulegen. In seinem *Dialog über die beiden hauptsächlichsten Weltsysteme* hat er seinen verdutzten und entsetzten Zeitgenossen sein Relativitätsprinzip der Bewegung erläutert. Den festen Glauben an eine im Zentrum der Welt ruhende Erde aufzugeben, war für die Menschen der Renaissance eine schwierige Herausforderung – ähnlich schwierig, wie es für den modernen Menschen ist, mit der Beschreibung einer nichtdeterministischen Welt der Atome und Photonen über die klassische Vorstellung der Newtonschen Bahnen hinauszugehen. Für Galilei war die Gefahr ungleich größer, denn wer sich den Dogmen der Kirche widersetzte, machte sich nach den Regeln der Inquisition der Häresie schuldig. Wenn heutige Wissenschaftler die kontraintuitiven Konzepte einer Physik zu erläutern versuchen, deren Anwendungen unser Alltagsleben revolutioniert haben, droht ihnen zum Glück kein vergleichbares Schicksal wie dem mutigen Forscher des 17. Jahrhunderts.

Dennoch bin ich mir der weniger dramatischen, aber sehr realen Gefahren bewusst, die ein Wissenschaftler eingeht, wenn er sich an Leser außerhalb des Fachpublikums wendet. Man riskiert entweder einen zu technischen oder aber einen zu vereinfachenden Blick. Ich habe mich bemüht, dieses Problem zu umgehen, indem ich die Konzepte zum Licht, zur Relativität und zur Quantenphysik schrittweise darstelle und Gleichungen und Formeln vermeide. Ich verfolge die Entwicklung der Ideen und Theorien über die Jahrhunderte und beleuchte parallel dazu die Fragen, die sie bei den Gelehrten der Zeit ausgelöst haben, und hoffe so, dass diese Konzepte im Laufe der Lektüre immer bekannter und verständlicher werden.

Der historische Rückblick bis zu den Anfängen der modernen Wissenschaft gibt mir Gelegenheit, von meinen Forscheridolen von Galilei bis Einstein zu erzählen und die Arbeiten bedeutender Wissenschaftler vorzustellen, welche die meisten Leser zumindest vom Namen her kennen werden, wobei aber auch unbekanntere Persönlichkeiten, die zu diesem großen Abenteuer beigetragen haben, zu ihrem Recht kommen. Dieses Buch ist keine objektive Darstellung eines Wissenschaftshistorikers. Möglicherweise habe ich mich bei einzelnen Details dieser so reichen und wechselvollen Wissensgeschichte geirrt. Die folgenden Seiten sind daher eher als mein persönlicher Blick auf die Lichtforschung im Laufe der Jahrhunderte zu sehen: Ich stelle sie so dar, wie ich sie mir selbst vor Augen geführt habe und wie sie mich bei meinen eigenen Forschungen angeleitet und inspiriert hat.

Dieses Buch verbindet die Geschichte des Lichts mit meinen persönlichen Erfahrungen in der Forschung. Es ist in zwei etwa gleich große Partien unterteilt: Drei Kapitel – das erste und die beiden letzten – behandeln die vergangenen fünfzig Jahre. Sie beschreiben meine eigenen Forschungen und die Arbeiten meiner Zeitgenossen, an deren Entdeckungen ich teilhaben konnte.

Leser, die über gewisse Grundkenntnisse in der Physik verfügen und sich für aktuelle Entwicklungen in der Licht- und Laserforschung interessieren, können mit diesen Kapiteln beginnen. Der Hauptteil dieses Buches von Kapitel II bis V bildet ein Hintergrundgemälde, das die Wissenschaft des Lichts vom 17. bis zum 20. Jahrhundert darstellt. Ich zeige darin, wie sich mit deren Evolution auch unsere Vorstellung von der Welt entscheidend gewandelt hat. wurde. Diese Kapitel verdeutlichen zudem die engen Verknüpfungen, die sich seit dem Beginn der modernen Wissenschaft zwischen der von reiner Neugier angetriebenen Grundlagenforschung und menschlichen Aktivitäten wie der Erkundung unseres Planeten oder der Entwicklung von Handel und Industrie ergeben haben. Ich hoffe, Nichtwissenschaftler ebenso wie Wissenschaftler für diese Zusammenhänge zu interessieren – Letztere werden so vielleicht an selten beachtete oder vergessene Details einer spannenden, überraschungsreichen Geschichte erinnert.

Dieses Buch enthält zahlreiche Abbildungen, auf die ich im Text aber nicht explizit eingehe, damit der Lesefluss nicht gestört wird. Die Grafiken und ihre Legenden sind Zugaben, die für sich betrachtet werden können. Soweit möglich, sind auch die einzelnen Kapitel in sich abgeschlossen und können unabhängig voneinander gelesen werden, da sie sich auf bestimmte Phasen in der Geschichte des Lichts oder meinen persönlichen Werdegang beziehen. Dennoch gibt es Bezüge zwischen den Kapiteln, welche die in verschiedenen Kontexten behandelten Ideen und Konzepte miteinander verbinden. Für den historischen Teil habe ich mich von einer reichhaltigen Literatur inspirieren lassen, deren wichtigste Werke sich in den Literaturangaben wiederfinden. Auch eine Publikationsliste meiner Forschungsgruppe ist beigefügt. Ein alphabetischer Index listet die wissenschaftlichen Akteure dieser Geschichte auf, samt Seitenzahl, die auf ihre Nennung im Text verweist. Die Biographien dieser Forscher sind allesamt unter anderem auch in der Wikipedia zugänglich, und es könnte eine nützliche Ergänzung zur Lektüre dieses Buches darstellen, sich mit ihnen bekannt zu machen.

Kapitel I

DER BEGINN EINER BERUFUNG

Seit mehreren Jahren fragt man mich immer öfter: »Was hat Sie bewegt, Forscher zu werden? Woher stammt Ihre Begeisterung für die Wissenschaft?« Wenn ich zu Schülern oder Studenten spreche, kann ich diesen Fragen, die mir in jungen Jahren niemand stellte, kaum noch ausweichen. Vor zwanzig Jahren waren die Zuhörer meiner Vorträge jedenfalls eher an meinen Forschungen als an meinen persönlichen Motiven interessiert. Die Gründe für dieses neuartige Interesse müssen wohl das Alter und die damit verbundenen Ehrungen sein. Ich versuche, so aufrichtig und genau wie möglich zu antworten, denn ganz abgesehen von meiner Person ist die Frage doch interessant: Warum wird man Forscher? Welche Anziehung hatte die Wissenschaft vor sechzig Jahren für einen Jugendlichen, sodass er sich in das Abenteuer Forschung stürzen wollte?

Mich vor einem jungen Publikum, das sich doch in einer ganz anderen Welt als der damaligen bewegt, an die Jahre meiner Kindheit und Jugend zu erinnern, ist eine wehmütig stimmende und dennoch belebende Übung. Die Diskussion, die sich häufig an meine Vorträge anschließt, zeigt mir oftmals, dass die Neugier der Jugend ungeachtet der jeweiligen Zeit ganz dieselbe geblieben ist. Unsere Kenntnisse über die Welt und das Leben sind inzwischen immens angewachsen, und dennoch sind die Begeisterung und die Neugier, die ich in den Augen meiner jungen Zuhörer erkenne, gar nicht so verschieden von dem, was mich in ihrem Alter antrieb. Nur ist die Welt, in der sie aufwachsen, komplexer und schwerer zu fassen als jene, in der ich großwerden durfte.

In den Wirtschaftswunder-Zeiten meiner Jugend herrschte trotz des Kalten

Krieges und der Erschütterungen durch die Dekolonialisierung der Glaube an eine Zukunft des Fortschritts und an eine immer höher entwickelte und aufgeklärtere Zivilisation vor. Junge Menschen, die sich für die Forschung begeisterten, fanden leichter als heute Wege, ihrer Leidenschaft nachzugehen. Das Vertrauen in das menschliche Wissen war noch nicht von der postfaktischen Strömung vergiftet, die inzwischen selbst die grundlegenden Werte der Forschung infrage stellt. André Malraux hatte zwar schon prophezeit, dass das 21. Jahrhundert »religiös sein oder nicht sein« würde, aber wir glaubten nicht wirklich daran, und ich hätte niemals damit gerechnet, dass ich heute in einer derart irrationalen Welt leben würde, in der Kreationismus Bestand hat und ein nicht zu vernachlässigender Anteil der Bevölkerung die Erde für flach und Impfstoffe für gefährlich hält.

Natürlich glauben die Schüler und Studenten, mit denen ich ins Gespräch komme, nicht an solche Absurditäten, doch handelt es sich bei ihnen ja um eine ausgewählte Zuhörerschaft, die mir Aufmerksamkeit schenkt und die Werte der wissenschaftlichen Methodik anerkennt. Es ist von entscheidender Wichtigkeit, dass diese Werte nicht das Vorrecht einer gebildeten Minderheit sind, die einer zweifelnden oder sich von Lügen beeinflussenden Masse gegenübersteht. Unsere Gesellschaft benötigt Wissenschaft und Forschung mehr denn je, und sie benötigt eine Diskussion über die Neugier allgemein und die Forscherneugier im Speziellen – und darüber, was diesen Wissensdrang antreibt und erhält. Eben diese Botschaft möchte ich an die jungen Menschen, die mir zuhören, weitergeben.

Ich erzähle ihnen von den Fortschritten des Wissens, deren Berichte mich fasziniert haben, und auch von den Entdeckungen, die ich seit gut einem halben Jahrhundert selbst miterleben konnte. Ich hoffe, ihnen auf diese Weise die Schönheit der wissenschaftlichen Methodik und die Kraft ihrer Werte zu verdeutlichen. Wenn ich zu diesen jungen Menschen über meine Arbeit spreche, bin ich angehalten, über die wissenschaftliche Wahrheit nachzudenken, die doch ein schwer greifbares, fortschreitendes Konzept ist. Es ist diese tastende Suche nach der Wahrheit mit ihren Momenten des Fragens und Zweifelns, aber eben auch den Momenten der Begeisterung und des Triumphs, die ich in diesem Buch beschreiben möchte.

Frühe Begeisterung für Mathematik und Astronomie

Doch kehren wir zur Anfangsfrage zurück: Warum bin ich Forscher geworden? Seit ich denken kann, haben mich Zahlen fasziniert, und ich war versessen darauf, alle möglichen Dinge zu messen. Ich erinnere mich, wie ich als kleiner Junge die Fliesen an der Badezimmerwand und die Pflastersteine auf dem Pausenhof zählte. Ich maß die Länge der Diagonale in einem Rechteck oder Dreieck und verglich sie mit den Seitenlängen. Ich beschäftigte mich mit Trigonometrie, ohne mir dessen bewusst zu sein. Das Vergnügen am Ordnen von Objekten nach genauen Maßangaben brachte mich unter anderem dazu, sämtliche Metalle in der Rangfolge ihrer Dichte in einer Liste aufzuführen, vom leichten Aluminium bis zum schweren Uran. Damals gab es kein Internet und kein Google, und ich entnahm all diese Informationen einem illustrierten *Petit Larousse*. Die Freude am Messen, Sortieren und Vergleichen gibt es bei mir also schon seit frühester Kindheit.

Auch die Geometrie begeisterte mich. Schnell zeichnete ich Kreise mit dem Zirkel oder auch Ellipsen mithilfe eines an zwei Stecknadeln befestigten Fadens, den ich mit dem Bleistift spannte. Ab dem Alter von zehn oder elf Jahren faszinierte mich die Zahl π. Ich habe noch ihre vielen Nachkommastellen vor Augen, die an den Wänden des von mir eifrig besuchten Pariser Wissenschaftsmuseums Palais de la découverte eine lange Spirale bildeten.

Dass diese Reihe sich ohne jede Regelmäßigkeit oder Wiederholung bis ins Unendliche fortsetzen sollte, war für mich ein großes Faszinosum. Wie ließ sich diese Zahlenfolge mit so unendlicher Präzision festlegen, während ich meinen unbeholfenen Zeichnungen geometrischer Figuren doch nur entnahm, dass π, also das Verhältnis zwischen dem Umfang und dem Durchmesser eines Kreises, ein wenig größer als 3 war?

Das Rätsel um die Zahl π endete damit nicht. Im Palais de la découverte gab es nämlich noch ein interaktives Experiment, das mich ebenso faszinierte. Es ging darum, eine Nadel auf einen Holzboden zu werfen und dabei zu zählen, wie oft sie quer über zwei Dielen zu liegen käme. In der Erklärung zu dem Experiment war zu lesen, dass sich bei einer Nadel, deren Länge der Breite der Dielen entsprach, mit einer Wahrscheinlichkeit von 2 zu π, also etwa 64 %, eben dieses Ergebnis einstelle. Alle Besucher, die per Knopfdruck

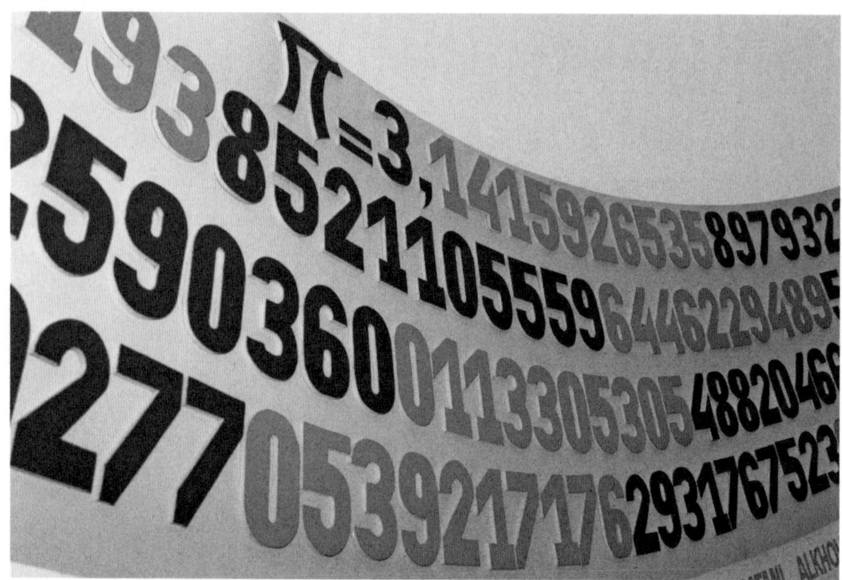

Abb. I.1. Die Zahl π im Pariser Palais de la découverte. (© Palais de la découverte / C. Rousselin)

einen Nadelwurf ausführten, trugen mit ihrem Ergebnis zu der auf einem Computer angezeigten Statistik bei.

Der Wert von π, der sich nach mehreren Zehntausend Würfen daraus abzeichnete, ergab sich so auf zwei bis drei Nachkommastellen genau. Dass man diese Zahl durch ein Experiment ermitteln konnte, machte mich neugierig und brachte mir den Begriff der Wahrscheinlichkeit näher. Ich bekam eine Vorstellung von der Verbindung zwischen Wahrscheinlichkeit und Mathematik. Zurück zu Hause wiederholte ich das Experiment, indem ich eine Handvoll Buntstifte auf das Parkett in meinem Zimmer warf. Erst viel später konnte ich mir logisch erschließen, dass tatsächlich der Wert von π und die Eigenschaften des Kreises für die Berechnung der Wahrscheinlichkeit, dass die Stifte auf zwei Dielenbrettern landen, eine Rolle spielen.

Das Planetarium im Palais de la découverte hat mich früh für die Astronomie eingenommen. Ich sehe noch den gewölbten Sternenhimmel vor mir, über den die Planeten ihre Zickzackbahnen zogen, bis über den Umrissen der Pariser Sehenswürdigkeiten am unteren Rand der Kuppel die Sonne aufging. Diese löschte nach und nach die Sterne aus, bis unter triumphaler Musik ein neuer Morgen anbrach und die geblendeten Zuschauer ans Tageslicht traten.

Die *Astronomie populaire*, ein dicker Folioband von Camille Flammarion, ermöglichte mir ab dem Alter von 11 oder 12 Jahren, mit Wissen zu vertiefen, was ich im Planetarium bestaunt hatte. Ich habe das Buch schon vor langer Zeit verloren, aber ich erinnere mich an die Bebilderung, an die mit einem Teleskop aufgenommenen Fotografien von unserem Mond und den Planeten, vor allem von Jupiter und Saturn – Fotos, die viel ungenauer waren als jene, die uns seitdem von Raumsonden geschickt worden sind. Dennoch faszinierten sie mich. Das Buch erzählte zudem von den großen Entdeckungen, die den Menschen im Universum verorteten – von Tycho Brahe, der die Position der Planeten mit bloßem Auge maß, von Kopernikus und seinem heliozentrischen Weltbild, von Kepler, der die Form der Umlaufbahnen und die Gesetze der Planetenbewegungen berechnete, von Galilei, der als Erster ein Fernrohr gen Himmel richtete, und von Newton, der durch seine eigens ersonnene Mathematik erklärte, was seine Vorgänger beobachtet hatten. Auch auf die Planeten wandte ich meine Ordnungsmanie an und sortierte sie nach Größe, Sonnenentfernung und Umlaufzeit.

Die *Astronomie populaire* erzählte auch von einer Person, die weniger bekannt ist als die eben aufgezählten berühmten Gelehrten, nämlich von dem jungen Astronomen Urbain Le Verrier. Dieser hatte einhundert Jahre vor meiner Geburt die Existenz eines Planeten vorausgesehen, der die Umlaufbahn des Jupiter beeinflusst. Er konnte die genaue Position benennen, auf die Astronomen ihre Fernrohre richten mussten, um den »Neptun« getauften Planeten zu entdecken. So ließen sich also durch reine Berechnung neue Phänomene vorhersagen, und es zeigte sich, dass das Universum mathematischen Gesetzen folgt – eine Erkenntnis, die mich enorm beeindruckte und die noch heute meine Bewunderung weckt.

Das Buch erwähnte zudem, dass sich Le Verrier in Konkurrenz zu dem englischen Astronomen John Couch Adams befand, der ebenfalls, wenn auch weniger genau, die Existenz von Neptun vorhergesagt hatte. Diese Geschichte gab mir eine erste Ahnung von einem Aspekt der Forschung, den der Idealismus der Jugend gern übersieht: den harten, teilweise von nationalen Rivalitäten angeheizten Wettkampf zwischen Wissenschaftlern um die Zuerkennung einer Entdeckung. Einige Jahre später verstand ich als Oberschüler genug von der Mathematik, um das das Newtonsche Gravitationsgesetz zu begreifen und

Abb. I.2. Die *Astronomie populaire* und die Gelehrten, deren Entdeckungen das Buch vorstellte (von links nach rechts und von oben nach unten): Tycho Brahe, Kopernikus, Kepler, Galilei, Newton und Le Verrier.

nachvollziehen zu können, wie sich durch das universelle Gesetz der Anziehung elliptische Planetenumlaufbahnen ergeben. Dass dieses Gesetz fallende Körper und zugleich die Bewegung der Planeten um die Sonne erklärte, verblüffte mich. Wie ich dem Buch von Flammarion entnahm, ergab sich die Bahn des Mondes um die Erde durch die Berechnung der Strecke, die der Mond in einer Sekunde auf die Erde zufiele, wenn er nicht durch seine Umlaufbewegung in eine Tangentenbahn gezogen würde. Diese Zusammenhänge waren eine echte Offenbarung für mich!

Die aktuellen Ereignisse der Zeit befeuerten meine Begeisterung für die Astronomie. 1957, damals war ich in der neunten Klasse, schickten die Russen Sputnik, den ersten künstlichen Satelliten, in den Weltraum, und es begann der Wettlauf ins All zwischen der UDSSR und den USA. Ich war sehr stolz, mit der eben erlernten Mathematik berechnen zu können, wie schnell sich Sputnik um unseren Planeten bewegte und wie lange er für einen Umlauf brauchte, nämlich etwa eineinhalb Stunden. Außerdem berechnete ich die nötige Fluchtgeschwindigkeit einer Rakete, die das Schwerefeld unserer Erde verlassen sollte, um zum Mond zu fliegen oder unser Sonnensystem zu verlassen: 11 Kilometer pro Sekunde. Meine Freude am Klassifizieren und Vergleichen brachte mich dazu, dieselben Werte auch für den Mond und die verschiedenen Planeten auszurechnen und herauszufinden, wie viel ich auf dem Mars oder Jupiter wiegen würde.

Meine Faszination für die Astronomie verband sich sodann mit einer anderen Leidenschaft, die ich bereits in ganz jungen Jahren entwickelt hatte: der Geschichte der Erderforschung. Ich hatte die Abenteuer von Kolumbus, Magellan, Cook, Bougainville und Lapérouse gelesen.

Das Epos von Kapitän Scott, der in der Antarktis vor Kälte und Erschöpfung starb, nachdem er beim Wettlauf zum Südpol von dem Norweger Amundsen überholt worden war, hatte mich tief berührt. Wieder ging es da um eine Konkurrenz um den ersten Platz, dieses Mal um ein Vielfaches tragischer als jene, bei der sich Le Verrier und Adams gegenübergestanden hatten. Ich hatte einen Brief an Paul-Émile Victor, den Erforscher der französischen Polarregionen, verfasst, in dem ich ihm von meiner Faszination für Expeditionsreisen erzählte, und war stolz, eine Postkarte mit handgeschriebenen Zeilen als Antwort zu erhalten. Mit dem Wettlauf zum Mond verbanden sich meine beiden ausgeprägten Interessen: nämlich die Astronomie und das Entdeckertum.

Ich rekonstruiere hier die Eindrücke und Erfahrungen des jungen Gymnasiasten, der ich Ende der 1950er-Jahre war. Dazu gehört, dass ich ein guter Schüler war, mit Neugier für die Wissenschaft und Begeisterung für die Mathematik. Das Weltraumabenteuer verlieh meiner Leidenschaft für Zahlen einen Hauch Romantik. Dass ich mit meinem begrenzten Schulwissen über Integral- und Differentialrechnung die Bewegung der Satelliten und Raketen bestimmen konnte, über die jeden Tag in den Zeitungen zu lesen war, weckte in mir eine Begeisterung und Freude, an die ich mich lebhaft erinnere.

Dabei waren meine Neugier und meine Lust am Erforschen und Entdecken der Welt nichts Außergewöhnliches. Diese Eigenschaften sind Kindern angeboren, und in meinem Fall wurden sie durch fürsorgende und gebildete Eltern und durch hervorragende Lehrer genährt. Bei vielen von ihnen spürte man aufrichtige Begeisterung für das, was sie mir beibrachten, ob es nun Geschichte, Literatur oder Mathematik war. Meine Lust am Rechnen und die Freude am Lösen von Algebra- oder Geometrieaufgaben haben meine natürliche Neugier auf die Wissenschaft gelenkt, und meine erste Neigung galt der Astronomie, die mir wie die selbstverständliche Erweiterung der Erderkundung erschien. Das Apollo-Programm, das Menschen auf den Mond bringen sollte, war ein Abenteuer, das ich mit Spannung verfolgte. Die Erkundung des Alls sah ich als virtuelle Forschungsreise, die mich über die Beobachtung und die Mathematik den Sternen nahekommen ließ. Nach und nach ersetzten Kepler, Galilei und Newton meine früheren Heldenfiguren Scott und Cook.

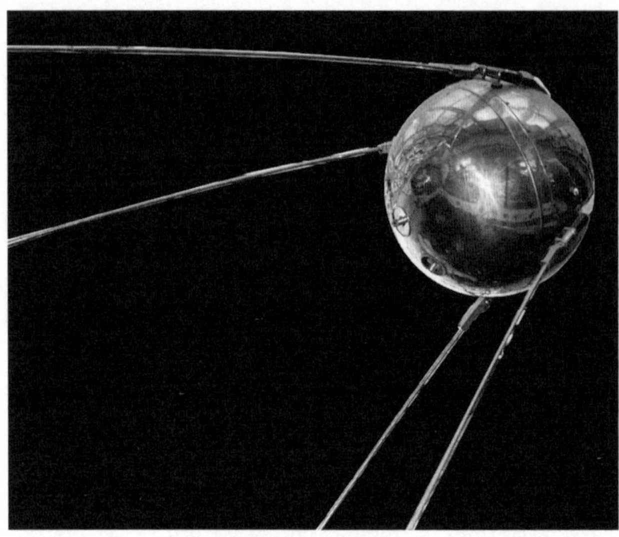

Abb. I.3.
Sputnik 1, der erste künstliche Satellit, der 1957 ins All geschickt wurde. (© NSSDC / NASA)

Der Lehrplan für Mathematik und Physik hat sich seit meiner Schulzeit stark verändert. Heutige Gymnasiasten wissen nicht, wie sie die Umlaufzeit eines Satelliten berechnen können. Ihre Rechenkenntnisse ermöglichen es ihnen nicht mehr, grundlegende Phänomene der klassischen Mechanik unmittelbar nachzuvollziehen. Sie lernen Physik oftmals anhand von Anschauungsunterricht, mit einem qualitativen Ansatz, bei dem einfache Regeln der Mechanik und die esoterischsten Erkenntnisse der modernen Physik fast gleichrangig vermittelt werden – als Eigenschaften der Welt, von denen man eine Vorstellung haben soll, ohne sie wirklich zu begreifen. Ich frage mich, ob diese Unterschiede in der Lehrmethodik für mich etwas geändert hätten. Wäre ich ebenso entschlossen gewesen, Forscher zu werden, wenn ich nicht dank der Mathematik so früh die unmittelbare Möglichkeit gehabt hätte, den Reichtum der Wissenschaft zu erahnen? Wenn ich nicht die Freude an der Erkenntnis kennengelernt und das Privileg genossen hätte, die Gedankengänge von solchen Geistesriesen nachzuvollziehen, wie sie Newton und Galilei für mich waren?

Nach dem Abitur besuchte ich die Vorbereitungsklassen am Lycée Louis-le-Grand und schlug damit den Weg zu den angesehenen Hochschulen, den Grandes écoles, ein. Während der zwei Jahre intensiven Lernens erlangte die Mathematik gegenüber der Physik den Vorrang. Ich erlernte die wichtigsten

Werkzeuge für meine späteren Analysen, nämlich die Differential- und die Vektorrechnung. Diese für Laien mysteriösen Begriffe bezeichnen mathematische Methoden, die Physiker alltäglich verwenden, um die Bahn von klassischen Objekten zu berechnen, die verschiedenen Kräften unterworfen sind. Aber auch die Ausbreitung von Wellen, das seltsame Verhalten von Quantensystemen oder die statistischen Eigenschaften einer Teilchenmenge lassen sich so untersuchen. Ich lernte übrigens auch, wie man die Nachkommastellen von π berechnet, bei denen mir wenige Jahre zuvor noch schwindlig geworden war. Mir gefiel nach wie vor die Herausforderung, knifflige Probleme zu lösen, obwohl das strenge Büffeln für die Aufnahmeprüfungen mich zum Bearbeiten oftmals stumpfsinniger Aufgaben zwang.

Während dieser Vorbereitungskurse wurde mir aber auch klar, dass mir manche meiner Mitschüler in der reinen Mathematik voraus waren. Sie konnten sich abstrakte Zusammenhänge besser vorstellen und interessierten sich eher für die Struktur und die Axiomatik einer mathematischen Theorie als für deren Anwendbarkeit bei der Berechnung konkreter Effekte. Damals, in den 1960er-Jahren, tat sich der Bourbakismus hervor, so benannt nach einem imaginären Nicolas Bourbaki, den eine Gruppe französischsprachiger Mathematiker erfunden und spaßeshalber zu ihrem Meister ernannt hatten. Die Bewegung strebte eine Formalisierung der Mathematik an, was insbesondere zur systematischen Einführung der Mengenlehre in den Sekundarstufen führte.

Ich weiß noch, wie ein Freund, dessen Auffassungsgabe ich bewunderte, in einer unserer angeregten Diskussionen behauptete, die Schönheit der Mathematik liege doch offenbar in ihrer kompletten Nutzlosigkeit. Ich setzte ihm darauf die sehr sinnige Tätigkeit des Physikers entgegen, der sich nicht mit Spielereien vergnügen könne, sondern sich an die Zwänge der Wirklichkeit halten müsse, wenn er auf der Suche nach mathematischen Formeln sei, denen die Physik gehorche. Physiker, so versicherte ich, seien Naturforscher und die Mathematik das Flaggschiff ihrer Expedition. Wie jeder gute Seefahrer müsse man so eine Reise gut vorbereiten, sich mit dem nötigen theoretischen Proviant versorgen und seine mathematische Ausrüstung pflegen, um sie auf diesem Entdeckungsabenteuer im richtigen Moment einsetzen zu können. Einfach zum Vergnügen mit Formeln jonglieren, wie es die Anhänger der reinen Mathematik taten, das sei nichts für mich. Womöglich waren meine etwas hochtrabenden Ausführungen auch dazu gedacht, mich über meine begrenzten Fähigkeiten in der Mathematik hinwegzutrösten.

Mein weiteres Studium hat mir übrigens gezeigt, dass mein Freund und ich damals doch sehr naiv argumentierten und die Trennung zwischen nützlicher und unnützer Mathematik unmöglich zu ziehen ist. Mehr als ein Mal haben sich die allein aus der Vorstellungskraft entstandenen abstrakten Theorien der reinen Mathematik als absolut wichtig für die Ausarbeitung physikalischer Prinzipien erwiesen. So avancierte etwa die 1830 von Évariste Galois ersonnene Gruppentheorie zur Lösung algebraischer Gleichungen ein Jahrhundert später zu einem Hauptwerkzeug für die Untersuchung von Symmetrien, denen Phänomene insbesondere in der Quantenphysik unterliegen.

Ein weiteres Anwendungsbeispiel findet sich in der Vektorrechnung. Sie beschreibt das Verhalten von Vektoren, die in einem abstrakten Raum definiert sind. Die Vektoren werden durch Zahlenfolgen dargestellt: Dies sind die Koordinaten der Vektoren in diesem Raum, der eine beliebige Anzahl von Dimensionen haben kann. Die Transformationen dieser Vektoren werden mit Zahlentabellen beschrieben, die man Matrizen nennt. Solche Transformationen können Drehungen, Verschiebungen oder auch Streckungen und Stauchungen sein. Die Mathematik definiert die Algebra dieser Operatoren oder Aktionsvorschriften, das heißt, sie formuliert die Regeln der Operatorenverknüpfungen. Dabei hängt im Allgemeinen das Produkt von zwei Transformationen, also das Ergebnis der Aktion von zwei aufeinanderfolgenden Operatoren, davon ab, in welcher Reihenfolge diese Operatoren ausgeführt werden. Wenn man auf einen Vektor erst die Transformation A und dann die Transformation B anwendet, erhält man also ein anderes Ergebnis als bei umgekehrter Reihenfolge.

Diese nichtkommutative Eigenschaft lässt sich am einfachsten durch zwei Rotationsoperationen in unserem gewohnten Raum verdeutlichen. Dazu legen wir beispielsweise ein Buch flach vor uns auf den Tisch, den Vordereinband uns zugewandt. Ox nennen wir nun die Achse, die auf der Ebene des Tischs am Buchrücken entlang führt, Oz die hierzu rechtwinklige Achse, wobei der Schnittpunkt 0 dieser beiden Achsen mit der unteren linken Ecke des Buches zusammenfällt. Drehen wir nun das Buch um 90° um die Achse Ox und dann um 90° um die Achse Oz. Am Ende dieser Operationen steht es aufrecht, der Vorderschnitt zeigt zu uns. Legen wir das Buch nun in die Ausgangsposition zurück und führen die Rotationen in umgekehrter Reihenfolge aus, dann steht das Buch am Ende auch aufrecht, jedoch auf dem Rücken, mit dem Titel zu uns. Das Ergebnis aus dem Produkt der beiden Operationen hängt also von ihrer Reihenfolge ab.

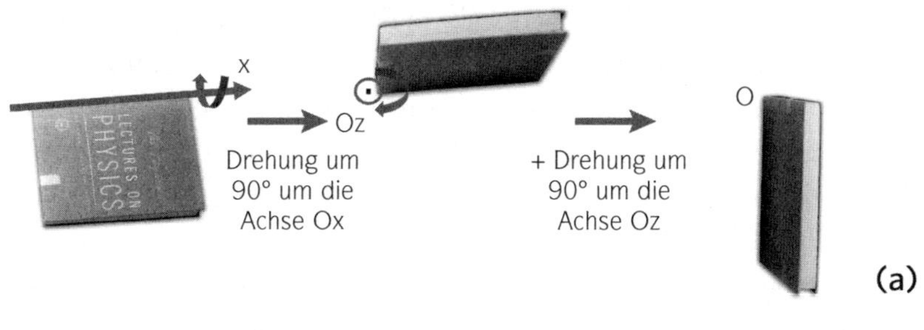

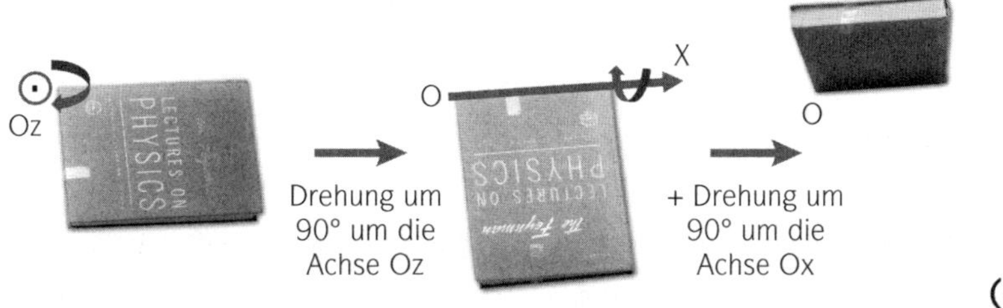

Abb. I.4. Das Produkt von zwei Drehungen ist nicht kommutativ: Dreht man ein Buch um Ox und dann um Oz, erhält man nicht dasselbe Ergebnis, wie wenn man die Drehungen in umgekehrter Reihenfolge durchführt. Das zur Veranschaulichung verwendete Buch sind die *Lectures on Physics* von Richard Feynman, das in den ersten Semestern meines Studiums zu meiner Lieblingslektüre gehörte.

Diese nichtkommutative Algebra unterscheidet sich von der mit gewöhnlichen Zahlen, bei der die Multiplikation selbstverständlich unabhängig von der Reihenfolge der Faktoren ist. Zu Beginn war sie ein abstraktes mathematisches Spiel mit Zahlenmatrizen; dann aber erwies sie sich als wesentlich für die Quantenphysik, indem sie die symmetrischen Eigenschaften von Quantensystemen und das kontraintuitive Verhalten der Atome begreifbar machte. Was als Gedankenspiel eines einfallsreichen Mathematikers entsteht, kann sich also bisweilen später als Naturgesetz entpuppen. Hier treffen wir – auf einer noch grundlegenderen Ebene – auf das, was mich schon in jungen Jahren so faszinierte: die erstaunliche Entsprechung von Mathematik und physikalischen Gesetzen.

Im Juli 1963 wurde ich an der Pariser École polytechnique und an der École normale supérieure angenommen. Ich entschied mich ohne Zögern für Letztere, denn sie würde auf jeden Fall geradliniger zu meinem Ziel führen. Die École polytechnique war damals vor allem eine Hochschule für Ingenieure und hatte ihre Studiengänge noch nicht in Richtung Forschung erweitert. In den Jahren an der »Normale« habe ich dann das Leben eines Forschers kennengelernt. So kam ich darauf, einen anderen Pfad einzuschlagen als den, von dem ich auf dem Gymnasium und auch noch in den Vorbereitungskursen für die Universität geträumt hatte. Im Folgenden möchte ich erklären, wie dieser Sinneswandel zustande kam. Dabei zeigt sich, wie wichtig es sein kann, welchen Menschen man auf seinem Weg begegnet, und wie auch pures Glück in einen wissenschaftlichen Werdegang hineinspielt.

Hinwendung zur modernen Physik

Nach der intensiven Paukerei in den Vorbereitungsklassen für die Grandes écoles ist das erste Jahr an der ersehnten Universität eine Zeit der Erholung und Entspannung. In eben diesem Jahr lernte ich Claudine kennen, die an der Sorbonne Psychologie und Soziologie studierte. Wir sind seitdem ein Paar. Verständlicherweise belegte ich in diesem Jahr wenige Vorlesungen und verbrachte mehr Zeit in den Kinos und Cafés des Quartier Latin als im Hörsaal. Ich besuchte lediglich zwei Veranstaltungen: eine zur Vertiefung der Mathematikkenntnisse für Physiker und eine zur Relativitätstheorie. Meine Neigung zur Astronomie erforderte eine intensivere Beschäftigung mit dem Phänomen der Gravitation. Ich wusste, dass Albert Einstein vor einem halben Jahrhundert Newton entthront hatte, indem er die Anziehungskraft radikal anders definierte und die Vorstellung von Raum und Zeit revolutionierte. Nun wollte ich mehr über diese geheimnisvolle Theorie wissen, von der alle redeten, die aber niemand aus meinem Umfeld wirklich verstand.

Ich spreche noch an späterer Stelle über die Relativität und die kontraintuitiven Konzepte, die sie in die Physik einführte. Zunächst möchte ich jedoch beschreiben, welchen Eindruck dieser erste Kontakt mit der modernen Physik auf mich machte. Bis dahin hatte ich die »klassische« Physik vermittelt bekommen, wie man sie zum Ende des 19. Jahrhunderts kannte. Diese beinhaltete die von Newton begründete Mechanik, also die Lehre von der Bewegung von Körpern, auf die Kräfte einwirken, den Elektromagnetismus, also die Lehre elektrischer, magnetischer und optischer Phänomene, die ein Jahrhundert vor meinem Studienbeginn durch die Arbeiten von James Clerk

Maxwell gekrönt worden war, und die Thermodynamik, also die Lehre vom Austausch zwischen Arbeit und Wärme oder auch zwischen Ordnung und Unordnung, welche sich im Laufe des 19. Jahrhunderts im Anschluss an die Arbeiten einer von Carnot bis Boltzmann reichenden Wissenschaftlergeneration herausgebildet hatte.

In dieser klassischen Physik definieren Raum und Zeit eine universelle und unveränderliche Bühne, auf der ein perfekt vorhersagbares Stück gespielt wird. Wenn man die Ausgangsbedingungen kannte, ließ sich im Prinzip der Verlauf eines jeden Experiments berechnen. Auf einfache Situationen mit wenigen Parametern ließ sich dieser Determinismus mühelos anwenden: Die zukünftige Entwicklung eines Systems ergab sich aus der Kenntnis der Gegenwart. Bei Systemen mit einer großen Teilchenzahl, also etwa bei einem Gas aus Atomen oder Molekülen, ergab sich höchstens dadurch eine Unsicherheit, dass man nicht alle zu einem bestimmten Zeitpunkt gegebenen Parameter (die Position und die Geschwindigkeit aller Teilchen) definieren konnte. Die Physiker behalfen sich ob dieser Unkenntnis mit der Wahrscheinlichkeitstheorie, die es ihnen ermöglichte, Durchschnittsmengen für die Messungen zu errechnen. Diese Mengen dienten ihnen als einzige Parameter für das jeweilige System.

In der Abschlussklasse des Gymnasiums und in den Vorbereitungskursen am Louis-le-Grand hatte ich von den beiden großen Theorien gehört – der Relativität und der Quantenphysik –, die knapp ein halbes Jahrhundert vor mir das Licht der Welt erblickt hatten und die beruhigenden Konzepte von Raum und Zeit und einem absoluten Determinismus gründlich durcheinanderwirbelten. Aber all das blieb mir zunächst schleierhaft, und so beschloss ich im ersten Jahr an der »Normale«, mich vorrangig dem Rätsel der Relativität zu widmen, deren Verständnis mir wesentlich erschien, wenn ich mich eingehender mit Astrophysik beschäftigen wollte.

Die Vorlesung zur Relativität war eine Offenbarung. Ausgehend von einem einfachen Prinzip, nämlich der Unabhängigkeit der Lichtgeschwindigkeit vom jeweiligen Bezugssystem, in dem man sie misst, ergab sich alles Folgende mit logischer und unabweisbarer Konsequenz. Wenn die Lichtgeschwindigkeit eine Konstante und damit für jeden Beobachter dieselbe ist, dann kann man sie zu keiner anderen Geschwindigkeit addieren oder von ihr subtrahieren – und das seit Galilei und Newton verwendete Gesetz von der Zusammensetzung der Geschwindigkeiten gilt nicht mehr. Im Alltagsleben sagt uns dieses Gesetz etwa: Wenn wir uns in einem Auto mit der Geschwindigkeit v_1 fortbewegen und uns ein weiteres Fahrzeug mit der Geschwindigkeit v_2 entgegenkommt, sehen wir dieses mit der Geschwindigkeit $v_1 + v_2$ auf uns zukommen. Wenn das andere Auto dagegen in derselben Richtung wie wir unterwegs ist und uns überholt, sehen wir, wie es sich mit der Geschwindigkeit $v_2 - v_1$ von uns entfernt. Um dieses einfache Gesetz zu formulieren, setzen wir voraus, dass die Entfernung zwischen zwei Punkten und das Intervall zwischen zwei Zeitpunkten absolute Werte sind, die für alle Beobachter gelten. Trifft aber das klassische Gesetz von der Zusammensetzung der Geschwindigkeiten für das Licht nicht zu, dann ist diese Annahme trügerisch, und wir müssen die intuitive Vorstellung von der Absolutheit von Raum und Zeit aufgeben.

Einstein hat diese Revolution des Denkens in einfachen Bildern beschrieben, die uns die Vorlesung nun vor Augen führte. In Einsteins Gedankenexperimenten verglichen Uhren auf einem Bahnsteig und Uhren in fahrenden Zügen per Lichtzeichen ihre Zeiten. Anhand dieser virtuellen Experimente ließen sich in wenigen Zeilen die Relationen klären, nach denen sich Längen und Zeitintervalle verändern – je nachdem, ob man auf dem Bahnsteig steht oder im Zug sitzt. Bei Geschwindigkeiten von einigen Dutzend oder auch einigen Hundert Stundenkilometern sind diese Unterschiede minimal, und in gewöhnlichen Situationen ist die Veränderung von Längen und Zeiten unerheblich, was die Newtonsche Physik für unseren Alltag rettet. Bei sehr großen Geschwindigkeiten gilt dies aber nicht mehr; hier gewinnen die relativistischen Korrekturen an Bedeutung, auf die ich später zu sprechen kommen werde. Was mich damals so faszinierte und fesselte, waren die Unausweichlichkeit dieser Theorie und die Tatsache, dass sich aus einfachen Prämissen grundlegende Schlussfolgerungen ziehen ließen, die man trotz ihrer Eigenart nachvollziehen konnte und akzeptieren musste.

Das bisher Gesagte bezieht sich nur auf die sogenannte spezielle Relativitätstheorie. Die Vorlesung skizzierte im Anschluss auch die allgemeine Relativitätstheorie, die Einstein entwickelt hat, um seine Ideen auf beschleunigte Bewegungen auszuweiten. Statt um mit konstanter Geschwindigkeit fahrende Züge ging es in den Gedankenexperimenten nun um startende Raketen oder Aufzüge im freien Fall. Die Flugbahn von Körpern in ungleichförmiger Bewegung wurde mit der Bewegung von Körpern in Gegenwart massiver Objekte verglichen, woraus die Idee entstand, dass die Anwesenheit von Masse im Raum zu dessen Deformation führe. Diese Raumkrümmung beeinflusse die Flugbahn von Körpern, die sich in der Nähe großer Massen bewegen. Das Problem der Gravitation wurde so zu einem Problem der Geometrie im gekrümmten Raum – ein Problem, das der deutsche Mathematiker Bernhard Riemann noch als rein spekulativ betrachtet hatte. Und so haben wir hier ein weiteres Beispiel für die unerwartete physikalische Anwendung eines angeblich »nutzlosen« mathematischen Konzepts!

Die Gleichungen der speziellen Relativitätstheorie bestechen durch ihre Einfachheit. Ihre Symmetrie spiegelt die Schönheit und Klarheit der Ideen, aus denen sie entstanden sind. Ausgehend von den Relationen, mit denen die Veränderungen der Raum- und Zeitkoordinaten beschrieben werden, wenn sich das Bezugssystem ändert, lässt sich in wenigen Schritten die berühmte Gleichung $E = mc^2$ errechnen. Sie drückt aus, dass jede Materiemasse m das Potential hat, sich in die Energie E zu verwandeln, die eben dieser Masse multipliziert mit dem Quadrat der Lichtgeschwindigkeit c entspricht. Es ist diese in der breiten Öffentlichkeit wohl bekannteste wissenschaftliche Formel, mit der sich die Entwicklung der Atombombe und von Kernreaktoren ankündigte. Dass ich in der Lage war, mir die berühmte Gleichung selbst herzuleiten, dass ich ihre Entstehung begriff und ihre Auswirkungen überblicken konnte, erfüllte mich mit freudiger Begeisterung.

Die Vorlesung zur Relativität wurde von Claude Cohen-Tannoudji gehalten, einem jungen, kaum dreißigjährigen Dozenten, der uns die physikalischen Theorien sehr verständlich darstellte und sie in ihren historischen Kontext einordnete, indem er die Bezüge von Galilei (der die Relativitätsprinzipien der Bewegung für die Mechanik aufgestellt hatte) über Newton (der daraus die mathematischen Konsequenzen gezogen hatte) bis zu Einstein verdeutlichte (der eben diese Ideen auf das Licht übertrug und damit unsere Vorstellung von Raum und Zeit revolutionierte). Ausgehend vom physikalischen Prinzip beschrieb Claude die Gedankenexperimente Einsteins und entwickelte die Gleichungen der Relativität sehr einleuchtend anhand der einzelnen Rechenschritte. Am Ende kehrte er zur Physik zurück, um sämtliche Konsequenzen der Formel aufzuzeigen, und beschrieb Phänomene, mit denen sich die Gültigkeit des speziellen und des allgemeinen Relativitätsprinzips beweisen ließ. Wir Studenten schätzten seine klare Darstellung, seine strenge Argumentation und den Enthusiasmus, mit dem er seine Bewunderung für die Großen der Physik auf uns überspringen ließ. Ich verließ seine Vorlesungen mit dem Eindruck, alles begriffen zu haben – wenn es auch im Anschluss viel nachzuarbeiten galt, um sich alle Nuancen des Themas anzueignen.

Für meine Kommilitonen, die Claudes Vorlesung nicht gehört hatten, sich aber von meiner Begeisterung anstecken ließen, organsierte ich damals sogar ein kleines Seminar zur Relativität, in dem ich ihnen das eben Gelernte überbrachte. Wir sprachen über die Widersprüche der Theorie und die mehr oder weniger philosophischen Konsequenzen, die sie auf das Weltbild haben würde. Meine improvisierte »Vorlesung« fand in einer Atmosphäre großer intellektueller Freiheit statt und weckte mein Interesse für die Lehre. Mir gefiel die Herausforderung, komplizierte Zusammenhänge verständlich darzustellen: Man musste den besten Weg finden, um eine wissenschaftliche Wahrheit zu veranschaulichen und in all ihren Konsequenzen zu durchdenken. Die Freude an der Wissensvermittlung ist mir bis heute erhalten geblieben. Das pädagogische Bemühen, ein wissenschaftliches Thema für meine Zuhörer so verständlich wie möglich zu präsentieren, beinhaltet ja zunächst, es mir noch einmal selbst klar vor Augen zu führen, und auf diese Weise bin ich schon des Öfteren auf Ideen gestoßen, durch die ich mein Wissen vertiefen konnte und auf neue Denkpfade für meine Forschung gelangt bin. Mir wurde damals klar, dass die Forschung für mich niemals von der Lehre getrennt werden könnte.

Als ich erfuhr, dass Cohen-Tannoudji auch eine Vorlesung über Quantenmechanik hielt und damit das zweite rätselhafte Thema behandelte, von dem ich nur eine vage Vorstellung hatte, beschloss ich kurzum, mich für eben jenen Promotionsstudiengang einzuschreiben, für den diese Veranstaltung gedacht war. Wenn dieser junge Dozent die Quantenphysik ebenso klar erläuterte wie die Relativität, würde ich meine Neugier endlich stillen können. Dabei war es mir gleich, wenn dieses Thema nicht direkt dem Studium der Astrophysik diente (obwohl ich mich in diesem Punkt irrte, denn die Quantenphysik hat sich seitdem ja als elementar für das Studium der Kosmologie und die Beschäftigung mit dem Ursprung des Universums erwiesen).

Jedenfalls bestätigte sich im Laufe dieses zweiten Studienjahres meine Leidenschaft für die Physik, und ich schlug eine wissenschaftliche Laufbahn ein. Dass ich als junger Student für die Forschung brannte, verdanke ich also dem Charisma eines unvergleichlichen Dozenten. Man kann gar nicht genug betonen, wie wichtig solche Begegnungen für das Entstehen und Werden einer wissenschaftlichen Karriere sind. Claude Cohen-Tannoudji war mein erster Professor an der Universität, er sollte später auch mein Doktorvater werden, und er ist mir über mein gesamtes Forscherleben Ratgeber und Referenz geblieben.

Die Vorlesung über Quantenmechanik hielt, was ich mir von ihr versprochen hatte. Claude bewies dort denselben Enthusiasmus und dieselbe Klarheit wie in seiner Vorlesung zur Relativität. Die knapp vierzig Jahre zuvor von Niels Bohr formulierten Postulate der Quantenphysik waren weniger eingängig als die Grundannahmen der Relativität. Doch Claude, der uns an seiner großen Bewunderung für den dänischen Physiker teilhaben ließ, erklärte uns Bohrs Thesen souverän und einleuchtend, sodass ihre Konsequenzen uns klar vor Augen standen. Schritt für Schritt enthüllte sich uns die mikroskopische Welt der Atome.

Die Quantenphysik ist aus der Beobachtung atomarer Phänomene entstanden, für welche die klassische Physik des 19. Jahrhunderts keine Erklärung hatte. Claude begann seine Vorlesung mit einem historischen Abriss der Ideen, die zur Quantenrevolution geführt hatten. Anfangs hatte ich den Eindruck, mich in bekannten Gefilden zu bewegen. Hatte ich nicht schon im Gymnasium und in den Vorbereitungskursen gesagt bekommen, das Atom sei wie ein kleines Sonnensystem, in dem der Kern die Rolle der Sonne übernimmt und die Elektronen die Planeten darstellen? Und glich nicht das Gesetz der elektrischen Anziehung zwischen den positiv geladenen Kernen und den negativ geladenen Elektronen dem der Gravitation, indem die Anziehungskraft mit dem Quadrat der Entfernung zwischen Kern und Elektron abnahm? Die Größenordnungen waren natürlich sehr unterschiedlich, aber die Zusammenhänge ähnelten sich offenbar – und diese Analogie sollte es ermöglichen, sich der Atomphysik anhand vertrauter Vorstellungen zu nähern.

Doch dieser Eindruck verflüchtigte sich rasch. Der große Unterschied zwischen der klassischen Physik der Planeten und der Physik der Elektronen und Atome, so hatte man mir in den Vorbereitungskursen erklärt, lag in der Quantisierung der Elektronenbahnen – also der Tatsache, dass die Elektronen in einem Atom aus einem mir damals unverständlichen Grund nur auf bestimmten Energiebahnen um den Kern kreisen können. Diese seltsame Quantisierung, auch das hatte man mir beigebracht, gilt ebenso für das Licht, das aus einzelnen Lichtpaketen namens Photonen besteht. Jedes Photon einer Frequenz ν trägt die Energie $E = h\nu$, wobei h für die berühmte Konstante steht, die der deutsche Physiker Max Planck im Jahre 1900 in die Physik einführte und damit die symbolische Geburtsstunde der Quantenphysik einläutete.

Die Elektronen eines Atoms können nur durch plötzliche Quantensprünge von einer Umlaufbahn in die andere wechseln. Dabei emittieren oder absorbieren sie ein Photon, dessen Energie der Differenz zwischen den Energien von Ausgangs- und Endorbital des Übergangs entspricht. Die Frequenz des Lichts ist umgekehrt proportional zur Wellenlänge, wie man seit der Mittelstufe weiß, und sie nimmt stetig zu, während sich die Farbe von Rot nach Blau verändert. Daraus ergibt sich, dass die Atome nur bestimmte Farben emittieren oder absorbieren, nämlich die jener Photonen, deren Energie derjenigen entspricht, welche die Elektronen bei ihrem Übergang von einem ins andere Niveau verlieren oder gewinnen.

Bereits in Flammarions *Astronomie populaire* hatte ich die Absorptionslinien gesehen, die der deutsche Physiker Joseph von Fraunhofer in der ersten Hälfte des 19. Jahrhunderts beobachtet hatte. Als er das weiße Licht der Sonne mithilfe eines optischen Gitters aus dünnen Metalldrähten in ein von Rot bis Violett reichendes Spektrum zerlegte, entdeckte Fraunhofer auf diesem Regenbogen feine dunkle Linien. Diese entsprachen den Frequenzen, die von Atomen der Sonnenatmosphäre absorbiert worden waren. Die Linien sind eine Art universeller Barcode, mit dem sich die verschiedenen Atome des Universums klassifizieren lassen. Wasserstoff, Kohlenstoff oder Helium haben verschiedene Spektren, und wenn diese nun aus dem Licht von Sternatmosphären oder interstellaren Gasen herausgelesen werden, lässt sich das Vorhandensein dieser Elemente in den Gestirnen und im interstellaren Raum nachweisen.

Mich faszinierte die Tatsache, dass das Licht auf diese Weise grundlegende Informationen über den Aufbau der Welt übermittelt, dass Atome überall dieselbe spektrale Signatur tragen und man feststellen kann, ob Millionen Lichtjahre von der Erde entfernt bestimmte Atome vorhanden sind, indem man Spektren analysiert, die von Instrumenten an unseren Fernrohren oder Teleskopen gemessen werden. Jetzt wollte ich hinter die Dinge schauen: Wie kommt diese besondere Eigenschaft der Spektren zustande? Wie kann man sich ihrer Gültigkeit sicher sein? Über welche Berechnungen lassen sie sich vorhersagen? Und gibt es für die Teilchenphysik eine ähnlich einfache und übergreifende Formel wie $E = mc^2$ für die Gravitation, deren Erklärung im vergangen Jahr so großen Eindruck auf mich gemacht hatte? Eine Antwort

Joseph von Fraunhofer
(1787–1826)

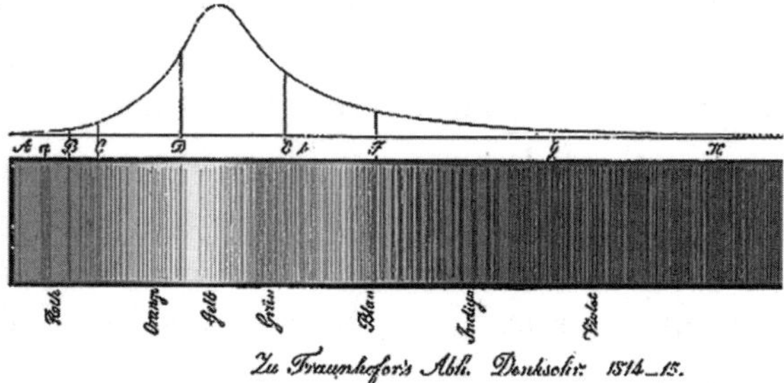

Abb. I.5. Joseph von Fraunhofer und die Absorptionslinien im Spektrum der Sonne.

auf diese Fragen sollte ich durch weitere Studien der Quantenmechanik erhalten.

Es war eine erstaunliche Antwort, die nochmals den tiefen Zusammenhang zwischen abstrakter Mathematik und konkreter Physik verdeutlichte. Die Quantentheorie verbindet jeden Zustand oder jede Konfiguration eines physikalischen Systems mit einem mathematischen Vektor in einem abstrakten Raum, wobei die Dimensionen dieses Raums vom untersuchten System abhängen. Das beschriebene System kann ein einfaches Elektron, ein Molekül oder ein Festkörper aus unzählig vielen Teilchen sein. Es kann ein immaterielles System sein, also etwa das sichtbare Licht oder eine unsichtbare elektromagnetische Welle, wie sie Radios und Fernseher (und natürlich auch Handys – aber die gab es damals noch nicht) einfangen. Der mit einem System verbundene Quantenvektor hat ebenso viele Koordinaten, also Dimensionen im abstrakten Raum, wie es mögliche Konfigurationen des Systems gibt. Dabei ist zu beachten, dass sich der klassische dreidimensionale Raum, in dem sich physikalische Phänomene abspielen, grundlegend von diesem abstrakten Raum der Quantenwelt unterscheidet, dessen Dimensionenzahl sich eben durch das untersuchte System ergibt. Bei manchen ist diese Zahl endlich ($D = 2$ gilt etwa in dem einfachen Fall, wenn sich das untersuchte System nur zwischen zwei Quantenzuständen bewegt), bei anderen Systemen sind die Dimensionen des Zustandsraums unendlich, und der Vektor, der den Quantenzustand beschreibt, hat eine entsprechend unendliche Koordinatenfolge.

Die Theorie führt zudem auf diese Vektoren einwirkende Operatoren ein, die für die Transformationen stehen, denen das System ausgesetzt ist. Dabei kann es sich um Rotationen oder Verschiebungen im Raum oder aber um Veränderungen in der Zeit handeln. Die Operatoren sind nicht vertauschbar (ihre nichtkommutative Eigenschaft habe ich weiter oben erläutert). Eben dieses algebraische Merkmal führt zu einer Diskretisierung, also der Darstellung der für diese Systeme erhaltenen Messwerte in bestimmten Mengen. So versteht man also die Quantisierung der atomaren Energiezustände und des elektromagnetischen Feldes selbst, das aus Komponenten mit unterschiedlichen Frequenzen (sog. Feldmoden) besteht. Jede Feldmode besitzt eine diskrete Skala von Energiezuständen mit gleichmäßigen Gitterabständen. Jeder dieser Abstände entspricht einer genauen Anzahl Photonen im betrachteten Feldmode.

Hier soll es nicht darum gehen, eine detaillierte Beschreibung der Quantentheorie zu liefern oder alle ihre seltsamen und kontraintuitiven Eigenschaften zu erläutern; auf einzelne Aspekte werde ich später zurückkommen. Mir liegt vielmehr daran, einen Eindruck von der Geisteshaltung zu vermitteln, in der ich mich in diesem Studienjahr 1964/65 befand, als ich die Regeln der Quantenwelt lernte und begann, mich ihrer zu bedienen. Das unerlässliche Werkzeug hierbei war die Vektoralgebra der Hilbert-Räume, so benannt nach dem deutschen Mathematiker und Zeitgenossen Einsteins David Hilbert, der die zugehörigen Rechenregeln aufstellte. Der Hilbert-Raum ist der Zustandsraum, in dem sich jedes Quantensystem entwickelt. Die Methodik war mir seit den Vorbereitungskursen bekannt. Nun aber konnte ich sie mit Leben füllen, und sie nahm konkrete Formen an, da ich sie anwandte, um Phänomene der atomaren Welt zu analysieren. Ich begriff endlich, wie man die Frequenzen eines von Atomen emittierten oder absorbierten Spektrums berechnete. Die einfache Planksche Formel $E = h\nu$ die Energie und Frequenz verbindet, war dabei allgegenwärtig. Für die Quantenphysik war sie sozusagen das Pendant zur Relativitätsgleichung $E = mc^2$.

Shut up and calculate!

Es sei daran erinnert, dass der Quantenformalismus, den ich damals kennenlernte, gerade einmal vierzig Jahre zuvor entdeckt worden war. Auf die Diskussionen zwischen Einstein, Bohr und anderen Beteiligten, die mit der Entstehung der Quantenphysik einhergingen, komme ich in den nachfolgenden Kapiteln zurück. Anfangs stand unter Physikern die Interpretation dieses Formalismus im Vordergrund, und man war bestrebt, die verwirrenden Ideen der Quantenwelt mit klassischen Vorstellungen über die Welt zu verknüpfen. Doch ab den 1930er-Jahren widmete sich die Wissenschaftsgemeinde rasch und dann beinahe ausschließlich der Nutzung dieses Formalismus, um mit seiner Hilfe die Eigenschaften der mikroskopischen Welt und des Lichts zu begreifen. Fragen der Deutung tat man als fruchtlos ab und drängte sie in den Hintergrund. Diese Haltung rechtfertigte man hauptsächlich durch den Erfolg des Ansatzes, der schließlich schnell zu einer Enthüllung der Rätsel um Atome, Atomkerne und verdichtete Materie führte. Auch die grundlegenden Eigenschaften der Wechselwirkung von Elektronen und Photonen wurden auf diese Weise erhellt und man gelangte zu einer aussagekräftigen Theorie der Quantenelektrodynamik. Während meines Studiums an der ENS und in den Jahren kurz danach führte dieser pragmatische Ansatz zur Feldtheorie und zum Standardmodell der Elementarteilchen, das bis heute die weitreichendste physikalische Theorie über die Natur darstellt. Man bediente sich der Quantentheorie, ohne sich zu viele philosophische Fragen zu ihrer Interpretation zu stellen – das war die gängige Vorgehensweise. Das Motto, das man den Bedenkenträgern – allen voran Einstein (inzwischen in den USA) und Louis de Broglie in Frankreich – entgegnete, lautete: »Shut up and calculate«.

Claude Cohen-Tannoudji war zwar ein großer Einstein-Anhänger, folgte aber größtenteils dieser pragmatischen Sichtweise. Ohne die Probleme unerwähnt zu lassen, welche die Interpretation der Theorie stellte, widmete er seine Vorlesungen vor allem dem Ziel, seinen Studenten das Rüstzeug mitzugeben, um zu guten Rechnern der Quantenwelt zu werden. Seine Haltung war dabei glaube ich folgende: Man konnte sehr wohl feststellen, dass die Natur Gesetzen folgt, die seltsam erscheinen, und man durfte sich durchaus darüber wundern – aber es war vergeblich, den gefundenen Regeln zu widersprechen und nach anderen zu suchen, bevor man nicht alle Konsequenzen der Theorie zu Ende gedacht hatte, indem man sie an immer präziseren experimentellen Ergebnissen maß.

In den 1980er-Jahren, also etwa zwanzig Jahre nach der Zeit, die ich hier schildere, veränderte sich die Einstellung zur Quantenmechanik. Die Deutung der Theorie rückte wieder in den Vordergrund, ohne dabei den pragmatischen Ansatz infrage zu stellen, der seine Effizienz doch weiter unter Beweis stellte. Die Rückkehr zu Fragen der Interpretation wurde dadurch hervorgerufen, dass die seltsamen Aspekte der Quantenphysik – Phänomene, die uns als Betrachtern der klassischen makroskopischen Welt gänzlich kontraintuitiv erscheinen – sich nun auf spektakuläre Weise in Experimenten offenbarten, in denen man Atome, Moleküle und isolierte Photonen manipulierte.

Die Eigenartigkeit der Quantenwelt, die lange hinter Objekten mit großer Teilchenzahl verborgen blieb, springt uns inzwischen förmlich ins Auge. Ich werde noch an anderer Stelle auf das Wiederaufkommen interpretatorischer Fragen zu sprechen kommen. Dennoch bin ich dankbar, dass die Vorlesungen von Claude Cohen-Tannoudji mir die Quantenmechanik nahebrachten, ohne dass ich mir diese Fragen allzu sehr stellen musste. Ich sage dies auch mit Blick auf den heutigen Ansatz, der oftmals darin besteht, jungen Studenten primär und zuallererst diese Fragestellungen statt zunächst die Theorie selbst vorzustellen. Meiner Ansicht nach ist es tatsächlich effektiver, wenn man erst einmal »den Mund hält und rechnet«, bevor man Fragen behandelt, auf die wir vielleicht nie eine endgültige Antwort finden werden, da unsere durch die Darwinsche Evolution vernetzten Gehirne zwar die makroskopische Welt intuitiv erfassen können, nicht aber die Welt der Atome und Photonen.

Wenn Atome und Photonen kreiseln: optisches Pumpen

In jenem Studienjahr ging es nicht nur in der Vorlesung zur Quantenmechanik um Atome. Auch Alfred Kastler und Jean Brossel, beide Mentoren von Claude Cohen-Tannoudji, gaben Veranstaltungen zu diesem Thema. In den 1950er-Jahren hatten sie gemeinsam das Verfahren des *optischen Pumpens* erfunden. Hierbei werden in einer Glaskapsel enthaltene Gasatome durch Lichteinfluss dazu gebracht, sich gleichförmig auszurichten. Diese atomare Anregung steht in engem Zusammenhang mit den Rotationsbewegungen elektrischer Ladungen im Innern der Atome. Zur Erläuterung des optischen Pumpeffekts, der in meiner Forscherlaufbahn eine entscheidende Rolle spielen sollte, muss ich auf rotierende Elektronen, Atome und Photonen zu sprechen kommen.

Rotationsbewegungen umgeben uns überall – angefangen mit dem Universum, dem ja meine erste Begeisterung und Neugierde galten. Die Planeten drehen sich um sich selbst und um die Sonne, und das gesamte Sonnensystem mit allen Sternen unserer Milchstraße wird in eine gemeinsame galaktische Kreisbewegung hineingezogen. Dasselbe gilt für die Milliarden anderen Galaxien unseres Universums, die sich jeweils in riesigen Sternhaufen gruppieren. Die Sternenwirbel in diesen Galaxien bilden oftmals Spiralarme, die sich über Hunderttausende Lichtjahre erstrecken, und liefern damit einen direkten Beweis für die gigantischen Rotationsbewegungen im Universum.

Wenn wir nun auf die Erde zurückkehren, so machten sich die Erfindungen von Rad und Spinnrad das Phänomen der Rotation erstmals zunutze. Die industrielle Revolution hat diese Anwendung vervielfacht, etwa in Form von Dynamos, Turbinen oder Windrädern, und schließlich hat uns die Quantenphysik auf einer ganz anderen Ebene die Bedeutung von kreisenden Bewegungen im Innern der Materie und des Lichts aufgezeigt. Diese Phänomene werden heute in verschiedenen modernen Geräten genutzt, von denen manche auch den optischen Pumpeffekt nutzen.

Die Rotation eines Objekts wird durch seine Frequenz definiert. Für sie steht der griechische Buchstabe ν, der die Umdrehungen pro Sekunde angibt. Die physikalische Einheit der Frequenz ist Hertz (Hz), so benannt nach dem Ende des 19. Jahrhunderts tätigen deutschen Physiker Heinrich Hertz, auf den wir später noch zu sprechen kommen. Rotationen können aber auch mit ihrer Winkelgeschwindigkeit ausgedrückt werden. Dabei wird der Drehwinkel in Radiant gemessen: Ein Radiant (Einheitenzeichen: rad) ist ein Kreisausschnitt von ca. 57°, bei dem die Bogenlänge dem Kreisradius entspricht. Eine ganze Umdrehung, also der volle Kreis, misst also 2π Radiant. Die Winkelgeschwindigkeit ω eines mit der Frequenz ν rotierenden Objekts entspricht also $2\pi\nu$ Radiant pro Sekunde.

Die in der Natur oder in den Erfindungen unserer Industriekultur beobachteten Rotationen umfassen ein gigantisches Spektrum an Frequenzen. Die Rotation einer Galaxie, deren Periode sich auf Milliarden Jahre ausdehnen kann, entspricht einer Frequenz von 10^{-17} Hz (also ein hundertbilliardstel Hertz!). Als entgegengesetztes Extrem kann ein Elektron in klassischer Sichtweise als ein Teilchen beschrieben werden, das den Atomkern mit einer typischen Frequenz von 10^{15} Hz (das sind eine Billiarde Umdrehungen pro Sekunde) umläuft. Zwischen diesen beiden Polen trifft man etwa auf die Umlauffrequenzen der um die Sonne kreisenden Planeten (für die Erde beträgt diese $3 \cdot 10^{-8}$ Hz) oder die Frequenzen ihrer Tagesdrehungen um sich selbst (ein Tag entspricht 1/86 400 Hz). Höhere Werte, die – wenn man in Zehnerpotenzen zählt – etwa im gleichen Abstand von den Umlauffrequenzen der Galaxien und denen der Elektronen liegen, findet man bei Zeigern, Rädern, Spinnrädern, Windrotoren und Turbinen, also bei allen Dingen, die unsere Zivilisation erfunden hat (vom Minutenzeiger einer Uhr mit 1/3600 Hz bis zu Turbinen und Sirenen mit einigen Hundert Hertz.)

Dass sich diese gebräuchlichen Werte in der Mitte der logarithmischen Frequenzskala befinden, ist kein Zufall und hat natürlich mit der grundlegenden Einheit der Zeit zu tun: Die seit der babylonischen Epoche definierte Sekunde misst ein kurzes Intervall in der Größenordnung des Herzschlags, das unsere Sinne unmittelbar wahrnehmen können. Daher verwundert es nicht, wenn Frequenzen von Phänomenen unseres Alltagslebens weder in zu kleinen noch in zu großen Hertz-Zahlen ausgedrückt werden, während sich kosmische oder atomare Phänomene, die für unsere Sinne nicht direkt zu erfassen sind, in positiven oder negativen Zehnerpotenzen niederschlagen.

Misst man die Geschwindigkeit oder die Frequenz der Rotation eines Objekts, so betreibt man Kinetik. Auf einer grundlegenderen Ebene gilt es die Regeln der Bewegung zu begreifen: Wie wird ein Gegenstand in Rotation versetzt, wodurch kann sich seine Winkelgeschwindigkeit verändern, inwiefern hängt seine Energie von dieser Geschwindigkeit ab und welchen Erhaltungssätzen folgt seine Bewegung? Mit diesen Fragen verlässt man die Kinetik und begibt sich auf das Gebiet der Dynamik. Diese Wissenschaft wurde im 17. Jahrhundert mit Isaak Newton ins Leben gerufen und liefert eine gute Beschreibung für die Bewegungen von Objekten – wenn man sich auf die Größenordnungen unserer alltäglichen Erfahrung beschränkt. Für Phänomene auf der Makroebene des Universums und der Mikroebene der Atome musste sie jeweils unter Beachtung der Raumzeit-Krümmung und der Annahmen der Quantentheorie angepasst werden. Die an weiterführenden Schulen gelehrte klassische Newtonsche Physik führt jedoch grundlegende Konzepte der Dynamik ein, die man sich zunächst aneignen muss, um zu verstehen, wie die Vorstellungen der Quantenwelt sie verändert haben.

Beginnen wir also mit der Rotation der makroskopischen Objekte, die uns umgeben. Wer schon einmal mit einem Kreisel gespielt hat, weiß, dass man einen Festkörper in Drehung versetzen kann, indem man rechtwinklig zur Drehachse und in einer Tangente zur Bewegungsrichtung eine Kraft F_t auf ihn ausübt. Dies kann etwa dadurch geschehen, dass man an einem um die Drehachse gewickelten Faden zieht. Die Effizienz dieser Tangentialkraft hängt vom Abstand *r* des Ansatzpunkts zur Drehachse des Kreisels ab. Man definiert das wirkende Kräftepaar als das Produkt aus der Intensität F_t und dem Abstand *r*. Die Wirkung dieses Kräftepaars auf die Bewegung des Festkörpers richtet sich nach dessen Trägheitsmoment *I*, einem Parameter, der den Widerstand des Körpers gegen die Rotationsbewegung ausdrückt. Je schwerer ein Körper ist und je weiter seine Masse von der Drehachse entfernt verteilt ist, desto größer ist das Trägheitsmoment und desto größer muss das angewandte Kräftepaar sein, um ihm eine bestimmte Rotationsfrequenz zu verleihen.

Um die in einem achsendrehenden Körper enthaltene »Rotationsmenge« zu bestimmen, führt die Newtonsche Dynamik das Konzept des Drehimpulses (engl. *angular momentum*) ein, der eine Vektorgröße entlang der Drehachse darstellt. Das Modul der Vektorgröße $L = I\omega$ ist das Produkt aus Trägheitsmoment und Winkelgeschwindigkeit. Der Drehimpuls bei Rotationen ist das Äquivalent des Impulses $p = mv$, der die »Bewegungsmenge« in Bezug auf die Translation (gleichförmige Bewegung) einer sich mit der linearen Geschwindigkeit v im Raum bewegenden Festkörper m angibt. So wie die zeitliche Änderung des Impulses auf einen Körper der auf ihn ausgeübten Kraft entspricht (wie es das Grundprinzip der Newtonschen Mechanik ausdrückt), so entspricht die zeitliche Änderung des Drehimpulses auf einen rotierenden Körper dem auf ihn wirkenden Kräftepaar.

Fehlt ein äußerer Einfluss (wirkt also kein Kräftepaar), so ändert sich der Drehimpuls nicht. Damit weitet man das Newtonsche Trägheitsgesetz auf die Dynamik von Rotationen aus: Ein Körper, auf den keine Kraft wirkt, verharrt im Zustand der gleichförmigen Bewegung und wird nicht beschleunigt. Das Gesetz der Drehimpulserhaltung erklärt zum Beispiel, warum eine Eisläuferin, die eine Pirouette dreht, ihre Rotationsgeschwindigkeit durch das Anlegen ihrer Arme an den Körper steigern kann. Sie reduziert damit ihr Trägheitsmoment, und da das Produkt aus diesem Wert und ihrer Winkelgeschwindigkeit konstant bleiben muss, nimmt Letztere zu. In der Astronomie erklärt eben dieses Erhaltungsgesetz, dass die Dauer eines Tagesumlaufs der Erde immer konstant bleibt.

Der Zusammenhang von Rotationsdynamik und Translationsdynamik findet sich im Ausdruck der ihnen zugeordneten kinetischen Energien wieder. Eine Masse mit der linearen Geschwindigkeit v transportiert die Energie $E_c = mv^2/2 = pv/2$. Gleichermaßen besitzt ein sich mit dem Trägheitsmoment I

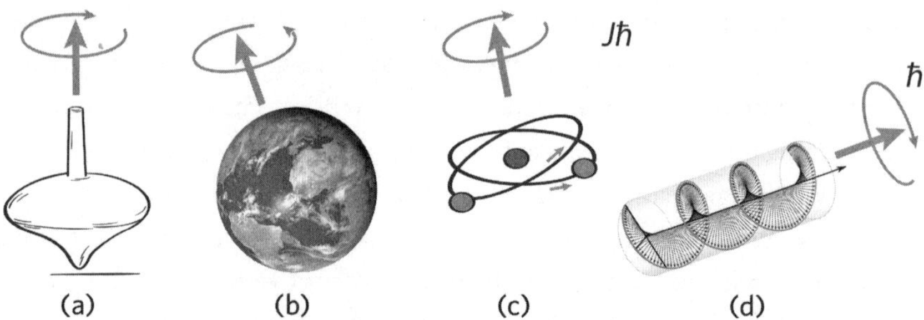

Abb. I.6. Verschiedene Drehimpulse: (a) ein um seine vertikale Achse rotierender Kreisel, (b) die um ihre zur Bahnebene geneigte Achse rotierende Erde, (c) ein aus rotierenden Ladungen bestehendes Atom, dessen Gesamtdrehimpuls $J\hbar$ sich aus der Kombination der orbitalen Drehimpulse und dem Spin von Elektronen und Kern ergibt, (d) ein zirkular polarisiertes Photon mit dem Drehimpuls $\hbar$, das Quantum einer Lichtwelle, bei dem der Rand des elektrischen Feldes eine Spiralbewegung um die Ausbreitungsrichtung des Lichts beschreibt.

drehender Festkörper die kinetische Rotationsenergie $E_c = I\omega^2/2 = L\omega/2$. Diese zum Quadrat der Winkelgeschwindigkeit proportionale Energie wird an die Umgebung abgegeben, wenn der Festkörper zum Stehen kommt. Beim rotierenden Rad eines Autos etwa überträgt sich diese Energie in Form von Wärme auf die Bremsblöcke oder bei Elektroautos auch teilweise in Energie zum Aufladen der Batterie. Die in einem rotierenden Körper gespeicherte Energie entspricht der Hälfte seines mit seiner Winkelgeschwindigkeit multiplizierten Drehimpulses.

Ist ein rotierender Körper außerdem Träger elektrischer Ladungen, so wird seine Rotation von magnetischen Phänomenen begleitet. Eine um eine Achse kreisende Ladung ruft ein Magnetfeld hervor, dessen räumliche Ausbreitung einem an der Achse entlanglaufenden Magneten entspricht. Die Stärke dieser Magnetisierung bemisst sich über das *magnetische Moment* des rotierenden Körpers. Dieses ist proportional zum Drehimpuls (den Proportionalitätsfaktor nennt man auch *gyromagnetisches Verhältnis*). Je stärker die elektrische Ladung und je schneller die Rotation, desto größer sind das magnetische Moment und die ihm zugeordnete Magnetisierung. Ein bekanntes Beispiel für den Zusammenhang von Rotation und Magnetismus gibt uns die Erde. Sie besitzt ein intrinsisches magnetisches Moment, das ungefähr auf ihrer polaren Rotationsachse liegt. So entsteht das Magnetfeld der Erde. Ursache für die magnetische Wirkung der Erdoberfläche sind hydrodynamische Phänomene in den Magmaschichten des oberen Erdmantels, die sich bewegende Ladungen enthalten. Die Situation ist komplexer als bei einer rotierenden Punktladung, die zugrunde liegende Idee aber bleibt gleich: Rotation und Magnetismus von Körpern hängen eng miteinander zusammen.

Diese klassischen Phänomene lassen sich auf Atome ausweiten, wobei es bestimmte quantenphysikalische Anpassungen zu beachten gilt. Der Zustand eines Atoms wird nicht nur durch seine innere Energie (die der um den Kern kreisenden Elektronen und der im Kern enthaltenen nuklearen Kräfte) bestimmt. Das Atom besitzt zudem einen Drehimpuls, der sich aus den Drehimpulsen der um den Kern kreisenden Elektronen und den Eigenrotationen dieser Teilchen zusammensetzt, die wie kleine Kreisel um ihre eigene Achse wirbeln. Diesen intrinsischen Drehimpuls der Elektronen des Atomkerns nennt man *Spin*.

Die Situation ist vergleichbar mit den weiter oben erwähnten Verhältnissen im Sonnensystem, in dem sich der Gesamtdrehimpuls aus drei Elementen berechnet: der Eigenrotation der Sonne (analog dem Spin des Atomkerns), den Eigenrotationen der Planeten (analog dem Spin der Elektronen) und den Bahnrotationen der Planten um die Sonne (analog den Elektronenbahnen). Allen Drehimpulsen des Atoms sind wie in der klassischen Physik magnetische Momente zugeordnet. Die Quantenmechanik beschreibt, wie diese aufeinander wirken, wie sie das Energieniveau des Atoms verändern und wie sie sich verbinden, um einen globalen Drehimpuls zu bilden, dem ein atomares magnetisches Gesamtmoment zugeordnet ist.

Die Drehimpulse der Elektronen und des Kerns sowie der globale Drehimpuls des Atoms werden wie die Energie jeweils nach diskreten Inkrementen quantisiert. Will man sich eine klassische Vorstellung von ihm machen, so kann ein Quantendrehimpuls als Vektor im normalen Raum angesehen werden, dessen Komponenten entlang den drei Raumkoordinaten in der Einheit $h/2\pi$ ausgedrückt werden, wobei h die Planck-Konstante (auch Plancksches Wirkungsquantum genannt) ist. Mit einem durchgestrichenen $\hbar$ (»h quer«) kennzeichnet man den quantisierten Drehimpuls ($\hbar = h/2\pi$). In dieser Beschreibung trifft man also auf die Konstante, mit der die von einem Atom absorbierte oder emittierte Energie mit der Frequenz des Photons, das diese Energie liefert oder mitnimmt, in Verbindung gesetzt wird.

Man kann sich dieses Ergebnis auch intuitiv erschließen, indem man da-

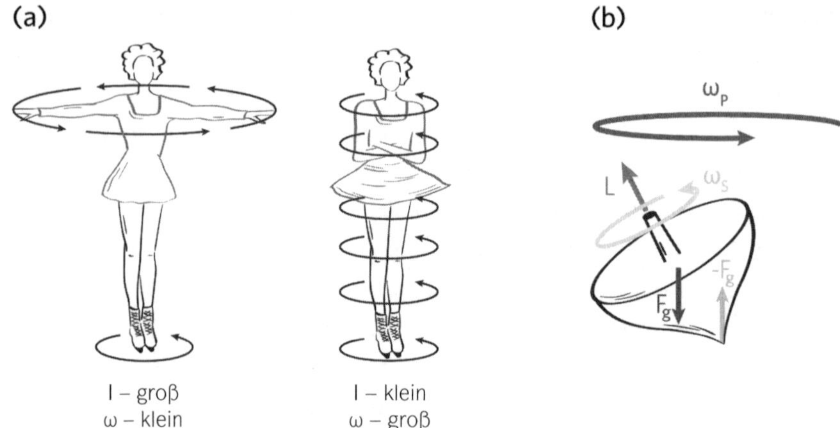

Abb. I.7. Erhaltung des Drehimpulses: (a) Eine Eisläuferin dreht sich schneller um die eigene Achse, wenn sie ihre Arme an den Körper legt. Da kein Kräftepaar auf sie einwirkt, bleibt ihr Drehimpuls $L = I\omega$ konstant, indem ω zunimmt, während I abnimmt. (b) ein mit der Winkelgeschwindigkeit ω_s um eine geneigte Achse rotierender Kreisel präzediert (kippt) um die vertikale Linie (die Winkelgeschwindigkeit der Präzession ist ω_p). Das Gewicht F_g und die Bodenreaktionskraft $-F_g$ wirken als zwei entgegengesetzte Kräfte auf die Rotationsachse des Kreisels; ihr Kräftepaar ist gleich null, ω_s bleibt daher konstant. Auch die vertikale Komponente des Drehimpulses L ist invariant, da das Kräftepaar aus F_g und $-F_g$ in Bezug auf die Vertikale gleich null ist. Bleiben das Modul von L und dessen Projektion auf die Vertikale unverändert, so dreht sich die Kreiselachse auf einem Kegel und behält einen konstanten Neigungswinkel zur Vertikale.

von ausgeht, dass der Drehimpuls in klassischer Sichtweise durch den Quotienten aus Energie und Winkelgeschwindigkeit ausgedrückt wird. Wenn die Energie eines Atoms in diskreten Paketen entsprechend $h\nu = \hbar\omega$ variiert, da ein Elektron mit der Winkelgeschwindigkeit ω von einer Umlaufbahn in die andere springt, ergibt sich, dass sich der Drehimpuls durch Inkremente der Größenordnung von $\hbar$ verändert, dem Ergebnis der Division von $\hbar\omega$ durch ω.

Diese Argumentation ist natürlich kein Beweis. Die strenge Quantentheorie, die mir Claude 1964 beibrachte, verbindet die Raumkomponenten des Drehimpulses mit Operatoren, die beschreiben, wie sich die Quantenzustände eines Systems im Hilbert-Raum verändern, wenn es im normalen Raum in Rotation versetzt wird. Die weiter oben erwähnte nicht vertauschbare Eigenschaft dieser mathematischen Operationen gilt auch für die Operatoren, mit denen die Komponenten des Drehimpulses entlang den drei Achsen der Raumkoordinaten beschrieben werden. In wenigen Rechenschritten zeigte uns Claude, wie diese Nichtaustauschbarkeit die durch Sprünge von $\hbar$ erfolgte Quantelung der Werte abbildet, die der Drehimpuls eines Atoms oder der Spin eines Elektrons annehmen kann, wenn man sie in einer bestimmten Richtung misst.

Der einfachste Drehimpuls ist dabei der Spin der Elektrons, der nur die beiden Werte $+\hbar/2$ *oder* $-\hbar/2$ annehmen kann, wenn man seine Komponente entlang einer beliebigen Achse misst. Der Spin verläuft entweder parallel oder antiparallel zu dieser Achse. Man bildet ihn durch einen kleinen nach oben oder nach unten deutenden Pfeil ab (engl. *spin up* und *spin down*) und spricht von einem Spin 1/2. Diese Eigenschaft findet man bei bestimmten Kernen, etwa dem des Wasserstoffatoms, dessen Proton ebenfalls den Spin 1/2 hat. Die Entwicklung von solchen Quantensystemen mit zwei Zuständen lässt sich in einem zweidimensionalen Hilbert-Raum beschreiben. Die Untersuchung ihrer Dynamik in einem Magnetfeld ist daher ein sehr einfaches Quantenproblem und dient als Beispiel und Vorbild für viele andere Situationen, bei denen das untersuchte System im Wesentlichen zwischen zwei Zuständen wechselt.

Der Wert des atomaren Gesamtdrehimpulses hängt von der Konfiguration der Elektronenorbitale und vom Kernspin ab. Präziser ausgedrückt, kann die Komponente des atomaren Drehimpulses entlang einer beliebigen Achse die äquidistanten, zwischen $J\hbar$ und $-J\hbar$ enthaltenen $2J+1$-Werte einnehmen. Die Extremwerte $J\hbar$ beziehungsweise $-J\hbar$ entsprechen den Fällen, bei denen der globale Drehimpuls exakt parallel oder antiparallel zur betreffenden Achse verläuft. Alle dazwischen liegenden Werte entsprechen klassischerweise den Fällen, in denen der Drehimpuls transversal orientiert ist, also in eine Richtung, die einen mehr oder weniger großen Winkel zur Achse beschreibt. Der Wert von J kann eine ganze oder halbe Zahl sein (1/2, 1, 3/2, 2 etc.) und hängt vom jeweiligen Atom und seinem elektrischen Energieniveau ab (niedrigstes Energieniveau im Grundzustand, höhere Energie im angeregten Zustand).

In einem magnetischen Feststoff sind die Drehimpulse der verschiedenen Atome parallel zueinander ausgerichtet und besitzen als Ganzes ein makroskopisches magnetisches Moment. Eben anhand dieser Eigenschaften der Atome erklärt man den Magnetismus bestimmter Materialien wie Eisenoxid und Magnetit. Wird ein Magnet erhitzt, verliert er ab einer bestimmten Temperatur seinen Magnetismus, da die Wärmebewegung stärker ist als die

Kräfte, welche sonst die Momente benachbarter Atome in einer Reihe anordnen. In einem aufgelösten Gas kommen die interatomaren Kräfte aufgrund der relativ großen mittleren Entfernung der Atome nicht zum Tragen, und die Wärmebewegung bewirkt, dass sich die atomaren Komponenten des Drehimpulses ebenfalls auf alle möglichen Werte verteilen. Der Drehimpuls und das magnetische Moment des Gases als Ganzes sind gleich null, obwohl jedes einzelne Atom des Mediums ein individuelles magnetisches Moment besitzt.

Auch Licht kann einen Drehimpuls transportieren. Das elektrische und das magnetische Feld eines Lichtstrahls schwingen auf einer zu seiner Ausbreitungsrichtung senkrechten Ebene. Wenn man nun das Licht zirkular polarisiert, indem man es durch eine transparente Materialschicht mit speziellen optischen Eigenschaften schickt, so dreht sich das entstandene elektrische Feld mit der Wellenfrequenz ν senkrecht zum Lichtstrahl. Diese Rotationsbewegung verleiht dem Feld einen Drehimpuls. Jedes seiner Photonen mit der Energie $h\nu = \hbar\omega$ transportiert also – je nachdem, ob das Magnetfeld sich im oder gegen den Uhrzeigersinn bewegt – einen Anteil $+\hbar$ oder $-\hbar$ des entlang des Lichtkegels verlaufenden Drehimpulses. Man sagt, der Spin eines Photons ist 1 und damit zweimal größer als der eines Elektrons.

Wir verstehen nun, was geschieht, wenn ein Atomgas mit einem zirkular polarisierten Lichtstrahl in Wechselwirkung tritt. Besitzen die Photonen die Energie $h\nu$, die mit dem Energieintervall zwischen dem Grundzustand und dem angeregten Zustand des Atoms korrespondiert, so drängt das Licht den Atomen wiederholte Zyklen der Absorption und Emission auf, die dem Prinzip der Drehimpulserhaltung gehorchen. Wenn ein Atom ein Photon des Inzidenzfeldes absorbiert und in einen angeregten Zustand versetzt wird, so bleibt der Gesamtdrehimpuls der Materie und des Feldes erhalten, während der Drehimpuls des Atoms um $\hbar$ ansteigt und der Drehimpuls des Lichtes, das ja ein Photon verliert, um denselben Wert abnimmt. Das Atom heimst sich also einen Anteil des Drehimpulses des Lichts ein.

Nach der Absorption fällt das Atom in seinen Grundzustand zurück, indem es spontan ein Photon in eine beliebige Richtung emittiert. Der Drehimpuls dieses Photons entlang der Ausbreitungsrichtung des Lichts ist allgemein kleiner als $\hbar$ (er entspricht nur in dem sehr unwahrscheinlichen Fall diesem Wert, wenn das wieder frei gewordene Photon dieselbe Richtung und dieselbe Polarisierung einnimmt wie das absorbierte). Die Bilanz des Drehimpulsaus-

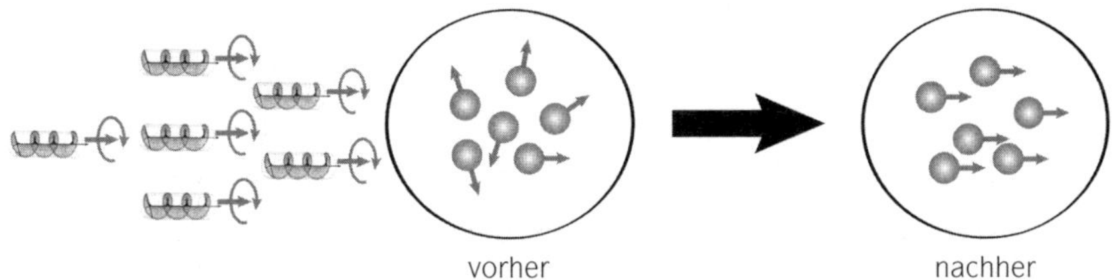

Abb. I.8. Optisches Pumpen. Der Austausch des Drehimpulses zwischen Atomen und zirkular polarisiertem Licht richtet die Drehimpulse aller Atome in Richtung des Lichtstrahls aus, wobei der Gesamtdrehimpuls des Systems Atom plus Licht erhalten bleibt: Das Gas, dessen atomare magnetische Momente zuerst willkürlich verteilt sind (vorher, links) wird zu einer magnetischen Probe (nachher, rechts).

tauschs zwischen Atom und Feld infolge eines Absorptionszyklus fällt also zumeist zugunsten des Atoms aus. Das Feld verliert an Drehimpuls in der Richtung seiner Ausbreitung, das Atom verbucht einen Drehimpulsgewinn.

Nach mehreren Zyklen dieses Lichtabsorptions- und -emissionsprozesses besitzen die Atome einen maximalen Drehimpuls (und damit maximales magnetisches Moment), und alle Momente folgen der Ausbreitungsrichtung des Lichts. Die atomare Probe wurde durch optischen Einfluss auf einen Zustand außerhalb des thermodynamischen Gleichgewichts »gepumpt«. Sie ist zu einem makroskopischen Magneten geworden, bei dem das magnetische Moment aller Atome in dieselbe Richtung zeigt.

Der zum Pumpen eingesetzte Lichtstrahl kann gleichzeitig dazu dienen, die Ausrichtung der Atome zu bestimmen. Wenn diese in den Zustand der Maximalkomponente des Drehimpulses gepumpt werden, können die Atome das Licht nicht mehr absorbieren und das Gas wird durchsichtig. Die durch den Pumpstrahl übertragene Lichtmenge dient so als Maß für den Orientierungszustand des Gases.

Ich habe das Verfahren des optischen Pumpens so detailliert beschrieben, weil es meinen Werdegang als Forscher entscheidend beeinflusst hat. Ich erinnere mich lebhaft an die Vorlesungen von Alfred Kastler und wie er uns den durch Licht erhellten Tanz der atomaren Drehimpulse begreiflich machte. Er beschrieb uns die Atome und ihre Wechselwirkungen mit den Photonen ganz bildhaft, manchmal gar poetisch. Man spürte den Träumer in ihm: Kastler war jemand, der intuitiv erfasste, was sich auf einer unsichtbaren Ebene abspielte, noch bevor er die Vorgänge mathematisch analysierte.

Kastler war in gewisser Weise ein Wissenschaftler der Welt von früher. Er hatte zu einer Zeit Physik studiert, die vor dem Aufkommen der Quantentheorie lag, wie sie uns Claude in seiner Vorlesung vermittelte. Kastler war im preußischen Elsass vor 1914 geboren und hatte sein Studium auf Deutsch absolviert. Er erzählte uns, dass er damals die Grundzüge der frühen Quantentheorie kennengelernt hatte, und zwar über das berühmte Werk *Atombau und Spektrallinien* des deutschen Physikers Arnold Sommerfeld. In diesem 1919 (also sechs Jahre vor dem Anbruch der modernen Quantenmechanik) erschienenen Buch drückte Sommerfeld die atomaren Drehimpulse und deren Veränderung in einfachen Bildern aus, indem er sie als in den Raum deutende Vektoren darstellte – etwa so, wie ich es in den vorangegangenen Zeilen versucht habe. Diese Bilder entsprachen auch Kastlers Sichtweise: Er hielt sich weiterhin an die klassische Physik. Die Quantentheorie, die uns Claude zur selben Zeit lehrte, setzte sich über diese gezwungenermaßen vage Interpretation hinweg und beschrieb die Komponenten des Drehimpulses als Operatoren, die im abstrakten Raum der Quantenzustände agierten und deren nichtkommutative Eigenschaft sämtliche weiter oben genannten Quanteneigenschaften erklärte.

Die Welt, ein »reich und seltnes Gut«

Als ich nun die beiden Vorlesungen von Claude und Kastler parallel verfolgte, begriff ich, dass Mathematik und Formalismus nicht alles sind. Um etwas zu entdecken oder zu erfinden, brauchte es noch etwas anderes als mathematische Strenge, als die Fähigkeit, Gleichungen zu lösen. Man benötigte eine darüber hinausreichende Intuition, eine Vorstellungskraft, mit der man sich in Dinge hineindenken kann, die in einer den Sinnen nicht direkt zugänglichen Welt geschehen. Kastler besaß diese Vorstellungskraft. Mit ihr entwickelte er eine neue Sichtweise auf die Wechselwirkung zwischen Materie und Licht und eröffnete damit Forschungsfelder, von denen wir damals noch nichts ahnten.

Neben dem Poeten und Träumer Kastler gehört Jean Brossel erwähnt: der Mann fürs Detail, der mit großer Leidenschaft für die Präzision zu Werke ging. Brossel war Kastlers Mitarbeiter und maß die Ideen des Träumers an der

Realität, indem er Glaszellen entwarf, in denen das optisch gepumpte Atomgas eingeschlossen werden konnte. Nur Brossel war in der Lage, die Paraffindichtungen an den Innenwänden dieser Behälter anzubringen; sie sorgten dafür, dass die gerichteten magnetischen Momente der Atome nach dem Abprallen von den Wänden nicht wieder ihre Richtung verloren. Dies war eine entscheidende Voraussetzung, um bestimmte Gase über Lichteinfluss effektiv auszurichten zu können. Brossel war es auch, der die kleinen mit Atomen gefüllten Glaslampen ersann, die durch frei werdende elektrische Ladung Photonen emittierten, mit denen die Pumpzellen beleuchtet wurden. Indem er mit Isotopenverschiebungen jonglierte – also dem Umstand, dass Atome eines selben Elements, deren Kerne jedoch eine unterschiedliche Zahl an Neutronen enthalten, mit leicht veränderten Frequenzen strahlen –, konnte Brossel Lichtquellen erschaffen, die exakt den Atomen der Zellen entsprachen, indem sie Photonen mit leicht verschobener Resonanz emittierten.

All diese Überlegungen legte uns Brossel in seiner Vorlesung dar. Er verdeutlichte, dass bei einem physikalischen Experiment der Teufel oftmals im Detail steckt. Die Idee allein genügt nicht, so genial sie auch sein mag. Um sie zu verwirklichen, gilt es alle Einflüsse zu bedenken, die das ideale Schema in der realen Welt komplizieren und die Bedingungen des Gedankenexperiments stören könnten. Nur wenn diese Störungen ausgeschlossen oder ausgeglichen werden, erlaubt uns die Natur, im Experiment nachzuvollziehen, was sich die Intuition zurechtgelegt hat. All diese Schwierigkeiten vorauszusehen und Mittel zu finden, um sie zu verhindern, erfordert oftmals eine ähnlich große Vorstellungskraft und Kreativität wie die Entwicklung der zugrunde liegenden Idee selbst.

Dass ich sowohl Kastler als auch Brossel hörte, ließ mich die beiden komplementären Seiten des experimentellen Forschens erkennen: einerseits die Entstehung einer Idee, andererseits ihre Überprüfung im Labor. Diese beiden Gesichter der Forschertätigkeit konnten mir nicht deutlicher vor Augen geführt werden als durch den Vergleich der Vorlesungen dieser beiden Geistesgrößen.

Aber nicht nur das von ihm mitentwickelte Verfahren des optischen Pumpens war bei Brossel Thema. Er berichtete uns außerdem von den großen Experimenten der Atomphysik aus dem vorangegangenen halben Jahrhundert, mit denen die Konzepte der Quantenmechanik immer genauer bewiesen werden konnten. Mithilfe der Quantenelektrodynamik ließen sich die Wechselwirkungsphänomene zwischen Atomen und Licht mit außerordentlicher Präzision erklären. Ich erinnere mich an Brossels Schilderung des Experiments von Otto Stern und Walther Gerlach, den beiden deutschen Physikern, die 1922 den Spin des Elektrons entdeckt hatten. Dies war ein beeindruckendes Beispiel für eine unerwartete Entdeckung, die ein Vorzeichen für zahlreiche Anwendungen und Erfindungen war, welche ihrerseits enorme Auswirkungen auf die moderne Technologie haben sollten.

Stern und Gerlach hatten eigentlich vorgehabt, das magnetische Moment von Silberatomen zu messen, und experimentierten hierzu mit einem rudimentären Atomstrahl, indem sie aus einem Ofen kommende Atome durch einen Magnetspalt schickten. In den nach dem Magnetdurchlauf auf einer Glasscheibe gesammelten kondensierenden Atomen erwarteten die beiden Forscher einen lang gestreckten Fleck, der durch die verschiedenwinklige Ablenkung der Atome zustande kommen sollte – je nach Ausrichtung der ihnen anhängenden kleinen Magnete. Doch statt eines einzelnen Flecks beobachteten Stern und Gerlach zu ihrer Überraschung eine doppelte Spur – eine erste direkte Manifestation der räumlichen Quantelung der atomaren Drehimpulse.

Eine Analyse des Experiments ergab, dass dieser Drehimpuls nicht durch die Bahnrotation des externen Elektrons des Silberatoms hervorgerufen wurde, sondern durch seinen nach oben oder unten gerichteten intrinsischen Spin, der die Atome im Magnetspalt auf zwei verschiedene Bahnen lenkte, wodurch sich die beiden beobachteten Flecke erklärten. Brossel beschrieb uns das Experiment in allen Einzelheiten und berichtete, dass es seinen Schüler Isidor Rabi angespornt hatte, die Atomstrahlmethode zu verfeinern: Er entwickelte das Magnetresonanzverfahren für eine präzise Messung der Magnetmomente vieler Atomkerne. In diesen historischen Experimenten steckte bereits der Keim der Physik, die zur Erfindung von Atomuhren, Lasern, der Magnetresonanzbildgebung und vielen anderen konkreten Anwendungen führen sollte.

Einen guten Teil seiner Vorlesung widmete Brossel auch dem 1947 von dem Amerikaner Willis Lamb, einem Schüler Rabis, durchgeführten Experiment, mit dem dieser die Verschiebung der atomaren Energieniveaus messen konnte (der Effekt wird daher im Englischen auch *Lamb shift* genannt). Ich muss an dieser Stelle näher auf diese für die Atomphysik sehr bedeutende Lamb-Verschiebung eingehen. Die Quantenmechanik der 1920er-Jahre gab den Physikern das Werkzeug in die Hand, die Energie von Atomen präzise zu bestimmen – und zwar in ihrem Grundzustand als auch in den Zuständen, wie sie durch die Bahnen angeregter Elektronen gegeben sind. Die Genauigkeit der Theorie wurde zuerst am einfachsten Atom getestet: dem Wasserstoffatom, das nur ein Elektron besitzt. Der vorherrschende Effekt, nämlich die elektrische Anziehung des Elektrons durch das Proton, der zunächst nichtrelativistisch untersucht wird, liefert eine gute Annäherung an die atomaren Energieniveaus im Grundzustand und in angeregten Zuständen. Hierzu wendet man entweder die Schrödinger-Gleichung oder die Heisenberg-Gleichung an, welche die nichtrelativistische Quantenmechanik auf ganz verschiedene und dennoch absolut gleichwertige Weise darstellen.

Anschließend gilt es die Magnetwirkungen zu bedenken, von denen ich weiter oben gesprochen habe, also die Kopplung von Spin und Bahnbewegung des Elektrons, die das Energieniveau durch einen sogenannten »Feinstruktur«-Effekt verschiebt. Um zu einer vollständigen Beschreibung dieser Effekte zu gelangen, muss man nun unbedingt die Relativität einbeziehen, denn nur sie liefert einen kohärenten Rahmen für sämtliche magnetischen Phänomene. Selbst ohne Berücksichtigung des Spins bringt die Relativität Bahnkorrekturen ein, die der Tatsache geschuldet sind, dass die Bahngeschwindigkeit des Elektrons in Bezug zur Lichtgeschwindigkeit nicht ganz zu vernachlässigen ist. Diese Geschwindigkeit v beträgt ungefähr ein Zehntel von c, wodurch sich relativistische Korrekturen von etwa einem Zehntausendstel ergeben, und zwar in der zweiten Ordnung in v/c, die zur selben Ordnung wie die magnetischen Korrekturen gehören. Diese Übereinstimmung ist kein Zufall, denn magnetische Effekte sind eigentlich relativistische Effekte, und all diese Korrekturen treten zusammen in Erscheinung, sobald man die in Relation zur Lichtgeschwindigkeit c betrachteten Geschwindigkeiten der Objekte nicht mehr außer Acht lässt. Wenn man nun alle Korrekturen einbezieht, wie es der britische Physiker Paul Dirac ein Jahr nach Schrödinger und Heisenberg tat, lassen sich die Energieniveaus des Wasserstoffs sehr präzise berechnen – und man stellt fest, dass die beiden ersten angeregten Zustände mit dem Drehimpuls 1/2 (im Fachjargon der Spektroskopie werden diese mit $^2S_{1/2}$ und $^2P_{1/2}$ angegeben) genau dieselbe Energie haben müssen. Sie werden als »entartet« bezeichnet.

Lambs Experiment sollte nun zeigen, dass diese beiden Niveaus dennoch eine geringe Energiedifferenz aufwiesen – nämlich etwa ein Zehntausendstel der Energiemenge, durch welche sich die beiden ersten angeregten Zustände vom Grundzustand unterscheiden. Das äußerst sensible Spektroskopie-Experiment bestand darin, einen Wasserstoffstrahl einem Mikrowellenfeld mit der Übergangsstrahlung zwischen den beiden Niveaus auszusetzen und den Übergang von einem Niveau auf das andere nachzuweisen, indem man den Umstand nutzte, dass diese mit verschiedenen Geschwindigkeiten auf den Grundzustand zurückfallen. Brossel erläutere uns im Detail, welche Schwierigkeiten sich Lamb stellten und wie er diese schließlich lösen konnte.

Das Experiment war so wichtig, weil es die Bedeutung des Vakuums in der Quantenelektrodynamik und überhaupt in der Physik herausstellte. Denn Dirac hatte in seiner Gleichung unbeachtet gelassen, dass sich alle Teilchen des Universums und insbesondere das Elektron im Wasserstoffatom in einem leeren Raum bewegen, der von Quantenfluktuationen durchzogen ist. Selbst wenn keine Lichtquelle vorhanden ist, kann das Feld im Raum nicht gleich null sein. Es gibt ständig winzige Fluktuationen – kleine Strahlenwellen, die sich letztendlich durch die nichtkommutative Eigenschaft der Quantenoperatoren ergeben, die das elektromagnetische Feld beschreiben. Man kann diese Fluktuationen auch als das Auftauchen »virtueller« Photonen beschreiben, die sich unablässig bilden und spontan im leeren Raum wieder verschwinden. Diese Photonen können wiederum Paare aus Elektronen und ihren Antiteilchen, den Positronen, bilden, deren Existenz Diracs Theorie ebenfalls vorhergesagt hatte. Diese Elektron-Positron-Paare vernichten sich nach kurzer Zeit, aber ihr flüchtiges Auftauchen sorgt zusammen mit den virtuellen Photonen für eine Bevölkerung des Quantenvakuums und verändert so die Dynamik des Elektrons, das den Atomkern umkreist.

Die Fluktuationen im leeren Raum beeinflussen die beiden Zustände $^2S_{1/2}$ und $^2P_{1/2}$ des Wasserstoffs auf verschiedene Weise und erhöhen so ihren Entartungsgrad. Die Lamb-Messung stimmte perfekt mit der Theorie der Quantenelektrodynamik überein und beförderte daher deren Akzeptanz in den 1940er- und 50er-Jahren. Die Physik hat uns seitdem gelehrt, dass es neben dem elektromagnetischen Vakuum auch leere Räume anderer Quantenfelder gibt, die mit anderen Teilchen als Photonen, Elektronen und Positronen in Verbindung stehen.

Das in Brossels Vorlesung vorgestellte Experiment von Lamb hat mir aber auch etwas anderes klargemacht, denn es erinnerte mich an das, was ich mehrere Jahre zuvor in der *Astronomie populaire* von Claude Flammarion gelesen hatte. Offenbar war es doch so, dass immer präziseres Messen Erstaunliches zutage fördern konnte. Schließlich war es auch die zunehmende Genauigkeit gewesen, die Le Verrier die Entdeckung des Neptun ermöglicht hatte: Bei der Berechnung der Umlaufbahn des Uranus hatte man deren Ablenkung durch die bekannten Planeten und insbesondere durch Saturn und Jupiter berücksichtigt, aber dennoch ergab sich eine kleine Differenz zwischen dem beobachteten und dem errechneten Orbit. Diese minimale Abweichung musste durch die Existenz eines bisher unbekannten Planeten hervorgerufen werden – Neptun! Durch die Lamb-Verschiebung war nun etwas ganz Ähnliches geschehen: Obgleich man alle magnetischen und relativistischen Störungen des Wasserstoffspektrums einrechnete, blieb eine kleine Differenz, die zur Entdeckung der physikalischen Vakuumeffekte führte. Messgenauigkeit ist also nicht nur eine zweckfreie Obsession von Wissenschaftlern oder der Zwang, immer mehr Nachkommastellen für bestimmte Werte zu gewinnen. Was den Präzisionswillen antreibt, ist vielmehr die Möglichkeit, auf diese Weise etwas Unerwartetes und manchmal gar Grundlegendes zu entdecken.

Worauf immer mein Interesse in diesem zweiten Studienjahr sich auch richtete – stets wurde mir die Bedeutung der Quantenphysik bewusst. Sehr klar trat dies in den Vorlesungen von Brossel und Kastler hervor, in denen es um die Eigenschaften isolierter Atome ging, die man mit gerade erst im Entstehen begriffenen Experimentiermethoden untersuchte. Aber auch in den anderen Vorlesungen des Promotionsstudiengangs ging nichts ohne Quantenmechanik. Ich erinnere mich vor allem an eine Veranstaltung bei Pierre-Gilles de Gennes zur Supraleitfähigkeit, also der Eigenschaft einiger Metalle, bei sehr geringen Temperaturen ohne jeden Verlust Strom zu leiten. Dieser 1911 entdeckte Effekt war 1957, nur wenige Jahre vor meinem Studienbeginn, theoretisch unterfüttert worden. Die Theorie zeigte, dass die Elektronen dieser Metalle gemeinsam hatten, sich ab einer kritischen Temperatur wie eine Flüssigkeit zu verhalten, die ganz ohne Widerstand strömt. Zum Verständnis dieses Mechanismus ist die Quantenphysik unerlässlich. De Gennes sprach bei dieser Gelegenheit auch über den Josephson-Effekt, ein erstaunliches Strömungsphänomen, bei dem Elektronen durch eine dünne isolierende Barriere zwischen zwei Supraleitern tunneln.

Auch hier manifestierte sich überdeutlich die Quantenphysik. De Gennes hatte erwähnt, dass Josephson ein junger britischer Doktorand in unserem Alter war, als er den nach ihm benannten Effekt entdeckte. Ich hatte damals noch keine Vorstellung davon, was Forschung wirklich bedeutete, aber ich erkannte, dass selbst für einen noch lernenden jungen Menschen die Möglichkeit bestand, das Wissen eines Fachgebiets voranzubringen. Ich war deswegen umso begieriger, mit einer echten Forschungsarbeit zu beginnen.

Daher wandte ich mich an Claude, der im Labor von Kastler und Brossel eben eine eigene Studiengruppe zusammengestellt hatte. Es waren seine Vorlesungen zur Relativität und Quantenmechanik, die mich am stärksten beeindruckt hatten. Sie handelten zwar nicht von der Astronomie oder Astrophysik – also den Gebieten, die mich ursprünglich zur Wissenschaft hingezogen hatten –, aber mir war bewusst geworden, was die Physik eint: Die Fragestellungen, auf die man im unendlich Großen und im unendlich Kleinen stoßen kann, haben vieles gemeinsam. An der Astrophysik interessierte mich die Möglichkeit, Mathematik zum Verständnis der Welt einzusetzen, und eben das galt ja auch für die Erforschung der mikroskopischen Welt.

Zudem hatte die von Kastler und Brossel beschriebene Atomphysik den Vorteil, dass man sie in einem normalen Labor praktizieren konnte, ohne von großen, entlegenen Apparaturen abhängig zu sein. Die Atome und ihr Magnetfeldtanz waren sozusagen zum Greifen nah, und man konnte mit wunderbaren Entdeckungen rechnen. Das klingt, als müsste ich meine Entscheidung rechtfertigen – dabei gab es keinen Moment des Zögerns. Der Entschluss erschien mir selbstverständlich, und im Herbst 1965 begann ich also mit meiner Doktorarbeit unter Claudes Leitung.

Ich experimentierte mit einer von Brossel gefertigten Glaszelle, die einen Tropfen Quecksilber enthielt. Durch Erhitzen setzte man in der Kapsel ein Quecksilber-Atomgas frei. Das verwendete Isotop Quecksilber 199 hat wie das Proton einen Kernspin von 1/2, wobei dieser Spin schon den Gesamtdrehimpuls des Atoms darstellt. Im Grundzustand dieses Atoms heben sich die Einflüsse des Elektromagnetismus exakt nach den Quantenspielregeln zur Drehimpulskombination auf. Ich hatte also die Möglichkeit, mit einem sehr simplen System zu arbeiten, nämlich mit einer Menge an praktisch voneinander unabhängigen 1/2-Spins, die ich dem Licht einer ebenfalls von Brossel konstruierten Quecksilberlampe aussetzen konnte. Sie emittierte genau die erforderliche Wellenlänge, um meine Gasatome anzuregen. Schnell konnte ich die Wirkung des von Kastler und Brossel in ihren Vorlesungen beschriebenen optischen Pumpens beobachten – und nun mit meinen eigenen Experimenten beginnen!

Ich werde hier nicht ausführlich auf die Experimente für meine Doktorarbeit eingehen, möchte aber eines von ihnen hervorheben und damit vermitteln, welchen Eindruck es auf mich machte, als ich zum ersten Mal ein atomares Phänomen unmittelbar beobachten konnte. Das Prinzip meines Experiments war sehr einfach: Sobald die Spins durch das optische Pumpen ausgerichtet waren, brachte ich abrupt ein dazu senkrecht verlaufendes Magnetfeld ein. Man könnte nun ganz naiv meinen, die kleinen Atommagneten würden ähnlich wie Kompassnadeln von dem Feld erfasst und sich nach ihm ausrichten, indem sie sich um 90° drehen. Ich kannte mich inzwischen aber so weit aus, dass ich voraussehen konnte, dass die Spins sich auf andere, verblüffende Weise verhalten würden.

Jedes Atom ist nicht nur ein Magnet, sondern auch ein rotierender kleiner Kreisel. Die Wirkung einer Kraft auf einen Kreisel aber widerspricht der intuitiven Vorstellung. Wenn sich der Kreisel um eine Achse schräg zur Senkrechten dreht, lässt sich beobachten, dass er sich nicht etwa unter dem Einfluss der Schwerkraft immer weiter neigt, sondern dass er sich zusätzlich zur schnellen Drehung um die eigene Achse langsamer um die Senkrechte dreht und dabei einen konstanten Winkel zu ihr beibehält. Dieses Verhalten folgt aus der Erhaltung der vertikalen Komponente des Drehimpulses. Die Schwerkraft und die Bodenreaktionskraft üben ein Nullpaar in Bezug auf die Senkrechte aus, und die Übertragung des Drehimpulses in diese Richtung bleibt konstant, wodurch sich die Präzessionsbewegung der Kreiselachse ergibt.

Ein ähnlicher Effekt entsteht bei den kleinen magnetisierten Kreiseln wie sie Atome darstellen. Anstatt sich nach dem Feld auszurichten, beginnen sie, es mit einer zur Amplitude des Feldes proportionalen Frequenz zu umkreisen. Man spricht hier von der »Larmor-Präzession«, so benannt nach dem Physiker Joseph Larmor, der sie zuerst beschrieben hat. Die senkrecht zum Pumpstrahlfeld ausgerichtete Magnetisierungskomponente des Gases beginnt zu schwingen, was sich in einer Modulation der von der Probe ausgegebenen Lichtintensität widerspiegelt, die ich leicht feststellen konnte. Die Schwingung amortisierte sich mit der Zeit, da die zunehmenden Kollisionen der Atome mit der Zellenwand die ursprüngliche Ausrichtung der Probe zerstörten.

Das Experiment gehörte zu den ersten, die ich durchführte. An sich war es keine Neuigkeit und verdiente keine Publikation, dennoch machte es mir zum ersten Mal bewusst, dass ich in der Lage war, Atome zu steuern. Selbst wenn ich sie nicht direkt sehen konnte, so konnte ich doch durch den Blick

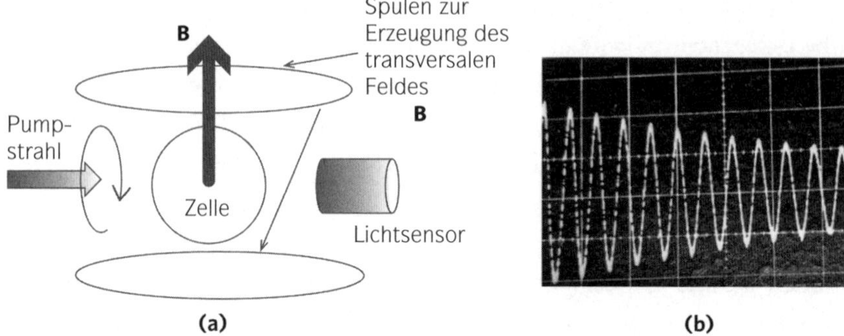

Abb. I.9. Experiment zur Larmor-Präzession von Atomen in einem transversalen Magnetfeld B. (a) Versuchsaufbau: Die Resonanzzelle mit Quecksilberdampf wird durch einen horizontal einfallenden Lichtstrahl zirkular polarisiert. Die Ausrichtung der Atome wird durch einen Lichtsensor erkannt, der die von der Zelle weitergegebene Lichtintensität misst. Die Atome werden abrupt einem durch Strömungsspulen erzeugten vertikalen Magnetfeld ausgesetzt. (b) Ozilloskopsignal, das die Larmor-Präzession der atomaren Magnetisierung anzeigt (ein Quadrat entspricht 0,2 Sekunden).

auf meinen Oszillographen, der die Rotationen der Spins in Schwingungen nachzeichnete, sicher sein, dass da – ganz nah und dennoch für das bloße Auge unsichtbar – Atome taten, was ich vorhergesagt hatte. Ich war ganz fasziniert von dieser grünen Spur auf dem Bildschirm, die ich beliebig oft hervorrufen konnte und deren Frequenz ich steuerte, indem ich die Amplitude des Magnetfelds veränderte.

Viele Jahre später habe ich in der Rede, die Edward Purcell 1952 bei der Verleihung des Nobelpreises hielt, eine Passage entdeckt, die – besser als ich es könnte – ausdrückt, was damals in mir vorging. Purcell hat gemeinsam mit Felix Bloch das Phänomen der nuklearen Magnetresonanz (NMR) in Festkörpern und Flüssigkeiten entdeckt, das unter anderem zur Entwicklung der Magnetresonanztomographie (MRT) für die medizinische Bildgebung geführt hat. Das von mir an Quecksilber durchgeführte Experiment war nichts anderes als ein NMR-Experiment, nur dass es sich bei der Probe um ein aufgelöstes Gas und nicht um einem Festkörper oder eine Flüssigkeit handelte. Der kreisende Kern in meinem Experiment war Quecksilber und nicht etwa das Proton eines Wasserstoffatoms, dessen Präzession Purcell 1945 zum ersten Mal beobachtet hatte; die Physik aber war dieselbe. Purcell schilderte seine Eindrücke mit den Worten:

> So alltäglich solche Experimente in unseren Laboratorien auch geworden sind, so empfinde ich doch immer noch Staunen und auch Freude darüber, dass diese zarte Bewegung in allen gewöhnlichen Dingen um uns herum vorhanden sein soll und sich nur demjenigen offenbart, der danach sucht. Ich weiß noch, wie ich in dem Winter vor gerade einmal sieben Jahren, da wir mit unseren Experimenten begannen, den Schnee mit neuen Augen sah. Da lag er in Haufen vor meiner Haustür – unzählige im Magnetfeld der Erde leise präzedierende Protonen. Es ist der persönliche Lohn für so manche Entdeckung, die Welt einen Moment lang als etwas Reiches und Sonderbares zu betrachten.[2]

Ich selbst hatte nur ein einfaches Demonstrationsexperiment durchgeführt, aber auch ich spürte diese staunende Freude. Ich hatte den Eindruck, zur einer tiefen, verborgenen Wahrheit vorgestoßen zu sein. Die Atome in meiner Glaszelle waren unsichtbar, ja – aber zugleich absolut real, indem sie sich meinen Versuchen zur Verfügung stellten. Es waren Milliarden von Atomen, die sich da drehten, aber da sie es gemeinsam und aufeinander abgestimmt taten, galt das Signal, das ich erhielt, für jedes einzelne Atom, das sich unabhängig von allen anderen als mikroskopische Einheit im magnetischen Feld bewegte. Es sollten noch dreißig weitere Jahre vergehen, bis ich auch einzelne Atome oder Photonen manipulieren und beobachten konnte, doch hatte ich bereits damals das Gefühl, am Anfang eines großen Abenteuers zu stehen.

2 Commonplace as such experiments have become in our laboratories, I have not yet lost a feeling of wonder, and of delight, that this delicate motion should reside in all the ordinary things around us, revealing itself only to him who looks for it. I remember, in the winter of our first experiments, just seven years ago, looking on snow with new eyes. There the snow lay around my doorstep – great heaps of protons quietly precessing in the earth's magnetic field. To see the world for a moment as something rich and strange is the private reward of many a discovery.

1966, als ich eben mein viertes Studienjahr begonnen hatte, erreichte uns die Nachricht, dass Kastler für die Erfindung des optischen Pumpens den Nobelpreis erhalten würde. In Paris fiel an diesem Oktobertag verfrühter Schnee. Das gesamte Labor geriet mit einem Schlag in helle Aufregung – Journalisten drängten herbei, Champagner floss, und man schoss Fotos mit allen Mitarbeitern des Instituts. Alle strahlten sie vor Freude. Mir wurde bewusst, welches Glück es bedeutete, in diesem Labor gelandet zu sein und in einem Forschungsbereich zu arbeiten, der nun weltweite Anerkennung genoss. Ich durfte also an der Seite von diesen Wissenschaftlern arbeiten, die eine so bedeutende Entdeckung gemacht hatten.

Es fiel jedoch ein Schatten auf das Bild, denn das Komitee zeichnete den Träumer Kastler aus, der die Methode ersonnen hatte, aber nicht den detailversessenen, perfektionistischen Brossel, den Verwirklicher des Traumes. Die an jenem Tag aufgenommenen Fotos zeigen ihn lächelnd, wenn auch ein wenig abwesend. Ich kann mir vorstellen, dass sich in seine Freude Enttäuschung mischte, die der frohen Botschaft einen bitteren Beigeschmack gab. Kastler hat mehrfach sein Bedauern darüber ausgedrückt, dass er den Preis nicht mit seinem Kollegen teilte, Brossel selbst aber zeigte nie auch nur die geringste Verbitterung. Das gesamte Labor fragte sich, was der Grund für diese Übergehung gewesen sein könnte, und noch heute, fünfzig Jahre später, kann ich mich nur darüber wundern.

Der Nobelpreis unterstrich die Bedeutung des optischen Pumpens als erste Methode, dank der man Atome durch Lichteinfluss manipulieren und ihr Verhalten präzise und kontrolliert beeinflussen konnte. Dadurch ergaben sich natürlich auch neue Anwendungsmöglichkeiten. Im Spiel war hier der Drehimpuls von Atomen, doch wie wir noch sehen werden, sollte die Methode später auf externe Variablen der Bewegung ausgeweitet werden, nämlich auf die Geschwindigkeit von Atomen: Mithilfe des Lichts ließen diese sich einfrieren, einfangen und einzeln manipulieren.

Der Nobelpreis signalisierte zugleich das Wiederaufleben der französischen Forschung in der Nachkriegszeit. Als letzter französischer Physiker war 1929 Louis de Broglie mit dem Nobelpreis ausgezeichnet worden. Die Gründung des Centre national de la recherche scientifique (CNRS) im Jahre 1939 und

Abb. I.10. Das Spektroskopie-Labor der École normale supérieure am Tag der Bekanntgabe der Nobelpreisverleihung an Kastler im Oktober 1966. Von links nach rechts: Franck Laloë, Claude Cohen-Tannoudji, Alfred Kastler, ich, Jean Brossel und Alain Omont, ein junger Wissenschaftler, der nur wenig älter ist als ich.

die durch die Regierungen unter Pierre Mendès France und später Charles de Gaulle betriebene Wissenschaftsförderung gaben einer hochwertigen, international wettbewerbsfähigen Forschung Aufschwung. In den nachfolgenden Jahren gingen sieben weitere Physik-Nobelpreise an französische Forscher. Jedoch zeugen diese Verdienste von den Bemühungen der Jahrzehnte zwischen 1960 und 1980, und sie sollen nicht über die tiefe Krise hinwegtäuschen, in der sich die Forschung in Frankreich derzeit befindet. Ich werde später noch darauf zu sprechen kommen.

Als junger Student jedenfalls profitierte ich von exzellenten Arbeitsbedingungen, die sich stark von der Situation heutiger Forschungsneulinge unterschieden. Ich arbeitete unter der Aufsicht eines jungen, enthusiastischen Mentors, der sich nicht ständig damit herumschlagen musste, Geldgeber für seine Projekte zu finden oder ihren potentiellen Nutzen zu rechtfertigen. Anstatt Anträge und Berichte zu schreiben, konnte Claude seine Zeit der eigentlichen Forschung widmen. Er konnte Studenten betreuen und Artikel verfassen, in denen er die Ergebnisse unserer Arbeit vorstellte. Ich ging bei einem

Meister in die Lehre, der sich ganz der Forschung und der Lehre widmete. Eine ähnliche Betreuung hätte ich als heutiger Doktorand sicher nicht erfahren, da die meisten Professoren mit administrativen Aufgaben und einem überladenen Kursprogramm zu kämpfen haben und allgemein den Zwängen eines Unternehmers unterworfen sind, der die Finanzierung seines Teams sicherstellen muss. Jedenfalls hatte ich 1967 keine Schwierigkeiten, als Forscher beim CNRS aufgenommen zu werden, obwohl ich noch nicht einmal promoviert war. So konnte ich meine Karriere sichern und mich unbeschwert den Dingen widmen, die mich begeisterten.

Ich erinnere mich mit Wehmut an die freiheitliche Atmosphäre im Labor von Kastler und Brossel. Wir jungen Forscher konnten selbst bestimmen, woran wir arbeiten wollten. Wir ließen uns von den unendlichen Möglichkeiten inspirieren, welche die Idee des optischen Pumpens eröffnete, und vertieften so unsere Kenntnisse über Atome und die Wechselwirkung von Materie und Strahlung. Hatten wir erst unsere Prüfungen bestanden und unsere Forscherleidenschaft bekundet, so schenkte man uns uneingeschränktes Vertrauen. Wenn wir eine Idee hatten, die uns vielversprechend erschien, genügte es, diese kurz und bündig bei Brossel vorzustellen, und er stellte uns die Mittel für ihre Verwirklichung zur Verfügung. Der bürokratische Aufwand, der heutzutage die Arbeit von Forschern begleitet, blieb uns erspart. Dieser Geist hat im heutigen LKB, dem »Laboratoire Kastler Brossel«, trotz aller Widrigkeiten zumindest teilweise überlebt. Ich hatte das Privileg, mein Leben lang in diesem Labor forschen zu dürfen. Mir ist bewusst, welch großes Glück es war, dorthin gefunden zu haben – letztendlich nur, weil mich die Vorlesung eines jungen enthusiastischen Professors, die ich eher zufällig belegt hatte, so begeistert hatte.

Die Versprechen des Lasers

Ein zweiter glücklicher Zufall war, dass ich kurz nach dem Durchbruch der Lasertechnik in die Forschung einstieg. Die außergewöhnliche Lichtquelle tauchte erstmals 1960 in den Laboren auf und sollte der Grundlagenforschung wie der angewandten Forschung immense Perspektiven eröffnen. Inzwischen kennt man ihre unzähligen Anwendungen im Alltagsleben, von CD- und DVD-Abspielgeräten über Glasfaserkabel bis zum Internet, vom ultrapräzisen

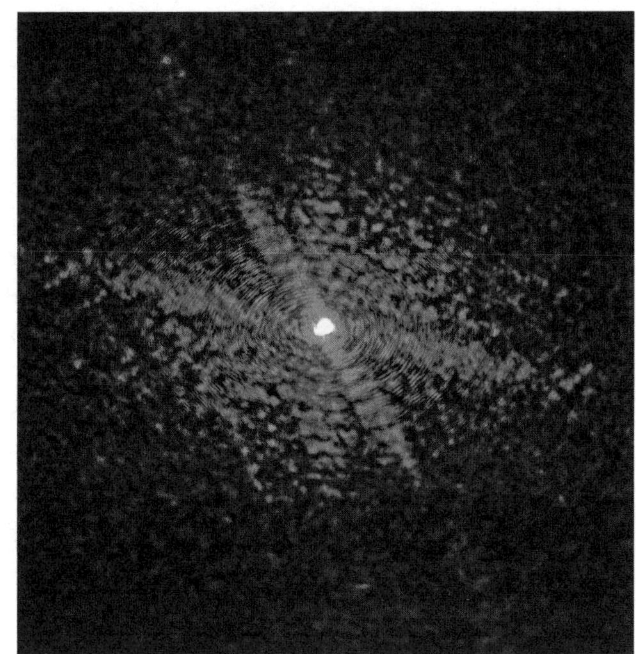

Abb. I.11. Interferenzmuster oder Lichtgranulationen (engl. *speckle*), die beim Auftreffen eines Laserstrahls auf eine Objektoberfläche entstehen. (Foto: Patrick Imbert, Bilddienst des Collège de France)

Materialzuschnitt bis zur Augenchirurgie, von Scannerkassen in Supermärkten bis zu optischen Entfernungsmessern, die auf jeder Baustelle eingesetzt werden. Der breiten Öffentlichkeit weniger bekannt ist die fundamentale Rolle, die der Laser im Verlauf der vergangenen Jahrzehnte in der Grundlagenforschung der Physik, Chemie, Biologie und Astronomie gespielt hat.

Während meines Studiums an der École normale supérieure gab es die ersten Laborversuche mit Lasern. Die feinen blauen, roten oder grünen Lichtstrahlen, die sich ohne Abweichung über weite Strecken ausbreiteten, versetzten uns in Staunen. Wenn sie auf eine weiße Wand oder ein Blatt Papier trafen, bildeten sie einen schimmernden Lichtfleck mit ungewöhnlichen Mustern, die man vom klassischen Lampenlicht nicht kannte. Diese Granulationen, besser bekannt unter ihrem englischen Namen *speckle*, sind Lichtfluktuationen, die durch das Auftreffen des Laserstrahls auf eine unregelmäßige Oberfläche hervorgerufen werden. Der Grund für dieses Phänomen ist die große Frequenz- und Phasenstabilität des Lichts, die zu Interferenzen führt, wenn es von mikroskopischen Unebenheiten diffus reflektiert wird. Eben diese Stabilität ermöglichte in den 1970er-Jahren gigantische Fortschritte in der Spektroskopie. Die damaligen Laser strahlten mit festen Frequenzen, und für die Anwendung in Experimenten der Atomphysik musste man ihr seltenes Zusammentreffen mit atomaren oder molekularen Übergängen nutzen. Die Untersuchungen, die ich für meine Doktorarbeit anstellte, konnten also von dieser neuen Lichtquelle nicht profitieren, und ich musste mich mit der weniger intensiven Strahlung der von Brossel gefertigten Spektrallampen begnügen. Claude und ich jedoch träumten schon davon, woran wir experimentieren könnten, wenn wir anpassungsfähige Laser besäßen, deren Farbe wir per Knopfdruck ändern könnten, um sie dann den Atomspektren auszusetzen, die wir optisch pumpten.

1968 zog ein Artikel des Physikers und Visionärs Arthur Ashkin aus den berühmten Bell Laboratories in den USA unsere Aufmerksamkeit auf sich. Ashkin schlug darin vor, den Strahlungsdruck von Lasern zu nutzen, um die Bewegung der Atome im Raum zu kontrollieren. Im Prinzip wollte er mit dem Impuls, also dem Bewegungszustand von Atomen, eben das machen, was das optische Pumpen mit ihrem Drehimpuls tat. Konnte man etwa mithilfe von Licht nicht nur die Rotationsachse der atomaren Kreisel beeinflussen, sondern auch ihre Geschwindigkeit?

Die Idee erschien verrückt, da die Laser noch weit davon entfernt waren, sich für derartige Experimente zu eignen. Dennoch wurde sie zwanzig Jahre später Realität, und die Fortschritte in der Lasertechnologie ermöglichten es nun, Atome in ihrer Bewegung anzuhalten, also ihre Wärmebewegung quasi komplett zu unterdrücken, und sie gar in Lichtkäfige aus Laserstrahlen einzusperren. Die Experimente zum Kühlen und Fangen per Laser (engl. *laser cooling and trapping*) revolutionierten die Atomphysik und brachten Claude zusammen mit den amerikanischen Forschern Steven Chu und William Phillips 1997 den Nobelpreis ein. Arthur Ashkin jedoch musste fünfzig Jahre warten, bis seine hellsichtige Idee 2018 mit dem Nobelpreis geehrt wurde. Dass die Zeitspanne zwischen einer Erfindung und ihrer Anerkennung so extrem ausfallen kann, sagt uns einiges über den Charakter der Forschung und den langen Weg von der ursprünglichen Idee zur ersten Anwendung. Aber auch die Tatsache, dass es inzwischen sehr viele Forscher auf der Welt gibt, die wichtige Arbeiten auf den vielfältigsten Gebieten geleistet haben, trägt dazu bei, dass die Verleihung eines Nobelpreises manchmal lange auf sich warten lässt.

1968 jedenfalls konnten wir uns in unseren kühnsten Träumen nicht ausmalen, wie der Laser die Grundlagenforschung bereichern sollte. Ohne Laser hätte ich kein einziges der Experimente durchführen können, die mich die Quantenwelt erkunden ließen. Neben dem Nutzen für meine eigenen Forschungen konnte ich den außerordentlichen Fortschritt beobachten, den diese Technik für viele andere Bereiche brachte. Obgleich wir weit davon entfernt waren, das Ausmaß dieser Entwicklungen abschätzen zu können, beflügelte uns ab den 1960er-Jahren doch die Aussicht, dass diese neuen Lichtquellen noch unentdeckte Forschungsfelder in der Atomphysik eröffnen würden.

Manche meiner Kommilitonen entschieden sich für einen anderen Weg, denn zum selben Zeitpunkt erlebten die theoretische Physik und die Teilchenphysik einen erheblichen Aufschwung. Ich erwähnte ja bereits, dass in jenen Jahre das Standardmodell der elementaren Wechselwirkung ausgearbeitet wurde, und zwar im steten Austausch zwischen Theoretikern und den Experimentatoren an den großen Teilchenbeschleunigern. Über die Atomphysik hinaus ging es hier darum, den Eigenschaften der Kerne und ihrer Bestandteile auf die Spur zu kommen. Man begann, von Quarks zu sprechen, also von den Elementarteilchen, aus denen Protonen und Neutronen bestehen. Es handelte sich um ein brandaktuelles und zu Recht angesagtes Thema, das viele brillante Köpfe anzog.

Meine Mitstudenten, die sich diesem Bereich angeschlossen hatten, schauten etwas herablassend auf mein Betätigungsfeld. Die Atomphysik sei doch etwas angestaubt, meinten sie. Die Gesetze der Quantenmechanik, denen die Atome gehorchten, seien schließlich seit fast einem halben Jahrhundert bekannt, und ich überprüfte doch nur Dinge, die ohnehin feststünden. Die immer feinere Analyse von Atomspektren sei doch eher die Arbeit eines Archivars als eines wahren Physikers. In zweifelnden Momenten fragte ich mich manchmal selbst, ob ich hier meiner Kindheitsmanie Vorschub leistete und mich aus reiner Detailversessenheit und Ordnungsliebe dem Messen von Dingen verschrieb. Meine Kommilitonen jedenfalls fanden, ich würde meine Zeit verschwenden. Damit hätten sie womöglich auch recht behalten, wenn nicht der Laser so viele neue Möglichkeiten eröffnet hätte. Mein Vertrauen in die Zukunft der Atomphysik gründete wohl auf der unbewussten Vorahnung, dass noch viele Dinge hinter dem Horizont verborgen lagen, die sich mithilfe der phantastischen Eigenschaften dieser Lichtquelle entdecken ließen.

Währenddessen war ich intensiv mit meiner Doktorarbeit beschäftigt, der eine noch anspruchsvollere Thèse d'État folgte. Nach wie vor ergriff mich immer wieder freudiges Staunen, wenn ich mithilfe meiner schlichten Apparate bestimmte Atomsignale beobachten konnte. Die Experimente waren damals viel einfacher als die komplizierten Versuchsaufbauten, die heutige Studenten beherrschen müssen. Ein, zwei Lampen und ein, zwei Zellen mit Atomen, ein Photovervielfacher sowie ein Plotter oder ein Oszilloskop – mehr brauchte ich nicht. Man war noch weit weg von den unzähligen Spiegeln, Linsen, halbreflektierenden Platten und Kristallen, die Laserstrahlen heute auf großen optischen Tischen passieren müssen, bevor sie mit Atomen in Wechselwirkung treten.

Ich vervollständigte diese Grundausstattung durch eine zylindrische Abschirmung aus Mu-Metall, einer Legierung aus Nickel und Eisen, die das Erdmagnetfeld ausblendete und umgebende magnetische Störfelder weitgehend unterdrückte. In diesem geschützten Umfeld richtete ich nun ein Magnetometer mit optisch gepumpten Rubidium-Atomen ein. Dabei arbeitete ich mit Jacques Dupont-Roc zusammen, der ebenfalls Laborstudent bei Claude war. Wir konnten sehr schwache Änderungen des Magnetfelds feststellen, indem wir die damit verbundenen Schwankungen der von der optisch gepumpten Zelle weitergegebenen Lichtintensität maßen. Die Spins der Rubidiumatome, deren Drehimpuls elektrischen Ursprungs ist, haben etwa tausendfach größere magnetische Momente als die Kernspins des Quecksilbers aus meinen ersten Versuchen. Damit reagierten sie viel sensibler auf Veränderungen des Magnetfelds.

Zum ersten Mal sah ich hier den möglichen Zusammenhang zwischen der Grundlagenforschung und der angewandten Forschung; wir bekamen für unser Magnetometer sogar ein Patent. Allerdings brachte es uns nichts ein, obwohl kaum abgewandelte Versionen unseres Instruments in der Medizin und Forschung zur Anwendung gekommen sind – nämlich zur Erstellung von Kardiogrammen und Enzephalogrammen anhand der winzigen Fluktuationen des Magnetfelds, die durch den Herzschlag oder die Hirnströme hervorgerufen werden.

Um die Empfindlichkeit unseres Magnetometers unter Beweis zu stellen, beschlossen wir, mit seiner Hilfe die Präzession der Kernspins von Helium 3 zu beobachten. Es handelte sich dabei also um ein doppeltes Pumpexperiment, da wir zunächst Helium 3 ausrichten mussten und anschließend das Rubidium für unser Magnetometer. Der Kern von Helium 3 besteht aus zwei Protonen und einem Neutron und hat wie Quecksilber 199 einen Spin von 1/2. Dieser Spin sorgt beim Helium wie beim Quecksilber für den gesamten atomaren Magnetismus. Um Helium auszurichten, ist ein komplexeres Verfahren als das weiter oben beschriebene erforderlich, auf das ich hier nicht genau eingehe. Bewerkstelligen konnte es Franck Laloë, ein Student, der zur selben Zeit für seine Doktorarbeit über Heliumatome forschte. Und so schlossen wir drei – Jacques, Franck und ich – uns zur Durchführung des Experiments zusammen.

Die gerichteten Heliumspins setzten wir einem minimalen senkrechten Magnetfeld aus, das vielleicht einem Zehntausendstel des Erdmagnetfelds entsprach. Sie begannen daraufhin, das Feld in einem Rhythmus von etwa einer Umdrehung pro Minute zu umkreisen. Nun wurde die Rubidium-Magnetometerzelle neben die Heliumzelle gebracht. Die Präzession der Heliumkerne rief ein kleines, kreisendes Magnetfeld hervor, dessen periodische Schwankungen von dem in wenigen Zentimetern Abstand positionierten Rubidium-Magnetometer erkannt wurden. Die von der Magnetometerzelle ausgehenden Lichtschwankung beschrieb eine langsame, von einer ruckelnden Feder mit roter Tinte auf eine gemächlich dahinlaufende Millimeterpapierrolle gezeichnete Sinuskurve. Die Heliumspins blieben über Stunden ausgerichtet, und ich verfolgte wie hypnotisiert, wie sich Hunderte langsame Schwingungen im Laufe eines langen Tages amortisierten. Hinter der Abschirmung aus Mu-Metall kommunizierten also Heliumatome und Rubidiumatome mittels minimaler Schwankungen des Magnetfelds, mit Amplituden von einem Millionstel des Erdmagnetfelds. Die Information wurde vom Helium auf das Rubidium, vom Rubidium auf das Licht und zuletzt vom Licht auf die Feder des Kurvenschreibers übertragen.

Das Experiment hatte etwas Spielerisches, denn sobald ich die Spins wie mikroskopisch kleine Kreisel in Schwung gebracht hatte, konnte ich sie sich selbst überlassen. Einmal brachte ich den Hinweis »Bitte nicht stören, laufendes Experiment« an der Labortür an, schloss sie sanft und ging mit Claudine ins Kino, wo wir uns *Bananas*, einen der ersten Woody-Allen-Filme, anschauten. Zwei Stunden lang waren meine Spins vergessen, und als wir zurückkamen, drehten sie sich immer noch. Ich habe die lange Papierrolle des Kurven-

(a)

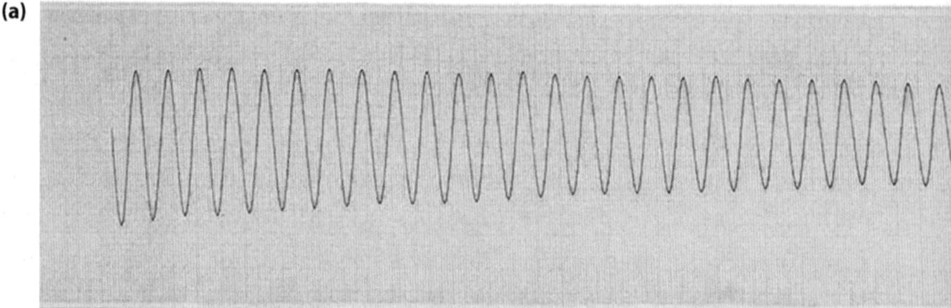

(b)

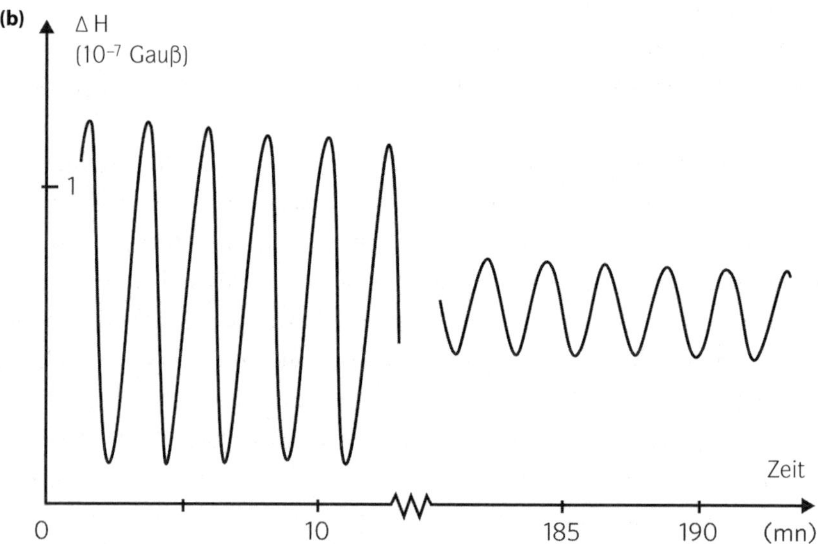

Abb. I.12. (a) Langsame Präzession von Helium-3-Kernen in einem Magnetfeld von 2 Mikrogauß ($2{,}10^{-10}$ Tesla), beobachtet mithilfe eines Rubidium-Magnetometers. Auf der mit einer Geschwindigkeit von 1 cm/min laufenden Papierbanderole wurden mehr als einhundert Perioden aufgezeichnet. Die Präzessionsperiode betrug 2 Minuten und 30 Sekunden. Das Signal amortisierte sich langsam und blieb auch nach zehn Stunden sichtbar. (b) Das gleiche Signal, wie es 1969 bei der Veröffentlichung unserer Ergebnisse in den *Physical Review Letters* präsentiert wurde: Da man nicht das gesamte Signal aufführen konnte, konzentrierte sich die Darstellung auf zwei Abschnitte, nämlich den Anfang der Aufzeichnung und den Zustand nach drei Stunden.

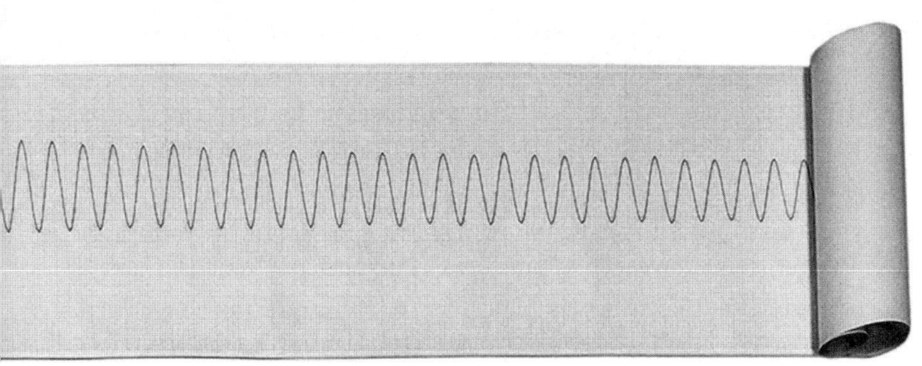

schreibers in einer Schublade aufbewahrt, als Zeugnis für die Präzession der Heliumatome. Sie ist das einzige Dokument, das mir von dem Experiment geblieben ist. Heutzutage wären die Daten direkt digitalisiert und in einen Computerspeicher verschoben worden. Damals gab es das noch nicht – aber ich bin mir gar nicht so sicher, ob statt des antiken Papierarchivs wirklich ein elektronischer Speicher der bessere Aufbewahrungsort für dieses fragile Signal gewesen wäre.

Erste Amerikareise und wiedererwachte Weltraumbegeisterung

Im Jahr dieses Experiments befand Claude, Jacques und ich hätten nun genug Erfahrung, um die Ergebnisse unserer Magnetometrieuntersuchungen bei einem Kongress in Kanada vorzustellen. Wir nutzten die Gelegenheit, um auch die USA zu bereisen und dort Forschungslabore zu besuchen, in denen Kollegen und Freunde von Brossel und Kastler arbeiteten, bei denen sie uns empfohlen hatten. Claudine und Jacques' Frau Roselyne begleiteten uns. Es war meine erste Reise in die USA und die erste von vielen Atlantiküberquerungen, die inzwischen zum Pflichtprogramm eines jeden Forschenden gehören.

Ich weiß noch gut, dass die Zeitverschiebung bei diesem ersten Mal besondere Probleme stellte. Wir hatten in unserem Washingtoner Hotel ein großes Zimmer mit Farbfernseher (damals eine absolute Neuheit) reserviert, da wir ein einzigartiges Geschehen mitverfolgen wollten: Der Zufall wollte es, dass gerade an diesem Tag, dem 21. Juli 1969, die ersten Menschen auf dem Mond landen sollten. Die Übertragung der Mondlandung war für neun Uhr abends angekündigt. Meine Begeisterung für die Erforschung des Weltraums war ungemindert, und ich wollte das historische Ereignis auf keinen Fall verpassen. Um etwas gegen die Müdigkeit zu unternehmen, die uns am Nachmittag zu überwältigen drohte, zwangen wir uns zu einem Besuch der National Gallery. Die beeindruckende Gemäldesammlung und das aufgeregte Museumstreiben ließen unsere Erschöpfung nur noch größer werden. Im Hotel fielen uns um sieben Uhr abends die Augen zu, und wir verpassten die hoch spannenden Vorbereitungen zur Mondlandung von Apollo 11. Ich schreckte zwei Stunden später aus dem Schlaf hoch, als eben der etwas gespenstisch anmutende Neil Armstrong die Leiter der Fähre hinabstieg und seinen Fuß auf die Mondoberfläche setzte: »Ein kleiner Schritt für einen Menschen, aber ein riesiger Sprung für die Menschheit.« Es dauerte, bis ich Claudine und die anderen wach bekam, damit sie sich mit mir ansahen, was da Unglaubliches geschah.

Ich erwähne diese Anekdote, weil sie uns zum Laser zurückbringt. Drei Tage später waren wir in Boulder, Colorado, da Brossel uns ans Herz gelegt hatte, dort seinen Kollegen Peter Bender zu treffen, der beim JILA, dem Joint Institute for Laboratory Astrophysics, arbeitete. Es wurde ein unvergesslicher Besuch. Peter war für ein Telemetrieprojekt innerhalb der Apollo-Mission verantwortlich. In eben der Nacht, in der wir unsere Augen nur mit Mühe hatten aufhalten können, hatten Armstrong und sein Astronautenkollege Buzz Aldrin einen Laserreflektor aus Quarzglasprismen auf dem Mond platziert, auf den Peter und sein Team in Boulder nun mithilfe eines Teleskops einen gepulsten Hochenergielaserstrahl richteten. Der Reflektor schickte das Licht von der Mondoberfläche zurück zur Erde, und indem sie das Signal auffingen und den Abstand zwischen Abschuss und Empfang des jeweiligen Lichtimpulses bestimmten – nämlich ein Intervall von etwa zweieinhalb Sekunden –, konnten Peter Bender und seine Kollegen zum ersten Mal in der Geschichte eine astronomische Distanz direkt und sehr präzise messen. Auf die lange und spannende Geschichte, durch die Lichtgeschwindigkeit und Astronomie seit Galileis Zeiten miteinander verknüpft sind, werde ich an späterer Stelle zurückkommen.

Die astronomische Lasertelemetrie hat sich – unter Ausnutzung dieses ersten und zwei weiterer (von Apollo 14 und 15 auf den Mond gebrachten)

Abb. I.13. Der von der Apollo-11-Mission auf dem Mond platzierte Laserreflektor. Bei meinem Besuch im Juli 1969 konnten Peter Bender und sein Team zurückgespiegeltes Laserlicht von der Mondoberfläche empfangen. (© NASA)

Reflektoren – in den vergangenen fünfzig Jahren weiter verfeinert. So ließ sich die Mondbahn nun mit erstaunlicher Exaktheit bestimmen, da man den Abstand zwischen Erde und Mond jeweils millimetergenau messen konnte. Die Beobachtungen haben die Annahmen von Einsteins Relativitätstheorie bestätigt.

Das Reflektor-Experiment verdeutlichte eindrucksvoll, welche Macht in der Lasertechnologie steckte, mit der sich nun ganz konkret neue Sichtweisen auf die Welt eröffneten. Dass ich einem so bedeutenden wissenschaftlichen Ereignis quasi direkt beiwohnen durfte, freute und berührte mich ungemein – und dass sich Peter Bender trotz der Aufregung um die Entdeckung einen ganzen Nachmittag Zeit nahm, um uns die Einzelheiten des Experiments zu erläutern, hob meine Stimmung umso mehr. Wenn er mich für würdig befand, seinen Ausführungen zu folgen und seine Begeisterung zu teilen, dann war tatsächlich ein Wissenschaftler aus mir geworden.

Seitdem ist ein halbes Jahrhundert vergangen, und ich habe nie aufgehört, die komplexe Schönheit der Natur zu bewundern. Es ist ein freudiges, begeistertes Staunen. Jedes Mal, wenn ich etwas Neues entdecken konnte, ist mir (mit Purcell) erneut bewusst geworden, welch »reich und seltnes Gut« die Welt doch ist. Dazu hat es einfach Spaß gemacht, mithilfe unablässig verfeinerter Instrumente mit Atomen und Photonen zu jonglieren, denn jedes Experiment ist immer zugleich eine spielerische Herausforderung.

Ich hatte das Glück, irgendwann selbst eine Forschungsgruppe zusammenstellen und leiten zu dürfen. So konnte ich mit Studierenden und Kollegen zusammenarbeiten, die von derselben Begeisterung angetrieben wurden und werden. Immer hat mich das Gefühl getragen, zu einer regen Wissenschaftsgemeinschaft zu gehören, die das gemeinsame Interesse an der Erforschung der Natur über Grenzen und Kulturen hinweg verbindet. Diese Gemeinschaft knüpft mit jeder neuen Generation an all jene an, die uns im Laufe der Jahrhunderte vorangegangen sind und Wege der Erkenntnis eröffnet haben, denen wir nun weiter folgen. Das Privileg eines Wissenschaftlers ist nicht nur, zu dieser Wissensvermehrung beizutragen, sondern besteht zugleich darin, Zeuge der Erfindungen seiner überall auf der Welt tätigen Kollegen zu sein, da man in der glücklichen Lage ist, diese Entdeckungen verstehen und wertschätzen zu können.

Meine Arbeit wurde immer von reiner Neugier angetrieben. Es ging stets darum, eine grundlegende Frage zu beantworten: »Wie wird sich ein Atom oder ein Photon verhalten, wenn ich es in diesen oder jenen Zustand versetze?« Aber auch: »Wie kann ich dieses Verhalten beobachten und das System dabei möglichst wenig stören?« Tatsächlich ist die Verwendung eines Ergebnisses für eine praktische Anwendung manchmal klar ersichtlich, so etwa beim optisch gepumpten Magnetometer. Ich selbst aber habe nie vorgehabt, aus einer Idee ein Instrument zu entwickeln oder gar auf den Markt zu bringen; dafür benötigt man andere Qualitäten und Fähigkeiten.

Dasselbe gilt für die von meinem Team verfolgte Grundlagenforschung zur Manipulation einzelner Quantensysteme, die schließlich durch den Physik-Nobelpreis geehrt wurde. Wir haben diese Forschungen nicht unternommen, um einen Quantencomputer zu bauen – auch wenn viele Journalisten das gerne glauben möchten. Tatsächlich wussten wir anfangs so gut wie nichts von der theoretischen Quanteninformatik, die in den 1980er-Jahren aufkam. Wir waren einfach neugierig, ob wir vor äußeren Einflüssen abgeschirmte Atome und Photonen so manipulieren könnten, dass sich die seltsame Quantenlogik bewies, durch die einem Atom oder einem elektromagnetischen Feld ermöglicht wird, an zwei Orten zugleich zu sein oder zwei Energiezustände gleichzeitig zu haben. Und natürlich war uns daran gelegen, sämtliche Konsequenzen dieses Phänomens zu erforschen.

Im englischsprachigen Raum gibt es einen schönen Begriff für diese offene Grundlagenforschung ohne wirtschaftliches Ansinnen, mit der man eigentlich »nur« anstrebt, die Welt besser zu verstehen. Man spricht dort von *blue sky research*. Ich mag diesen Ausdruck, denn er verweist auf den Himmel – und darüber hinaus auf die Astronomie und Astrophysik, die doch meine Begeisterung für die Physik geweckt haben. Sind diese Wissenschaften des Universums nicht per se »unnütz«, da sie mit keiner direkten Anwendung verbunden sind? Die Frage, warum der Himmel blau ist oder warum er beim Auf- und Untergehen der Sonne rot wird, dient doch augenscheinlich keinem Zweck außer der Befriedigung unserer Neugier. Nachdem man aber erkannt hatte, dass das Licht durch die Gasmoleküle der Atmosphäre gestreut wird, konnten mit diesem Wissen Phänomene aufgedeckt werden, die sich zahlreiche optische Geräte zunutze machen. Genauso wird es eines Tages mit unseren Erkenntnissen über Atome und Photonen sein, ob sie nun in einem Quantencomputer oder etwas ganz anderem Anwendung finden.

Wenn ich bei einem Vortrag über meine Forschungen berichte, möchten die Leute nicht nur wissen, warum ich Physiker geworden bin und was mich zu meinem Forschungsfeld geführt hat. Es geht auch um die damit zusammenhängende Frage, wozu meine Untersuchungen eigentlich gut sind. Diese ließe sich auch allgemeiner formulieren: Warum betreiben wir ergebnisoffene *blue sky research*, also Grundlagenforschung quasi ins Blaue hinein? Eben darauf möchte ich in diesem Buch Antwort geben.

Kapitel II

GEDANKEN AUS DEM KLEINEN PARK VOR DEM OBSERVATOIRE

Seit mehr als vierzig Jahren überquere ich auf meinem täglichen Weg ins Labor die kleine Grünanlage der Pariser Sternwarte. Eine grasbewachsene, von Kastanien gesäumte Allee verbindet das unter Ludwig XIV. erbaute Observatoire mit dem Jardin du Luxembourg und folgt dabei der Linie des Pariser Meridians. Damit ist der Meridianbogen zwischen Dünkirchen und Barcelona gemeint, den die Astronomen Delambre und Méchain während der Französischen Revolution zur Festlegung des Meters vermaßen. Wenn ich den Platz überquere, dann kreuze ich diese imaginäre Linie von West nach Ost. Der Pariser Meridian war bis 1880 Bezugspunkt für sämtliche Längengrade auf französischen Weltkarten, bis dann der etwa 2° weiter westlich verlaufende Greenwich-Meridian als Nullmeridian festgelegt wurde.

Im Süden, zu meiner Rechten, sehe ich am Ende der Allee die weiße Kuppel der Sternwarte. 1676 konnte hier der dänische Astronom Ole Rømer die Trabanten des Jupiter beobachten, anhand derer sich erstmals die Geschwindigkeit von Licht messen ließ. Links von mir erblicke ich das im Auftrag von Maria de' Medici errichtete Palais du Luxembourg. Beim Betrachten der von den Fensterscheiben eben dieses Schlosses reflektierten Sonnenstrahlen entdeckte der Ingenieur Étienne Louis Malus 1808 die Grundlagen der Lichtpolarisation. Diese spielt – wie wir gesehen haben – eine wichtige Rolle beim Verfahren des optischen Pumpens, mit dem in ich meinen ersten Jahren als Forscher experimentierte.

Ich habe also oft Gelegenheit, über die lange Geschichte der Lichtforschung nachzusinnen. An ihr sind natürlich hauptsächlich Physiker, aber auch Mathematiker, Astronomen, Ingenieure und sogar Seefahrer beteiligt. In ihnen finde ich alles wieder, was mich in meiner Jugend begeistert hat. Mir gefällt diese Geschichte, denn sie zeigt, wie sich die verschiedenen Wissensbereiche im Laufe der Jahrhunderte gemeinsam entwickelt und die reiche und seltene Schönheit der Welt in immer mehr Details offenbart haben. Um den Geheimnisse des Lichts auf die Spur zu kommen, musste man den Himmel und die Erde mit immer größerer Genauigkeit beobachten. Dazu bedurfte es der Erfindung neuer Messinstrumente und der Entwicklung überzeugender Rechenmethoden.

In diesem Wissensabenteuer hat das Streben nach Präzision eine entscheidende Rolle gespielt. Durch die immer sorgfältigere Messung von Zeiten und Entfernungen konnten die Gesetze der Newtonschen Mechanik, die Gestalt der Erde und die Ausmaße des Sonnensystems bestimmt werden. Und indem die Präzision ins immer noch Genauere weitergetrieben wurde, kam es schließlich zu einer radikalen Revision des klassischen Weltbilds durch die Gesetze der Relativität und der Quantenphysik. Es ist die mit Galilei beginnende und zu Einstein und der modernen Physik führende Wissensgeschichte, die ich in diesem und den drei folgenden Kapiteln erzählen möchte. Dabei sollen die Fragestellungen zum Licht der rote Faden sein, doch werden wir auf unserem Weg einige Abstecher machen, da diese Geschichte manche Überraschung und unerwartete Entdeckung birgt.

Die Menschheit ist seit Anbeginn der Zeit gebannt vom Licht. Im Gegensatz zur Finsternis, die für Schrecken und Tod steht, ist das Licht ein Zeichen für Leben und Neuanfang. In allen ›primitiven‹ Religionen war die Licht und Wärme spendende Sonne ein Objekt der Anbetung. Zur Feier des Jahreskreises gehörten verschiedene Formen des Sonnenkults. Licht war aber immer auch ein Symbol der Erkenntnis – denn alle wichtigen Informationen, die wir über die Welt erhalten, ermöglicht uns das Licht: Das vom Himmel kommende Licht lehrt uns etwas über das Universum, und durch das Licht der Dinge und Lebewesen in unserem Umfeld können wir uns orientieren und werden vor drohenden Gefahren gewarnt.

Die Verehrung, welche das Altertum dem Licht entgegenbrachte, hatte nichts mit Vernunft zu tun; es ging nicht darum, grundlegende Fragen zum Wesen und zu den Eigenschaften der Lichtstrahlung zu beantworten. Wenn sich die Menschheit Fragen stellte, dann gab sie poetische, mythische oder religiöse Antworten in Form von Offenbarungen, die aber die Geheimnisse des Lichts nicht erhellen konnten. Erfüllt das Licht den Raum unmittelbar oder verbreitet es sich mit einer endlichen Geschwindigkeit? Ist es wie Materie geartet oder hat es eine andere Beschaffenheit? Warum sind manche Medien durchsichtig und andere nicht? Auf all diese Fragen gab es keine Antworten.

Gesetze der Optik, welche die Ausbreitung von Lichtstrahlen beschreiben, wurden schon in der Antike und in der mittelalterlichen arabischen Welt entwickelt, doch erst mit dem Aufkommen der wissenschaftlichen Methodik im 17. Jahrhundert konnten die Geheimnisse des Lichts allmählich aufgespürt werden. Genaues Beobachten, Experimentieren und Messen sowie die Entwicklung mathematischer Theorien traten an die Stelle mythischer Erzählungen. Grundlagenwissen und Fortschritte in der Instrumentierung wuchsen Hand in Hand – ein früher Beweis für die fruchtbare Symbiose zwischen Technologie und einer von reiner Neugier angetriebenen Forschung, der *blue sky research*.

Zwei Instrumente am Anfang einer wissenschaftlichen Revolution: Fernrohr und Pendeluhr

Beginnen wir mit der Frage nach der Lichtgeschwindigkeit. Entgegen der altertümlichen Auffassung, Lichtstrahlen würden einen Raum unmittelbar und verzögerungsfrei füllen, kam Galilei als erster Wissenschaftler der Neuzeit zu der Einsicht, dass das Licht sich ebenso wie der Schall mit endlicher Geschwindigkeit verbreiten müsse. Es heißt, Galilei habe sogar versucht, diese Geschwindigkeit zu messen, indem er und sein Gehilfe auf je einen toskanischen Hügel stiegen und sich über eine Distanz von mehreren Kilometern Laternensignale schickten. Dazu deckte Galilei seine zunächst verdunkelte Laterne zu einem verabredeten Moment ab und bat seinen Assistenten, das Gleiche zu tun, sobald ihr Lichtstrahl bei ihm angekommen wäre. Bei bekannter Entfernung zwischen den beiden Hügeln hoffte Galilei, über die Verzögerung des Antwortsignals die Geschwindigkeit der Lichtstrahlen berechnen zu können.

Das Ergebnis des Versuchs war enttäuschend. Es gab tatsächlich eine kaum nachweisbare Verzögerung von einem Sekundenbruchteil zwischen der Aussendung und dem Empfang des Lichtsignals. Diese war jedoch unabhängig von der Entfernung zwischen den beiden Männern und entsprach ganz einfach der Reaktionszeit ihrer Gehirne. Man weiß inzwischen, dass das Intervall, das sie hätten beobachten wollen, nur Millionstelsekunden beträgt – also viel zu kurz ist, als dass unsere Sinne es wahrnehmen könnten. Kein Instrument der damaligen Zeit war in der Lage, eine so minimale Spanne zu messen. Es sollte noch zweieinhalb Jahrhunderte dauern, bis das von Galilei ersonnene Experiment dank technologischen Fortschritts zu einem positiven, präzisen Ergebnis führte. Immerhin war zu Beginn des 17. Jahrhunderts klar, dass Licht sehr schnell unterwegs ist und dass es unerlässlich war, zu lernen, sehr kurze Zeitspannen und sehr große Distanzen zu messen, wenn man eine Vorstellung von seiner wahren Geschwindigkeit bekommen wollte.

Schon Galilei widmete sich diesen beiden Herausforderungen, dachte dabei aber nicht primär an die Lichtgeschwindigkeit, die ihn seit dem gescheiterten Experiment nicht mehr zu beschäftigen schien. Indem er Pendelbewegungen analysierte und erstmals ein Vergrößerungsglas zur Himmelsbetrachtung einsetzte, konnte Galilei Entdeckungen machen, die ein halbes Jahrhundert später erste Schätzungen der Geschwindigkeit von Lichtstrahlen erlaubten.

Bis ins 17. Jahrhundert maß man die Zeit mit primitiven Mitteln. Turmuhren zählten die Drehschwingungen eines langen Seils, an dem ein horizontaler Holzbalken (»Foliot«) befestigt war. Die Ungenauigkeit dieser Uhren betrug bis zu einer Viertelstunde pro Tag. Kürzere Intervalle maß man anhand von Pulsschlägen oder Wasseruhren, den Klepsydren. Die Zeit, die eine Kugel brauchte, um eine Schräge hinunterzurollen, soll Galilei dadurch bestimmt haben, dass er die Wassermenge wog, die zwischen Anstoß und Landung der Kugel aus der Klepsydra geflossen war. Auch hier ließ die Genauigkeit zu wünschen übrig.

Neue Perspektiven eröffneten sich dann durch Galileis Versuche mit einem Punktpendel – einer an einem Faden befestigten kleinen Kugel, die im Schwerefeld der Erde hin und her schwingt. Galilei erkannte, dass die Schwingungsdauer unabhängig von der Masse des Pendelkörpers und auch von der Schwingungsweite ist. Letztere Eigenschaft, auch Isochronismus von Schwingsystemen genannt, gilt jedoch nur für kleine Ausschläge des Pendels. Die Schwingungsdauer hängt damit nur von der Länge der Pendelschnur ab. Bei einer Aufhängung von knapp einem Meter Länge dauert ein Pendelschwung zwei Sekunden (Galilei maß natürlich nicht in Metern, sondern in damals üblichen Einheiten wie Elle oder Klafter). Es galt noch enorme Fortschritte zu bewältigen, um vom einfachen Fadenpendel, das ungefähr eine

(a)

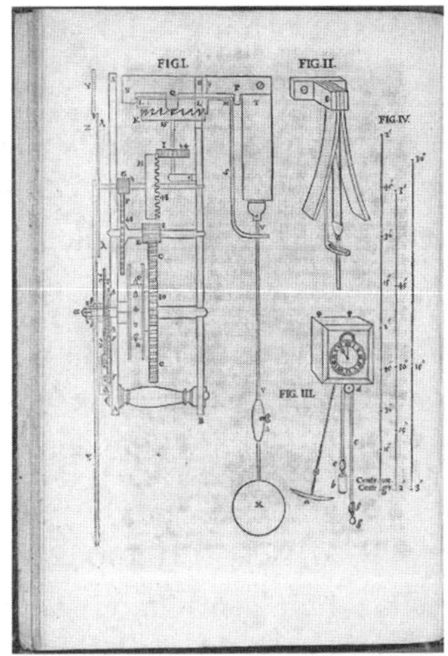

(b)

Abb. II.1. Zwei Instrumente, die für die Geburtsstunde der modernen Physik stehen. (a) Huygens-Uhr: links das Zifferblatt der Uhr, die der Uhrmacher Isaac Thuret nach Huygens' Plänen anfertigte (Museum Boerhaave, Leiden), rechts Huygens' Zeichnung, die den Mechanismus der Uhr darstellt. (b) Galileis Fernrohre, mit denen er den Mond und die Jupitertrabanten beobachten konnte (Museo Galileo, Florenz). (© akg-images)

Sekunde schlägt, zu einem Uhrwerk zu gelangen, das die Zeit autonom und präzise misst. Doch immerhin war die Idee geboren, Zeitintervalle nach einer regelmäßigen Schwingungsbewegung zu messen.

Christiaan Huygens war derjenige, der Galileis Pendel ein halbes Jahrhundert später in eine eigentliche Uhr und ein präzises Instrument zur Zeitmessung verwandelte. Er entwickelte die Formel, nach der die Schwingungsdauer eines Fadenpendels 2π mal die Quadratwurzel aus dem Quotienten von Fadenlänge l und Fallbeschleunigung g beträgt. Letztere entspricht etwa 9,8 m/s^2 und steht für die Geschwindigkeitsveränderung bei einem fallenden Körper im Gravitationsfeld der Erde. Huygens zeigte zudem, dass die Schwingungsdauer bei einem beliebig geformten, um eine horizontale Achse kreisenden Körper über dessen Drehimpuls bestimmt werden muss – eine Größe, die ich bereits im vorigen Kapitel erläutert habe. Waren Masse, Drehimpuls und die Entfernung vom Schwerpunkt bis zum Aufhängepunkt des Körpers bekannt, so ließ sich die Schwingungsdauer und damit die Länge eines im selben Rhythmus schwingenden Fadenpendels bestimmen.

Huygens war daran gelegen, Dauer und Weite von Schwingungen zu entkoppeln, da die Schwingungsweite für Ungenauigkeiten sorgte. Er bewies, dass die Schwingungen nur dann perfekt isochron, also unabhängig von der Amplitude der Schwingungen, waren, wenn der Schwerpunkt des Pendels keinem Kreisbogen, sondern einer Zykloide oder Rollkurve folgte; diese beschreibt die Bewegung eines Punkts auf dem Umfang eines gleichmäßig abgerollten Rades. Um ein Pendel in diese Bahn zu zwingen, bedurfte es eines genialen Räderwerks, mit dem die Pendellänge während des Schwingens verändert wurde.

Seinen scharfsinnigen Theorien und Berechnungen fügte Huygens ebenso beeindruckende Ingenieurarbeiten hinzu. So schuf er einen raffinierten Hemmungsmechanismus: Er koppelte die Hemmung an ein ins Schwerefeld absinkendes Gewicht und stellte dem Pendel so Energie zur Verfügung, mit der die Wirkung der Reibungskräfte ausgeglichen und das System in Dauerschwingung gehalten wurde. Die Hemmung trieb zudem die Zeiger an, die sich im Rhythmus des Pendels auf einem Zifferblatt fortbewegten und so Sekunden, Minuten und Stunden anzeigten. Es musste also niemand mehr die Schwingungen zählen, das übernahm das Uhrwerk. Es brauchte großen Erfindergeist, um einen Hemmungsmechanismus zu ersinnen, der die Zuverlässigkeit des auf die Sekunde einstellbaren Schwungwerks nicht beeinträchtigte.

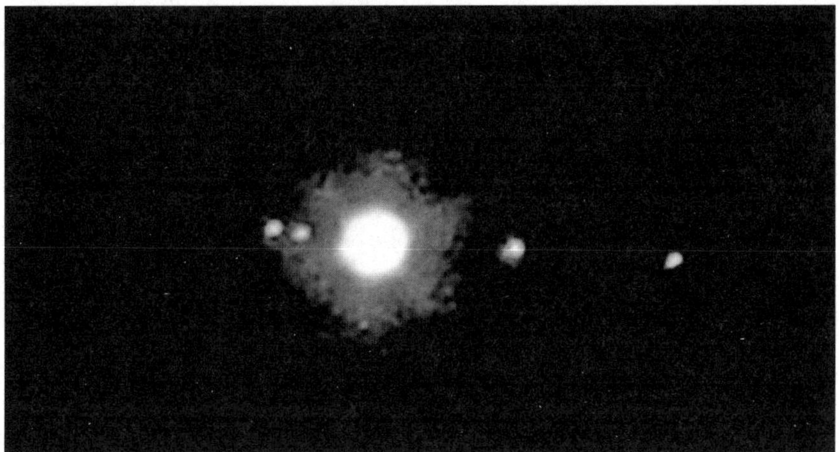

Abb. II.2. Jupiter und die vier von Galilei entdeckten »Mediceischen Gestirne«, wie er sie 1610 mit seinem Fernglas in 20- bis 30-facher Vergrößerung erblickt haben könnte. Io ist dem Jupiter am nächsten und braucht 42 Stunden, 27 Minuten und 21 Sekunden für eine Umdrehung. Das Foto wurde mit einem einfachen Fotoapparat mit Stativ aufgenommen. (© Igor Dotsenko)

Huygens' Uhren wichen nur 10 bis 15 Sekunden pro Tag von der Sternzeit, also der astronomischen Zeitskala, ab, die man auf der Grundlage der veränderten Sternstellungen infolge der Eigendrehung der Erde errechnete.

Der zweite wichtige Beitrag Galileis zur Bestimmung der Lichtgeschwindigkeit war die Perfektionierung des Fernrohrs – eines Hohlzylinders mit jeweils einer Sammellinse und einer Zerstreuungslinse an den Enden, durch die man vergrößerte Bilder der beobachteten Objekte erhielt. Die ersten Prototypen dieses Instruments stammten aus Holland. Galilei verbesserte deren Vergrößerungsfaktor von 3 auf 30 und richtete 1610 erstmals einen wirklich wissenschaftlichen Blick gen Himmel. Er beobachtete den Mond, machte die Ringe des Saturn aus, vor allem aber – und das ist entscheidend für unsere Geschichte – entdeckte er vier Jupitermonde. Zum ersten Mal bot sich ein den Keplerschen Gesetzen gehorchendes Planetensystem dem direkten Blick, bewies damit die Allgegenwart dieser Systeme im Universum und bestärkte das kopernikanische Modell.

Jupiter und seine Monde sollten nun auch als astronomische Uhr dienen. Nach den empirischen Regeln Keplers, die zum Ende des Jahrhunderts durch

Newtons Gravitationslehre bestätigt wurden, musste die Umlaufbahn der Jupitertrabanten stabil sein und könnte daher ein zuverlässiges Zeitmaß liefern. Diese astronomische Zeit wäre dann überall verfügbar, wo man Jupiter beobachten konnte, und böte eine universelle Methode zur Zeitsynchronisation für eine Epoche, in der die heutigen Abstimmungs- und Kommunikationswege per Funksignal weit entfernt von jeder Vorstellbarkeit lagen.

Das Universum mit Lichtgeschwindigkeit vermessen

Die natürliche Uhr der Jupitermonde zog das Interesse der Himmelsforscher auf sich, und so betraute man 1676 den jungen dänischen Astronomen Rømer an der eben eingeweihten Pariser Sternwarte mit der Aufgabe, das Auftauchen des innersten Jupitertrabanten Io zu protokollieren. Er stellte schnell fest, dass das Zeitintervall zwischen zwei aufeinanderfolgenden Sichtungen von Io nicht etwa konstant war, wie die Keplerschen Gesetze nahelegten, sondern sich über sechs Monate ausweitete, um dann über weitere sechs Monate abzunehmen. Für seine Messungen standen Rømer die von Huygens ersonnenen Präzisionsuhren zur Verfügung. Er begriff, dass das Phänomen mit der endlichen Geschwindigkeit des Lichts zusammenhängen musste.

Wenn sich die Erde auf ihrer Umlaufbahn von Jupiter wegbewegte, wuchs die Entfernung zwischen den beiden Planeten, während Io in den Jupiterschatten trat. Das beobachtete Wiederauftauchen Ios war also um die Zeit verschoben, die das Licht brauchte, um den Raum zu überwinden, den die Erde während Ios Schattenphase zurückgelegt hatte. In den sechs Monaten, in denen sich die Erde auf Jupiter zubewegte, trat das umgekehrte Phänomen auf: Io erschien jedes Mal früher. Das mit jedem Umlauf um wenige Sekunden verschobene Auftauchen Ios kumulierte am Ende der sechs Monate auf 20 Minuten. Rømer schloss daraus, dass dies die Zeitspanne war, die das Licht benötigte, um den Durchmesser der Erdbahn beziehungsweise die doppelte Entfernung von Erde und Sonne zu überwinden. Wie groß war aber die Entfernung zwischen Erde und Sonne, die man heute als »astronomische Einheit« bezeichnet?

Jean Richer, ein weiterer am Pariser Observatorium tätiger Astronom, war vier Jahre zuvor nach Guayana geschickt worden, um dieser Frage nachzugehen. Sein Auftrag lautete, die Entfernung zum Planeten Mars zu messen,

Abb. II.3. Zeichnung von Rømer im *Journal des savants* vom 7. Dezember 1676, mit der er seine Schätzung der Lichtgeschwindigkeit erläuterte: Der untere Kreis mit der Sonne an Punkt A steht für die um Uhrzeigersinn durchlaufene Erdbahn. Der obere Kreis beschreibt die Umlaufbahn des Mondes Io um Jupiter an Punkt B. Io tritt an Punkt C in den Schatten und verlässt ihn an Punkt D. Während dieser Zeit bewegt sich die Erde von K nach L, wenn sie sich Jupiter nähert, und von G nach F, wenn sie sich (sechs Monate später) von ihm entfernt. Um aus den Zeiten des Erscheinens von Io den Wert der Lichtgeschwindigkeit zu ermitteln, muss man den Durchmesser EH der Erdbahn kennen.

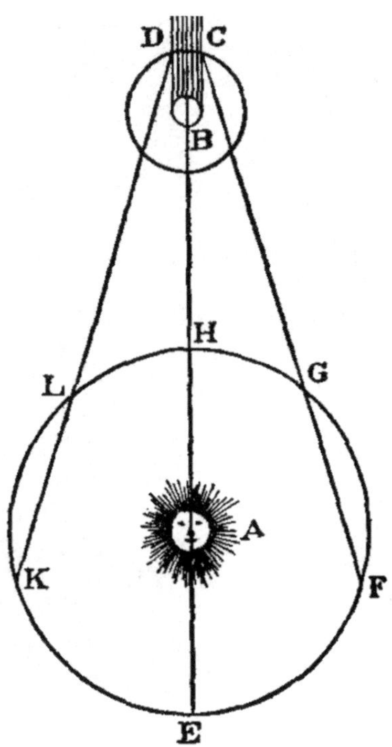

wenn dieser der Erde am nächsten wäre. Seine Parallaxe sollte mit der zugleich stattfindenden Messung durch den Astronomen Jean-Dominique Cassini in Paris verglichen werden. Um das Prinzip der Parallaxe zu begreifen, genügt ein einfaches Experiment.

Dazu hält man mit ausgestrecktem Arm den Daumen hoch und fixiert auf dieser Achse einen Punkt in der Ferne, etwa einen mehrere Meter entfernten Tür- oder Fensterpfosten. Nun schließt man abwechselnd ein Auge. Je nachdem, mit welchem Auge man schaut, ändert sich die Perspektive, und der Daumen befindet sich rechts oder links vom Bezugspunkt. Diese scheinbare Verschiebung (»Daumensprung«) ist ein Effekt der Parallaxe. Wenn man den Arm beugt und den Daumen näher an die Augen bringt, steigert er sich noch. Der Winkel zwischen den optischen Achsen, in denen ein Objekt mit dem einen oder dem anderen Auge betrachtet wird, ist umso größer, je näher das Objekt dem Betrachter ist. Bei einem sehr weit (theoretisch unendlich) entfernten Objekt ist die Parallaxe gleich null, daher kann dieses Objekt als Bezugspunkt zur Messung der Parallaxe von näher gelegenen Objekten dienen.

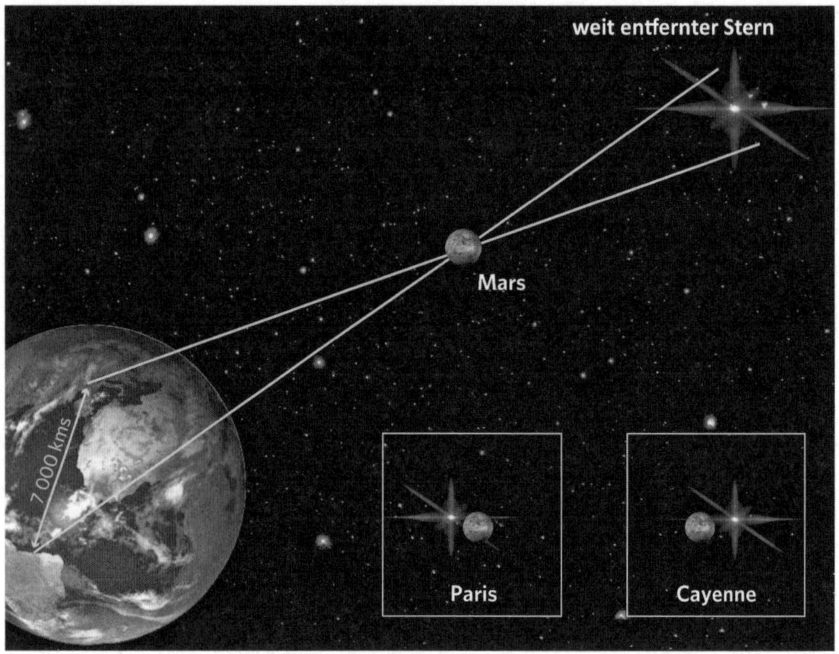

Abb. II.4. Die von Richer und Cassini gemessene Parallaxe des Mars. Der zum selben Zeitpunkt beobachtete Planet lag von Paris aus gesehen rechts von einem weit entfernten Stern, von Cayenne aus gesehen links davon. Der Effekt erscheint hier aufgrund der Größenverhältnisse stark übertrieben (der Mars war damals etwa 4000 Erddurchmesser von der Erde entfernt und nicht nur einen, wie die Darstellung nahelegt).

In dem Experiment von 1672 waren Richer und Cassini jeweils ein Auge, Mars war der Daumen, und als Bezugspunkt diente ein Fixstern, der sich in der betreffenden Nacht in der Richtung von Mars befand. Man musste lediglich sicherstellen, dass sich die Erde zwischen den beiden Messungen nur um einen Bruchteil der Strecke zwischen Cayenne und Paris weitergedreht hatte: Ein Abstand von wenigen Minuten zwischen den Beobachtungen war akzeptabel. Das Experiment ergab eine Parallaxendifferenz von 25 Bogensekunden zwischen Cassinis und Richers Messung (wobei man natürlich noch mehrere Monate warten musste, bis Richer mit seinem Wert nach Paris zurückgekehrt war). Über eine einfache trigonometrische Formel ließ sich errechnen, dass die Entfernung zwischen Mars und Erde in jener Nacht etwa dem 7500-Fachen der Entfernung zwischen Paris und Cayenne betrug. Letztere war ungefähr bekannt, man gab sie mit 1700 französischen Lieues an (was etwa

7000 Kilometern entspricht). Zur Oppositionszeit (bei der sich Mars, Erde und Sonne auf einer Linie befinden) entsprach die Entfernung zwischen Erde und Mars also 13 Millionen Lieues (53 Millionen Kilometern). Da man die Gesetzmäßigkeiten der Planetenumläufe kannte, reichte diese Zahl aus, um die Umlaufparameter von Mars und Erde herzuleiten. Vor allem aber konnte man nun die Entfernung von Sonne und Erde und damit die »astronomische Einheit« festlegen.

Cassini und Richer kamen auf einen Wert von etwa 30 Millionen Lieues und ermittelten nun anhand der Verspätungen beim Auftauchen des Jupitermonds eine Lichtgeschwindigkeit von 50 000 Lieues pro Sekunde. Das war kein sehr genaues Ergebnis (tatsächlich beträgt die Lichtgeschwindigkeit ja knapp 300 000 km/s, das wären 75 000 Lieues pro Sekunde); dennoch war es die erste Schätzung, die diese wichtige physikalische Zahl in der richtigen Größenordnung wiedergab. Seltsamerweise nannte Rømer selbst keinen Wert für die Lichtgeschwindigkeit. Das Ergebnis seiner Beobachtungen wurde von Huygens errechnet und veröffentlicht.

Für diese erste Bestimmung eines so wichtigen physikalischen Parameters wie der Lichtgeschwindigkeit behandelte man das Universum also quasi wie ein Labor und setzte hierzu Instrumente ein, die sich seit Galileis Zeiten erheblich verbessert hatten. Die Fernrohre hatten fein justierbare Sextanten und Fadenkreuzokulare, wodurch sich Himmelskörper auf wenige Bogensekunden genau fixieren ließen.

Mit Experimenten wie diesem offenbarte das Universum seine unermessliche Weite. Die gigantischen Entfernungen, die nun ins Spiel kamen, stutzten Erde und Mensch auf ein winziges Maß zurück und führten die mit Kopernikus begonnene Relativierung fort. Nicht nur, dass wir nicht im Zentrum der Welt stehen – nun wurde klar, dass wir nur ein Staubkorn im endlosen Raum sind. Die Entdeckungsfahrten der Renaissance hatten die Ausmaße unseres Planeten offengelegt und die Entfernung zwischen Paris und Cayenne auf 7000 Kilometer festgesetzt, wonach die Astronomen der Pariser Sternwarte diese Strecke genutzt hatten, um die Ausmaße des Sonnensystems zu berechnen. Mit dem Durchmesser der Erdbahn erhielt man nun eine zwanzigtausendmal größere Messeinheit, die wiederum dazu dienen sollte, die Entfernung der am nächsten gelegenen Sterne zu bestimmen. Deren mit sechs Monaten Abstand an zwei diametral auseinanderliegenden Orten der Erde gemessene Parallaxe beträgt nur den Bruchteil einer Bogensekunde. Es dauerte noch eineinhalb Jahrhunderte, bis noch fortschrittlichere Fernrohre diese minimalen Winkel messen konnten und die Entfernung dieser Sterne mit mehreren Zehntausend astronomischen Einheiten angaben. Das Licht dieser Sterne erreichte uns nicht etwa in acht Minuten wie die Strahlen der Sonne, sondern brauchte hierzu mehrere Jahre.

Die endliche Geschwindigkeit des Lichts, die Galilei so gerne gemessen hätte, fügte der Astronomie den entscheidenden Parameter der Zeit hinzu: Das Sternenlicht, das wir heute sehen, hat ein naher Stern vor Jahren ausgesendet. Das Licht ferner Sterne, deren Entfernung zur Erde erst viel später durch noch andere Methoden ermittelt werden sollte, ist Millionen oder auch Milliarden Jahre zu uns unterwegs gewesen. Über den Empfang dieser Lichtstrahlen gelangen wir an Informationen über die ferne Vergangenheit des Universums. Die Astronomie, die in der Antike als Wissenschaft des Raumes entstanden war, wandelte sich zur Astrophysik – zu einer Wissenschaft von Raum und Zeit. Deren ultimatives Ziel ist, die Geschichte des Universums zu erforschen, also die Kosmologie. Davon war man zur Zeit von Cassini und Rømer noch weit entfernt, doch es ist interessant zu beobachten, dass diese Physik schon in den astronomischen Beobachtungen zur Zeit Ludwigs XIV. angelegt war.

Die Fortschritte der beobachtenden Astronomie im 17. Jahrhundert ergaben sich vor allem durch verbesserte optische Instrumente. Die Form ihrer Linsen gehorchte seit Jahrhunderten bestimmten empirischen Regeln, wurde aber immer weiter verfeinert, nachdem die Gesetze bekannt waren, nach denen sich Lichtstrahlen in der Luft und in durchsichtiger Materie ausbreiten. Die wissenschaftliche Methode, natürliche Phänomene erst präzise zu beobachten und daraufhin eine exakte mathematische Formulierung für sie zu entwickeln, fand auf diese Weise eine erste Anwendung.

Die Wissenschaft des Lichts wird quantitativ: Descartes und *La Dioptrique*

Der Erste, der diese Untersuchungsmethode systematisch auf die Ausbreitung des Lichts anwendete, war René Descartes. Im Anschluss an seinen *Discours de la méthode* verfasste er eine kurze Abhandlung zur Optik, nämlich den 1637 veröffentlichten Aufsatz *La Dioptrique,* in dem er seine Ansichten zu den Eigenschaften des Lichts darlegte und die Gesetze der Spiegelung und Brechung von Lichtstrahlen erläuterte. Im Gegensatz zu Galilei ging Descartes davon aus, dass diese sich mit unendlicher Geschwindigkeit ausbreiteten (Rømer hatte zu der Zeit seine Beobachtungen noch nicht gemacht), traf aber keine klaren Aussagen über ihren Eigenschaften. Er nahm an, der scheinbar leere Raum sei mit starren Teilchen gefüllt, die sich von normaler Materie unterschieden und als Medium für die Ausbreitung von Licht fungierten. Er gab damit eine der ersten Beschreibungen des »Äthers« – der hypothetischen Substanz, die Physiker noch weitere zweieinhalb Jahrhunderte lang beschäftigen sollte. Descartes zufolge übertrugen die Ätherteilchen eine unmittelbare »Bewegungstendenz« von Lichtquellen zu Körpern, die diese spiegelten oder brachen, oder aber sie gaben diese ebenso verzögerungsfrei an das Auge des Betrachters weiter. Die Unmittelbarkeit der Lichtausbreitung war dabei der Festigkeit der ätherbildenden Teilchen geschuldet. Obgleich Licht für Descartes eine unendliche Geschwindigkeit hatte und nicht mit einer Bewegung in Verbindung stand, musste er seine Ausbreitung in Analogie zur realen Bewegung von Körpern im Raum setzen, wenn er die Wege von Lichtstrahlen begreifen wollte. So verglich er das Abprallen eines Balls von einer Ebene mit der Reflexion des Lichts von einer Spiegelfläche oder auch von einer Grenzfläche, die Luft und ein transparentes Medium trennt. So erhielt er das seit der Antike bekannte Gesetz, dass das Licht in der durch den einfallenden Strahl und das Einfallslot definierten Ebene reflektiert wird und sein Einfallswinkel gleich seinem Ausfallswinkel ist.

Descartes widmete sich anschließend dem Problem der Lichtbrechung, also der Tatsache, dass beim Auftreffen eines Lichtstrahls auf eine Grenzfläche ein Teil des Lichts in einem anderen Winkel als dem Einfallswinkel in das Medium eintritt. Den Winkel des gebrochenen Lichtstrahls gibt das sogenannte Snelliussche Brechungsgesetz an, das der niederländische Physiker Willebrord van Roijen Snell (latinisiert Snellius) einige Jahre zuvor unter Zuhilfenahme des Sinussatzes aufgestellt hatte – offenbar ohne dass Descartes davon wusste. Für Leser, die sich nur leise an Pythagoras und seine Dreiecksgeometrie erinnern, sei an dieser Stelle noch einmal erwähnt, dass in einem rechtwinkligen Dreieck der Sinus eines Winkels berechnet wird, indem man die Länge der Gegenkathete (also der Dreieckseite, die dem Winkel gegenüberliegt) durch die Länge der Hypotenuse teilt. Der Wert liegt zwischen 0 und 1 und steigt mit der Zunahme des Winkels von 0 auf 90 Grad.

Das Brechungsgesetz nach Snell besagt nun, dass das Verhältnis zwischen dem Sinus des Einfallswinkels und dem Sinus des Brechungswinkels beim Durchqueren einer Grenzfläche ein konstanter Wert ist, der nicht von der Einfallsrichtung, sondern allein von der Materialbeschaffenheit der beiden Medien (also Luft und Wasser oder auch Luft und Glas) abhängt. Die betrachteten Winkel werden durch den einfallenden und den gebrochenen Strahl sowie das Lot auf der Grenzfläche gebildet. Wenn Licht von der Luft in ein dichteres transparentes Medium übertritt, wird der Lichtstrahl hin zum Lot abgelenkt, und der Brechungswinkel ist kleiner als der Einfallswinkel. Das Sinusverhältnis der beiden Winkel ist daher größer als 1. In der Sprache der modernen Physik ist diese Zahl der Brechungsindex oder auch die »Brechzahl« des Mediums in Bezug auf Luft.

Eben das Gegenteil spielt sich ab, wenn ein aus einem dichteren Medium kommender Lichtstrahl auf Luft trifft. Das Sinusverhältnis zwischen dem Einfalls- und dem Ausfallswinkel in die Luft ist kleiner als 1, und der Strahl tritt in einem Winkel aus, der im Bezug zum Lot größer ist als der Einfallswinkel. Ab einem bestimmten kritischen Einfallswinkel nähert sich der Sinus des Ausfallswinkels der 1 an, der gebrochene Strahl bildet einen 90°-Winkel mit der Senkrechten auf der Grenzfläche und tritt parallel zu ihr aus. Wird der Einfallswinkel noch größer, tritt kein Strahl mehr aus; es kommt zur Totalreflexion des einfallenden Lichtstrahls.

Schon in der Antike war man anhand empirischer Beobachtungen auf diese Ergebnisse gekommen – jedoch nur für Lichtstrahlen, die mit wenig Neigung zum Lot einfallen, da hier der Sinus ungefähr proportional zum Winkel ist. Descartes griff nun das Snelliussche Brechungsgesetz auf und erweiterte die Formel auf jegliche Einfallsneigungen, indem er die Winkel durch ihren Sinus ersetzte. Um dieses ebenfalls auf empirischen Beobachtungen fußende Ergebnis zu belegen, bildete Descartes erneut die Analogie zu einem auf einer ebenen Fläche auftreffenden Ball. Dabei ging er davon aus, dass die parallel zur Oberfläche verlaufende Bewegungskomponente gleich blieb. Zudem stellte er die Hypothese auf, dass sich die Geschwindigkeit dieses »Lichtballs« durch die Wechselwirkung mit dem Medium in einem konstanten Verhältnis – unabhängig vom Einfallswinkel – verändern würde. So gelangte er zum Brechungsgesetz, doch seine mechanische Analogie führte ihn zu einem paradoxen Ergebnis. Wenn die Geschwindigkeit des Wurfgeschosses (wie intuitiv zu erwarten) beim Übergang in ein dichteres, transparentes Medium abnahm,

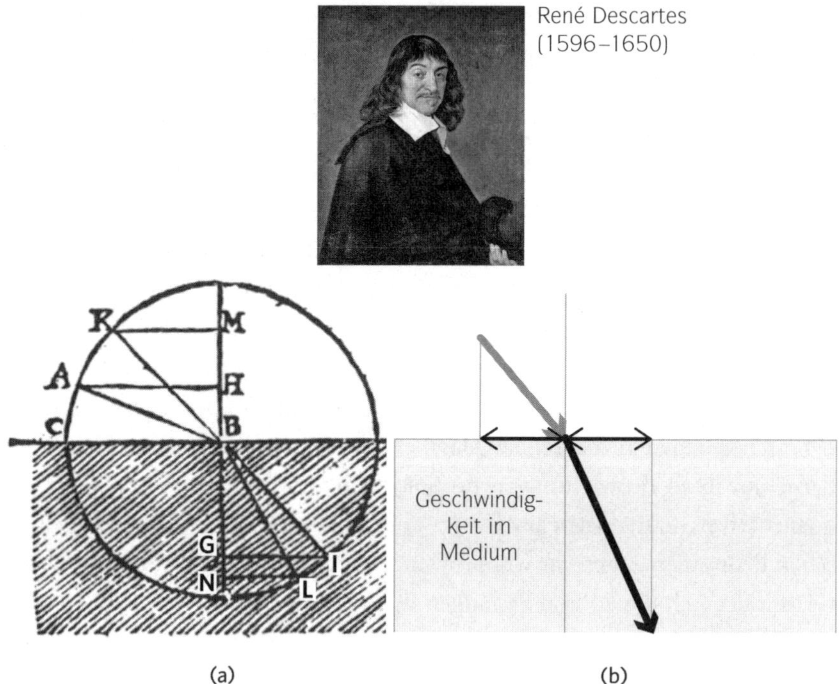

Abb. II.5. (a) Das Snelliussche Gesetz, wie es Descartes in *La Dioptrique* darlegte: Die Strahlen AB und KB werden jeweils zu BI und BL gebrochen. Nimmt man den Kreisradius BA = BK als Einheit, so ist der Sinus des Einfallswinkels und der Sinus des Brechungswinkels durch die Längen AH und GI für den von A ausgehenden Strahl sowie durch KM und NL für den von K ausgehenden Strahl gegeben. Der Sinussatz besagt, dass das Verhältnis AH/GI gleich dem Verhältnis KM/NL ist. (b) Die Darstellung zeigt, dass sich ein Ball in einem transparenten Medium schneller bewegt als in der Luft, wenn sich seine Bahn dem Lot der Grenzfläche annähert und die horizontale Geschwindigkeitskomponente konstant bleibt. Das Verhältnis der Geschwindigkeiten im Medium und in der Luft entspricht dem Sinusverhältnis von Einfalls- und Brechungswinkel und ist größer als 1.

so musste sich seine Bahn vom Lot der Grenzfläche entfernen, während der Lichtstrahl sich diesem doch annäherte. Descartes musste also annehmen, dass Licht im Gegensatz zu Festkörpern leichter in Wasser eintreten konnte als in Luft. Diese besondere Fähigkeit des Lichts, in Materie einzutreten, führte er auf eine Anziehungskraft zwischen Licht und transparentem Medium zurück.

Das Modell der sich mit endlicher Geschwindigkeit ausbreitenden Bälle, mit denen Descartes sein Konzept der Lichtausbreitung als direkte Bewegungsübertragung darzustellen versuchte, enthielt einen Widerspruch in sich. Newton griff die Theorie ein paar Jahre später auf, nahm aber an, Licht bestünde aus realen Teilchen, die sich mit endlicher Geschwindigkeit fortbewegten. Das Snelliussche Gesetz legte nahe, dass diese Teilchen im Wasser schneller unterwegs wären als in der Luft, ganz so wie die virtuellen Bälle in Descartes' mechanistischer Denkweise.

Durch seine verschwommenen Analogien und Konzepte wie der besonderen Fähigkeit des Lichts, ein dichtes Medium zu durchwandern, brachte Descartes im Grunde zum Ausdruck, wie wenig seine Zeit über die tatsächlichen Eigenschaften des Lichts wusste. Licht blieb ein rätselhaftes Phänomen – und dennoch begann man, die Regeln seiner Ausbreitung in der Luft und in transparenten Medien zu begreifen. Das Verdienst von Snell und Descartes lag darin, aus ihren Beobachtungen zur Spiegelung und Brechung des Lichts ein quantitatives mathematisches Gesetz entwickelt zu haben, das diesen optischen Phänomenen gerecht wurde. Dennoch fehlte eine befriedigende Theorie, mit der sich diese Regel bestätigen ließ.

Die Natur nimmt immer den kürzesten und einfachsten Weg: das Fermatsche Prinzip

Pierre de Fermat machte in den 1650er-Jahren als einer der Ersten auf die Widersprüche in Descartes' *Dioptrique* aufmerksam. Er begriff, dass diese unter der Annahme aufgelöst werden konnten, dass Licht eine endliche Geschwindigkeit hatte (wir sind immer noch in der Zeit vor Rømer) und diese Geschwindigkeit in einem dichten Medium wie Wasser oder Glas geringer war als in Luft. Das Sinusverhältnis entsprach dann den jeweiligen Geschwindigkeiten in den beiden Medien. Um zu diesem Ergebnis zu gelangen, musste man die Analogie zwischen Licht und bewegter Materie aufgeben. Ohne noch weiter auf die Eigenschaft von Lichtstrahlen einzugehen, zeigte Fermat, dass das Brechungsgesetz auf viel einfachere Weise ausgedrückt werden konnte, wenn man es denn als Gesetz über das Verhältnis der Ausbreitungsgeschwindigkeiten von Licht in den jeweiligen Medien begriff:

> Von allen möglichen Wegen, die das Licht nehmen kann, um von einem Punkt zu einem anderen zu gelangen, wählt es den Weg, der am wenigsten Zeit beansprucht.

Das berühmte Fermatsche Prinzip hat bis heute erhebliche Bedeutung für die Optik und die Physik allgemein. Zur Rechtfertigung seiner These stützte sich Fermat auf ein Prinzip der Ökonomie, nach dem »die Natur immer über die kürzesten und einfachsten Wege handelt«. Das Prinzip erklärt, warum sich Licht in einem homogenen Medium geradlinig ausbreitet, und es wird auch dem Reflexionsgesetz gerecht: Für einen Lichtstrahl, der über einen Spiegel von Punkt A zu Punkt B gelangen will, führt der kürzeste Weg nämlich über den Einfallspunkt, an dem sein Einfallswinkel gleich dem Ausfallswinkel ist. Jeder andere Punkt auf dem Spiegel ergäbe einen längeren Weg, wie man sich an einer einfachen Zeichnung klarmachen kann.

Dasselbe Prinzip kann auch das Brechungsgesetz erklären. Wenn ein aus der Luft kommender Lichtstrahl einen Punkt im Wasser erreichen soll, der in einer zur Grenzfläche schrägen Richtung liegt, benötigt er am wenigsten Zeit, wenn er möglichst viel Weg an der Luft zurücklegt, wo er ja schneller ist, und weniger Zeit im Wasser, wo er verlangsamt wird. Der optimale Weg entspricht genau dem Brechungsgesetz nach Snell und Descartes – mit einem größeren Einfallswinkel in der Luft und einem kleineren Brechungswinkel im Wasser. Oft wird dies mit dem Beispiel eines Rettungsschwimmers verdeutlicht, der einen Ertrinkenden aus dem Wasser holen soll. Um so schnell wie möglich zu ihm zu gelangen, muss er den Strand schräg entlanglaufen, bis er einen Punkt erreicht, der nahezu senkrecht zum Standort des Ertrinkenden liegt. Die Stelle, an der sich der Rettungsschwimmer ins Wasser begibt, wird durch das Sinusverhältnis des Brechungsgesetzes vorgegeben, das größer 1 ist und dem Verhältnis der Geschwindigkeiten des laufenden und des schwimmenden Rettungsschwimmers entspricht.

Das Fermatsche Prinzip wirkt sich auf alle Situationen aus, in denen Licht verschiedene Grenzflächen oder inhomogene Medien mit wechselndem Brechungsindex durchläuft, und es erklärt die Entstehung von Luftspiegelungen. Über dem von der Sonne aufgeheizten Boden ist die warme Luft nicht so dicht wie in den Schichten mit größerem Abstand zum Boden, und das Licht verbreitet sich dort ein wenig schneller. Wenn nun Lichtstrahlen von einem Berggipfel oder einem Kirchturm auf unser Auge treffen, suchen diese

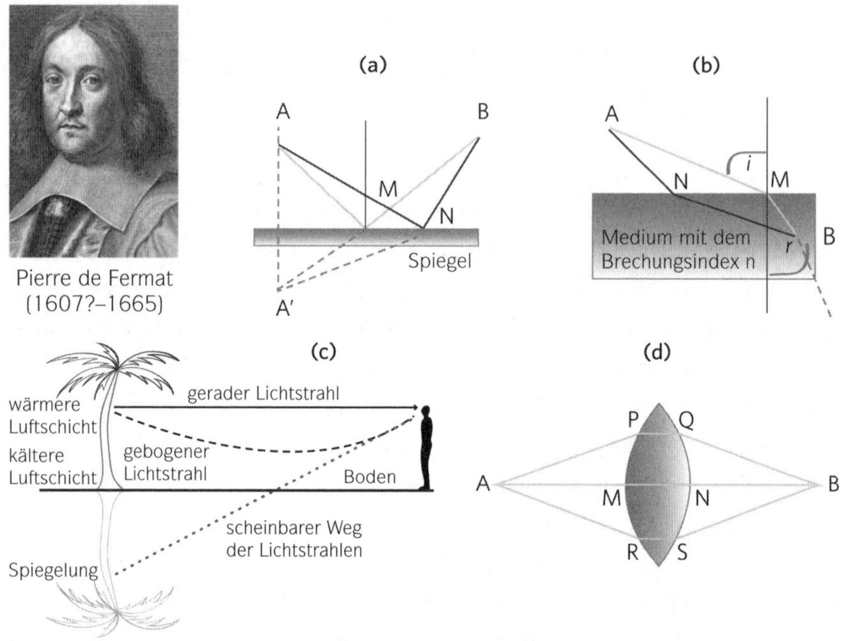

Abb. II.6. Das Fermatsche Prinzip. (a) Das Reflexionsgesetz: Um von A nach B zu gelangen, spiegelt sich das Licht in M, wobei AMB im Vergleich zu allen anderen Wegen (etwa ANB) die kleinste Länge hat. M ist der Schnittpunkt der Spiegelfläche mit der Geraden, die das gespiegelte A in A' mit B verbindet. Der Einfallswinkel ist damit gleich dem Ausfallswinkel. (b) Brechungsgesetz: Um von dem in der Luft gelegenen Punkt A zu dem in einem Medium mit einem Brechungsindex $n > 1$ gelegenen Punkt B zu gelangen, folgt das Licht der zeitlich kürzesten Strecke AMB, bei der es mehr Weg in der Luft zurücklegen kann, in der es schneller unterwegs ist. Am Eintrittspunkt M ist das Sinusverhältnis zwischen Einfallswinkel i und Reflexionswinkel r gleich n. Auf der geometrisch kürzeren Strecke ANB hat das Licht die Oberfläche zwar schneller erreicht (AN < AM), verliert diesen Vorsprung aber, da es länger im langsamen Medium unterwegs ist (NB > MB). (c) Luftspiegelungen: Das Licht neigt sich zum warmen Boden, wo es schneller unterwegs ist. Der das Auge erreichende Lichtstrahl lässt den Eindruck entstehen, als würde sich die Palme am Boden spiegeln. (d) Aufbau einer Sammellinse: Um von A nach B zu gelangen, nimmt das Licht die zeitgleichen Wege AMNB, APQB, ARSB, ... Je mehr die Strahlen von der optischen Achse abweichen, desto größer wird der Weg durch die Luft, doch wird diese Verzögerung durch den schnelleren Durchgang durch das dünnere Glas wettgemacht.

den schnellsten Weg und folgen einer Bahn, die eine Kurve zum Boden beschreibt, bevor sie uns erreicht. Wir aber nehmen an, dass uns die Strahlen in gerader Linie erreichen und haben so den Eindruck, dass sie zu einem Bild unterhalb des Bodens gehören. Die warme Luftschicht wirkt wie die Oberfläche eines Sees, der den Himmel und die umliegende Landschaft spiegelt.

Das Fermatsche Prinzip erlaubt zudem eine einfache Erklärung für die Eigenschaften von Sammellinsen, die aus einer Punklichtquelle ein Strahlenbündel erzeugen. Descartes hatte dieses für optische Instrumente – die eben erst erfundenen Fernrohre und Mikroskope – so wichtige Phänomen mit dem Sinussatz erklärt. Das Fermatsche Prinzip lieferte nun eine einfachere, intuitive Darstellung, für die man die Aussage nur leicht abändern musste.

Eine exaktere Formulierung des Prinzips besagt nämlich, dass Licht Wege wählt, auf denen seine Laufzeit bei leichten Streckenvariationen invariant ist. Dies gilt insbesondere für Wege mit minimaler Laufzeit, doch gibt es auch Situationen, in denen diese Zeit maximal ausfällt. Und es gibt Konstellationen, in denen die Laufzeit zwischen zwei Punkten für viele alternative Strecken dieselbe ist. Genau das gilt für die Lichtstrahlen, welche die Objektpunkte und die Bildpunkte verbinden, die sich an der Achse einer Sammellinse mit konvex gewölbten Oberflächen gegenüberliegen. Der geometrisch kürzeste Weg zwischen Objekt und Bild ist die waagrechte Linie durch das Zentrum – und damit die dickste Stelle der Linse.

Alle Strahlen, die sich von diesem Weg mit minimaler geometrischer Länge entfernen, durchqueren einen größeren Bereich der Luft, aber einen kleineren Bereich der zum Rand hin schmaler werdenden Linse. Die längere Zeit in der Luft, in der das Licht schneller unterwegs ist, wird durch die kürzere Zeit für den Durchgang durch das Glas ausgeglichen, in dem das Licht langsamer ist. Die Laufzeit des Lichts ist damit für alle Wege zwischen Objektpunkt und Bildpunkt dieselbe, wobei diese mehr oder wenige schrägen Bahnen durch die Luft folgen. Alle diese Wege gehorchen dem erweiterten Fermatschen Prinzip und tragen zur Entstehung des Bildes im Brennpunkt bei. Damit dies geschieht, müssen die Entfernungen zwischen den Objektpunkten und den Bildpunkten in der Linsenmitte und die durch die konvexe Wölbung definierte Brennweite der Linse in einem besonderen Verhältnis stehen. Die Brennweite gibt die Brechkraft der Linse an und setzt die Lichtgeschwindigkeiten im Medium Luft und im Medium Glas mit dem Brechungsindex zueinander in Beziehung. Diese in Descartes *Dioptrique* anhand des Sinussatzes analysierten Regeln der geometrischen Optik finden mit dem Fermatschen Prinzip eine sehr einleuchtende geometrische Interpretation.

Das Prinzip stellt zusammen mit Newtons Gesetzen der Mechanik eine der ersten quantitativen Theorien der Physik dar. Ausgehend von einer empirischen Feststellung, nämlich der Erfüllung des Sinussatzes für in einem dichten Medium gebrochene Lichtstrahlen, wird ein einfaches Gesetz formuliert, nämlich die minimale Laufzeit des Lichts. Dieses Prinzip wiederum ermöglicht es, auch andere Phänomene – Luftspiegelungen, die Funktion einer Sammellinse – zu erklären und die damals noch nicht experimentell bewiesene Hypothese aufzustellen, nach der sich Licht in einem transparenten Medium langsamer ausbreitet als in Luft oder im Vakuum. Entscheidend hierbei ist, dass die Theorie insofern minimal ist, als sie keine beliebigen Hypothesen über Unbekanntes aufstellt – ob es nun um die Beschaffenheit des Lichts oder des durchquerten Mediums geht oder um eine mehr oder weniger große Neigung von Lichtstrahlen, von einem Medium ins andere überzugehen.

In meiner Analyse des Fermatschen Prinzips habe ich die vermenschlichende Formulierung gebraucht, die Lichtstrahlen würden sich den Weg mit minimaler Laufzeit »suchen«. Kann das Sinn ergeben? Wie erkennt das Licht, dass der eingeschlagene Weg ein Minimum beziehungsweise Extremum ist? Wir wissen inzwischen, dass das Licht tatsächlich über ein Mittel verfügt, diesen günstigsten Weg zu suchen, da sein Wellencharakter ihm ermöglicht, sich auf kleinen Entfernungen, nämlich seiner Wellenlänge, um diesen Weg herum auszubreiten. Nach Fermats Formulierung des Prinzips brauchte es noch fast eineinhalb Jahrhunderte, um das Konzept der Wellenlänge klar herauszustellen. Seine Prämissen findet man jedoch bereits im 1690 von Huygens veröffentlichten *Traité de la lumière*.

Huygens und die Wellentheorie des Lichts

Seine Abhandlung begann Huygens in seiner Zeit als Mitglied der Académie Royale, sie ist auf Französisch verfasst. Als ein Symptom jener unruhigen Zeiten wurde sie aber erst veröffentlicht, nachdem ihr Autor durch die Aufhebung des Toleranzedikts von Nantes aus Frankreich vertrieben worden und nach Holland zurückgekehrt war. Mit ihrem neuen Blick auf das Licht gehört der *Traité de la lumière* eindeutig zu den großen Werke der Wissenschaftsgeschichte. Die darin dargelegten Prinzipien sollten den Lauf der Zeit überdauern. Huygens dient nicht mehr Descartes' Ball als Analogie, sondern der Schall. In seiner Vorstellung ist das Licht wie der Schall eine sich im Raum ausbreitende Welle. Während aber Schall eine Luftvibration ist, ist Licht die Vibration eines hypothetischen Stoffes, dem Äther, dessen Eigenschaften die Abhandlung zu beschreiben versucht.

Licht ist laut Huygens also eine Welle, eine Abfolge von Schwingungen, die sich im Raum ausbreiten. Die Geschwindigkeit dieser Welle war soeben durch Rømer am Königlichen Observatorium von Paris bestimmt worden – dort also, wo Huygens selbst in den 1670er-Jahren Saturn und dessen Ringe beobachtet hatte. Der *Traité* greift Rømers Berechnungen auf und schätzt die Geschwindigkeit des Lichts auf das Sechshunderttausendfache des Schalls (der genaue Wert entspricht eher dem Faktor eine Million, aber die Größenordnung stimmte). Ohne sich zur exakten Beschaffenheit des Äthers zu äußern, nimmt Huygens mit Descartes an, dass dieser aus festen Teilchen besteht, die die Lichtschwingung über elastische Stöße weitergeben.

Trotz der Analogie zum Schall, der sich durch die Verdichtung oder Verdünnung der Luft ausbreitet, stellt Huygens heraus, dass Äther nicht mit Luft gleichzusetzen ist, da sich Licht anders als Schall auch in einem luftleeren Vakuum oder in einem transparenten Medium ausbreiten kann, in das keine Luft dringt. Huygens betont, dass sich nicht etwa die Ätherteilchen mit der gigantischen Lichtgeschwindigkeit fortbewegen. Sie schwingen nur zunehmend um ihren Schwerpunkt, je stärker sie von den Lichtwellen angestoßen werden. Genauso ist es bei den Luftpartikeln, die sich nicht mit der Geschwindigkeit des Schalls bewegen, sondern auf der Stelle vibrieren – oder auch beim Wasser, das auf und ab wippt, wenn eine Welle die Oberfläche eines Sees kräuselt.

Wie in diesen einfachen Beispielen sind die von Punktquellen ausgestoßenen Lichtwellen in einem homogenen Medium Kugelwellen, die sich in konzentrischen Kreisen von ihrem Ursprung entfernen. Diese Wellen stoßen teilweise auf Hindernisse oder breiten sich in Medien aus, in denen sich die Lichtgeschwindigkeit ändert. Um festzustellen, wie sich eine Lichtwelle schrittweise wandert, schlug Huygens ein einfaches Prinzip vor. Er nahm an, dass jeder in einem bestimmten Moment beleuchtete Punkt selbst zu einer virtuellen Punktquelle wird und eine Elementarwelle emittiert, deren Amplitude proportional zu der Welle ist, die den Punkt zuvor getroffen hat. Die Schwingungszustände der eintreffenden und der ausgehenden Welle sind somit identisch. Das hinter einer Fläche ausgestrahlte Licht ergibt sich aus der Summe aller Elementarwellen, die von den virtuellen Lichtquellen auf dieser Fläche ausgehen. Kennt man den Zustand des Lichts auf der Fläche, kann man also daraus ableiten, welche Strahlung sich des Weiteren ausbreiten wird, und es ist nicht erforderlich, die Eigenschaften der realen physikalischen Lichtquellen hinter dieser Fläche zu kennen.

Die Lichtwelle war also nach Huygens eine gleichmäßige Abfolge von Äthererschütterungen. Wie wir inzwischen wissen, sind die Oberflächen der Lichtwelle die Summe aller Punkte, an denen die Welle in Phase schwingt. Für Huygens waren sie die Einhüllende der von den sekundären Quellen emittierten Elementarwellen, wobei diese sekundären Quellen nach und nach auf der in gleichmäßigen Zeitintervallen von der Welle getroffenen Fläche definiert wurden. Ein über einen Punkt führender Lichtstrahl war demnach die Gerade, die diesen als Elementarwellenquelle betrachteten Punkt mit dem Berührungspunkt der Elementarwelle mit der Einhüllenden aller von diesem Punkt sowie der benachbarten Punkte ausgehenden Elementarwellen verband.

Anhand dieser einfachen Vorstellung versuchte Huygens zu erklären, wieso sich Licht in einem homogenen Medium geradlinig ausbreitet. Bringt man eine Lochblende vor einer punktförmigen Lichtquelle an, so wirkt es, als würden virtuelle Lichtquellen entlang der Blendenöffnung Lichtstrahlen aussenden. Diese sekundären Quellen emittieren gleichzeitig, wenn sich die Blende auf der Ebene der Einfallswelle befindet, und senkrecht zu der Geraden, die auf die Punktquelle in der Mitte der Blendenöffnung zuläuft. Die Strahlen der sekundären Quellen kommen in dieser Richtung hinzu, während sie sich in anderen Richtungen abschwächen, wodurch ein geradliniges Lichtbündel entsteht. Der Lichtstrahl breitet sich entlang der Senkrechte zur Wellenfront (der Wellennormale) aus, zu der gleichzeitig auch die sekundären Quellen emittieren. Das durch Huygens formulierte Prinzip der sekundären Wellen, das Augustin Fresnel Anfang des 19. Jahrhunderts aufgreifen und präzisieren sollte, trägt seitdem den Namen beider Physiker. Als sich die elektromagnetische Theorie des Lichts durchsetzte, verlor es seinen Prinzipienstatus und wurde fortan als direkte Folge der Maxwellschen Gleichungen betrachtet.

Huygens nutzte sein Prinzip allein dazu, Gesetze zur Spiegelung und Brechung von Lichtstrahlen aufzustellen. Betrachten wir hier nur das letztere

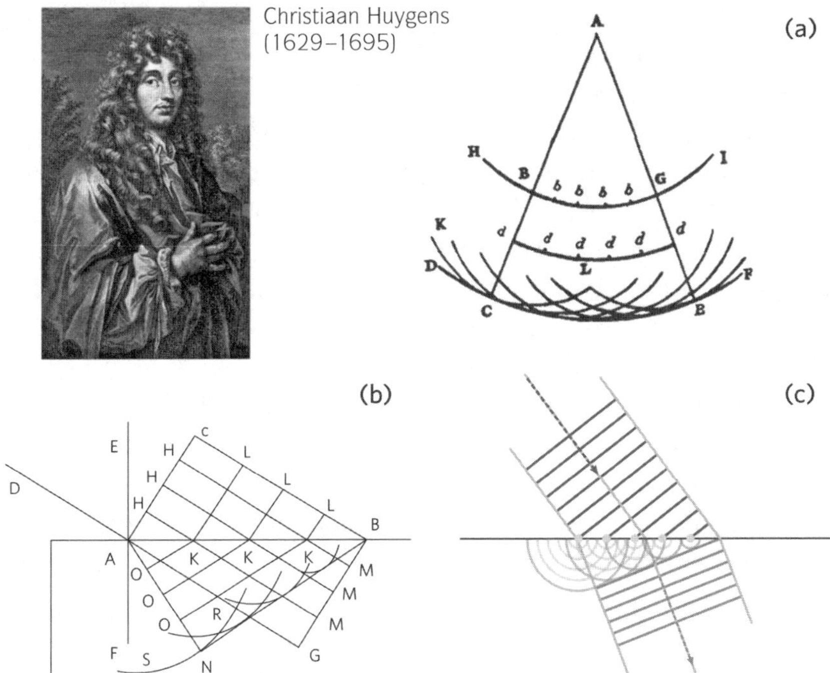

Abb. II.7. (a) Abbildung aus dem *Traité de la lumière* zur Veranschaulichung des Huygens-Prinzips: Die von der Quelle A emittierte Welle hinter einer Kugelwellenfront erscheint wie die Einhüllende der Hilfswellen, die von den auf der Wellenfront verteilten virtuellen Quellen ausgehen. (b) Abbildung aus dem *Traité* zum Brechungsgesetz: Licht trifft aus der Luft (oben) in ein optisch dichteres Medium ($n > 1$, unten): Die zur Ebene der Grenzfläche geneigten Wellenfronten erreichen diese in regelmäßigen Zeitabständen an den Punkten K. Jeder Punkt gibt eine Welle in das untere Medium ab. Die Einhüllende dieser Wellen bildet engere parallele Ebenen als in der Luft, ihre Normale nähert sich dem Lot der Grenzfläche an. (c) Vereinfachte Darstellung, auf der vor allem die sekundären Kugelwellen zu sehen sind, die von jedem Punkt der Grenzfläche ausgehen. Diese wird sukzessive von den einfallenden ebenen Wellen getroffen. (Wikimedia Commons)

Phänomen, indem wir uns vorstellen, dass Licht in einem schrägen Einfallswinkel auf eine Grenzfläche fällt, die Luft und einen Glaskörper voneinander trennt, und analysieren wir nun, was sich auf der durch den Einfallstrahl und das Lot der Grenzfläche definierten Einfallsebene abspielt. Die Kugelwellen, die von den entlang der Grenzfläche verteilten sekundären Quellen ins Glas strahlen, stehen dort enger als in der Luft, da sich das Licht im Glasmedium langsamer ausbreitet. Die Einhüllende dieser Wellen hat eine andere Richtung als die Einhüllende der einfallenden Wellenfront, die einen kleineren Winkel zur Grenzfläche bildet. Die gebrochene Wellennormale nähert sich daher dem Lot der Grenzfläche an. Die geometrische Analyse fördert den Sinussatz hervor, der in diesem Fall die Lichtgeschwindigkeiten in den beiden Medien wiedergibt. Das Ergebnis ist daher konform mit Fermats Vorstellungen.

Leser, die in der Optik bewandert sind, werden sich vielleicht wundern, dass ich bis hierher ohne die Konzepte der Wellenlänge und Interferenz beziehungsweise Überlagerung ausgekommen bin. Wir wissen inzwischen, dass sich Licht in monochromatische Wellen mit genau definierter Schwingungsdauer aufspaltet, die sich im Raum ausbreiten und dabei Wellenbewegungen zeigen, deren höchste Ausschläge eben genau der Abstand einer Wellenlänge trennt. Das Konzept der Wellenlänge und der Überlagerung wurde jedoch erst ein Jahrhundert nach Huygens durch Young und Fresnel eingeführt.

Besonders auffällig ist, dass Huygens in Bezug auf Lichtwellen niemals deren räumliche Periode anspricht. Aber natürlich sind die Längen von optischen Wellen viel zu klein, als dass sich diese Mikrometerbruchteile in den einfachen Experimenten offenbart hätten, die Huygens durchführen konnte. Die Wellenlänge ist die vom Licht während einer Periode durchlaufene Strecke. Trotz des gewaltigen Werts der Lichtgeschwindigkeit fällt ihr Produkt mit der periodischen Schwingung winzig aus und war im 17. Jahrhundert nicht messbar. Optische Perioden, also die Schwingungsdauer einer Lichtwelle, sind extrem kurz, sie liegen in der Größenordnung von einer Billiardstelsekunde. Huygens und seine Zeitgenossen konnten sich so ultrakurze Entfernungen und Zeiten wie Wellenlängen und optische Perioden nicht vorstellen. Erst im 19. Jahrhundert begann man, auch diesen Rätseln nachzugehen.

Zu den Effekten, die bei Huygens unerwähnt bleiben, gehört auch die Beugung des Lichts durch Hindernisse – ein Phänomen, das Francesco Maria Grimaldi vor ihm untersucht hatte. Die oben dargelegte Argumentation zur geradlinigen Ausbreitung von Licht, das aus einer Lochblende austritt, gilt nämlich nur, wenn der Durchmesser der Blendenöffnung größer ist als die Wellenlänge des Lichts. Licht, das aus einer sehr kleinen Punktöffnung tritt, wird abgelenkt und zeigt eine Intensitätsverteilung mit hellen Zonen und dunklen Rändern. Grimaldis Überlegungen zur Beugung wurden einige Jahre später von Newton aufgegriffen – wirklich begriffen hat man das Phänomen aber erst im 19. Jahrhundert.

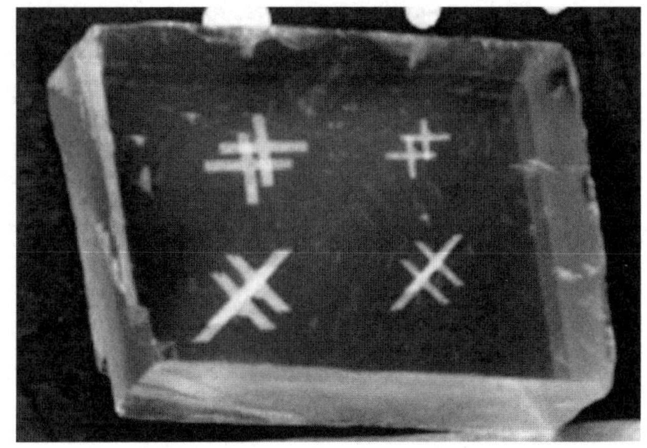

Abb. II.8. Doppelbrechung beim Islandspat. Die auf die schwarze Unterlage gemalten Kreuze bilden im Durchgang durch das Mineral zwei senkrecht polarisierte Bilder.

In seinem *Traité de la lumière* gibt Huygens zudem die erste Beschreibung von einem seltsamen Doppelbildeffekt, den man beobachten kann, wenn Licht die durchsichtigen Kristalle eines Minerals durchquert, das Seeleute und Händler von ihren Reisen ins Nordmeer mitgebracht hatten: den Islandspat. Dieser Kalkspat hat eine rhomboedrische Struktur, die aussieht, als hätte man bei einem Würfel oder ein Parallelepiped die gegenüberliegenden Kanten eingedrückt. Wenn man nun ein Objekt durch den Kristall betrachtete – etwa ein auf Papier gezeichnetes Kreuz –, so sah man das Symbol doppelt. Beim Drehen des Kristalls blieb ein Bild stehen, das andere drehte sich um sich selbst. Der Grund: Der einfallende Lichtstrahl wird in zwei Strahlen aufgespalten: den sogenannten »ordentlichen« Strahl, der nicht abgelenkt wird und dem Brechungsgesetz unterliegt, und den abgelenkten, »außerordentlichen« Strahl, der sich dem Brechungsgesetz entzieht. Man spricht bei diesem Phänomen auch von Birefringenz.

Die Kristalle hatten aber noch eine andere erstaunliche Eigenschaft: Folgte man dem ordentlichen Strahl, nachdem er einen ersten Kristall durchwandert hatte, und schickte ihn dann durch einen zweiten, genauso ausgerichteten Kristall, so durchquerte er diesen ohne Ablenkung. Drehte man aber den zweiten Kristall um 90° um die Richtung des Lichtstrahls, so wurde dieser abgelenkt und zum außerordentlichen Strahl! Das Experiment offenbarte eine Eigenschaft des Lichts: Es verhält sich nicht invariant, wenn es um seine Ausbreitungsachse gedreht wird. Das beobachtete Phänomen nennt man Polarisierung. Wir wissen inzwischen, dass Licht eine Transversalwelle ist, die der Schwingung eines elektrischen Feldes in der zur Ausbreitungsrichtung senkrechten Richtung entspricht. Der Islandspat hat nun die Fähigkeit, diese Wellen mit ihren senkrecht schwingenden elektrischen Feldern räumlich voneinander zu trennen. Durch sein Experiment machte Huygens erstmals auf das Phänomen aufmerksam und deckte die polarisierenden und analysierenden Eigenschaften des Islandspats auf. Wirklich begriffen wurden sie aber erst viel später. Huygens fehlte die Erkenntnis, dass das seltsame Verhalten, das er hier am Licht beobachtete, mit der Tatsache zusammenhängt, dass die Lichtwelle eine zur Strahlenrichtung transversale Schwingung ist. Dennoch konnte er eine korrekte qualitative Beschreibung der Lichtbeugung geben.

Die Ausbreitung des ordentlichen Strahls ergibt sich dadurch, dass er auf der Eintrittsfläche des Kristalls kreisförmige Elementarwellen hervorruft, die zu einer Brechung nach dem Snelliusschen Gesetz führen. Die Elementarwellenfläche des außerordentlichen Strahls dagegen ist ein Rotationsellipsoid, da das Licht dieser Wellen sich richtungsabhängig in unterschiedlichen Geschwindigkeiten bewegt. Der außerordentliche Strahl folgt der Richtung, die durch das Zentrum der einzelnen Elementarwellen auf der Grenzfläche und dem Berührungspunkt der Einhüllenden dieser lang gezogenen, nicht kreisförmigen Wellen im Innern des Kristalls definiert ist. Der Strahl unterliegt damit nicht dem Brechungsgesetz und ist daher »außerordentlich«.

Diese Experimente verdeutlichen einmal mehr Huygens' Forschergenie, das sich schon bei seinen mechanischen Studien zum Pendel gezeigt hatte. Seine Untersuchungen zum Kristallspat offenbarten erstmals die Anisotropie bestimmter transparenter Medien – also die Tatsache, dass sich das sie durchquerende Licht je nach Strahlenrichtung in verschiedenen Geschwindigkeiten ausbreiten kann. Dass sich aus einem einfallenden Strahl zwei gebrochene Strahlen ergeben konnten, deutete außerdem auf ein Überlagerungsprinzip hin. Natürliches Licht musste zwei Bestandteile haben, die sich im Einfallsstrahl überlagerten: Einer verursachte die kreisförmigen Elementarwellen auf der Oberfläche des Kristalls, der andere die elliptischen Wellen. Wie wir inzwischen wissen, gehören diese beiden Bestandteile zu zwei zueinander senkrechten Richtungen der transversalen Polarisation des Lichts. Wirklich durchschaut wurde dieses Phänomen erst Anfang des 19. Jahrhunderts, als man die Verbindung zwischen Polarisation und Doppelbrechung zog und Louis Malus seine Experimente startete, auf die ihn die Spiegelungen des Sonnenlichts in den Fenstern des Palais du Luxembourg gebracht hatten. Durch seine sorgfältige Beschreibung der seltsamen optischen Eigenschaften eines von einer Expedition mitgebrachten kleinen Gesteinsstücks hatte Huygens diesen Weg bestens geebnet.

Ebenso schuf Huygens trotz der eben genannten Einschränkungen die Voraussetzungen für Interferenzexperimente, die ein ganzes Jahrhundert nach ihm erfolgen sollten. Ich komme später noch auf sie zu sprechen. Diese Forschungen offenbarten ein Grundprinzip der Optik (und später auch des Elektromagnetismus), das ich schon im Zusammenhang mit der Doppelbrechung erwähnt habe, nämlich die Superposition beziehungsweise Überlagerung von Wellen. Huygens hat auch diese vorausgeahnt, als er feststellte, dass sich mehrere Wellen in einem Medium ausbreiten können, ohne einander zu stören, da sich ihre Effekte auf den Äther addierten. In seiner Vorstellung reagierte der Äther jeweils unabhängig auf die Einwirkungen verschiedener Lichtquellen. Huygens konstatierte, dass Lichtstrahlen verschiedenen Ursprungs, die im Raum aufeinandertreffen, anders als Materieteilchen nicht miteinander kollidieren. Zwei Beobachter können verschiedene Gegenstände sehen, auch wenn sich die Bahnen der Lichtstrahlen, welche die Bilder dieser Gegenstände hervorbringen, überschneiden. Was der eine sieht, wird keineswegs durch das gestört, was der andere sieht. Das Prinzip der Überlagerung sollte sich viel später auch in der Quantenphysik bewahrheiten, allerdings mit seltsamen Folgen. Gerechterweise sei daran erinnert, dass die Wellentheorie des Lichts schon von anderen Wissenschaftlern vor Huygens angedacht worden war, insbesondere von dem Italiener Grimaldi, dem Engländer Hooke und Pater Pardies, einem französischen Physiker, der 1673 verstarb, ohne die Ergebnisse seiner Untersuchungen veröffentlicht zu haben. Huygens hat jedoch als Erster eine zusammenhängende Wellentheorie erstellt, die viele Phänomene des Lichts in einem allgemeinen Rahmen erläutert. Diese Vorrangstellung von Huygens und die Bedeutung des von ihm entdeckten Prinzips fasst Leibniz in einem Brief zusammen, den er dem niederländischen Universalgenie 1694, wenige Monate vor dessen Tod, schickte:

> Anhand ihrer Vorstellungen zu den Wellenbewegungen wären M. Hooke und Pater Pardies sicher nicht zu der Erklärung der Brechungsgesetze gelangt. Alles hängt an der Art, wie Sie sich unterstehen, jeden Punkt des Strahls als strahlend zu betrachten und eine allgemeine Welle aus diesen Hilfswellen zu bilden.

Newton, die Lichtpartikel und die Farbe

Der *Traité de la lumière* von Huygens sagt nichts über Farben. Wir wissen heute, dass diese wesentliche Eigenschaft der Strahlung mit der Frequenz der Lichtwellen zu tun hat: Den Farben des Regenbogens entsprechen Strahlungen mit einer Wellenlänge zwischen 0,4 (Blau) und 0,7 (Rot) Mikrometern. Da er solche Dimensionen weder schätzen noch messen konnte, findet sich in Huygens' *Traité* keine Interpretation der Farben. Ironischerweise war es Newton, der sich in seinen 1704 veröffentlichten *Opticks* dieser Frage widmete, obgleich er doch nicht an die Wellennatur des Lichts glaubte. In seinem zweiten Hauptwerk zur Physik beschreibt Newton seine berühmten, im Laufe der 1670er-Jahre durchgeführten Experimente über die Ausbreitung von weißem Licht, welche sicher auch Huygens bekannt waren. Der Untertitel der Abhandlung – »Treatise of the Reflexions, Refractions, Inflexions and Colours of Light« – fasst bestens zusammen, welche Fragen Newton in ihr behandelt. Den Teil des Buches, in dem Newton die Gesetze der Ausbreitung von Lichtstrahlen in transparenten Medien behandelt, überfliege ich hier nur. Indem er einen ähnlichen Standpunkt einnimmt wie Descartes, gelangt Newton über seine Korpuskulartheorie zu den Brechungsgesetzen: Demnach besteht Licht aus Teilchen (Korpuskeln), die sich geradlinig in einem homogenen Medium ausbreiten, wobei es beim Auftreffen auf Grenzflächen zu Richtungsänderungen kommt. Newton ging davon aus, dass Lichtteilchen beim Übergang von Luft in ein transparentes Medium von einer zur Grenzfläche senkrechten Kraft angezogen werden. Dies führte ihn im Widerspruch zu Fermat und Huygens zu der Annahme, dass Licht sich in transparenten Medien schneller ausbreitet als in der Luft.

Ein bedeutendes Werk der Physik sind Newtons *Opticks* vor allem wegen der darin enthaltenen Untersuchungen zur Lichtstreuung. Newton beschreibt hier die berühmten Prismenversuche, mit denen er Sonnenlicht in ein Spektrum von Rot bis Violett auffächerte. Er fand heraus, dass man weißes Licht wiederum durch die Zusammensetzung der verschiedenen Farbstrahlungen erhält, und er erklärte die Zerlegung des Lichts durch ein Prisma anhand der korrekten Hypothese, dass die verschiedenen Farben einem unterschiedlichen Verhältnis zwischen Einfalls- und Brechungssinus entsprechen. Wie schnell sich Lichtstrahlen in einem materiellen Medium ausbreiten, hängt also auch

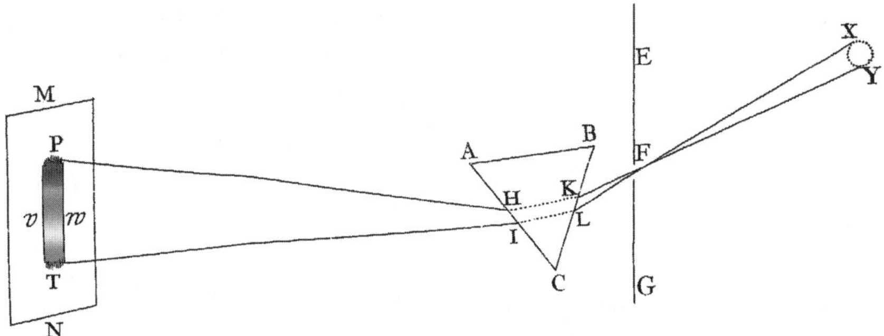

Abb. II.9. Zeichnung Nr. 13 aus dem 1. Kapitel von Newtons *Opticks*, auf der seine erste Anordnung zur Streuung des Sonnenlichts dargestellt ist. Das von der Sonnenscheibe XY ausgehende Licht tritt durch das Loch F im Fensterladen EG in das dunkle Zimmer. Der nach dem Durchgang durch das Prisma ABC auf dem Papier MN beobachtete Streifen mit der Breite vw und der Höhe TP ist lang gezogen und farbig abgebildet. Das Spektrum wurde hinzugefügt. Newton fertigte zu seiner Tintenzeichnung lediglich eine qualitative Beschreibung des Farbspektrums an und stellte fest, dass der weniger abgelenkte Rand T rot und der stärker abgelenkte Rand P violett sei.

von ihrer Farbe ab. Nach Newton musste sich blaues Licht, das stärker abgelenkt wird als rotes, im Glas des Primas schneller ausbreiten als in der Luft. Die Wellentheorie sagt uns natürlich das Gegenteil.

Newton beobachtete, wie sich die Farben des Lichts in schillernden Seifenblasen zeigten. Er beschrieb detailliert und exakt, wie bunte Ringe entstehen, wenn weißes Sonnenlicht auf eine auf einer ebenen Glasplatte liegende gewölbte Linse fällt – das Phänomen ist heute unter dem Namen *Newtonsche Ringe* bekannt. Auch das Farbenspiel, das durch die Beugung des Lichts an kleinen Hindernissen entsteht, weckte Newtons Interesse: Ihm war aufgefallen, wie Spinnennetze schimmern, wenn sie in einem bestimmten Winkel vom Sonnenlicht beschienen werden. Sogar Pfauenfedern schloss er in seine optischen Forschungen ein. Wir wissen inzwischen, dass es sich bei all diesen Beobachtungen um Phänomene der Überlagerung und Beugung handelt, die den Wellencharakter des Lichts offenbaren. Das Widersinnige an Newtons Werk besteht darin, dass er sehr sorgfältig und anhand wirklich schöner, zu seiner Zeit absolut neuartiger Experimente Phänomene beschreibt, die seine Korpuskulartheorie des Lichts nicht befriedigend erklären konnte.

Wenn er auch nicht in der Lage war, eine überzeugende Farbtheorie vorzulegen, so brachte seine außergewöhnliche physikalische Intuition Newton doch zu der Erkenntnis, dass die in seinen Experimenten beobachteten »Farben dünner Blättchen« (also die Interferenzphänomene an dünnen Schichten transparenter Materialien) mit einem Phänomen zusammenhingen, das die Lichtkorpuskeln »spüren« ließ, welche Entfernung zwischen den durchquerten Schichten bestand. Newton stellte sich vor, dass die Lichtpartikel beim Auftreffen auf die Grenzfläche »Anwandlungen« (*fits*) in dem transparenten Medium hervorriefen. Diese Anwandlungen setzten sich zwischen den Grenzflächen fort, und je nach Entfernung zwischen den beiden Schichten gab es eine größere Neigung des Teilchens, von der Eintrittsfläche reflektiert oder durchgelassen zu werden. Die Newtonschen *fits* könnte man als eine Art Schwingung betrachten, die entweder verstärkt oder abgeschwächt wird und so dazu führt, dass die Lichtteilchen an der Eintritts- beziehungsweise der Austrittsfläche der dünnen Blättchen reflektiert oder aufgenommen werden. Nach Newtons Theorie war Licht ein Teilchenfluss, der sich im Raum und in transparenten Medien ausbreitete, dabei aber für Schwingungsphänomene im durchquerten Medium und auch im Auge sorgte, wobei Letzteres diese Schwingungen als unterschiedliche Farben wahrnahm.

Manchmal heißt es, Newton habe mit seinem qualitativen Modell den Welle-Teilchen-Dualismus der Quantenphysik vorweggenommen. Das erscheint mir arg übertrieben. Die historische Wahrheit lautet, dass das Konzept der »Anwandlungen« doch ziemlich verschwommen blieb und Newton bei den meisten Wissenschaftler des auf ihn folgenden Jahrhunderts die Vorstellung verfestigte, dass Licht aus einzelnen Teilchen besteht.

Wie dem auch sei, Newtons Untersuchungen zur Farbe haben die Entwicklung optischer Geräte entscheidend revolutioniert. Seine Prismenversuche waren der Ausgangspunkt für die Spektroskopie, also für die Wissenschaft, die sich mit den von Materie absorbierten oder emittierten Farben des Lichts beschäftigt. Die im vorigen Kapitel erwähnten Fraunhofer-Linien, mit denen sich die Bausteine des Weltalls entschlüsseln lassen, sind im 19. Jahrhundert mit astronomischen Instrumenten aufgenommen worden, deren Vorläufer Newtons Prismen waren.

Nachdem er festgestellt hatte, dass die Linsen von Fernrohren aufgrund der Farbstreuung im Glas Bilder mit farbigem Saum beziehungsweise »chromatische Aberrationen« erzeugten, beschloss Newton, das Objektiv durch einen konkaven Spiegel zu ersetzen, der Sterne und Planeten über Reflexion

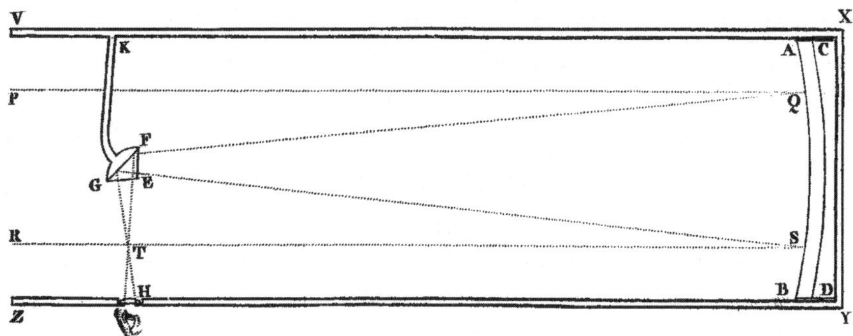

Abb. II.10. Zeichnung 29 aus dem 1. Kapitel der *Opticks*, auf der das Funktionsprinzip eines Teleskops mit Parabolspiegel dargestellt ist. Ein parallel einfallendes Lichtbündel wird im Brennpunkt gesammelt und von einem kleinen Spiegel *FG* im rechten Winkel reflektiert. Das Okular befindet sich am Punkt *H*.

statt über Brechung in seinem Brennpunkt abbildete. Da die Reflexion vollkommen anachromatisch funktioniert (unabhängig von der Farbe sind Einfallswinkel und Ausfallswinkel gleich), ergaben sich klarere Bilder.

Spiegel und Linsen mit einer kugelförmigen Oberfläche bündeln Licht nur unzulänglich und erzeugen ein Punktbild, das von einem kleinen, begrenzten Reflexionsfleck umgeben ist. Um diese sphärischen Aberrationen zu vermeiden und einen scharfen Brennpunkt zu erhalten, setzte Newton einen Parabolspiegel in sein Teleskop ein. Auch dies ist eine Konsequenz aus dem Fermatschen Prinzip. Die Rotationsfläche einer um die eigene Achse kreisenden Parabel entspricht der Menge der Punkte, bei denen die Summe der Entfernungen zum Brennpunkt und zu einer achsensenkrechten Fläche konstant ist. Sämtliche Strahlen, die von einem Stern in dieser Achse ausgehen, werden sich nach dem Fermatschen Prinzip exakt im Brennpunkt bündeln. Newton erfand also das Spiegelteleskop, das nach und nach das einfache Fernrohr ersetzen und zwei Jahrhunderte später das gängige Instrument der großen Sternwarten überall auf der Welt werden sollte.

Ein Jahrhundert nach Galilei und dem Aufkommen der beobachtenden Astronomie machte die Optik also gigantische Fortschritte. Auf der konzeptuellen Ebene standen einander zwei Lichttheorien gegenüber, die jeweils von zwei Wissenschaftsriesen wie Newton und Huygens verfochten wurden. Ersterer hielt sich an die Korpuskulartheorie, Letzterer an die Wellentheorie. Die große, durch den Erfolg seiner Gravitationslehre gekrönte Bekanntheit

Newtons brachte mit sich, dass die meisten Physiker die Teilchentheorie übernahmen, ohne deren Widersprüche zu hinterfragen.

Ein Kritikpunkt an der Wellentheorie seitens Newton und seiner Nachfolger im 18. Jahrhundert war die Schwierigkeit, die geradlinige Ausbreitung des Lichts zu erklären. Schall ist eine Welle, die Hindernisse überwinden kann. Geräusche können auch vernommen werden, wenn sich eine Mauer zwischen der Geräuschquelle und dem Ohr des Hörers befindet. Das ist beim Licht nicht der Fall. Hindernisse erzeugen hier offenbar klare Schattenzonen. Huygens hatte zwar versucht, mit seinem Prinzip der Elementarwellen zu zeigen, dass diese sich nur in Strahlrichtung verstärken, doch blieb seine Erklärung ungenau, da ihm das Konzept der Wellenlänge unbekannt war und ihm das Phänomen der Beugung letztlich unverständlich blieb. Tatsächlich dringt Licht auch in Schattenbereiche, doch lässt sich dieses Phänomen nur mit feinen quantitativen Methoden analysieren, die weder Huygens noch Newton zur Verfügung standen. Erst Young und Fresnel konnten ein Jahrhundert später Experimente dieser Art durchführen.

Beschließen wir unsere Reise in die Geschichte des Lichts im Grand Siècle mit einem Fortschritt der Astronomie, durch den Rømers Schätzung der Lichtgeschwindigkeit präzisiert wurde: die Messung der astronomischen Aberration des Lichts durch James Bradley im Jahre 1727. Wo wir einen Stern am Himmel wahrnehmen, hängt nicht nur davon ab, aus welcher Richtung uns sein Licht erreicht, sondern auch davon, wie schnell die Erde auf ihrem Weg um die Sonne ist. Um diesen Zusammenhang an einem einfachen Beispiel zu veranschaulichen, nehmen wir einmal an, der beobachtete Stern befinde sich am Zenit, in einer zur Umlaufgeschwindigkeit der Erde senkrechten Richtung. Diese Geschwindigkeit v beträgt 30 km/s, also ein Zehntausendstel der Lichtgeschwindigkeit. Ein vom Stern ausgehender Lichtstrahl erscheint uns daher leicht geneigt zur Zenitrichtung, nämlich um einen kleinen Winkel von etwa 20 Bogensekunden, proportional zum Verhältnis v/c. Diese Ablenkung ist im Laufe eines Jahres Schwankungen unterworfen, indem sie der Bewegungsrichtung der Erde um die Sonne folgt. Die Aberration bewirkt, dass die Sterne sich scheinbar elliptisch über das Himmelsgewölbe bewegen. Für die Lichtgeschwindigkeit im Vakuum ergaben Bradleys Beobachtungen einen Wert, der sehr nah an der heute bekannten Zahl liegt.

Die Abweichung der Sternenpositionen hat Ähnlichkeit mit einem Phänomen, das man bei einer Fahrt im Cabriolet beobachten kann: Wenn man bei starkem, senkrecht fallendem Regen offen fährt, kommen die Tropfen schräg an und treffen in einem Winkel auf, der umso mehr von der Senkrechten abweicht, je höher die Geschwindigkeit des Wagens ist. Bis zu einem gewissen Punkt hält also die Windschutzscheibe den Regen ab, und es ist gar nicht so schlimm, wenn man vergessen hat, das Dach zu schließen! Eine gewisse Zeit galt Bradleys Beobachtung als Bestätigung der Korpuskulartheorie, die darauf hinausläuft, die Regentropfen aus meinem Beispiel mit Lichtteilchen zu vergleichen. Tatsächlich aber kann man die stellare Aberration auch mit der Wellentheorie des Lichts vereinbaren. Dabei ist zu beachten, dass die Ablenkung des Sternenlichts kein Effekt der Parallaxe ist, die sich durch Veränderung der Erdposition im Bezug zu den Himmelskörpern ergibt. Die Parallaxe hat mit der *Entfernung* der Sterne von der Erde zu tun, die Aberration dagegen hängt von der *Geschwindigkeit* unseres Planeten ab und ist für nahe und ferne Sterne derselben Beobachtungsrichtung gleich. Wie bereits erwähnt, beträgt der Effekt der Parallaxe bei nahen Sternen nur einen Bruchteil einer Bogensekunde und ist für ferne Sterne gar nicht nachweisbar.

Da wir nun noch einmal bei der Lichtgeschwindigkeit sind: Um den Konflikt zwischen Korpuskular- und Wellentheorie aufzulösen, drängte sich eigentlich ein Experiment auf. Ein Ausschlusstest hätte die Messung der Lichtgeschwindigkeit in einem materiellen Medium sein können, da die beiden konkurrierenden Theorien hierzu unterschiedliche Aussagen trafen. Ein solches Experiment konnte keine astronomische Beobachtung sein, es musste im Labor erfolgen. Tatsächlich dauerte es hundertfünfzig Jahre bis zu seiner Durchführung. Wie wir noch sehen werden, hatten bis dahin aber schon andere wichtige Erkenntnisse zwischen Huygens und Newton entschieden.

Neben der Kontroverse zwischen den beiden Männern gab es noch andere ungelöste Rätsel. Falls Licht nun aus Teilchen bestand, wie waren diese dann beschaffen und wie transportierten sie die verschiedenen Farben? Und wenn Licht eine Welle war, welchen ihrer Eigenschaften verdankte man dann die Farben? Woraus bestand der mysteriöse Äther, in dem sich diese Welle ausbreitete? Die Substanz musste ja sehr fest sein, um die Stöße der Lichtschwingung mit derart hoher Geschwindigkeit weiterzugeben, und gleichzeitig musste sie aber auch unendlich fein sein, da sie doch alle transparenten Medien durchdrang. Außerdem stand eine genauere Erklärung der Doppelbrechung aus, und auch der Gedanke der Polarisation verlangte nach Klärung.

Im Laufe dieser Geschichte hat sich gezeigt, wie sehr verschiedene Bereiche der Wissenschaft miteinander verbunden waren und in ihrem Fortschritt voneinander abhingen. Damals sprach man noch nicht von Interdisziplinarität, aber man praktizierte sie ganz selbstverständlich. Gelehrte wie Galilei, Huygens und Newton konnten ein ganzes Spektrum von Disziplinen beherrschen und sich praktisch die gesamte Wissenschaft ihrer Zeit aneignen. Ebenso faszinierend ist, wie eine Beobachtung nach der nächsten verlangte, da Experimente oftmals Unerwartetes offenbarten. Forschung wurde vordringlich von Neugier angetrieben – von Menschen, die den Wunsch hatten, die Natur und ihre Gesetze immer besser zu verstehen.

Indem ich nun den Wegen zur Erforschung des Licht weiter folge, kann ich in den folgenden Kapiteln berichten, wie sich die bisher erwähnten Rätsel klärten und damit gleich neue, tiefer gehende Fragen aufgeworfen wurden, die schließlich in die moderne Physik mündeten. Bevor ich aber auf diesen Pfad zurückkehre, möchte ich noch eine Weile im Zeitalter des Sonnenkönigs und der Aufklärung bleiben und von einem Abenteuer erzählen, das scheinbar nichts mit dem Thema dieses Buchs zu tun hat, uns am Ende aber doch auf das Licht zurückbringen wird. Ich rede von der Vermessung der Erde, die ab der zweiten Hälfte des 17. Jahrhunderts und über das gesamte 18. Jahrhundert hinweg Physiker, Astronomen, Mathematiker und Entdecker beschäftigte – manche unter ihnen haben bereits in der Geschichte des Lichts eine tragende Rolle gespielt.

Die Vermessung der Erde

Als Jean Richer nach Cayenne reiste, um dort die Parallaxe des Mars zu beobachten, hatte er eine sekundengenaue Uhr im Gepäck, um sich bei seinen Beobachtungen mit Cassini abstimmen zu können. Dabei fiel ihm auf, dass die Uhr in Cayenne langsamer lief als in Paris. Sie ging pro Tag zweieinhalb Minuten nach. Diese Differenz war zehnmal größer als die Unsicherheit der Uhr, die doch die neuesten technischen Errungenschaften durch Huygens nutzte. So entdeckte Jean Richer mehr oder weniger zufällig, dass die Gravitation nahe dem Äquator schwächer ist als in den gemäßigten Breiten.

Die Erklärung für dieses Phänomen stammt erneut von Huygens, der in den 1670er-Jahren die Zentrifugalkraft entdeckte. Um seine Argumentation zu verstehen, muss man sich in die Vorstellungswelt begeben, die Galilei Anfang des Jahrhunderts eröffnet hatte. Der italienische Physiker hatte begriffen, dass sich durch kein mechanisches Experiment beweisen ließ, ob man stillsteht oder aber mit gleichmäßiger Geschwindigkeit fortbewegt – etwa auf einem ruhig dahinsegelnden Schiff. Lässt man einen Ball zu Boden fallen, fällt er einem im Schiff genauso vor die Füße wie an einem unbewegten Standort. Und wirft man den Ball, so folgt er der gleichen parabelförmigen Wurfbahn, als hätte man ihn auf der als unbewegt betrachteten Erde geworfen.

Aber lassen wir Galilei selbst sprechen. in seinem *Dialog über die beiden hauptsächlichsten Weltsysteme* von 1632 heißt es:

> Schließt euch in Gesellschaft eines Freundes in einen möglichst großen Raum unter Deck eines großen Schiffes ein [...] hängt ferner oben einen kleinen Eimer auf, welcher tropfenweise Wasser in ein zweites enghalsiges darunter gestelltes Gefäß träufeln läßt [...] die fallenden Tropfen werden alle in das untergestellte Gefäß fallen. Wenn Ihr Eurem Gefährten einen Gegenstand zuwerft, so braucht Ihr nicht kräftiger nach der einen als nach der anderen Richtung zu werfen, vorausgesetzt, daß es sich um gleiche Entfernungen handelt. Wenn Ihr, wie man sagt, mit gleichen Füßen einen Sprung macht, werdet Ihr nach jeder Richtung hin gleichweit gelangen. Achtet darauf, Euch aller dieser Dinge sorgfältig zu vergewissern [...] Nun laßt das Schiff mit jeder beliebigen Geschwindigkeit sich bewegen: Ihr werdet – wenn nur die Bewegung gleichförmig ist und nicht hier- und dorthin schwankend – bei allen genannten Erscheinungen nicht die geringste Veränderung eintreten sehen. Aus keiner derselben werdet Ihr entnehmen können, ob das Schiff fährt oder stille steht. *(Leipzig 1891, S. 197)*

Tatsächlich hat das Konzept der Unbewegtheit keine allgemeine Gültigkeit. Zwei Freunde an Land können genauso wie das Freundespaar auf Galileis Schiff geltend machen, dass sie »unbewegt« sind. Es kommt allein auf den Blickwinkel beziehungsweise das Bezugssystem an. Noch eindeutiger lässt sich die Situation beschreiben, wenn man sagt: Sie alle befinden sich in einem Inertialsystem, in dem ein Körper, auf den keine Kraft wirkt, in einer geradlinigen, gleichmäßigen Bewegung verharrt. Wenn man annimmt, dass die Erde ein solches Inertialsystem ist, so gilt das Gleiche für ein Schiff, solange das Meer ruhig ist und es zu keiner Geschwindigkeitsveränderung kommt. Erfährt das Schiff dagegen eine Beschleunigung, bewegt es sich nicht mehr gleichförmig. Dies wirkt sich auch auf das Verhalten der Gegenstände an Bord aus. Wenn man einen Ball wirft, während das Schiff schneller oder langsamer wird, beschreibt dieser einen Parabelbogen nach hinten oder vorne – als würde man eine horizontale Kraft auf ihn ausüben, die der Beschleunigungsrichtung entgegengesetzt ist. Auch man selbst spürt diese Kraft, da man nach hinten oder vorne gedrückt wird, sobald das Schiff zu stampfen beginnt. Diese sogenannten Trägheitskräfte entstehen nicht etwa durch eine Wechselwirkung der untersuchten Gegenstände mit anderen Körpern. Sie treten auf, wenn sich Objekte in einem System bewegen, das eine Geschwindigkeitsveränderung erlebt, also eine Beschleunigung in Bezug auf den Inertialzustand.

Doch welche Bezugsysteme lassen sich nun eindeutig als Inertialsysteme bestimmen? Die gesamte Menschheitsgeschichte bis Kopernikus hatte darauf eine eindeutige Antwort. Es galt als gesichert, dass die Erde stillstand und das gesamte Universum sich um sie drehte. Mit dem Verschwinden dieser Überzeugung wurde es noch schwieriger, ein ruhendes System zu definieren. »Und sie bewegt sich doch«, soll ja Galilei beharrt haben. Die Erde dreht sich um die Sonne, und so entsteht eine schwache Beschleunigung aller ihr zugeordneten Bezugspunkte. Doch diese Beschleunigung ist sehr gering und wir können sie vernachlässigen – gerade in der Epoche, von der hier die Rede ist, war sie keine bekannte oder wichtige Größe. Huygens, der ja die auf einen rotierenden Körper einwirkenden Kräfte untersuchen wollte, interessierte vielmehr die Drehbewegung der Erde um die eigene Achse, durch die sich jeder Punkt auf der Erdoberfläche, in Cayenne wie in Paris, in einer gleichförmigen Kreisbewegung um die Rotationsachse befindet. Diese Zentripetalbeschleunigung ist nach Huygens proportional zur Entfernung zur Erdachse und zum Quadrat der Winkelgeschwindigkeit. Am Pol ist sie gleich null, ihren maximalen Wert hat sie am Äquator.

Im gesamten terrestrischen Bezugsystem außer an den Polen sind Körper daher einer Zentrifugalkraft unterworfen, die es zu berücksichtigen gilt, wenn man ihre Bewegung errechnen möchte. Um eine intuitive Vorstellung dieser Kraft zu bekommen, kann man sich etwa vorstellen, man sitze in einem fahrenden Karussell. Je schneller sich dieses dreht, desto stärker wird man gegen die äußere Seitenwand des Sitzes gedrückt. Bei Astronauten, die in Humanzentrifugen trainieren, übersteigt diese Kraft ihre Gewichtskraft.

Die Erdrotation ist dagegen mit einer Umdrehung in 24 Stunden viel langsamer und wir nehmen sie nicht wahr, da die Zentrifugalkraft gegenüber der Schwerkraft, die uns ja in die entgegengesetzte Richtung zum Erdmittelpunkt zieht, verschwindend gering ist. Die Huygens-Uhr, die Richer nach Cayenne mitnahm, reagierte jedoch sensibel genug, um diese Kraft in einem Versuch erfahrbar zu machen, der die Erdrotation erstmals auf anderem Wege als über die astronomische Beobachtung nachwies. Als Richer und Cassini die Schwingungen der beiden identischen Pendeluhren in Cayenne und Paris zählten, befanden sie sich praktisch in derselben Situation wie die beiden Freunde in Galileis Vergleich. Selbst ohne einen Blick auf die Außenwelt (den Himmel und die Sterne) konnten sie durch ein mechanisches Experiment nachweisen, dass die Erde kein Inertialsystem ist.

Im Äquatorbereich mindert die Zentrifugalbeschleunigung die Gravitationskraft um 0,33 %, auf der Breite von Paris jedoch um nur 0,21 %. Es blieb also ein Differenz von 0,12 %, die für eine Schwankung von 0,06 % bei der Schwingungsdauer des Pendels herangezogen werden konnte, die ja proportional zur Quadratwurzel der Schwerebeschleunigung ist. So ergab sich eine Abweichung des Pendels von etwa 50 Sekunden, doch war die zwischen Cayenne und Paris beobachtete Differenz etwa dreimal so groß.

War die Zentrifugalkraft also nur ein Teil der Erklärung? Huygens erkannte 1687, dass sie sich auch auf andere, indirektere Weise auf den beobachteten Effekt auswirkte. Die Eigenrotation der Erde musste doch bewirken, dass diese keine perfekte Kugel war, sondern ein an den Polen abgeflachter und rund um den Äquator ausgebuchteter Ellipsoid. Die Beobachtung des schnell rotierenden Planeten Jupiter mit seiner deutlich abgeflachten Form sprach sehr dafür, dass die auf einen Planeten einwirkende Zentrifugalkraft diesen verformen konnte. Dass sich im Innern der Erde Magma befand, das bei Vulkanausbrüchen an die Oberfläche stieg, ließ die Vermutung zu, dass unser Planet aus anpassungsfähiger Materie bestand, deren Form von dem Gleichgewicht zwischen den zentripetalen Kräften der Gravitation und den zentrifugalen Kräften der Beschleunigung abhing. Huygens schuf nun ein Modell, mit dem er aufzeigte, dass dieses Gleichgewicht tatsächlich zu einer ellipsoiden Erdgestalt mit abgeflachten Polen führte. 1690 wandte auch New-

Ellipsoid
nach Newton/Huygens

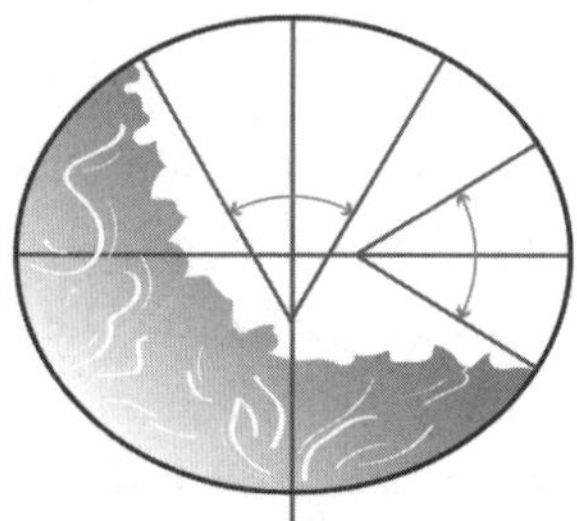

Abb. II.11.
Die von Cassini und von Huygens und Newton aufgestellten Modelle zur Erdgestalt.

ton seine Gravitationslehre auf das Phänomen an und kam sogar auf eine noch stärkere Abflachung als Huygens.

In jedem Fall musste eine solche Verformung sich zusätzlich zur direkten Zentrifugalkraft auf das Uhrpendel auswirken. Die Abflachung der Erde brachte mit sich, dass ein Punkt am Äquator weiter vom Erdmittelpunkt entfernt ist als einer in den gemäßigten Breiten. Verglichen mit ihrem Pariser Wert musste die Gravitationskraft am Äquator geringer sein, und dieser Effekt addierte sich zu dem der veränderten Zentrifugalkraft, die sich direkt auf das Pendel auswirkte. Mit dieser Annahme ließ sich sinnvoll erklären, warum eine Diskrepanz zwischen der beobachteten Abweichung der Pendeluhr und den nur ein Drittel so starken Auswirkungen der Zentrifugalkraft der Erde bestand.

Die Vermessung der Erde und die Frage nach ihrer tatsächlichen Form steigerte sich Anfang des 18. Jahrhunderts zu einer hochaktuellen wissenschaftlichen Angelegenheit. Eine mögliche Abflachung der Pole wurde umso heftiger diskutiert, nachdem eine groß angelegte Vermessungskampagne durchgeführt worden war, anhand derer man eine präzisere Karte Frankreichs erstellen wollte. Ludwig XIV. hatte seine Akademiemitglieder und die Astronomen am Pariser Observatorium gebeten, eine Karte seines Reichs zu zeichnen und hierfür die neuesten und besten Technologien der Epoche zu nutzen. Das Projekt wurde unter Ludwig XV. fortgesetzt. Die präzisen Standfernrohre mit Fadenkreuz, welche ja schon bedeutende astronomische Beobachtungen ermöglicht hatten, konnten nun angepasst werden, um damit Bauwerke oder natürliche Erhebungen in der französischen Landschaft anzuvisieren und sehr genaue Winkelmessungen vorzunehmen. So ließ sich praktisch das gesamte Land triangulieren – zunächst entlang des Pariser Meridians und dann auch in anderen Regionen. Mittels der genauen Vermessung nur einer Dreiecksseite erhielt man mithilfe von Logarithmustafeln auch alle anderen Entfernungen.

Indem man diese Messungen schließlich mit astronomischen Daten verband, ließ sich auch der Abstand der Breitengrade entlang des Pariser Meridians ermitteln. Die Studien wurden von Jacques Cassini durchgeführt – dem Sohn von Jean-Dominique Cassini, der mit Richer die Parallaxe des Mars vermessen hatte – und ergaben scheinbar, dass ein Grad Breite im Norden von Frankreich ein wenig kleiner war als im Süden. So gelangte man zu der Annahme, die Erde sei doch nicht abgeflacht wie eine Mandarine, sondern lang gezogen wie eine Zitrone. Das stand Richers Versuchsergebnissen und auch den Berechnungen von Huygens und Newton entgegen, doch Cassini hatte großen Einfluss an der Pariser Akademie der Wissenschaften, und die Frage blieb unentschieden. Schließlich beschloss die Akademie 1734, den Konflikt durch eine unwiderlegbare Messung zu lösen. Hören wir hierzu das Akademiemitglied Pierre Louis Moreau de Maupertuis:

> Die Akademie fand sich also geteilt; ihre eigenen Gelehrten hatten sie verunsichert, und nun verlangte der König eine Entscheidung der großen Frage, die doch nicht zu den eitlen Spekulationen gehörte, mit denen sich der Müßiggang und der unbrauchbare Scharfsinn der Philosophen manchmal hinreißen lässt, sondern die vielmehr tatsächliche Auswirkungen auf die Astronomie und Seefahrt haben muss. Um die Gestalt der Erde sicher zu bestimmen, galt es, zwei Meridiangrade möglichst entfernter Breite miteinander zu vergleichen. Denn wenn diese Grade vom Äquator zum Pol abnehmen oder zunehmen, dann könnte der zu geringe Unterschied zwischen benachbarten Graden mit Beobachtungsfehlern verwechselt werden; wenn dagegen die gemessenen Grade eine große Entfernung voneinander haben, so wird dieser Unterschied so oft wiederholt wie Grade dazwischen liegen, und dies ergäbe eine zu beträchtliche Summe als dass sie den Beobachtenden entgehen könnte.

Ludwig XV. ging also auf den Vorschlag der Akademie ein und schickte zwei Expeditionen aus: eine in die Polarregion, die andere in die Nähe der Äquatorzone, nach Quito im damaligen spanischen Vizekönigreich Peru. Das Ziel war, den Breitengrad in zwei möglichst weit voneinander entfernten Zonen zu messen. Maupertuis selbst leitete die 1736 begonnene Expedition nach Lappland, während die Akademiemitglieder La Condamine und Bouguer nach Peru reisten, dort manch abstruse Abenteuer erlebten und erst nach über zehn Jahren zurückkehrten. Maupertuis dagegen konnte schon 1737 seine Ergebnisse in Paris abliefern. Mit ihnen ließ sich nachweisen, dass die geographische Breite am Pol eindeutig größer war als der in Paris gemessene Wert. Ohne noch auf die Rückkehr von La Condamine zu warten, galt dies als ausreichender Beleg dafür, dass die Erde entgegen der festen Annahme der Cassinis tatsächlich ein abgeflachter Ellipsoid war. Es heißt, Voltaire habe, als ihn die Nachricht der geglückten Expedition erreichte, Maupertuis dazu gratuliert, nicht nur die Erde, sondern auch Vater und Sohn Cassini »geplättet« zu haben.

Als Bouguer 1744 vor seinem Gefährten nach Paris zurückkehrte, stützte sein Bericht an die Akademie die Ergebnisse von Maupertuis. Durch moderne Satellitenbeobachtungen, die natürlich um einiges präziser sind als die Vermessungen des 18. Jahrhunderts, wissen wir, dass die Differenz zwischen Äquator- und Polradius 21,3 Kilometer beträgt, bei einem mittleren Radius von 6367 Kilometern. Damit ergibt sich eine Elliptizität von 1/298. Dieser Wert liegt näher an dem von Newton errechneten Ergebnis (1/230) als an der von Huygens vermuteten Zahl (1/578).

Die Einzelheiten dieser Geschichte hatte ich schon vergessen, bis sie mir vor ein paar Jahren in Erinnerung gebracht wurde, als Claudine und ich Ecuador bereisten und in einer zu einem Hotel umgebauten Hazienda am Fuße des Cotopaxi-Vulkans etwa 70 Kilometer südlich von Quito zu Gast waren. Eine von der Pariser Akademie der Wissenschaften angebrachte Plakette erinnerte daran, dass 1742 La Condamine in diesem Haus übernachtet hatte. Er war dort bei seinen Messungen entlang des Meridians von Quito zum südlich des Äquators gelegenen Cuenca vorbeigekommen. Während seines Aufenthalts hatte La Condamine einen Ausbruch des Cotopaxi erlebt. Etwa sechzig Jahre danach beherbergte die Hazienda den großen Naturforscher Alexander von Humboldt, welcher auf seiner Reise durch Südamerika unter anderem den kalten Meeresstrom entlang der Küste von Chile und Peru untersuchte, der heute seinen Namen trägt. Claudine und ich hatten die Ehre, in eben dem Zimmer schlafen zu dürfen, das Humboldt 1802 belegt hatte.

La Condamines Reise jedenfalls dauerte dreizehn Jahre. Er verließ Peru, indem er dem Amazonaslauf bis nach Cayenne an der Atlantikküste folgte. Da Bouguer die wissenschaftlichen Ergebnisse der Expedition bereits abgeliefert hatte, war La Condamines Bericht an die Akademie mit seiner Schilderung der durchquerten Gegenden eher von geographischem und ethnographischem als von physikalischem Interesse.

Physik und Geographie waren damals ohnehin eng verknüpfte Wissensgebiete. So hatte die Seefahrt mit der Schwierigkeit zu kämpfen, wie sich Längengrade auf dem Meer präzise bestimmen ließen. Die naheliegende Methode war der Vergleich der Ortszeit (die man am Sonnenstand oder der Sternenkonstellation ablas) mit der Uhrzeit, die am Bezugsmeridian in Paris oder Greenwich galt. Diese ließ sich in Erfahrung bringen, indem man ein astronomisches Phänomen wie die Io-Finsternis am Jupiter beobachtete, deren Erscheinen das Pariser Observatorium in Zeittabellen festgehalten hatte. So war es möglich, überall auf der Welt zu sagen, wie spät es gerade in Paris war – wenn man ein gutes und standfestes Fernrohr an Bord hatte und Jupiter überhaupt gesichtet werden konnte. Praktisch war dieses Verfahren jedoch nicht.

Eine andere Methode bestand darin, eine möglichst präzise Uhr mitzuführen, auf der sich die Uhrzeit des Heimathafens über eine Wochen oder Monate dauernde Seereise ablesen ließ. Huygens hatte sich zwar bemüht, seine Pendeluhren gegen schweren Seegang abzusichern, doch waren die damaligen Segelschiffe sicher keine Inertialsysteme. Die Ergebnisse waren enttäuschend, und so rief die britische Admiralität eine Prämie für den Uhrmacher aus, der eine kompakte und widerstandsfähige Uhr ersinnen würde, die den Turbulenzen auf See besser trotzen könnte als eine Pendeluhr. Diese Uhr müsste die Schwingungen einer kleinen Feder nutzen, damit sich das sperrige Pendel erübrigte. Ihre Ungenauigkeit dürfte nur wenige Sekunden pro Monat betragen. Der Gewinner des Wettbewerbs war der englische Uhrmacher John Harrison. Ab der zweiten Hälfte des 18. Jahrhunderts wurden alle britischen Schiffe mit seinem Meereschronometer ausgestattet.

Die genaue Vermessung der Erde beschäftigte Wissenschaftler bis zur Französischen Revolution und darüber hinaus. Der Universalismus der Aufklärung ließ die Einigung auf weltweit verbindliche Messeinheiten zu einem hehren wissenschaftlichen Ziel werden. Zum Idealismus der Wissenschaft ge-

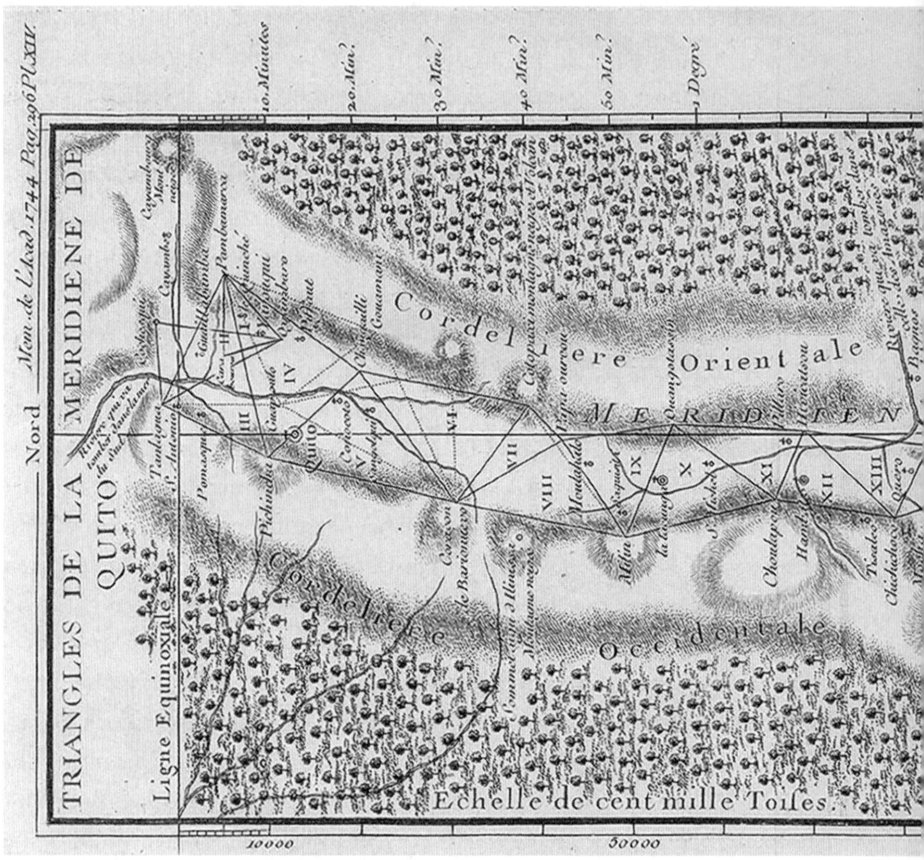

Abb. II.12. Der Meridianverlauf in Quito mit den eingezeichneten Triangulationen, die Bouguer und La Condamine im Laufe ihrer Expedition durch das spanische Peru vornahmen. (*Annales de l'Académie des sciences*, 1744)

sellte sich der Realismus des Handels, für den es von Vorteil war, wenn die vielen verschiedenen Längen wie Fuß, Zoll oder Klafter durch ein einziges Maß ersetzt würde. Eigentlich hatte man angenommen, man könnte eine natürliche Einheit daran festlegen, wie lang ein Pendel sein musste, um in zwei Sekunden von einer Seite zu anderen zu schwingen – eine Länge, die ungefähr mit dem derzeitigen Meter übereinstimmt. Dass dieses Maß aber offenbar je nach geographischer Breite variierte, bremste den Eifer. Man hätte die Maßangaben um den jeweiligen Breitengrad korrigieren müssen, wodurch sie wenig praktikabel wurden.

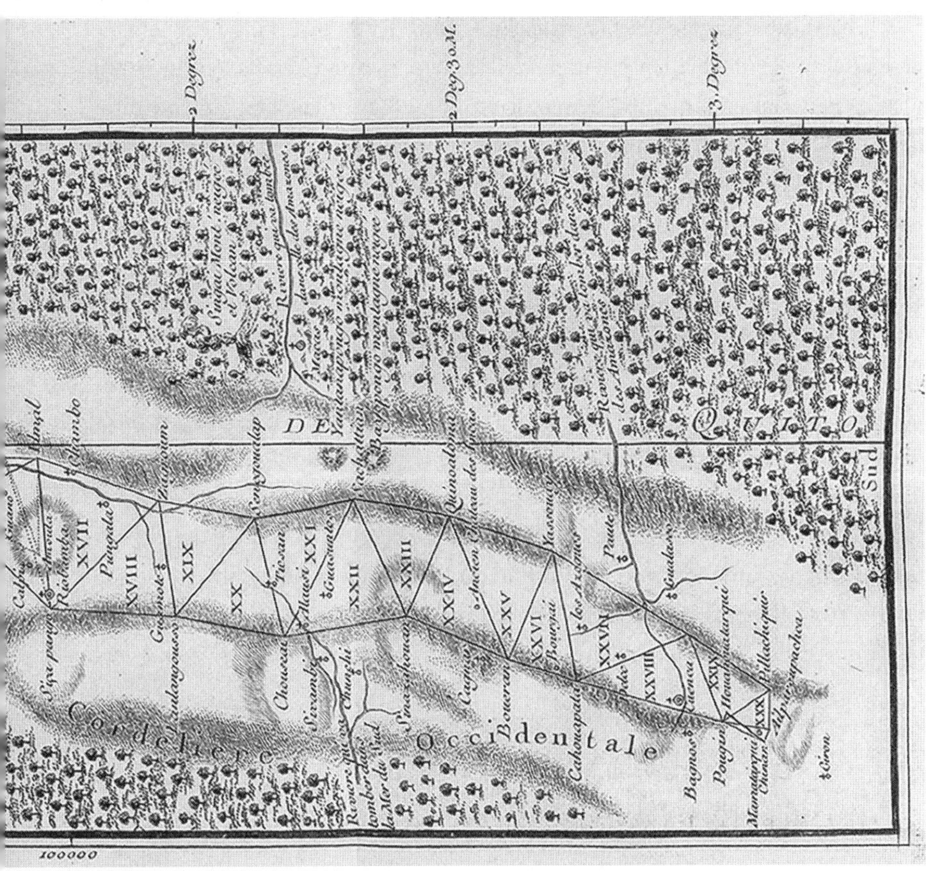

Während der Revolution beschloss der Nationalkonvent, das Längenmaß auf die Dimensionen der Erde zu beziehen, die ja der gesamten Menschheit gehöre, und der Einheit so den gewünschten allgemeingültigen Charakter zu verleihen. Der Meter sollte der zehnmillionste Teil der Entfernung zwischen Pol und Äquator sein. Um eben jenen universellen Meter zu definieren, hatten Delambre und Méchain die Triangulationsmessungen vorgenommen, von denen ich zu Beginn dieses Kapitels gesprochen habe. Mit ihrer Expedition traten sie in die Fußstapfen ihrer Vorgänger – Vermessern der Erde wie Vater und Sohn Cassini, Maupertuis, La Condamine und Bouguer sowie ihrer vielen Begleiter.

Ich habe die Anfänge der Lichtforschung und der Erdmessung nebeneinander gestellt, weil die beiden Abenteuer viele Gemeinsamkeiten haben. Es treten dieselben Personen auf, außerdem stützen sie sich auf dieselben Erkenntnisse der Mathematik, Astronomie, Physik und Geographie. Durch die Erfolge der beiden Unternehmungen hat sich die moderne Wissenschaft herausgebildet und ihre Werte und Prinzipien gestärkt. Die uns heute bekannten Merkmale des wissenschaftlichen Vorgehens waren damals schon anerkannt und verbreitet. Wichtige Entdeckungen und die Entwicklung wissenschaftlicher Instrumente haben sich auf erstaunliche Weise ergänzt. Die Geschichte zeigt aber auch die Unvorhersehbarkeit der Forschung, da die Wissenschaftler oftmals auf unerwartete Wege geführt wurden. Denken wir etwa an Galilei, dem es über seine naive Methode nicht gelang, die Lichtgeschwindigkeit zu messen, dann aber – ohne es zu ahnen – die Instrumente entwickelte, die fünfzig Jahre später eben diese Messung ermöglichten. Oder auch an Jean Richer, der eigentlich die Entfernung zwischen Erde und Mars messen wollte und dabei eine unerwartete Beobachtung machte, durch die uns die Form unseres Planeten bekannt wurde. Auch die moderne Wissenschaft steckt voller Überraschungen!

Wissenschaftliche Detailversessenheit

Die Wissenschaftsgeschichte des 17. und 18. Jahrhunderts verdeutlicht, wie wichtig exakte Messungen und Detailversessenheit sind. Durch ihre immer genaueren Messungen entdeckten die Wissenschaftler der Zeit einige unerwartete Effekte, und das mit zum Teil bedeutenden Folgen. Dieser Hang zur Präzision treibt auch die heutige Wissenschaft an. Die Frage nach der Abflachung der Erde gibt mir Gelegenheit, anhand einer Analogie zu verdeutlichen, wohin die Suche nach einer immer präziseren Vermessung führen kann. Die Physik der Erdrotation ist die des Drehimpulses, genau wie bei den Elektronen und Atomkernen, von denen ich im vorigen Kapitel gesprochen habe. In diesem Sinne könnte man sagen, Huygens, Newton und Maupertuis hätten sich für den Spin unseres Planeten interessiert. Sie bewiesen, dass dieser Spin, also die intrinsische Rotationsbewegung der Erde, für eine Abflachung sorgte, die wiederum eine grundlegende Symmetrie zunichtemachte, von der das Altertum fest überzeugt gewesen war. Damals war man noch der festen Überzeugung, die

Erde müsse eine Kugel sein, denn dies sei die perfekte Form, die Gott oder – Fermat zufolge – die Natur gewählt habe. Nur ein ausgeklügeltes Experiment und feine Berechnungen konnten zeigen, dass diese Symmetrie eine Annäherung war und die Gestalt der Erde von der ihr zugesprochenen idealen Form abwich.

Eine ähnliche Situation stellt sich in der heutigen Atomphysik dar. Das Elektron besitzt einen Spin, also eine intrinsische Rotationseigenschaft, die mit einem magnetischen Moment in Verbindung steht, der klassischerweise auftritt, wenn verteilte Ladungen umeinander kreisen. Die Quantenphysik betrachtet das Elektron wie eine Elementarladung, die von einer Wolke virtueller Teilchen – Photonen, Elektronen und Positronen – umgeben ist, die in schnellem Rhythmus entstehen und verschwinden. Schon bei meiner Beschreibung der Lamb-Verschiebung habe ich ja das Quantenvakuum als eine schwirrende Wolke kurzlebiger, um das Elektron kreisender Teilchen vorgestellt.

Aufgrund einer fundamentalen Symmetrie der aktuellen Teilchentheorie, welche Physiker das Standardmodell nennen, darf die Elektrizitätsverteilung in dieser Wolke keine Raumrichtung bevorzugen. Das Elektron produziert demnach nicht nur das gerichtete Magnetfeld seines Spins, sondern auch ein elektrisches Feld mit perfekter Kreissymmetrie. Laut dem Coulombschen Gesetz nimmt dieses Feld in jede Richtung ab, und zwar umgekehrt proportional zum Quadrat der Entfernung. Das Gesetz ist mit dem der Schwerkraft für eine gleichmäßig in einer idealen Kugel verteilte Masse vergleichbar.

Bestimmte Hinweise insbesondere aus der Kosmologie legen jedoch die Vermutung nahe, dass das Standardmodell nicht das letzte Wort ist und das Elektron eine nicht ganz kreisförmige Ladungsverteilung zeigt, da im Quantenvakuum noch andere, neuartige Teilchen vorhanden sind, die bis jetzt nicht beobachtet werden konnten. Ich zeichne hier in wenigen Worten nach, was kosmologisch gesehen für die Existenz der hypothetischen Teilchen spricht, da die Argumente die starke Kohärenz der Physik und die tiefen Zusammenhänge zwischen Astrophysik und Quantenphysik verdeutlichen.

Die über immer größere Distanzen beobachtete Rotationsbewegung der Galaxien lässt sich nicht anhand der Gesetze der Schwerkraft erklären, die auf diese optisch wahrnehmbaren Objekte aus bekannter Materie wirken. Um die Eigenschaften der Drehbewegungen und die Stabilität der Galaxien zu begreifen, muss man die Existenz einer Dunklen Materie annehmen – »dunkel« deshalb, weil sie nicht mit Licht wechselwirkt und daher für optische Instrumente unsichtbar ist.

Durch ihre Massenanziehung würde diese Dunkle Materie für den Zusammenhalt der Galaxien sorgen, indem sie verhindert, dass diese durch die gigantische Zentrifugalkraft ihrer Rotation auseinanderdriften. Man schätzt, dass ihre Gesamtmasse etwa fünfmal größer sein muss als die Masse aller Atome des Universums, welche die bekannte Materie bilden, aus der wir und alle uns umgebenden Dinge bestehen. Die Suche nach Beweisen für die Existenz der unsichtbaren Materie ist derzeit sehr aktiv. Dazu gehören auch Experimente zur Ladungsverteilung im Elektron.

Würde das Quantenvakuum tatsächlich von unsichtbaren, flüchtigen Teilchen bevölkert, so ergäbe sich eine leichte Asymmetrie der Ladungsverteilung im Elektron. Ein perfekt runde, geladene Kugel erhielte ein kleines elektrisches Dipolmoment aufgrund einer leichten Verschiebung der gegenteiligen Ladungen. Einem minimalen Überschuss an Elektrizität in der Richtung des Spins entspräche ein minimales Ladungsdefizit in der entgegengesetzten Richtung. Die Ladungsverteilung wäre nicht mehr ganz rund, sondern zeigte eine leicht asphärische Form.

Der hypothetische elektrische Dipol entlang des Elektronenspins würde die Verteilung des von ihm erzeugten elektrischen Feldes verändern. Die Situation wäre ähnlich wie bei der Erde, deren Abflachung die Verteilung ihres Schwerefelds verändert – aber natürlich wäre der Effekt hier ungeheuer klein. Es ist schwierig, der Größe eines Elektrons einen genauen Wert zuzuordnen, doch kann man es sich qualitativ wie eine kleine elektrische Kugel mit einem Radius von 10^{-15} Metern vorstellen, die von einer runden Wolke aus etwa tausendmal so großen virtuellen Teilchen umgeben ist. Aktuelle, äußerst präzise Messungen haben ergeben, dass die Abweichung des Elektrons von der Kugelform, die sich in der Differenz seiner Radien in Richtung des Spins und denen quer dazu äußert, nicht mehr als 10^{-31} Meter beträgt. Damit weichen die zueinander senkrechten Ladungsradien um nicht einmal $1/10^{16}$ (also ein Zehnbilliardstel!) vom klassischen Elektronenradius ab, und wir sind weit entfernt vom Faktor 1/300, der die Kugelsymmetrie der Erde stört. Hätte das Elektron die Ausmaße unseres Planeten, so würde die Differenz zwischen Äquatorial- und Polarradius nicht einmal die Größe eines Moleküls ausmachen!

So unglaublich klein diese Größenunterschiede erscheinen, ist es Physikern doch gelungen, die perfekte Kugelform des Elektrons mit phantastischer Präzision zu belegen. Die Experimente haben zum Ziel, die obere Grenze des Dipolmoments des Elektrons immer weiter zu senken, und könnten demnächst eine mögliche Asymmetrie in der Verteilung der Elektronenladung nachweisen, die 10^{-32} Meter und weniger beträgt. Die Instrumente, mit denen solche Berechnungen angestellt werden, sind um ein Vielfaches ausgeklügelter als Richers Pendeluhr und die Fernrohre der Polreisenden und Andenerkunder. Laser spielen hierbei eine wesentliche Rolle und erreichen eine Präzision, die vor dem Auftauchen dieser Geräte vollkommen unvorstellbar war. Mit der derzeit erreichten Messgenauigkeit konnte schon die Existenz bestimmter hypothetischer Teilchen in der Elektronenwolke nachgewiesen werden.

Wenn nun durch noch präzisere Messungen tatsächlich eine gestörte Symmetrie aufgedeckt würde, könnte man im Quantenvakuum womöglich auf neuartige Teilchen stoßen, und diese Teilchen könnten uns Aufschluss über die rätselhafte Dunkle Materie geben, die einen Großteil der Masse unseres Universums stellt. Die Forschung wird hier durch denselben Vorsatz angetrieben, der schon im 18. Jahrhundert die französische Akademie der Wissenschaften zur Vermessung der Erde anspornte: Wenn es die Möglichkeit gibt, auf eine essenzielle wissenschaftliche Frage zu antworten, dann muss man es auf jeden Fall versuchen, auch wenn es schwierig und anstrengend werden kann. In diesem Sinne unterscheiden sich heutige Wissenschaftler nicht von ihren Kollegen aus der Epoche der Aufklärung.

Grundlagenforschung, Wirtschaft, Macht und Technologie

Die Wissenschaftsgeschichte zur Zeit der französischen Könige Ludwig XIV. und Ludwig XV. zeigt die Verbindungen auf, die sich schon sehr früh zwischen Grundlagenforschung und angewandter Forschung knüpften. Die Fragen, denen Forscher damals nachgingen, da sie wissen wollten, wie schnell das Licht war oder wie schnell es sich in der Luft und in der Materie ausbreitete, haben zu Entdeckungen geführt, die praktische Anwendung in der Seefahrt und der Zeitmessung fanden. Sie haben damit den Ausbau des Handels befördert, während zeitgleich die Kolonialreiche in Amerika wuchsen und europäische Handelssitze in Asien entstanden. Im Gegenzug haben wirtschaftlich motivierte Reisen die Kartographie und Entfernungsmessung vorangetrieben und zur Wissenserweiterung beigetragen. So war für die erstmalige Bestimmung der Lichtgeschwindigkeit unerlässlich, dass die Entfernung zwischen Cayenne und Paris bekannt war.

Seit dieser Epoche war auch klar, dass Forschung ein kostspieliges Unternehmen ist. Als die Pariser Akademie Maupertuis und La Condamine zur Vermessung der Erde ausschickte, zogen nach aufwendiger Vorbereitung gleich zwei Expeditionsteams aus Astronomen, Mathematikern, Handwerkern (zur Instandhaltung der Geräte) und zahlreichen Helfern los. Die Expeditionen dauerten einmal Monate, einmal Jahre. Die Frage, ob es legitim sei, allein zur Befriedigung der Neugier der Akademiker so viel Geld auszugeben, stellte sich sicher schon damals, wie auch der weiter oben zitierte Text von Maupertuis belegt – denn dort wird ja betont, die Expeditionen dienten nicht zur Klärung der »eitlen Spekulationen« von Philosophen, sondern hätten womöglich größte Bedeutung für die Astronomie und vor allem für die Seefahrt.

Schon damals bestand also der implizite Gegensatz zwischen »unnützer« Grundlagenforschung und angewandter Forschung, die für das menschliche Handeln hilfreich erschien. Wenn heutige Physiker einen Antrag auf Förderung ihrer Grundlagenexperimente stellen, sind sie darauf bedacht, eben solche Argumente anzuführen. Ich vermute, wenn meine Kollegen finanzielle Unterstützung für ihre extrem sensiblen Messversuche des elektrischen Dipolmoments erbeten, tun sie es Maupertuis gleich und sprechen von der potentiellen Bedeutung ihres Experiments für unsere Erkenntnisse im Bereich der Kosmologie.

Zur Forschungsförderung im 17. und 18. Jahrhundert trug sicher auch bei, dass Wissenschaft zur Stärkung der Macht und des Ansehens eines Staates dienen konnte. In der beinahe gleichzeitigen Gründung der britischen Royal Society in England (1660) und der französischen Académie royale des sciences (1665) drückt sich auch die Rivalität der beiden damaligen Großmächte aus. Dass Huygens über Jahre Mitglied der Pariser Akademie war und am Pariser Observatorium forschte, dass er seine Bücher auf Französisch schrieb und sie dem Sonnenkönig widmete, spricht für das Ansehen, das Frankreich in seinem Grand Siècle genoss. Auch den Dänen Rømer und den Italiener Jean-Dominique (Giovanni Domenico) Cassini zog es nach Paris, wo Letzterer gleich eine ganze Dynastie von Gelehrten und Astronomen begründete.

Die großen wissenschaftlichen Expeditionen wurden sicher auch finanziert, um das Prestige des Königs zu festigen, der damit doch bewies, dass er über die Mittel verfügte, Forscher in die ganze Welt auszuschicken, um bedeutende Fragen zu klären. Auch heute dient die Konstruktion aufwendiger Apparaturen – seien es Teilchenbeschleuniger oder Riesenteleskope – dem wissenschaftlichen Renommee der Länder, die diese Projekte finanzieren.

Die im Zeitalter von Absolutismus und Aufklärung überkreuzten Forschungen zum Licht und zur Messung von Zeit und Raum sollten sich bis in unsere Zeit gemeinsam weiterentwickeln. Zum sichtbaren Licht traten irgendwann die unsichtbaren Strahlungen der Radiowellen, Mikrowellen und Röntgenstrahlen. Geräte, die diese Strahlungen erzeugen oder nutzen, erlauben Zeitmessungen und Erdvermessungen von einer Präzision, die sich Huygens und Maupertuis nicht vorstellen konnten. Und darüber hinaus lassen sie uns noch viele andere Dinge tun und begreifen.

Kapitel III

BETRACHTUNGEN IM FARADAYSCHEN LABOR

Vor einigen Jahren lud man mich ein, einen Vortrag bei der Royal Institution of Great Britain (RIGB) zu halten, und zwar im Rahmen der *Friday Evening Lectures* dieser altehrwürdigen Einrichtung. Die 1799 gegründete Royal Institution sitzt in einem Palais an der Albemarle Street in dem eleganten Londoner Stadtviertel Mayfair, unweit des Buckingham Palace. Die *Friday Lectures* folgen einem unveränderlichen Ritus, der mir vor der Veranstaltung im Detail dargelegt wurde. Ich sollte im Frack vor meine Zuhörer treten, die mich in dem mit rotem Samt ausgeschlagenen Hörsaal erwarten würden, der seit mehr als zwei Jahrhunderten die Größen der englischen Wissenschaft empfängt. Um 20 Uhr sollte ich durch die Tür links vom Rednerpult kommen, während der Gastgeber des Abends schweigend die rechte Tür nehme. Meinem Vortrag über das Licht sollte ich ohne irgendwelche einführenden Worte beginnen und um punkt 21 Uhr beenden. Die Uhr an der Wand gegenüber würde die Minuten unbeirrbar abzählen. Das Ganze war umso beeindruckender, als ich vorher ganz allein im Vorraum des Hörsaals ausharren musste, während sich draußen nach und nach die Zuhörer einfanden. Die Isolation sollte wohl sicherstellen, dass ich mich bei einem spontanen Anfall von Lampenfieber nicht einfach vor der Schicksalsstunde davonmachen würde – so wie es im 19. Jahrhundert mit einem Vortragenden geschehen war, den daraufhin Michael Faraday, der damalige Direktor der British Institution, ad hoc ersetzen musste.

Ich akzeptierte natürlich jegliche Bedingungen. An einem Ort über das Licht sprechen zu dürfen, an dem so viele wichtige Entdeckungen im Bereich der Optik und des Elektromagnetismus gemacht und präsentiert wurden, ist eine Ehre, die man nicht ausschlägt. Thomas Young hielt dort von 1801 bis 1803 Vorträge über die Interferenz von Licht, Michael Faraday erläuterte dort seine Entdeckungen zur elektromagnetischen Induktion, Maxwell sprach dort 1861 über die Wahrnehmung von Farben und Lord Kelvin sah dort im Jahre 1900 die beiden berühmten Wolken am Himmel der Wissenschaft, die vom Aufstieg der Quantenphysik und der Relativität kündeten. Diese Liste war um vieles imposanter als das zu befolgende, etwas seltsame Ritual. Ich nahm die Herausforderung an und hielt also einen von starkem Akzent durchzogenen, mit Gallizismen gespickten Vortrag über das Quantenlicht.

Die Royal Institution ist sozusagen die britische Version des Collège de France. Wie diese bietet sie öffentliche Vorlesungen über die großen Themen der aktuellen Forschung an, ohne dass irgendwelche Abschlüsse verliehen werden. Gegenüber der Royal Society spielt sie in etwa die gleiche Rolle wie das Collège de France gegenüber der Académie des sciences française. Die Mitglieder der Royal Institution sind in der Regel auch Fellows der Royal Society, genauso wie die Professoren des Collège meist auch der Académie angehören. Sowohl die RIGB als auch das Collège sind Orte, an denen in verschiedenen Bereichen Laborarbeit stattfindet, während die beiden Akademien eher Institutionen sind, an denen die Ergebnisse dieser Forschungsarbeit in Vorträgen präsentiert und durch Auszeichnungen gewürdigt werden. Auf Youngs Ausführungen an der Royal Society reagierten im 19. Jahrhundert Malus und Fresnel mit ihrem Bericht an die Académie des sciences. Die von Faraday an der RIGB durchgeführten Experimente knüpften an die zur selben Zeit im Collège erfolgten Untersuchungen von Ampère und Biot an.

Als ich nach meinem Vortrag das im Untergeschoss der Royal Institution gelegene Labor von Faraday besichtigte, spürte ich noch einmal eindrücklich, wie sehr dieser Ort durch seine Geschichte geprägt ist. Dort standen Faradays Apparaturen: Prototypen von Elektromotoren, Transformatoren und Dynamos, aber auch simpel konstruierte Spulen und Magneten, die den Autodidakten auf das Konzept des elektrischen Feldes gebracht hatten. Und es gab Glasbehälter mit Elektroden, anhand derer Faraday die Gesetze der Elektrolyse dargelegt hatte. In der angeschlossenen Bibliothek konnte ich mir den Briefwechsel zwischen Ampère und Faraday anschauen, in dem die beiden sich jeweils in der eigenen Sprache aneinander wandten. Hinter der ausgesucht höflichen Ausdrucksweise nahm ich die starke wissenschaftliche Konkurrenz zwischen den beiden Männern wahr, und auch ihr unterschiedlicher Werdegang stach hervor. Faradays Intuition musste seine mangelnde mathematische Bildung ersetzen. Wie er selbst eingestand, konnte er den Berechnungen seines französischen Kollegen oftmals nicht folgen – was ihn jedoch nicht daran hinderte, diesen oder jenen Aspekt von dessen Arbeit zu kritisieren und vehement auf die Tatsache zu Pochen, dass er selbst einige Effekte bereits früher entdeckt habe, wenn sein französischer Kollege dies anfocht.

Der Kontakt mit der Wissenschaft der Vergangenheit hinterließ bei mir gemischte Gefühle: Vieles kam mir bekannt vor, anderes war mir fremd. Ich spürte die Zweifel und Unsicherheiten dieser Forscher, die sich doch Fragen stellten, die heutige Studenten leicht beantworten können. So konnte ich nachvollziehen, wie schwer es fallen kann, sich in die Köpfe vergangener Zeiten hineinzuversetzen und ihren Überlegungen und Vorstellungen zu folgen – wo man doch weiß, wie die Geschichte weitergeht. Vertraut dagegen war mir das Verhältnis zwischen den Forschern, das aus dieser Korrespondenz sprach, denn eine ganz ähnliche Beziehung pflegen heutige Forscher mit ihren Kollegen in der ganzen Welt. Jenseits des Ärmelkanals und jenseits der Rivalitäten, welche sich die Nationalitäten lieferten, die eben erst aus langen Kriegen hervorgegangen waren, stand letztendlich doch die gemeinsame Suche nach wissenschaftlicher Wahrheit – wenn diese auch Konkurrenz und den Anspruch auf die Erstmaligkeit von Entdeckungen nicht ausschloss. In dieser Hinsicht hat sich offenbar seit zweihundert Jahren nichts geändert.

Der Abend in der RIGB ließ mich auch ein wenig deprimiert zurück. Das Faraday Museum birgt zahlreiche Schätze für Eingeweihte und ist zugleich ein wenig bekannter und kaum besuchter Ort – und das, obwohl dort Ideen und Instrumente geschaffen wurden, die unser Leben revolutioniert haben. Im Bewusstsein der breiten Öffentlichkeit sind die großen wissenschaftlichen Revolutionen nicht verankert, und so bleibt das erhebende Gefühl, das ein heutiger Wissenschaftler angesichts dieser Vergangenheit empfinden mag, für wissenschaftlich Unbewanderte schlecht nachvollziehbar. Eben an jenem Abend reifte daher in mir der Entschluss, eine Geschichte des Lichts zu schreiben – eben jene Geschichte, mit der ich im vorangegangenen Kapitel begonnen habe und die ich hier fortsetze. Ich fand, man müsste die aktuelle Forschung zum Licht und seiner Wechselwirkung mit Materie in einen größeren Zusammenhang stellen, um sie möglichst vielen begreifbar zu machen. Man müsste der nichtwissenschaftlichen Öffentlichkeit von der Herkunft der Ideen und der Gültigkeit der wissenschaftlichen Methode erzählen und ihr den tieferen Sinn des Newton zugeschriebenen Ausspruchs vor Augen führen, nach dem ein jeder Wissenschaftler die Welt betrachtet wie ein »Zwerg auf den Schultern eines Riesen«.

Nehmen wir die Geschichte des Lichts also dort wieder auf, wo wir sie verlassen haben, nämlich nach den gegenteiligen Erkenntnissen von Huygens und Newton. Das Zeitalter der Aufklärung sollte trotz seines vielversprechenden Namens nur wenig neue Einsichten zur Lichtstrahlung bringen, und es fand keine wirkliche Entscheidung zwischen Wellen- und Teilchentheorie statt. Bedeutende Fortschritte machte die Forschung erst in den ersten beiden Jahrzehnten des 19. Jahrhunderts, also während der Napoleonischen Kriege und der Restaurationszeit. Die Protagonisten dieser Entwicklung stammten von diesseits und jenseits des Ärmelkanals: britische und französische Forscher, die trotz der Konflikte und Rivalitäten zwischen ihren beiden Ländern niemals aufhörten, auf wissenschaftlicher Ebene zusammenzuarbeiten.

Young gegen Newton

Die neuen Entwicklungen wurden insbesondere von Thomas Young in Großbritannien und Augustin Fresnel in Frankreich vorangebracht. Wie seine großen Vorgänger des 17. und 18. Jahrhunderts war Young ein Universalgelehrter und in Sprachwissenschaft, Medizin und Physik gleichermaßen bewandert. Der britischen Öffentlichkeit ist er vor allem bekannt, weil er zusammen mit dem französischen Sprachwissenschaftler Jean-François Champollion einen Hieroglyphenstein entzifferte, den napoleonische Truppen auf ihrem Ägyptenfeldzug entdeckt hatten, nach der Niederlage Frankreichs aber den Briten überlassen mussten. Es war Champollion, der den berühmten Stein von Rosette, der im British Museum aufbewahrt wird, letztendlich komplett entschlüsseln konnte. Young aber hatte zuvor mehrere Puzzlestücke erraten, die dem Franzosen bei seiner Arbeit nützlich waren. Die Streitereien zwischen den beiden Ländern über die Urheberschaft dieser sprachwissenschaftlich wie historisch bedeutenden Entdeckung wurden mit zum Teil heftiger Polemik ausgetragen. Ganz anders war es bei der wissenschaftlichen Rivalität zwischen Young und Fresnel, die niemals den Boden der Objektivität verließ, den die Wissenschaft einfordert.

Indem er die von Huygens entwickelten Ideen wiederaufnahm und sich gegen Newtons Annahmen stellte – wozu es angesichts der Verehrung, die man diesem in seinem Heimatland zollte, viel Mut brauchte –, erörterte Young im Rahmen einer Vorlesungsreihe an der Royal Society, den *Bakerian Lectures*, eine Wellentheorie des Lichts. Diese basierte auf Experimenten, mit denen erstmals Interferenzphänomene beleuchtet wurden. In seinem ersten Vortrag stellte Young eine Farbentheorie vor, die auf der Idee gründete, dass Licht aus ähnlichen Wellen wie Schall bestehe. Damit griff er die von Huygens verfochtene Sichtweise auf, fügte ihr aber das wichtige Konzept der Wellenlänge hinzu. Die Schwingung des Lichts bestand demnach aus einer Abfolge von Bäuchen und Knoten, die sich mit Lichtgeschwindigkeit im Äther ausbreiten wie eine Kräuselung auf der Oberfläche eines Sees. Diese Wellen überlagern sich, sie verstärken einander oder löschen sich gegenseitig aus. Wenn sie ihren Kamm gleichzeitig und am selben Punkt erreichen, addiert sich ihre Wirkung und die Leuchtkraft steigt. Wenn das Tal einer Welle mit dem Berg einer anderen zusammentrifft, heben sie sich gegenseitig auf und das Ergebnis ist Dunkelheit.

Young begriff, dass die Farbe des Lichts direkt mit der jeweiligen Wellenlänge zusammenhängt. Damit waren die Newtonringe enträtselt. Wenn weißes Tageslicht eine plankonvexe Linse durchquert, die mit der Wölbung nach unten auf einer Glasscheibe liegt, entstehen am Berührungspunkt irisierende Kreise. Der Grund dafür ist die Interferenz von Wellen verschiedener Farben: Die Wellen, die Linse und Scheibe direkt durchqueren, überlagern sich mit den Wellen, die zwischen der ebenen Glasfläche und der konvexen Wölbung der Linse zurückgeworfen werden. Die Wellen verstärken sich gegenseitig, wenn die Differenz ihrer Weglängen, also der doppelten Entfernung zwischen der ebenen und der gewölbten Grenzfläche, ein ganzzahliges Vielfaches der Wellenlängen ist. Sie löschen einander dagegen aus, wenn diese Differenz einem gebrochenen Vielfachen von halben Wellenlängen entspricht. Da die Dicke des Luftkeils zwischen den beiden Grenzflächen mit der Entfernung vom Berührungspunkt steigt, zeigt sich die konstruktive Interferenz in konzentrischen Kreisen, deren Radius von der Wellenlänge abhängt. Das verschwommene Newtonsche Konzept der *fits* wurde somit durch ein sehr viel klareres Modell ersetzt. Indem er die Radien der verschiedenfarbigen Ringe bestimmte oder auch Newtons Werte übernahm, war Young in der Lage, den verschiedenen Farben des Spektrums von Rot bis Violett Wellenlängen von 0,0000266 bis 0,0000174 Zoll zuzuordnen.

Thomas Young (1773–1829)

The absolute length and frequency of each vibration is expressed in the table: supposing light to travel in $8\frac{1}{8}$ minutes 500 000 000 000 feet.

Colours.	Length of an Undulation in parts of an Inch, in Air.	Number of Undulations in an Inch.	Number of Undulations in a Second.
Extreme - -	.0000266	37640	463 millions of millions.
Red - -	.0000256	39180	482
Intermediate - -	.0000246	40720	501
Orange - - - -	.0000240	41610	512
Intermediate - - -	.0000235	42510	523
Yellow - - - - -	.0000227	44000	542
Intermediate - - -	.0000219	45600	561 (=2^{48} nearly)
Green - - -	.0000211	47460	584
Intermediate - - -	.0000203	49320	607
Blue - - -	.0000196	51110	629
Intermediate - -	.0000189	52910	652
Indigo - - -	.0000185	54070	665
Intermediate -	.0000181	55240	680
Violet - - -	.0000174	57490	707
Extreme - -	.0000167	59750	735

Abb. III.1. Von Young erstellte Tabelle mit den Wellenlängen (in Zoll) und Frequenzen der verschiedenen Farben des Lichts, von Rot (oben) bis Violett (unten) über Orange, Gelb Grün, Blau und Indigo. Die Frequenzen basieren auf dem seit Bradley bekannten Wert der Lichtgeschwindigkeit (500 Milliarden Fuß von der Sonne bis zur Erde, die das Licht in achteinhalb Minuten zurücklegt). (Von Young im November 1801 gehaltene *Bakerian Lecture*.)

Diese Wellenlängen sind gleich dem Produkt aus ihrer Periode und der Lichtgeschwindigkeit, die seit den astronomischen Berechnungen von Bradley recht genau bekannt war. Young konnte somit erstmals die Perioden der Lichtwellen messen. Gelbes Licht hatte demnach eine Frequenz von 561 Billionen Schwingungen pro Sekunde – eine Zahl, die etwa der Zweierpotenz 2^{49} entspricht, für die man die Zwei 48-mal mit sich selbst multiplizieren muss! Erstmals gelang es einem Wissenschaftler, eine Größe präzise zu bestimmen, die so weit außerhalb dessen liegt, woran unsere alltägliche Erfahrung uns gewöhnt hat. Nur zwei Jahrhunderte später sollte man mithilfe von Lasern

Instrumente ersinnen, mit denen sich diese gigantischen Frequenzen direkt ermitteln lassen. Dies ermöglichte optische Uhren von phantastischer Präzision, die milliardenfach genauer sind als Huygens' Pendeluhren und auch Harrisons Chronometer.

Young lieferte zudem die erste genaue Beschreibung des Beugungsphänomens. Der Schatten einer Punktquelle, die einen feinen Faden beleuchtet, zeigt parallel zu diesem Faden dunkle und helle Fransenmuster, die außerhalb und innerhalb seines geometrischen Schattens liegen. Young zeigte, dass diese Muster den Lichtwelleninterferenzen zuzuschreiben sind, die auf beiden Seiten des Fadens entlanglaufen. Beweisen ließ sich dieses Überlagerungsphänomen dadurch, dass die Fransenmuster verschwanden, sobald das Licht der Punktquelle an einer Seite durch einen Pappschirm blockiert wurde. Die bei weißem Licht beobachteten Beugungsmuster zeigten irisierende Farben, die sich ebenfalls durch das Konzept der Interferenz erklären, da die Wellen der verschiedenen Farben unterschiedliche Positionen im Fransenmuster haben.

Seine Studien zur Beugung führten Young zur Entdeckung der Streuungseigenschaften von einer mit feinen Rillen durchzogenen reflektierenden Oberfläche. Er erklärte diese durch die Überlagerung der Lichtwellen, die von den mikroskopischen Erhebungen und Vertiefungen zurückgeworfen werden. Man kann diese farbig schimmernden Interferenzen sehr gut an den Reflexionen von Sonnen- oder Lampenlicht auf CDs oder DVDs beobachten. Das optische Gitter mit den parallel angeordneten Metalldrähten, mit dem Fraunhofer das Sonnenlicht streute, arbeitete nach demselben Prinzip der Überlagerung (siehe Kapitel I). Regelmäßig geriefelte Gitterflächen aus Metall oder Glas sind seit Young das bevorzugte Mittel zur Lichtstreuung in Spektrometern und haben die Newtonschen Prismen ersetzt.

Das berühmteste Experiment des britischen Physikers ist der Nachwelt als »Doppelspalt-Experiment« bekannt. Young führte es 1801 erstmals durch, seine Beschreibung wurde 1807 veröffentlicht. Für seinen Versuch richtete er einen Lichtstrahl auf einen Schirm mit zwei nebeneinander liegenden Löchern. So erhielt er zwei Lichtquellen in engem Abstand, deren Wellen sich hinter dem Doppelspalt überlagerten. Indem er deren Licht mit einem Beobachtungsschirm auffing, konnte er hyperbelförmige Muster aus hellen und dunklen Streifen erkennen. Diese ergaben sich durch die Menge der Punkte, deren Gangunterschied ab den beiden Löchern entweder einer ganzen oder gebrochenen halben Wellenlängenzahl entsprach. Und wie bei den durch ei-

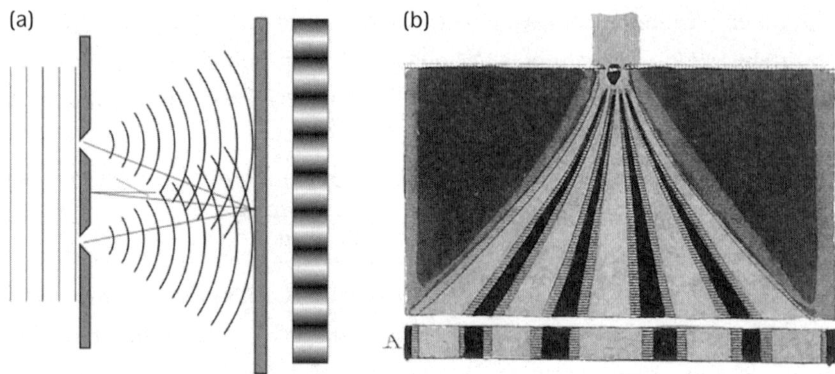

Abb. III.2. Das Doppelspalt-Experiment von Young. (a) Versuchsaufbau: Zwei Schlitze in einem undurchsichtigen Schirm, der von einem einfallenden Lichtkegel bestrahlt wird, verhalten sich wie zwei Punktquellen, deren ausstrahlende Wellen sich überlagern und auf einem Beobachtungsschirm Beugungsmuster bilden. (Wikimedia Commons) (b) Zeichnung der Interferenzmuster, die Young 1807 in den *Philosophical Transactions of the Royal Society* vorstellte.

nen Faden erzeugten Beugungsmuster waren die Muster bei weißem Sonnenlicht irisierend, da das Interferenzphänomen je nach Farbe für verschiedene Gangunterschiede auftrat.

Young verglich das Experiment mit einem weiteren Versuch, für den er Wellen untersuchte, die zwei Tauchkörper auf einer Wasseroberfläche erzeugten. So konnte er die Wellennatur des Lichts überzeugend belegen. Die Anhänger der Teilchentheorie versuchten dennoch, die von Young beschriebenen Phänomene auf ihre Weise zu erklären: Sie seien ein Effekt der Wechselwirkung von Strahlen, die durch eine von den Lochrändern auf die Lichtteilchen ausgeübte Kraft abgelenkt würden. Eine ähnliche Erklärung gab man auch für die Beugung durch einen Faden an: Die Strahlen würden von ihrer geradlinigen Bahn in den Bereich des geometrischen Schattens abgelenkt, da sie mit den Rändern des Fadens wechselwirkten. Diese Thesen konnten sich jedoch nicht lange halten, denn Augustin Fresnel sollte Youngs Wellentheorie in den folgenden Jahren entscheidend präzisieren.

Das Licht polarisiert sich

Bevor wir uns Fresnels Arbeiten widmen, müssen wir aber noch einmal zu den Fenstern des Palais du Luxembourg zurückkommen, deren glitzernde Scheiben die Strahlen der untergehenden Sonne in Malus' Wohnung warfen. Der Ingenieur hatte zu den ersten Jahrgängen an der École polytechnique gehört, er war Veteran von Napoleons Ägyptenfeldzug – und er war auf die Idee gekommen, das von den Palastfenstern reflektierte Licht durch einen Islandspat zu betrachten. Eine Seite des Kristalls richtete er dabei senkrecht zu den Lichtstrahlen aus. Als Malus ihn nun um diese Normale drehte, bemerkte er, dass die vom gewöhnlichen Strahl übertragende Lichtintensität in einem bestimmten Winkel ein Maximum erreichte und nach weiteren 90° auf ein Minimum abfiel, während es sich beim außergewöhnlichen Strahl genau entgegengesetzt verhielt. Bei einem bestimmten Einfall der Lichtstrahlen auf die Fenster wurde der gewöhnliche Strahl komplett ausgelöscht und das Licht folgte dem Weg des außergewöhnlichen Strahls. Wenn durch die Drehung des Kristalls der gewöhnliche Strahl vollständig übertragen wurde, erlosch dafür der außergewöhnliche Strahl. Auf dem Weg von der maximalen Übertragung bis zur Auslöschung variierte die Lichtintensität mit dem Cosinusquadrat des Rotationswinkels – eine Eigenschaft, die seitdem das Gesetz von Malus heißt. (Zur Erinnerung: In einem rechtwinkligen Dreieck ist der Cosinus des Winkels, der von der Hypotenuse und einer der beiden Katheten gebildet wird, gleich dem Verhältnis zwischen dieser Kathete und der Hypotenuse. Der Cosinus nimmt von 1 nach 0 ab, während dieser Winkel von 0° nach 90° zunimmt.)

Diese Effekte entsprachen den Beobachtungen, die Huygens gemacht hatte, als er Licht nacheinander durch zwei Kalkspat-Kristalle schickte. Von einer durchsichtigen Oberfläche (in diesem Fall eine Fensterscheibe, wobei Wasser ähnliche Ergebnisse liefert) reflektiertes Licht weist ebenso wie das durch den Kristall gewanderte Licht eine Richtungsabhängigkeit (Anisotropie) auf, welche die Rotationssymmetrie um die Ausbreitungsrichtung des Lichts zerstört. Malus nannte diese Anisotropie des Lichts Polarisation. Sein Experiment zeigte, dass die Polarisation nicht nur dann auftritt, wenn Licht exotische Kristalle durchquert. Stattdessen handelt es sich um eine generelle Eigenschaft von Strahlung, die sich bei sämtlichen Reflexions- und Brechungsphänomenen zeigt.

Obgleich er diese Entdeckungen machte, während Young auf der anderen Seite des Ärmelkanals Beweise für den Wellencharakter des Lichts sammelte, versuchte Malus bis zu seinem Tod im Jahre 1812, die Polarisation im Rahmen des Teilchenmodells zu erklären, indem er eine Anisotropie der »Lichtmoleküle« postulierte. Diese Ansicht teilten die meisten Physiker der Epoche – und insbesondere Jean-Baptiste Biot in Frankreich und William Wollaston in Großbritannien. Man stand der Wellentheorie also weiterhin misstrauisch gegenüber.

Fresnel und der Triumph der Wellen

Indem er ab 1815 die Experimente von Young aufnahm und sie um die Untersuchung der Polarisation erweiterte, verhalf schließlich Fresnel der Wellentheorie zum Sieg. Er zeigte, dass sie eine quantitative und präzise Erklärung für alle Phänomene der Lichtausbreitung sowohl in normalen transparenten Milieus als auch in doppelbrechenden Medien lieferte. Seine Erklärungen waren einfacher und genauer als die immer komplizierter werdenden Modelle, die sich die Anhänger der Korpuskulartheorie ausdachten, um Newtons Ansichten zu verteidigen. Fresnel stellte klar, dass Licht eine transversale Welle ist, die auf einer zu seiner Ausbreitungsrichtung senkrechten Ebene schwingt. Polarisiertes Licht, das durch Doppelbrechung oder die Reflexion an der Oberfläche transparenter Medien oder eines Spiegels entsteht, schwingt dabei in einer festen Richtung. Das natürliche Licht der Sonne oder einer Lampe schwingt hingegen in einer beliebigen transversalen Richtung, die sich ständig ändert.

Wir müssen uns bei Fresnels Wirken eine Weile aufhalten, da es eine entscheidende Etappe in unserem Wissen über das Licht und die Optik markiert. Obwohl er die genauen Aussagen von Youngs Arbeiten nicht kannte, die doch in einer Sprache verfasst waren, die er nicht beherrschte, wiederholte Fresnel mit ein paar Jahren Verspätung einen Großteil von dessen Experimenten zur Beugung und Überlagerung. So trat er unwissentlich in die Fußstapfen des britischen Physikers. Seine ersten Versuche fanden unter schwierigen Bedingungen in einer unruhigen Zeit statt. Als Royalist musste Fresnel Paris während der Herrschaft der Hundert Tage verlassen. Er flüchtete sich in sein

Elternhaus in der Normandie und konnte seine optischen Instrumente nicht mitnehmen. Also experimentierte er mit behelfsmäßigen Mitteln, die seinen genialen Einfallsreichtum beweisen: Um eine Punktlichtquelle zu erhalten, isolierte er einen Sonnenstrahl, der durch ein kleines Loch im Fensterladen ins Zimmer fiel – eine Methode, die schon Newton angewandt hatte. Da er keine Glaslinse zur Verfügung hatte, benutzte er einen Honigtropfen zur Fokussierung des Strahls. Am Ende hatte er so eine nahezu punktförmige Lichtquelle für seine Beugungsversuche.

Während seines erzwungenen Exils und in den Jahren nach seiner Rückkehr ins Paris der Restauration stellte Fresnel quantitative Gesetze der Beugung durch Hindernisse auf, indem er das Prinzip der Huygensschen Elementarwellen verallgemeinerte. Er beobachtete und erklärte die von Young beschriebenen Überlagerungs- und Beugungsphänomene mit größerer mathematischer Strenge. So zeigte er, dass ein sehr großformatiges Hindernis vor den Wellenlängen des Lichts generell einen sehr deutlichen Schatten erzeugt, wobei die Helligkeit im Innern des geometrischen Schattens schnell abnimmt. Damit hatte man eine Erklärung für die geradlinige Ausbreitung des Lichts und konnte den Einwand Newtons entkräften, nach dem sich das Licht laut der Wellentheorie absurderweise auch hinter Schirmen und in großem Abstand zu den Hindernisrändern ausbreiten müsse.

In den Diskussionen, die 1819 auf die Ausführungen Fresnels in der Pariser Akademie folgten, machte der Akademiker Siméon Denis Poisson auf einen Sonderfall aufmerksam, in dem die Wellentheorie zu einem undenkbaren Resultat führe. An diesem Punkt bestätige sich also seiner Ansicht nach Newtons Kritik. Der runde Schatten einer lichtundurchlässigen Scheibe, die von parallelen Lichtstrahlen beschienen wird, müsste im Zentrum einen hellen Punkt aufweisen, denn sämtliche Elementarwellen, die von der Wellenebene um das Hindernis ausgingen, würden sich aus Symmetriegründen an eben diesem Punkt konstruktiv überlagern. Dieses Ergebnis sah Poisson jedoch als absurd an, und daher könne Fresnels Theorie nicht stimmen. Doch dann führte François Arago der versammelten Akademie das entsprechende Experiment vor, und man sah tatsächlich zu aller Erstaunen einen hellen Punkt inmitten des Schattens. Damit unterstützte Fresnels Theorie die Existenz geradliniger Lichtstrahlen, erklärte aber auch nichtintuitive Phänomene, die sich mit der Teilchentheorie nicht voraussehen oder erklären ließen.

Wenn er Gesetze der Optik möglichst einfach veranschaulichen wollte,

Augustin Fresnel
(1788–1828)

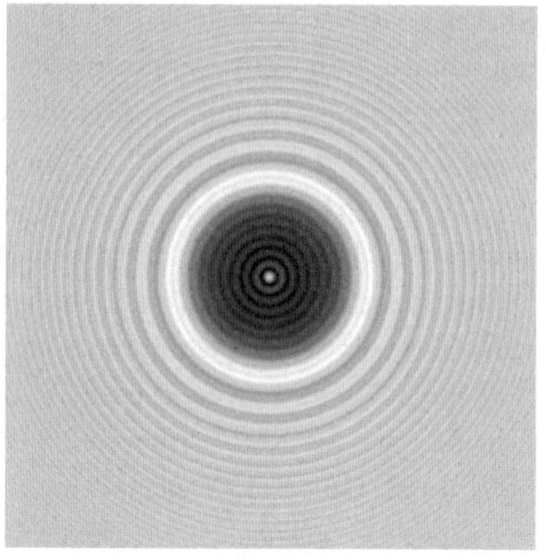

Abb. III.3. Der Poisson-Fleck: Ein heller Fleck in der Mitte des Schattens einer runden, lichtundurchlässigen Scheibe. (*Institut d'optique, Paris*)

verwendete Fresnel für seine Vorführexperimente oftmals einfarbiges Licht, indem er Sonnenlicht durch eine farbige Glasscheibe filterte. (Er nannte es »homogenes« Licht, wir sprechen heute von »monochromatischem« Licht.) Die Beugungsmuster traten dadurch deutlicher hervor. Auch wenn er mit weißem Licht arbeitete, stieß er auf die gleichen chromatischen Effekte und die verschwommenen Fransenmuster, die schon Young beobachtet hatte.

Fresnel wandelte auch Youngs Doppelspaltexperiment ab, indem er das Licht einer Punktquelle auf zwei leicht geneigte, nahezu im 180°-Winkel zueinander angeordnete Spiegel richtete. Die eng beieinanderliegenden ausgehenden Strahlen überlagerten sich und Fresnel erhielt so die gleichen hell-dunklen Interferenzstreifen wie Young durch seinen Doppelspalt – nur passierte das Licht bei Fresnel kein materielles Hindernis mehr, und die Vermutung, es würde eine Interaktion von Lichtteilchen und Materie geben, war damit ausgeschlossen.

Vektoren addieren sich, Wellen interferieren

Ein wesentlicher Aspekt von Fresnels Werk ist die Verallgemeinerung des Konzepts der Überlagerung und Beugung des Lichts. Die Vorbedingungen hierfür finden wir im Huygens-Prinzip und in den Arbeiten von Young, doch war es Fresnel, der einer bis dahin nur qualitativen Idee eine präzise, streng mathematische Form verlieh. Möchten wir nun Fresnels Theorien weiter folgen, sollten wir zuerst klären, worum es sich eigentlich handelt, wenn wir von der »Phase« einer monochromatischen Lichtquelle sprechen. Fresnel präzisierte das Konzept, indem er dem Schwingungszustand der Lichtquelle an einem bestimmten Punkt und in einem bestimmen Moment einen Winkel zwischen 0 und 2π Radiant zuordnete. (Das Bogenmaß beziehungsweise den Radiant als natürliche Einheit von Winkeln kennen wir aus Kapitel I.)

Um sich dem Begriff der Phase bildlich anzunähern, stellt man sich am besten vor, man hätte an einem Fahrradrad am Ende einer Speiche eine kleine Kugel angebracht. Wenn man das Rad nun um die horizontale Achse dreht und die Kugel mit dem Blick knapp über der Rotationsebene betrachtet, sieht man, wie sie sich in einer sinusförmigen linearen Bewegung auf und ab bewegt. Die Amplitude dieser Schwingung entspricht der Länge der Speiche beziehungsweise dem Radius des Kreises. Mit dieser Oszillation, also der Projektion einer Kreisbewegung in die Ebene, lässt sich die transversale Schwingung einer linear polarisierten Lichtwelle sehr gut darstellen. Die Kugel steht dabei jeweils für den Endpunkt der Lichtschwingung.

Wenn man das Rad stattdessen von der Seite betrachtet, sieht man die Kugel am Endpunkt der Speiche rotieren. Der Winkel, den die Richtung der Speiche mit der Horizontalen bildet, nimmt bei jeder Umdrehung um 2π Radiant zu. Dabei lässt sich in jedem Moment die projizierte, von oben betrachtete Position der Kugel mit dem Winkel in Verbindung setzen, den ihre Speiche mit der horizontalen Richtung bildet. Diesen Winkel nennt man auch die momentane Phase der Schwingung. Der Anfangspunkt der Phase wird dabei willkürlich festgelegt. In unserem Fall beträgt sie 0 und π, wenn die Speiche horizontal liegt und die in der Draufsicht betrachtete die Kugel ihre Richtung ändert. In den beiden Momenten, in denen ihre auf die horizontale Richtung projizierte Geschwindigkeit in dieser oder jener Richtung maximal ist, beträgt die Phase also $\pi/2$ und $3\pi/2$.

Stellen wir uns nun vor, wir würden eine zweite Kugel an einer anderen Speiche anbringen. Die beiden Kugeln führen dann in der Draufsicht Schwingungen in derselben Frequenz und derselben Amplitude aus, haben aber verschiedene Phasen, da die Speichen, an denen sie befestigt sind, zu verschiedenen Zeiten die Horizontale passieren. Nun haben wir eine recht gute Vorstellung von zwei in derselben Richtung polarisierten Wellen mit derselben Amplitude, aber verschiedenen Phasen. Das Experiment lässt sich noch abwandeln, wenn man drei Kugeln an drei Speichen anbringt, die im 120°-Winkel zueinander stehen. Auf diese Weise erhalten wir drei Wellen mit derselben Amplitude, deren Phasen jeweils $2\pi/3$ Radiant auseinanderliegen. Indem man die Kugeln nicht am Ende der Speichen, sondern nah an der Achse anbringt, kann man sich Wellen derselben Frequenz, aber unterschiedlicher Amplitude veranschaulichen.

Zur Beschreibung des Schwingungszustands einer Welle an einem beliebigen Punkt bringt Fresnel ihn also in Verbindung mit einem Vektor in einer abstrakten Ebene. In der Fresnelschen Raumzeigerdarstellung ist diese Ebene nichts anderes als unser Rad, an dem die Kugeln als Endpunkte der Lichtschwingung angebracht sind. Die Vektorlänge ist proportional zur Amplitude der Lichtwellen an diesem Punkt und rotiert in der Ebene wie der Zeiger einer Uhr, wobei er eine Umdrehung (2π Radiant) in einer optischen Periode vollzieht. Wenn man Licht auf diese Weise als Vektor zu einem bestimmten Zeitpunkt darstellt, hält man es quasi in einer Momentaufnahme fest – so, als würde man das Rad anhalten. Fresnels Vektoren sind schnell rotierende Zeiger, deren Geschwindigkeit, wie Young als Erster entdeckte, Hunderte Billionen Umdrehungen pro Sekunde beträgt. Man könnte sie mit den Zeigern moderner optischer Uhren vergleichen, die inzwischen in der Lage sind, solche Frequenzen zu messen. Bereits vor zweihundert Jahren dienten sie in Fresnels Berechnungen dazu, den Zeitverlauf entlang von Lichtstrahlen virtuell zu verfolgen.

Die Vektordarstellung ermöglicht eine bildliche Beschreibung von Interferenzphänomenen. Wenn sich mehrere optische Wellen gleicher Frequenz und gleicher Polarisierung in einem Punkt überlagern, erhält man den Vektor des resultierenden Feldes, indem man die Vektoren zusammennimmt, die den Wellen im abstrakten Raum der Fresnelschen Fläche zugeordnet sind. Um diese Addition auszuführen, wird der zweite Vektor parallel verschoben und sein Ursprung mit dem Endpunkt des ersten Vektors zusammengebracht. Der

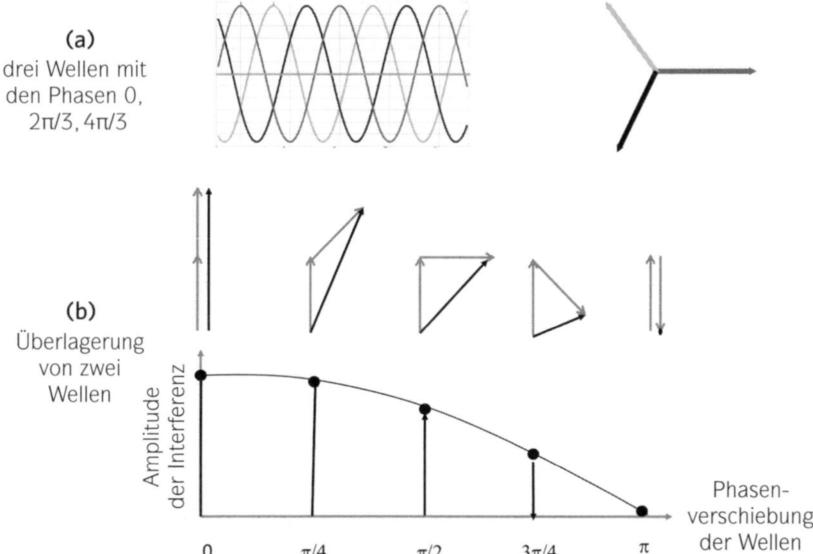

Abb. III.4. Fresnels Darstellung einer monochromatischen Welle. (a) Zeitentwicklung (horizontal dargestellt) von drei Wellen mit gleicher Amplitude, deren Phase um je 120° (2π/3 Radiant) verschoben ist. Die gleich langen Fresnelschen Vektoren zeigen in der Fresnelschen Fläche zum Scheitel eines gleichseitigen Dreiecks. Die Summe der drei Vektoren ist null. (b) Überlagerung von zwei Wellen, deren Differenz sich zwischen 0 und π Radiant bewegt: Die Amplitude des resultierenden Feldes nimmt von einem Maximum, das der zweifachen Amplitude jeder Welle entspricht, bis auf 0 ab, wenn die beiden Vektoren entgegengesetzt sind. Die Lichtintensität geht dabei von hellen zu dunklen Beugungsmustern über.

Summenvektor verbindet dann den Ursprung des ersten mit dem Endpunkt des zweiten Vektors. Zeigen zwei Vektoren in die gleiche Richtung, so haben sie die gleiche Phase, und die dazugehörigen Wellen erreichen gleichzeitig ihre maximale Schwingungsamplitude, wodurch sich ihre Wirkung addiert und die Lichtintensität zunimmt. In Youngs Doppelspaltexperiment und bei Fresnels Spiegeln beträgt die von den beiden Lichtquellen ausgegebene kombinierte Amplitude an diesen Punkten das Doppelte von dem, was eine einzelne Quelle ausgeben würde. Die beobachtete Lichtintensität, die ja proportional zum Quadrat dieser Amplitude ist, wird so vervierfacht. Der dazugehörige Punkt befindet sich daher auf einem hellen Interferenzstreifen.

Zeigen die Fresnelschen Vektoren zweier sich überlagernder Wellen jedoch in entgegengesetzte Richtungen, so befinden sie sich in Phasenopposition und ihre Vektorsumme hebt sich auf. Der dazugehörige Punkt liegt dann in einem dunklen, nicht erleuchteten Streifen. Zwischen diesen beiden Extremen entspricht dem Fresnelschen Vektor von zwei überlagerten Wellen in der geometrischen Darstellung die Diagonale der Raute, deren nebeneinanderliegenden Seiten die beiden Vektoren bilden. Die Länge dieser Diagonale entwickelt sich kontinuierlich mit der dem Sinussatz unterliegenden Veränderung des Gangunterschieds zwischen den beiden Wellen. Die Länge der Diagonalen wechselt dabei von dem Zustand, in dem sie das Doppelte der beiden Rautenseiten beträgt (helle Streifen), bis in den Zustand, in dem sie null ist (dunkle Streifen).

Diese Interferenzeffekte lassen sich auf die Kombination einer beliebigen Wellenzahl gleicher Frequenz und Polarisierung ausweiten. Die Überlagerung von drei Wellen derselben Amplitude, deren Vektoren jeweils im 120°-Winkel zueinander stehen, ergibt zum Beispiel ein Feld, das gleich null ist. Die Zusammenstellung der Vektoren bildet hier ein gleichseitiges Dreieck, bei dem der Endpunkt des dritten Vektors mit dem Ursprung des ersten zusammentrifft. Generell bildet die Summe der Vektoren bei gleicher Amplitude und regelmäßigen Phasenabständen zwischen 0 und 2π Radiant ein geschlossenes Vieleck. Die Überlagerung der zugehörigen Wellen wird dann durch destruktive Interferenz annulliert.

Die Darstellung mithilfe der Fresnelschen Vektoren führt über eine Vereinfachung und Verallgemeinerung auf das Fermatsche Prinzip zurück. Untersuchen wir etwa die Amplitude am Punkt B eines Lichtfeldes, das von einer monochromatischen Quelle an Punkt A emittiert wird: Nach dem Prinzip von Huygens-Fresnel lässt sich eine Vielzahl an aufeinanderfolgenden Flächen beliebiger Form denken, die A umgeben und B außen lassen. Das Feld in Punkt B kann man dann als Überlagerung der Felder beschreiben, die von den virtuellen Quellen auf der letzten dieser Flächen abgegeben werden, und das Feld in einem beliebigen Punkt dieser Fläche wäre dann wiederum die Überlagerung jener Felder, die von den auf der vorletzten Oberfläche verteilten Quellen emittiert werden – und so weiter. Das Feld in Punkt B resultiert somit aus der Summe unendlich vieler Vektoren, die mit den Zickzackwegen über sämtliche Flächen zwischen A und B assoziiert sind, wobei die virtuellen Quellen auf den verschiedenen Flächen ihre Phasen im Laufe des Weges addieren.

Die Richtung jedes Vektors auf dem Weg nach B gibt wie ein Uhrzeiger an, wie viel Zeit das Licht ab dem Punkt A benötigt hat. Die zugehörigen Wellen überlagern sich nur dann konstruktiv, wenn ihre Laufzeiten bis auf einen Periodenbruchteil gleich sind. Alle Wege, die von dieser stationären Zeit abweichen, überlagern sich destruktiv, da ihre Vektoren auf der Phasenebene einen weiten Fächer bilden und nicht zu der in B beobachteten Lichtamplitude beitragen. Sie können daher unterdrückt werden – etwa indem man zwischen A und B Blenden einfügt, die sie komplett eliminieren, ohne dass sich der in Punkt B beobachtete Strahlungszustand verändert. Wir treffen hier also auf das Fermatsche Konzept der Lichtstrahlen, die Wegen mit minimaler oder maximaler Laufzeit folgen.

Kreisende Schwingung: die zirkulare Polarisation

Die obigen Folgerungen gelten nur für Wellen, die *in derselben Richtung* des realen Raums schwingen (dieser ist nicht mit dem abstrakten Raum der Phasen zu verwechseln). Zu dieser Erkenntnis gelangte Fresnel, als er Experimente mit polarisiertem Licht durchführte und dabei zeigte, dass Wellen, die in verschiedenen räumlichen Richtungen schwingen, keine dunklen Muster erzeugen. Insbesondere konnte Fresnel beweisen, dass sich die gewöhnlichen und die außergewöhnlichen Strahlen, die beim Durchgang durch einen doppelbrechenden Kalkspat entstehen, niemals destruktiv überlagern.

Auch dies ist eine Folge des Überlagerungsprinzips, wie es im realen Raum und nicht in der Fresnelschen Fläche betrachtet wird. Zwei Sinusschwingungen, die entlang verschiedener Raumrichtungen oszillieren, können sich niemals gegenseitig aufheben. Man kann sich leicht davon überzeugen, wenn man sich die Kombination von Schwingungen anschaut, die entlang zweier zueinander senkrechten Richtungen erfolgen, also etwa den Achsen eines Koordinatensystems. Wenn diese beiden Schwingungen in Phase liegen und die gleiche Amplitude haben, so verläuft die resultierende Schwingung bei 45° in Richtung der Winkelhalbierenden der beiden Achsen. Wenn die Schwingungen in Phasenopposition stehen, verläuft die Schwingung entlang der zweiten Winkelhalbierenden der beiden Achsen bei 135°, doch hat sie dann nicht die Amplitude null.

Um Regeln zur Überlagerung von polarisierten Lichtfeldern aufzustellen, betrachtete Fresnel Licht wie eine transversale Schwingung eines hypothetischen Äthers mit elastischen Eigenschaften. Die Zusammensetzung der Schwingungsamplituden der verschiedenen Richtungen wird durch eine mechanische Analogie qualitativ verständlich. Dazu betrachten wir die Bewegung eines Pendels, das aus einer kleinen Masse am Ende eines Fadens besteht. Diese Masse bewegen wir nun in einer bestimmten Richtung aus ihrer Ruhelage und lassen sie los, ohne ihr eine Initialgeschwindigkeit mitzugeben. Sie beginnt dann entlang eines Geradenabschnitts zu schwingen, und es ergibt sich eine Situation ähnlich der linearen Polarisation. Man kann das Pendel entweder in der Richtung der x-Achse oder aber in der dazu senkrechten Richtung der y-Achse schwingen lassen. Wenn man das Pendel auf dieselbe Weise ab einem Koordinatenpunkt x/y schwingen lässt, der nicht null beträgt, erhält man eine immer noch lineare Schwingung in einer Richtung, die einen justierbaren Winkel mit der x-Achse bildet. Setzt man die Bewegungen der beiden gleichphasigen, in verschiedenen Richtungen polarisierten Schwingungssysteme zusammen, so ergibt sich eine neue polarisierte Schwingung.

Nehmen wir nun an, wir würden das Pendel aus der Ruhelage bewegen und ihm gleichzeitig eine transversale Initialdrehung verleihen. Wie intuitiv vorhersehbar wird die Masse dadurch in eine elliptische Schwingung versetzt, die kreisförmig ausfällt, wenn die Amplitude des Initialimpulses entsprechend justiert ist. Zieht man die Masse in Richtung der x-Achse und gibt ihr gleichzeitig einen Impuls in die Richtung der y-Achse, so kombiniert man im Grunde zwei zueinander senkrecht verlaufende, nicht phasengleiche Schwingungsbewegungen. Wenn also zwei linear polarisierte Schwingungen rechtwinklig überlagert werden und eine der Komponenten eine frühere oder spätere Phase erhält, entsteht eine elliptisch polarisierte Welle, deren Vektor mit der Frequenz der Welle in der Ebene senkrecht zum Lichtstrahl rotiert. Beträgt der Phasenvorsprung einer Schwingungskomponente gegenüber der anderen 90° und sind ihre Amplituden gleich, so ergibt sich eine zirkulare Polarisation in eine Richtung. Wechselt die Phasenverschiebung das Vorzeichen von +90° auf –90°, so ergibt sich eine zirkulare Polarisation in entgegengesetzter Richtung. Für andere Werte der Phasenverschiebung ist die Polarisation des Lichts elliptisch.

Um Licht zirkular oder elliptisch zu polarisieren, leitete Fresnel einen polarisierten Strahl durch eine doppelbrechende Verzögerungsplatte, die zwei

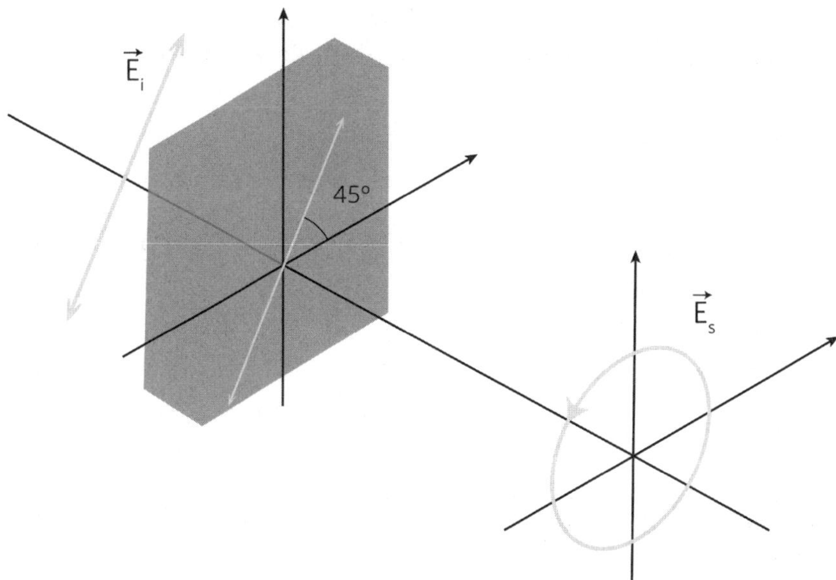

Abb. III.5. Eine Viertelwellenplatte erzeugt eine Phasenverschiebung von $\pi/2$ Radiant zwischen den linear polarisierten Wellen entlang ihrer schnellen (horizontalen) Achse und ihrer langsamen (vertikalen) Achse. Eine einfallende Welle, die entlang der Winkelhalbierenden dieser Achsen linear polarisiert ist, tritt zirkular polarisiert aus.

rechtwinklige Polarisationen des Lichts mit unterschiedlichen Geschwindigkeiten ohne räumliche Trennung erzeugte. Als er diese Scheibe mit Licht beschien, das in einem 45°-Winkel zu den Richtungen der langsamen und schnellen Ausbreitung polarisiert war, erhielt er eine Welle, deren Schwingungskomponenten entlang dieser beiden Achsen die gleiche Amplitude, aber eine justierbare Phasenverzögerung in Abhängigkeit von der Dicke der Platte hatten.

Bei der »Viertelwellen«-Stärke hatten die beiden Komponenten eine 90°-Phasenverschiebung, was zu einer zirkularen Polarisierung der durchgehenden Welle führte. Um diese neue Form der Polarisation zu untersuchen, schickte Fresnel die Welle durch eine zweite Platte, deren Achsen entsprechend ausgerichtet waren, und stellte so eine lineare Polarisation her, die er mit einem Spatkristall analysieren konnte. Die von Fresnel entdeckten zirkular polarisierten Lichtwellen tragen entlang ihrer Ausbreitungsrichtung einen Drehimpuls, den sie auf die Materie übertragen, von der sie absorbiert werden. Wie in Kapitel I erläutert, hat dieses Phänomen bei den optischen Pumpexperimenten zu Beginn meiner wissenschaftlichen Karriere eine wichtige Rolle gespielt.

Zum Abschluss seiner Analyse von Interferenzen bei polarisiertem Licht musste Fresnel klären, warum Überlagerungen bei natürlichem *nichtpolarisierten* Licht zu beobachten waren, dem er eine zufällige transversale Polarisation zuschrieb, die sich im Zeitverlauf rasch ändert. Entscheidend ist hier, dass die interferierenden Wellen einen gemeinsamen Ursprung haben, dessen Licht in zwei Komponenten getrennt wird, die in der Detektionsebene wieder zusammengeführt werden. Die Polarisation des Lichts verändert sich in beiden Wellen gleichermaßen, und die Interferenzen ergeben sich aus der Kombination von Vektoren, die Lichtschwingungen derselben Richtung darstellen. Zwar verändert sich diese Richtung im schnellen Rhythmus, doch die interferierenden Wellen folgen diesen Änderungen und können sich daher je nach Gangunterschied konstruktiv oder destruktiv überlagern.

Dies gilt jedoch nur, solange der Unterschied nicht zu groß ist. Dann nämlich werden die beiden interferierenden Wellen zu unterschiedlichen Zeitpunkten emittiert, wodurch ihre Schwingungsrichtungen und Phasen nicht mehr übereinstimmen. Der Verlust der Schwingungskohärenz führt zu einer Abschwächung des Interferenzkontrasts bei zunehmendem Abstand vom Zentrum. Die Abnahme des Kontrasts ist auch darauf zurückzuführen, dass durch farbiges Glas gefiltertes Licht dennoch nicht vollkommen monochromatisch ist. Interferenzstreifen, die Komponenten benachbarter Wellenlänge zugeordnet sind, verschwimmen bei zunehmendem Gangunterschied. Der für die moderne Optik so wichtige Begriff der räumlichen und zeitlichen Kohärenz von Wellen war also in Fresnels Arbeiten bereits im Kern vorhanden.

Diese mechanischen Analogien – ergänzt durch einfache Hypothesen zum Kontinuitätszwang, dem Lichtschwingungen beim Durchgang von Trennschichten zwischen zwei transparenten Medien folgen sollen – ermöglichten Fresnel die Entwicklung von Formeln, mit denen er die an einer Grenzfläche reflektierten oder gebrochenen Lichtanteile anhand der Winkel, den die Lichtstrahlen mit dem Lot der Grenzfläche bilden, berechnen konnte. Die seitdem als *Fresnelsche Formeln* bekannten Gesetze berücksichtigten erstmals die polarisierende Eigenschaft der von Malus beobachteten Fensterspiegelungen. Sie zeigten, dass das auf eine Grenzfläche zweier Medien einfallende Licht stärker reflektiert wird, wenn es senkrecht zur Einfallsebene polarisiert ist, als wenn es in Richtung dieser Ebene polarisiert ist. Bei natürlichem Licht, dessen Polarisation sich im raschen Wechsel ändert, werden bevorzugt parallel zur Oberfläche polarisierte Anteile reflektiert.

Bei einem bestimmten Einfallswinkel kommt es je nach Brechungsindex des Mediums sogar zu einer Totalreflexion, durch die unpolarisiertes natürliches Licht vollständig in parallel zur Grenzfläche polarisiertes Licht verwandelt wird. Bei diesem sogenannten Brewster-Winkel (nach dem britischen Physiker David Brewster, der das Phänomen entdeckte) wird das von der Grenzfläche reflektierte Licht senkrecht zur Einfallsebene polarisiert, während die reflektierten und gebrochenen Strahlen einen rechten Winkel bilden.

Fresnel interessierte sich ebenso für das schon von Descartes und Newton beobachtete Phänomen der Totalreflexion. Breitet sich ein Lichtstrahl in einem lichtbrechenden Medium aus und trifft auf eine Grenzfläche zur Luft, so wird er vollständig reflektiert und der Sinus seines Einfallswinkels ist größer als der Kehrwert *1/n* des Brechungsindex des Mediums. Somit durchquert kein einziger Strahl die Grenzfläche. Wenn ein Taucher unter Wasser zur Oberfläche schaut, sieht er diese aus einem schrägen Winkel wie einen perfekten Spiegel und kann dabei doch erkennen, was sich über seinem Kopf in der Luft abspielt. Fresnels Wellentheorie zeigte nun, dass tatsächlich ein kleiner Anteil des einfallenden Lichts trotz der Totalreflektion in die Luft findet. Es bildet dort eine »evaneszente« Welle und erscheint als dünne leuchtende Schicht auf der Grenzfläche. Die Dicke dieser Schicht ist abhängig von der Wellenlänge.

Von der Mathematik beleuchtetes Licht

Indem er eine polarisierte monochromatische Lichtwelle als Vektor im abstrakten Raum darstellte, führte Fresnel komplexe Zahlen in die Physik ein. Genauer gesagt sind die Vektoren der Fresnelschen Fläche – Mathematiker sprechen heute von der »komplexen Fläche« – mit einer geometrischen Darstellung dieser Zahlen verknüpft. Während eine gewöhnliche Zahl einem Punkt auf einer sogenannten reellen Achse entspricht, ist eine komplexe Zahl aus einem Realteil und einem Imaginärteil zusammengesetzt und entspricht dem Endpunkt eines Vektors in der komplexen Fläche, die auf eine reelle

Achse und eine dazu senkrechte *imaginäre* Achse übertragen wird. Die Abbildungen des Vektors in diesen Achsen entsprechen jeweils dem Realteil und dem Imaginärteil der betreffenden komplexen Zahl. Die Regeln zur Kombination und Überlagerung der Fresnelschen Vektoren bei Interferenzphänomenen drücken im Grunde nur die algebraischen Eigenschaften der Addition von den sie darstellenden komplexen Zahlen aus.

Licht, das aus Schwingungen *unterschiedlicher* Frequenz besteht, lässt sich als eine Summe monochromatischer Wellen begreifen, die dem Überlagerungsprinzip folgen. Der Physiker und Mathematiker Joseph Fourier, ein Zeitgenosse Fresnels, entwickelte in den 1820er-Jahren die mathematischen Werkzeuge – nämlich die Fourier-Reihen und Fourier-Integrale –, mit denen sich eine zeitabhängige Menge als eine Überlagerung von Komponenten beschreiben lässt. Diese bestimmten Amplituden zugeordneten Komponenten werden durch Vektoren dargestellt, die mit unterschiedlichen Frequenzen in der komplexen Fläche rotieren. Fouriers Analyse fand in der Beschreibung von Lichtwellen eine unmittelbare Anwendung.

Beginnen wir mit einem einfachen Beispiel und nehmen an, dass das von einer Quelle emittierte Licht eine Überlagerung von monochromatischen Wellen gleicher Amplitude ist, deren Frequenzen Vielfache einer Grundfrequenz f sind und einen Kamm von N gleich weit voneinander entfernten Frequenzen bilden. Nehmen wir außerdem an, dass diese Wellen ab einem bestimmten Startpunkt in Phase liegen. Ab diesem Moment beginnen die für diese Wellen stehenden Fresnelschen Vektoren in der Phasenebene zu rotieren. Zum Zeitpunkt $1/Nf$ hat dann der Vektor der schnellsten Welle eine Umdrehung mehr gemacht als der Vektor der langsamsten Welle. Es kommt zu einer destruktiven Überlagerung aller Wellen, deren Fresnelsche Vektoren in der Phasenebene einen Fächer von 2π Radiant bilden. Die resultierende Lichtintensität ist gleich null.

Die verschiedenen gegenphasigen Komponenten des Lichts drehen sich jedoch weiter, und nach einer Zeit $1/f$ haben sie alle eine ganze Zahl an Umdrehungen vollendet (wenn auch eine je unterschiedliche) und kommen wieder in Phase. Die Summenwelle wird wieder erscheinen. Der Kamm der optischen Frequenzen setzt sich demnach aus einer Abfolge von Lichtimpulsen der Dauer $1/Nf$ zusammen, die sich zu allen vielfachen Zeiten von $1/f$ wiederholt. Dieser Kamm stellt eine periodische Fourier-Reihe dar. Zur Zeit von Fresnel und Fourier waren solche sich regelmäßig de- und rephasierenden

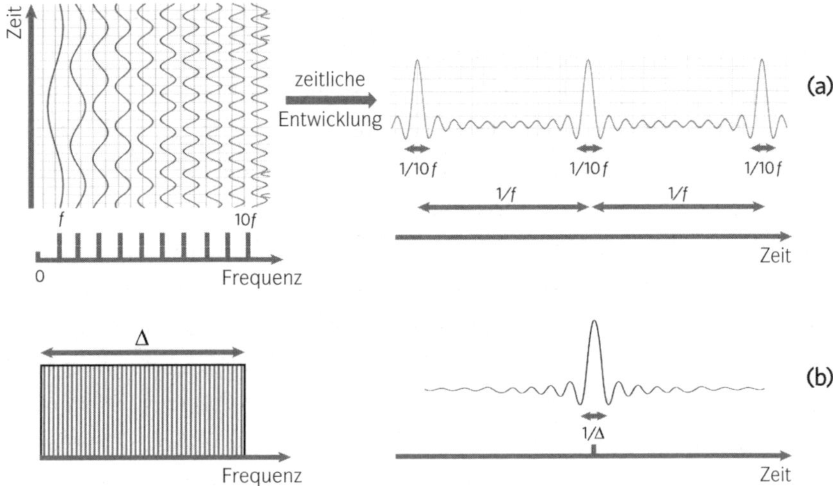

Abb. III.6. Beispiele für Fourier-Reihen und Fourier-Integrale. (a) Summe von N Wellen gleicher Amplitude mit den Frequenzen Nf (N = 1 bis 10) zum Zeitpunkt $t = 0$ in Phase. Das diskrete Spektrum dieser Summe ist ein Kamm mit äquidistanten Frequenzen. Die zeitliche Entwicklung wird durch eine regelmäßige Abfolge von Impulsen der Dauer $1/10f$ mit der Periode $1/f$ beschrieben. (b) Wenn f gegen null geht, während $Nf = \Delta$ konstant bleibt, ergibt sich ein kontinuierliches Summenspektrum. Dessen zeitliche Entwicklung wird durch ein Fourier-Integral beschrieben, in Form eines einzelnen Lichtimpulses der Dauer $1/\Delta$. Die Überlagerung von monochromatischen phasengleichen Wellen zu einem bestimmten Zeitpunkt lässt sich über ein Frequenzspektrum (links) oder über den Zeitverlauf (rechts) ergänzend und gleichwertig beschreiben. *Fourier-Transformationen* nennt man die mathematischen Umkehrungen, die den Übergang von der spektralen zur zeitlichen Darstellung ermöglichen. Wie das Beispiel zeigt, verlangen die Fourier-Transformationen, dass das Produkt der beiden Verteilungsbreiten in der Größenordnung von eins liegt. Diese mathematische Beobachtung ist von besonderer Bedeutung für die Quantenphysik.

Wellen nur theoretische mathematische Konstrukte. Heute kann man sie mit Lasern experimentell herstellen und sie etwa für die extrem präzisen optischen Uhren einsetzen, die ich bereits erwähnt habe.

Lassen wir nun das Intervall f der Frequenz gegen null gehen, während wir die Zahl N der Komponenten so erhöhen, dass Nf konstant bleibt und einer endlichen Spektralbreite Δ entspricht. Die Fourier-Reihe wird dann zu einer kontinuierlichen Summe, die man *Fourier-Integral* nennt. Da sich das Frequenzintervall zwischen den Komponenten der Null annähert, wird die

Zeitspanne *1/f* der Summenwelle unendlich lang und das Lichtfeld besteht aus einem einzigen Impuls der Dauer *1/Δ*.

Das Fourier-Integral beschreibt also, wie sich ein isolierter Lichtimpuls als Summe monochromatischer Wellen analysieren lässt, und zwar auf ein Frequenzspektrum verteilt, dessen Länge umgekehrt proportional zur Impulsdauer ist. Die Funktionen, die für die Spektralverteilung und das zeitliche Profil des Impulses stehen, nennt man auch »Fourier-Transformierte«. Dass diese Funktionen umgekehrt proportionale Breiten in Frequenz und Zeit haben, gehört zu den wesentlichen Eigenschaften der Wellenüberlagerung. Die durch Fresnel eingeführte Darstellung der Phasenebene ermöglicht hierfür eine einfache Erklärung, indem sie die Analyse von Interferenzphänomenen im Raum auf solche in der Zeit überträgt. In der Quantenphysik finden wir diese grundlegende mathematische Wechselbezüglichkeit der Breiten der Fourier-Transformierten in Heisenbergs Unschärferelation wieder. Dort nimmt sie eine neue, überraschende physikalische Bedeutung an.

Nach Fouriers Analyse muss eine perfekt monochromatische Lichtwelle, die also die Spektralbreite null hat, eine unendliche Dauer haben. Sie wäre damit eine Lichtquelle mit konstanter Intensität über einen unbegrenzten Zeitraum. Wenn sich die Welle aufbaut und in einem beschränkten Zeitintervall abschwächt, gewinnt sie automatisch eine Spektralbreite, die umgekehrt proportional zu ihrer Dauer ist. Wird eine kontinuierliche monochromatische Welle mithilfe einer Blende mit der Öffnungsdauer *T* unterbrochen, so erhält man einen Impuls mit der Spektrallänge *1/T*. Man kann versuchen, dies anhand eines Spektroskopie-Experiments zu überprüfen, bei dem das Impulslicht in einem Spektrographen zerlegt wird. In Fresnels Epoche lag die kürzeste Blendenverschlusszeit in der Größenordnung einer Mikrosekunde, was einer Spektralbreite von 1 MHz entspricht – eine sehr kleine Zahl angesichts der Auflösung moderner Prismen- oder Gitterspektrographen. Heute können wir mithilfe von Lasern sehr kurze Lichtimpulse von einer Pikosekunde (10^{-12} s), einer Femtosekunde (10^{-15} s) und sogar noch kleineren Intervallen herstellen. Deren Spektralspreizung erreicht Hunderte Milliarden Hertz und lässt sich sehr einfach messen, wodurch sich die Vorhersagen von Fouriers Analyse bestätigen.

Die Eigenschaften der Fourier-Transformation erlauben es, eine Grundbedingung festzulegen, die eine Frequenzmessung erfüllen muss, um eine vorgegebene Präzision zu erreichen. Möchte man in einem Spektrum zwei benachbarte Frequenzen f_1 und f_2 unterscheiden, so muss das Experiment mindestens die Zeit $1/(f_1 - f_2)$ in Anspruch nehmen – es muss also umso länger dauern je kleiner die Differenz ist. So erhalten wir ein Prinzip, das klingt wie eine ethische Handlungsmaxime: Je höher die Genauigkeit, die wir zu erreichen wünschen, desto mehr Zeit (und Sorgfalt) müssen wir der Messung widmen.

Dabei ist zu berücksichtigen, dass ein gespreiztes Spektrum nur dann einem kurzen Lichtimpuls entspricht, wenn die Impulswellen in einem bestimmten Moment in Phase liegen und anschließend alle in der eigenen Frequenz weiterschwingen, ohne dass es im Zeitverlauf zu Phasenstörungen kommt. Bei natürlichem Licht, wie es die Sonne ausstrahlt und wie es die Fresnel zur Verfügung stehenden Lampen abgaben, ist dies nicht der Fall, da die verschiedenen Frequenzanteile schnellen, willkürlichen Veränderungen der Amplitude und Phase unterliegen. Bei diesen Quellen bringt die Spreizung der Frequenz keine reziproke Spreizung der Zeit mit sich. So lässt sich auch begreifen, warum das Sonnenlicht, das ja ein breites Spektrum umfasst, in einem Punkt nicht etwa ein kurzes Aufblitzen, sondern ein kontinuierliches Leuchten erzeugt.

Die Physik hat uns seitdem gelehrt, dass natürliches Licht aus einer Überlagerung von kurzen Lichtimpulsen besteht, die unabhängig voneinander von den Ursprungsatomen emittiert werden und sich im Raum und in der Zeit überdecken. Jedes Atom gibt einen Wellenzug ab, dessen Dauer – der Fourierschen Analyse folgend – durch den Kehrwert seiner Emissionszeit limitiert ist.

Zurück zur Lichtgeschwindigkeit

In den 1820er-Jahren machte also die Wellentheorie des Lichts entscheidende Fortschritte, wodurch sich sämtliche beobachtbaren optischen Phänomene sehr präzise und streng formal beschreiben ließen. Das Prinzip der Wellenüberlagerung konnte auf einfache und allgemeine Weise dargelegt werden, und es wurde immer schwieriger, die Teilchentheorie aufrechtzuhalten, für die man immer mehr Ad-hoc-Hypothesen aufstellen musste. Die Voraussagen für bestimmte Effekte der Lichtausbreitung in kristallinen anisotropen Medien liefen gar den Beobachtungen zuwider.

Es galt nun, eine letzte entscheidende Überprüfung vorzunehmen: die Messung der Lichtgeschwindigkeit in einem materiellen Medium. Denn die Teilchentheorie nahm an, diese sei größer als im Vakuum, während die Wellentheorie das Gegenteil postulierte. Der 1838 von dem Astronomen und Physiker François Arago vorgeschlagene Nachweis wurde unabhängig voneinander von zwei jungen französischen Physikern unternommen: Hippolyte Fizeau und Léon Foucault versuchten erstmals, die Lichtgeschwindigkeit auf der Erde zu messen, anstatt sie wie bisher anhand von astronomischen Beobachtungen zu schätzen.

In einem ersten, 1849 durchgeführten Experiment untersuchte Fizeau, wie schnell sich Licht in der Luft ausbreitete, indem er die ursprüngliche Idee von Galilei aufgriff. Galileis Methode bestand ja darin, einen abrupt unterbrochenen Lichtstrahl über eine längere Distanz zu schicken und dabei zu messen, wie lange das Signal braucht, um zur Lichtquelle zurückzukehren. Fizeau führte sein Experiment nun nicht mehr zwischen zwei toskanischen Hügeln aus, sondern zwischen seinem Haus in Suresnes und der 8,6 km entfernten Wohnung seiner Eltern auf dem Montmartre. Er verbesserte Galileis Methode, indem er den menschlichen Assistenten, der das Lichtsignal unvermeidlich mit Verzögerung zurückschicken würde, durch einen den Lichtstrahl unmittelbar reflektierenden Spiegel ersetzte.

Fizeau verwendete zwei wie Fernrohre aufgebaute optische Geräte und installierte eines davon in Suresnes und das andere in Montmartre, sodass die Lichtstrahlen die 17,2 km hin und zurück ohne größere Abweichung zurücklegen konnten. Anstatt die Lichtquelle mit der Hand zu verdecken, arbeitete Fizeau mit einem Zahnrad, das im schnellen Drehen durch seine Einschnitte Licht passieren ließ. Mit dieser Anordnung erreichte er Lichtimpulse von ein paar Dutzend Mikrosekunden. Als Lichtquelle diente ein helles Kalklicht, dessen Strahlen durch eine Sammellinse fokussiert und über die Reflexion einer entsprechend ausgerichteten semitransparenten Scheibe auf die Spiegelfläche in Montmartre gerichtet wurden. Kurz hinter der Scheibe trafen die Strahlen auf den Rand des rotierenden Zahnrads im Brennpunkt der Sammellinse, um dann durch eine Objektivlinse in ein paralleles Lichtbündel verwandelt zu werden. Die in Montmartre ankommenden Lichtwellen wurden über das zweite Fernrohr auf den Spiegel gelenkt und reflektiert, um sich dann auf den Rückweg zu machen, bis sie in Suresnes erneut durch die Aussparungen des Zahnrads fielen. Am Ende traf das rückkehrende Licht

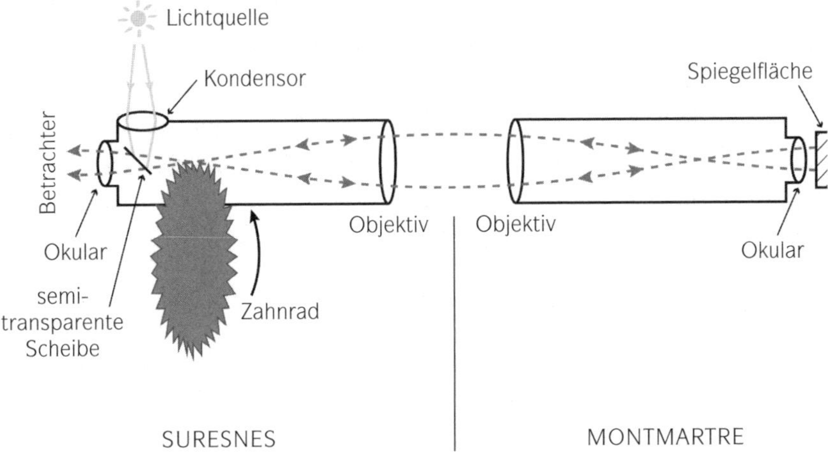

Abb. III.7. Versuchsaufbau für die erste terrestrische Messung der Lichtgeschwindigkeit durch Fizeau (1849).

auf die halbreflektierende Scheibe, und die durchgehenden Strahlen wurden durch ein Okular zum Auge des Betrachters fokussiert.

Wenn sich das Zahnrad langsam drehte, erreichte das Licht Fizeaus Auge in Form von intermittierenden Lichtimpulsen, die auf der Netzhaut den Eindruck eines schwachen durchgehenden Lichtflusses hinterließen. Erreichte die Rotationsgeschwindigkeit 12,5 Umdrehungen pro Sekunde, so erlosch das Licht unvermittelt; es tauchte wieder auf, sobald die Geschwindigkeit sich auf über 12,5 Umdrehungen erhöhte. Eben bei dieser Geschwindigkeit, so begriff Fizeau, war offenbar während der Hin- und Rückreise des Lichts auf einen Ausschnitt des Zahnrads ein Zahn gefolgt, der das reflektierte Licht blockierte. Als er die Beobachtung mehrmals wiederholte und daraufhin mit einem Umdrehungsmesser die Rotationsgeschwindigkeit bestimmte, bei der es zu diesem Phänomen kam, fand Fizeau heraus, wie lange das Licht von seinem Haus nach Montmartre und wieder zurück benötigte, und berechnete so eine Lichtgeschwindigkeit in der Luft von 315 000 km/s – was dem von Bradley im vorangegangenen Jahrhundert anhand der astronomischen Aberration geschätzten Ergebnis nahekam. Dabei durfte die Lichtgeschwindigkeit in der Luft um nur 0,03 % von dem Wert abweichen, den astronomische Beobachtungen für das Vakuum bestimmt hatten, da der Brechungsindex von Luft bei 1,0003 liegt.

Durch eine weitere Verkürzung des Lichtwegs konnte Léon Foucault die Lichtgeschwindigkeit erstmals im begrenzten Raum eines Labors messen. Der Versuchsaufbau nahm nur wenige Meter ein und ermöglichte den direkten Vergleich der Ausbreitungsgeschwindigkeit von Licht in der Luft und in einem brechenden Medium. Foucaults Reflektorspiegel befand sich in nur 7,5 m Abstand von der Lichtquelle, wodurch eine viel höhere Rotationsgeschwindigkeit der Vorrichtung zur Filterung des Lichtstrahls erforderlich wurde. Foucault ersetzte Fizeaus Zahnrad durch einen kleinen Spiegel *m*, der eine Rotationsgeschwindigkeit von bis zu 800 Umdrehungen pro Sekunde erreichen konnte. Von diesem Drehspiegel wurde das Licht der Punktquelle S reflektiert. Stand er bei entsprechender Ausrichtung still, so erreichten die Lichtstrahlen den festen Reflektorspiegel M und kehrten dann zum Drehspiegel zurück, um am Ende am Punkt S erneut fokussiert zu werden. Um den Quellpunkt (gespiegeltes Sonnenlicht, das durch ein optisches Gerät namens Heliostat fokussiert wurde) vom zu beobachtenden Punkt zu unterscheiden, trennte eine vor dem Okular angebrachte semireflektierende Scheibe die ausgehenden von den eingehenden Strahlen. Mit dieser Scheibe als Symmetrieachse wurde S in S' gespiegelt. Setzte man den Drehspiegel langsam in Bewegung, so wurde der von ihm reflektierte Lichtstrahl breit aufgefächert und gelangte nur noch im periodischen Wechsel zum Auge des Betrachters, wo er ein remanentes, schwach intensives Spiegelbild an einem praktisch mit S' zusammenfallenden Punkt bildete. Erreichte die Rotationsgeschwindigkeit des Spiegels einige Hundert Umdrehungen pro Minute, so konnte Foucault eindeutig feststellen, dass das Spiegelbild zwar S' entstand, jedoch einen Millimeterbruchteil von dem früheren Spiegelbild in S' entfernt – was einer Ablenkung von wenigen Minuten vom Winkel des Referenzlichtstrahls entsprach. Genau gesagt war das Spiegelbild um das Doppelte des Winkels verschoben, um den sich der Spiegel während der Ausbreitungszeit des Lichts auf dem (etwa 15 Meter langen) Hin- und Rückweg ab der Quelle M gedreht hatte. Indem er nun diese Verschiebung und die Rotationsgeschwindigkeit des Spiegels maß, konnte Foucault auf die Lichtgeschwindigkeit im Medium Luft schließen und erhielt ein ganz ähnliches Ergebnis wie Fizeau.

Im Anschluss führte Foucault das Experiment nochmals durch, setzte nun aber eine mit Wasser gefüllte Röhre zwischen den Drehspiegel und den Punkt *M*: Er stellte fest, dass das Licht nun länger für die Strecke benötigte, und zwar im Verhältnis $n = 1{,}33$ zwischen dem Brechindex von Wasser und von

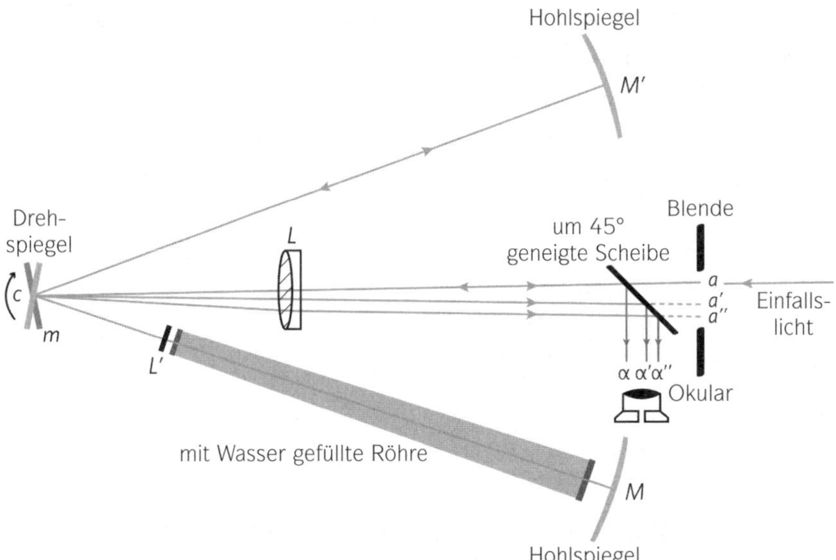

Abb. III.8. Foucaults Versuchsaufbau zur Messung der Lichtgeschwindigkeit in der Luft und im Wasser (1850). Es handelte sich um die erste Bestimmung der Lichtgeschwindigkeit im engen Rahmen eines Labors, auf einem Raum von nur wenigen Metern.

Luft. Zum Schluss änderte Foucault noch einmal den Versuchsaufbau, sodass das vom Drehspiegel abgelenkte Licht nun zwei symmetrische Strecken, einmal durch Luft und einmal durch Wasser, zurücklegte, wobei die Strahlen von zwei baugleichen Spiegeln *M* und *M'* zurückgeworfen wurden. Durch den Vergleich der Verschiebung der so in einem einzigen Experiment erhaltenen Spiegelbilder konnte Foucault die Ausbreitungsgeschwindigkeit des Lichts in den beiden Medien direkt vergleichen und musste dazu nicht einmal die Rotationsgeschwindigkeit des Drehspiegels berechnen. Sein Experiment versetzte der Teilchentheorie des Lichts endgültig den Gnadenstoß.

Nebenbei versetzte sie aber auch der Freundschaft zwischen Foucault und Fizeau den letzten Stoß – während die beiden doch in den 1840er-Jahren noch eng zusammengearbeitet und gemeinsam zur aufkommenden Fotografie und Interferometrie geforscht hatten. Fizeau hatte einige Wochen nach Foucault ein ganz ähnliches Experiment zur Lichtgeschwindigkeit im Wasser durchgeführt, das sich in nur wenigen technischen Details von dem seines Kollegen unterschied. Es bestätigte, dass Licht im Wasser langsamer war als in der

Luft. Doch hatte Fizeau nicht das Erstrecht auf die bedeutende Entdeckung, obwohl er das Versuchsprinzip ersonnen hatte. Als er erfuhr, dass ihm sein Freund die Idee abspenstig machen wollte, bemühte er sich vergeblich, einen Wettlauf zu verhindern, indem er vorschlug, die beiden sollten sich lieber zusammentun. Foucault aber hatte das Angebot abgelehnt und seinen Freund ausgebootet. Es sollte nicht das letzte Mal sein, dass eine Forscherfreundschaft der Konkurrenz zum Opfer fällt, die sich die Beteiligten um eine bedeutende wissenschaftliche Entdeckung machen.

Fizeau tröstete sich im Jahr darauf durch die Messung der Lichtgeschwindigkeit in fließendem Wasser. Hierzu verwendete er eine radikal andere Methode als seine Zahnradapparatur. Er führte ein Interferenzexperiment durch, das darauf hinauslief, die Gangunterschiede von Lichtstrahlen zu untersuchen, die sich mit oder gegen die Fließrichtung ausbreiten. Dabei konnte Fizeau zeigen, dass die Strömung einen Teil ihrer Fließgeschwindigkeit an die Lichtwelle weitergibt. Diese von Fresnel bereits vermutete Mitführung wurde erst ein halbes Jahrhundert später im Rahmen von Einsteins Spezieller Relativitätstheorie erklärt.

Foucault wiederholte 1862 auf Bitten von Urbain Le Verrier sein Drehspiegelexperiment, dieses Mal mit einigen Verbesserungen. Der Entdecker des Neptun war inzwischen Leiter des Pariser Observatoriums und wünschte sich eine möglichst präzise Berechnung der Lichtgeschwindigkeit im Vakuum, um einen genauen Wert für die astronomische Einheit, also die Entfernung von Erde und Sonne, zu bekommen. Foucault verbesserte seine Messergebnisse von 1850, indem er die vom Licht zurückgelegte Strecke verlängerte und die Strahlen mehrfach über feste Spiegel lenkte, bevor sie auf den Drehspiegel trafen. Er ermittelte daraufhin eine Geschwindigkeit von 298 000 km/s, was dem heute anerkannten Wert sehr nahekommt. Das Experiment wurde übrigens im Observatorium durchgeführt – also an jenem Ort, an dem Rømer zum ersten Mal eine Schätzung der Lichtgeschwindigkeit vorgenommen hatte. So kehren wir an einem bedeutenden Punkt unserer Reise durch die Geschichte des klassischen Lichts zurück, ja an ihren Ursprungsort.

Tatsächlich sind wir mit dem Beginn der 1860er-Jahre an einem Wendepunkt angelangt, da die Entdeckungen der Lichtforschung mit den parallel vorangeschrittenen Erkenntnissen zu elektrischen und magnetischen Phänomenen zusammenfließen sollten. Durch den Austausch der bis dahin unabhängigen Forschungsrichtungen entwickelte Maxwell zwischen 1861 und 1865 eine Theorie, die Elektrizität, Magnetismus und Optik vereinbarte. Dadurch wurden einige Rätsel des Lichts gelüftet, während andere sich auftaten. Doch bevor wir uns diesem letzten Kapitel der Geschichte des klassischen Lichts widmen, schauen wir uns noch einmal an, zu welchen Einsichten sie die Wissenschaft bis zur Mitte des 19. Jahrhunderts geführt hat.

Folgendes galt als gesichert: Licht ist eine Überlagerung transversaler Wellen, deren Längen auf ein Spektrum zwischen 0,4 und 0,7 Mikrometern von Violett bis Rot verteilt sind. Diese Wellen schwingen mit Billiarden Hertz und breiten sich im Vakuum mit der Geschwindigkeit c aus, die 300 000 km/s nahekommt. Transparente materielle Medien kennzeichnet ein Brechungsindex n, der einer realen Zahl über 1 entspricht und von der Frequenz sowie bei anisotropen Medien von der Polarisationsrichtung der Wellen bestimmt wird. Die Geschwindigkeit von Licht in einem transparenten Medium entspricht c/n und ist kleiner als im Vakuum. Sie hängt von der Farbe des Lichts ab, wodurch sich die Effekte der Farbstreuung bei Prismen und dünnen Schichten erklären. Sämtliche Phänomene der Interferenz, der Beugung und der Streuung von Licht werden vom Prinzip der Überlagerung geleitet. Dieses findet sich in einem mathematischen Formalismus ausgedrückt, der die Wellenamplituden als komplexe Zahlen darstellt, die sich in einer abstrakten Ebene wie Vektoren kombinieren lassen. Das Abfallen der Lichtstärke in einem absorbierenden Medium wird durch die Einführung der komplexen Brechzahl n beschrieben, wobei die Länge, bei der sich das Licht auslöscht, umgekehrt proportional zum imaginären Teil dieser Zahl ist.

Mehrere Fragen blieben jedoch ungeklärt. Vor allem rätselte man weiter über die Beschaffenheit der Lichtwellen. Sämtliche bekannte Schwingungsphänomene breiteten sich in einem Medium aus, dessen Bestandteile dabei bewegt wurden – ob es sich nun um Schall handelt, der Schwingungen der Luftmoleküle hervorruft, oder um Wellen an der Oberfläche einer Flüssigkeit, die einen Schwimmkörper in vertikaler Richtung schwingen lassen, oder auch um einen schwingenden Festkörper wie eine Trommelhaut, über die stehende Wellen laufen (diese kann man durch Pulver sichtbar machen, das sich dann entlang der unbewegten Oberflächenlinien sammelt).

In der Vorstellung vieler Physiker war Licht die Manifestation von Schwingungen eines hypothetischen Mediums, dem Äther, dessen widersprüchliche Eigenschaften sie seit Descartes und Huygens beschäftigten. Denn dieses Medium musste aus sehr feinen Elementen bestehen, die doch sämtliche durchsichtige Stoffe durchdrangen. Zugleich musste es extrem fest sein, um Lichtschwingungen mit so großer Geschwindigkeit weiterzugeben, darüber hinaus aber auch besondere elastische Eigenschaften besitzen: Es trug ja nur transversale Schwingungen weiter, die sich doch sehr von den Längswellen (Longitudinalwellen) des Schalls unterschieden. In der ersten Hälfte des 19. Jahrhunderts interessierten sich mehrere Physiker für diesen Äther, und man schuf mehr oder weniger überzeugende Modelle, mit denen man seinen widersprüchlichen Eigenschaften beikommen wollte.

Neben dem Problem des Äthers ging es bei einem sämtlichen wissenschaftlichen Arbeiten der Zeit innewohnenden Rätsel um die Beschaffenheit der Materie, auf die das Licht auf seinem Weg traf: Grenzflächen, von denen es reflektiert oder gebrochen wurde, oder aber homogene Medien wie Glas, Wasser oder Kristalle, die es durchquerte. Wie kam es, dass manche Medien optisch anisotrop waren? Handelte es sich um eine Eigenschaft der Materie, aus der diese Medien bestanden, oder aber um eine Besonderheit, die der Äther im Kontakt mit diesen Körpern annahm? Wurde Licht von einem opaken Körper absorbiert, so heizte dieser sich auf. Was hatte es mit diesem kalorischen Element auf sich, das sich vom Licht auf den materiellen Körper übertrug? Welche Rolle spielte der Äther bei diesem Austausch?

Offenbar kam es sogar zu einer Erwärmung, wenn man einen undurchsichtigen Körper in der Verlängerung des durch ein Prisma aufgefächerten sichtbaren Spektrums des Sonnenlichts platzierte. Diese Beobachtung hatte zumindest der deutsch-britische Astronom Wilhelm Herschel 1800 gemacht. Einige Jahre darauf wurde sie von Thomas Young bestätigt, der davon ausging, dass diese »kalorische« Strahlung dieselben Eigenschaften besaß wie Lichtwellen. Als Fizeau und Foucault noch freundschaftlich zusammenarbeiteten, hatten sie anhand von Experimenten zu beweisen versucht, dass es eine Infrarotstrahlung gab, die Interferenzen hervorrief. Doch die Ergebnisse der beiden Forscher blieben zu undeutlich. Auf der anderen Seite des Spektrums vermutete man seit den Beobachtungen des deutschen Physikers Johann Wilhelm Ritter eine ultraviolette »chemische Strahlung«, die etwa in der Lage war, ein mit Silberchlorid getränktes Papier schwarz zu färben. Was hatte es mit dieser Strahlung auf sich?

Zur Beantwortung dieser Fragen genügte es nicht, die Eigenschaften des Äthers zu klären. Man musste sich grundlegenderen Fragen widmen, die sich mit den Eigenarten der mit dem Licht wechselwirkenden Materie beschäftigten. Die Rätsel des Lichts konnten nicht von den Rätseln der materiellen Medien getrennt werden – dabei war die Existenz von Atomen zu dieser Zeit noch eine Hypothese. Die zweite Hälfte des 19. Jahrhunderts mit den Arbeiten von Maxwell und vor allem der Beginn des 20. Jahrhunderts mit dem Aufkommen der Relativitätstheorie und Quantenphysik sollten bedeutende Antworten zu all diesen Fragen hervorbringen.

Von den Salons der Aufklärung zu Faradays Labor

Kommen wir also zum Zusammentreffen der Optik mit der zweiten großen Strömung, welche die Physik in der ersten Hälfte des 19. Jahrhunderts durchlief: den Entdeckungen im Bereich der Elektrik und des Magnetismus. Bis zum Ende des vorangegangenen Jahrhunderts waren die Eigenschaften von Magneten und verschiedene Manifestationen der Elektrizität weitgehend ungeklärt geblieben. Natürliche Magneten, also vor allem Eisenoxide wie Magnetit, waren seit der Antike bekannt. So dienten verschiedenartige Kompasse mit kleinen Eisenzeigern, die man durch Überreiben mit Magnetit magnetisiert hatte, schon seit dem Mittelalter zur Navigation chinesischer und europäischer Handelsschiffe, indem sie einen Punkt nahe dem geographischen Nordpol anzeigten.

Die erste wissenschaftliche Abhandlung über den Magnetismus wurde von William Gilbert verfasst. Der britische Mediziner und Astronom des Elisabethanischen Zeitalters war ein Zeitgenosse Galileis. Gilbert beschrieb die Anziehung und Abstoßung von Magnetpolen (zwei gleiche Pole stoßen sich ab, zwei unterschiedliche Pole ziehen sich an) und äußerte zudem die Vermutung, unser Planet sei ein riesiger Magnet. Dessen Kräfte wirkten sich auf die Nadeln der Kompasse aus, indem ihre Nordpole vom magnetischen Nordpol der Erde (also eigentlich dem magnetischen Südpol) angezogen wurden, der knapp neben dem geographischen, durch den Polarstern gekennzeichneten Pol lag. Gilbert schuf ein Modell unseres Planeten aus einem kugelförmigen Magneten und beschrieb daran die Kräftelinien, von denen die magnetisierten Kompassnadeln der Seeleute gelenkt wurden. Erstaunlicherweise waren also sowohl der Magnetismus als auch die Optik in ihrer Anfangszeit eng mit der Astronomie und der Seefahrt verknüpft.

Gilbert verglich die Magnetisierung von Eisen durch das Reiben an Magnetit mit der Elektrisierung von Materialien wie Bernstein, die leichte Gegenstände, Staub oder Papierfetzen anzogen, wenn man sie vorher an einem Stück Stoff, Leder oder Fell rieb. Er stellte fest, dass die von einem Magneten ausgehenden Kräfte dauerhaft waren, die Anziehung von elektrisierten Substanzen aber nach einer bestimmten Zeit abnahm. Für diesen vorübergehenden Effekt erfand Gilbert den Ausdruck »Elektrizität« (nach dem altgriechischem Wort *élektron* für Bernstein) und erklärte zugleich, Elektrizität und Magnetismus hätten nichts gemeinsam, auch wenn die beiden Phänomene durch ähnliche Verfahren erzeugt werden konnten.

Das 18. Jahrhundert erlebte die Entwicklung elektrostatischer Maschinen, die durch Reibung elektrische Ladung auf zwei voneinander isolierte Metallstücke verteilten. Die Reibung entstand durch die schnelle Drehung einer Glastrommel gegen Lederpolster. Sodann wurde die Ladung von metallenen Kämmen aufgenommen, die an der Trommel entlangstrichen. Man entwickelte eine Methode, die gewonnene Ladung in Kondensatoren zu speichern. Diese waren nach Art der »Leidener Flasche« gebaut: Ein außen mit Metallfolie umwickelter Glasbehälter, den man innen mit Zinnfolie ausgekleidet hatte, wobei die Glasschicht keine elektrische Ladung durchließ. Über die Untersuchung dieser Geräte begriff man, dass es zwei Formen von Elektrizität gibt, nämlich eine positive und eine negative, die in neutraler Materie zu gleichen Teilen vorhanden sind. Elektrostatische Apparate schufen nun durch Reibung ein Ungleichgewicht zwischen diesen beiden Formen, es sammelte sich ein Überschuss positiver Ladung auf der einen Seite der isolierenden Glaswand, während sich auf der anderen Seite negative Ladung akkumulierte. Wenn man nun das Innere und Äußere der Flasche mit einem Metalldraht verband, durchflossen ihn die beiden Ladungen und glichen sich aus. Dieser elektrische Fluss konnte aber auch durch den Körper des Versuchsleiters laufen, wenn dieser eine Brücke zwischen den beiden Polen bildete, indem er beide berührte. Er konnte gar durch eine ganze Menschenkette fließen, wenn man einander die Hände reichte. Der dabei auftretende elektrische Schlag, der die Beteiligten buchstäblich wie der Blitz traf, sorgte für eine jähe Muskelkontraktion. In den spektakulären Experimenten, wie sie bei Hofgesellschaften oder in bürgerlichen Salons vorgeführt wurden, diente dieser Effekt als mondäne Attraktion. Benjamin Franklin, der sich als Gesandter der amerikanischen Unabhängigkeitsbewegung in Paris aufhielt, war ein regelmäßiger

Gast in diesen Salons, und er war der Erste, der die beiden Formen der elektrischen Ladung unterschied. Durch die Erfindung des Blitzableiters konnte er zeigen, dass es sich bei einem Gewitterblitz und dem Ladungsausgleich zwischen den beiden Polen der Leidener Flasche um dasselbe Phänomen handelte.

Das erste wirklich quantitative Elektrizitätsexperiment wurde 1784 von Charles Augustin de Coulomb durchgeführt. Mithilfe einer Drehwaage bestimmte er die Kraft, die zwischen zwei elektrisch geladenen Metallkugeln auftritt. Coulombs Drehwaage bestand aus einem isolierenden horizontalen Stab, der mittig an einem Torsionsdraht hing. Zwei kleine Massekugeln an den Enden des Stabs kreisten in horizontaler Ebene, wenn sich die Anordnung aus dem Gleichgewicht bewegte und den Draht verdrehte. Eine der Kugeln wurde durch den Kontakt mit einer Leidener Flasche elektrisch geladen und daraufhin einer weiteren Kugel mit der gleichen Ladung angenähert, die man auf den von den verbundenen Massekugeln durchlaufenen Umfang des Torsionspendels brachte. Die Kräfte zwischen den beiden geladenen Kugeln versetzten die mobile Apparatur in Drehung, bis diese den Punkt erreichte, an dem sie durch die Torsionskraft des Aufhängedrahts ins Gleichgewicht kam. Diese Torsionskraft war proportional zum Drehwinkel in Bezug auf die Ruheposition, und die Messung des Winkels ergab nach erfolgter Kalibrierung des Instruments den Wert für die elektrische Kraft zwischen den beiden Ladungen. Coulomb bewies, dass sich gleichnamige Ladungen abstoßen und ungleichnamige anzogen und dass die Anziehungs- beziehungsweise Abstoßungskraft proportional zum Produkt der Ladungen und umgekehrt proportional zum Quadrat ihrer Entfernung ist. Als er das gleiche Experiment mit Magneten durchführte, konnte er zeigen, dass die Anziehungskraft zwischen dem Nordpol und dem Südpol ebenso umgekehrt proportional zu deren Abstand ist. Die von Coulomb entdeckten Gesetze zu elektrischen und magnetischen Kräften ähneln in mathematischer Hinsicht dem Gesetz der universellen Anziehung. Auch diese ist ja umgekehrt proportional zum Quadrat der Entfernung – mit dem Unterschied, dass sich Gravitationsmassen ununterbrochen anziehen.

Mit einer ganz ähnlichen Drehwaage wie der von Coulomb konnte übrigens der Engländer Henry Cavendish im Jahre 1797 den absoluten Wert der Gravitationskraft zwischen zwei Bleimassen festlegen. Mit seinem Experiment bestimmte er die Gravitationskonstante G, die in die Formel zu Newtons Gesetz eingesetzt werden konnte und so die erste Schätzung zur Erdmasse M

lieferte. Die Beschleunigung der Erdgravitation g ist nämlich gleich GM/R^2, wobei R der Erdradius ist. Durch die Messung von G, bei Kenntnis von g und R, ergab sich also unmittelbar der Wert von M, der etwa $6 \cdot 10^{24}$ kg entsprach. Das Zeitalter der Aufklärung, in dessen Verlauf man die Gestalt der Erde erkundete, endete also wissenschaftlich mit einem Grundlagenexperiment, das die Masse und damit ein weiteres wichtiges Maß unseres Planeten bestimmte.

Coulombs Experimente untersuchten die gegenseitig ausgeübten Kräfte von unbewegten elektrischen oder magnetischen Ladungen. Einen entscheidenden Fortschritt erlebten die Forschungen zu Elektrizität und Magnetismus, als man die Versuche auf bewegte Ladungen ausweitete. Einen ersten Schritt in diese Richtung unternahm der italienische Mediziner Luigi Galvani, der Ende des 18. Jahrhunderts zeigen konnte, dass man sezierte Froschschenkel mit dem elektrischen Fluss in Metalldrähten zur Kontraktion bringen konnte. Galvani hatte damit das erste elektrophysiologische Experiment unternommen. Er stellte zudem fest, dass es ebenso zu Muskelkontraktionen kam, wenn er zwei Punkte am Nerv eines Froschschenkels mit den Enden eines Bimetallbügels berührte, die über ein feuchtes Milieu in Kontakt kamen. Das Froschschenkel-Experiment brachte Alessandro Volta auf die Idee zu der nach ihm benannten Volta-Säule. Abseits von Galvanis biologischen Erwägungen schichtete er 1799 abwechselnd Zink- und Silberscheiben übereinander, die er durch in Salzwasser getränkte Pappscheiben trennte. Als er nun die Zink- und die Silberscheibe am unteren beziehungsweise oberen Ende der Säule durch einen Metalldraht verband, erhielt er einen elektrischen Strom.

Nachfolgende Experimente zu Beginn des 19. Jahrhunderts zeigten, dass dieser Strom durch chemische Reaktionen erzeugt wurde, die sich beim Kontakt der mit Salzwasser befeuchteten metallischen Oberflächen ergeben: Das Zink oxidiert im Kontakt mit dem Wasser, und durch den Kontakt mit den Silberscheiben entweicht Wasserstoff. Wie man inzwischen weiß, setzt die Oxidation des Zinks Elektronen frei. Diese durchfließen den Draht und die Säule und reduzieren den Wasserstoff im Wasser in Form von positiven Ionen (H+). Dieser Wasserstoff verwandelt sich in ein neutrales Molekulargas (H_2), das der Säule in Form von im Salzwasser sichtbaren Gasbläschen entweicht.

Die Versuche von Galvani und Volta wurden in Europa wie eine Sensation aufgenommen und weckten die Aufmerksamkeit von Wissenschaftlern und auch Politikern. Napoleon Bonaparte, Erster Konsul der Französischen Republik, wohnte im Jahre 1800 einer Vorführung von Volta bei und rief daraufhin

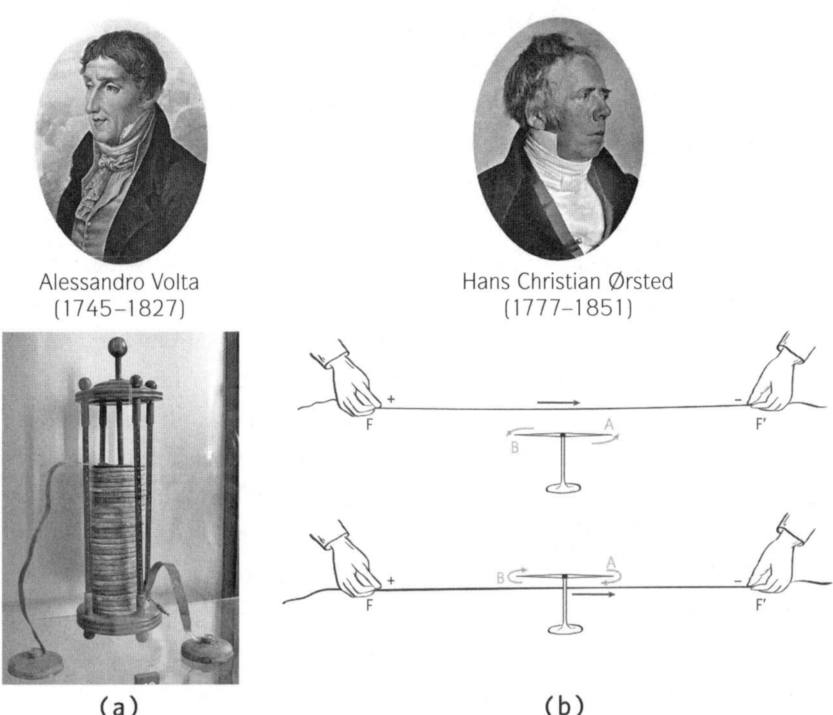

Abb. III.9. (a) Die Volta-Säule. (b) Versuchsaufbau von Ørsted: Je nachdem, ob sich ein stromdurchflossener Draht über oder unter ihr befindet, ändert eine magnetisierte Nadel ihre Richtung.

einen Wettbewerb der Académie des sciences aus: Sieger sollte die Person sein, von der man die beste Abhandlung über »galvanische Ströme« erhalte.

Unter anderem nahm der italienische Jurist Gian Domenico Romagnosi aus Trient an dem Wettbewerb teil: Er schickte 1802 einen Text an die französische Akademie der Wissenschaften, in dem er wohl recht verworren ein Experiment darlegte, das zeigen sollte, wie sich galvanischer Strom auf eine magnetisierte Nadel auswirkte. Diese Beobachtung widersprach der seit Gilbert verankerten und auch von Coulomb vertretenden Vorstellung, nach der Magnetismus und Elektrizität zwei vollkommen verschiedene Naturphänomene waren. Was mit Romagnosis Abhandlung geschehen ist, bleibt ein Rätsel. Es gibt jedenfalls keine Spur mehr von ihr, bis auf das Eingangsdatum in den Akten der Académie. Niemand hat ja auf sie Bezug genommen, und natürlich verlieh ihr auch niemand einen Preis. Ging der Text einfach verloren oder wurde er abgewiesen, da er sich in unklaren Begriffen gegen die damals dominante Theorie zu Elektrizität und Magnetismus wandte? Wir kennen Romagnosis Arbeit nur über eine knappe und wenig präzise Zusammenfassung, die einige Jahre später in einer Trienter Gazette erschien, von der Wissenschaftsgemeinde jedoch unbeachtet blieb.

Erst achtzehn Jahre später, 1820 nämlich, führte der dänische Physiker Ørsted ein Grundlagenexperiment durch, das die Verbindung zwischen Elektrizität und Magnetismus unmissverständlich klärte. So zeigte sich, dass eine magnetisierte Nadel, die parallel zu einem horizontalen Draht ausgerichtet war, senkrecht hierzu ausschwang, sobald die Enden des Drahtes an eine Volta-Säule angeschlossen wurden. Ørsted stellte fest, dass die auf die Nadel einwirkende transversale Kraft in Abhängigkeit davon, ob sich der Draht über oder unter der Nadel befand, ihr Vorzeichen änderte. So konnte er zeigen, dass sich die durch den Strom wirkenden magnetischen Kräfte in kreisenden Bahnen auf den Normalebenen zum leitenden Draht bewegten. Das durch Ørsted entdeckte Phänomen wurde für Galvanometer genutzt, mit denen man die Stromstärke in einem Kreislauf messen konnte, die sich durch die Ausrichtung einer in der Nähe platzierten Magnetnadel äußerte.

Das Ergebnis von Ørsteds Versuch, das nun viel klarer und genauer beschrieben wurde als Romagnosis, machte in Europa schnell die Runde. François Arago, Mitglied der französischen Académie, hatte in Genf eine Vorführung des Experiments miterlebt und André-Marie Ampère davon berichtet, der damals als Lehrer an der École polytechnique tätig war. Obgleich er der Annäherung von Elektrizität und Magnetismus skeptisch gegenüberstand, da er doch bei Coulomb in die Lehre gegangen war, entschied sich Ampère, den Versuch von Ørsted zu wiederholen und auf andere Situationen auszuweiten. Er zeigte, dass der einen Draht durchlaufende Strom sich nicht nur auf einen Magneten auswirkte. Genauso zog er einen parallel ausgerichteten Draht an, durch den ein Strom in derselben Richtung lief – und stieß diesen Draht ab, wenn der Strom entgegengesetzt floss. Ampère führte diese Experimente in seinem Pariser Haus an der Rue Monge aus und nutzte dazu einen Aufbau mit Stromkreisen und einer Waage zur Bestimmung der auf die auf Drähte wirkenden Kräfte. Die vom Prinzip her sehr simple Apparatur befindet sich heute im Professorenzimmer am Collège de France, wo Ampère 1824 auf einen Lehrstuhl für Physik berufen wurde.

Anhand seiner Experimente entwickelte Ampère zusammen mit Biot, Savart

André-Marie Ampère
(1775–1836)

Abb. III.10. Der Versuchsaufbau von Ampère zur Stromstärkemessung. (Collège de France)

und Laplace Formeln zur Berechnung der Magnetkräfte, die zwischen zwei Stromelementen in Abhängigkeit ihres Abstands und ihrer Ausrichtung bestehen. Auch das Kräftepaar, das ein Stromelement auf einen kleinen Magneten ausübt, konnte bestimmt werden. Ampère zeigte zudem, dass sich eine stromdurchflossene Zylinderspule wie ein Magnet verhält, dessen Pole sich an den Enden befinden. Die Magnetwirkung einer Spule ist mit der eines Magneten identisch. Zwei stromdurchflossene Spulen ziehen einander an, wenn man ihre unterschiedlichen Pole zusammenführt; sie stoßen sich ab, wenn man ihre gleichen Pole annähert. Diese Analogie führte Ampère zu der Hypothese, dass magnetisierte Materie auf der molekularen Ebene aus kleinen Stromschleifen besteht – ein Modell, das die moderne atomtheoretische Deutung des Magnetismus ankündigte, wie ich sie im ersten Kapitel dieses Buchs vorgestellt habe.

Ørsted und Ampère wollten die magnetischen Eigenschaften von permanenten, zeitlich invarianten Stromflüssen durchschauen. Der nächste Schritt im Verständnis des Elektromagnetismus, wie man das Phänomen nun zu nennen begann, wurde in den 1830er-Jahren von Michael Faraday unternommen. Er zeigte, dass die Bewegung eines Magneten im Umfeld einer elektrischen Schaltung einen vorübergehenden Stromfluss hervorruft. Im Grunde handelte es sich hier um das umgekehrte Ørsted-Experiment: Hatte der Däne ge-

Michael Faraday (1791–1867)

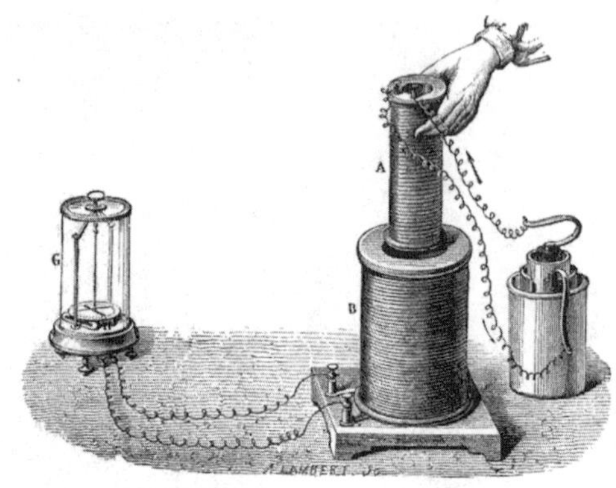

Abb. III.11. Aufbau eines Induktionsexperiments von Faraday: Eine durch eine Batterie gespeiste Magnetspule A wird in Spule B geschoben. Der durch die Veränderung des Magnetflusses induzierte transiente Strom wird durch die Abweichung der Nadel des Galvanometers C angezeigt.

zeigt, dass einer Schaltung zugeführter Strom eine Magnetnadel in Bewegung setzte, so zeigte Faraday nun, dass die Bewegung eines Magneten einen Stromfluss in einer Schaltung hervorrief.

Eine einfache Variante eines Faradayschen Experiments lässt sich durchführen, indem man einen Magneten durch eine aufrecht stehende Magnetspule fallen lässt. Ist der Stromkreis offen, fällt der Magnet wie jede andere Masse im Schwerefeld der Erde. Schließt man dagegen den Stromkreis, so braucht der Magnet viel länger für den Weg durch die Spule – als würde er vorübergehend durch eine unsichtbare Hand festgehalten. Der Strom, den der Magnet durch seine Bewegung in der Spule hervorruft, lässt eine Kraft auf ihn wirken, die sich seiner Bewegung entgegenstellt.

Die Wirkung eines bewegten magnetischen Feldes auf einen elektrischen Kreislauf nannte Faraday Induktion. Er zeigte zudem, dass diese Experimente auch ohne Magnete durchgeführt werden konnten, indem man zwei unabhängige Stromkreise verwendete, also etwa zwei ineinanderpassende Spulen mit verschiedenem Durchmessern.

Schob man nun die innere, durch eine Batterie gespeiste Spule in die größere, so erzeugte die Flussveränderung des Magnetfelds in diesem Kreislauf einen transienten Strom, der von einem angeschlossenen Galvanometer angezeigt wurde.

Faraday besaß keine mathematische Ausbildung, dafür aber eine intuitive und kreative Herangehensweise an die von ihm entdeckten Phänomene. So gab er etwa Eisenspäne auf ein Blatt Papier, das er über einen Magneten hielt oder einem stromdurchflossenen Draht annäherte, und beobachtete die »magnetischen Kraftlinien«, wie er sie nannte. Sie richteten sich an den stromdurchflossenen Drähten aus und spannten sich in lang gezogenen Bögen von einem Pol eines Stabmagneten zum anderen, wobei die Hauptachse der Linien parallel zum Magneten verlief. Durch die Anwesenheit von Magneten und Stromkreisen ergab sich nach Faraday ein ganzer Schwarm von Vektoren, die jeweils die Richtung der Magnetkräfte angaben, die an jedem Punkt des Eisenpulvers ansetzten und ihn entsprechend ausrichteten.

Ähnliche Experimente ermöglichten die Sichtbarmachung von Kraftlinien, die durch statische elektrische Ladungen hervorgerufen werden. Diese lassen sich darstellen, indem man kleine Körner eines isolierenden Materials – ein Puder oder Kügelchen aus Polystyrol – in ein Bad mit isolierender Flüssigkeit gibt, in die man wiederum zwei an eine Elektrisiermaschine angeschlossene Elektroden hält. Die Körner erhalten so kleine Dipole und richten sich entlang der Kurven aus, die beide Pole verbinden. So werden die Linien des elektrischen Feldes auf dieselbe Weise sichtbar gemacht wie die Linien des magnetischen Feldes mithilfe der Eisenspäne.

Mit solchen Experimenten führte Faraday das Feldkonzept in die Physik ein. Magnetische und elektrische Kraftlinien bilden ein den Raum durchziehendes Geflecht – wie ein Netz, dessen Struktur durch die Verteilung der Ladungen, Ströme und Magneten vorgegeben wird. Für Faraday hatten diese ausgerichteten Linien eine konkrete physikalische Bedeutung. Ihr Tangensvektor nämlich gab die Richtung der Kräfte an, die auf Ladungen oder die kleinen Kompassnadeln ausgeübt wurden, die man ihnen annäherte. Die Stärke dieser Kräfte hing von der Dichte der Feldlinien ab. Sie nahm zu, wenn sich die Linien annäherten, und sie nahm ab, wenn sie sich weiter voneinander entfernten.

Es gibt einen wichtigen Unterschied zwischen den Linien von elektrischen und denen von magnetischen Feldern. Erstere bilden Strahlen, die sich von den positiven Ladungen aus auffächern und an den negativen Ladungen sam-

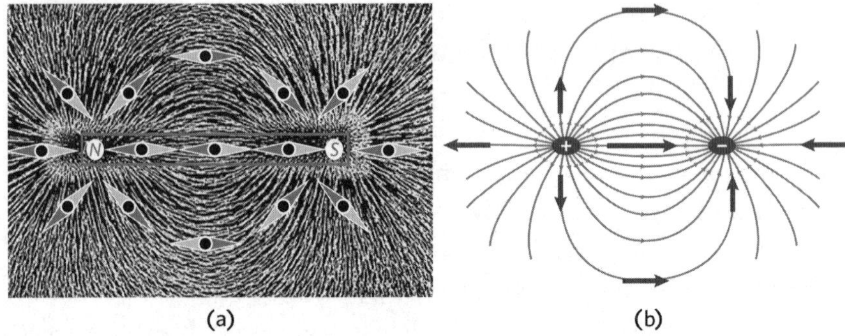

Abb. III.12. (a) Magnetische Feldlinien, die durch Eisenspäne entstehen, die man auf ein über einen Magneten gehaltenes Blatt Papier gestreut hat. Die Beobachtung dieser Linien brachte Faraday darauf, den Begriff des Feldes in die Physik einzuführen. Die in das Bild eingefügten kleinen Kompassnadeln geben die Richtung des vom Magneten erzeugten Feldes an verschiedenen Punkten an. Im Innern des Stabmagneten ist die magnetische Ausrichtung entgegengesetzt zu den ihn außen umlaufenden Feldlinien. An den Magnetpolen ist der magnetische Feldfluss durch eine geschlossene Fläche gleich null: Er tritt auf der einen Seite der Fläche ein und auf der anderen Seite wieder aus. Dieser Ausgleich ist darauf zurückzuführen, dass es keine magnetischen Monopole gibt. (b) Feldlinien eines elektrischen Dipols aus zwei entgegengesetzten Ladungen. Alle Linien treten aus einer die positive Ladung umgebenden Fläche aus und in eine die negative Ladung enthaltende Fläche ein. Der elektrische Feldfluss um die Ladungen ist ungleich null. Anders als bei einem Magneten hat das Feld auf der Linie zwischen den Ladungen das gleiche Vorzeichen wie das Feld entlang der sie verbindenden Schleifen.

meln, also linear mit Anfangs- und Endpunkt verlaufen. Die Linien des Magnetfelds dagegen bilden immer geschlossene Schleifen. Sie ähneln den Strömungslinien in einem Fluidum, die Schleifen und Wirbel zeigen, sich aber niemals überschneiden.

Diese verschiedenen Strukturen des elektrischen und des magnetischen Feldes lassen sich quantitativ analysieren, indem man die sogenannte Divergenz des Vektorfelds definiert – eine mathematische Funktion, die der deutsche Mathematiker Carl Friedrich Gauß Anfang des 19. Jahrhunderts entwickelt hat. Der Wert der Divergenz in einem Punkt ist eine reelle Zahl, die sich durch die Addition der räumlichen Ableitungen der Vektorfeldkomponenten in Relation zu den verschiedenen Raumrichtungen berechnet. Die Zahl drückt aus, ob die Feldlinien an diesem Punkt eine Tendenz zum Konvergieren oder zum Divergieren zeigen, ob sie also von ihm ausströmen oder zu ihm hinfließen. In der Nähe zu einer positiven Ladung sind die elektrischen Feldlinien divergent. Sie zeigen von einer kleinen die Ladung umgebenden Fläche nach außen. Man sagt, der Feldfluss durch die Fläche ist positiv. In der Nähe zu einer negativen Ladung geschieht das Gegenteil und die Feldlinien sind zum Innern des Raums gerichtet, in dem sich die Ladung befindet. Der Feldfluss durch die den Raum begrenzende Fläche ist negativ.

Allgemein ist der Fluss eines beliebigen Vektorfelds durch ein infinitesimales Element einer geschlossenen Oberfläche gleich dem Produkt aus dem Inhalt dieser Fläche und der Projektion des Vektorfelds auf die Normale der nach außen gerichteten Fläche. Den gesamten Fluss durch die gesamte Oberfläche erhält man, indem man die Flüsse addiert, die sämtliche infinitesimale Elemente durchqueren. Ein von Gauß bewiesenes Theorem besagt, dass dieser Fluss dem Integral der Divergenz des Vektorfelds in dem durch die Fläche begrenzten Raum entspricht. Kombiniert man dieses Theorem mit dem Coulombschen Gesetz, so ergibt sich für das elektrische Feld, dass die Divergenz an jedem Punkt proportional zur Dichte der Ladungen ist, die das Feld entstehen lassen.

Die Divergenz des magnetischen Feldes dagegen ist überall null, was Ausdruck für das Nichtvorhandensein einer freien magnetischen Ladung ist. Sogenannte magnetische Monopole gibt es nicht. Der positive Pol eines Magneten ist stets an den negativen Pol gebunden. Diese Dualität stellt sich immer wieder ein, selbst wenn man versucht, die magnetischen Ladungen zu trennen, indem man einen Magneten zerbricht. Die Nulldivergenz des Magnetfelds impliziert dem Gaußschen Gesetz folgend, dass sein Fluss durch eine geschlossene Fläche immer gleich null ist und deswegen ein perfektes Gleichgewicht zwischen den Flussbeiträgen der aus der Fläche austretenden und der in sie eintretenden Feldlinien besteht.

Die Linien des Magnetfelds erinnern an die Linien in einem stetig fließenden inkompressiblen Fluid. Der an einem Ende eines kleinen röhrenförmigen Fluidelements austretende Teilchenstrom ist immer gleich dem Strom, der am anderen Ende eintritt, da die Volumenmenge des fließenden Mediums gleich bleibt. Die Nulldivergenz und die Flusskontinuität des Magnetfelds sind von Gauß entdeckte Eigenschaften. Zeitgleich mit Faradays Experimenten erarbeite er zusammen mit dem Physiker Wilhelm Eduard Weber die Gesetze des Magnetismus.

Die mathematischen Konzepte von Fluss und Divergenz waren für den pragmatischen Experimentator und Autodidakten Faraday nicht nachvollziehbar. Seine Untersuchungen gingen nicht über eine qualitative Beschreibung des von ihm vorausgeahnten elektromagnetischen Feldes hinaus. Dennoch besaß der Direktor der Royal Institution eine beeindruckende physikalische Intuition. Sein Feldkonzept gründete quasi auf dem Nichts, es gab keinerlei Verweis auf einen theoretischen Äther. In dieser Hinsicht war Faraday paradoxerweise moderner als die Physiker, die in der zweiten Hälfte des 19. Jahrhunderts auf ihn folgten. Trotz seiner erstaunlichen Intuition zog Faraday jedoch keine Analogie zwischen den Tangensvektoren seiner Feldlinien und den transversalen Lichtschwingungen in Fresnels Theorie. Es fiel einem jungen schottischen Wissenschaftler zu, diesen entscheidenden Schritt zu tun.

Das Zusammenfließen von Licht, Elektrizität und Magnetismus

Zwischen 1861 und 1865 beschäftigte sich James Clerk Maxwell, damals Professor am Londoner King's College, mit den Experimenten von Ampère und Faraday und bemühte sich, sie in mathematische Gleichungen zu fassen, die ihre Eigenschaften klar herausstellen würden. Die Experimente schufen Verbindungen zwischen im Raum verteilten elektrischen und magnetischen Feldern und den unbewegten und bewegten Ladungen, die Quelle dieser Felder waren. Faradays Induktionseffekt zeigte, dass die Veränderung des Magnetfelds durch eine Ladungsschleife einen ähnlichen Effekt auf die Ladungen des Metalls hatte wie den, den ein elektrisches Feld in einem Metalldraht hervorrief, wenn die Vektoren um die Schleife kreisten wie die Strömungsgeschwindigkeit eines Wirbels. Maxwell zog daraus den Schluss, dass die zeitliche Veränderung des Magnetfelds selbst bei Abwesenheit eines materiellen Kreislaufs an jedem Punkt des Raums ein um diesen Punkt wirbelndes elektrisches Feld entstehen ließ.

Nachdem er so die Gleichung des Faraday-Effekts verdeutlicht hatte, widmete sich Maxwell den Arbeiten von Ampère. Er zeigte, dass im Umkreis eines Dauerstroms ein Magnetfeld entstand, das sich durch Gleichungen beschreiben ließ, deren mathematische Struktur dieselbe war wie bei den Wirbeln des elektrischen Feldes in den Faraday-Gleichungen. War kein Strom vorhanden, erzeugten die Ampère-Gleichungen jedoch kein Feld, wodurch die Symmetrie zwischen den elektrischen und magnetischen Feldern zerstört wurde. Um diese wiederherzustellen, komplettierte Maxwell die Gleichungen, indem er die Hypothese aufstellte, dass ein Magnetfeldwirbel nicht nur durch einen Ladungsstrom, sondern auch durch eine zeitliche Veränderung des elektrischen Feldes entstehen könnte. In Ampères Gleichung ergänzte er den Term für den Strom einfach durch einen zusätzlichen proportionalen Betrag zur Zeitableitung des elektrischen Feldes.

Zur Vervollständigung seiner Theorie fügte Maxwell den derart angepassten Gleichungen von Ampère und Faraday auch noch die von Gauß entdeckten Gleichungen hinzu. Diese drücken zum einen die Abwesenheit magnetischer Monopole und die Kontinuität des magnetischen Feldflusses aus, indem die Divergenz des magnetischen Feldes überall gleich null gesetzt wird. Zum anderen verbinden sie dem Coulombsche Gesetz (der Gauß-Coulombschen Gleichung) folgend den elektrischen Feldfluss durch eine geschlossene Oberfläche mit der darin enthaltenden Ladung.

In moderner mathematischer Schreibweise werden die von Maxwell beschriebenen Feldwirbel durch die Einführung einer mathematischen Vektorfunktion ausgedrückt. Diese nennt man die Rotation des Vektorfelds. Sie wird durch die räumlichen Ableitungen ihrer Komponenten auf den drei Koordinatenachsen konstruiert.

Maxwell verwendete dieses Konzept nicht, und die von ihm notierten Formeln hatten eine kompliziertere Form als die, die man den heute bekannten Maxwellschen Formeln gibt, indem man sie mithilfe der Feldfunktionen Divergenz und Rotation ausdrückt.

Jedenfalls erhielt Maxwell auf diese Weise eine Reihe von Vektorgleichungen zur Beschreibung der dynamischen Entwicklung elektrischer und magnetischer Felder im Raum, bei beliebiger Verteilung von Ladungen und verschiedenen Strömen. Diese Gleichungen konnten die Evolution der Felder sogar in Abwesenheit jeder materiellen Quelle beschreiben – als wären Ladungen und Ströme nur Gerüste gewesen, deren Abbau die Schönheit eines mathematischen Gebäudes offenbarte, mit dem sich die Evolution eines absolut uneingeschränkten Feldes beschreiben ließ, das sich im willkürlichen Abstand zu jeder Quelle wie eine Welle im Raum verteilte. Die Variation eines Magnetfelds erzeugte ein elektrisches Feld, dessen Variationen wiederum ein magnetisches Feld hervorriefen, wobei sich die beiden Felder während ihrer Ausbreitung

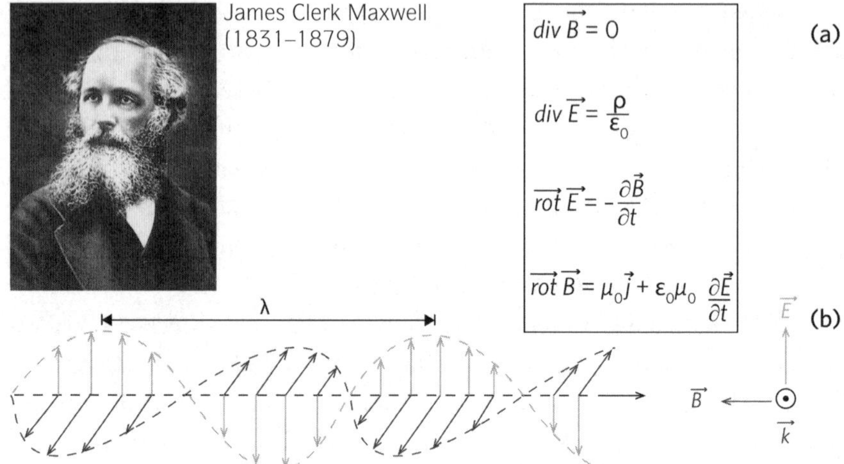

Abb. III.13. Die elektromagnetische Theorie von Maxwell. (a) Die vier Gleichungen, die das elektrische Feld $\vec{E}$ und das magnetische Feld $\vec{B}$ mit den Verteilungen der Ladungen (der räumlichen Dichte ρ) und der Ströme (der Dichte $\vec{j}$) in Beziehung setzen. ε_0 ist die Coulomb-Konstante, μ_0 die Ampère-Konstante. Die Abkürzungen *div* (Divergenz) und $\vec{rot}$ (Rotation) stehen für die mathematische Operation der räumlichen Ableitung der Koordinaten der elektrischen und magnetischen Felder, die Ausdrücke $\partial\vec{E}/\partial t$ und $\partial\vec{B}/\partial t$ beschreiben die zeitlichen Veränderungen (Ableitungen) dieser Felder. Die erste Gleichung besagt, dass das Magnetfeld nicht von einem Punkt aus divergieren kann und es keine freien magnetischen Ladungen geben kann. Die zweite Gleichung drückt das Coulombsche Gesetz aus, nach dem die elektrischen Feldlinien ab den Ladungen divergieren beziehungsweise zu ihnen konvergieren. Die dritte Gleichung steht für das Faradaysche Gesetz, das die Variation des Magnetfeldes mit den von ihm induzierten elektrischen Wirbelfeldern in Beziehung setzt. Die letzte Gleichung beschreibt den wechselseitigen Effekt, der sich aus der von Maxwell modifizierten Gleichung für das Ampèresche Gesetz ergibt. Ein magnetisches Wirbelfeld (ausgedrückt durch $\vec{rot}\,\vec{B}$) wird durch den Fluss $\vec{j}$ erzeugt, zu dem der Term für die Variation des elektrischen Feldes $\vec{E}$ hinzugefügt werden muss. (b) Die Gleichungen lassen als Lösungen ebene Wellen des elektromagnetischen Feldes zu, die sich in Abwesenheit von Ladungen und Strömen im Raum ausbreiten. Das elektrische Feld und das magnetische Feld der Welle liegen rechtwinklig zueinander und transversal zur Ausbreitungsrichtung. Die Wellengeschwindigkeit entspricht $c = 1/\sqrt{\varepsilon_0\mu_0}$. Es war die Übereinstimmung dieses Wertes mit der von Foucault gemessenen Lichtgeschwindigkeit, die Maxwell dazu brachte, Lichtstrahlung mit einer elektromagnetischen Welle gleichzusetzen.

gegenseitig verstärkten. Ausgehend von den jeweiligen Anfangsbedingungen erlaubten die Gleichungen unendlich viele Lösungen. Dabei war die einfachste Situation mit ebenen Transversalwellen gegeben, deren elektrische und magnetische Felder in der Normalebene zur Ausbreitungsrichtung der Welle schwangen, in zwei zu dieser Ebene rechtwinkligen Richtungen.

Mithilfe der Gleichungen ließ sich die Geschwindigkeit dieser elektromagnetischen Wellen berechnen. Das Quadrat der Geschwindigkeit musste gleich dem Kehrwert des Produkts der beiden Konstanten ε_0 und μ_0 sein, die Coulomb und Ampère eingeführt hatten, um einerseits die elektrostatische Kraft zwischen zwei elektrischen Ladungen und andererseits die magnetische Anziehungskraft von zwei stromdurchflossenen Leitern auszudrücken. Maxwell rechnete mit den damals experimentell ermittelten Werten für diese Konstanten und kam auf ein Ergebnis, das für *c* einen Wert von 308 000 km/s angab, was dem von Foucault in Paris gemessenen Wert von 298 000 km/s sehr nahekam. Das konnte kein Zufall sein. Die Manuskriptseite, auf der Maxwell diese Beobachtung notierte, ist heute in einer Vitrine in der Londoner Royal Society ausgestellt. Unten auf dem Papier steht in Maxwells schöner, regelmäßiger Schrift:

> Die Übereinstimmung der Ergebnisse legt nahe, dass Licht und Magnetismus Erscheinungen derselben Substanz sind und dass Licht eine elektromagnetische Störung ist, die sich gemäß den elektromagnetischen Gesetzen im Feld ausbreitet.[3]

Dieser Satz (mit seinem sehr britischen Understatement »*seems to show*«) war zweifellos die wichtigste Aussage der bis dahin bekannten, wenn nicht der gesamten Physik. In wenigen Worten vereinte sie drei Forschungsfelder, die jahrhundertelang als eigenständig gegolten hatten: Elektrizität, Magnetismus und Optik. Die Feststellung, dass Licht und elektrische wie magnetische Phänomene im Grunde eins waren, war eine ähnliche Offenbarung wie Newtons Erkenntnis, dass die Kraft, die einen Apfel zu Boden zieht, die gleiche ist wie jene, die den Mond auf seiner Bahn um die Erde hält.

3 The agreement of the results seems to show that light and magnetism are affections of the same substance, and that light is an electromagnetic disturbance propagated through the field according to electromagnetic laws.

Man muss gerechterweise sagen, dass die Beziehung zwischen der Lichtgeschwindigkeit *c* und der elektrischen und der magnetischen Konstante von Coulomb und Ampère gut zehn Jahre vor Maxwell durch den deutschen Physiker Wilhelm Eduard Weber und seinen Kollegen Rudolf Kohlrausch festgestellt worden war, doch hatten die beiden keine Erklärung für diese Entsprechung.

Maxwells Theorie eröffnete faszinierende Perspektiven. Sie traf präzise Vorhersagen, die in den folgenden Jahrzehnten experimentell bestätigt werden sollten. Das Licht beanspruchte dabei nur ein kleines Fenster im Spektrum der durch die Gleichungen beschriebenen elektromagnetischen Wellen. Seine Sonderstellung rührte allein daher, dass das durch die natürliche Selektion geformte menschliche Auge nur empfindlich für Wellen mit Längen zwischen 0,4 und 0,7 Mikrometer ist. Die Theorie sah vor, dass es im Bereich der größeren Wellenlängen (und damit der niedrigeren Frequenzen) infrarote elektromagnetische Wellen geben musste, und genauso nahm man am anderen Ende des Spektrums kürzere Wellen (mit höherer Frequenz) und eine ultraviolette Strahlung an. Diese Vorhersagen bestätigten, was Physiker bereits in der ersten Hälfte des Jahrhunderts beobachtet hatten. So bekam das vorher nur vage definierte Phänomen der »kalorischen« und »chemischen« Strahlung für den Nahinfrarot- beziehungsweise den Nahultraviolettbereich eine um einiges konkretere Bedeutung. Die unsichtbaren Wellen wurden nach und nach identifiziert – zunächst für Frequenzen nahe dem sichtbaren Bereich, später dann auch für entferntere Bereiche des Spektrums.

Eine entscheidende Etappe wurde 1887 genommen, als Heinrich Hertz Radiowellen erzeugte, deren Länge in der Größenordnung von Metern liegen. Auf der anderen Seite des Spektrums entdeckte 1895 ein weiterer Deutscher, nämlich Wilhelm Conrad Röntgen, die rätselhaften »X-Strahlen«. Beugungsexperimente zeigten später, dass es sich bei den Röntgenstrahlen um elektromagnetische Wellen handelt, deren Länge im Bereich von einigen Dutzend Nanometern liegt. Damit sind Röntgenwellen hundert- bis tausendmal kürzer als die Wellen des sichtbaren Lichts.

Eine wesentliche Eigenschaft der Maxwellschen Gleichungen ist ihre Linearität. Dieser Begriff meint, dass die Addition unabhängiger Gleichungslösungen eine weitere Lösung derselben Gleichungen ergeben. Diese Eigenschaft belegt das Prinzip der Überlagerung, das Fresnel 1820 formuliert hatte. Die Schwingungen in seiner Lichttheorie sind nichts anderes als die elektrischen Wellenfelder von Maxwell, die sich auf die gleiche Weise addieren und überlagern. Eine weitere wichtige Eigenschaft der Gleichungen besteht darin, dass der Wert eines Feldes an einer beliebigen geschlossenen Oberfläche das Feld auf der anderen Seite dieser Fläche bestimmt. So bestätigt sich das Huygens-Fresnelsche Prinzip.

Manche Rätsel werden gelöst, manche bleiben

Maxwells Theorie konnte einige Rätsel des Lichts klären. Die Wechselwirkung von Licht mit den von ihm durchquerten transparenten Medien oder mit den opaken Substanzen, die es absorbierten, konnte nur von der Kopplung zwischen den Lichtwellenfeldern und den in der Materie vorhandenen elektrischen Ladungen rühren. Die genaue Beschaffenheit dieser Ladungen konnte erst zur Jahrhundertwende geklärt werden, als der Engländer Joseph John Thomson 1897 das Elektron entdeckte. Doch schon ab den 1870er-Jahren erklärte der junge niederländische Physiker Hendrik Lorentz die Reflexion und die Brechung des Lichts anhand eines Modells, in dem in den jeweiligen Medien vorhandene elektrische Ladungen durch elektromagnetische Kräfte in Schwingung versetzt wurden. Seine auf der Grundlage von Maxwells Gleichungen entwickelte Theorie erklärt insbesondere die Tatsache, dass Licht in einem materiellen Medium langsamer ist als im Vakuum, mit einem Effekt der Überlagerung.

Zur Beschreibung des elektromagnetischen Feldes, das von einer dünnen Schicht eines transparenten homogenen Mediums ausgeht, muss man dem Einfallsfeld nämlich das Feld hinzufügen, das durch die in Bewegung geratenen Ladungen erzeugt wird. In der Durchgangsschicht schwingen die Ladungen mit der Frequenz des Einfallsfelds und strahlen in dieselbe Richtung ein induziertes Feld ab, das sich mit dem einfallenden Licht überlagert. Stimmt die Wellenfrequenz nicht mit der Absorptionsfrequenz überein, so zeigt das mit derselben Polarisation wie das Einfallsfeld nach vorn induzierte Feld einen Phasenvorsprung von 90° beziehungsweise $\pi/2$ Radiant. Nach dem Prinzip der Überlagerung entspricht dem Gesamtfeld in der Fresnelschen Wellenfläche die Summe von einem das Einfallsfeld darstellenden Vektor und einem dazu rechtwinkligen Vektor, der für das in der Durchgangsschicht induzierte Feld steht. Diese Summe beschreibt ein Gesamtfeld, das mit dem Durchgang durch die dünne Schicht eine größere Phasenverschiebung erlangt hat als durch eine gleich weite Ausbreitung im Vakuum. Das Feld braucht also länger, um die dünne Schicht zu durchqueren, als es für eine entsprechende Vakuumschicht benötigen würde. Daher verringert sich seine Ausbreitungsgeschwindigkeit im Medium.

Die Doppelbrechung einer anisotropen Schicht erklärt sich anhand desselben Modells, indem man annimmt, dass die Ladungen des Mediums mit verschiedenen Amplituden schwingen, da sie durch ein elektrisches Feld angeregt werden, das in zwei zueinander orthogonalen Richtungen schwingt. Dadurch ergibt sich eine unterschiedliche Phasenverschiebung der rechtwinklig zueinander polarisierten Durchgangsfelder, und man erhält zwei verschiedene Brechzahlen in Abhängigkeit von der Richtung dieser Polarisation. Ein analoges Modell liefert eine qualitative Erklärung für das Phänomen der Lichtabnahme in einem absorbierenden Medium. In diesem Fall werden die Ladungen des Mediums so in Schwingung versetzt, dass ein zur Einfallswelle gegenphasiges Feld nach vorne abstrahlt. Daraus ergibt sich ein Fresnel-Vektor (die Summe aus dem einfallenden und dem induzierten Feld), der kleiner ist als der des Einfallsfelds. Die Schicht hat das Feld absorbiert, die Intensität hat mit dem Durchgang abgenommen. Die Überlagerung und die Interferenz von Wellen sind damit Erklärungsschlüssel für Phänomene der Ausbreitung elektromagnetischer Wellen im Vakuum und in materiellen Medien.

Obgleich sie viele Rätsel rund um das Licht lüften konnten, lieferten die Maxwellschen Gleichungen keine Antwort zum Äther, dessen seltsame Eigenschaften einfach ausgeweitet wurden, um die Umgebung zu beschreiben, in der sich sämtliche elektromagnetischen Phänomene abspielten. Das hypothetische, nicht nachweisbare Medium verbreitete nun nicht nur Licht, sondern das gesamte Spektrum der unsichtbaren elektromagnetischen Wellen, welche die Gleichungen vorhersagten und die Forschung nach und nach tatsächlich entdeckte. Da die Theorie der Wellengeschwindigkeit einen festen Wert zuordnete, lag es nahe, den Äther als bevorzugtes Medium zu betrachten, in dem sich die Wellen mit nahezu 300 000 km/s ausbreiteten.

Die um die Sonne kreisende Erde bewegte sich im Äther, und demnach mussten die elektromagnetischen Wellen die Auswirkungen des »Ätherwinds« spüren, der durch diese Fortbewegung entstand. Licht, so nahm man an, wurde vom Äther genauso mitgezogen wie von einem Wasserstrom – Letzteres hatte Fizeau mit seinem Versuch bewiesen. Doch Experimente, die diesen Mitnahmeeffekt des Äthers aufdecken wollten, blieben ergebnislos. Das Rätsel sollte erst zu Beginn des 20. Jahrhunderts gelöst werden, als die Relativitätstheorie den Äther mitsamt seinen widersprüchlichen Eigenschaften aus der Physik verabschiedete.

Die Geschichte des Lichts im 19. Jahrhundert illustriert die Merkmale wissenschaftlicher Forschung noch deutlicher, als es bereits die Entdeckungen des 17. und 18. Jahrhunderts taten. So ist etwa Malus' Beobachtung der Polarisation durch die Reflexion an Glas ein schönes Beispiel für die unerwarteten Aspekte mancher Entdeckungen. Offenheit für neue Erkenntnisse zeigt sich vor allem auch in der Fähigkeit eines Wissenschaftlers, die Bedeutung der Hinweise zu erkennen, die ihm der Zufall auf den Weg legt. So hat Ørsted die Eigenschaften der rätselhaften Kraft, auf die er in seinen Beobachtungen stieß, systematisch untersucht, während Romagnosi hierfür keinen Anlass sah. Das erklärt, warum die Arbeiten der beiden so unterschiedliche Wege nahmen: Waren die einen bekannt und gefeiert, so wurden die anderen wenig wahrgenommen oder gar angefochten. Auch die Bedeutung der Messgenauigkeit hat sich in dieser Zeit erneut bestätigt, denn es sind die kleinen Unterschiede in den Vorhersagen der Wellen- und der Teilchentheorie in Bezug auf die Polarisation durch doppelbrechende Medien, die Ersterer schließlich zum Triumph verhalfen. Diese Unterschiede wurden durch immer genauere optische Versuche nachgewiesen. Ebenso illustrieren die verfeinerten Experimente von Foucault und Fizeau zur Bestimmung der Lichtgeschwindigkeit die fortschreitende Präzision.

Die gegenseitige Befruchtung von Grundlagenforschung und angewandter Forschung trat im 19. Jahrhundert noch stärker hervor als in den vorangegangenen Epochen. Fresnel, der seine Ingenieurausbildung in einem der ersten Jahrgänge an der École polytechnique absolvierte, war in seiner Grundlagenforschung zur Interferenz und zur Polarisation des Lichts sicher auch von reiner Neugier angetrieben, aber ihm war genauso daran gelegen, seine Entdeckungen anzuwenden, um nützliche Apparate zu konstruieren. So ließ er seine Untersuchungen über längere Phasen ruhen und widmete sich praktischen Projekten. Er erfand Linsen, die seinen Namen tragen und lange Zeit in Leuchttürmen in aller Welt zum Einsatz kamen, wodurch sie vielen Seeleuten das Leben retteten. Die Fresnelschen Stufenlinsen bestehen aus besonders transparenten, zu einer ringförmigen Krone angeordneten Glasprismen und haben eine sehr große Öffnung. So können sie Lichtstrahlen viel stärker bündeln als klassische Linsen und sind dabei deutlich weniger massiv. Flache Fresnel-Linsen aus Plastikscheiben mit kreisförmigen Gravuren werden noch heute in verschiedenen Geräten, Fotoapparaten und Videoprojektoren verwendet. In Photovoltaikzellen oder Sonnenöfen dienen sie dazu, das Sonnenlicht zu sammeln.

Auch im Bereich des Elektromagnetismus hat die Grundlagenforschung entscheidende Auswirkungen. Die Entdeckungen von Faraday und Maxwell haben zu wichtigen Entwicklungen in der Elektroindustrie und Kommunikationstechnik geführt. Das von Faraday entdeckte Phänomen der Induktion kommt in Dynamos und Generatoren zur Anwendung, die elektrischen Strom erzeugen, indem sich Magneten in Spulen drehen. So wird die durch Wärme- oder Atomkraftwerke produzierte Energie überhaupt erst in Elektrizität umgewandelt. Motoren, die wiederum elektrische Energie in mechanische Arbeit umwandeln, sind ebenso direkte Auswirkungen von Faradays Entdeckungen. So wird die Induktion auch in Transformatoren eingesetzt, die Strom in zwei wechselwirkenden Spulen koppeln, womit die Spannung in industriellen Kreisläufen und elektrischen Leitungen gehoben oder gesenkt wird. Faraday hat die vielen Anwendungen seiner Entdeckungen sicher nicht vorausgeahnt, dennoch wusste er um ihr Potential. Es heißt, der britische Finanzminister William Ewart Gladstone habe ihn einmal gefragt, wozu seine Arbeiten eigentlich nützlich seien, worauf Faraday geantwortet haben soll: »Sir, eines Tages werden Sie Steuern darauf erheben.«

Was die Anwendung elektromagnetischer Wellen betrifft, so muss man deren praktische Bedeutung nicht eigens hervorheben. Es sind die von Hertz entdeckten Radiowellen, die heute einen Großteil der Daten von Radios, Fernsehern und Handys übertragen. Die Röntgenstrahlen am anderen Ende des Spektrums spielen eine wichtige Rolle in der Medizin und in zahlreichen Apparaten, mit denen man die tiefere Beschaffenheit von Materie untersucht. Als im 20. Jahrhundert die Quantenphysik ermöglichte, die Wechselwirkungen zwischen Materie und Strahlung zu durchdringen, eröffneten sich weitere Anwendungen für elektromagnetische Wellen, die vor allem der Erfindung des Lasers zu verdanken sind.

Die Beeinflussung von Grundlagenforschung und Technologie ist gegenseitig. Genauso wie die Forschung für die technische Entwicklung wesentlich ist, gilt auch das Umgekehrte: Die Geschichte des Lichts im 19. Jahrhundert gibt uns dafür zahlreiche Beispiele. Die Messung der Lichtgeschwindigkeit auf der Erde, die eine Idee von Galilei aufgriff, war nur möglich, weil die Technologie riesige Fortschritte gemacht hatte und man nun Lichtimpulse von wenigen Mikrosekunden erzeugen und erkennen konnte – dies war im 17. Jahrhundert unvorstellbar. Die Mechanik von Uhren und Turbinen, durch die Spiegel in schnelle Rotation versetzt wurden, oder auch die von Fizeau und Foucault verwendeten Drehzahlmesser waren zwei Jahrhunderte zuvor nicht realisierbar. Mit interferometrischen Instrumenten zur präzisen Messung von Wellenlängen konnte Fizeau den Mitnahmeeffekt einer Wasserströmung auf die Lichtgeschwindigkeit aufzeigen. Zum Ende des Jahrhunderts spielten diese Messinstrumente eine wichtige Rolle beim Sondieren der rätselhaften Eigenschaften des hypothetischen Äthers. Fortschritte in der Detektion des sichtbaren, aber auch des infraroten und ultravioletten Lichts ermöglichten schließlich zur Jahrhundertwende präzise Messungen zur thermischen Strahlung, die den Weg zur Quantenphysik eröffneten.

Einen weiteren, subtileren Aspekt der Verbindung zwischen Technologie und Grundlagenforschung findet man im Vorgehen Maxwells. Seine Affinität zu mechanischen Apparaturen der Industriellen Revolution verlieh seiner Intuition eine konkrete Grundlage, die ihm bei der Entwicklung seiner Theorie des Elektromagnetismus eine große Hilfe war. Die weiter oben von mir gegebene Beschreibung ist durch die moderne Sicht geprägt und lässt das von Maxwell ersonnene mechanische Gerüst außer Acht, mit dem er zu seinen berühmten Gleichungen gelangte. Tatsächlich konstruierte er ein mechanisches Modell des elektromagnetischen Äthers aus sechseckigen Zellen, zwischen denen eine Reihe frei drehender Räder lag, welche diese Zellen durch Reibung in eine rotierende Bewegung versetzten. Die Drehzahl der zwischen den Sechsecken kreisenden Räder stand für den Strom, die rotierenden Zellen für das Magnetfeld. Dabei war das elektrische Feld proportional zu der Kraft, welche die Zellen auf die Räder ausübten und diese so rotieren ließen. Das auf die Sechsecke einwirkende Kräftepaar war nach den Gesetzen der Mechanik gleich der pro Zeiteinheit gemessenen Veränderung der Rotationsgeschwindigkeit der Zellen. Mit dieser konkreten Verknüpfung von einem in einem Stromkreis auftretenden elektrischen Feld mit der Veränderung eines Magnetfelds fand sich das Faradaysche Gesetz in mechanischer Weise ausgedrückt. Ähnliche Analogien brachten Maxwell darauf, den Ampèrschen Gleichungen den zur Ableitung des elektrischen Feldes proportionalen Term hinzuzufügen, durch den sich die Symmetrie zwischen dem elektrischen und dem magnetischen Feld wiederherstellte. Im Wissenschaftsmuseum des Cavendish Laboratory in Cambridge ist das von Maxwell konzipierte Modell heute in einer Vitrine ausgestellt. Maxwell – der das Labor bis zu seinem Tod leitete – beauftragte seine Mechaniker mit dem Bau der komplizierten Apparatur, um seiner Theorie des Elektromagnetismus eine konkrete Form zu geben. Der Äther, den die geniale Konstruktion darstellen sollte, ist mittlerweile aus der Physik verschwunden, doch Maxwells Gleichungen bleiben erhalten wie Juwelen, die von allen Dreckkrusten befreit wurden, in denen man sie gefunden hat.

Am Ende bestätigt die Geschichte des Lichts im 19. Jahrhundert, was uns die Jahrhunderte davor bereits gelehrt haben. Die Wissenschaft ist eine unteilbare Einheit, und Entdeckungen entstehen meist durch den Zusammenschluss von Informationen, die man in verschiedenen Wissenschaftsbereichen gesammelt hat. Die Wahrheit tut sich so oft auf, wenn scheinbar unzusammenhängende Forschungen zusammenfließen. Optik, Astronomie und die Vermessung der Erde sind bis zum Zeitalter der Aufklärung gemeinsam fortgeschritten, bis sich vor 150 Jahren die Elektrizität und der Magnetismus zu ihnen gesellten. Häufig waren dieselben Wissenschaftler in verschiedenen Forschungsfeldern tätig, bis man sich deren Überschneidungen bewusst wurde. So war es bei Arago, der Fresnel, Foucault und Fizeau zu ihren Lichtforschungen antrieb und Ampère auf seine elektromagnetischen Studien brachte. Oder bei Biot, der sich durch seine Arbeiten zur Polarisation des Lichts und seine Untersuchungen zu den zwischen elektrischen Strömen wirkenden Kräften hervortat. Auch Faraday ist hierfür ein Beispiel. Neben seiner Grundlagenforschung zur elektrischen Induktion entdeckte er den Rotationseffekt der Polarisationsebene, wenn sich Licht in einem Medium ausbreitet, das einem Magnetfeld unterworfen ist: Heute spricht man vom Faraday-Effekt. Alle diese Entdeckungen haben ebenso vom Fortschritt der Mathematik profitiert, der die Berechnung und Modellierung immer komplizierterer Effekte ermöglicht hat. Grundlegend waren hier die Arbeiten von Joseph Fourier, aber auch die zahlreicher anderer Mathematiker, etwa Gauß, Hamilton und Green.

Die Verbindungen zwischen den Forschungsbereichen überstiegen gar das Fach der Physik. Die Arbeiten Galvanis zu den physiologischen Effekten von elektrischen Strömen waren die Vorboten zu den aktuellen Forschungen der Neurobiologie, die mit physikalischen Methoden (die heute sicher ausgeklügelter sind als jene des italienischen Mediziners des späten 18. Jahrhunderts) die Beschaffenheit unseres Gehirns untersucht. Genauso kann man die Volta-Säule, die doch den Weg zur Untersuchung der Elektrolyse ebnete, als Vorläufer der modernen Chemie ansehen. Unter Verwendung einer der ersten Volta-Säulen konnte Humphry Davy mehrere chemische Elemente entdecken. Davy hatte den jungen Faraday als Assistenten an die Royal Institution geholt – dorthin also, wo unsere Reise durch die Geschichte des Lichts im 19. Jahrhundert begonnen hat.

Physik, Biologie und Chemie haben aber noch eine andere Gemeinsamkeit, die aber eher von historischer als wissenschaftlicher Natur ist. Im Jahrzehnt von 1859 bis 1869 wurden herausragende, alle drei Bereiche revolutionierende Entdeckungen verkündet: 1859 veröffentlichte Darwin seine Abhandlung zur Evolution der Arten, 1864 präsentierte Maxwell seinen Artikel zur Theorie des Elektromagnetismus, 1869 stellte Mendelejew sein Periodensystem der Elemente vor. Wir können ohne Übertreibung sagen, dass sich in diesem erstaunlichen Jahrzehnt vor kaum 150 Jahren die wesentlichen Erkenntnisse der gesamten modernen Wissenschaft eröffneten. Wie wir im Anschluss sehen werden, sollte dies in Bezug auf das Licht vollkommen unerwartete Folgen haben.

Kapitel IV

LORD KELVINS WOLKEN

Es war eine der berühmtesten Vorlesungen, die jemals in dem rot besamteten Hörsaal der Londoner Royal Institution gehalten wurden. Im April 1900 sprach der berühmte englische Physiker Lord Kelvin über zwei dunkle Wolken, die den Himmel der Naturwissenschaften zur Jahrhundertwende verdunkelten. Seine Ausführungen begannen mit dem Satz:

> Die *Schönheit* und Klarheit der dynamischen *Theorie*, welche Wärme und Licht als Bewegungsformen behauptet, verdunkelt gegenwärtig zwei *Wolken.*

Die erste dieser beiden Wolken betraf den Äther, also jenes widersprüchliche Medium, in dem sich das Licht ausbreiten sollte. Die zweite Wolke hatte mit der Energieverteilung zwischen den verschiedenen Freiheitsgraden in einem thermodynamischen Gleichgewicht zu tun. Aufgetan hatte sich die Verdüsterung am Physikhimmel zum einen durch das negative Ergebnis von Michelsons Experiment, mit dem er die Erdgeschwindigkeit in Bezug auf den Äther messen wollte, zum anderen durch ein absurdes Ergebnis, auf das Physiker gekommen waren, als sie versuchten, die Spektraleigenschaften der Wärmestrahlung von Körpern anhand des Prinzips der energetischen Gleichverteilung zu bestimmen.

Im gleichen Jahr wie Kelvins Vorlesung fand in Paris die Weltausstellung statt, wo sich der Glaube an den Erfolg der Wissenschaft und die damit verbundenen technischen Fortschritte beeindruckend manifestierte. Die Besucher – Herren mit Melone oder Zylinder und Damen in Reifröcken – konnten sich auf »rollenden Gehwegen« zwischen den Pavillons bewegen; Georges Courteline verewigte diese Laufbänder gar in einem seiner kleinen Theaterstücke. Man zeigte sich begeistert von den Erfindungen, welche die Großmächte der Epoche präsentierten. Dabei ging es natürlich auch um den Wettstreit, welche Nation wohl die spektakulärsten Neuerungen vorzuweisen hätte. Postkarten, die aus Anlass der Weltausstellung in Frankreich und Deutschland erschienen, zeigen die damaligen Visionen von der Welt im Jahre 2000. So ist etwa zu sehen, wie Radioaktivität als Heizmittel dient: Statt Kohle oder Holz kommt ein Stück Radium in den Kamin und strahlt dort seine Wärme ab. Auf anderen Abbildungen werden damals neuartige Technologien wie das Telefon oder der Kinematograph weitergesponnen, doch ahnte man bei Weitem nicht voraus, was uns das 20. Jahrhundert bringen sollte. Elektronik, Computer, Laser, GPS, MRT – all das war im Jahre 1900 noch undenkbar.

Die unbekümmerte Epoche, die an diesem Punkt zu Ende ging – eine Zeit, die Stefan Zweig wehmütig »Die Welt von Gestern« nannte –, konnte nicht vorausahnen, welche Technologien das 20. Jahrhundert hervorbringen und wie immens unsere Kommunikationsmittel, unsere Informationswege und unser Handlungsspektrum anwachsen würden. Diese modernen Technologien sind das Ergebnis zweier bedeutender physikalischer Theorien, die im ersten Viertel des neuen Jahrhunderts entstanden, als sich Kelvins Wolken schlussendlich auflösten. Sie machten Platz für die Relativitätstheorie und die Quantenphysik – zwei revolutionäre Entwicklungen, die aus der Beschäftigung mit den paradoxen Eigenschaften des Lichts entstanden und unsere Auffassung der Welt so grundlegend veränderten, wie es zuletzt die kopernikanische Wende im 16. Jahrhundert getan hatte.

Halten wir uns noch einmal die Umstände vor Augen, in denen diese Revolutionen zutage traten. Die letzten Jahre des 19. Jahrhunderts waren eine äußerst fruchtbare Zeit für Wissenschaft und Technik, und zugleich eine relativ friedliche Zeit, da die großen Konflikte des 20. Jahrhunderts noch bevorstanden. In Europa und in den Vereinigten Staaten war es zu einem spektakulären wirtschaftlichen Aufschwung gekommen, den die großen wissenschaftlichen Fortschritte des ausgehenden Jahrhunderts befeuert hatten. Die Ausnutzung der thermodynamischen Gesetze ermöglichte den Bau von Dampfschiffen und Dampfloks, wodurch sich die Dauer von Reisen über Land und Wasser erheblich verkürzte und Handelsbeziehungen erleichtert wurden. Mit der Erfindung des Verbrennungsmotors kamen die ersten Automobile auf, die schon bald die Pferdekutschen in den Städten ersetzen sollten. Die Gebrüder Wright arbeiteten im Geheimen an der Konstruktion ihres ersten Flugzeugs. Die Entdeckung der elektromagnetischen Gesetze revolutionierte die Industrie, da nun Motoren und elektrische Beleuchtung zum Einsatz kamen. Die Kommunikation machte mit der Erfindung des Telefons und ersten Versuchen zur Radioübertragung mit Hertzschen Wellen verblüffende Fortschritte.

Die Entdeckung der Röntgenstrahlung im Jahre 1896 und der Radioaktivität durch Becquerel und das Ehepaar Curie im Jahre 1898 wurden in der Presse groß verkündet und sorgten schnell für Spekulationen bezüglich möglicher praktischer Anwendungen (etwa in Form des Radiumkamins auf der erwähnten Postkarte). Die Verleihungen der ersten Nobelpreise in Physik an Röntgen (1901), an Hendrik Lorentz und Pieter Zeeman (1902) und an Curie und Becquerel (1903) wurden vielerorts kommentiert, wodurch sich eine öffentliche Begeisterung für die Wissenschaften kundtat, die über den engen Kreis der damaligen Forschungsgemeinde hinausging.

Dabei teilten die paar Dutzend Wissenschaftler den Optimismus und Enthusiasmus der gemeinen Leute. Die Fortschritte der Grundlagenforschung vermittelten den Eindruck, dass die großen Geheimnisse der Natur gelöst waren. Maxwell hatte für Elektromagnetismus und Licht erreicht, was Newton zwei Jahrhunderte zuvor für Mechanik und Schwerkraft erreichte hatte: Beide hatten sie scheinbar disparate Phänomene in einer Theorie vereint. Mechanik und Elektromagnetismus waren durch die Thermodynamik vervollständigt worden, wobei sich besonders die Arbeiten von Josiah Willard Gibbs und Ludwig Boltzmann zur Klärung der Konzepte von Energie und Entropie hervorhoben. Die gewonnenen Erkenntnisse hatten in eine Industriekultur gemündet, von der alle profitieren sollten. Durch die Fortschritte in der experimentellen Forschung waren mit der Entdeckung von Radiowellen, Elektronen, dem photoelektrischen Effekt, Röntgenstrahlen und Radioaktivität neuartige Phänomene zutage getreten. Dabei dachte ein Großteil der Wissenschaftler, diese Entdeckungen könnten im Rahmen der klassischen Theorie erklärt werden. Sie sollten rasch eines Besseren belehrt werden.

Obgleich Lord Kelvin auf beide Richtungen, aus denen die großen Umwälzungen kommen sollten, deutlich hinwies, war er doch weit davon entfernt, ihre Bedeutung zu ermessen. Wahrscheinlich dachte er, dass das Wolkenpaar am ansonsten klaren Himmel vorüberziehen würde und kein größeres Unwetter drohte. Wie der am Anfang dieses Kapitels wiedergegebene Satz verdeutlicht, zog Kelvin eine Verbindung zwischen Wärme und Licht, die er beide einer »dynamischen Theorie« unterordnete. Wärme musste daher im Zusammenhang mit der Bewegung von Materieteilchen beschrieben werden, die sich auf die Bewegung der elektromagnetischen Wellen im Äther übertrug.

Worauf Kelvin mit seiner meteorologischen Metapher im Grunde aufmerksam machte, war das Auftauchen innerer Widersprüche zwischen den Theorien, die bis zum Ende des 19. Jahrhunderts als Gipfelpunkte der klassischen Physik gegolten hatten. Das Experiment von Michelson hatte gezeigt, dass Maxwells Theorie des Lichts nicht mit dem Galileischen Relativitätsprinzip der Bewegung vereinbar war. Schlimmer noch: Die Maxwellschen Gleichungen in Kombination mit dem Gleichverteilungssatz, einem Dogma der klassischen Thermodynamik, führten zu einem absurden Modell, das nicht in der Lage war, die offensichtlichsten Eigenschaften des von warmen Körpern abgestrahlten Lichtspektrums wiederzugeben. Die Lösung dieser beiden Probleme sollte die Newtonschen Axiome durch neue Prinzipien ersetzen. Mit ihnen wurde der Physik des 20. Jahrhunderts ermöglicht, die Welt des unendlich Kleinen und die Welt des unendlich Großen zu erkunden. Hierzu musste man fest im Bewusstsein verankerte Konzepte zu Zeit und Raum, Masse und Energie, Determinismus und Zufall aufgeben.

In dieser Revolution der Physik spielte Licht eine entscheidende Rolle. Die Lösung der von Lord Kelvins Wolken verdeckten Rätsel sollte nicht nur das Licht auf neue Weise erhellen, sondern die Gesamtheit der physikalischen Phänomene betreffen, da sich die Grundlage, auf der Physiker die Welt betrachten, radikal veränderte. Die Symbiose zwischen Theorie und Experiment, zwischen von reiner Neugier angetriebener »Blue-Sky-Forschung« und dem gezielten Fortschritt der Technologie trug – genauso wie in den Jahrhunderten zuvor – wesentlich zu den neuartigen Entwicklungen bei. Moderne Instrumente, etwa Strahlungsmesser beziehungsweise Bolometer, die den Wärmeaustauch zwischen Licht und Materie maßen, oder auch Geräte, die den neu entdeckten photoelektrischen Effekt nutzten, waren hier von entscheidender Bedeutung. Genauso wichtig waren die neuesten Interferometer, welche die Messung von sehr kleinen Verschiebungen der Interferenzstreifen ermöglichten. Und natürlich war, wie immer, das Glück mit von der Partie.

Dieses Glück bestand vor allem darin, dass ein junger Angestellter des Berner Patentamts in unserer Geschichte auftauchte, dessen geniale Intuition ihn innerhalb weniger Jahre ans Firmament der Physik katapultierte. Albert Einstein orchestrierte die großen Veränderungen, welche die Relativitätstheorie und die Quantenphysik Anfang des 20. Jahrhunderts hervorriefen. Er hat die moderne Physik so stark geprägt, dass es seit mehr als einem Jahrhundert praktisch keine Entdeckung oder Erfindung gibt, die sich nicht in dem einen oder anderen Aspekt auf ihn bezieht. Der Beweis für sein Genie liegt genauso in den großen ungelösten Fragen über unser Universum, zu deren Formulierung Einstein beigetragen hat. Natürlich gehören neben Einstein viele bedeutende Wissenschaftler zu dieser Geschichte. Um meine Erzählung nicht ausufern zu lassen, stelle ich Einstein in den Mittelpunkt und beschreibe die neue Physik durch das Prisma seiner Gedanken.

Michelson und das Rätsel des Äthers

Beginnen wir mit Kelvins erster Wolke. Der amerikanische Physiker Albert Abraham Michelson und sein Kollege Edward W. Morley wollten in einer von 1881 bis 1887 dauernden Versuchsreihe die Erdgeschwindigkeit im sogenannten Lichtäther messen – dem Medium, in dem sich Licht mit der Geschwindigkeit *c* von 300 000 km/s ausbreiten sollte. Das Experiment war an Fizeau angelehnt, der 1852 die Lichtgeschwindigkeit in einer fließenden Flüssigkeit gemessen hatte, und nutzte dazu ein spezielles, von Michelson entwickeltes Interferometer, das seitdem seinen Namen trägt.

In der Anordnung wird ein Strahlenbündel durch eine teildurchlässige Fläche in zwei senkrecht zueinander ausgerichtete Arme geteilt, die am Ende auf zwei Spiegel treffen, über die das Licht zum Strahlteiler zurückgeworfen wird. Auf diese Weise überlagern sich die wieder zusammengeführten Strahlen auf dem Trennschirm. Bei präziser Ausrichtung des Interferometers, wenn also die Wellenfronten der beiden Arme exakt aufeinandertreffen, kann man hinter dem Strahlenteiler in der zur Einfallsrichtung senkrechten Ausfallsrichtung einen hellen Fleck beobachten, wenn der Gangunterscheid der beiden Arme ganzzahlig ist. Entspricht dieser Unterschied einer ungeraden Anzahl halber Wellenlängen, so ist der Fleck dunkel.

Wird eines der beiden Lichtbündel durch eine kleinwinklige Rotation von einem der Spiegel versetzt, so entsteht statt des Flecks ein Muster aus parallelen Streifen, das sich bewegt, wenn der Spiegel entlang der Richtung des von ihm reflektierten Strahlenbündels verschoben wird. Dabei entspricht die Verschiebung der Interferenzmuster um eine Streifenbreite einem Gang-

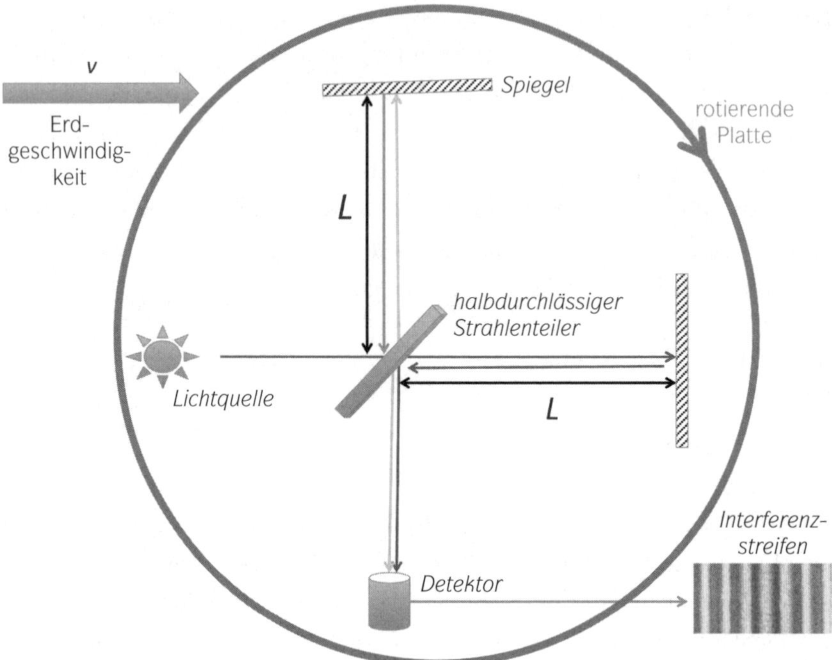

Abb. IV.1. Schematische Darstellung des negativ verlaufenen Michelson-Morley-Experiments. Die Differenz der Lichtlaufzeiten zwischen den beiden Armen des Interferometers sollte zwischen $+(L/c)(v^2/c^2)$ und $-(L/c)(v^2/c^2)$ variieren, wenn der Sockel der Apparatur rotiert. Gleichzeitig wird der Arm, der parallel zur Richtung der Erdgeschwindigkeit liegt, durch den Arm ausgetauscht, der dazu senkrecht verläuft. Im realen Experiment reflektierten weitere Spiegelsätze das Licht mehrmals entlang der Interferometerarme, wodurch L einen tatsächlichen Wert von 11 Metern erhielt. Die erwartete Verschiebung durch einen »Ätherwind« sollte eine Streifenbreite von 0,4 betragen, wurde aber nicht beobachtet.

unterschied von einer Wellenlänge. So lässt sich der Gangunterschied von sich senkrecht zueinander ausbreitenden Strahlenbündeln und damit der Unterschied in den Laufzeiten des Lichts in diesen beiden Richtungen sehr präzise ermitteln. Michelson brachte die Versuchsanordnung auf einer massiven Steinplatte an, die in einem Quecksilberbad lag. Sie konnte so ausgerichtet werden, dass sich das einfallende Strahlenbündel in einem justierbaren Winkel zur Ausbreitungsrichtung der Erde auf ihrer Bahn um die Sonne befand.

Die Geschwindigkeit v unseres Planeten auf dieser Umlaufbahn entspricht etwa 30 km/s, also einem Zehntausendstel der Lichtgeschwindigkeit *c*. Da Michelson annahm, dass sich die Erde durch den Äther bewegt, und darüber hinaus das Galileische Gesetz zur Geschwindigkeitsaddition anwandte, erwartete er, dass sich das Licht entlang des parallel zur Erdrichtung verlaufenden Arms mit der Geschwindigkeit $c - v$ ausbreitete, wenn es von der strahlenteilenden Fläche zum Spiegel lief, und mit der Geschwindigkeit $c + v$, wenn es vom Spiegel reflektiert auf die Fläche zurückkehrte. Die relative Geschwindigkeit in Bezug auf das Interferometer, welche erst um die Erdgeschwindigkeit v reduziert wurde, um ihr diese nach der Reflexion wieder hinzuzufügen, betrug in erster Annäherung sowie im Mittel den gleichen Wert, wie wenn $v = 0$ wäre. Dabei handelt es sich nur um eine Näherung ersten Grades an v/c. Eine einfache Rechnung zeigt, dass das Licht tatsächlich etwas langsamer unterwegs war als bei einer unbewegten Erde, wodurch sich eine Ausbreitungszeit von $(2L/c)/[1 - (v/c)^2]$ ergab, bei der L der Länge des Interferometerarms entsprach. Diese Ausbreitungszeit war etwas länger als die der Formel $2L/c$, welche für ein unbewegt im Äther schwebendes Interferometer beobachtet würde. Die Verzögerung betrug annäherungsweise $(2L/c)(v^2/c^2)$.

Mit dem Interferometer ließ sich diese Verzögerung mit jener vergleichen, der das Licht im zweiten, senkrecht zur Geschwindigkeit der Erde ausgerichteten Arm unterworfen war. Während die Lichtwelle diesen Arm entlangwanderte, bewegten sich der Spiegel und die halbdurchlässige Fläche mit der Geschwindigkeit v in eine zur Lichtbewegung senkrechte Richtung, wodurch sich der Weg des Lichts um eine Strecke verlängerte, die sich mit dem Satz des Pythagoras leicht berechnen lässt. Die Ausbreitungszeit für den Hin- und Rückweg zwischen Strahlenteiler und Spiegel betrug $(2L/c)/\sqrt{[1 - (v/c)^2]}$ und unterschied sich um $2L/c$ von der Menge, die näherungsweise der Hälfte der Ausbreitungsgeschwindigkeit im anderen Arm entsprach. Da nun ein Interferometerarm entlang der Erdbewegung ausgerichtet war, erwartete Michelson einen Unterschied von $(L/c)(v^2/c^2)$ in der Ausbreitungsgeschwindigkeit der beiden Arme. Damit dieser Unterschied deutlich hervorträte, wurde der Strahlengang entlang des Interferometerarms durch den Einsatz zusätzlicher Spiegel »gefaltet« und erhielt damit eine Länge L von 11 Metern. Der erwartete Gangunterschied sollte damit in der Größenordnung von 10^{-7} Metern liegen und zwei Zehntel einer Wellenlänge betragen. Die Verschiebung würde vier Zehntel einer Streifenbreite ausmachen, wenn Michelson die Apparatur um 90° drehte, um so die Richtung der beiden Arme in Bezug zur Geschwindigkeitsrichtung der Erde im Äther zu vertauschen.

Doch das Experiment ergab keinerlei Verschiebung der Interferenzmuster. Die Messung wurde über mehrere Jahre zu verschiedenen Jahreszeiten wiederholt, da man jeweils eine andere Bewegungsrichtung der Erde im Äther vermutete, doch immer war das Ergebnis negativ. Die Wissenschaftsgemeinde reagierte perplex. Obwohl man noch immer überzeugt war, dass der starre Äther von der Erde mitgerissen würde, schien es den Ätherwind, den das Michelson-Morley-Experiment nachweisen wollte, nicht zu geben.

Eine findige Erklärung für das negative Ergebnis, das natürlich auch in Lord Kelvins Rede Thema war, wurde unabhängig voneinander von dem irischen Physiker George FitzGerald und von Hendrik Lorentz gegeben, dem jungen Holländer, dem wir im vorigen Kapitel begegnet sind. Beide vermuteten, dass die Wechselwirkung der Materie des Interferometers mit dem Äther zu einer Kontraktion der materiellen Längen in der Bewegungsrichtung führte, und zwar um ein Maß, das die erwartete Phasenverschiebung exakt kompensierte. Dieser willkürlich eingeführte Effekt zur Rettung des Äthers wurde einige Jahre später im Rahmen von Einsteins Relativitätstheorie aufgegriffen und neu interpretiert – dann aber sollte der Äther von der Bildfläche verschwinden.

Einstein betritt die Bühne: Gedankenexperimente

Offenbar stellte sich der junge deutsche Physiker die Frage nach der Lichtgeschwindigkeit rein theoretisch, ohne dass ihn das Experiment von Michelson und Morley besonders beeindruckt hätte. Es heißt, nachdem er als Jugendlicher die Maxwellsche Theorie kennengelernt hatte, habe er sich gefragt, was passieren würde, wenn man mit einer Geschwindigkeit fliegen könnte, die der des Lichts nahekommt. Was wäre, wenn wir nicht mit 30 km/s unterwegs wären wie die Erde um die Sonne, sondern mit einer tausend- oder zehntausendfach höheren Geschwindigkeit? Würden wir dann die Ausbreitung von Lichtstrahlen als viel langsamer wahrnehmen? Wäre es denkbar, die Lichtwelle einzuholen oder ihr zu folgen und sie unbewegt zu sehen? Jedenfalls hakte es bei den Maxwellschen Gleichungen, wenn man sie von dieser Seite anging. Nahm man das elektrische oder magnetische Lichtfeld als statisch wahr, so gelangte man zu absurden Ergebnissen. Es sind tatsächlich die zeitlichen Veränderungen dieser Felder, durch die sie sich gegenseitig erhalten. Ohne Variation des elektrischen Feldes lässt sich nicht begreifen, wie ein magnetisches Feld entsteht, und ohne Variation des magnetischen Feldes ist das elektrische Feld nicht vorstellbar.

Einsteins Phantasien zum Wettlauf mit der Lichtgeschwindigkeit machten deutlich, dass die Maxwellschen Gleichungen ihre Gültigkeit verloren, wenn man den Bezugspunkt änderte und dabei die klassische Auffassung von Zeit und Raum beibehielt – also die Regeln zur Koordinatentransformation der klassischen Mechanik anwandte, die besagen, dass Zeitintervalle und räumliche Distanzen für alle Beobachter gleich sind, die sich parallel verschoben mit zueinander gleichförmiger Geschwindigkeit bewegen.

Die Lösung, die Einstein für dieses Rätsel fand und in seinem 1905 erschienenen Aufsatz *Zur Elektrodynamik bewegter Körper* vorstellte, ist buchstäblich erleuchtend. Die Frage, ob man das Licht einholen könne, verneinte er ganz einfach. Dieser Unmöglichkeitssatz ist Ausgangspunkt für die Spezielle Relativitätstheorie. Einstein erweiterte ganz einfach die Gesetze des Elektromagnetismus um das im 17. Jahrhundert von Galilei formulierte Prinzip der Relativität der Bewegung. Galilei hatte postuliert, dass die Gesetze der Mechanik für alle Punkte, die sich mit zueinander konstanter Geschwindigkeit bewegen, gleichermaßen gültig sein müssen. Diese Bezugspunkte bilden ein sogenanntes Trägheits- beziehungsweise Inertialsystem, in dem Newtons Trägheitsgesetz gilt. Ein Körper, auf den keine Kraft einwirkt, bewegt sich in einem Inertialsystem geradlinig und mit konstanter Geschwindigkeit. Das Galileische Prinzip wird uns tagtäglich in sich gleichmäßig bewegenden Zügen, Schiffen und Flugzeugen vorgeführt: Schaut man nicht gerade aus dem Fenster, wissen wir als Passagiere nicht, ob sich das Fahrzeug bewegt oder nicht. Sämtliche mechanischen Experimente – zum Beispiel einen Ball werfen oder etwas in eine Tasse gießen – zeigen dasselbe Ergebnis, wie wenn man sie im Stillstand in Bezug zur Erde durchführen würde.

Einstein verallgemeinerte dieses Prinzip, indem er es auf den Elektromagnetismus und schließlich auf die gesamte Physik anwendete. Man spricht in diesem Zusammenhang von der »Speziellen« Relativität, um auszudrücken, dass es sich um die Beschreibung von physikalischen Gesetzen im Galileischen Bezugsrahmen beziehungsweise in Inertialsystemen handelt. Da momentan noch keine Verwechslung droht, können wir diesen Zusatz jedoch weglassen und ganz einfach vom Relativitätspostulat sprechen.

Dieses Postulat legt nun fest, dass sich die Physik in allen Galileischen Bezugssystemen durch identische Gleichungen ausdrücken muss. Die Maxwell-Gleichungen geben die Lichtgeschwindigkeit mit c = 300 000 km/s an. Diese Geschwindigkeit muss in allen Bezugssystemen gleich sein, da man beim Messen nicht wissen kann, ob man sich in Relation zu einem vorgehobenen Bezugspunkt bewegt oder nicht. Anders gesagt ist die Konstanz der Lichtgeschwindigkeit ein physikalisches Gesetz und muss daher in allen Inertialsystemen beobachtet werden können. Genauso wie es nach Galilei keine absolute Bewegung geben kann, kann es kein bevorzugtes Inertialsystem geben, in dem die Maxwellschen Gleichungen gelten, während sie für andere Systeme abgewandelt werden müssten.

Das Postulat hat weitreichende Folgen: Die Geschwindigkeitsaddition der Newtonschen Physik, die ja darauf beruht, dass für alle Beobachter eine universelle Zeit und identische räumliche Entfernungen existieren, kann nicht mehr angewendet werden, da die Lichtgeschwindigkeit zu keiner anderen Geschwindigkeit hinzugefügt oder von ihr abgezogen werden kann. Gibt man das klassische Gesetz der Geschwindigkeitsaddition auf, so geht man davon aus, dass die von einem Beobachter gemessene Zeit von dem Bezugspunkt abhängt, an dem er sich befindet. Man erkennt damit an, dass die Variablen von Zeit und Raum in einer engen Verbindung stehen.

Um auf diese revolutionären Ideen zu kommen, führte Einstein nicht etwa reale Experimente nach dem Vorbild von Michelson und Morley durch. In seinem kleinen Büro im Berner Patentamt ersann der junge, 26-jährige Physiker vielmehr »Gedankenexperimente«, in denen er das Postulat der Relativität darlegte und logische Schlussfolgerungen daraus zog. So betrachtete er dasselbe Lichtphänomen einmal aus der Sicht eine Beobachters, der auf dem Bahnsteig eines virtuellen Bahnsteigs steht, und einmal aus der Sicht eines Reisenden, der in einem Zugabteil sitzt und mit konstanter Geschwindigkeit eben diesen Bahnsteig entlangfährt. Damit die von ihm untersuchten Effekte auch wirklich zu beobachten waren, musste der virtuelle Zug rasend schnell unterwegs sein und beinahe Lichtgeschwindigkeit erreichen, aber dieses Detail kümmerte Einstein wenig. Entscheidend war, dass seine Gedankenexperimente ihm ermöglichten, Grundprinzipien herauszustellen – auch wenn diese nur schwer durch konkrete Experimente zu überprüfen waren.

Das erste Ergebnis, das sich durch das Bahnsteig-Gedankenexperiment einstellte, war die Einsicht, dass das in der klassischen Physik selbstverständliche Konzept der Gleichzeitigkeit in der Theorie der Relativität seine Absolutheit verlor. Dabei wird die Gleichzeitigkeit von zwei Ereignissen nicht infrage gestellt, wenn diese am selben Ort stattfinden. Ein Beobachter, der in dem schnellfahrenden Zug ein Experiment durchführt, kann die Gleichzeitigkeit von zwei Ereignissen anhand der genauen Zeigerposition seiner Uhr überprüfen. Auch ein weiterer, auf dem Bahnsteig stehender Beobachter sollte diese lokale Gleichzeitigkeit feststellen können. Und bei einem Ereignis, das am selben Punkt des Zuges vor oder nach einem anderen Ereignis stattfindet (also bei zwei verschiedenen Zeigerpositionen auf der Uhr des im Zug befindlichen Beobachters), muss eben diese zeitliche Abfolge auch vom Beobachter auf dem Bahnsteig wahrgenommen werden, wenn sich kein schwerwiegendes Kausalitätsproblem ergeben soll. Soweit also ergab sich nichts wirklich Erstaunliches.

Die Überraschung stellte sich ein, als Einstein sich der Gleichzeitigkeit von zwei Ereignissen widmete, die an *verschiedenen* Punkten des Raums stattfinden. Um diese Gleichzeitigkeit festzustellen, verknüpfte Einstein die beiden Ereignisse mit Lichtsignalen, die aus gleicher Entfernung von den beiden Ereignisorten beobachtet würden. Wenn nun die durch die Ereignisse ausgelösten Lichtsignale zum selben Zeitpunkt beim Beobachter eintrafen, so nahm er diese Ereignisse als gleichzeitig wahr. Denn für ihn (und jeden anderen Beobachter in einem Inertialsystem) ist die Lichtgeschwindigkeit konstant und benötigt daher für die Strecke, die ihn von den gleich weit entfernten Ereignissen trennt, exakt dieselbe Zeit.

Einstein dachte sich nun einen einfachen, wenn auch unwahrscheinlichen Zusammenfall von Ereignissen: Wenn der Zug durch den Bahnhof fährt und Zugspitze und Zugende jeweils die Punkte A und B passieren, schlägt eben in diesen beiden Punkten der Blitz ein. Eine Beobachterin, die wir Alice nennen wollen, steht mittig zwischen A und B auf dem Bahnsteig. Sie nimmt die beiden Blitze gleichzeitig wahr und folgert daraus, dass die Einschläge im selben Moment erfolgten. Ein Reisender, nennen wir ihn Bob, sitzt jeweils im gleichen Abstand zur Zugspitze und zum Zugende und nimmt dieselben Ereignisse wahr. Für Alice auf dem Bahnsteig erreicht der Blitz in Punkt B Bob vor dem Blitz in Punkt A, da Bob sich von A nach B bewegt, während sich das Licht mit derselben Geschwindigkeit ab den beiden Punkten ausbreitet.

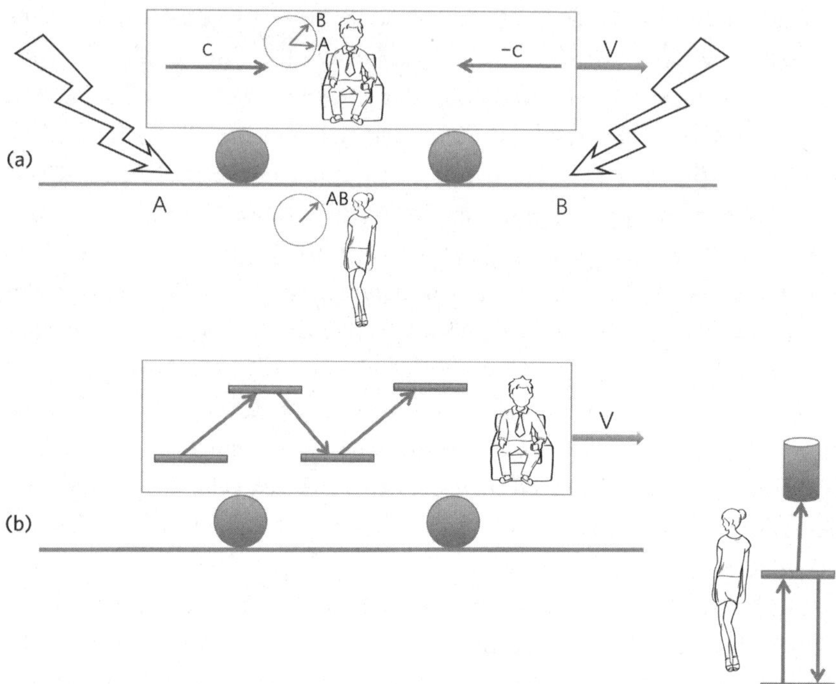

Abb. IV.2. Gedankenexperiment zum relativistischen Zug. (a) Für Alice, die auf dem Bahnsteig steht, schlägt der Blitz vor und hinter dem Zug gleichzeitig ein. Für den Reisenden Bob schlägt der Blitz zuerst vorne und dann hinten ein. (b) Aus der Sicht von Alice auf dem Bahnsteig ist der Rhythmus der Lichtimpulse von Bobs Uhr langsamer als der ihrer eigenen Uhr. Sie zieht daraus den Schluss, dass Bobs Zeit langsamer vergeht als ihre.

Weil Bob die beiden Blitze an ein und demselben Standort wahrnimmt, muss er dieselbe Schlussfolgerung ziehen. Die Lichtgeschwindigkeit ist unabhängig von der Ausbreitungsrichtung gleich c, und Bob kann nur annehmen, dass der Einschlag bei B vor dem bei A stattgefunden hat. Dabei ist seine Sicht genauso gültig wie die von Alice, für die beide Einschläge zugleich stattgefunden haben.

Durch ein ähnliches, in einem späteren Aufsatz beschriebenes Gedankenexperiment erschloss sich Einstein die Relativität von Zeitintervallen, die von zwei Beobachtern gemessen werden, welche sich in Bezug zueinander bewegen. Hierzu stellte er sich eine Uhr vor, die aus zwei parallelen horizontalen Spiegeln besteht, zwischen denen ein kurzes Lichtsignal vertikal hin und herspringt. Einer der Spiegel ist dabei leicht transparent und lässt einen kleinen Teil des Lichts passieren, was von einem außenliegenden Detektor gemessen wird. Jedem Hin- und Rückweg des Lichts zwischen den Spiegeln entspricht ein Klick des Sensors, was dem Ticken der Uhr entspricht. Bei bekannter Strecke *L* zwischen den beiden Spiegeln und in dem Wissen um die Invarianz der Lichtgeschwindigkeit unabhängig von seiner Ausbreitungsrichtung und dem jeweiligen Inertialsystem erhält man mit dem Intervall zwischen den beiden Klicks eine präzise Methode zur Zeitmessung.

Nehmen wir nun an, dass Alice auf dem Bahnsteig und Bob in dem mit konstanter Geschwindigkeit fahrenden Zug jeweils eine dieser optischen Uhren bei sich haben, die sie abgeglichen haben, bevor Bob den Zug bestiegen hat. Wie lassen sich ihre Messungen vergleichen? Versetzen wir uns nochmals in die Situation von Alice. Die vertikal zwischen den Spiegeln springenden Lichtimpulse im Zug verlaufen aus ihrer Sicht schräg, und so erscheint ihr der Weg, den das Licht zwischen den Spiegeln nimmt, länger als bei ihrer Uhr auf dem Bahnsteig. Da die Lichtgeschwindigkeit in beiden Bezugssystemen dieselbe ist – unabhängig davon, in welcher Uhr sich das Licht ausbreitet –, hat das Ticken von Bobs Uhr für Alice einen langsameren Rhythmus als das ihrer Bahnsteig-Uhr. Damit hängt nicht nur das Konzept der Gleichzeitigkeit vom Beobachter ab, sondern auch die Messung von Zeitintervallen. Die Zeit, die von der Uhr gemessen wird, die sich in Bezug zu Alice mit gleichförmiger Geschwindigkeit bewegt, vergeht langsamer als die Zeit, die von der Uhr gemessen wird, die mit Alices eigenem Bezugssystem verknüpft ist.

Ein Einwand gegen Einsteins Überlegungen könnte lauten, er habe mit dem optischen Zeitmesser eine besondere Art von Uhr gewählt, und nur mit diesem speziellen Mittel ließe sich die Dehnung der Zeit beobachten. Die Relativität der so gemessenen Zeit spiegele daher vielleicht nur die Eigenschaften eines einzelnen Phänomens und es gebe keinen Grund, das Beobachtete auf andere physikalische Ereignisse anzuwenden, also etwa auf einen biologischen Rhythmus wie den Herzschlag des Reisenden, die Abfolge seiner Körperbewegungen im Zug oder gar seine Lebenszeit. Diesem Einwand begegnete Einstein mit bestechender Logik, indem er sich ganz einfach auf das von ihm formulierte Relativitätsprinzip berief. Er ergänzte sein Gedankenexperiment und stellte sich nun vor, Alice und Bob hätten nicht nur ihre optischen Uhren, sondern dazu ein Uhrenpaar vollkommen anderer Machart synchronisiert, also etwa zwei mechanische Chronometer, welche die Schwingungen einer

Feder messen. Damit wäre Bob im Besitz eines optischen und eines mechanischen Zeitmessers. Wenn er nun feststellen würde, dass die beiden Instrumente mit verschiedenen Frequenzen schlügen, würde er ohne noch aus dem Zugfenster blicken zu müssen folgern, dass er sich in Bezug auf den Bahnsteig bewegt. Dies stünde aber im Widerspruch zum Relativitätsprinzip. Um die Gültigkeit dieses Prinzips nicht zu verletzen, müssen die mechanische und die optische Uhr dieselbe Zeit anzeigen. Vom Bahnsteig aus gesehen werden die beiden Uhren also auf gleiche Weise verlangsamt, und genauso verhält es sich mit jedem zeitabhängigen Phänomen, sei es optisch, mechanisch oder auch biologisch. Mit anderen Worten: Es sind nicht die Uhren, deren Lauf geändert wird, wenn sie sich bewegen, sondern es ist die Zeit selbst, die sich verändert!

Bei einer Konferenz zum Thema Relativität, die 1911 in Bologna stattfand, verlieh ein Freund von Einstein, nämlich der französische Physiker Paul Langevin, diesem Gedankenexperiment eine spektakuläre Wendung. Er stellte sich Zwillinge vor, die getrennt werden, weil einer von ihnen eine Rakete besteigt, um eine lange Raumreise mit annähernder Lichtgeschwindigkeit zu unternehmen, während der andere auf der Erde zurückbleibt. Bei seiner Rückkehr hätte der reisende Zwilling auf seinen optischen, physikalischen und biologischen Uhren viel weniger Zeiteinheiten gezählt als sein Zwilling auf der Erde. Er wäre also um einiges jünger geblieben! Die Relativität, die solche Zeitreisen erlaubt, ermöglicht also dem einen Zwilling, in die Zukunft des anderen Zwillings zu reisen. Das mag paradox erscheinen – doch wenn man das Postulat der Relativität annimmt, ist diese Schlussfolgerung unausweichlich.

Um sich von diesem Ergebnis zu überzeugen, hilft der Blick auf ein Gegenargument: Warum lässt sich nicht genauso gut sagen, dass der auf der Erde zurückgebliebene Zwilling sich in Bezug zur Rakete bewegt hat und dass es im Gegenteil seine Uhr ist, die sich in Relation zu der seines reisenden Bruders verlangsamt hat? Damit wäre Letzterer derjenige, der eher altert. Muss man nicht zur Vermeidung dieses Widerspruchs eine Art Mittel bilden und annehmen, dass die Zeit für beide Zwillinge gleich vergangen ist? Das rettende Argument für die klassische Physik ist nicht haltbar, da die Zwillinge sich keineswegs in symmetrischen Lagen befinden. Nach der Synchronisierung ihrer Instrumente ist einer der beiden im Inertialsystem der Erde geblieben, während der andere sich in eine beschleunigte Rakete begeben hat, dann lange im Raumschiff mit konstanter Geschwindigkeit unterwegs war und zum Schluss zur Erde zurückgekehrt ist. Damit war er zu Beginn und zum Ende seiner Reise starken Beschleunigungen unterworfen und hat unterwegs die Bezugsysteme gewechselt. Diese Veränderungen können ihm nicht unbemerkt geblieben sein. Er ist daher nicht in der Position, das Relativitätsprinzip anzuwenden und zu behaupten, dass sich die Zeit seines unbewegten Zwillings verlangsamt habe!

Um das Zwillingsexperiment komplett zu durchleuchten, muss man berechnen, was in den Beschleunigungsphasen mit der Uhr des Raumfahrers geschieht. Dies gehört in den Bereich der Allgemeinen Relativitätstheorie, der wir uns später widmen. Dabei wird sich herausstellen, dass der Zeitverlauf sehr wohl durch die Beschleunigung des Bezugsystems der Uhr und die Veränderungen des Schwerefelds beeinflusst wird. Diese Auswirkungen der Allgemeinen Relativität müssen zwingend in Betracht gezogen werden, um das genaue Alter des aus dem All zurückkehrenden Zwillings zu bestimmen. Die generelle Schlussfolgerung bleibt dieselbe: Der Astronaut altert nicht so schnell wie sein Erdenbruder. Ohne ins Detail gehen zu müssen, kann man sich von der Richtigkeit dieser Annahme leicht überzeugen, wenn man bedenkt, dass die Phasen der Beschleunigung – für beide Zwillinge – viel kürzer sind als die Phasen der gleichmäßigen Fortbewegung. Was auch am Anfang, in der Mitte (am Wendepunkt) oder am Ende der Reise passieren mag, die »gewonnene« Zeit während der langen Phasen, in denen der Raumfahrer mit zur Erde konstanter Geschwindigkeit unterwegs ist, ist ihm auf jeden Fall »sicher«, und er wird zweifellos langsamer altern als sein Bruder.

Die Analyse der bewegten Lichtimpulse ermöglicht eine genaue Bestimmung des Zeitdehnungsfaktors: Man muss nur den Satz des Pythagoras anwenden, um die Verlängerung des Weges zu berechnen, den das Licht in der vertikalen Uhr mit seinem Zickzackkurs im Zug zurücklegt. Die Rechnung ist dieselbe wie beim Michelson-Experiment, auch wenn ihre Interpretation nun von viel umfassenderer Tragweite ist. Das Zeitintervall zwischen zwei Klicks der Uhr im Zug wird im Vergleich zum Zeitintervall der Uhr auf dem Bahnsteig um den Faktor $\gamma = 1/\sqrt{[(1 - (v/c)^2]}$ gedehnt. Geht nun v gegen c, so geht die Zeitdehnung ins Unendliche – und die Zeit in einem mit Lichtgeschwindigkeit bewegten Bezugssystem hält an: Für den Erdenzwilling altert dann sein raumfahrender Bruder überhaupt nicht mehr!

Das gedankliche Uhrenexperiment führt zudem zu der Erkenntnis, dass auch räumliche Entfernungen relativ zum Beobachter sind. Nehmen wir an, unser Reisender Bob kippt seine optische Uhr, und die beiden Spiegel, die immer noch im Abstand L zueinander angebracht sind, befinden sich nun in zwei parallelen vertikalen Ebenen, senkrecht zur Bewegungsrichtung des Zuges. Die Lichtimpulse müssen sich nun also entlang dieser Richtung ausbreiten: Entweder in Fahrtrichtung des Zuges oder aber ihr entgegen. Betrachten wir die Funktionsweise der Uhr, wie sie vom Bahnsteig aus wahrgenommen wird: Das vom hinteren Spiegel mit der konstanten Geschwindigkeit c kommende Licht muss den vorderen Spiegel erreichen, der aber entzieht sich dem Lichtimpuls mit der Geschwindigkeit v. Damit muss das Licht eine größere Strecke zurücklegen, als wenn der Zug stillstünde. Auf dem Rückweg wird der Lichtimpuls auf einen Spiegel zurückgestrahlt, der sich ihm nähert, und legt daher eine kürzere Strecke zurück, als wenn der Zug stillstünde. Die Addition der beiden Zeiten t_1 und t_2 für den Hin- und Rückweg des Impulses berechnet sich wie die Verzögerung des Lichts in dem parallel zur Erdbewegung ausgerichteten Arm von Michelsons Interferometer. So ist $t_1 + t_2 = (2L/c) [(1/(1 - (v/c)^2)]$. Wenn man dieses Ergebnis mit der Periode der vertikalen Uhr vergleicht, die ja $(2L/c)(1/\sqrt{[(1 - (v/c)^2]}$ entspricht, so erhält man verschiedene Ergebnisse, und zwar im Verhältnis $\gamma = 1/\sqrt{[(1 - (v/c)^2]}$! Sollte die Uhr etwa einen anderen Rhythmus haben, je nachdem, ob sie vertikal oder horizontal ausgerichtet ist? Dies widerspräche dem Relativitätsprinzip, da die Differenz Bob mitteilen würde, in welcher Richtung er sich fortbewegt und er sich damit nicht in einem Inertialsystem befände.

Die Lösung dieses Widerspruchs liegt darin, dass der Abstand zwischen den beiden Spiegeln vom Bahnsteig aus gesehen nicht gleich ist, sondern davon abhängt, ob die Achse der Uhr senkrecht oder parallel zur Bewegung ausgerichtet ist. Im ersten Fall ist der Abstand unverändert, im zweiten Fall ist er um den Faktor $1/\gamma = \sqrt{[(1 - (v/c)^2]}$ gestaucht. Diese Stauchung verkürzt den Weg, den das Licht in einer optischen Uhr mit einer zur Fahrtrichtung parallelen Achse zurücklegt, und gleicht damit die Perioden der nach verschiedenen Achsen ausgerichteten Uhren an – was absolut konform mit den Forderungen des Relativitätsprinzips ist.

Einsteins Gedankenexperiment nimmt im Grunde alle Berechnungen auf, die auf Michelsons Experiment angewendet wurden, und gibt eine eindeutige Erklärung dafür, warum das Experiment einen negativen Ausgang nehmen musste. Die Begründung ist nicht in einem irgendwie gearteten Effekt der Längenkontraktion zu suchen, der aus der Wechselwirkung der Interferometermaterie mit einem hypothetischen Äther resultiert, sondern ergibt sich allein durch das Postulat der Relativität, die besagt, dass Licht in Bezug auf jedes Inertialsystem dieselbe Geschwindigkeit hat – und dies hat die Relativität von Zeit und Längen zur Folge.

Relativistischer Perspektivenwechsel

Die Formeln der Zeitdehnung und Längenkontraktion waren schon vor Einsteins Aufsatz in der wissenschaftlichen Literatur aufgetaucht. Um das negative Resultat von Michelsons Versuch mit der Existenz des Äthers zu vereinbaren, hatte ja schon Lorentz zusammen mit George FitzGerald die Hypothese aufgestellt, dass es zu einer Längenkontraktion in der Bewegungsrichtung kommt. Lorentz und der Mathematiker Henri Poincaré hatten unabhängig voneinander allgemeine Formeln zur Transformation der Koordinaten von Raum und Zeit ersonnen, welche die Maxwell-Gleichungen bei einer Veränderung des Inertialsystems invariant lassen. Lorentz-Formeln nennt man dabei Gleichungen, die beschreiben, wie dasselbe, durch seine Position x,y,z und seinen Zeitpunkt t definierte Ereignis in einem neuen Bezugssystem R', das sich mit der Geschwindigkeit v zu R verschiebt, mit den neuen Koordinaten x',y',z' und t' beschrieben wird. Der Faktor γ, der in diesen Gleichungen auftaucht, um die Zeitdehnung und Längenkontraktion zu beschreiben, heißt Lorentz-Faktor.

Bis zu Einsteins 1905 erschienenem Aufsatz wurden die Lorentz-Gleichungen jedoch als seltsames Begleitphänomen der Maxwellschen Gleichungen angesehen. Die physikalische Bedeutung der mathematisch erschlossenen Formeln blieb ungeklärt. Die in seinen Gleichungen verwendete Zeit bezeichnete Lorentz als »lokal«: Sie war eine theoretische Rechengröße und unterschied sich von der echten physikalischen Zeit, die unveränderlich in dem zum Äther fixen Bezugssystem verstrich. Hatte man den Ätherwind mit Michelsons Experiment deshalb nicht bestimmen können, weil dieser Äther die besondere Eigenschaft besaß, auf »konspirative« Weise mit der Materie wechselzuwirken und sich so unkenntlich zu machen?

Mit Einsteins Theorie erübrigte sich diese Frage. Anstatt die Lorentz-Transformationen als Ad-hoc-Anpassungen zu sehen, mit denen man ein negatives Beobachtungsergebnis erklären konnte, oder aber als Formeln, mit denen sich

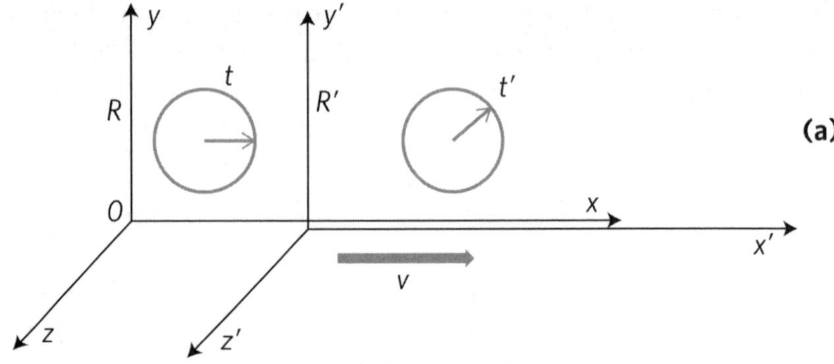

$$t' = \gamma\left(t - \frac{vx}{c^2}\right) \qquad \gamma = \frac{1}{\sqrt{1 - \frac{v^2}{c^2}}}$$
$$x' = \gamma\,(x - vt)$$
$$y' = y$$
$$z' = z$$

(b)

$$u' = \frac{u - v}{1 - uv/c^2}$$

(c)

$$c^2\Delta t'^2 - \Delta x'^2 - \Delta y'^2 - \Delta z'^2 = c^2\Delta t^2 - \Delta x^2 - \Delta y^2 - \Delta z^2$$

(d)

Abb. IV.3. Lorentz-Transformationen. (a) In den Inertialsystemen R und R' sind die Koordinaten eines Ereignisses jeweils t,x,y,z und t',x',y',z'. Das Bezugssystem R' bewegt sich mit der Geschwindigkeit v entlang der x-Achse des Bezugssystems R. (b) Formeln, mit denen die Koordinaten eines Ereignisses in den beiden Bezugssystemen in Beziehung gesetzt werden, nehmen den Lorentz-Faktor γ zur Hilfe. In dem Grenzfall, in dem v gegenüber c sehr klein ist ($\gamma = 1$), handelt es sich bei den Lorentz-Transformationen im Grunde um die klassische Änderung des Galileischen Bezugssystems. (c) Relativistische Geschwindigkeitstransformation. Die Gleichung drückt aus, wie die Geschwindigkeit u' eines sich entlang der x-Achse in R' ausbreitenden Teilchens von seinem Wert u in R abgeleitet wird. Der Zähler entspricht der klassischen Additionsformel für Geschwindigkeiten. Der Nenner verhindert, dass die Geschwindigkeit größer als c ist. Gilt $u = c$ in R, so ergibt diese Gleichung $u' = c$ in R', und zwar unabhängig von v. (d) Die Lorentz-Transformation lässt das Abstandsquadrat zwischen zwei Ereignissen unverändert.

die abstrakten mathematischen Eigenschaften der Maxwell-Gleichungen beschreiben ließen, leitete Einstein sie mithilfe einfacher Gedankenexperimente vom Postulat der Relativität ab, ohne noch eine weitere Hypothese zu benötigen. In seiner Theorie breitet sich das Licht im luftleeren Raum aus – ob es sich nun um einen vollkommen materiefreien Raum oder den leeren Raum zwischen den elektrischen Ladungen in den Atomen eines materiellen Mediums handelt. Es brauchte daher keinen mysteriösen Äther, in dem die Materie schwamm. Das Prinzip der Relativität hatte natürlich kontraintuitive Konsequenzen, doch musste man diese akzeptieren, solange sie sich aus dem Ausgangspostulat der Theorie logisch erschlossen. Dieses beinhaltete die Konstanz der Lichtgeschwindigkeit in allen Bezugssystemen, die sich in gleichförmiger Bewegung zueinander befinden.

Aus der Perspektive der Realität würde man nicht sagen: »Es wirkt, als wäre die Länge einer Einheit kürzer, wenn diese sich in Relation zum Messenden bewegt.« Denn sie ist *tatsächlich* kürzer, wenn man die in den beiden Bezugssystemen vorgenommenen Messungen vergleicht, die ja der einzigen durch die Relativitätstheorie erlaubten Methode folgen müssen. Diese Methode fordert, den Abstand zwischen zwei Punkten in jedem Inertialsystem *im selben Moment* zu messen. Da diese Gleichzeitigkeit aber für den Beobachter auf dem Bahnsteig und den Beobachter im Zug nicht dieselbe ist, können auch die Längen nicht dieselben sein. Dabei ist jede der beiden Sichtweisen gültig, und jede drückt die physikalische Realität genauso aus wie gefordert.

Die Lorentz-Transformationen zeigen, dass die Addition der Lichtgeschwindigkeit und der Geschwindigkeit kleiner c eines beliebigen Bezugspunkts immer c ergibt, damit das Relativitätsprinzip erfüllt ist. Aus der Theorie geht ebenfalls hervor, dass die Lichtgeschwindigkeit im Vakuum niemals übertroffen werden kann. Dies gilt für sämtliche Inertialsysteme. Könnte ein Teilchen in einem Bezugsystem eine Geschwindigkeit größer c haben, so würde ein Lichtstrahl, der aus einer Quelle hinter diesem Teilchen austritt, es niemals innerhalb des Bezugssystems erreichen können. Befände man sich dagegen in einem dieses Teilchen umgebenden Bezugsystem, so müsste das Licht, das in Bezug zu diesem neuen System ja immer noch mit der Geschwindigkeit c unterwegs wäre, das betreffende Teilchen irgendwann einholen und in Wechselwirkung mit ihm treten. Der Widerspruch zwischen den beiden Ergebnissen stellt eine Verletzung des Relativitätsprinzips dar, da die

Physik in der jeweiligen Sichtweise eine andere wäre. Mathematisch ist die Unmöglichkeit eines Bezugssystems mit Überlichtgeschwindigkeit darin begründet, dass der Lorentz-Faktor γ zur Quadratwurzel eines negativen Zahl würde. Die Koordinaten in diesem System wären imaginäre Zahlen ohne jeden physikalischen Sinn.

Dabei ist zu beachten, dass die Geschwindigkeit *c nur im Vakuum* eine absolute Grenze darstellt. In einem transparenten Medium mit dem Brechungsindex n verbreitet sich das Licht mit der Geschwindigkeit c/n und ist damit kleiner als c. Bewegt sich dieses Medium in einem Inertialsystem mit der Geschwindigkeit v in Richtung des Lichts, so ist die Geschwindigkeit der von einem Beobachter in diesem Bezugssystem beobachteten Lichtwellen größer als c/n, aber immer noch kleiner als c. Die Lorentz-Formel zur Addition der Geschwindigkeiten zeigt: Ist v im Vergleich zu c klein, so verbreitet sich die Welle in diesem Bezugssystem mit der Geschwindigkeit $v' = c/n + v\,(1 - 1/n^2)$. Bei Anwendung der klassischen Geschwindigkeitsaddition würde dagegen die Formel $c/n + v$ gelten. Das Relativitätsprinzip zeigt damit, dass eine transparente fließende Flüssigkeit das Licht nur teilweise mitnimmt. Der Mitnahmeeffekt ist umso stärker, je höher die Brechzahl des Mediums ist. Dies stellte schon Fizeau 1852 in seinem Interferometer-Experiment fest, als er untersuchte, wie schnell sich Licht in einem Rohr mit fließendem Wasser ausbreitet. Fizeau diagnostizierte einen *partiellen* Mitnahmeeffekt des Lichtäthers durch das Wasser. Einsteins relativistische Interpretation kam nun ohne den Äther aus. Fizeaus ein halbes Jahrhundert vor der Geburt der Relativität durchgeführtes Experiment hat sicher dazu beigetragen, Einstein in der Annahme zu bestärken, dass seine Theorie stimmig war.

Raum und Zeit vermischen sich

Die Lorentz-Transformationen vermischen die Koordinaten von Raum und Zeit auf ganz andere Weise als die Veränderung des Inertialsystems in der klassischen Mechanik. Denn bei Letzteren bleibt die Zeit invariant, während die Raumkoordinaten x',y',z' eines Ereignisses im Bezugsystem R' als Kombinationen der Koordinaten x,y,z und t desselben Ereignisses in einem anderen Bezugsrahmen R erscheinen. Diese Kombinationen spiegeln ganz einfach die Tatsache, dass sich *R* aus *R'* durch eine räumliche Verschiebung der beiden Inertialsysteme mit der relativen Geschwindigkeit v ableitet, eventuell begleitet von einem durch die Drehung der Koordinatenachsen hervorgerufenen Perspektivenwechsel. Bei all diesen Vorgängen bleibt der räumliche Abstand ΔL zwischen zwei Ereignissen erhalten und damit auch das Quadrat dieses Abstands, das durch den Satz des Pythagoras ausgedrückt wird: $\Delta L^2 = \Delta x^2 + \Delta y^2 + \Delta z^2 = \Delta x'^2 + \Delta y'^2 + \Delta z'^2$. Die Größen Δx, Δy, Δz *und* $\Delta x'$, $\Delta y'$, $\Delta z'$ stehen für die Veränderung der kartesischen Ereigniskoordinaten in den beiden Inertialsystemen. Das Zeitintervall zwischen den Ereignissen bleibt in der klassischen Physik unverändert – genauso wie sein Quadrat, was sich in der banalen Identitätsgleichung $\Delta t^2 = \Delta t'^2$ ausgedrückt findet.

Wenn wir die Galilei-Transformationen durch die Lorentz-Transformationen ersetzen, werden Zeit und Entfernung nicht mehr *einzeln* erhalten, sondern vielmehr die Differenz D^2 des Quadrats des Weges, den das Licht während des Zeitintervalls zwischen den beiden Ereignissen zurückgelegt hat, abzüglich des Quadrats ihrer Entfernung. Die Erhaltungsgröße schreibt sich: $D^2 = c^2\Delta t^2 - \Delta L^2 = c^2\Delta t'^2 - \Delta L'^2$. Aufgestellt hat dieses unmittelbar aus den Lorentz-Gleichungen abgeleitete Erhaltungsgesetz Hermann Minkowski, einer der Professoren des jungen Einstein in Zürich. Das Gesetz drückt die Konstanz des Abstandsquadrats von zwei Ereignissen in der Raumzeit aus, indem der Satz des Pythagoras aus der euklidischen Geometrie von drei auf vier Dimensionen ausgeweitet wird. Die Ereignisse der Relativitätstheorie werden damit in einer pseudoeuklidischen Raumzeit beschrieben, die man den Minkowski-Raum nennt. Dessen Metrik, also die Methode zur Ermittlung von Abständen, weist dem Quadrat der Zeitkoordinate das umgekehrte Zeichen zu wie den Quadraten der Raumkoordinaten.

Der relativistische Abstand D zwischen zwei Ereignissen ist also für alle Beobachter eines Inertialsystems gleich. Sein Quadrat ist positiv, wenn der Weg, den das Licht während des Zeitintervalls zwischen den Ereignissen zurücklegt, in allen Bezugssystemen größer ist als ihr räumlicher Abstand. Das Quadrat ist dagegen negativ, wenn die Ereignisse mit so kurzem zeitlichen Abstand aufeinanderfolgen, dass das Licht in keinem Bezugsystem innerhalb des Zeitintervalls zwischen den Ereignissen von einem zum anderen gelangen kann. In diesem Fall ist der »Abstand« D die Quadratwurzel einer negativen Zahl und damit eine rein imaginäre Zahl.

Im ersten Fall spricht man von einem *zeitartigen* Abstand. Hier breitet sich eine Information von einem zum anderen Ereignis mit einer Geschwindigkeit aus, die kleiner oder gleich der Geschwindigkeit des Lichts zwischen den beiden die Ereignisse trennenden Momente ist. Das vorherige Ereignis hat eine kausale Auswirkung auf das nachfolgende Ereignis, und die zeitliche Abfolge der Ereignisse ist für alle Beobachter gleich. Es gibt also ein Bezugssystem R_0, in dem die beiden Ereignisse am selben Punkt eintreffen, für den gilt: $\Delta L = 0$. In diesem Bezugssystem ist der Abstand D ganz einfach gleich ct, und D/c ist das sogenannte Eigenzeitintervall, das den beiden Ereignissen zugeordnet wird.

Man kann den Minkowski-Raum um das Konzept der Trajektorie der klassischen Newtonschen Physik erweitern. Der Weg eines Teilchens in der Raumzeit wird in der Relativität durch eine Abfolge von Ereignissen beschrieben, die wiedergibt, in welchen aufeinanderfolgenden Momenten das Teilchen verschiedene Punkte passiert. Diese Reihung von Punkten stellt die *Weltlinie* des Teilchens im Minkowski-Raum dar. Eine Länge entlang dieser Linie wird definiert, indem man sie in kleine Intervalle unterteilt, die nah beieinander liegende Ereignisse trennen, und die Abstände zwischen diesen Ereignissen im Sinne der Minkowskischen Metrik addiert. Auf jedem dieser Abschnitte kann man die Geschwindigkeit des Teilchens als konstant betrachten und ihm ein eigenes Inertialsystem zuordnen, in dem es lokal unbewegt ist. Das von ihm durchlaufene Abstandsquadrat entspricht dann cdt, wobei dt das von einer Uhr in diesem Bezugssystem vorgegebene Zeitintervall ist. Durch die Addition dieser Elementarintervalle erhält man die Länge der Weltlinie des Teilchens, die nichts anderes ist als das Produkt aus c und der angesammelten Eigenzeit der mit ihm verknüpften Uhr.

Ist $D^2 = c^2\Delta t^2 - \Delta L^2$ negativ, so ist die Distanz D eine imaginäre Zahl und ein sogenannter *raumartiger* Abstand. Das bedeutet, dass keinerlei Information zwischen den beiden Ereignissen ausgetauscht werden kann und sie damit in allen Bezugssystemen unabhängig voneinander bleiben. Es besteht kein Einfluss des vorherigen Ereignisses auf das nachfolgende. Dies lässt sich an einem einigermaßen dramatischen Beispiel erläutern: Dazu verknüpfen wir das erste Ereignis mit Ihnen selbst, also der Leserin oder dem Leser dieses Buchs – so wie Sie jetzt, in diesem Moment, diese Zeilen lesen –, und das zweite, wenn auch äußerst unwahrscheinliche Ereignis mit der kataklysmischen Explosion der Sonne. Nehmen wir an, diese alles vernichtende Katastrophe hat laut Ihrer Uhr vor fünf Minuten stattgefunden. Da das Licht der Sonne acht Minuten benötigt, um zu Ihnen zu gelangen, deutet in Ihrer aktuellen Situation nichts darauf hin, was in drei Minuten geschehen wird. In der beschriebenen Situation könnte es im Universum doch auch Beobachter geben, die sich mit schneller Geschwindigkeit in Bezug zu Erde und Sonne bewegen: Aus ihrer Sicht würden Sie diese Zeilen lesen, bevor unser Stern erlischt. Wenn ein solcher Beobachter Signale aus unserem Sonnensystem empfängt, kann er berechtigterweise sagen, die Sonne sei fünf Minuten nachdem Sie diese Zeilen gelesen haben verschwunden – und nicht etwa fünf Minuten davor!

Was lässt sich schließlich für den Grenzfall zwischen den beiden vorhergehenden sagen, also über Ereignisse, die sich in einem gegebenen Bezugsystem *R* in einem Minkowskischen Abstand gleich null von einem »Ereignis« am Ursprung der Raumzeit-Koordinaten (einem »Nullereignis«) befinden? Sämtliche Koordinaten dieser Ereignisse erfüllen die Bedingung $ct = \pm\sqrt{x^2 + y^2 + z^2}$. Diese Beziehung definiert eine konische, dreidimensionale Oberfläche in Minkowskis Raumzeit, die man den Lichtkegel des Nullereignisses nennt. Dieser Doppelkegel besitzt zum einen den Vorwärts- beziehungsweise Zukunfts-Lichtkegel im Halbraum $t > 0$, zum anderen den Rückwärts- beziehungsweise Vergangenheits-Lichtkegel für $t < 0$. Alle im Moment $t = 0$ durch den Ursprung gehenden Lichtstrahlen haben in der Vergangenheit auf dem Kegel befindliche Punkte der Raumzeit erreicht oder werden diese in Zukunft erreichen. Jedes Ereignis im Innern des Kegels ist durch einen zeitartigen Abstand vom Ursprung getrennt. Je nachdem, ob es sich im oberen oder unteren Teil des Doppelkegels befindet, liegt ein Ereignis in der Zukunft oder der Vergangenheit von 0. Diese chronologische Ordnung gilt für alle Beobachter in einem beliebigen Inertialsystem.

Die beiden inneren Bereiche des Doppelkegels definieren damit die Gesamtheit der Ereignisse in der *absoluten* Zukunft und der *absoluten* Vergangenheit des Ursprungsereignisses. Alle Ereignisse außerhalb des Kegels dagegen haben einen raumartigen Abstand zum Nullpunkt. In einem anderen Bezugssystem *R'* haben sie sich vor oder nach 0 oder aber gleichzeitig mit 0 ereignet – je nach Richtung und Wert der Geschwindigkeit in Bezug zu *R*. Sie stehen in keinem kausalen Zusammengang mit dem Nullereignis.

Die Lorentz-Formeln vermischen also die Koordinaten von Raum und Zeit, wodurch die beiden Konzepte ihren in der klassischen Physik geltenden Absolutheitsanspruch verlieren. Diese durch eine eingehende physikalische Analyse der Maxwell-Gleichungen erschlossene Konsequenz des Relativitäts-

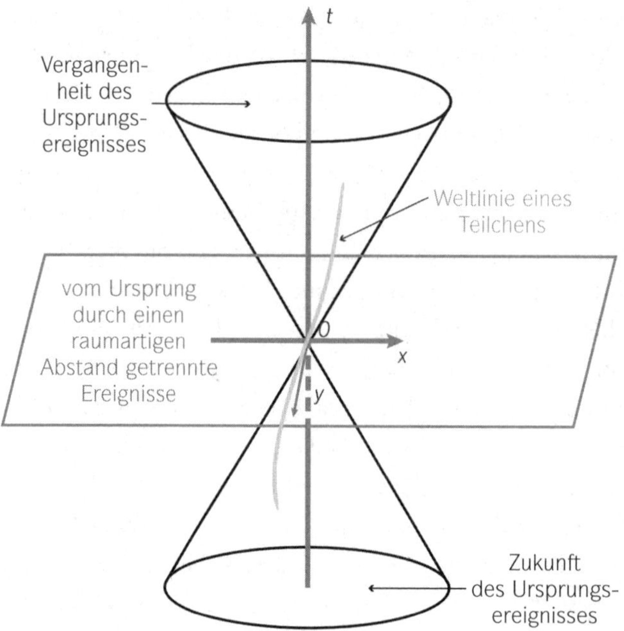

Abb. IV.4. Lichtkegel im Minkowski-Raum. Um die vierdimensionale Raumzeit in einer dreidimensionalen Zeichnung darzustellen, wird hier der Raum auf zwei Dimensionen mit den Koordinaten x und y beschränkt und die vertikale Dimension für die Zeit reserviert. Alle Ereignisse, die vom Ursprungsereignis 0 ($x = y = t = 0$) durch ein zeitartiges Intervall getrennt sind, werden durch Punkte innerhalb der oberen Hälfte (absolute Zukunft von 0) oder unteren Hälfte (absolute Vergangenheit von 0) des Doppelkegels dargestellt. Die Weltlinie eines Teilchens, das im Punkt $x = y = 0$ unbewegt ist, entspricht der Zeitachse. Bewegt sich das Teilchen zum Zeitpunkt $t = 0$ durch $x = y = 0$, so ist seine Weltlinie eine Kurve innerhalb des Kegels. Die durch einen raumähnlichen Abstand vom Ursprung getrennten Punkte außerhalb des Kegels entsprechen Ereignissen, die je nach Bezugssystem des Beobachters vor oder nach dem Ereignis 0 auftreten. Sie können keinen kausalen Zusammenhang mit dem Ursprungsereignis haben.

prinzips gilt ebenso für elektrische und magnetische Felder und die Ladungs- und Strömungsverteilungen, durch die diese entstehen. Eine von Alice wahrgenommene unbewegte elektrische Ladung erscheint Bob, der sich in Bezug zu Alice bewegt, als eine bewegte Ladung. Es gibt also in Bobs Bezugssystem eine Strömung, die für Alice nicht vorhanden ist. Für sie stellt die unbewegte Ladung nur ein statisches elektrisches Feld dar, wie es das Coulombsche Gesetz beschreibt. Für Bob generiert die bewegte Ladung ein zeitabhängiges elektrisches Feld, aber auch ein magnetisches Feld, das für Alice gleich null ist. Was also für den einen Beobachter ein »reines« elektrisches Feld ist, erhält für einen anderen eine Magnetfeldkomponente.

Damit vermischt ein relativistischer Bezugssystemwechsel nicht nur Raum und Zeit. Er vermengt außerdem die Gesetze von Coulomb, Ampère und Faraday. Felder, Ladungen und Ströme verlieren ihren absoluten Charakter ebenso wie Zeitintervalle und Distanzen. Und doch bleibt eine Invariante erhalten: In allen Inertialsystemen besteht laut den Maxwell-Gleichungen dasselbe Verhältnis zwischen den räumlichen und zeitlichen Ableitungen der Felder und den Ladungs- und Strömungsverteilungen, aus denen diese entstanden sind. Genauso müssen die auf die Ladungen und Ströme ausgeübten Kräfte in allen Bezugssystemen auf dieselbe Weise von der Verteilung der elektrischen und der magnetischen Felder abhängen. Diese formale Invarianz der Gleichungen drückt eine wesentliche Forderung des Relativitätsprinzips aus, nach der die Gesetze der Physik für alle Inertialsysteme dieselben sein müssen.

Masse und Energie werden eins: $E = mc^2$

Nachdem er Raum und Zeit zusammengebracht hatte, vervollständigte Einstein seine Spezielle Relativitätstheorie durch die Vereinigung von zwei weiteren Konzepten der klassischen Physik, die bis dahin als getrennte Einheiten galten: Masse und Energie. In diesem Zusammenhang stellte er die Gleichung $E = mc^2$ auf, die wohl bekannteste Formel der Naturwissenschaften (und zugleich für Nichtwissenschaftler eine der rätselhaftesten). Erstmals aufgetaucht ist die berühmte Formel in einem kurzen, 1905 erschienenen Beitrag Einsteins mit dem Titel *Zur Elektrodynamik bewegter Körper*. Werfen wir im Folgenden einen kurzen Blick auf ihr Zustandekommen.

Dazu erinnern wir uns erst einmal, wie die klassische Mechanik die Dynamik eines einfachen Systems, nämlich als ein punktförmiges Teilchen der Masse m, in einem Galileischen Bezugsrahmen beschreibt. Die Bewegungsmenge oder der Impuls $p = mu$ dieses Teilchens ist eine Vektorgröße (mit den drei Raumkoordinaten p_x, p_y und p_z), die dem Produkt der Masse m mit seiner Geschwindigkeit *u* (einem Vektor mit den Komponenten u_x, u_y, u_z) entspricht. Wird keine Kraft ausgeübt, so bleibt der Impuls konstant, und das Teilchen bewegt sich in gerader Linie mit der gleichförmigen Geschwindigkeit *u*, deren Wert natürlich von dem Bezugssystem abhängt, in dem es beobachtet wird. Erfährt das Teilchen eine von außen kommende Kraft, so ändert sich der Impuls um das Produkt aus dieser Kraft und der Zeitspanne, während der sie angewendet wird. Die Masse *m*, ein in der klassischen Physik konstanter Parameter, bestimmt die Trägheit des Teilchens, also seinen Widerstand gegen die Geschwindigkeitsänderung. Dieser Widerstand ist für eine gegebene Kraft schwächer, je größer die Masse des Teilchens ist. In einer Gruppe isolierter Teilchen in der äußeren Welt bleibt der Gesamtimpuls erhalten: Im Laufe der Wechselwirkungen, welche die verschiedenen Teile des Systems aufeinander ausüben, bleibt die Vektorsumme der Bewegungsmengen der verschiedenen Konstituenten gleich.

Eine zweite wichtige Größe der klassischen Physik ist die Energie. Sie gibt die Fähigkeit eines Systems an, Arbeit oder Wärme an ein anderes System abzugeben, mit dem es in Kontakt tritt. Ein Beispiel ist etwa die kinetische Energie, die ein Körper in einem gegebenen Bezugssystem durch seine Geschwindigkeit besitzt. Die kinetische Energie, die ein bewegter Körper mit der Masse *m* erhält, wenn er von der Geschwindigkeit 0 auf die Endgeschwindigkeit *u* gebracht wird, entspricht der Arbeit, die aufgewendet wurde, um ihn zu beschleunigen. Die klassische Formel hierfür lautet: $mu^2/2$. Die im bewegten Körper gespeicherte Energie steigt mit seiner Masse und dem Quadrat seiner Geschwindigkeit. Wenn die Geschwindigkeit *u* durch die Wirkung von Reibungskräften verringert wird, kann die Energie in Form von Wärme freigesetzt werden und verwandelt sich dann in die ungeordnete kinetische Energie der Atome und Moleküle des bewegten Körpers oder seiner Umgebung. Genauso gut kann sie in verschiedene Formen mechanischer Energie umgewandelt werden, wenn es zur Kollision des bewegten Körpers mit einem anderen System kommt, das daraufhin in Stücke zerspringt, welche jeweils einen Teil der kinetischen Energie, die der Körper vor dem Zusammenstoß besaß, in Form von kinetischer oder potentieller oder thermischer Energie weitertragen. Dabei bleibt die in den einzelnen Teilen gespeicherte Gesamtenergie erhalten. Genauso drückt es der erste Hauptsatz der Thermodynamik aus: Die innere Energie in einem geschlossenen System ist konstant.

Im Rahmen der Speziellen Relativität bedurften diese klassischen Eigenschaften von Masse, Impuls und Energie einer Korrektur, denn es war klar, dass die Newtonsche Physik angepasst werden musste, um das Relativitätsprinzip zu erfüllen. Nicht nur das Gesetz zur Addition von Geschwindigkeiten, das ja auf der Existenz einer absoluten Zeit und eines absoluten Raums beruhte, musste verändert werden, um die Konstanz der Lichtgeschwindigkeit einzubeziehen. Es galt zudem, das Grundprinzip der Newtonschen Dynamik neu zu fassen, um den Fall auszuschließen, dass ein Körper in einem Bezugssystem eine Geschwindigkeit größer c erreichen könnte. Denn wenn der Impuls eines gleichmäßig beschleunigten Teilchens proportional zur Zeit zunimmt, dann musste seine Geschwindigkeit, die in der klassischen Physik ja proportional zum Impuls ist, nach Ablauf einer endlichen Zeit unweigerlich Lichtgeschwindigkeit erreichen und diese gar übersteigen – was das Relativitätsprinzip verbietet.

Um die unendliche Beschleunigung auszuschließen, ging Einstein ganz einfach davon aus, dass die Masse eines Objekts in einem Inertialsystem nicht konstant ist, sondern mit seiner Geschwindigkeit zunimmt. Ist die Masse in Ruhe m_0, so wird sie zu $m_u = m_0/\sqrt{[1 - (u/c)^2]}$, wenn sich das Teilchen mit der Geschwindigkeit u bewegt. Der Faktor der Massenzunahme hat denselben Ausdruck wie der Lorentz-Faktor, den man in die Formeln zur Beschreibung von Zeitdehnung und Längenkontraktion im veränderten Inertialsystem integriert hat. Dabei ersetzt die Geschwindigkeit u des Teilchens ganz einfach die Geschwindigkeit v der relativen Bewegung der beiden Bezugsysteme. Nähert sich die Geschwindigkeit u des Teilchens c an, so geht der Faktor der Massenzunahme, genannt γ_u, gegen unendlich. Der Impuls wird dann zu $p = \gamma_u m_0 u$. Die Einführung des Faktors γ_u ist die einzige Veränderung, die man mit der Newtonschen Dynamik vornehmen muss, um sie mit der Speziellen Relativitätstheorie zu vereinbaren. Die kleine Modifikation lässt die Form der Dynamik-Gleichungen in den Lorentz-Transformationen invariant werden, und man kann die Gesetze der Mechanik und die Gesetze des Elektromagnetismus miteinander in Einklang bringen – denn nun unterliegen beide dem Prinzip der Speziellen Relativität, das besagt, dass die Physik in allen Inertialsystemen dieselbe sein muss.

Da die Masse über den Faktor γ_u von der Geschwindigkeit abhängt, kann kein Materieteilchen die Grenzgeschwindigkeit c erreichen. Zwar wird der Impuls durch die Anwendung einer konstanten Kraft weiterhin proportional zur Zeit erhöht, aber diese Steigerung verteilt sich auf die Veränderung der Masse und die Veränderung der Geschwindigkeit. Zu Beginn der Bewegung, wenn die Geschwindigkeit u im Vergleich zu c klein ist, ist der Faktor γ_u kaum unterscheidbar von 1, der Unterschied zwischen m_0 und m_u ist nicht erkennbar, und es gilt die Newtonsche Physik: Die Geschwindigkeit und der Impuls nehmen proportional zur Zeit zu, die Bewegung wird gleichmäßig beschleunigt. Macht jedoch u einen beträchtlicheren Teil von c aus, so erhöht sich kontinuierlich die Masse des Teilchens, und die Steigerung des Impulses drückt sich bei nahezu gleichbleibender Geschwindigkeit immer mehr als eine Massenzunahme aus. Die Geschwindigkeit geht gegen c, ohne diese Grenze jemals zu erreichen, während die Masse des Teilchens immer mehr zunimmt.

Die Energie, die das Teilchen aufgrund seiner Bewegung ansammelt, hängt auch von seiner relativistischen Masse $m_u = \gamma_u m_0$ ab. Eine einfache Rechnung belegt, dass die Beschleunigungskraft eine Arbeit verrichten muss, die $(\gamma_u - 1) m_0 c^2 = (m_u - m_0)c^2$ entspricht, um das anfänglich unbewegte Teilchen auf die Geschwindigkeit u zu bringen. Dieser Ausdruck legt die Äquivalenz von kinetischer Energie und Trägheitsmasse eines Materieteilchens nahe. Die kinetische Energie des Teilchens ist nichts anderes als der Überschuss an Trägheitsmasse, den es durch seine mit dem Quadrat der Lichtgeschwindigkeit zu multiplizierende Bewegung erhalten hat. Solange die Geschwindigkeit u gegenüber c klein bleibt, lässt sich die relativistische Formel in einer sehr guten Annäherung auf den klassischen Ausdruck der kinetischen Energie reduzieren. Ist u/c gegenüber 1 sehr klein, so ist $\gamma_u - 1$ praktisch gleich $u^2/2c^2$, und die kinetische Energie des Teilchens nimmt den klassischen Wert $m_0 u^2/2$ an. Die relativistischen Effekte treten nur dann deutlich hervor, wenn u einen beträchtlichen Teil von c ausmacht.

Da die Veränderung der kinetischen Energie des Teilchens allgemein als die Differenz der beiden Terme $m_u c^2$ und $m_0 c^2$ erscheint, schloss Einstein, dass der erste Term $m_u c^2$ für die Energie des Teilchens steht, wenn es die Geschwindigkeit u hat, während der zweite Term $m_0 c^2$ die Energie im Ruhezustand angibt. Indem er dieses Ergebnis der relativistischen Dynamik auf alle energetischen Phänomene ausweitete, kam Einstein auf die Äquivalenz von Masse und Energie und legte fest, dass jede Transformation eines physikalischen Systems, das mit einer Energieveränderung ΔE einhergeht, eine Massenänderung ΔM des Systems mit sich bringt, sodass $\Delta E = \Delta M c^2$. Diese Formel musste für alle Situationen gelten, also einen mechanischen Prozess (wie die Geschwindigkeitsänderung eines bewegten Körpers), ein thermisches Phänomen (wie das Erhitzen oder Abkühlen eines festen, flüssigen oder gasförmigen Körpers) oder eine Wechselwirkung unter Beteiligung elektromagnetischer Kräfte (wie eine chemische Reaktion mit einer Neuordnung der Atome innerhalb der Moleküle).

Der Erhaltung der Energie und der Erhaltung der Masse, die Antoine Lavoisier mit seinem berühmten Ausspruch »Nichts geht verloren, nichts wird geschaffen, alles verwandelt sich« wiedergab, entsprechen in der klassischen Physik zwei getrennte Gesetze. In der Relativität werden sie durch ein umfassendes Masse-Energie-Erhaltungsgesetz ersetzt. Wenn ein physikalisches System Energie (in Form von Strahlung, Wärme oder Arbeit) hervorbringt, so wird dies von einem entsprechenden Massenverlust gemäß der Formel $\Delta E = \Delta Mc^2$ begleitet. Im Gegenzug gewinnt ein System anteilig an Masse, wenn es Energie erhält.

Die Spezielle Relativitätstheorie offenbart also, dass Masse und Energie zwei physikalische Erscheinungen desselben Prinzips sind. Um sie zu messen, kann man entweder die übliche Energieeinheit (ein Joule Hubarbeit entspricht einem Gewicht von 100 Gramm, das im Schwerfeld der Erde einen Meter gehoben wird) oder aber die übliche Masseeinheit (Kilogramm) verwenden. Aufgrund der riesigen Zahl des in Metern pro Sekunde ausgedrückten Quadrats der Lichtgeschwindigkeit entspricht einem Kilo Materie die gigantische Energie von $9 \cdot 10^{16}$ Joule – so viel, wie bei der Explosion von 20 Megatonnen TNT frei werden, oder auch so viel, wie man benötigen würde, um 1,5 Millionen Tonnen Materie aus dem Schwerefeld der Erde zu bewegen! Der enorme Betrag des energetischen Äquivalents der Masse impliziert, dass die energetischen Prozesse unseres Alltagslebens an extrem schwache relative Massenveränderungen geknüpft sind, die zu Einsteins Zeiten nicht nachweisbar waren. Um etwa Materie von 0 auf 300 Kelvin (normale Zimmertemperatur) zu bringen, müssen die sie bildenden Atome und Moleküle eine Wärmebewegungsgeschwindigkeit v erreichen, die etwa einem Millionstel (10^{-6}) der Lichtgeschwindigkeit entspricht. Die dazugehörige Massenveränderung liegt in der Größenordnung von $(v_t/c)^2 = 10^{-12}$, also nur einem Billionstel. Das kommt einem Massengewinn von etwa einem Mikrogramm pro Tonne Materie gleich.

Eine typische chemische Reaktion verändert die Massen der reagierenden Stoffe um eine Menge der Größenordnung 10^{-10} – auch diese war mit den zu

Beginn des 20. Jahrhunderts verfügbaren Messinstrumenten nicht nachzuweisen. Die sehr viel energiereicheren Kernreaktionen, welche die Masse der beteiligten Kerne um eine Menge der Größenordnung 10^{-3} bis 10^{-4} verändern, waren im Jahre 1905 noch nicht bekannt oder erforscht. Kernreaktionen, mit denen etwa der tausendste Teil der Materie von Sternen in Wärme und Licht umgewandelt wird, sind der Ursprung der von ihnen abgestrahlten Energie. Die Formel $E = mc^2$ lüftete damit das Geheimnis der Sonnenkraft, ohne die sich kein Leben auf der Erde hätte entwickeln können. Und sie kündete von der Möglichkeit, die gewaltige in Atomkernen gespeicherte Energie – sei es für militärische oder friedliche Zwecke – zu nutzen.

Die vollständige Umwandlung von Masse in Energie geschieht nur unter extremen Bedingungen. In Teilchenbeschleunigern kann man die Vernichtung von Materie- und Antimaterieteilchen unter Erzeugung extrem kurzwelliger elektromagnetischer Gammastrahlung beobachten. Und im Universum wird bei der Verschmelzung Schwarzer Löcher eine gigantische Energiemenge in Form von Gravitationswellen frei, die unseren Planeten erreichen, nachdem sie sich über Milliarden Jahre im All ausgebreitet haben. Zu der Zeit, als Einstein seine Spezielle Relativitätstheorie entwickelte, war man weit davon entfernt, diese Phänomene zu durchdringen; ihre Möglichkeit jedoch war im Keim angelegt. Erstaunlich ist doch, dass sich anhand eines im Grunde so einfachen, allein aus Betrachtungen zum Licht entstandenen Prinzips auf einmal Effekte vorhersagen ließen, welche die verschiedensten, vom Allerkleinsten bis zum Allergrößten reichenden Gebiete der Physik betreffen – aber erst ein halbes bis ganzes Jahrhundert später durch die entsprechenden Technologien beobachtbar wurden.

Beschließen wir diesen Überblick über die Spezielle Relativität, indem wir einen Bezug zum zweiten Rätsel herstellen, das Lord Kelvin mit seinem Wolkenbild anspricht. Die Relativitätstheorie des Jahres 1905 macht bereits auf bestimmte Eigenschaften des Photons aufmerksam – des Lichtteilchens, das Einstein in seinem zweiten bedeutenden Aufsatz desselben Jahres vorstellen sollte, um so die Quantentheorie zu begründen. Als Überleitung dient uns die Frage: Wird die Äquivalenz von Masse und Energie nicht durch das Licht angefochten? Denn hier wird doch Energie per definitionem mit Lichtgeschwindigkeit transportiert. Die Lichtteilchen oder Photonen müssten eine Masse von 0 haben, um mit dieser Geschwindigkeit unterwegs zu sein. Dabei wird die Tatsache, dass sie Energie durch den Raum transportieren, gerade am

Sonnenlicht überdeutlich. Wie lässt sich der offensichtliche Widerspruch zur berühmten Formel $\Delta E = \Delta Mc^2$ erklären?

Die Antwort liegt in einer grundlegenden Beziehung zwischen relativistischer Energie und relativistischem Impuls. Hierzu müssen wir uns anschauen, wie sich diese Größen bei einem Wechsel des Bezugssystems verhalten. Was in einem System mit ruhendem Teilchen Energie und Masse ist, wird in einem System mit bewegtem Teilchen zu einer Mischung aus Energie und Impuls. Durch einen Perspektivenwechsel erscheinen die durch c geteilte Energie und die drei Impulskoordinaten p_x, p_y und p_z als Komponenten eines Vierervektors, die sich untereinander vermischen und dieselben Lorentz-Transformationen durchlaufen wie die raumzeitlichem Koordinaten eines Ereignisses. Weder die Energie noch der Impuls haben eine absolute Realität. Das Quadrat der Energie geteilt durch c^2 abzüglich der Summe der Quadrate der Impulskomponenten – einer Größe analog zum Quadrat des relativistischen Abstands zweier Ereignisse –, bleibt dagegen in allen Bezugssystemen gleich. In einem Bezugssystem mit ruhendem Teilchen ist der Wert des Energiequadrats gleich $m_0^2c^4$. Daraus lässt sich die in allen Bezugssystemen gültige Identität $E^2 - p^2c^2 = m_0^2c^4$ ableiten, bei der wir die Summe $p_x^2 + p_y^2 + p_z^2$ in p^2, also dem Quadrat des Impulsvektormoduls, verdichtet haben.

Daraus kann man unmittelbar einen universellen Ausdruck für die relativistische Energie eines Teilchens ableiten, nämlich $E = \sqrt{[p^2c^2 + m_0^2c^4]}$, der allgemeiner gefasst ist als die einfache Formel $E = m_0c^2$. In dem Bezugssystem des ruhenden Teilchens ($p = 0$) reduziert sich der Ausdruck natürlich auf diese einfache Formel, da alle Energie in der Masse des Teilchens konzentriert ist. Ist dagegen die Masse gleich null, so erhält der Ausdruck die einfache Form $E = pc$. Das Teilchen muss sich (in allen Bezugssystemen) mit Lichtgeschwindigkeit bewegen, da es keinen Galileischen Beobachter geben kann, für den es unbewegt sein könnte. Wäre dies der Fall, so hätte das Teilchen in diesem Bezugssystem eine Energie und einen Impuls von null, was laut der Lorentz-Transformation mit sich bringen würde, dass $E = p = 0$, und zwar ganz gleich für welches Inertialsystem. Damit kann es durchaus von Teilchen transportierte Energie ohne Masse geben – vorausgesetzt, diese Teilchen breiten sich mit der Geschwindigkeit c aus. Genau das ist bei den Lichtkörnchen beziehungsweise Photonen der Fall.

Die relativistische Theorie verlangt also von Photonen einer ebenen Welle, dass ihr Impuls ihrer durch die Lichtgeschwindigkeit geteilten Energie entspricht. Wird Strahlung von der Materie absorbiert, so überträgt sie nicht nur ihre Energie E, sondern auch ihren Impuls p, und zwar im Verhältnis $p/E = 1/c$. Der von der Materie aufgenommene Impuls entspricht einer Kraft, die sie in die Richtung des einfallenden Lichts schiebt. Man spricht bei diesem Phänomen von Strahlungsdruck. Das Gegenteilige geschieht, wenn Materie Licht abstrahlt. Ein Atom kann unter Energieverlust ein Photon emittieren, das zudem einen Impuls mitnimmt, wodurch das Atom als Reaktion in die entgegengesetzte Richtung zurückgestoßen wird. Wir werden an späterer Stelle noch über die Wechselwirkung zwischen Atomen und Photonen sowie über die Folgen für die Energieerhaltung und den Gesamtimpuls von Materie und Licht zu sprechen kommen.

Die Analogie zwischen den Vierervektoren von Raum-Zeit und Impuls-Energie führt uns schließlich noch zu einer weiteren wichtigen Eigenschaft, die einem Teilchen durch die Spezielle Relativität zugeschrieben wird. Die Lorentz-Transformationen erhalten nicht nur das Quadrat dieser Vektoren (mit der Regel, dass den Beiträgen der Koordinaten von Zeit und Raum sowie von Position und Impuls entgegengesetzte Zeichen zugeordnet werden). Sie erhalten zudem das *Skalarprodukt* dieser Vierervektoren untereinander – eine Größe, die gleich dem Produkt der Zeit- und Energiekoordinaten ist, abzüglich der Summe der Produkte der Positions- und Impulskoordinaten. Einem Teilchen mit der Energie E und dem Impuls (p_x, p_y, p_z), das im Moment t am Punkt (x,y,z) vorbeizieht, ordnet die Relativitätstheorie damit das Viererprodukt $E \cdot t - x \cdot p_x - y \cdot p_y - z \cdot p_z$ zu, als eine dem Teilchen innewohnende Größe, die in allen Inertialsystemen den gleichen Betrag annimmt. Wir werden noch sehen, dass diese relativistische Invariante proportional zur Phase der Materiewelle ist, die das Teilchen in der Quantentheorie beschreibt.

Die Spezielle Relativität gibt also eine Antwort auf das durch die Geschwindigkeit c gestellte Rätsel – diese Antwort aber wirft unsere Vorstellung von Raum und Zeit über den Haufen. So haben wir erkannt, dass die Lichtgeschwindigkeit auch bei physikalischen Phänomenen eine Rolle spielt, die wir bis dahin nie mit dem Licht in Verbindung gebracht hätten. Nicht nur ist c die Geschwindigkeit elektromagnetischer Wellen im Vakuum, sondern auch die Grenzgeschwindigkeit bei der Ausbreitung aller Formen von Informationen oder Einflüssen über eine Distanz hinweg. Über die berühmte Formel $E = mc^2$ offenbart der Betrag von c auch die enorme Energie, die in allen möglichen Formen in der Materie verborgen liegt. Die Revolution unserer

Vorstellung von Zeit und Raum, von Masse und Energie ist in Einstein auf der Grundlage einer sehr einfachen, von Galilei stammenden Idee gereift: *Die Physik muss in allen Inertialsystemen dieselbe sein.*

Einsteins »glücklichste Idee« stammt von Galilei

Bei der Analyse dessen, was durch die Spezielle Relativitätstheorie erreicht worden war, erkannte Einstein ab 1905, dass es ein weiteres großes Rätsel zu lösen galt. Was war die eigentliche Beschaffenheit der Gravitation? Worin bestand diese Kraft, die ein Kind wahrzunehmen beginnt, sobald es sich mit der Welt vertraut macht, von der es umgeben ist, die auf alle Körper wirkt, indem sie diese zur Erde zieht? Newton hatte einen mathematischen Ausdruck für sie gefunden, und zwar ungefähr zur gleichen Zeit, als er auch das Trägheitsgesetz entdeckte, das die Beschleunigung eines Körpers mit der auf ihn wirkenden Kraft in Verbindung setzte. Die Relativitätstheorie hatte Einstein dahin gebracht, das Newtonsche Trägheitsgesetz zu modifizieren, indem er zeigte, dass die Trägheitsmasse eines Körpers von dessen Geschwindigkeit abhing. Dennoch blieb die Beschreibung des Gravitationsgesetzes problematisch. Newton hatte postuliert, dass die Schwerkraft aus der Ferne und nicht zeitversetzt agierte. Verschwände auf einen Schlag die Sonne, so würden die Erde und alle Planeten im selben Moment ihre Bahn verlassen und sich mit gleichförmiger Geschwindigkeit von dem Standort entfernen, den sie im Moment des Kataklysmus innehatten. Dieser Moment wäre für alle Beobachter der gleiche, da die Zeit für Newton ein absolutes Konzept darstellte. An dieser Stelle gäbe es natürlich einen tiefen Widerspruch zu Einsteins Theorie. Da das Licht acht Minuten benötigt, um uns von der Sonne aus zu erreichen, dürfte es innerhalb dieser Spanne zu keiner Störung des Erdumlaufs kommen.

Die Newtonsche Schwerkraft stand im Widerspruch zur Speziellen Relativität: Eine der beiden Theorien oder auch beide mussten verändert werden, um sie miteinander in Einklang zu bringen. Dabei durften diese Veränderungen die Leistungen der beiden Theorien nicht infrage stellen. Die Schwerkraftgesetze Newtons hatten es ermöglicht, die Position der Planeten mit erstaunlicher Präzision zu berechnen (erinnern wir uns nur an Le Verrier und die Entdeckung von Neptun). Die neue Theorie musste damit wenigstens genauso präzise sein und mit Newtons Beschreibung von fallenden Körpern oder der Bewegung der bekannten Himmelskörper übereinstimmen. Die Spezielle Relativität hatte ein tieferes Verständnis der elektromagnetischen Gesetze und der Trägheitsgesetze ermöglicht. Eine neue Schwerkrafttheorie müsste diese Errungenschaften bewahren. Einstein benötigte mehrere Jahre, um dieses Problem zu lösen und die Allgemeine Relativitätstheorie zu entwickeln, die schließlich all diesen Bedingungen gerecht wurde.

Zwischenzeitlich hatten seine Arbeiten aus dem Jahr 1905 ihm in der Physikwelt so viel Anerkennung verschafft, dass er die düstere Berner Patentamtsstube verlassen konnte. Nachdem er in Zürich und Prag als Professor tätig gewesen war, wurde der 33-jährige Einstein 1912 zum jüngsten Mitglied der Preußischen Akademie der Wissenschaften zu Berlin. Eben vor dieser präsentierte er im November 1915, mitten im Ersten Weltkrieg, die Theorie, die ihn nicht nur zum Star der Physik, sondern zur weltweiten Berühmtheit machen sollte.

Die Allgemeine Relativitätstheorie ist eine Erweiterung der Speziellen. Sie bezieht das Prinzip der Bewegungsrelativität ganz einfach auf alle Bezugssysteme und nicht mehr nur auf Inertialsysteme, die sich in gleichmäßiger Bewegung zueinander befinden. Indem ich »einfach« sage, unterschlage ich die mathematischen Schwierigkeiten, deren Überwindung Einstein acht Jahre kosteten – ab dem Aufkeimen der ersten Idee im Jahre 1907 bis zur Veröffentlichung seiner vollständigen Schwerkrafttheorie 1915. Die Erörterung dieser mathematischen Probleme würde uns zu weit von unserem eigentlichen Thema abbringen. Ich möchte an dieser Stelle nur die Grundzüge der Theorie nachzeichnen und will versuchen, auch Lesern, die nicht aus der Wissenschaft kommen, das Ausmaß von Einsteins Intuition und Genialität vor Augen zu führen.

Der rettende Einfall, die »glücklichste Idee«, die Einstein nach späterem Bekunden je hatte, stammt erneut von Galilei. Der italienische Forscher hatte bei seinen Studien zum freien Fall bemerkt, dass alle Körper auf gleiche Weise in das Erdschwerefeld absinken. Ob man einen schweren Stein oder ein Erbse fallen lässt – die beiden haben die gleiche Flugbahn (wobei man natürlich von den durch den Luftwiderstand hervorgerufenen Reibungskräften absehen muss, die sich umso stärker bemerkbar machen, je leichter ein Gegenstand ist). Es heißt, Galilei habe diese Universalität des freien Falls entdeckt, als er zwei unterschiedlich schwere Gegenstände vom Schiefen Turm von Pisa fallen ließ und diese zeitgleich am Boden ankamen. Aristoteles' Vorstellung, nach der ein schwerer Körper schneller fiele als ein leichter, war damit widerlegt.

Die Reibung der Luft bewirkt natürlich, dass eine Feder länger schwebt und den Boden langsamer erreicht als eine Billardkugel. Doch dabei handelt es sich um ein Artefakt, also einen unwesentlichen Effekt, den man unterbinden kann, indem man das Fallexperiment etwa in einer Vakuumröhre durchführt: Feder und Billardkugel fallen dann mit der gleichen Geschwindigkeit. Galilei hatte diese Mittel nicht zur Verfügung und begriff die Zusammenhänge dennoch – und das wahrscheinlich nicht, indem er Dinge vom Schiefen Turm fallen ließ, sondern durch seine berühmten Experimente mit rollenden Kugeln auf einer schiefen Ebene, bei denen die Reibungseffekte minimiert waren. Erinnern wir uns, dass es ebenfalls Galilei war, der zeigte, dass die Schwingung eines Pendels nicht von seinem Gewicht abhängt. Hinter diesem Phänomen steckt dieselbe Idee: Alle massiven Körper folgen denselben Bewegungsgesetzen innerhalb des Schwerefelds der Erde.

Mit seinem Gravitationsgesetz verlieh Newton Galileis empirischer Feststellung einen mathematischen Ausdruck. Wird ein Körper von der Erde angezogen, dann geschieht dies, weil unser Planet eine Kraft auf ihn ausübt. Diese Kraft ist proportional zum Produkt aus der Gravitationsmasse M der Erde und der Gravitationsmasse m_g des Körpers. Dabei ist die Gravitationsmasse ein charakteristischer Parameter des betreffenden Körpers, mit dem sich die Intensität der Kraft berechnen lässt, die er durch die Erde erfährt. Hätte der Körper zudem eine elektrische Ladung, so würde man diese mit dem Parameter q angeben und damit ausdrücken, welche Kraft ein elektrisches Feld auf ihn ausübt. In diesem Sinne ist die Gravitationsmasse wie die Größe q ein Ladungsparameter.

Nach Newtons Trägheitsgesetz übt die Schwerkraft eine zu ihrer Trägheitsmasse m_i umgekehrt proportionale Beschleunigung auf den Körper aus. Diese Masse ist eine Eigenschaft des Körpers, mit der ausgedrückt wird, wie dieser auf eine irgendwie geartete Kraft – sei es die Schwerkraft oder eine elektrische Kraft – reagiert. Die Gravitationsbeschleunigung ist damit proportional zum Verhältnis m_g/m_i von Schwerkraftmasse und Trägheitsmasse eines jeden Körpers, auf den die Erdanziehung wirkt. Die Feststellung, dass alle Körper im Schwerefeld der Erde die gleiche Beschleunigung haben, ließ Newton annehmen, dass das Verhältnis m_g/m_i eine Konstante sein musste, die unabhängig vom jeweiligen Körper ist. Der Betrag dieser Konstante hängt allein von den gewählten Einheiten ab, und man kann ihm ganz einfach den Wert 1 zuordnen. Man spricht hier von der Äquivalenz von Schwerkraftmasse und Trägheitsmasse; diese gilt nur für die Gravitation. Das Verhältnis q/m_i von elektrischer Ladung und Masse ist dagegen nicht konstant. Es ist zum Beispiel bei einem Elektron etwa zweitausendmal größer als bei einem Proton, und in einem elektrischen Feld folgen die beiden Teilchen ganz und gar nicht der gleichen Bahn.

Das Prinzip der Äquivalenz zwischen den beiden Masseformen war seit dem 17. Jahrhundert bekannt. Astronomen berücksichtigten es seit jeher bei ihren Berechnungen der Planetenbewegungen. Doch galt es als eine Kuriosität, als seltsamer Zufall, für den es keine Erklärung gab. Einstein jedoch sah das anders, und so machte er das Prinzip zum Ausgangspunkt seiner Allgemeinen Relativitätstheorie.

Er begann mit der Feststellung, dass nicht nur die Schwerkraftbeschleunigung denselben Effekt auf alle Körper hat. Dasselbe trifft auf die Trägheitsbeschleunigungen zu, mit denen die Bewegung von Körpern in ungleichmäßig bewegten Bezugssystemen beschrieben wird. Wir sind diesem Zusammenhang schon in Kapitel II begegnet, als es darum ging, welche Kräfte in einem Kettenkarussell wirken. Die Zentrifugalkraft ist proportional zur Trägheitsmasse der von ihr beeinflussten Objekte und führt daher dazu, dass alle Objekte, die sich in Nachbarschaft zum selben Punkt in dem mit dem Karussell kreisenden Bezugssystem befinden, die gleiche Beschleunigung erfahren. Nehmen wir ein anderes Beispiel: Stellen Sie sich vor, Sie befänden sich in einer Rakete, fernab von jedem Massekörper, Stern oder Planeten und bewegten sich mit gleichmäßiger Beschleunigung. Sie würden diese Beschleunigung spüren, indem Sie in die entgegengesetzte Richtung »gezogen« würden, nämlich aus Ihrer Sicht »nach unten«. Um sich aufrecht zu halten, müssten Sie sich mithilfe Ihrer Muskelkraft gegen den »Boden« der Rakete stemmen. Wenn Sie zwei Gegenstände unterschiedlicher Masse fallen ließen, würden diese mit der gleichen Beschleunigung »zu Boden« fallen. Es gäbe kein mechanisches Experiment, das Ihnen dabei helfen würde, zwischen folgenden zwei Möglichkeiten zu unterscheiden: Entweder sind Sie in einer beschleunigten Rakete außer Reichweite jeder Gravitationsmasse, oder aber Sie sitzen in einer unbewegten Kapsel im Schwerefeld eines Planeten, der Sie »zu Boden« zieht. Sie könnten nicht einmal sicher sein, ob Sie sich nicht gar in einem beschleunigten System

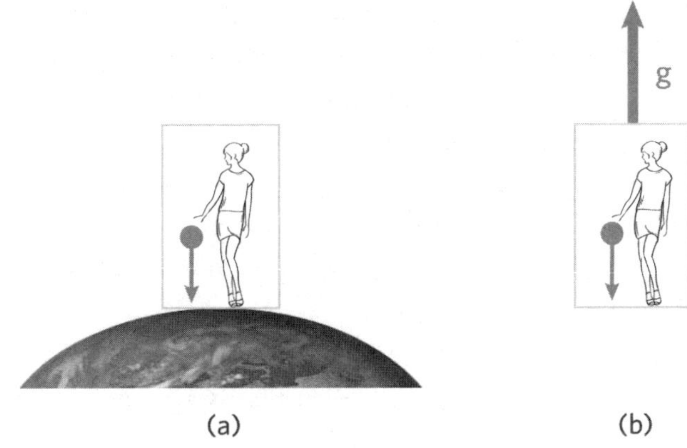

Abb. IV.5.
Lokale Äquivalenz zwischen der Gravitationskraft in einem Inertialsystem nahe einer großen Masse (a) und der Trägheitskraft in einem beschleunigten System fernab jeder Masse (b).

befinden und zugleich einem Schwerefeld unterworfen sind. Dann wäre die Beschleunigung, die Sie an den Gegenständen in Ihrer Umgebung beobachten, ein Resultat der »echten« Beschleunigung, zu der die Beschleunigung der Trägheitskräfte hinzukäme.

Und noch ein Beispiel mag uns die Zusammenhänge erhellen: Stellen Sie sich vor, Sie befänden sich in einem Flugzeug im freien Fall. Der Pilot hat mitten im Steigflug die Motoren abgestellt. Das Flugzeug – und alles, was darin ist, Sie eingeschlossen – beschreibt darauf eine parabelförmige Bahn im Schwerefeld der Erde. Wenn Sie einen Gegenstand fallen lassen, fällt dieser mit Ihnen, denn er bleibt in Bezug auf Ihre Hand unbewegt, aber Ihre Hand kann ihn nicht mehr erreichen, weil der Stein jetzt im Flugzeug irgendwo neben Ihnen schwebt. Sie spüren keinen Druck von Ihrem Sitz, sondern haben stattdessen den Eindruck, nichts mehr zu wiegen. Falls Sie geschlafen haben, bevor die Motoren stoppten, und nun während des Parabelgleitens wach werden, können Sie nicht entscheiden, ob Sie gerade mit allem um sich herum in ein Schwerefeld absinken oder etwa fernab von jedem Stern oder Planeten durch den Raum gleiten. Im ersten Fall stehen Sie und alles, was Sie innerhalb des Flugzeugs umgibt, unter dem Einfluss des Erdschwerefelds. Doch wird die Beschleunigung durch die Trägheitskraft kompensiert, die der Bewegung sämtlicher Körper im mit Ihnen fallenden Bezugssystem der Kabine zugeschrieben wird. Im zweiten Fall jedoch erfahren weder Sie noch die Objekte in Ihrem Umfeld irgendeine Kraft.

Sie können sich auf keine der beiden Hypothesen festlegen – es sei denn,

Sie schauen durch ein Kabinenfenster nach draußen. Eben diese Situation wird in den Trainingsflügen für Astronauten hergestellt, um »Schwerelosigkeit« zu simulieren, und auch in der um die Erde kreisenden internationalen Raumstationen ergibt sich eine ähnliche Lage: Die Besatzung der ISS weiß, dass sie sich in der Umlaufbahn eines Massekörpers befindet, dessen Anziehungskraft sie und alles um sie herum unterliegen. Genauso gut aber könnte man sich irgendwo im interstellaren Raum befinden, in weiter Ferne von jedem Stern oder Planeten.

Indem er sich diese Situation in Gedankenexperimenten vorstellte, in denen er die Züge der Speziellen Relativität durch Raketen, Karussells oder Aufzüge ersetzte, entwickelte Einstein eine neue Definition des Äquivalenzprinzips:

> Es gibt eine Äquivalenz zwischen einem beschleunigten Bezugsystem in Abwesenheit von Schwerkraft und einem unbewegten Bezugssystem an einer Schwerkraftquelle, welche die gleiche Beschleunigung hervorruft.

Dabei müssen für beide Situationen dieselben physikalischen Beschreibungen passen, und ein Beobachter darf nicht in der Lage sein, zwischen ihnen zu unterscheiden. Allgemeiner formuliert: In Anwesenheit eines irgendwie gearteten Schwerefelds muss die Physik eines jeden Bezugssystems unabhängig von seiner Beschleunigung mit denselben Gleichungen beschrieben werden können. Was in einem System als »reine« Schwerkraft erscheint, kann in einem anderen als Trägheitskraft angesehen werden – oder aber es handelt sich um eine Mischung aus beiden, wenn ein Schwerkraftanteil und ein Trägheitsanteil in einem dritten Bezugssystem kombiniert werden. Einstein durchdachte sämtliche Konsequenzen dieses Prinzips und hoffte, auf diese Weise ein Gesetz zu finden, mit dem sich die raumzeitlichen Veränderungen des Schwerefelds beschreiben ließen, die durch eine beliebige Massen- und Energieverteilung im Universum entstehen. Dieses Gesetz musste die Bedingung der relativistischen Kovarianz erfüllen, sich also in allen – beschleunigten wie nicht beschleunigten – Bezugssystemen in derselben Form ausdrücken und bei geringen Geschwindigkeiten und weniger massiven Schwerkraftquellen mit den Newtonschen Gesetzen übereinstimmen.

Dieses Vorhaben sollte Einstein acht Jahre beschäftigen, bis er seine Theorie schließlich 1915 vor der Preußischen Akademie der Wissenschaften präsentieren konnte. Seine Entdeckungen führten zu einer tiefen Umwälzung dessen, was man sich bisher in Bezug auf die Schwerkraft und die Struktur von Raum und Zeit vorgestellt hatte. Einstein begriff, dass ein Gravitationsfeld nichts anderes ist als der physikalische Ausdruck einer Raumzeitkrümmung. Diese bewirkt, dass Entfernungen nicht länger dadurch ausgedrückt werden können, dass man den Satz des Pythagoras auf vier Dimensionen ausweitet, wie es in der Speziellen Relativität geschieht. Im gekrümmten, nichteuklidischen Raum lässt sich die uns vertraute Schulgeometrie nicht mehr anwenden. Vielmehr muss die Position von Ereignissen mithilfe eines Systems nichtkartesischer, sogenannter »krummliniger« Koordinaten definiert werden, und die Abstände zwischen Ereignissen werden durch Formeln ausgedrückt, die weitaus komplexer sind als der erweiterte Satz des Pythagoras.

Um zum entscheidenden Konzept der Raumkrümmung zu gelangen, begann Einstein wie schon 1905 mit einem Gedankenexperiment, in dem Lineale und Uhren eine Rolle spielen. Dabei wandte er die Erkenntnisse an, die er mit der Speziellen Relativitätstheorie gewonnen hatte, und begriff intuitiv, dass Gravitation und Raumzeitkrümmung tatsächlich ein und dasselbe sind. Einstein stellte sich zwei identische Scheiben vor, die übereinander im Raum schweben und sich fernab jeder Gravitationsquelle auf zwei parallelen Ebenen frei um dieselbe Achse drehen. Auf den Scheiben steht jeweils ein Beobachter. Nennen wir die beiden – wie schon beim Zug – Alice und Bob, auch wenn man sich zu Einsteins Zeiten noch nicht so mit Geschlechterfragen beschäftigte.

Alice und Bob also verfügen jeweils über ein geeichtes Lineal und ein Paar baugleiche, synchronisierte Uhren. Während die Scheibe *R*, auf der Alice steht, »unbewegt« bleibt, wird Bobs Scheibe *R'* in schnelle Rotation um die gemeinsame Achse versetzt. Alice misst Umfang und Durchmesser ihrer Scheibe, indem sie ihr Lineal viele Male in tangentialer und radialer Richtung anlegt. Sie stellt fest, dass das Verhältnis der Lineallängenzahl gleich $\pi = 3{,}14\ldots$ ist – ganz so, wie es sich für die euklidische Geometrie gehört. Nun stellt Alice eine ihrer Uhren an den Rand ihrer Scheibe, während die andere in der Mitte verbleibt:

Die beiden Uhren laufen weiter synchron und zeigen dieselbe Zeit an – ganz so, wie es Alice für ihr Inertialsystem erwartet hat.

Dann schaut sich Alice an, wie die gleichen Experimente bei Bob ausgehen, der über ihr in seinem Bezugssystem *R'* rotiert. Bob misst den Umfang seiner Scheibe mithilfe seines Lineals. Doch für Alice erfährt das von Bob entlang der Tangentialgeschwindigkeit am Rand der Scheibe *R'* angelegte Lineal eine Lorentz-Kontraktion. Wenn Bob anschließend den Durchmesser seiner Scheibe misst, legt er sein Lineal an einen Radius an. Es ist damit senkrecht zur Geschwindigkeit ausgerichtet und erfährt aus Alices Sicht keinerlei Kontraktion. Alice bemerkt, dass bei Bob das Verhältnis der Lineallängenzahl zwischen tangentialer und radialer Richtung größer ist als π. Bob kann nur zum gleichen Schluss kommen. Er befindet sich damit in einem *nichteuklidischen* Raum, in dem das Verhältnis zwischen Umfang und Radius eines Kreises größer ist als π. Würde Bob die Messung bei einer kleineren Scheibe wiederholen, die um dieselbe Achse kreist, würde sein Lineal bei der Messung des Umfangs eine schwächere Kontraktion erfahren, und Bob würde feststellen, dass das Verhältnis zwischen Umfang und Radius immer noch größer π wäre, sich diesem Wert aber annäherte. Wie lässt sich dieses Ergebnis erklären? In seinem rotierenden Bezugssystem erfahren Bob und alle ihn umgebenden Dinge – Lineal und Uhren eingeschlossen – eine Zentrifugalkraft, die man als Wirkung eines Gravitationsfelds auffassen kann. Dieses Feld manifestiert sich dadurch, dass das Verhältnis zwischen dem Umfang und dem Durchmesser von Kreisen nicht mehr π entspricht und von der Position der Kreise im Bezugssystem abhängt. Diese Abhängigkeit ist eine Eigenschaft von gekrümmten, nichteuklidischen Räumen.

Nun bringt Bob eine seiner Uhren an den Rand der Scheibe. Alice stellt fest, dass die in Bezug zu ihr bewegte Uhr langsamer schlägt als ihr Gegenstück, das Bob in der Mitte der Scheibe stehen gelassen hat. Bob kann nur zum gleichen Schluss gelangen. Er kommt daher zu der Einsicht, dass sich in einem inhomogenen Schwerefeld nicht nur der Raum nichteuklidisch verhält, sondern auch die Zeit an verschiedenen Punkten unterschiedlich vergeht. Die durch die Gravitation hervorgerufene Verzerrung betrifft damit Raum und Zeit. Eben das drückt man durch den Begriff der Raumzeitkrümmung aus.

Um sich endgültig davon zu überzeugen, dass die Geometrie in seiner Welt eine andere ist, richtet Bob einen Lichtstrahl von der Mitte seiner Scheibe an den Außenrand. Für Alice ist das Licht geradlinig mit der Geschwindigkeit c

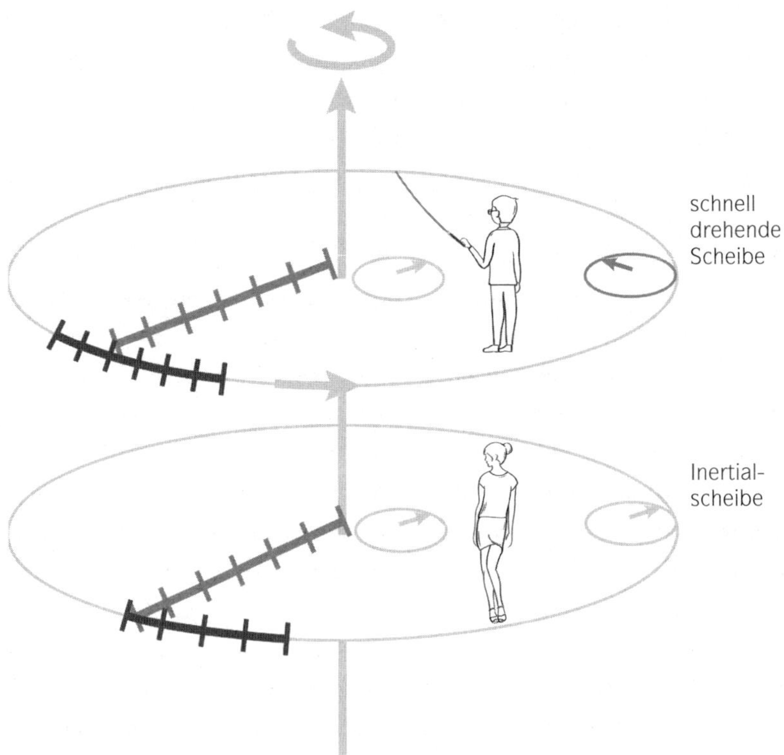

Abb. IV.6. Gedankenexperiment mit Karussell. Alice stellt fest, dass das Verhältnis von Umfang und Durchmesser ihrer Scheibe gleich π ist und ihre beiden Uhren die gleiche Zeit anzeigen. Bob hingegen bemerkt, dass das Verhältnis von Umfang und Durchmesser seiner rotierenden Scheibe größer als π ist und dass seine Uhr am Rand der Scheibe langsamer geht als in der Mitte. Wenn er einen Laserstrahl auf die Peripherie seiner Scheibe richtet, stellt er fest, dass das Licht in seinem Bezugssystem einer gekrümmten Bahn folgt.

unterwegs. Da aber das Bezugssystem *R'* rotiert, erreicht der Lichtstrahl den Rand der Scheibe an einem Punkt, der nicht in der Verlängerung der Richtung liegt, die Bob dem Lichtstrahl gegeben hat. Diese Beobachtung macht auch Bob. Er hat den Eindruck, dass der Lichtstrahl durch das auf ihn wirkende Schwerefeld abgelenkt wird und in dem gekrümmten Raum einer nicht geradlinigen Bahn folgt.

Wie lassen sich diese Effekte quantitativ beschreiben? Da wir uns nur schwer vorstellen können, wie die Krümmung eines drei- bis vierdimensionalen Raums aussehen könnte, versetzen wir uns fürs Erste in einen zweidimensionalen Raum und nehmen an, dass wir uns auf einer ebenen, abgeschlossenen Fläche bewegen – etwa wie ein Käfer, der über ein Tischtuch krabbelt. Laut der uns geläufigen Schulgeometrie, also der euklidischen Geometrie, die ich weiter oben im Zusammenhang mit der Speziellen Relativität angesprochen habe, können die unterschiedlichen Punkte dieser Ebene mithilfe ihrer kartesischen Koordinaten bestimmt werden – in diesem Fall einem Zahlenpaar x und y, das ihre Position in einem System rechtwinkliger Achsen mit beliebiger Ausrichtung angibt. Die Entfernungen zwischen zwei Punkten lassen sich mit dem Satz des Pythagoras ausdrücken, nämlich als die Quadratwurzel aus der Summe der quadrierten Differenzen der kartesischen Koordinaten dieser zwei Punkte. Der Satz des Pythagoras basiert auf der Tatsache, dass die Winkelsumme in einem Dreieck 180° oder π Radiant beträgt.

Wenn sich unser Käfer nun statt auf einer ebenen auf einer gewölbten Fläche bewegen würde, so bestünde ein auf diese Kuppel gezeichnetes Dreieck aus Kreisbögen, die sich in Winkeln kreuzen, deren Summe größer als π wäre. Die Geometrie der gekrümmten Fläche ist also nicht euklidisch, der Satz des Pythagoras gilt hier nicht. Die kartesischen Koordinaten werden durch die gekrümmten Koordinaten u und v ersetzt (so wie der Längen- und Breitengrad eines Punkts auf der Erdkugel). Das Gitter aus zueinander parallelen oder senkrechten Linien, mit dem sich ein Punkt auf einer Ebene bestimmen lässt, wird zu einem Netz aus Längen und Breiten, also zwei Kreismengen, welche die Kugel überziehen und sich im rechten Winkel schneiden. Dem Abstand zwischen zwei Punkten entspricht dann eine Bogenlänge auf dem Großkreis, der durch diese Punkte verläuft. Liegen die beiden Punkte nah beieinander, so bemisst sich der Abstand wie in der ebenen Geometrie nur über die kleine Differenz du und dv der gekrümmten Koordinaten der beiden Punkte, er wird jedoch nicht mehr über den Satz des Pythagoras ausgedrückt.

Der Ausdruck vom Abstandsquadrat $ds^2 = dx^2 + dy^2$ der gewöhnlichen Geometrie wird durch eine allgemeinere Form der zweiten Ordnung in du und dv ersetzt, die sich folgendermaßen schreiben lässt: $ds^2 = g_{uu}du^2 + g_{vv}dv^2$. Dabei definieren die Koeffizienten g_{uu} und g_{vv} die *lokale Metrik* der Oberfläche – lokal deshalb, weil die Koeffizienten g_{uu} und g_{vv} davon abhängen, an welchem Punkt auf der Kugel man sie definiert. In der Nähe des Äquators sind die Längen- und Breitengrade ungefähr gleich lang und g_{uu} und g_{vv} unterscheiden sich kaum, genau wie in der euklidischen Geometrie. In der Nähe der Pole aber zählt die Längenkoordinate praktisch nicht mehr, da alle Meridiane in einem Punkt zusammenlaufen und g_{vv} viel kleiner ist als g_{uu}.

Für eine Oberfläche mit gleichmäßiger Wölbung ist der Fall einfach gelagert. Für jede zweidimensionale gekrümmte Fläche kann man, wie es der deutsche Mathematiker Bernhard Riemann im 19. Jahrhundert getan hat, auf unendlich viele Arten krummlinige Koordinaten u und v definieren und so die Längen- und Breitengrade der Kugel verallgemeinern. Für jedes Koordinatensystem lässt sich eine Metrik bestimmen, die das Quadrat ds^2 des Abstands zwischen zwei benachbarten Punkten durch eine Formel zweiter Ordnung in du und dv abhängig von den drei Koeffizienten g_{uu}, g_{uv} und g_{vv} definiert. Das Quadrat des Abstands schreibt sich dann: $ds^2 = g_{uu}du^2 + g_{uv}dudv + g_{vv}dv^2$.

Die Krümmung der vierdimensionalen Raumzeit, die wir uns intuitiv unmöglich vorstellen können, würde auf dieselbe Weise durch eine von zehn Koeffizienten abhängige Metrik bestimmt. Vier dieser Koeffizienten multiplizieren dann die vier Quadrate der gekrümmten Raumzeit-Koordinaten, sechs sind die Produkte der untereinander vermischten Koordinaten. Die Menge dieser Koordinaten definiert somit den sogenannten lokalen metrischen Tensor der gravitationalen Raumzeit.

Einstein gelangte so nach und nach zu der Überzeugung, dass ein Schwerefeld nichts anderes ist als eine Krümmung der Raumzeit, welche durch den am einzelnen Punkt geltenden metrischen Tensor angegeben wird. Der Ausdruck dieses Tensors ist abhängig von der Verteilung der im Raum vorhandenen Massen. In Abwesenheit von Masse reduziert sich der Tensor auf den Wert, der von der quasieuklidischen Geometrie der Speziellen Relativität beschrieben wird und nur aus vier Elementen ungleich null besteht: $g_{xx} = g_{yy} = g_{zz} = -1$ und $g_{tt} = 1$ (wenn man die Zeitkoordinate als ct festlegt). Eine Masse verändert die Raumzeit in ihrer Umgebung – etwa so, wie eine schwere Kugel auf einem gespannten Tuch eine Mulde bildet. Materie und Licht, die sich in diesem deformierten Raum befinden, folgen geschwungenen Linien, da sie durch die Anwesenheit von Masse abgelenkt werden. Diese Ablenkung lässt sich mit dem Term für den metrischen Tensor an dem jeweiligen Punkt berechnen. Die Linien nennt man auch Geodäten der gekrümmten Raumzeit. Sie sind Verallgemeinerungen der geraden Linien, welche Teilchen, auf die keinerlei Kraft einwirkt, in den euklidischen Räumen von Inertialsystemen zurücklegen. Der amerikanische Physiker Archibald Wheeler brachte die Zusammenhänge einmal lapidar auf den Punkt: »Die Masse befiehlt der Raumzeit,

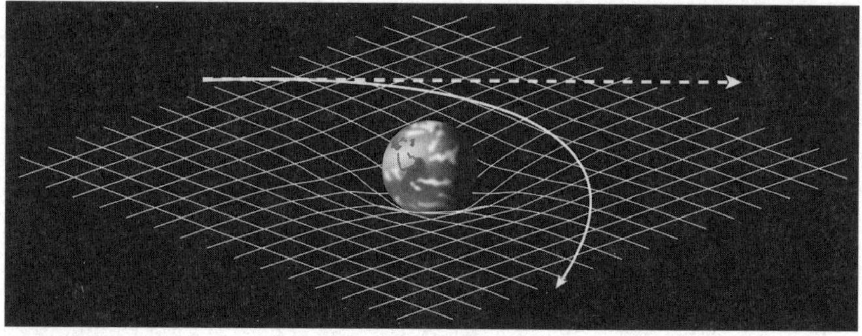

Abb. IV.7. Die Allgemeine Relativität identifiziert die Schwerkraft anhand der Krümmung der Raumzeit. Die Masse gibt der Raumzeit vor, wie sie sich krümmen soll, und im Gegenzug gibt die Raumzeit der Massenenergie vor, wie diese sich im gekrümmten Raum entlang der Geodäten bewegen soll.

wie sie sich krümmen soll, und die befiehlt der Masse, wie sie sich bewegen soll.« Die Gleichungen der Allgemeinen Relativität, mit denen Physiker die Wechselwirkungen zwischen der Masse und der geometrischen Struktur der Raumzeit beschreiben, sind sehr komplex. Für den allgemeinen Fall starker Gravitationsfelder erfordern ihre Lösungen komplizierte Berechnungen. Bei extrem schwachen Gravitationsfeldern jedoch stimmen sie – abgesehen von minimalen Korrekturen – mit den Lösungen für die Newtonschen Gleichungen überein.

Die neuen Voraussagen der Speziellen und der Allgemeinen Relativitätstheorie ließen sich Anfang des 20. Jahrhunderts kaum überprüfen. In einer Welt, in der sich Dinge mit Geschwindigkeiten bewegen, die gegenüber der Lichtgeschwindigkeit verschwindend gering sind, fallen die erwarteten relativistischen Effekte natürlich extrem schwach aus. Selbst die größten messbaren Geschwindigkeiten wie die Bewegung der Erde und der Planeten um die Sonne erreichen ja nur ein Zehntausendstel der Geschwindigkeit von elektromagnetischen Wellen. Die Auswirkungen der Zeitdehnung und Längenkontraktion sowie der Gravitationskrümmung sind hier extrem schwach. Umso beeindruckender ist, wie Einstein diese Effekte allein durch die Kraft der logischen Folgerung aus den einfachen Prinzipien der Relativität vorhersagen konnte, während ihre Manifestationen noch lange nicht beobachtbar waren.

Inzwischen sind wir durch die enormen technologischen Fortschritte des vergangenen Jahrhunderts in der Lage, Materieteilchen – Elektronen, Protonen oder Myonen – auf eine Geschwindigkeit zu bringen, die der des Lichts sehr nahekommt. Dabei stellen wir fest, dass die Trägheitsmasse der beschleunigten Teilchen tatsächlich millionenfach größer ist als in Ruhe. Zur Lenkung dieser Teilchen werden kolossale Magnetfelder benötigt, wie man sie in großen Anlagen wie dem Genfer CERN findet, dessen Kreisbahn einen Umfang von 27 km hat. Instabile Teilchen wie Myonen, die in Ruhe nur wenige Mikrosekunden existieren, überdauern in diesen Beschleunigern tausendmal länger und verdeutlichen so das Zwillingsparadoxon von Langevin. Wir sind außerdem in der Lage, die Masse von Atomen und Kernen vor und nach einer chemischen Reaktion oder einer Kernreaktion zu messen und so die Gültigkeit der Formel $E = mc^2$ mit erstaunlicher Genauigkeit zu überprüfen.

Auch die Zeitmessung hat mit der Entwicklung von Atomuhren gigantische Fortschritte gemacht. Kommerzielle Uhren in Flugzeugen oder Satelliten bestätigen den Effekt der Zeitdehnung der Speziellen Relativitätstheorie mit einer Präzision von 10^{-14}. Sie ermöglichen außerdem, den Effekt der Gravitationskrümmung auf den Verlauf der Zeit aufzuzeigen, da Uhren in verschiedenen Höhen unterschiedlich schnell gehen.

Diese Effekte der Schwerkraft und Relativität sorgen für Verschiebungen von wenigen Dutzend Mikrosekunden pro Tag und mögen unwesentlich erscheinen – und doch sind sie auf jeden Fall ernst zu nehmen und werden etwa beim GPS routinemäßig berücksichtigt. Nur durch diese Korrekturen sind Navigationsgeräte in der Lage, unsere Position auf der Erde präzise zu bestimmen, indem sie Triangulationsmessungen anhand der elektromagnetischen Signale verschiedener Satelliten vornehmen. Würden die GPS-Computer die relativistischen Effekte nicht einbeziehen, so lägen ihre Angaben um mehrere Kilometer daneben! Mit der alltäglichen Nutzung von GPS-Geräten stellen wir also unwissentlich die Spezielle und die Allgemeine Relativitätstheorie auf die Probe, und das mit einer solchen Präzision, wie sie für Einstein und seine Zeitgenossen nicht realisierbar, ja undenkbar gewesen wäre. Von den Navigationsmethoden des 18. Jahrhunderts, die sich nach der periodischen Wiederkehr der Jupitermonde oder dem Takt der Harrison-Chronometer richteten,

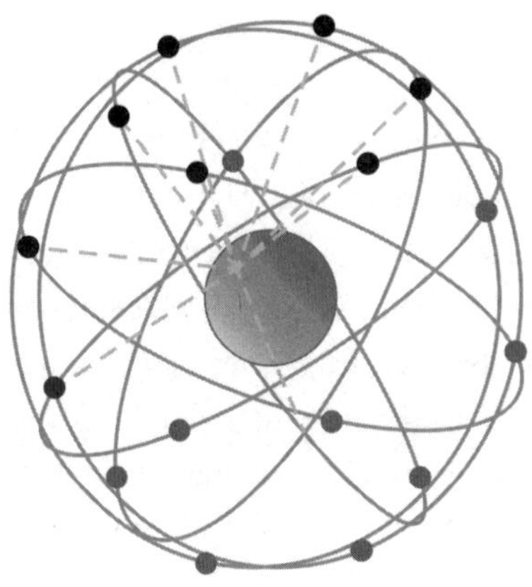

Abb. IV.8. GPS nutzt die Signale von Atomuhren, die in ein die Erde umkreisendes Satellitennetz integriert sind. Die Korrekturen der Speziellen und Allgemeinen Relativität sind für die Weiterverarbeitung der Daten extrem wichtig, denn ohne sie würden die Angaben des GPS um mehrere Kilometer vom korrekten Wert abweichen.

sind wir weit entfernt, aber der Gedanke ist derselbe: Wir nutzen das Wissen, das Wir nutzen das Wissen, das wir durch die von purer Neugier inspirierten Entdeckungen – die »Blue-Sky-Forschung« – gewonnen haben, für unsere alltägliche Orientierung und viele andere praktische Anwendungen.

Die Fortschritte der Astronomie und Astrophysik haben die Vorhersagen der Allgemeinen Relativität auch in Bezug auf starke Gravitationsfelder deutlich bestätigt. So wurde die durch Einsteins Theorie ermöglichte Existenz Schwarzer Löcher durch zahlreiche Beobachtungen bestätigt. Dabei handelt es sich um das Endstadium großer Sterne, die ihren Kernbrennstoff verbraucht haben und in sich zusammenfallen, um dabei ein besonderes Schwerefeld zu erzeugen: einen »Gravitationstrichter«, aus dem selbst Licht nicht entkommen kann.

Am Rand dieser Schwarzen Löcher ist die Krümmung der Raumzeit so stark, dass die Zeit stehen bleibt. Eben diese Situation hatte Einstein in seinem Experiment mit der rotierenden Scheibe vorhergesehen. Wenn sich der Rand der Scheibe der Lichtgeschwindigkeit annähert, bewirkt die Lorentz-Dilatation, dass sich die Zeit ins Unendliche streckt. Die gigantische Zentrifugalkraft der Scheibe entspricht dann der Gravitationskraft, welche die Materie am Horizont eines Schwarzen Loches erfährt – wobei dieser Horizont eine Grenze bildet, hinter der jede Materie auf immer vom Schwerkrafttrichter aufgesogen wird.

Die Gleichungen der Allgemeinen Relativität zeigen auch, dass die Schwerkraft nicht unmittelbar über die Entfernung wirkt: Stattdessen breitet sich die Krümmung der Raumzeit mit Lichtgeschwindigkeit über das Universum aus – wie eine Welle in der Struktur des Kosmos. Auch diese Gravitationswellen werden von Einsteins Gleichungen vorhergesagt, obwohl ihre Existenz lange und sogar von Einstein selbst infrage gestellt wurde, da die Lösung der Gleichungen in Bezug auf starke Gravitationsfelder mit großen mathematischen Schwierigkeiten verbunden ist. Der Nachweis der Wellen mithilfe von Gravitationsantennen, die so etwas wie gigantische Michelson-Interferometer sind, war 2016 die Sensationsmeldung in allen Zeitungen.

Beim ersten aufgezeichneten Ereignis rührten die Wellen aus der Verschmelzung von zwei Schwarzen Löchern, die über eine Milliarde Lichtjahre von unserem Planeten entfernt waren und umeinander kreisten, bis sie irgendwann verschmolzen und dabei im Bruchteil einer Sekunde eine Gravitationsenergie freigaben, die der dreifachen Sonnenmasse entsprach! Das kataklysmische Phänomen erzeugte eine minimale Verschiebung der Interferometerspiegel, in der Größenordnung von einem Milliardstel eines Atoms.

Im Jahre 1915 waren Beobachtungen dieser Art unvorstellbar. Es gab keine Uhren, die präzise genug gewesen wären, um die Auswirkungen der Zeitdehnung zu messen, die durch Bewegungen weit unterhalb der Lichtgeschwindigkeit oder durch schwache Gravitationseffekte seitens unserer Planeten oder der Sonne hervorgerufen werden. Die Interferometer arbeiteten mit klassischem Licht und konnten im besten Fall Verschiebungen von einer zehntel oder einer hundertstel Streifenbreite aufspüren. Um Veränderungen von einer zehnmilliardstel Streifenbreite zu erkennen, wie es zum Nachweis von Gravitationswellen erforderlich ist, musste man auf die Erfindung des Lasers warten sowie auf den Einsatz vielfältiger technologischer Errungenschaften, die sich zu Beginn des vergangenen Jahrhunderts niemand vorstellen konnte.

Einstein konnte jedoch in seinem Artikel von 1915 zwei schon zu seiner Zeit anhand von astronomischen Messungen zu beobachtende Auswirkungen der Allgemeinen Relativität benennen, die eine kleine Korrektur der Voraussagen der klassischen Newtonschen Physik erforderten und so als Bestätigung seiner Theorie dienten. Bei dem ersten Phänomen handelte es sich im Grunde um eine »Nachhersage«: Die Astronomen des 19. Jahrhunderts nämlich hatten den Orbit des Planeten Merkur eingehend beobachtet, der ja der Sonne am nächsten ist und daher die stärkste Massenanziehung durch unseren Stern erfährt. Dabei hatten sie festgestellt, dass es sich nicht etwa um eine geschlossene elliptische Bahn handelte, die mit jedem Umlauf wiederholt würde. Die Achse der Ellipse neigte sich vielmehr mit jeder vollen Um-

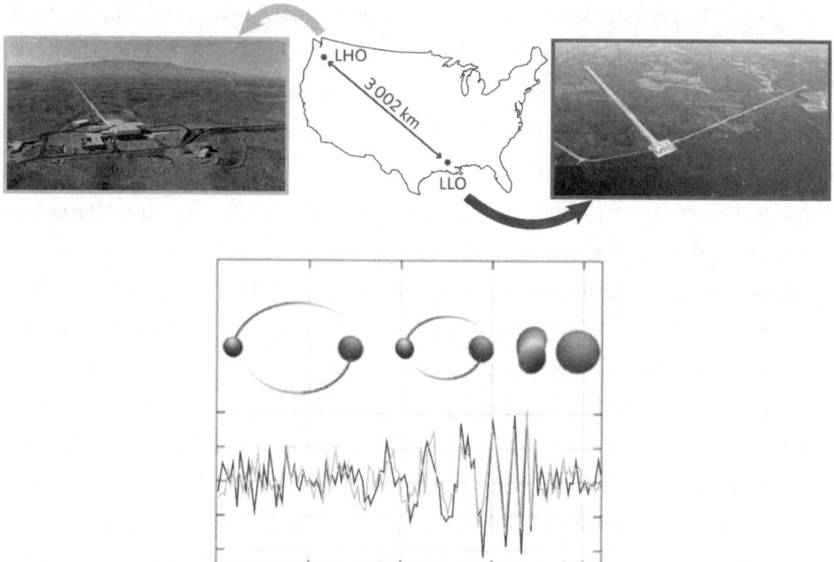

Abb. IV.9. Nachweis von Gravitationswellen durch die beiden 3000 km voneinander entfernten Gravitationsantennen des LIGO (Laser Interferometer Gravitational Wave Observatory) in den US-amerikanischen Staaten Washington und Louisiana. Es handelt sich um riesige Michelson-Interferometer, die auf Spiegelverschiebungen in der Größenordnung von 10^{-18} Metern reagieren, also auf ein Trillionstel einer Streifenbreite! Die von den beiden Detektoren empfangenen korrelierten Schwingungssignale zeigen den Durchgang einer Gravitationswelle, die in weniger als einer Sekunde, mehr als eine Milliarde Lichtjahre von der Erde entfernt, von zwei Schwarzen Löchern ausgesendet wurde, die sich immer schneller umkreist haben und schließlich miteinander verschmolzen sind (*Physical Review Letters*).

drehung um winzige 43 Bogensekunden pro Jahrhundert. Zum Teil ließ sich dies mit der Ablenkung durch andere Planeten, vor allem Venus und Erde, erklären. Dennoch blieben einige Dutzend Bogensekunden übrig, die man diesen Einflüssen nicht zuordnen konnte. Le Verrier, der Entdecker des Neptun, hatte das Phänomen in den 1850er-Jahren ausführlich beschrieben, und die Astronomen dieser Epoche versuchten nach Le Verriers Vorbild, die Umlaufbahn eines hypothetischen sonnennahen Planeten zu bestimmen, durch dessen Anwesenheit sich der Effekt erklären ließe. Doch es fand sich kein neuer Planet, und die Periheldrehung des Merkur, wie das Phänomen in der Wissenschaft heißt, blieb ungeklärt – bis Einstein anhand der Grenzlösung seiner Gleichungen für schwache Gravitationsfelder eben die gemessene Präzessionsgeschwindigkeit nachwies. Le Verriers Beobachtungen hatten dieses Mal nicht zur Entdeckung eines neuen Planeten geführt, sondern als Bestätigung für eine neue Theorie des Universums fungiert.

Der zweite von Einstein vorausgesagte und von Newton so nicht vorhergesehene Effekt war die Ablenkung von Lichtstrahlen im Gravitationsfeld eines Himmelskörpers. Newton war sich dieses Phänomens sehr wohl bewusst, doch war er der Ansicht, dass Licht aus hypothetischen Teilchen bestünde, die ungeachtet ihrer Trägheitsmasse vom Gravitationsfeld der Sonne abgelenkt würden. Der Effekt ist mithilfe der klassischen Mechanik einfach zu berechnen, und man erhält für einen tangential zur Sonne verlaufenden Lichtstrahl eine sehr schwache Ablenkung von 0,8 Bogensekunden. Dieser Winkel wurde ein ganzes Jahrhundert vor Einstein von dem deutschen Astronomen Johann Georg von Soldner berechnet. Die Allgemeine Relativitätstheorie, die ja Masse und Energie zusammenbringt, kam auf denselben Winkel, bis Einstein den zusätzlichen Effekt durch die Raumzeitkrümmung im Umkreis der Sonne einberechnete. Durch die Addition beider Phänomene ergab sich schließlich eine Abweichung von 1,7 Bogensekunden, also etwa dem doppelten Wert von Newtons Vorhersage. Überprüfen wollte man dieses Ergebnis einige Monate nach dem Ende des Ersten Weltkriegs bei einer für den Mai 1919 erwarteten Sonnenfinsternis.

Die Sonne würde dabei vor einem Hintergrund weit entfernter Fixsterne vom Mond verdeckt. Die scheinbare Position eines Sterns, der während der Eklipse am Rand der Sonnenscheibe sichtbar würde, müsste um eben diese 1,7 Bogensekunden verschoben sein. Zum Vergleich dienten die Positionen anderer Sterne, die man während der Sonnenfinsternis und in der folgenden Nacht, also ohne Sonne im Vordergrund, beobachten würde.

Der englische Astronom Arthur Stanley Eddington organisierte daraufhin zwei Expeditionen, einmal in den Norden Brasiliens und einmal auf Príncipe, um an zwei Orten im Bereich des Mondschattens Messungen durchzuführen. Nach der Entwicklung der Photoplatten und der statistischen Analyse der Aufnahmen verkündete man im September 1919, das Urteil falle eindeutig für Einstein aus: Man habe 1,7 Bogensekunden und nicht etwa die Newtonschen 0,8 Bogensekunden Abweichung gemessen. Die in allen Zeitungen des Planeten ausgerufene Neuigkeit machte Einstein von einem Tag auf den anderen weltberühmt – wegen einer Differenz von 0,9 Bogensekunden. Von nun an war er der Wissenschaftler, der den Beweis erbracht hatte, dass wir in einem gekrümmten Raum leben, und der damit unsere Sicht auf die Welt genauso tiefgreifend verändert hat wie Kopernikus vier Jahrhunderte zuvor. Dies zeigte sich natürlich vor allem in allen weiteren Entwicklungen der Geschichte, wie ich sie weiter oben dargestellt habe. Doch der von Eddington erbrachte Beweis stand in Wahrheit auf recht wackligen Füßen. Die Messungen waren mit Ungenauigkeiten und Fehlern gespickt, die durch die statistische Analyse nicht vollends korrigiert werden konnten. Auf manchen Aufnahmen erschien die Position des Sterns näher an Newtons 0,8 Bogensekunden als an Einsteins Wert. Das Problem war, dass Eddington diesen Wert kannte und ihm daran gelegen war, ihn zu bestätigen. Nun war die Theorie, die er so gern unterstützen wollte, ja tatsächlich wahr, und die kleinen – absichtlichen oder unbewussten – Anpassungen, die Eddington vornahm, indem er einzelne Aufnahmen zurückhielt, die zu Newton-freundlich waren, wurde ihm von der Nachwelt nicht übelgenommen.

Das Sonnenfinsternis-Experiment wird oftmals als das historische Ereignis präsentiert, mit dem man den schlagenden Beweis für Einsteins Theorie lieferte. Dabei ist es vor allem eine schöne Erzählung vor dem Hintergrund einer tropischen Expedition, die von der im Dienste der Forschung erfolgten Versöhnung britischer und deutscher Wissenschaftler nach einem mörderischen Krieg handelt. Tatsächlich hätte die Allgemeine Relativitätstheorie stark angezweifelt werden können, wenn dies der einzige Beweis für ihre Richtigkeit geblieben wäre. Wie wir bereits gesehen haben, erfolgten die eigentlichen Belege zugunsten Einsteins später und sind inzwischen in großer Zahl vorhanden. Eddington hatte das Glück, recht zu haben, obgleich seine Beobachtungen anfechtbar waren. Es gibt in der Geschichte der Wissenschaft viele weitere Beispiele für Beobachtungen, die – zuweilen wissentlich – fehlerhaft sind, weil die Experimentierenden eine zu genaue Vorstellung davon hatten, welches Ergebnis sie sehen wollten. Stimmt die Intuition, so werden experimentelle Mängel gerne entschuldigt. Im Endeffekt hatte Einstein den Anschub durch Eddington gar nicht nötig. Es heißt, er habe niemals am Ausgang des Experiments gezweifelt und in der Nacht der Sonnenfinsternis seelenruhig geschlafen, ohne auf Neuigkeiten von Eddington zu lauern. Der Fortgang der Geschichte sollte ihm ja dann über seine Erwartungen hinaus recht geben.

Der Name Einstein bleibt für die breite Öffentlichkeit immer noch aufs Engste mit der Relativität verbunden. Seine Theorie, die nach Aussage Eddingtons nur zwei Menschen auf der Welt wirklich verstanden (dreimal darf man raten, an wen er da dachte!), stürzt Gemeinsterbliche in ein Gefühlsgemisch aus tiefem Erstaunen und leicht beängstigendem Befremden. Ein Jahrhundert nach Eddington sorgte der Nachweis von Gravitationswellen für eine ähnliche Sensation wie die Sonnenfinsternis von 1919. Angesichts dieser minimalen Stauchungen der Raumzeit, die uns reiche Informationen über das Universum liefern, war der Name Einstein erneut in aller Munde.

Die Relativitätstheorie ist dabei nur ein Aspekt des wissenschaftlichen Wirkens von Albert Einstein. Auch zum Verschwinden der zweiten Kelvinschen Wolke hat Einstein wesentlich beigetragen, indem er die Gesetze der mikroskopischen Welt entschlüsselte. So schrieb er 1905, im selben Jahr wie seine Aufsätze zur Speziellen Relativität, den ersten Beitrag zur Quantisierung des Lichts. Auch in den folgenden Jahren hat Einstein an der Vertiefung der Quantentheorie mitgewirkt, die heute doch unzählige technologische Auswirkungen zeigt. Man kann mit Fug und Recht sagen, dass Einstein durch seinen Beitrag zum Entstehen der Quantenphysik größeren Einfluss auf unser Alltagsleben genommen hat als durch die Entdeckung der Relativität.

Dabei gibt es einen großen Unterschied zwischen diesen beiden Aspekten von Einsteins absolut bedeutendem Schaffen – denn die Relativität ist ein Produkt seiner Gedanken, sie ist aus einer einzigen, logisch zwingenden Idee hervorgegangen. Die experimentelle Beobachtung hatte praktisch keinen Einfluss auf die Ausarbeitung seiner Theorie, und auch das Michelson-Morley-Experiment spielte keine Rolle. In seinen Veröffentlichungen zur Relativität erwähnt es Einstein kein einziges Mal. Für ihn war die Konstanz der Lichtgeschwindigkeit in einem Inertialsystem eine theoretische Notwendigkeit, und wenn Michelson in seinem Experiment eine Verschiebung der Beugungsmuster festgestellt hätte, so hätte Einstein diese ganz sicher einem Ausführungsfehler zugeschrieben.

Als Einstein 1931 bei seinem ersten Besuch in Kalifornien mit Michelson zusammentraf, so erzählt man sich, habe er ihn ebenso höflich begrüßt wie alle anderen Professoren, mit denen ihn der Rektor der Universität bekanntmachte. Mit keinem Wort habe er erwähnt, dass ihn das negative Resultat des berühmten Experiments habe beeinflussen können. Einsteins Gastgeber war jedenfalls merklich enttäuscht über die mangelnde Aufmerksamkeit für den betagten Forscher, der ab 1887 bis an sein Lebensende mit immer feineren Methoden versuchte, die Existenz eines Äthers nachzuweisen, dem die Relativitätstheorie doch inzwischen eine klare Abfuhr erteilt hatte. Michelsons Bemühungen und alle nachfolgenden Experimente, mit denen die Konstanz der Lichtgeschwindigkeit nachgewiesen werden sollte, waren zwar nicht unnütz geworden, doch hatte sich die Beweislast quasi umgekehrt. Es ging nicht darum, dass die Theorie die Beobachtungen erklärte, sondern darum, dass die Beobachtungen die Gültigkeit des Relativitätsprinzips bestätigten.

Für Einstein hatte sich Lord Kelvins erste Wolke ganz einfach durch die Kraft logischer Argumente aufgelöst, ohne die Notwendigkeit, auf irgendeine Form der experimentellen Beobachtung zurückgreifen zu müssen. Bei der zweiten Wolke, bei der es ja um die ungeklärten Eigenschaften der thermischen Strahlung ging, lag der Fall anders. Um diesen Nebel aufzulösen, entwickelten Einstein und andere Physiker die Quantentheorie und ließen sich dabei durch neuartige Beobachtungen aus der mikroskopischen Welt leiten, in einem intensiven und fruchtbaren Austausch zwischen Experiment und Theorie. Einstein bewies hier erneut sein Genie und seine erstaunliche physikalische Intuition, doch bewegte er sich in der Quantenwelt nie so souverän wie in der Relativität. Während sich ihm das Prinzip der Relativität sehr schnell erschloss, ließen ihn die Postulate der Quantenphysik, zu deren Entstehung er manchmal fast widerwillig beitrug, zeitlebens mit dem unguten Gefühl der Unabgeschlossenheit zurück. Die Geschichte der Quantenphysik, der wir uns im nachfolgenden Kapitel widmen, ist daher in mehr als einer Hinsicht komplexer und dramatischer als die der Relativität.

Kapitel V

LICHT ERHELLT DIE SELTSAME QUANTENWELT

In einer Vitrine im Kopenhagener Niels-Bohr-Institut ist ein seltsamer kleiner Metallkasten ausgestellt. Er ist mit einer Feder an einem Holzrahmen befestigt, an dessen Rand eine Skala klebt. Ein Pfeil an dem schwarzen Metallkästchen zeigt auf diese Skala und gibt augenscheinlich an, wie viel es wiegt, wenn es an der Feder hängt. Auf dem vorderen Deckel des Kästchens stehen ein paar Formeln in weißen Buchstaben, darunter sieht man die Initialen A.E. ⇔ N.B. Der Deckel ist etwas hochgeschoben, und aus dem Innern lugen kleine Geräte und Kabel hervor. Bei der Apparatur, so liest man in der Beschreibung unterhalb der Vitrine, handelt es sich um ein Weihnachtsgeschenk für Albert Einstein und Niels Bohr, das ihnen George Gamow, ein junger Besucher des Instituts, 1930 spaßeshalber überreichte. Das schwarze Kästchen ist ein humoristisches Modell der *Photonenwaage*, einem berühmten Gedankenexperiment, das Einstein und Niels Bohr im Laufe ihrer Gespräche über die Prinzipien der jungen Quantenphysik ersannen.

Das zehn Jahre zuvor gegründete Institut war zum Mekka der neuen Physik geworden, und Niels Bohr war der unangefochtene Meister des Fachs: Er war es, der die Gesetze der Quantentheorie aufgestellt hatte und festlegte, wie diese zu verstehen waren. Der *Kopenhagener Deutung* sollte die große Mehrheit der Physiker in den kommenden Jahrzehnten folgen. Wie Gamow sind die meisten Akteure, die zur Entstehung der Theorie beigetragen haben, in dieser Zeit mindestens ein Mal nach Kopenhagen gereist. So formulierte Werner Heisenberg seine berühmten Unschärferelationen nach einem seiner Besuche in Bohrs Institut.

Über die Analyse der tiefergehenden Implikationen dieser Relationen ent-

Abb. V.1. Gamows Photonenwaage, ein Geschenk an Einstein und Bohr aus dem Jahr 1930, in Erinnerung an ihre berühmte Debatte über die Unschärferelationen bei der Solvay-Konferenz im selben Jahr (vgl. Abb. V.10.).

wickelte und präzisierte Bohr das quantentheoretische Prinzip der Komplementarität. Doch nicht alle, die den Ausführungen des dänischen Wissenschaftlers folgten, waren mit ihm einer Meinung. Bohr insistierte jedoch sehr auf seiner Sicht der Dinge und versuchte, alle Zweifler davon zu überzeugen, dass nur seine Theorie geeignet sei, das Verhalten der Natur auf der Ebene der Atome und Photonen vollständig und zusammenhängend zu beschreiben.

In den Diskussionen wandte er sich vor allem gegen Einstein, der doch ein Vierteljahrhundert zuvor die Quanten in die Physik eingeführt hatte, sich nun aber weigerte, die von Bohr gelieferte Interpretation als letztes Wort zu betrachten. Die Photonenwaage als ein wichtiges Gedankenexperiment, bei dem die Ansichten von Einstein und Bohr auseinandergingen, symbolisierte diese bei der Solvay-Konferenz von 1930 ausgetragene Debatte. An den Holzrahmen seiner Installation klebte Gamow eine Art Briefmarke mit Einsteins Profil und dem englischen Wort »*patent*«: Damit wollte er wohl auf ironische Weise hervorheben, dass N.B. bei der Auseinandersetzung mit A.E. daran gelegen war, seiner Theorie besondere Authentizität und Vollständigkeit zu bescheinigen. Oder aber die Briefmarke soll mit einem Paradox zum Ausdruck bringen, dass es sich hier um eine rein theoretische Debatte handelte, deren Protagonisten bestimmt nicht darauf hofften, eine patentierbare praktische Erfindung präsentieren zu können.

Bevor wie darangehen, die rätselhaften Symbole auf dem Deckel der Photonenwaage zu entziffern, wollen wir in diesem Kapitel dem historischen Faden der Entstehung und Entwicklung der Quantenideen folgen. Dabei wird uns wie im vorigen Kapitel Einstein leiten, und das aus vielerlei Gründen. Er war es, der 1905 das Fundament der neuen Physik legte, indem er das Konzept des Photons einführte. In den folgenden zwanzig Jahren lieferte Einstein entscheidende Beiträge zum Ausbau der Quantentheorie. Er ermunterte die jungen Physiker der nachfolgenden Generation, ihre Überlegungen und Experimente ständig zu vertiefen und zu verfeinern, bis sich schließlich 1925 der Vorhang lichten sollte, der die mathematischen Gesetze der mikroskopischen Welt verdeckt hatte. Und all dies leistete Einstein, während er parallel dazu die Theorien der Speziellen und Allgemeinen Relativität erarbeitete.

Einstein kritisierte in der Folge, wie die Gesetze des unendlich Kleinen in Kopenhagen interpretiert wurden, und suchte nach einer Wahrheit jenseits dieses Beschreibungsrahmens. Seine Kritik war insofern heilsam, als sie Bohr und Heisenberg anstachelte, das Prinzip der Komplementarität und die Unschärferelationen genauer zu erläutern. Seine Reflexionen führten Einstein in den 1930er-Jahren schließlich zur Quantenverschränkung, dem zweifellos am meisten verstörenden und kontraintuitivsten Phänomen der neuen Physik. Die von ihm vorangebrachten Ideen treiben noch heute einen extrem aktiven und vielversprechenden Forschungszweig an, nämlich die Quanteninformatik.

Kehren wir also noch einmal zum Wunderjahr 1905 zurück. Knapp zwei Monate vor seinem die Relativität begründenden Artikel veröffentlichte Einstein einen Beitrag, der ob seines philosophisch klingenden Titels in einer wissenschaftlichen Zeitschrift ungewöhnlich anmutet: *Über einen die Erzeugung und Verwandlung des Lichtes betreffenden heuristischen Gesichtspunkt.* Einstein schlägt darin zwei Fliegen mit einer Klappe: Er liefert eine Erklärung für die bis dahin unverstandenen Aspekte der thermischen Strahlung und interpretiert die überraschenden Eigenschaften des damals eben erst beobachteten photoelektrischen Effekts. So führte er zwei revolutionäre Konzepte ein: das Photon und den *Welle-Teilchen-Dualismus.*

Erinnern wir uns: Die zweite Wolke, von der Lord Kelvin bei der Konferenz im Jahre 1900 an der Royal Institution sprach, hat mit der Spektralverteilung des von aufgeheizten Körpern emittierten Lichts zu tun. Man spricht hier von thermischer Strahlung oder Schwarzkörperstrahlung. Jeder Körper strahlt sichtbares, infrarotes und ultraviolettes Licht ab, wobei das Spektrum dieses Lichts von der Temperatur abhängt. Diese Strahlung lässt sich beobachten, indem man einen Hohlraum mit einer lichtabsorbierenden Hülle (daher der Name »Schwarzer Körper«) auf einer Temperatur T hält und die Strahlung misst, die durch ein kleines Loch in dieser Hülle entweicht. Die Wellenlängenverteilung des bei einer fixen Temperatur emittierten Lichts war Ende des 19. Jahrhunderts durch präzise Experimente ermittelt worden. Die Kurve der abgestrahlten Intensität in Abhängigkeit von der Frequenz ist glockenförmig, mit einem Maximum, das sich mit zunehmender Temperatur zu den höheren Frequenzen, also zu den kürzeren Wellenlängen, verschiebt. Diese experimentelle Tatsache ist leicht zu beobachten: Bei normaler Temperatur liegt das Strahlungsmaximum bei 10 Mikrometern Wellenlänge im infraroten Bereich. Wird der Körper erhitzt, beginnt er, rotes Licht abzugeben. Bei weiter steigenden Temperaturen geht das Licht in den orangefarbenen und schließlich gelben Bereich über. Ungeachtet der Temperatur fällt die Kurve bei langen und kurzen Wellenlängen auf 0 ab.

Seltsamerweise kann die klassische Physik diese einfachen Zusammenhänge nicht erklären. Nach Maxwell ist jede Frequenzkomponente eines elektromagnetischen Feldes in einem Hohlraum analog zu einem kleinen schwingenden Oszillator. Die Anzahl dieser elementaren Oszillatoren in einem kleinen Spektralintervall um eine Frequenz ν steigt mit dem Quadrat dieser Frequenz. Der Anstieg ist qualitativ zu verstehen: Je höher die Frequenz, desto kleiner die Wellenlänge und desto mehr Feldmoden können zwischen den Wänden eines festgelegten Hohlraums schwingen.

Die klassische Thermodynamik gibt übrigens vor, dass sich die Feldenergie in gleichen Teilen auf alle Schwingungsmoden verteilt, wobei die mittlere Energie jeder Mode proportional zur absoluten Temperatur T ist. Diese entspricht der normalen Celsius-Temperatur, die man um 273,16 °C erhöht. Man spricht von der absoluten Temperatur, da am Nullpunkt der Skala jede

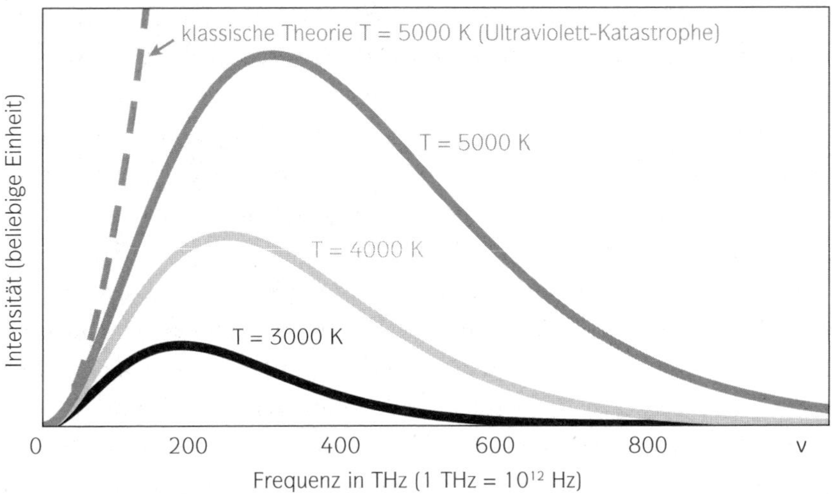

Abb. V.2. Spektrum der Wärmestrahlung bei verschiedenen Temperaturen *T*. Das Maximum der glockenförmigen Kurven verschiebt sich in Richtung der kurzen Wellenlängen, wenn *T* steigt. Die klassische Theorie (dargestellt in gestrichelten Linien für die höchste Temperatur T = 5000 K) sagt eine gegen unendlich gehende Intensität bei kurzen Wellenlängen voraus (»Ultraviolett-Katastrophe«).

Wärmebewegung aufhört: Hier wird jeglicher Freiheitsgrad eines Systems im niedrigsten Energiezustand eingefroren. Dem Verkünder der beiden Wolken zu Ehren spricht man von Grad Kelvin. Die Kelvin-Temperatur ist immer positiv, da es unterhalb des absoluten Stillstands keine Wärmebewegung geben kann. Dieser Zustand wird im Übrigen nie ganz erreicht, man kann sich ihm heutzutage aber bis auf einige milliardstel Kelvin annähern.

Die Proportionalitätskonstante k_B zwischen der mittleren Energie einer Mode des elektromagnetischen Feldes und der absoluten Temperatur T wurde durch Boltzmann in die Physik eingeführt. Die Gleichverteilung der Energie auf sämtliche Moden ist Ausdruck eines »demokratischen« Prinzips, nach dem die Natur zu einem thermischen Gleichgewicht tendiert und daher bestrebt ist, die Energie eines Systems gleichmäßig auf dessen Freiheitsgrade zu verteilen. Ist die Energie einmal ungleich verteilt, so werden die unterschiedlichen Anregungen der Oszillatoren durch Wärmeaustausch ausgeglichen. Hieraus ergibt sich, dass die Intensität der Wärmestrahlung, die dem Hohlraum mit der gegebenen Frequenz ν entweicht, zu k_BT und ν^2 proportional sein müsste. Das entsprechende Gesetz wurde von den Physikern Rayleigh und Jeans aufgestellt und berücksichtigt die Spektralverteilung der Wärmestrahlung mit kleinen Frequenzen, also großen Wellenlängen. Bei kurzen Wellenlängen entfernt sie sich vom beobachteten Spektrum und führt zu einer Absurdität: Die Strahlung divergiert, ihre Frequenz geht gegen unendlich. Das aber ergibt physikalisch keinen Sinn, und man spricht daher von der »Ultraviolett-Katastrophe«.

Planck hatte im Jahre 1900 eine mathematische Formel gefunden, die sehr wohl zu den Messungen passte und die Katastrophe verhinderte, indem sie ausdrückte, dass der Energieaustausch zwischen Licht und Materie nur über diskrete Elemente oder Energiequanten $h\nu$ vonstatten gehen könne, die proportional zur Frequenz sind. Auf diese Weise hatte er die berühmte Proportionalitätskonstante h zwischen Energie und Frequenz eingeführt, die auch das Plancksche Wirkungsquantum genannt wird. Doch erschien diese Formel wie ein mathematischer Trick, eine Ad-hoc-Maßnahme zur Rettung der klassischen Physik, mit der man die zweite Kelvinsche Wolke vertreiben wollte. In dieser Hinsicht spielte sie eine ähnliche Rolle wie die Lorentz-Kontraktion, mit der man die erste Wolke aufzulösen gedachte. Einstein aber konnte sich mit Erklärungen dieser Art nicht zufriedengeben.

Das Licht zwischen Wellen und Teilchen

Für den jungen Berner Physiker bekamen die Quanten eine tiefergehende Bedeutung. Seiner Ansicht nach musste nicht nur der Austausch zwischen Licht und Materie, sondern die Energie der Feldoszillatoren selbst quantisiert werden. Er stellte die Hypothese auf, dass jede Feldmode eine Energie-»Leiter« besitzt, deren Sprossenabstand $h\nu$ proportional zur Frequenz ist. Energien zwischen den Sprossen sind nicht zulässig. Wird nun von einer Sprosse zur nächsten gesprungen, so bedeutet dies, dass ein Körnchen Lichtenergie – das spätere Photon – emittiert beziehungsweise absorbiert wird. Je höher die Frequenz, desto größer ist der Abstand zwischen den Sprossen und desto energieintensiver wird der Aufstieg auf der Leiter. Das Wärmefeld in jeder Mode ist also zwischen entgegengesetzten thermodynamischen Einschränkungen gefangen.

Präzisieren wie diesen Antagonismus, indem wir uns noch einmal einige einfache Grundsätze der Thermodynamik vor Augen führen. Die in konsequenter Form Ende des 19. Jahrhunderts von Gibbs in den USA und Boltzmann in Österreich entwickelte Disziplin führte eine Funktion F namens freie Energie ein, um das Gleichgewicht eines physikalischen Systems zu analysieren, das in Kontakt mit einem Umfeld mit der Temperatur T tritt. Diese Funktion entspricht $E - TS$, wobei E die Energie des Systems und S seine Entropie ist, mit der sein Grad an ungeordneter Bewegung angegeben wird. Der zweite Hauptsatz der Thermodynamik besagt, dass jedes auf der Temperatur T gehaltene System dazu tendiert, seine freie Energie zu minimieren.

Bildlich und ein wenig vermenschlichend könnte man es so ausdrücken: Ein im Gleichgewicht befindliches thermodynamisches System mit der Temperatur T ist einerseits bequem, da es dazu neigt, seine Energie bei konstanter Entropie zu verringern, wodurch F abnimmt. Zugleich will es aber bei konstanter Energie seine Entropie vergrößern, wodurch sich F ebenfalls reduziert. Je nach Temperatur nimmt die eine oder andere Tendenz überhand. Bei sehr niedrigen Temperaturen siegt die Bequemlichkeit und das System sucht den niedrigsten Energiezustand. Bei hohen Temperaturen zieht das System die Unordnung vor, um S so weit wie möglich zu steigern. Bei dazwischen liegenden Temperaturen sucht das System einen Kompromiss, indem es die optimale Balance zwischen E und S beibehält, um so F zu minimieren.

Das Prinzip der Gleichverteilung der Energie, das jedem Oszillator eine mittlere Energie $k_B T$ zuteilt, resultiert aus diesem Kompromiss. Das gilt aber nur, wenn die Energie *kontinuierlich variieren* kann. Die Situation sieht ganz anders aus, wenn sich die Energie nur durch einzelne Sprünge verändern kann. Jeder Oszillator wäre dann quasi eine Leiter mit Sprossen in gleichen Abständen. Bei der Suche nach einem Kompromiss zwischen der Minimierung seiner Energie (also dem Verharren auf einer möglichst niedrigen Stufe) und der Maximierung seiner Entropie (also dem Besetzen möglichst vieler Stufen zur Steigerung der Unordnung) hängt die »Entscheidung« des Feldes von seiner Frequenz und seiner Temperatur ab. Bei niedriger Frequenz gibt es viele Sprossen der Größenordnung $k_B T$, und der Gleichverteilungssatz wie auch die aus ihm abgeleitete Formel von Rayleigh-Jeans liefern eine gute Annäherung. Wenn aber $h\nu$ die Größenordnung von $k_B T$ einnimmt, kostet der Aufstieg auf eine höhere Stufe zu viel Energie, sodass das System lieber seine Entropie steigert, indem es viele Stufen besetzt und seine freie Energie niedrig hält. Die Bequemlichkeit siegt also über die Unordnung. Die hochfrequenten

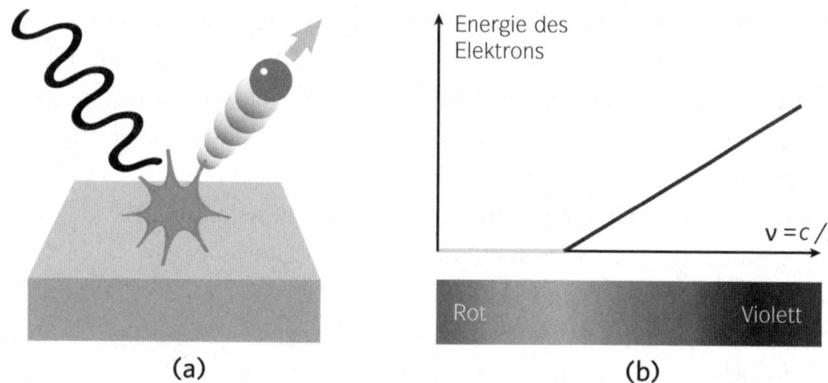

Abb. V.3. Der photoelektrische Effekt. (a) Oberhalb einer Schwellenfrequenz löst Licht Elektronen aus einer Metalloberfläche. (b) Laut Einsteins Theorie hängt die Energie der ausgestoßenen Elektronen allein von der Farbe des Lichts ab. Ausgehend von einem Nullwert an der Schwelle steigt diese Energie linear mit der Frequenz der Lichtwelle. Die Steigung ist gleich der Planckschen Konstante h.

Quantenoszillatoren verharren in ihrem Grundzustand, womit die Ultraviolett-Katastrophe verhindert wird und sich das Plancksche Gesetz ergibt.

Im selben Artikel zeigte Einstein, dass das Konzept des Photons ein weiteres Rätsel des Lichts erklärte, nämlich die merkwürdigen Eigenschaften des photoelektrischen Effekts. Wird ein Metall bestrahlt, so emittiert es in einigen Fällen Elektronen (diese Elementarteilchen wurden 1897 entdeckt). Doch tritt dieser Effekt seltsamerweise nur ein, wenn die Frequenz des Lichts einen bestimmten Schwellenwert übersteigt, der vom jeweiligen Metall abhängt. Unterhalb dieser Schwelle wird ungeachtet der Lichtstärke kein einziges Elektron gelöst. Oberhalb der Schwelle dagegen setzt selbst sehr schwaches Licht Elektronen frei.

Einstein erklärte dieses Phänomen mit dem Postulat, dass ein Elektron des Metalls ein Photon aufnehmen muss, um sich zu lösen. Hierzu muss das Photon eine minimale Extraktionsenergie W besitzen – daher die Frequenzschwelle. Hat das Licht trotz hoher Intensität keine ausreichende Frequenz, so kann keines seiner Photonen ein Elektron lösen. Veranschaulichen lässt sich dies an folgendem Bild: Starker, lang anhaltender Schneefall hat weniger Auswirkungen auf eine empfindliche Oberfläche als ein Hagelgewitter, bei dem die gleiche Menge an Wasser in gefrorenen Körnern, also einzelnen Energieeinheiten, aufschlägt.

Zugleich sagte Einstein eine bis dahin nicht beobachtete Eigenschaft voraus:

Nahm nämlich die Lichtfrequenz über die Schwelle hinaus zu, so musste sich der Energieüberschuss in einer gesteigerten kinetischen Energie der extrahierten Elektronen zeigen. Diese Energie variierte linear zur Lichtfrequenz, und aus der Steigung der Geraden sollte sich eine neuartige Messung der Planck-Konstante ergeben. Dass diese Zusammenhänge einige Jahre später durch den amerikanischen Physiker Robert Millikan experimentell bestätigt wurden, war Anlass, Einstein 1921 den Nobelpreis zu verleihen: In der Begründung ist von der Klärung des photoelektrischen Effekts und nicht von der Relativität die Rede.

Indem er davon ausging, dass die Quantisierung von Energie nicht nur ein mathematischer Trick, sondern vielmehr eine grundlegende physikalische Wahrheit war, vollzog Einstein einen gigantischen Schritt. Seit den Interferenzexperimenten von Young und Fresnel und der Maxwellschen Theorie war man sich einig, dass Licht eine Welle ist, so wie es Huygens seit dem 17. Jahrhundert propagiert hatte. Newtons Korpuskulartheorie hatte man endgültig fallen gelassen. Auch Einstein bestritt in seinem 1905 erschienenen Artikel über das Licht weder die Wellentheorie noch die Maxwell-Gleichungen (auf die er sich im Übrigen gestützt hatte, um die Relativität zu begründen), doch stellte er die revolutionäre Behauptung auf, Licht sei eine Welle, wenn es sich ausbreite und durch Interferenzphänomene manifestiere, und es bestehe aus einzelnen Teilen, wenn es in Wechselwirkung mit Materie trete.

Somit brachte er Huygens und Newton überraschenderweise unter einen Hut und führte einen Dualismus ein, der die Physik ab da bestimmen sollte. Das Photon als korpuskulare Erscheinungsform des Lichts breitet sich mit der Grenzgeschwindigkeit c der Information aus. Jedem Photon einer ebenen Welle der Energie $h\nu$ ist nach der Speziellen Relativitätstheorie der Impuls $h\nu/c$ zugeordnet. Ist Licht zirkular polarisiert, hat es auch einen Drehimpuls, wobei jedes Photon eine Einheit transportiert, die gleich $h/2\pi = \hbar$ *ist* (siehe Kapitel I).

Die Quanten weiten sich auf die Materie aus

Das Außergewöhnliche an Einstein ist seine Fähigkeit, Folgerungen aus seinen Entdeckungen zu ziehen, ohne sich dabei von vorgefertigten Ideen lenken zu lassen, und seine Ergebnisse auf andere Gebiete der Physik zu übertragen. Da er einmal die Notwendigkeit zur Quantisierung von Lichtoszillatoren begriffen hatte, extrapolierte er das Ergebnis auf mechanische Oszillatoren, also Atome in einem Festkörper. Diese Atome schwingen mit einer von der kristallinen Struktur abhängigen Frequenz um ihre Gleichgewichtslage. Dabei ist die Schwingungsfrequenz umso höher, je fester der Körper ist. Seit dem 19. Jahrhundert und den französischen Physikern Dulong und Petit wusste man, dass die spezifische Wärme von Festkörperatomen – das ist die Energiemenge, die man pro Atom zuführen muss, um den Körper um ein Grad aufzuwärmen – bei vielen Elementen einen Wert annahm, der dem Dreifachen der Boltzmann-Konstante entsprach.

Dieses Ergebnis war eine Konsequenz aus der Gleichverteilung, bei der jedem Atom drei Elementaroszillatoren entsprechen, die in drei Raumrichtungen schwingen. Doch gab es Ausnahmen von der Regel: etwa den Diamant, dessen spezifische Wärme pro Kohlenstoffatom den Boltzmannschen Wert unterschreitet. Einstein vermutete nun, dass die atomaren Oszillatoren genau wie die Oszillatoren des elektromagnetischen Feldes quantisiert waren. Im Diamant mussten sie schneller schwingen als in anderen Elementen, für die das Gesetz von Dulong und Petit galt. Daraus ergab sich nach dem Vorbild der Wärmestrahlung, dass die Anregung der hochfrequenten Oszillatoren bei Raumtemperatur eingefroren sein musste. Das Experiment bestätigt, dass die spezifische Wärme eines Diamanten bei ausreichender Erwärmung steigt und sich dem Gesetz von Dulong und Petit annähert. Umgekehrt sagte Einstein voraus, dass bei einer ausreichend niedrigen Temperatur unterhalb eines vom jeweiligen Festkörper abhängigen Werts die spezifische Wärme pro Metallatom absinkt und beim absoluten Nullpunkt der Kelvin-Skala verschwindet.

Einstein stellte seine theoretische Analyse bei der ersten Solvay-Konferenz im Jahre 1911 vor, bei der er Lorentz, Marie Curie, Langevin und andere große Physiker des Jahrhundertbeginns traf, die unter anderem die Ideen der aufkommenden Quantenphysik besprachen. Ernest Solvay war ein belgischer Chemiker und Industrieller, der sich für Physik begeisterte und eine Konferenzreihe ins Leben rief, deren Teilnehmer sich ab 1911 regelmäßig über die neuesten Ideen der Wissenschaft austauschten. Es gibt eine berühmte offizielle Fotografie der ersten Zusammenkunft, auf der die damalige Elite der Physik rund um Solvay versammelt ist – darunter alle großen Namen, die zur Erhellung der neuen Quantentheorie beitrugen. Marcel Brillouin, Professor am Collège de France (dessen Sohn Léon gut zwanzig Jahre später zu

Abb. V.4. Die Solvay-Konferenz im Jahre 1911. Fast alle Hauptakteure unserer Geschichte sind hier vertreten.

den Begründern der Festkörper-Quantentheorie gehörte), und der Experte für Röntgenstrahlen Maurice de Broglie waren bei dem Kongress als Schriftführer tätig. Im Collège de France sind die von Marcel Brillouin mit Bleistift annotierten hektographierten Protokolle erhalten.

Einstein, der damals vor allem wegen seiner Arbeiten zur Relativität bekannt war, präsentierte dort einen Artikel mit dem Titel *Zum gegenwärtigen Stande des Problems der spezifischen Wärme*, dessen erster Abschnitt »Zusammenhang zwischen spezifischer Wärme und Strahlungsformel« heißt. Der Text legt dar, wie sich Plancks Formel nicht nur auf die Strahlung, sondern auch auf materielle Oszillatoren anwenden lässt.

Ab diesem Moment war klar, dass die Planck-Konstante nicht nur eine in ein mathematisches Modell eingeführte Kuriosität war, mit der man die Theorie der Beobachtung anpassen wollte. Es handelte sich um eine grundlegende Konstante der Natur, die bei allen Phänomenen der mikroskopischen Welt eine Rolle spielt. Ihr endlicher Wert war ein Indikator für die diskrete Beschaffenheit mikroskopischer physikalischer Größen. Auf die klassische

Physik berief man sich nur noch als Annäherung, wenn die beteiligten Wärmeenergien $k_B T$ im Vergleich zum Quantum $h\nu$ groß waren und h daher mit null gleichgesetzt werden konnte. Die physikalischen Revolutionen zu Beginn des 20. Jahrhunderts haben die Theorien von Newton und Maxwell also keinesfalls abgeschafft, sondern verallgemeinert. Die klassische Mechanik findet sich als Grenzwert der Quantenmechanik wieder, wenn h mit 0 gleichgesetzt werden kann, und genauso als Grenzwert der Relativitätstheorie, wenn die Geschwindigkeiten der beteiligten Phänomene einer sehr hohen Lichtgeschwindigkeit c gegenüberstehen. Diese wird dann als unendlich betrachtet und $1/c$ mit 0 gleichgesetzt.

Einsteins doppeltes Genie lag also darin, dass er durchschaute, was passieren würde, wenn die endlichen Werte h und $1/c$ nicht mehr vernachlässigt werden könnten. George Gamow – der junge Forscher, der Bohr und Einstein sein Modell der Photonenwaage überreichte – war ein großer Erklärer der Physik. Aus seinen populärwissenschaftlichen Werken leuchten sein tiefes Verständnis des Fachs und sein wunderbarer Sinn für Humor. Er schildert darin die »seltsamen Reisen« seines Helden Mister Tompkins, der Universen durchstreift, in denen h und $1/c$ so groß sind, dass sie auch im alltäglichen Leben nicht ignoriert werden können. Gamow setzt seinen Lesern die Konzepte der Relativität und der Quantenphysik spielerisch auseinander, indem er die Seltsamkeiten einer Welt vorführt, in der man mit Beinahe-Lichtgeschwindigkeit unterwegs ist oder wie die Liliputaner in die Quantenmaterie reisen kann.

Bei der Entdeckung der ersten Quanteneffekte zeigte sich, dass diese offenbar durch niedrige Temperaturen begünstigt werden. Diese Annahme hat die Physik des 20. Jahrhunderts durchgehend bestätigt. Eben in diesem Jahr 1911, kurz nach der Solvay-Konferenz, entdeckte der Holländer Heike Kamerlingh Onnes (auf dem Foto der Zusammenkunft sieht man ihn neben Einstein) die supraleitende Eigenschaft von bestimmten Metallen – das heißt ihre Fähigkeit, bei sehr niedrigen Temperaturen Strom praktisch ohne Widerstand zu leiten. Supraleitfähigkeit ist ein Quanteneffekt, der oberhalb einer sogenannten Sprungtemperatur verschwindet. Eine vollständige Erklärung des Phänomens gab es erst 1957, obwohl Einstein – wie wir noch sehen werden – schon in den 1920er-Jahren einen entscheidenden Ansatz zu seinem Verständnis lieferte.

Der Mann, der auf der Aufnahme mit den Konferenzteilnehmern neben Kamerlingh Onnes steht, heißt Ernest Rutherford und spielt in unserer Geschichte eine ebenso wichtige Rolle. In genau diesem Jahr 1911 erdachte er ein Experiment, für das er beim radioaktiven Zerfall instabiler Atomkerne erzeugte Alphastrahlen durch eine dünne Goldschicht leitete. Alphastrahlung besteht aus Heliumatomkernen, deren positive elektrische Ladung doppelt so groß ist wie die eines Protons. Während die meisten Alphateilchen die Goldfolie ohne Ablenkung passierten, erfuhr eine kleine Anzahl eine starke Ablenkung. Rutherford schloss daraus, dass die Atome der Goldfolie aus quasi punktförmigen positiven Ladungen bestehen, nämlich den Atomkernen, die den Hauptteil der Materiemasse ausmachen. Den Rest bilden viel leichtere Elektronen, welche die Bahnen der Alphateilchen nicht ablenken. Die Teilchen durchlaufen also die Goldfolie in den Zwischenräumen zwischen den Kernen und werden von der Coulombschen Abstoßung kaum abgelenkt – es sei denn, ihre Bahnen kommen den Atomkernen zu nahe.

Aus diesen Beobachtungen ergab sich unmittelbar die Idee, dass das Atom quasi wie ein kleines Sonnensystem aufgebaut sein musste: Der schwere, extrem kleine Kern in der Rolle der Sonne konzentrierte einen Großteil der Masse auf sich. Die leichten Elektronen dagegen kreisten wie Planeten um dieses Zentrum, und zwar in – verglichen mit den Dimensionen des Kerns – sehr weiten Bahnen. Doch an dieser Stelle landete die klassische Physik erneut in einer Sackgasse. Denn nach der Maxwellschen Theorie mussten die den Kern umwandernden Photonen Energie abstrahlen und mit großer Geschwindigkeit auf den Kern zufallen, wodurch die Materie instabil würde. Ein junger, gerade promovierter Gastwissenschaftler bei Rutherford, der Däne Niels Bohr, lieferte 1913 eine Antwort für das Problem. Er stellte das erste Quantenmodell des Atoms auf und postulierte, dass die Energien der Elektronen nach dem Vorbild von Einsteins Oszillatoren quantisiert waren. So können die Elektronen nur bestimmte Bahnen belegen und besitzen keine dazwischen liegenden Energien. Wieder verdeutlicht man dies an dem Bild einer Leiter, dieses Mal aber haben die Sprossen unterschiedliche Abstände. In dem Modell springen die Elektronen von einem Orbit zum anderen, wobei sie ein Quant Strahlung aufnehmen oder abgeben. Die Energie $h\nu$ des Photons entspricht dann dem Energieunterschied zwischen den beiden Stufen. Im Grundzustand der niedrigsten Energie kann das Elektron nicht strahlen und das Atom ist stabil. Der Wechsel von einer Stufe zur anderen geschieht durch einen spontanen Quantensprung.

Mithilfe von Bohrs Modell ließen sich die Energieniveaus des einfachsten

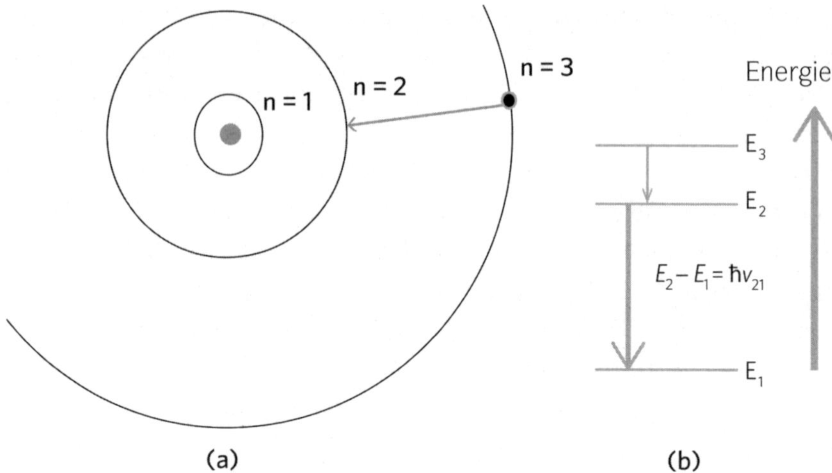

Abb. V.5. Das Bohrsche Modell des Wasserstoffatoms von 1913 (kreisförmige Bahnen). (a) Das Elektron befindet sich auf Kreisen, deren Mittelpunkt das Proton ist. Die Bahnen sind durch ihre Quantenzahl $n = 1,2,3\ldots$ gekennzeichnet, ihre Radien nehmen um n^2 zu. Der Orbit des Grundzustands $n = 1$ hat einen Radius von 0,53 Ångström ($0{,}5 \cdot 10^{-10}$ Meter). Diese Größe wird als Bohr-Radius bezeichnet. Das Atom gewinnt oder verliert an Energie, wenn das Elektron zu einem zufälligen Zeitpunkt von einer Umlaufbahn auf eine andere springt, indem es ein Photon absorbiert oder emittiert (Quantensprung). (b) Diagramm der Energieniveaus des Bohr-Atoms, das den energieärmsten Grundzustand $n = 1$ und die ersten beiden angeregten Niveaus $n = 2$ und $n = 3$ zeigt, die den Kreisbahnen in der linken Abbildung entsprechen. Die Energien der emittierten und absorbierten Photonen erfüllen die Energieerhaltungsrelation des Systems Atom plus Licht. Die Photonenfrequenzen sind also proportional zur Energiedifferenz zwischen dem Anfangs- und dem Endzustand der Übergänge (die Proportionalitätskonstante ist h).
Hundert Jahre nach Fraunhofer eröffnet die Quantisierung des Energiespektrums eine Erklärung für die Linienspektren von Atomen. Das auf dem klassischen Begriff der Trajektorie basierende Modell wurde bald darauf von Arnold Sommerfeld auf elliptische Bahnen übertragen, bis es 1925 durch die moderne Quantentheorie ersetzt wurde, die ein Elektron durch seine delokalisierte Wellenfunktion beschreibt. Die vervollständigte Theorie zeigt, dass sich die Bohrschen Energieniveaus in mehrere Unterniveaus benachbarter Energien aufspalten, die den möglichen Werten des Drehimpulses des Elektrons entsprechen (Feinstruktur). Die Kopplung von Elektronen- und Protonenmagnetismus verleiht dem Spektrum eine zusätzliche Anreicherung (Hyperfeinstruktur). Die Kopplung des Elektrons mit Vakuumfluktuationen sorgt für eine geringe Verschiebung der Energieniveaus (Lamb-Verschiebung).

Atoms, nämlich des Wasserstoffatoms mit nur einem Elektron, anhand einer Formel berechnen, die wiederum die Planck-Konstante einschloss.

Das von dem Atom emittierte Frequenzspektrum zeigte eine genaue Übereinstimmung mit diesem Modell, woraufhin die Quantenideen noch größere Glaubwürdigkeit innerhalb der Wissenschaftsgemeinde erlangten.

Vom Herdentrieb der Photonen und von ihnen nacheifernden Atomen

Einstein freute sich, dass seine verallgemeinerten Betrachtungen zum Verständnis der Materiestruktur beitrugen. Ich werde später noch auf sein Verhältnis zu Bohr und die leidenschaftlichen Diskussionen der beiden Wissenschaftler in Bezug auf die Interpretation der Quantenphysik zu sprechen kommen. 1913 hatte Einstein die Untersuchung der Photonen zeitweise ruhen gelassen, um sich der Allgemeinen Relativitätstheorie zu widmen, und 1916 kehrte er zu den Quanten zurück. Dabei leitete ihn die Frage: Könnte man nicht, da man nun die Quantennatur von Licht und Materie besser begriff, die Theorie der Schwarzkörperstrahlung überarbeiten, indem man sich im Detail anschaute, über welche Mechanismen die Atome der Körperwände mit den im Körper enthaltenden Photonen wechselwirkten?

Die Atome können Photonen entweder absorbieren oder emittieren, wobei sich das thermische Gleichgewicht aus der Bilanz zwischen diesen beiden Mechanismen ergibt. Die Absorption erfolgt für jedes Atom mit einer Wahrscheinlichkeit pro Zeiteinheit, die proportional zur Lichtintensität in den Schwingungsmoden der atomaren Übergänge ist, während die Emission eines angeregten Atoms in Richtung des Grundzustands laut Bohr durch einen spontanen und zufälligen Prozess erfolgt, bei dem das Atom in einem unvorhersehbaren Moment ein Photon in einen anderen Feldmodus abgibt, und zwar nach einem vom vorhandenen Licht unabhängigen Wahrscheinlichkeitsgesetz.

Einstein hielt fest, dass diese beiden Mechanismen nicht ausreichten, um auf Plancks Gesetz zu kommen. Hierzu brauchte es einen dritten Prozess, durch den ein angeregtes Atom, das ein Photon aufnimmt, wiederum ein anderes abgibt, und zwar in derselben Mode wie das aufgenommene und mit einer Wahrscheinlichkeit, die proportional zur Zahl der in dieser Mode bereits vorhandenen Photonen ist. Dieser sogenannte »stimulierte« Emissionsmechanismus ist das exakte Pendant zur Absorption. Das Licht wird dadurch verstärkt statt geschwächt. Denn wenn Photonen auf angeregte Atome treffen, dann tauchen in den bereits besetzten Moden neue Photonen auf, und das umso schneller, je bedeutender die Zahl der bereits vorhandenen Photonen ist.

Die stimulierte Emission wurde fünfzig Jahre später für die Entwicklung von Lasern genutzt. Lasergeräte produzieren verstärke, kohärente Lichtstrahlen, deren Atome ein extrem stabiles Licht mit der gleichen Frequenz und der gleichen Phase in dieselbe Richtung emittieren. Diese Lichtquellen unterscheiden sich stark von klassischen Lampen, bei denen die Atome spontan und unabhängig voneinander Photonen in verschiedene Moden mit zufälligen Phasen und Frequenzen abgeben.

Die enorme Bedeutung von Lasern für die moderne Technologie ist bekannt. Mit Gravitationsantennen, die leiseste Unterschiede in der Entfernung von kilometerweit auseinanderliegenden Spiegeln erkennen, lässt sich die außergewöhnliche Stabilität in der Phase und Frequenz starker Laser unter Beweis stellen. Es ist doch bemerkenswert, dass der Nachweis von Gravitationswellen zwei bedeutende Entdeckungen Einsteins der Jahre 1915/16 zusammenbringt: die Allgemeine Relativität, welche die Existenz der Wellen voraussah, und die stimulierte Emission, die der Lasertechnik zugrunde liegt, mit der diese Wellen überhaupt erst erkannt werden können. Das Thema Laser ist jedoch eine Vorwegnahme. 1916 war Einstein weit davon entfernt, sich diese Technik vorstellen zu können. Außerdem nahm er zu diesem Zeitpunkt offenbar nicht ausdrücklich wahr, dass Photonen dazu neigen, sich im gleichen Zustand zu sammeln. Dieses Herdentrieb-Phänomen sollte Einstein ein paar Jahre später zu einem bedeutenden Beitrag zur aufkommenden Quantenphysik inspirieren.

Doch vorher bedurfte es noch eines Briefes von einem unbekannten indischen Physiker namens Satyendranath Bose. Dieser ließ Einstein 1924 eine kurze Notiz zukommen, in der er nochmals die Richtigkeit von Plancks Wärmestrahlungsformel unter Beweis stellte. Dazu ging Bose ganz einfach von den Prinzipien der Thermodynamik aus und betrachtete das Lichtfeld als eine Photonenmenge, die Energie mit einem Wärmespeicher austauscht. Hierbei folgte er der Methode, die Boltzmann auf Atomgase angewandt hatte. Um nun die Entropie des Photonengases zu bestimmen, zählte er alle verfügbaren

Zustände für das Gas auf und ging davon aus, dass diese im Gleichgewicht gleich wahrscheinlich sind.

In Boses Rechnung fand sich die implizite Hypothese von der *Ununterscheidbarkeit* der Photonen. Diese Annahme war eine andere als die von Boltzmann, der in seiner Berechnung die Atome numerierte und zwei verschiedene Konfigurationen ausmachte: In einer hatten die Atome 1 und 2 die Positionen und Impulse *x,p* für Atom 1 und *x'p'* für Atom 2, in der anderen waren diese Werte vertauscht und es galt *x'p'* für Atom 1 und *x,p* für Atom 2. Bose aber fasste diese beiden Zustände zusammen. Der Zustand des Photonengases ist dann allein durch die Anzahl der Teilchen für jeden Wert von *x,p* gekennzeichnet, ohne dass man sich um die Numerierung der Teilchen kümmern muss. Diese scheinbar triviale Änderung der Zählmethode hat eine wichtige Konsequenz: So wird es relativ wahrscheinlicher, dass sich alle Photonen im gleichen Zustand befinden.

Diese Eigenschaft lässt sich folgendermaßen erklären: Wenn Teilchen unterscheidbar sind, können Konfigurationen, in denen sie verschiedene Zustände einnehmen, auf viele Arten realisiert werden, da Teilchen zwischen den Zuständen ausgetauscht werden. Wenn sie jedoch den gleichen Zustand einnehmen, können sie nur auf eine Art realisiert werden. Durch die Unterscheidbarkeit werden also Konfigurationen, bei denen sich die Teilchen im gleichen Zustand befinden, seltener als solche, bei denen sie sich in unterschiedlichen Zuständen befinden. Die Ununterscheidbarkeit hingegen erhöht die relative Wahrscheinlichkeit von Konfigurationen, bei denen alle Teilchen denselben Zustand einnehmen, und insbesondere die des Grundzustands, bei dem sie alle den niedrigsten Energiezustand innehaben.

Durch seine Hypothese fand Bose nun zur Planckschen Formel zurück – was ihm nicht gelungen wäre, hätte er die Methode von Boltzmann angewandt. Allein dadurch rechtfertigte sich seine Zählweise, welche die Grundlage der heutigen Bose-Einstein-Quantenstatistik bildet. Schon bei der ersten Lektüre erkannte Einstein die Tragweite von Boses Artikel. Vielleicht wurde ihm auch klar, dass die grundlegende Ununterscheidbarkeit der Photonen ihren Herdentrieb erklärte, also ihre Neigung, sich im gleichen Zustand zu sammeln. Diese Eigenschaft hatte ja seine Entdeckung der stimulierten Emission schon acht Jahre zuvor voraussehbar gemacht.

Einsteins erstaunliche Intuition bestand nun darin, die Tragweite dieser Notiz, die ja im Grunde nur eine schon bekannte Formel zum Licht bestätigte, auszuweiten und Boses Quantenstatistik auf Materieteilchen anzuwenden, nämlich auf ein Gas aus gänzlich ununterscheidbaren Atomen. Bei Zimmertemperatur stieß er auf die klassischen Gaseigenschaften von Boltzmann, bei sehr niedrigen Temperaturen aber rechnete er damit, dass die Atome im gleichen Quantenzustand, nämlich im Grundzustand des Systems, kondensierten – etwa so wie die Photonen eines Lasers, die alle die gleiche Feldmode besetzen. Dabei stieß der hypothetische Zustand ultrakalter Materie namens Bose-Einstein-Kondensat, der doch lange vor dem Laser ersonnen wurde, bei Einsteins Kollegen auf große Skepsis: Sie sahen darin nur eine Kuriosität, die sich aus einer letztendlich willkürlichen Rechenmethode ergab.

Der Fortgang der Geschichte sollte Einstein wieder einmal recht geben: 1995 beobachtete man erstmals die Kondensation von Atomgasen bei abgekühlten und mithilfe von Lasern eingefangenen Alkaliatomen. Werden diese Kondensate freigelassen, so bilden sie laserähnliche kohärente Materiestrahlen, in denen die Photonen durch Atome ersetzt werden. Dieser neue Materiezustand ist ein überaus aktiver Forschungsgegenstand in vielen Laboren auf der ganzen Welt.

Der Artikel zur Bose-Einstein-Kondensation ging in seiner Tragweite über die Entdeckung eines besonderen Materiezustands bei sehr niedrigen Temperaturen hinaus. Indem er sämtliche Konsequenzen aus der Anwendung von Boses Zählung der für ein Partikelgas erreichbaren Zustände zog, konnte Einstein nicht nur diesen Einzelfall erklären, sondern einen grundlegenden Aspekt der Quantenphysik herausstellen. Denn die Ununterscheidbarkeit gleichgearteter Teilchen ist ein elementares Merkmal der Quantenwelt. Sie spielt eine wichtige Rolle bei der Feststellung der Eigenschaften von Materie und Licht. Einstein war Ende 1924 der Erste, der dieses Phänomen durschaute, bis sich wenige Monate später der Vorhang vor der rätselhaften Quantenwelt vollends lüftete.

Der Vorhang lüftet sich: Materiewellen

In dem Moment der Geschichte, an dem wir nun angelangt sind, versammelte die Quantenphysik verschiedene Beobachtungen und Methoden, bildete aber noch keine ausgearbeitete Theorie, die in einer klaren und einfachen mathematischen Sprache ausgedrückt werden könnte. Diese Situation sollte sich in den folgenden Monaten radikal wandeln. Einstein war zwar nicht der direkte Autor dieses letzten Kapitels, doch er trug indirekt dazu bei. Wenn wir uns noch einmal die Fotografie von der Solvay-Konferenz von 1911 anschauen, entdecken wir neben Einstein am rechten Bildrand Paul Langevin. Und in der Mitte, vor der weißen Tafel, steht Maurice de Broglie, der sich als Spezialist für Röntgenstrahlung hervortat. Sein jüngerer Bruder Louis nahm nicht an dem Kongress teil. Er studierte damals Geschichte und interessierte sich noch nicht für Physik. Ebenso wie der junge Bohr fehlt er daher auf der Aufnahme. Es heißt, es war Maurice, der Louis de Broglie für die Physik begeisterte, da er ihm von den Vorträgen und Diskussionen der Zusammenkunft erzählte.

Nachdem er an der Sorbonne klassische Physik studiert hatte und im Ersten Weltkrieg als Funker in der Station auf dem Eiffelturm tätig gewesen war, begann Louis 1920 eine Doktorarbeit unter der Leitung von Paul Langevin. Er griff darin Einsteins Idee des Welle-Teilchen-Dualismus auf und übertrug sie auf die Materie, indem er annahm, dass Materieteilchen ebenso wie Photonen mit Wellen in Verbindung stehen. Zur Bestimmung der Wellenlänge verglich de Broglie Materieteilchen der Masse m und Lichtteilchen, also Photonen. Der Impuls $p = h\nu/c$ eines Photons kann auch mit $p = h/\lambda$ wiedergegeben werden, wobei $\lambda = c/\nu$ die Wellenlänge der Strahlung ist. De Broglie weitete diese Beziehung zwischen Wellenlänge und Impuls auf Materiepartikel aus und verknüpfte jedes Teilchen des Impulses $p = mv$ mit einer Wellenlänge $\lambda = h/mv$.

Die Details dieser Verknüpfung blieben verschwommen, aber de Broglie ging davon aus, dass man die Interferenzen der Materiewellen beobachten könnte. Zudem fand er mithilfe eines einfachen Modells zu den Formeln zurück, die Bohr zum Wasserstoffspektrum aufgestellt hatte. Die um den Kern kreisende elektrische Materiewelle musste Resonanzbedingungen erfüllen und sich nach einer geraden Anzahl Schwingungen schließen. Anhand dieser Bedingung ließen sich die Energien der autorisierten Bohrschen Bahnen leicht berechnen. Um zu diesem Ergebnis zu gelangen, ließ sich de Broglie weitgehend von Einsteins Arbeiten inspirieren, und zwar sowohl von dessen Beiträgen über Quanten als auch von der Relativitätstheorie.

Betrachtet man die Relativitätstheorie im Zusammenhang mit den Überlegungen von de Broglie, so ermisst sich die Bedeutung des Konzepts der Phase in der Quantenphysik. Die in Kapitel III besprochene Fresnelsche klassische

Optik hatte dieses Konzept eingeführt, indem sie die Phase der Lichtwelle mit der Richtung eines Vektors in einer abstrakten Ebene (oder äquivalent dazu mit einer durch einen Vektor in dieser Ebene dargestellten komplexen Zahl) verknüpfte. Einem Teilchen, das sich mit dem Impuls p entlang der Richtung x frei bewegt, ordnete de Broglie eine Materiewelle der Wellenlänge $\lambda = h/p$ zu, deren Phase daher zu einem bestimmten Zeitpunkt gleich $2\pi x/\lambda = p \cdot x/\hbar$ sein musste. Der diese Phase darstellende Fresnel-Vektor dreht sich um 2π, wenn x um λ zunimmt.

Anstatt sich die räumliche Veränderung der Materiewellenphase anzuschauen, kann man sich auch fragen, wie sie sich an einer bestimmten Stelle in der Zeit entwickelt. Die Antwort darauf liefert die Spezielle Relativität. Wir wissen inzwischen, dass die Menge $Et - px$ eine relativistische Invariante für ein Teilchen ist, welches sich mit der Energie E und dem Impuls p in die Richtung x bewegt. Daraus ergibt sich: Wenn $px/\hbar$ die Phase der Materiewelle zu einem bestimmten Zeitpunkt beschreibt, dann muss die Größe $(Et - px)/\hbar$ die raumzeitliche Phase am Punkt x,t in der Raumzeit sein. Diese Phase hat eine absolute Bedeutung: Das Ereignis, das dem maximalen Durchgang der De-Broglie-Welle für einen bestimmten Beobachter entspricht, muss demselben Ereignis für einen anderen Beobachter in einem anderen Inertialsystem entsprechen. Die Phase der Materiewelle, die einem freien Teilchen zugeordnet ist, ist also eine relativistische Invariante. An einem Punkt x im Raum verläuft diese Phase mit dem Winkel $Et/\hbar$. Sie dreht sich also mit der Frequenz E/h. Die Quantenphysik verknüpft damit einerseits den Impuls p mit dem Ort x und andererseits die Energie E mit der Zeit t.

De Broglies Idee war revolutionär, und Langevin wusste nicht recht, was er davon halten sollte. Er schickte den Entwurf der Doktorarbeit an Einstein. Der war beeindruckt und antwortete Langevin, der junge de Broglie habe ein Stück des Vorhangs gelüftet, der die Gesetze der mikroskopischen Welt verhülle. Nachdem sich Langevin derart abgesichert hatte, konnte de Broglie seine Doktorarbeit vor einer Jury unter dem Vorsitz des Atomphysikers Jean Perrin verteidigen. Im Anschluss soll Maurice de Broglie sich bei Perrin erkundigt haben, was dieser denn von seinem Bruder halte, worauf dieser nüchtern antwortete: »Ich glaube, Ihr Bruder ist sehr intelligent.« Als die amerikanischen Physiker Clinton Davisson und Lester Germer 1926 die ersten Interferenzen von Elektronen beobachteten, zeigte sich, dass de Broglie nicht nur intelligent war. Er hatte auch noch recht.

Wenige Monate später stellte Erwin Schrödinger, Physikprofessor in Zürich, in einem Fachkollegenseminar die Ideen von de Broglie vor. Dabei kam die Frage auf: Wo eine Welle war, musste es doch auch eine Gleichung geben, mit der sich deren Ausbreitung beschreiben ließ? Was war bei den Materiewellen das Äquivalent zu den Maxwell-Gleichungen für Photonen? Schrödinger widmete sich dem Problem und entwickelte innerhalb weniger Monate in fieberhafter Arbeit die berühmte nach ihm benannte Gleichung. Sie schreibt einem Teilchen eine Wellenfunktion zu, welche sich unter Einfluss des auf das Teilchen wirkenden Kräftefelds in der Zeit entwickelt. Als er diese Gleichung auf ein Elektron anwandte, das sich im elektrischen Feld des Protons bewegt, erkannte Schrödinger, dass seine Lösung eine Quantisierung der Wasserstoffatome erforderte. Seine Gleichung schrieb ihnen dieselben Werte zu wie das Bohrsche Modell.

Unabhängig von Schrödinger hatte der junge deutsche Physiker Werner Heisenberg etwa zur gleichen Zeit eine mathematische Theorie der Quantenphysik entwickelt, die sich auf die Beschreibung des physikalisch Beobachtbaren stützte, und zwar in Form von Zahlentabellen beziehungsweise Matrizen, die einer nichtkommutativen Algebra gehorchten. Auch Schrödinger kam auf das Spektrum des Wasserstoffatoms, dessen Quantisierung laut seiner Theorie aus der nichtkommutativen Eigenschaft der Operatoren resultierte, mit denen die Position und der Impuls des Elektrons beschrieben werden. Max Born, bei dem Heisenberg als Assistent arbeitete, erkannte schnell, dass sich die Ansichten von Schrödinger und Heisenberg entsprachen. Sie beschrieben dieselbe physikalische Realität mithilfe von zwei Formalismen, die gegenseitig übertragbar waren. Damit war die Quantenphysik in ihrer modernen Form geboren.

Wellenfunktion, Quantenzustände und Überlagerungsprinzip

Wie aber waren diese Wellen, deren Verbreitung mit Schrödingers Gleichung zu beschreiben war, eigentlich beschaffen? Woraus bestanden sie? In welchem Medium breiteten sie sich aus? Musste man nun den Äther wiederbeleben, den Einstein zwanzig Jahre zuvor aus der Physik eliminiert hatte? Max Born hatte darauf rasch eine Antwort: Es handelte sich um abstrakte mathematische Wellen, die mit Wahrscheinlichkeitsverteilungen verknüpft waren und kein Ausbreitungsmedium benötigten. Das Quadrat der Wellenamplitude an einem Punkt steht für die Wahrscheinlichkeit, das Teilchen an diesem Punkt anzutreffen. Diese Formulierung hob einen entscheidenden Aspekt der Theorie hervor, nämlich ihren Wahrscheinlichkeitscharakter. In der Quantenphysik kann man über die Position oder die Geschwindigkeit oder die Energie eines Teilchens nicht sprechen, bevor man diese nicht gemessen hat. Vor der Messung sind alle potentiellen Ergebnisse möglich, die sich durch die von Schrödingers Welle beschriebenen Wahrscheinlichkeiten oder die Elementwerte in den Heisenbergschen Matrizen ergeben. Diese Wahrscheinlichkeiten sind nicht wie in der klassischen statistischen Physik an eine unzureichende Kenntnis des Systems, sondern an eine grundlegende Unsicherheit geknüpft.

Auch das Prinzip der Überlagerung spielt eine entscheidende Rolle. Wie eine Lichtwelle gehorcht auch die Materiewelle eines Teilchens dem Huygens-Fresnelschen Prinzip. Zur Berechnung ihrer schrittweisen Ausbreitung kann man die Materiewelle in sekundäre Elementarwellen zerlegen, die den aufeinanderfolgenden Wellenfronten entspringen, wobei die Gesamtwelle aus der Interferenz all dieser Elementarwellen resultiert. Mit anderen Worten: Wenn mehrere die Entwicklung eines Teilchens beschreibende Materiewellen die Schrödinger-Gleichung erfüllen, dann stellt eine Kombination dieser Wellen durch die Summierung ihrer Amplituden mit beliebigen Koeffizienten ebenfalls eine Lösung dar, die einen möglichen Zustand des Teilchens beschreibt.

Um eine vollständige Theorie zu erhalten, die nicht nur das Verhalten eines einzelnen Teilchens beschreibt, sondern auch die Wechselwirkungen zwischen Teilchen, die zur Bildung von Kernen, Atomen, Molekülen oder Festkörpern führen, benötigt das Konzept der Wellenfunktion mit seiner Darstellung einer Amplitudenverteilung in der vierdimensionalen Raumzeit eine Verallgemeinerung. Die Beschreibung einer Menge von N Teilchen erfordert eine Funktion mit 3N+1 Variablen, wobei 3N die Raumkoordinaten eines jeden Teilchens angibt, zu denen die Zeit hinzukommt. Diese Wellenfunktion kann sich nicht länger als eine Welle im gewöhnlichen Raum zeigen. Sie wird zu einer Funktion, die sich im abstrakten multidimensionalen Raum entwickelt, während die wesentlichen Eigenschaften der Wellenfunktion eines Teilchens erhalten bleiben. Das Quadrat der mit einer Konfiguration der Teilchenpositionen verknüpften Amplitude stellt weiterhin die Wahrscheinlichkeit dar, das Ensemble der Teilchen innerhalb dieser Konfiguration anzutreffen. Auch das Prinzip der Überlagerung bleibt erhalten. Die Wellenfunktionen für Teilchenmengen lassen sich kombinieren und sorgen für Interferenzphänomene in ihren Konfigurationsräumen. In dieser Beschreibung geht es vorrangig um die Ermittlung der Teilchenposition. Man könnte sich natürlich auch für die Messung ihrer Geschwindigkeit interessieren. Hierzu beschreibt man dann Funktionen, die ihre Werte nicht im gewöhnlichen Raum, sondern im Impulsraum erhalten. Die Funktionen lassen sich aus den vorangegangenen durch eine Fourier-Transformation ableiten, deren Eigenschaften in Kapitel III angesprochen wurden.

Physiker können sich natürlich auch noch für andere Parameter außer für den Ort und die Geschwindigkeit von Teilchen interessieren, so etwa für den Polarisationszustand der Photonen, die Raumorientierung des Elektronenspins oder den Drehimpuls der Atome. Die räumliche Wellenfunktion wird dann durch ein allgemeineres mathematisches Objekt ersetzt, nämlich den im abstrakten Hilbert-Raum (aus Kapitel I) definierten Zustandsvektor des Systems. Kennt man die Koordinaten dieses Raumvektors, so lässt sich die Wahrscheinlichkeit für ein bestimmtes Ergebnis errechnen, das man bei der Messung einer beobachtbaren Größe des betrachteten Quantensystems erhält – ob es sich nun um die Polarisation eines Photons, den Drehimpuls eines Atoms oder eine andere physikalische Größe handelt. Die räumliche Wellenfunktion ist daher nur ein bestimmter Quantenzustand, der an die Variablen des Ortes oder der Geschwindigkeit der untersuchten Teilchen angepasst ist.

Das Prinzip der Quantenüberlagerung resultiert ganz einfach aus den Additionsregeln der Zustandsvektoren im Hilbert-Raum. Befindet sich ein Quantensystem in mehreren Zuständen, die durch verschiedene Vektoren dargestellt werden, so ist die Summe dieser durch beliebige Koeffizienten beeinflussten Vektoren wiederum ein anderer möglicher Zustand des Systems. Hier zeigt sich die Analogie zu den Kompositionsregeln der Fresnel-Vektoren, die den Schwingungszustand von Licht beschreiben und das Prinzip der Überlagerung in die Optik übertragen.

Wie wir in Kapitel I erfahren haben, spielen sich auf die Quantenzustände auswirkende Transformationen eine entscheidende Rolle in der Theorie. Mit ihnen lässt sich beschreiben, wie sich diese Zustände durch räumliche Rotationen oder Drehungen der untersuchten Quantenobjekte verändern oder aber wie sie sich in der Zeit entwickeln. Jede Transformation wird durch einen

Operator im Hilbert-Zustandsraum dargestellt, also durch ein mathematisches Objekt, das durch eine Tabelle oder Matrix mit komplexen Zahlen beschrieben wird. Mit dieser Matrix lassen sich anhand der Koordinaten des Ausgangszustands die aus einer bestimmten Transformation resultierenden Koordinaten des Zustandsvektors berechnen. Im Allgemeinen ist das Produkt der beiden Quantenoperatoren nichtkommutativ, das heißt, das Ergebnis hängt von der Reihenfolge ihrer Anwendung ab. Dieses bereits beschriebene Merkmal ist für die Quantentheorie von wesentlicher Bedeutung, denn es zieht die diskrete Eigenschaft der möglichen Werte für bestimmte beobachtbare Größen nach sich, so etwa die innere Energie von Atomen oder auch ihren Drehimpuls.

All dies sind naturgemäß sehr vage Konzepte für ein wissenschaftlich unbedarftes Publikum. In den Jahren 1925 bis 1930 stellte sich jedoch – angetrieben durch die leidenschaftlichen Diskussionen der Begründer der Theorie – eine gewisse Präzisierung ein. Wir kommen später noch darauf zurück.

Die Teilchenfamilie wächst

Die Quantentheorie wurde in den 1930er- und 40er-Jahren erweitert, damit die relativistischen Prinzipien Berücksichtigung fanden. So ist die Schrödinger-Gleichung im Grunde eine hinreichende Näherung für Teilchen, deren Geschwindigkeit gegenüber c gering ist. Die mit der Relativitätstheorie vereinbarten Quantenkonzepte zeigten, dass das Elektron mit seinem Antiteilchen, dem Positron, verknüpft werden musste, das die gleiche Masse, aber die entgegengesetzte Ladung besitzt. Dieses Teilchen wurde kurz nach der theoretischen Vorhersage durch Paul Dirac experimentell beobachtet.

Elektronen und Positronen können sich gegenseitig vernichten und dabei Gammaphotonen freisetzen. So verwandelt sich Materie in reine elektromagnetische Energie, ganz nach der Einsteinschen Formel $E = mc^2$.

Die in den 1940er-Jahren von den Amerikanern Richard Feynman und Julian Schwinger sowie – unabhängig davon – von dem Japaner Sin-Itiro Tomonaga entwickelte Theorie der Quantenelektrodynamik beschreibt sämtliche Phänomene, an denen geladene Teilchen oder Licht beteiligt sind. Die Darstellung Feynmans erweist sich dabei als besonders anschaulich. Sie analysiert die relativistischen Wechselwirkungen zwischen den Teilchen in Form von Diagrammen im Minkowski-Raum und vermittelt so eine bildliche Vorstellung der beteiligten physikalischen Prozesse.

Jedes Teilchen wird durch Abschnitte von Weltlinien dargestellt, die durch Punktereignisse beziehungsweise Scheitelpunkte unterbrochen werden, die der Emission oder Absorption von Photonen entsprechen. Da die Quantenphysik den Teilchen keine eindeutige Bahn zuweist, symbolisiert jede der Linien unendlich viele mögliche Wege, denen die Teilchen zwischen zwei Scheitelpunkten folgen. Die Theorie legt die mathematischen Regeln fest, welche den verschiedenen Pfaden eine Wahrscheinlichkeitsamplitude zuweisen, und sie gibt an, wie diese Amplituden summiert werden können, um den Beitrag jedes Diagramms zur Wahrscheinlichkeitsamplitude des untersuchten Prozesses zu berechnen. Die Summation dieser komplexen Amplituden funktioniert ähnlich wie die Summation von Fresnel-Vektoren. Wie in der Optik zählen nur Pfade, deren Quantenphasen nicht durch destruktive Interferenz verwischt werden.

Diese Diagramme beschreiben etwa, wie das Elektron eines Wasserstoffatoms mit dem Proton in Wechselwirkung tritt, indem »virtuelle« Photonen ausgetauscht werden. Virtuell sind die Lichtteilchen deshalb, weil sie niemals außerhalb der beteiligten Systeme auftauchen und nicht unmittelbar nachgewiesen werden können.

Jeder Austausch dieser Photonen entspricht einem elementaren Streuungsprozess. Die dauerhafte Verbindung von Elektron und Kern im Grundzustand wie im angeregten Zustand des Atoms resultiert aus der additiven Wirkung all dieser Prozesse, durch die ein stationärer Zustand entsteht, in dem das Elektron mit dem Proton verbunden ist. Über die Summation der Beiträge aller Diagramme lassen sich die relativistischen Energien der Atomniveaus präzise berechnen.

Zu den Diagrammen, die den Effekt des direkten Photonenaustauschs wiedergeben, kommen noch jene, die den schnellen Emissionen und Absorptionen der virtuellen Photonen durch das Elektron entsprechen und den Effekt der Vakuumfluktuationen auf das Elektron beschreiben. Zudem muss man berücksichtigen, dass es zu vorübergehenden Elektron-Positron-Paarbildungen kommen kann, die man als Manifestationen der sogenannten Vakuumpolarisation betrachtet. Die Diagramme geben den Wert der Lamb-Verschiebung der Wasserstoff-Energieniveaus mit großer Genauigkeit wieder.

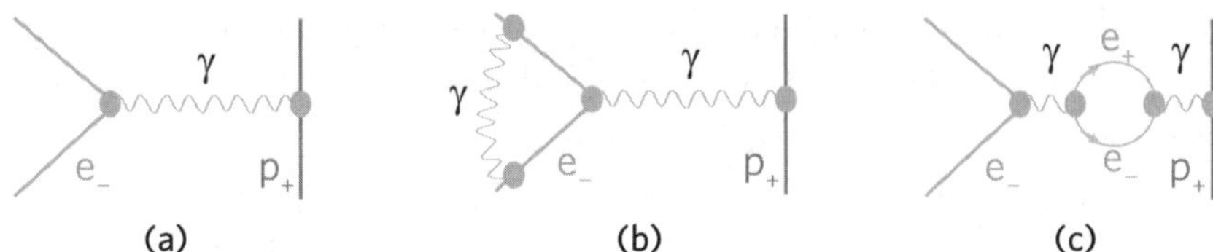

Abb. V.6. Drei Feynman-Diagramme zur Veranschaulichung der elementaren Prozesse der Elektron-Proton-Streuung im Wasserstoffatom. Jede Zeichnung stellt die Weltlinien der in Wechselwirkung tretenden Teilchen dar. Die Zeit verläuft vertikal, und die horizontale Koordinate stellt den Raum dar (der Einfachheit halber auf eine Dimension reduziert). Die fetten Linien beschreiben die Weltlinienanteile der Materieteilchen (Elektron e_-, Positron e_+ und Proton p_+), während die der Photonen (γ) durch Wellenlinien dargestellt sind. Die Vertizes der Linien stehen für die Emissions- und Absorptionsprozesse von Lichtquanten. Während dieser Prozesse vorübergehend auftretende Photonen werden als virtuell bezeichnet. (a) Diagramm mit zwei Vertizes, das die einfache Wechselwirkung zwischen einem Elektron (e_-) und einem Proton (p_+) durch Austausch eines virtuellen Photons wiedergibt. (b) Diagramm mit vier Vertizes, das den Hauptbeitrag zur Lamb-Verschiebung (siehe Kapitel I) beschreibt: Das Elektron emittiert und absorbiert ein virtuelles Photon vor und nach seiner Wechselwirkung mit dem Proton. Dieses flüchtige Photon beschreibt die Wirkung von Vakuumfluktuationen auf das vom Proton gestreute Elektron. (c) Ein weiteres Diagramm mit vier Vertizes, das den Beitrag der Vakuumpolarisation zur Lamb-Verschiebung beschreibt: Das zwischen dem Elektron und dem Proton ausgetauschte Photon erzeugt ein virtuelles Paar von Elektronen (e_-) und Positronen (e_+), das sich vernichtet, um wiederum ein Photon zu erzeugen, das schließlich absorbiert wird. Dieser Prozess reduziert geringfügig die Wechselwirkung zwischen Elektron und Proton und trägt zu 5 % der Lamb-Verschiebung bei.

Die Übereinstimmung bis auf neun oder zehn signifikante Stellen zwischen den berechneten Vorhersagen und den Atomspektroskopie-Messungen macht die Quantenelektrodynamik zur mit Abstand genauesten Theorie der gesamten Physik. So konnte Feynman zu Recht behaupten, die Theorie würde die Entfernung zwischen London und New York bis auf eine Haaresbreite genau vorhersagen!

Auf einer breiteren Ebene dient die Quantenelektrodynamik als Modell für die Quantenfeldtheorie, welche die verschiedenen Wechselwirkungen in der Natur in eine einheitliche Form fasst. In dieser Theorie sind die verschiedenen Teilchen die Quanten ihrer jeweiligen Felder. Das Photon, dessen Feld die elektromagnetische Wechselwirkung zwischen Elektronen und Protonen transportiert, ist der »Cousin ersten Grades« der Masseteilchen W und Z – diese sind die Träger der schwachen Kernwechselwirkung, die für die Radioaktivität instabiler Atome verantwortlich ist. Elektromagnetismus und Radioaktivität wurden in den 1960er-Jahren in der sogenannten »elektroschwachen« Theorie zusammengeführt. Sie ist das Ergebnis der Arbeiten von Steven Weinberg, Abdus Salam und Sheldon Glashow und setzt den ein Jahrhundert zuvor von Maxwell begonnenen Vereinheitlichungsprozess der Physik fort. Sie beschreibt sowohl Radioaktivität als auch elektromagnetische Phänomene als verschiedene Seiten derselben fundamentalen Wechselwirkung zwischen den Teilchen des Universums.

Führt man die Vereinheitlichung noch weiter, so erscheint das Photon auch als der »Cousin zweiten Grades« der Gluonen – also der Teilchen, welche die starke Kernwechselwirkung transportieren, die für den Zusammenhalt von Quarks, Protonen und Neutronen in Atomkernen verantwortlich ist. Die elektroschwache Wechselwirkung und die starke Wechselwirkung sind nun Teil einer größeren Familie, die das *Standardmodell* der Elementarteilchen bildet. Es gibt die Gesamtheit der Naturkräfte bis auf die Schwerkraft mit großer Genauigkeit wieder.

Dieses Modell, das die theoretischen Physiker Murray Gell-Mann, Gerard 't Hooft, Martinus Veltman, David Gross, Frank Wilczek und David Politzer mitentwickelt haben, entstand im Laufe der 1960er- bis 80er-Jahre durch einen steten Austausch zwischen theoretischer Forschung und experimenteller Arbeit mithilfe von Teilchenbeschleunigern. Die hochenergetischen Kollisionen, die in diesen Maschinen herbeigeführt werden, lassen verwandte Teilchen des Elektrons wie Myonen und Neutrinos entstehen, die in der normalen Materie nicht vorkommen, deren Existenz aber essenziell ist, um die Kohärenz des Modells zu gewährleisten und die nuklearen Prozesse zu erklären, die sich im Innern von Sternen abspielen. Weitere von der Theorie vorhergesagte und dank der Beschleuniger nachgewiesene Teilchen sind die in Atomkernen vorhandenen Cousins der Quarks, die so phantasievolle Namen tragen wie »Charm-Quark« oder »Strange-Quark«.

Nur die gravitative Wechselwirkung widersetzt sich momentan noch der Vereinheitlichung aller Naturkräfte. Das Graviton als hypothetisches Quantum des Gravitationsfelds bleibt derzeit nicht greifbar. Schwierig wird diese letzte Vereinheitlichung vor allem durch die Tatsache, dass die Gravitation keine gewöhnliche Kraft ist, sondern vielmehr die Struktur des Kosmos prägt.

Wollte man sie quantisieren, also in diskrete Einheiten bringen, so müsste die Diskretisierung von Zeit und Raum in so winzigen Einheiten erfolgen, dass sie durch kein derzeit vorstellbares Experiment nachweisbar wäre.

Eine fundamentale Identität

Unser kurzer Überflug über die Quantentheorie und ihre an diesem Punkt ein Jahrhundert andauernde Entwicklung wäre nicht vollständig, wenn wir nicht noch einmal auf die Bedeutung der Ununterscheidbarkeit von Teilchen zu sprechen kämen. Einstein hatte diesen Aspekt der Quantenphysik in seinem Artikel über die Bose-Einstein-Kondensation angekündigt, im Anschluss übernahm er dann eine zentrale Rolle in der Theorie. Ein wesentliches Prinzip der Quantenphysik besteht tatsächlich darin, Teilchen einer bestimmten Art als absolut identische Objekte zu betrachten. In der klassischen Physik kann man die Atome desselben Elements oder auch die einen Atomkern umkreisenden Elektronen im Prinzip immer unterscheiden – sei es zum Beispiel einfach dadurch, dass man sie willkürlich numeriert und ihre Bahn mit fortschreitender Zeit theoretisch verfolgt.

In der Quantenphysik gibt es diese Möglichkeit selbst theoretisch nicht. Die Teilchen haben keine Bahn mehr, wir haben nur die Wellenfunktion, die uns die Wahrscheinlichkeit dafür angibt, dass sich das Teilchen an diesem oder jenen Ort befindet. Stoßen zwei Teilchen zusammen, so überlagern sich die mit ihnen verknüpften Wellen und es ist schon vom Prinzip her unmöglich, sie auseinanderzuhalten, wenn sie sich nach erfolgter Wechselwirkung trennen.

Aus dieser Ununterscheidbarkeit schließen Physiker seit dem Aufkommen der Quantentheorie in den Jahren 1925–1930, dass die Natur nur zwei Wege kennt, um identische Teilchen auf zwei verschiedene Zustände zu verteilen. Wie von Bose für die Photonen vorausgesagt und von Einstein auf die Teilchenkategorie der Bosonen erweitert, kann sich zum einen eine beliebige Anzahl von Teilchen im selben Zustand befinden, ohne dass man die einen von den anderen auf irgendeine Weise unterscheiden könnte. Diese Regel erklärt auch den Herdentrieb der Bosonen.

Zum anderen gibt es die von dem Schweizer Physiker Wolfgang Pauli erkannte und von Enrico Fermi und Paul Dirac ausgeführte Naturregel, die eine

Teilchensorte namens Fermionen betrifft. Die Pauli-Regel wird vor allem auf Elektronen angewandt und besagt, dass sich höchstens ein Teilchen in einem gegebenen Quantenzustand befinden kann. Während sich also nach der Bosonen-Regel bei niedrigen Temperaturen eine Teilchenmenge im niedrigsten Energiezustand sammelt, werden die Fermionen nach der Fermi-Dirac-Statistik gezwungen, sich auf alle erreichbaren Energieniveaus zu verteilen, wobei immer nur ein Teilchen einen Zustand einnehmen kann.

Dieses Ausschließungsprinzip spielt eine wesentliche Rolle bei der Erklärung der Atomstruktur und allgemein dem Aufbau von Materie. Eben aus dem Grund, dass zwei Elektronen niemals denselben Quantenzustand einnehmen können, werden die Atome der im Periodensystem aufgereihten Elemente immer größer. Die Elektronen sammeln sich rund um den Kern, müssen dann aber auf äußere, immer stärker angeregtere Bahnen ausweichen. Je mehr Elektronen unterkommen müssen, desto mehr entfernen sich vom Atomkern. Dasselbe Prinzip gibt eine überzeugende Erklärung für die mechanischen Eigenschaften von Festkörpern. Obwohl Atome im Wesentlichen aus »leerem Raum« bestehen, da der Hauptteil ihrer Masse in winzigen Kernen konzentriert ist, können sie sich nicht wirklich annähern, da ihre äußeren Elektronen diese Nähe wegen des Ausschließungsprinzips verweigern. Eben deswegen rutschen wir nicht durch die Zimmerdecke, auf der wir stehen, denn die Elektronen unserer Schuhsohlen weigern sich, denselben Platz einzunehmen wie die des Fußbodens.

Die Unterteilung in Bosonen und Fermionen ist ein wesentliches Charakteristikum des Standardmodells der Physik. Materiebildende Elementarteilchen sind allesamt Fermionen. Auf mikroskopischster Ebene haben wir es mit Elektronen zu tun, die Kerne umkreisen, sowie mit Quarks, die sich zu dritt zusammenschließen, um Protonen und Neutronen, also Bestandteile der Kernmasse zu bilden. Teilchen, die Träger von Kräften sind – Photonen, die W- und Z-Teilchen der schwachen Wechselwirkung, Gluonen und auch die hypothetischen Gravitonen – sind dagegen allesamt Bosonen.

Es gibt ein besonderes Boson, das der Öffentlichkeit vor nicht allzu langer Zeit durch die Medien bekannt gemacht worden ist: Nämlich das Higgs-Boson, das nach einem der Physiker benannt ist, die die Existenz des Teilchens in den 1960er-Jahren vorhersagten. Das 2011 nach langer Suche im CERN entdeckte Boson landete damals auf vielen Titelseiten. Das ihm zugeordnete Feld durchdringt den gesamten Raum. Durch die Wechselwirkung mit diesem Feld sind die meisten Teilchen des Standardmodells, die ursprünglich keine Masse hatten, in einem frühen Entwicklungsstadium des Universums massiv geworden. Das Photon blieb masselos, während seine Cousins, die W- und Z-Bosonen, sehr schwer wurden. Dieser Unterschied erklärt die große Diskrepanz in der Wirkung von elektromagnetischen Kräften und der schwachen Wechselwirkung.

Bosonen und Fermionen werden durch ihre intrinsischen Drehimpulse unterschieden. Die Spins der Ersteren sind ganzzahlig, die der Letzteren halbzahlig. Insbesondere ist das Photon ein Spin-1-Boson (sein Drehimpuls entlang seiner Ausbreitungsrichtung kann die Werte $+\hbar$ oder $-\hbar$ annehmen), während das Elektron ein 1/2-Spin-Fermion ist (sein Eigendrehimpuls ist $+\hbar/2$ oder $-\hbar/2$). Den Zusammenhang zwischen der Statistik der Elementarteilchen und dem Wert ihrer Spins hat Pauli 1940 nachgewiesen.

Zusammengesetzte Systeme, die aus mehreren miteinander verbundenen Teilchen bestehen, gehorchen ebenfalls dem Quantenprinzip der Ununterscheidbarkeit. Sie sind Bosonen, wenn die Gesamtzahl der Elementarteilchen, aus denen sie bestehen, gerade ist (ihr Spin als Summe einer geraden Anzahl von halbzahligen Spins ist dann ganzzahlig). Sie sind Fermionen, wenn die Anzahl der Elementarteilchen ungerade ist (ihr Spin ist in diesem Fall halbzahlig). Die Protonen und Neutronen der Atomkerne, die jeweils aus drei fest miteinander verbundenen Quarks gebildet werden, sind also Fermionen.

Die gleiche Regel gilt für Atome, die gebundene Systeme aus Quarks und Elektronen sind. Das Wasserstoffatom (ein Proton und ein Elektron, also vier Elementarteilchen) ist ein Boson, ebenso das Helium-4-Atom (zwei Protonen, zwei Neutronen und zwei Elektronen). Deuterium (ein natürliches Isotop des Wasserstoffs, bestehend aus einem Proton, einem Neutron und einem Elektron) und Helium-3 (zwei Protonen, ein Neutron und zwei Elektronen) sind Fermionen. Die ungeraden Isotope alkalischer Atome, die alle eine ungerade Anzahl an Quarks und Elektronen und damit eine gerade Gesamtzahl an Fermionen besitzen, sind zusammengesetzte Bosonen. Eben diese Atome sind die ersten, die in den Bose-Einstein-Kondensaten entstanden sind.

Die Existenz von zusammengesetzten Bosonen, die durch Paarung einer geraden Anzahl von Fermionen in der Materie gebildet werden, erklärt eine Reihe von Quantenphänomenen, die bereits vor der ersten experimentellen Herstellung von Bose-Einstein-Kondensaten entdeckt wurden. Bosonenmengen haben sehr spezielle Quanteneigenschaften. Denn ihre Teilchen verhalten sich kollektiv und können so eine Superfluidität der Systeme bewirken, wodurch sie ohne Viskosität zusammenfließen. Dies trifft etwa auf stark abgekühltes flüssiges Helium-4 zu, dessen Suprafluidität in den 1930er-Jahren entdeckt wurde. Suprafluidität zeigt sich auch in dem bereits erwähnten Phänomen der Supraleitung. Die Elektronen von supraleitenden Metallen bilden bosonenartige Paare, die ohne Widerstand fließen. Mit der Vorhersage der Bosonenkondensation lieferte Einstein also ein entscheidendes Element für das Verständnis der Supraleitung.

Die Büchse der Pandora und die Quantenphysik

Wie dachte Einstein über diese Entwicklung der Quantenphysik? Schließlich sollte das, was mit der Analyse des Lichts begonnen hatte, zu weitreichenden Kenntnissen über die Struktur der Materie und des Universums führen. Einstein hatte einen Dualismus in die Physik eingebracht, der mit den klassischen Konzepten nicht mehr vereinbar war. Er hatte erkannt, dass diese Physik einen grundlegenden Indeterminismus in sich trug, da die spontane Emission von Photonen als willkürlicher Prozess beschrieben wurde. Er hatte außerdem als Erster die Bedeutung der Ununterscheidbarkeit erkannt, die eine wesentliche Eigenschaft von wie Wellen agierenden Teilchen ist. Und Einstein hatte lange vor Planck und sogar noch vor Bohr an die Realität von Photonen geglaubt.

Bei Einstein und den von ihm entdeckten Quanten muss man unweigerlich an den Mythos von der Büchse der Pandora denken. Wie war das noch genau? Da sie das Behältnis öffnete, das sie um jeden Preis geschlossen halten sollte, löste Pandora eine Reihe katastrophaler Ereignisse aus. Auch durch das Öffnen der Büchse, in der die Photonen enthalten waren, ergaben sich überwältigende Konsequenzen. Uns eröffneten sich Kenntnisse über die mikroskopische Welt, wir hielten auf einmal den Schlüssel zu sämtlichen modernen Technologien in der Hand. Das kann man nur schwer als Katastrophe bezeichnen. Atomkraftwerke, Computer, Mobiltelefone, Laser, Magnetresonanztomographie, das Internet, Atomuhren und GPS sind Quantentechnologien, die unser Leben im Laufe des vergangenen Jahrhunderts stark verändert haben. Da man einige diese Technologien auch für ungute Zwecke nutzen kann, sind manche Menschen geneigt, den Vergleich mit dem Unheil aus Pandoras Büchse heranzuziehen. Tatsächlich könnte man hier an den kriegerischen Einsatz der Kernenergie oder auch an die negativen Auswirkungen des Internets mit den Auswüchsen der sozialen Netzwerke denken.

Diese pessimistische und negative Sicht auf das Wissen und die Forschung teilte Einstein sicher nicht. Es mag für ihn eine Büchse der Pandora gegeben haben, jedoch aus anderen Gründen. Das Bild vom quasi tragischen Auslösen einer alles umwälzenden Entwicklung ist insofern auf Einsteins Entdeckung der Quanten anwendbar, als die letztlich daraus entstandene Theorie ihm stets Unbehagen bereitete und er sie sein Leben lang zu überwinden bemüht war, um zu einer Weltsicht zurückzukehren, die mit seinen klassischen Vorstellungen konform ginge. Und es ist tatsächlich so, dass die Quantentheorie trotz ihres gewaltigen Erfolgs Gegenstand zahlreicher Interpretationen ist und auf die nichtwissenschaftliche Öffentlichkeit eine Faszination ausübt, die weit über die Physik hinausgeht.

Im klassischen Denkmuster sind Wellen und Teilchen Antinomien. Wellenphänomene sind fortlaufend und nicht lokalisierbar. Wellen verteilen sich im gesamten ihnen zugänglichen Raum. Je nach Phase addieren sie sich oder heben sich auf und folgen dabei den im 19. Jahrhundert von Young und Fresnel entdeckten Prinzipien der Überlagerung und Interferenz. Teilchen dagegen sind lokalisierbare Objekte, die aufgrund der auf sie wirkenden Kräfte festen Bahnen folgen. Die Prinzipien der Überlagerung und Interferenz ergeben für die klassischen Teilchen keinen Sinn. Die Opposition zwischen Wellen und Teilchen – die ja durch den Streit zwischen den Anhängern von Huygens und den Verfechtern der Newtonschen Lehre offenbar wurde – geht bis zu den Ursprüngen der modernen Wissenschaft zurück. Doch dann kam Einstein und weigerte sich, den eingetretenen Denkpfaden zu folgen und sich auf die eine oder andere Seite zu schlagen. Er behauptete stattdessen, dass zumindest in Bezug auf Licht die klassische Unterteilung zwischen Wellen und Teilchen aufgegeben werden musste, so einleuchtend sie auch erscheinen mochte.

Im selben Jahr hatte er sich schon einmal als Ikonoklast hervorgetan und ein Dogma der klassischen Physik, nämlich die Universalität der Zeit aus seinem Denken verwiesen. So sehr die relativistischen Prinzipien auch der Intuition widersprachen, waren sie doch für die damalige Wissenschaft (und Einstein) weniger verstörend als das der Büchse der Pandora entstiegene Photon. Die Quantenrevolution sollte unsere Sicht auf die Welt noch tiefer umwälzen als die Relativität. Die Quantentheorie sollte nach und nach eine seltsame Welt enthüllen, in der das Fortlaufende und das Unterbrochene, das Gesicherte und Ungesicherte, das Fließende und das Starre sich ständig abwechselten. Diese Welt vereinte auf beunruhigende Weise scheinbar unvereinbare Aspekte und räumte dem Zufall, den der klassische Determinismus doch hatte ausmerzen wollen, einen bedeutenden Platz ein. Diese Welt gehört den Molekülen, den Atomen und elementaren Bestandteilen der Natur, unter denen den Photonen als omnipräsenten, mit Lichtgeschwindigkeit reisenden Teilchen ein besonderer Platz zukommt.

Die Begründer der Theorie – Einstein, Bohr, de Broglie, Schrödinger, Heisenberg und andere – entdeckten die Gesetze der Quantenphysik, indem sie, wie Einstein bei der Erforschung der Relativität, Gedankenexperimente aufstellten. Zumindest für Einstein spielten diese aber eine ganz andere Rolle als seine 1905 ersonnenen Anordnungen mit Zügen, Karussells und Uhren. Während ihm Letztere als Anhaltspunkt zur Entfaltung und Bestätigung seiner Theorie gedient hatten, teilten ihm die gedanklichen Quantenexperimente die Rolle des Teufelsadvokaten zu, da er immer verzweifelter zu belegen versuchte, dass die Quantentheorie nicht das letzte Wort zur Erklärung der Naturgesetze sein konnte. Die Gedankenexperimente der Quantenphysik waren auch deshalb subtiler und komplexer als die der Relativitätstheorie, weil sie kontraintuitive und scheinbar widersprüchliche Phänomene behandeln mussten, während die relativistischen Experimente mit Zügen oder Karussells die simple und nachvollziehbare Idee von der Äquivalenz sämtlicher Bezugsrahmen für die Beschreibung physikalischer Gesetze illustrieren sollten.

Vom Klassischen zum Quantischen: ein Dialog über die Jahrhunderte hinweg zwischen Fermat, Maupertuis und Feynman

Die Quantenphysik erscheint uns vor allem auch deshalb seltsam, weil ihre Gesetze sich nicht unmittelbar auf der Ebene der makroskopischen Phänomene auswirken, die wir bewusst wahrnehmen. Der Grund dafür ist die extrem geringe Größe der Planck-Konstante gegenüber den Wirkungen, mit denen wir tagtäglich zu tun haben. Ich spreche hier von »Wirkung« im physikalischen Sinne, also von einer mit der Zeit t multiplizierten Energie E oder einem mit der Länge *x* multiplizierten Impuls *p*. Wirkungen werden im gebräuchlichen Einheitensystem in Joulesekunden (Js) angegeben. Der Drehimpuls eines Fahrradreifens, der sich mit der Frequenz von ein paar Hertz dreht, entspricht normalerweise einigen Dutzend Joulesekunden.

Die Relativität und die Quantenphysik haben uns gelehrt, dass die Mengen *Et* und *px* die gleiche Dimension haben. Werden sie durch *h* geteilt, stellen sie eine Phase dar, also eine Zahl ohne Dimension. Ein Drehimpuls als der Quotient aus Rotationsenergie und Frequenz hat ebenfalls die Dimension einer Wirkung. Und nun zum Vergleich: Die Planck-Konstante $\hbar$ hat einen Wert von $6{,}62 \cdot 10^{-}_{34}$ Js. Die Größe $\hbar = h/2\pi$ – das ist die Einheit des Drehimpulses, die in Rechnungen und Formeln der Quantenphysik häufig verwendet wird – liegt im Bereich von 10^{-34}, also einer »zehnquintilliardstel« Joulesekunde!

Obwohl die Frequenz ν des Lichts einen sehr hohen Wert in der Größenordnung von $5 \cdot 10^{14}$ Hz für gelbe Strahlung hat, ist die Energie $h\nu$ eines Photons also extrem klein und liegt in der Größenordnung von $3 \cdot 10^{-19}$ Joule. Eine 100-Watt-Lampe strahlt eine Energie von 100 Js ab, das sind $3{,}3 \cdot 10^{20}$ Photonen (330 Trillionen Photonen pro Sekunde)! Der Blick auf derartige Größenordnungen macht uns die enorme Distanz deutlich, welche die makroskopische Welt von der Welt der Atome und Photonen trennt. Der Energieaustausch in makroskopischen Prozessen, wie wir sie in unserem Alltag beobachten, beinhaltet gigantische Quantenmengen. Der granulare Aspekt der Quantenphysik ist dann absolut nicht zu beobachten. Sämtliche Phänomene erscheinen uns kontinuierlich. Übrigens haben Größenordnungen, die in gigantischen negativen Zehnerpotenzen ausgedrückt werden, Physiker dazu veranlasst, praktischere atomare Einheiten zu wählen. So wird das Joule durch das Elektronenvolt (eV) ersetzt: die Arbeit eines Elektrons, das einen Spannungsabfall von 1 Volt erfährt, was $1{,}6 \cdot 10^{-19}$ Joule entspricht. Die Photonenenergie von gelbem Licht erhält so den praktischeren Wert von 1,85 eV.

Mit diesen Relationen im Hinterkopf können wir nun die Grenze zwischen klassischer Welt und Quantenreich noch eingehender erforschen, indem wir uns etwa die Dynamik eines Quantenteilchens anhand der von Richard Feynman gefundenen Konzepte anschauen. Nehmen wir an, das Teilchen bewegte sich mit dem Impuls *p* und der Energie *E* auf einem kleinen Abschnitt der Weltlinie zwischen zwei Punkten, die durch ein Raumzeit-Intervall getrennt sind, dessen Koordinaten sich um die geringen Werte *dx* und *dt* unterscheiden (wir bleiben hier der Einfachheit halber bei nur eine Raumdimension).

Die Wirkung des Teilchens S variiert dann um die Infinitesimalgröße $dS = Edt - pdx$, die man, da v gleich dx/dt ist, auch $dS = (E - pv)dt$ schreiben kann (die Wirkung wird traditionell mit dem Buchstaben S bezeichnet – wie die Entropie, mit der sie hier aber nicht verwechselt werden darf). Damit ändert sich die Phase der de Broglieschen Materiewelle um die kleine dimensionslose Größe $dS/\hbar$. Die Variation ΔS der Wirkung eines Teilchens, das einem Pfad in der Raumzeit zwischen zwei durch eine beliebige Entfernung getrennten Ereignissen folgt, entspricht einfach das Integral über diesen Pfad der infinitesimalen Wirkungsinkremente dS. Dieses Integral ist natürlich abhängig vom zurückgelegten Weg.

Erinnern wir uns, dass sich das Teilchen nach dem Überlagerungsprinzip bewegt, und zwar auf allen Pfaden zwischen den beiden betrachteten Raumzeit-Punkten »zugleich«. Die Wahrscheinlichkeitsamplitude, das Teilchen zum Zeitpunkt $t + \Delta t$ in $x + \Delta x$ anzutreffen, wenn es sich zum Zeitpunkt t in x befand, entspricht der Summe der komplexen Zahlen, deren Phasen die Werte der in Einheiten von $\hbar$ gemessenen Wirkungen $\Delta S/\hbar$ sind, die mit allen möglichen zwischen den beiden Punkten verlaufenden Pfaden verbunden sind. Die für die Berechnung von Feynman-Diagrammen geltende Regel ist analog zum Huygensschen Prinzip, mit dem man die mit der streckenweisen Ausbreitung von Licht assoziierten Fresnel-Vektoren summiert.

In dieser Summierung zählen nur die Beiträge von Pfaden, deren Phase stationär ist, das heißt für die ΔS nur in der Größenordnung von $\hbar$ auf unendlich benachbarten Pfaden variiert. Bei mikroskopischen Systemen erfüllt eine große Anzahl von Pfaden diese Bedingung. Das Teilchen folgt ihnen allen »auf einmal«. Es verhält sich wie eine Welle, und es kommen Quanteneffekte zum Tragen.

Handelt es sich jedoch um ein makroskopisches Teilchen, so ergibt seine in Einheiten von $\hbar$ gemessene Wirkung eine gigantische Zahl. Das Teilchen folgt dem extremalen (minimalen oder maximalen) Wirkungspfad, da die Beiträge zur Wahrscheinlichkeitsamplitude aller davon abweichenden Pfade durch destruktive Überlagerung verwischen. So stößt man anhand des Prinzips der Quantenüberlagerung paradoxerweise auf das *Prinzip der kleinsten Wirkung* aus der klassischen Mechanik, das wiederum an das Fermatsche Prinzip der Optik erinnert.

Die Quantenmechanik ist damit für die klassische Physik, was die geometrische Optik der Lichtstrahlen für die Wellenoptik ist. Die Effekte der Beugung und Überlagerung des Lichts zeigen sich nur dann deutlich, wenn die Hindernisse auf dem Weg des Lichts die Größenordnung seiner Wellenlänge erlangen. Auf ähnliche Weise lassen sich Quanteninterferenzen nur dann beobachten, wenn die Wirkungen der untersuchten Systeme die Größenordnung der Planckschen Wirkung h haben. Ich folge damit einem Argument von Feynman, der in den 1940er-Jahren seine Diagramm-Methode auf die Bedeutung der Planck-Konstante für die Unterscheidung zwischen klassischer Welt und Quantenwelt stützte.

Dabei hat das klassische *Prinzip der kleinsten Wirkung* natürlich nicht auf Feynman gewartet. Seine Entdeckung ging der Quantenphysik ein ganzes Stück voraus. Zum ersten Mal wurde es Mitte des 18. Jahrhunderts von Maupertuis geäußert – dem Mann, der ausgezogen war, um die Erdgestalt zu vermessen und den wir in Kapitel II in einem anderen Zusammenhang kennengelernt haben. Über die Wirkung schrieb er:

> Tritt in der Natur irgendeine Änderung ein, so ist die für diese Änderung notwendige Wirkungsmenge die kleinstmögliche.

Man erkennt hier ein quasi philosophisches Urteil, ähnlich der Aussage von Fermat, nach der die Natur immer auf den einfachsten und kürzesten Wegen agiert. Maupertuis' beeindruckende Intuition wurde einige Jahrzehnte später durch den Mathematiker Lagrange bekräftigt, der zeigen konnte, dass das extremale Wirkungsprinzip exakt dem Newtonschen Gesetz entspricht. Lagrange nutzt die Integralform, indem er die Beiträge zur Wirkung der infinitesimalen Pfade summiert, während Newton eine Differentialgleichung heranzieht, mit der er die Impulsableitung eines Teilchens mit der auf ihn wirkenden Kraft gleichsetzt.

Lässt man wie Feynman das klassische Prinzip der geringsten Wirkung aus dem Prinzip der Quantenüberlagerungen hervorgehen, liefert dies gleich noch eine Antwort auf eine beunruhigende Frage aus der klassischen Physik, der wir im Zusammenhang mit Licht und dem Fermatschen Prinzip begegnet sind: Woher »weiß« das Teilchen, dass der von ihm eingeschlagene Weg extremal ist? Wie kann es »erkennen«, dass die anderen Pfade größeren oder kleineren Wirkungen entsprechen? Nun, die Antwort lautet analog zum Licht: Das Teilchen ist mit einer Welle verknüpft, die es ihm ermöglicht, die benachbarten Pfade zu »ertasten« und somit zu »entscheiden«, welcher der extremalen Wirkung entspricht. In diesem vermenschlichenden Vergleich habe ich gleich mehrere Verben in Anführungszeichen gesetzt. Das Teilchen fühlt oder beschließt natürlich nichts. Es gehorcht ganz einfach den Gesetzen der Quantenphysik, die zum klassischen deterministischen Verhalten einer Wellentheorie führen, wenn die Wirkung gegenüber der Planckschen Konstante groß wird.

Eine Reise durch die Dimensionen

Aus der geringen Größe der Planckschen Konstante folgt die Winzigkeit der von de Broglie entdeckten Materiewellenlängen. Eine Schätzung dieser Wellenlängen erklärt anschaulicher als das theoretische Argument Feynmans, warum Quantenphänomene sich unserer direkten Beobachtung entziehen. Ein Sauerstoffmolekül mit der Masse $M = 5 \cdot 10^{-26}$ kg, das sich in der Umgebungsluft mit einer Geschwindigkeit von $v = 500$ m/s bewegt, ist mit einer Wellenlänge h/Mv der Größenordnung von $2 \cdot 10^{-11}$ Metern oder 0,2 Ångström assoziiert. Ein sehr geringer Wert im Vergleich zu den Molekülabständen im Gas, die typischerweise in der Größenordnung von 30 Ångström liegen. Die mit einem Molekül verbundene Materiewelle schwingt über sehr kleine räumliche Distanzen. Sie wird durch ihre Wechselwirkung mit anderen Teilchen gestreut, die mit einigen Dutzend Wellenlängen Abstand beliebig verteilt sind. Die Phasen der durch diese vielen Wechselwirkungen erzeugten Materiewellen weisen willkürliche Unterschiede auf, sodass alle Interferenzeffekte zwischen den Wellen verwischen. Die Physik des Gases lässt sich dann anhand des klassischen Modells aus kleinen Kugeln analysieren, welche nach den Gesetzen von Billardkugeln zusammenstoßen. Eben auf diese Weise hatten Boltzmann und Maxwell noch vor dem Aufkommen der Quantentheorie die kinetische Gastheorie aufgestellt.

Die Längen von Materiewellen nehmen zu, wenn die Teilchenmasse und deren Geschwindigkeit abnehmen, wodurch Quanteneffekte eher zum Tragen kommen. Ein Heliumgas, das achtmal leichter ist als Sauerstoff, besteht bei Zimmertemperatur aus Atomen, deren Wellenlänge um die 0,6 Ångström liegt. Das ist immer noch klein verglichen mit den interatomaren Distanzen, aber wir nähern uns diesen an. Wenn man das Gas komprimiert und abkühlt, erreicht man leichter als beim Sauerstoff eine Situation, in der sich spektakuläre Quanteneffekte zeigen, da die interatomaren Abstände die Größenordnung von Wellenlängen erlangen. Flüssiges Helium-4 wird bei 2,17 Kelvin superfluid, es kriecht an den Wänden seines Behältnisses empor und tritt als vollkommen viskositätslose Flüssigkeitsfontäne aus. Dabei handelt es sich um einen seltenen makroskopischen Quanteneffekt, eine seltsame »bosonische« Eigenschaft, die erstmals in den 1930er-Jahren beobachtet wurde.

Um noch weiter in die Quantenwelt vorzudringen, schauen wir uns nun die Wellenlänge eines Elektron an, das etwa siebentausendmal leichter ist als Helium. In einem Metall, dessen Atome in einem kristallinen Gitter in regelmäßigen Abständen von einigen Ångström angeordnet sind, liegt die Geschwindigkeit der Elektronen um die 10 000 m/s. Ihre zugeordnete De-Broglie-Länge h/mv beträgt einige Hundert Ångström, wodurch sich die Elektronwelle kohärent auf Tausende Atome erstreckt. Die Interferenzen dieser von den Atomen der Kristallstruktur ausgehenden Elektronenwellen spielen eine wichtige Rolle für die Bindungskräfte und die elektrische Leitfähigkeit des Metalls. Es treten also bedeutende Quanteneffekte auf, die jedoch nicht direkt sichtbar sind. Sie sind vielmehr die indirekte Erklärung für die beobachteten makroskopischen Eigenschaften, zu denen die Strom- und Wärmeleitfähigkeit des Metalls, aber auch seine mechanischen und optischen Eigenschaften gehören. Obwohl uns diese bekannt sind, fällt es uns schwer, sie intuitiv mit der Existenz der unsichtbaren Elektronenwellen zusammenzubringen, die sich zwischen den Atomen des Metalls ausbreiten.

Erforschen wir die mikroskopische Welt noch ein Stück weiter. In einem Atom bewegen sich die Elektronen typischerweise mit einer Geschwindigkeit von $c/100$, also etwa $3 \cdot 10^6$ m/s. Inzwischen sind wir mit der Berechnung vertraut und können uns leicht davon überzeugen, dass die zugehörige Elektronenwellenlänge in der Größenordnung des Ångström liegt – die Dimension entspricht dem klassischen Radius der Umlaufbahn, die Bohr dem Elektron in seinem Atommodell von 1913 zuwies. Es ist also klar, dass Quanteneffekte nicht ignoriert werden können. In der Tat ist die Quantisierung der Bahnen einfach der Ausdruck einer Resonanzregel, die verlangt, dass das Elektron eine Wellenlänge hat, die den Randbedingungen seines Einschlusses im Atom genügt.

Tauchen wir noch tiefer in die Materie ein. Im Innern des Atomkerns sind Protonen und Neutronen mit der ungefähren Masse $M = 1{,}6 \cdot 10^{-27}$ Kilogramm im Extremfall auf Abmessungen von etwa 10^{-15} Metern beschränkt.

Ihre Geschwindigkeiten liegen nahe der Lichtgeschwindigkeit *c*. Die Abmessungen des Kerns von etwa 10^{-15} Meter sind vergleichbar mit den Wellenlängen *h/Mc* der Teilchen, aus denen er besteht. Die nuklearen Kräfte binden die Teilchen im Kern, ähnlich einer Barriere der Dicke *h/Mc*. Materiewellen können diese Barriere durch ein Phänomen durchdringen, das in der Optik als *verhinderte Totalreflexion* bezeichnet wird. Bringt man zwei Glasprismen zusammen und trennt ihre ebenen Flächen durch einen schmalen Luftspalt in der Größenordnung der Wellenlänge des Lichts, so kann ein Strahl aufgrund von sogenannten evaneszenten Wellen zwischen den beiden Grenzflächen ohne Ablenkung durch beide Prismen hindurchgelangen. (Diese »evaneszenten« oder abklingenden Wellen wurden im 19. Jahrhundert von Fresnel beschrieben: siehe Kapitel III.) Der Durchgang der Photonen von einem Prisma ins andere würde nicht stattfinden, wenn deren Grenzflächen mehr als eine oder zwei Wellenlängen auseinanderlägen. Ein ähnlicher Effekt kann bei Materiewellen von den im Atomkern gefangenen Nuklearteilchen auftreten. Die Überwindung der Potentialbarriere des einschließenden Kerns wird als *Tunneleffekt* bezeichnet. Durch ihn brechen etwa Helium-Kerne (aus je zwei Protonen und zwei Neutronen) durch einen Quantenwelleneffekt aus instabilen Atomkernen aus. Wir haben es hier mit der Anfang des 20. Jahrhunderts entdeckten α-Radioaktivität zu tun. Wie wir weiter oben erfahren haben, dienten die auf diese Weise erzeugten α-Teilchen Ernest Rutherford als Projektile für den Beschuss einer Goldfolie – ein Versuch, der ihn 1911 zur Entdeckung des Atomkerns und der Planetenstruktur des Atoms führte.

Bei allen Quanteneffekten sind die Konzepte der Zustandsüberlagerung und Interferenz von entscheidender Bedeutung. Die Anfang des 19. Jahrhunderts in die Optik eingeführten Ideen sollten sich mit dem Aufkommen der Quanten auf die Beschreibung der gesamten Physik ausdehnen. Die Vektorfelder, die Fresnel ursprünglich ersonnen hatte, um das Licht zu beschreiben, und die Faraday und Maxwell auf die Beschreibung von elektrischen und magnetischen Phänomenen ausweiteten, beziehen sich seit dem 20. Jahrhundert auf alle mit Elementarteilchen assoziierten Felder. Man kann also sagen, dass die Erforschung des Lichts den Keim der gesamten Physikgeschichte in sich trägt. Die zunächst als delokalisiertes Feld beschriebene elektromagnetische Strahlung erhielt dank Einstein Teilchencharakter, worauf sich dieser Dualismus schnell auf andere Felder ausweitete und seitdem das Verhalten von allen im Universum vorhandenen Partikeln beschreibt.

Es ist nicht verwunderlich, dass dieser paradoxe Aspekt der Physik als Erstes bei der Erforschung optischer Phänomene wie der Wärmestrahlung oder dem photoelektrischen Effekt auftauchte. Das Photon ist nämlich unter allen Teilchen dasjenige, dessen Wellenlängen den größten Bereich der räumlichen Dimensionen abdecken. Da seine Masse gleich null ist, kann die Energie des Photons ein extrem breites Spektrum an Werten annehmen – vom Mikro- oder Nanoelektronenvolt der Radiowellen bis zum Gigaelektronenvolt der Gammastrahlen. Die zugehörigen Wellenlängen, die sich ja umgekehrt proportional zu diesen Energien verhalten, erstrecken sich von Kilometern bis zu Attometern (10^{-18} Meter). An einem Ende des Spektrums treten die Interferenzeffekte langwelliger Wellen deutlich hervor, am anderen Ende ist das körnige Verhalten hochenergetischer Photonen beim Beschuss von Materie klar erkennbar. Zwischen diesen beiden Extremen, im optischen Bereich, zeigt das Licht auf subtile Weise die Kombination von Wellen- und Teilcheneffekten, die Einstein als Erster voraussah.

Quantenverhalten: individuelle Objekte oder statistische Mengen?

Quanteneffekte auf der Ebene von Gasen, Festkörpern, Atomen oder Kernen hat man durch indirekte Beobachtungen ausgemacht. Das Wellenverhalten der Materie wurde durch komplizierte Herleitungen rekonstruiert, die durch die Beobachtung des statistischen Verhaltens von makroskopischen Teilchenmengen entstanden sind. Der Quantencharakter zeigte sich also nie direkt, sondern irgendwie verschleiert. Um Regeln zum Quantenverhalten zu erschließen, stellten sich Physiker vor, was passieren würde, wenn sie in der Lage wären, Elektronen, Atome, Moleküle oder isolierte Photonen geschützt vor äußeren Einflüssen manipulieren und beobachten zu können. Die Experimente fanden in Gedanken statt und man rechnete nicht damit, dass sie jemals tatsächlich durchführbar würden. Schrödinger drückt dies in einem Text von 1952 so aus:

> Wir experimentieren niemals mit nur einem Elektron oder Atom. In Gedankenexperimenten nehmen wir manchmal an, wir täten es, aber das hat unweigerlich lächerliche Konsequenzen.

Dieser Satz mag im Jahre 1952 geäußert seltsam erscheinen, da es doch an der Existenz von Teilchen absolut keinen Zweifel gab. Ihre in Blasenkammern zurückgelegten Pfade untersuchte man mit Beschleunigern, die mit immer größerer Präzision Aufschluss über die Struktur der Materie gaben. Das wusste Schrödinger natürlich auch, aber er sah einen großen Unterschied zwischen diesen konkreten und den von ihm und seinen Kollegen imaginierten Experimenten. Denn in ihren Gedankenexperimenten gingen die Forscher mit Teilchen um, ohne sie zu zerstören, während man in den Detektoren der Beschleuniger doch nur die Spuren von Quantenobjekten untersuchte, die durch hochenergetische Kollisionen zerstört worden waren. Um diesen wesentlichen Unterschied deutlich zu machen, verglich Schrödinger die Vorstellung, an einem einzelnen Atom zu forschen, mit der Unmöglichkeit, Saurier in einem Zoo aufzuziehen. Man könne eben immer nur die Spuren analysieren, die ein lange zurückliegendes Ereignis hinterlasse. Demnach verhalten sich Teilchenphysiker also wie Paläontologen, die anhand fossiler Zeugnisse versuchen, vergangene Ereignisse zu rekonstruieren. Sie analysieren post mortem, während die Gedankenexperimente doch beschreiben wollten, was in isolierten Quantensystemen in vivo, im unzerstörten Zustand geschieht. Schrödinger und wohl auch seine Kollegen jener Zeit nahmen an, dass diese Träume für immer unerfüllbar bleiben würden. Mit dem Hinweis auf »lächerliche Konsequenzen« deutet er sogar an, dass die von den Gedankenexperimenten beschriebenen Effekte wie Zustandsüberlagerungen und Quantensprünge immer nur über ihre statistischen Konsequenzen, also ihre Auswirkungen in Systemen mit hoher Teilchenzahl, beobachtbar wären. Sie dagegen auf der Ebene einzelner Teilchen demonstrieren zu wollen, war für Schrödinger offenbar ein sinnloses Unterfangen.

Die neuesten Entwicklungen in der Physik haben gezeigt, dass Schrödinger in diesem Punkt unrecht hatte. Wir wissen inzwischen, wie sich isolierte Atome oder Photonen manipulieren lassen, ohne sie dabei zu zerstören. So können die Eigenschaften der Quantenwelt direkt sichtbar gemacht werden und wir enthüllen, was bis dahin in der Komplexität der uns umgebenden klassischen Welt verborgen lag. Die Gedankenexperimente sind real geworden, und das Licht hat bei diesen revolutionären Fortschritten der Physik eine entscheidende Rolle gespielt.

Denn es ist der Laser, der uns ermöglicht, die Materie auf elementarster Ebene zu erforschen. Mit seiner Hilfe können wir Atome oder Photonen einfangen und ihr Verhalten in einer Situation beobachten, in der sie ihre Quanteneigenschaften direkt offenbaren. Die Lasertechnologie ist aus der Quantenphysik entstanden und nutzt die Erkenntnisse, die uns diese Physik zur fundamentalen Wechselwirkung von Atomen und Photonen geliefert hat. Von Einstein stammt die Ursprungsidee zur Konzeption des Lasers, da er das Phänomen der stimulierten Emission beschrieb. Nachdem diese Idee dann in die Tat umgesetzt wurde, ermöglichte sie die Überprüfung und Bestätigung der kontraintuitiven Prinzipien der Quantenphysik – welche wiederum Einstein und seine Kollegen durch Gedankenexperimente erschlossen hatten, deren konkrete Umsetzung sie niemals für möglich gehalten hätten. Dieses Paradox illustriert einmal mehr, wie sich Grundlagenforschung und angewandte Forschung ergänzen. Erstere entdeckt die Prinzipien, mit denen Letztere arbeiten kann, und die daraus resultierenden Erfindungen ermöglichen eine gesteigerte Präzision bei der Erforschung der Natur, wodurch existierende Modelle bestätigt oder korrigiert werden. Ein fruchtbarer Austausch also zwischen Experiment und Theorie.

Ich habe an diesem Abenteuer teilgenommen und durch meine Forschungen dazu beigetragen, Atome und Photonen zu zähmen, die vielleicht eines Tages die Instrumente der neuen Quantentechnologien sein werden. Dabei hatte ich das Glück, zu einer großen Forschergemeinde zu gehören, die sich überall auf der Welt der Aufgabe widmet, die Welt der Atome und Photonen zu erforschen: Zunächst, um diese besser zu verstehen, und dann auch, um sie für die Entwicklung neuartiger Instrumente zu nutzen, die unsere Handlungs- und Informationsmöglichkeiten erweitern. Von diesem Abenteuer werde ich in den nachfolgenden Kapiteln erzählen. Doch für den nötigen Kontext werfen wir zuerst einen Blick auf die leidenschaftlichen Diskussionen bei den Solvay-Konferenzen von 1927 und 1930, durch die sich die Quantentheorie herausbildete.

Der Youngsche Doppelspalt neu interpretiert

Das erste Gedankenexperiment, das Einstein und Bohr in den Sinn kam, war zweifellos das Youngsche Doppelspaltexperiment, das zu Beginn des 19. Jahrhunderts Huygens recht zu geben schien, da die beobachteten Interferenzstreifen den Wellencharakter des Lichts unterstrichen. Wie ließ sich dieses

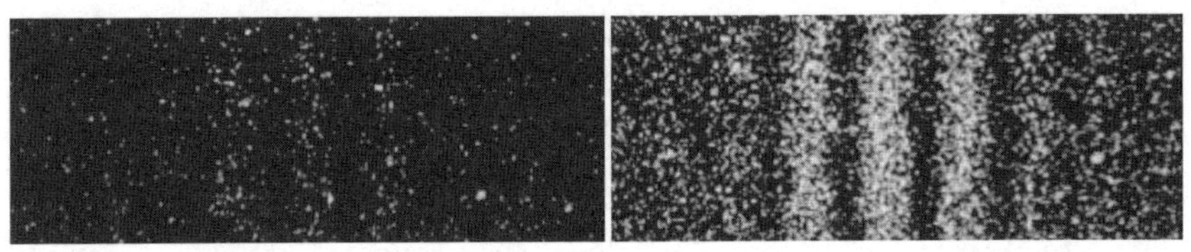

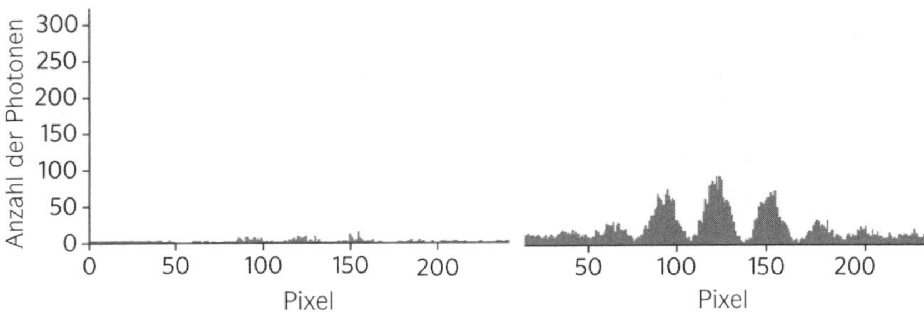

Abb. V.7. Interferenzexperiment mit zwei Wellen, bei dem Photonen die Apparatur nacheinander durchlaufen (obere Bilder): die ersten Photonen scheinen den Schirm an zufälligen Punkten zu erreichen (links), bevor sich dann ein klares Streifenmuster herausbildet (rechts). Am »Pointillismus« des Bildes erkennt man das Eintreffen der einzelnen Teilchen auf dem Bildschirm. Die Diagramme unter den Aufnahmen zeigen die Anzahl der Partikel in Abhängigkeit von der Abszisse des Erfassungspunktes. Die beiden interferierenden Wellen stammen nicht aus einem Doppelspalt, sondern von dem Licht, das durch ein Fresnelsches Biprisma fällt, das aus zwei an der Basis verbundenen Prismen besteht. Dieses von Fresnel zur Interferenzanalyse erfundene Instrument erzeugt ähnliche Streifen wie der Versuchsaufbau mit zwei geneigten Spiegeln. Das Prinzip entspricht dem Youngschen Doppelspalt. (Experiment von Jean-François Roch, Institut d'Optique)

Ergebnis deuten, wenn das Licht nun doch aus einzelnen Körnchen, den Photonen bestand?

Und was würde geschehen, wenn man das Licht durch einen materiellen Teilchenfluss – etwa durch Elektronen – ersetzte? Diese Teilchen waren nach de Broglie mit einer Materiewelle verknüpft und mussten daher ebenfalls Interferenzen hervorrufen. Das berühmte Experiment von Davisson und Germer hatte dies 1927 bewiesen, worauf der junge Louis de Broglie 1929 den Nobelpreis erhielt.

Auf einer ersten Stufe ist die Quanteninterpretation tatsächlich sehr einfach. Materiewellen haben komplexe Amplituden. Jene Wellen, die mit dem

Durchgang der Teilchen durch den Doppelspalt assoziiert sind, überlagern sich und es kommt zur Interferenz. Die Wellen verstärken sich, wenn der Gangunterschied zwischen den Wegen einer ganzen De-Broglie-Wellenlänge entspricht, und sie heben sich durch destruktive Interferenz auf, wenn dieser Unterschied einer ungeraden Zahl halber Wellenlängen entspricht. Dort, wo sich die Wahrscheinlichkeitsamplituden addieren, ist die Wahrscheinlichkeit, ein Teilchen anzutreffen, groß. Dort, wo sich die Amplituden aufheben, ist diese Wahrscheinlichkeit gleich null. Bei einem entsprechend starken Teilchenfluss gibt die Verteilung der Einschlagpunkte der Teilchen auf einem Schirm quasi unmittelbar das bekannte Interferenzmuster wieder, das Young und Fresnel ein Jahrhundert zuvor beobachtet hatten. Im Falle von Licht war dieses Phänomen nichts Neues. Ging es aber um Elektronen oder andere Teilchen, so war das Resultat neu und eröffnete spannende Perspektiven für die Physik, da nun das Konzept der Interferenz auf die Eigenschaften der Materie ausgeweitet wurde.

Doch es steckt noch mehr in dem Experiment. Versucht man nämlich zu analysieren, was sich auf der Ebene der einzelnen Teilchen abspielt, wird gar unsere Vorstellung der physikalischen Realität infrage gestellt. Nehmen wir an, die Quelle der Teilchen – Photonen oder Elektronen – wäre so schwach, dass sie jeweils nur ein Partikel emittierte. Beugungsmuster entstünden dann erst nach sehr langer Belichtungszeit, wobei die ersten Teilchen scheinbar zufällig auf den Schirm aufträfen, bis sich – zunächst pünktchenförmig, dann immer deutlicher – Interferenzmuster bildeten. Ein solches Experiment mit sich langsam aufbauenden Interferenzen war zu Einsteins und Bohrs Zeiten undenkbar, heute aber wird es mit allen möglichen Teilchen, Photonen, Elektronen, Atomen und Molekülen durchgeführt, wobei verschiedene Typen von Interferometern zum Einsatz kommen, welche die aus einer Quelle stammenden Partikel auf zwei Pfade lenken. Es stellt sich immer das erwartete Resultat ein.

Um Interferenzen zu erzeugen, müssen jedem Teilchen beide Pfade zur Verfügung stehen. Wenn man bei dem Youngschen Experiment einen der beiden Spalte schließt, zeigt das Bild auf dem Beobachtungsschirm zwei ›Beugungsflecke‹, die sich klassisch addieren, ohne dass es zu Interferenzen kommt.

Einem in der Newtonschen Physik geschulten Geist, der gewohnt ist, in Umlaufbahnen und Flugbahnen zu denken, stellt sich hier schnell die Frage: Was geschieht eigentlich, wenn das Teilchen den mit einem Doppelspalt versehenen Schirm durchläuft? Wieso kann es, wenn es einen der beiden Spalte durchlaufen hat, keinen dunklen Streifen erreichen, obwohl es das sehr wohl könnte, wenn der andere Spalt geschlossen wäre? Woher »weiß« das Teilchen, ob der Spalt, den es nicht durchlaufen hat, geschlossen oder offen ist, um dann zu »entscheiden«, ob es auf einem dunklen Streifen landet oder nicht? Die Antwort der Quantenphysik lautet …, dass die Frage nicht sinnvoll gestellt ist. Es ist nicht möglich, dem Weg des Teilchens durch den einen oder anderen Spalt eine physikalische Realität zuzuweisen, wenn keine Messung erfolgt, mit der sich die Frage beantworten ließe. Es gibt eine Wahrscheinlichkeitsamplitude dafür, dass das Photon oder Elektron einen Spalt passiert. Diese Wahrscheinlichkeitsamplituden interferieren und liefern ein Ergebnis, wenn die Positionsbestimmung des Teilchens *nach* dem Durchgang durch den Schirm erfolgt.

Wenn man zu bestimmen versucht, wo sich das Teilchen in dem Moment befindet, da es den Doppelspalt passiert, wird man sehr wohl ein Ergebnis erhalten (es nimmt entweder den einen oder den anderen Spalt), doch die Wellenfunktion und die weitere Bewegung des Teilchens würden so gestört, dass die Beugungsmuster verschwänden. Anders gesagt: Die Frage, wo sich das Teilchen an der Station des Doppelspalts befindet und die Frage, an welchem Punkt des Beobachtungsschirm es anschließend wahrscheinlich auftrifft, sind unvereinbar. Man kann nicht erwarten, dass die Natur uns in ein und demselben Experiment eine Antwort auf beide Fragen gibt. Man kann nur eine der beiden stellen und muss zu diesem Zweck auch die Versuchsanordnung anpassen. Die Unmöglichkeit, inkompatible physikalische Größen gleichzeitig zu messen, erklärt Bohr mit seinem *Komplementaritätsprinzip.*

Dieses Prinzip hat tiefgreifende Konsequenzen auf unsere intuitive Vorstellung von der physikalischen Realität und hier vor allem auf das Konzept der Trajektorie oder Bahn. Wenn man sich das die Apparatur durchlaufende Elektron nicht anschaut, hat es auch keinen Sinn zu fragen, welcher Bahn es folgt. Man kann einfach annehmen, dass es im Interferometer beide Wege zugleich nimmt, in einer Überlagerung zweier Zustände, sozusagen zwischen zwei klassischen Realitäten schwebend. Noch exakter und streng mathematisch lässt sich die Theorie ausdrücken, indem man sagt, dass sich genaugenommen die mit den beiden Trajektorien assoziierten Wahrscheinlichkeitsamplituden überlagern. Eben diese mathematische Überlagerung liegt den Rechenregeln der oben genannten Feynman-Diagramme zugrunde.

Für Bohr und Heisenberg drängte sich diese Sichtweise auf, die beiden Wissenschaftler akzeptierten sie als eine Eigenschaft der Natur, die nicht abzuweisen war. Einstein, Schrödinger und de Broglie aber waren da anderer Auffassung. »Der Mond ist auch da, wenn keiner hinschaut«, sagte Einstein. Er hatte Schwierigkeiten damit, einer physikalischen Realität keine Größe zuweisen zu wollen, nur weil diese nicht explizit gemessen wurde. Um den Älteren zu überzeugen, erklärte ihm der junge Heisenberg, er sei bei der Entwicklung der Quantenkonzepte doch nur der Methode gefolgt, die Einstein selbst bei Ernst Mach entliehen habe. Der österreichische Physiker und Philosoph beharrte, die Physik dürfe sich nur für das Messbare interessieren: Zur Festlegung einer beliebigen physikalischen Größe müsse man genau prüfen, wie diese praktisch bestimmt werden könne. Hatte Einstein nicht genau das getan, als er die Synchronisation von Uhren unter die Lupe genommen und das Konzept der absoluten Zeit infrage gestellt hatte? Heisenberg war nun demselben Vorgehen gefolgt, da seine Theorie doch explizit messbare Größen in einen Zusammenhang stellte. Nach bestimmten Werten zu fragen, welche die Menge, der Aufenthaltsort und die Geschwindigkeit eines Teilchens annehmen, obgleich der Versuchsaufbau diese Bestimmungsmöglichkeit gar nicht erlaube, sei ein sinnloses Unterfangen. Einstein stimmte wohlwollend zu und gestand, dass Machs Denken ihn inspiriert habe, doch dürfe man »denselben Streich nicht zweimal machen«.

Da wir nun bei Heisenberg sind: Es ist an der Zeit, seine berühmte Unschärferelation zu erläutern, die in der Quantenphysik eine wichtige Rolle einnimmt und oftmals auch in der Alltagssprache angeführt wird, um die Rätselhaftigkeit der Quantenwelt auszudrücken. Wir sollten das Prinzip an dieser Stelle behandeln und enträtseln, da es eng mit der Bohrschen Komplementarität zusammenhängt und uns dabei hilft, die Gedankenexperimente der Solvay-Konferenzen von 1927 und 1930 im Detail zu analysieren.

Die Heisenbergsche Unschärferelation drückt aus, dass bestimmte komplementäre oder auch »konjugierte« Größen in der Quantenphysik nicht gleichzeitig bestimmt werden können, ohne eine Ungenauigkeit in Kauf zu nehmen. So werden die Unschärfen Δx und Δp in Relation gebracht, welche die Messungen von Position und Impuls eines Teilchens respektieren müssen, oder auch die Unschärfen ΔE und Δt, mit denen sich die Energie E berechnen lässt, die zwei Quantensysteme zum Zeitpunkt t austauschen. Die Relation zwischen Position und Geschwindigkeit $\Delta x \cdot \Delta p \geq \hbar$ drückt den Umstand aus, dass auf Quantenebene eine größere Genauigkeit bei der Bestimmung der Position eines Teilchens auf Kosten einer zunehmenden Unsicherheit bei der Messung seines Impulses, also seiner Geschwindigkeit geht. Das analoge Verhältnis $\Delta E \cdot \Delta t \geq \hbar$ in Bezug auf die Zeit und die Energie bedeutet, dass eine präzise Bestimmung der Energie mit einem eingeschränkten Wissen um den genauen Zeitpunkt der Entstehung dieser Energie bezahlt werden muss.

Die Kleinheit der in diesen Relationen vorkommenden Planck-Konstante deutet natürlich darauf hin, dass diese Unzulänglichkeiten nur auf der Ebene mikroskopischer Prozesse der Atom- oder Kernphysik zum Tragen kommen. Auf makroskopischer Ebene sind die Produkte der klassischen experimentellen Unschärfen in Bezug auf x und p oder E und t weitaus größer als $\hbar$ und die Messgenauigkeit wird durch die Heisenbergschen Relationen nicht beeinflusst.

Die Relationen lassen sich aus den Eigenschaften der de Broglieschen Materiewellen qualitativ erschließen. Ein Teilchen mit dem gegebenen Impuls p hat eine genau definierte Wellenlänge. Es verbreitet sich über eine theoretisch unendliche Distanz im Raum. Daraus ergibt sich eine gleichmäßige Verteilung der Wahrscheinlichkeit, das Teilchen an einem beliebigen Punkt anzutreffen. Eine extreme Präzision beim Impuls eines Teilchens wird also mit einer Nullinformation über seine Position erkauft. Und im Gegenzug ist die Wellenfunktion eines an einem präzisen Punkt beobachteten Teilchens in diesem Moment perfekt lokalisiert und besteht aus der Überlagerung unendlich vieler ebener Wellen, die mit einer unendlich großen Verteilung von Impulswerten verknüpft sind. Es handelt sich hier um grundlegende Eigenschaften der Fourier-Transformation, die wir bereits in Kapitel III im Zusammenhang mit der Optik analysiert haben.

Die unendlich genaue Bestimmung der Position eines Teilchens wird also mit der völligen Unkenntnis seines Impulses erkauft. Zwischen diesen beiden Extremsituationen können wir die Wellenfunktion eines Teilchens in einem

Wellenpaket zusammenfassen, dessen Wellenlängen um einen zentralen Wert gestreut sind, wodurch der Verteilung der Impulse die Breite Δp und der Verteilung der möglichen Positionen die umgekehrt proportionale Breite $\Delta x = \hbar/\Delta p$ zugeordnet wird. Das Produkt $\Delta x \cdot \Delta p$ der beiden Unsicherheiten ist dann gleich $\hbar$. Dies ist der bestmögliche Kompromiss, wenn man die Genauigkeit beider Messungen optimieren möchte.

Eine analoge Argumentation, die ebenfalls auf der Fourier-Analyse basiert, ermöglicht es uns, die Zeit-Energie-Unschärferelation zu verstehen. Ist ein Teilchen mit genau definierter Energie E mit einer De-Broglie-Welle mit genau definierter Frequenz E/h verbunden, so setzt dies voraus, dass das Teilchen sich über ein unendliches Zeitintervall entwickelt. Man kann dann unmöglich wissen, wann die Welle aufgetaucht ist. Umgekehrt zeigt ein Teilchen, das zu einem festgelegten Zeitpunkt erzeugt wird, eine absolute Unbestimmtheit bezüglich seiner Energie. Auch hier besteht der bestmögliche Kompromiss darin, ein Wellenpaket zu betrachten, das eine gewisse Unschärfe ΔE in Bezug auf seine Energie und eine konjugierte Unschärfe Δt in Bezug auf den Zeitpunkt seiner Entstehung (oder seines Durchgangs an einem Punkt) zulässt. Das Produkt dieser beiden Unschärfen ist gleich $\hbar$.

Die Unschärferelationen spielen in der Quantenphysik eine entscheidende Rolle. Sie geben eine qualitative Erklärung für grundlegende Phänomene aus der Welt der Atome und Photonen. Wie wir bereits festgestellt haben, gehört etwa die Stabilität der atomaren Materie zu den Rätseln, welche die Newtonsche Physik und die Maxwell-Gleichungen nicht zu lösen imstande waren. Das um den Kern kreisende Elektron des Wasserstoffatoms wird durch dessen elektrisches Feld angezogen, so wie ein Planet durch das Gravitationsfeld der Sonne in seine Umlaufbahn gezogen wird. Nun ist es aber so, dass das Elektron elektromagnetische Energie abstrahlt und innerhalb kurzer Zeit auf den Kern fallen müsste. Tatsächlich aber behält es einen Abstand in der Größenordnung von einem halben Ångström. Bohr hatte diese Eigenschaft als Postulat aufgestellt und dem Elektron besondere Bahnen zugeschrieben, wobei das Elektron im niedrigsten Energiezustand eben genau mit dem Bohrschen Radius um den Kern kreist.

Die Unschärferelationen geben dem Postulat eine allgemeinere Erklärung. Fiele das Elektron auf den Kern, so würde seine Position unendlich präzise – sein Impuls und in der Konsequenz seine kinetische Energie würden unendlich ansteigen. Indem es eine endliche Distanz zum Kern behält, optimiert das Elektron das Produkt der Unschärfen in Bezug auf seine Position und seinen Impuls und minimiert so seine Energie. Diese ist die Summe aus seiner potentiellen elektrischen Energie, die mit der Annäherung an den Kern immer stärker und negativer wird, und der positiven kinetischen Energie, die dann immer weiter ansteigt. Die Größe der Wellenfunktion des Elektrons liegt bei 10^{-10} Metern und entspricht dem Minimum der Summe dieser beiden Energien, die sich entgegengesetzt zum Abstand des Elektrons vom Kern entwickeln. Fügt man dem Atom nach und nach mehr Elektronen hinzu, um die Elemente des Periodensystems nach Mendelejew nachzubilden, so muss man sie – unter Berücksichtigung der Fermi-Dirac-Statistik – auf immer größeren Umlaufbahnen unterbringen. Man kann also sagen, dass sich die Struktur der Materie durch die kombinierten Anforderungen der Heisenbergschen Unschärferelation und des Paulischen Ausschlussprinzips erklärt.

Auch die Zeit-Energie-Unschärferelation spielt in der Quantenphysik eine wesentliche Rolle. Wird ein Elektron in einem Atom in einen angeregten Zustand gebracht, so fällt es nach einer bestimmten Zeit in seinen Grundzustand zurück, indem es ein Photon emittiert. Die Frequenz dieses Photons hängt von der durch die Planck-Formel $E_1 - E_2 = h\nu$ ausgedrückte Energiedifferenz der beiden Zustände ab. Die Emission erfolgt zu einem beliebigen Zeitpunkt, wie ein spontaner Quantensprung. Die durchschnittliche Zeit, die das Atom im angeregten Zustand Δt verbringt, steht durch die Unschärferelation $\Delta\nu = h/\Delta t$ im Zusammenhang mit der Unsicherheit $\Delta\nu$ der Frequenz des emittierten Photons. Die Unschärferelation definiert die Grenze der Messgenauigkeit für die von einem ruhenden Atom emittierte Lichtfrequenz. (Wie wir im folgenden Kapitel erfahren werden, kommt bei einem Atom in Bewegung eine zusätzliche Unsicherheit hinzu.)

Sucht man eine möglichst monochromatische Lichtquelle, etwa für den Bau einer Atomuhr, so muss man diese auf einem atomaren Übergang zwischen dem Grundzustand und einem möglichst lang andauernden angeregten Zustand halten, also einen möglichst großen Wert für Δt erzielen. In optischen Atomuhren haben die angeregten atomaren Zustände eine Lebensdauer von wenigen Hundertstelsekunden, wodurch man eine Frequenz in der Größenordnung von 10^{15} Hz bis zu einem tausendstel Hertz festlegen kann und die Uhr eine relative Unsicherheit von einigen 10^{-19} Sekunden (das ist weniger als eine Sekunde bezogen auf das Alter des Universums!) zeigt. So sind die Unschärferelationen ganz und gar nicht gleichbedeutend mit Verschwommenheit oder Ungenauigkeit. Die Quantenphysik ermöglicht uns, einen Parameter (beispielsweise die Energie oder die Frequenz eines Photons) mit so großer Genauigkeit zu messen, wie wir wünschen – *unter der Voraussetzung*, dass wir für die konjugierte Variable (in diesem Fall den Zeitpunkt der Emission des Photons) eine große Unsicherheit akzeptieren.

Die Zeit-Energie-Unschärferelation kommt auch bei dem von George Gamow in den 1920er-Jahren dargelegten Quantentunnel-Effekt zum Tragen. Wir haben am Beispiel der Alphastrahlung gesehen, dass ein durch die Kernkraft gefangenes Teilchen seiner Falle entkommen und sich unendlich weit von ihr entfernen kann. In der klassischen Physik ist dies unmöglich, weil das Überschreiten der Barriere den Energieerhaltungssatz verletzen würde: Das gefangene Teilchen besitzt ganz einfach nicht genug kinetische Energie, um über die Barriere zu springen, die es einschließt. In der Quantenphysik jedoch kann ein Übergangsprozess eine nicht energieerhaltende Energiemenge ΔE hervorbringen, sofern dieser Vorgang nicht länger als die Zeit Δt in der Größenordnung von $\hbar/\Delta E$ dauert. Ein Teilchen, das per Tunneleffekt entkommt, leiht sich sozusagen vom Kern die potentielle Energie, mit der es die Barriere überspringen kann. Dies ist nur möglich, weil der Sprung sehr kurz dauert.

Ein ähnliches Argument erklärt den großen Wirkungsunterschied zwischen elektromagnetischen Kräften und den für die Radioaktivität verantwortlichen nuklearen Wechselwirkungen, die ja eigentlich verwandte Prozesse sind. Elektromagnetische Kräfte sind sehr weitreichend, weil sie von Photonen mit der Masse null übertragen werden, deren Energie beliebig klein sein kann. Nach der Zeit-Energie-Unschärferelation kann die Zeit zwischen der Entstehung und der Vernichtung eines virtuellen Photons, das von zwei geladenen Teilchen ausgetauscht wird, beliebig lang sein – und zwar umso größer, je kleiner seine Frequenz ist. Dieses Photon kann sich also über große Entfernungen mit Lichtgeschwindigkeit ausbreiten, wodurch sich die große Reichweite der elektromagnetischen Wechselwirkungen erklärt. Die schwache Kernkraft dagegen wird von W- und Z-Bosonen übermittelt, deren Massen M_w und M_z etwa hundertmal so groß sind wie die eines Protons. Bosonen treten daher in Kernprozessen nur extrem flüchtig auf und bleiben dabei unterhalb einer Zeit

Abb. V.8. Bohr und Einstein auf einer Fotografie aus dem Jahr 1925. Die beiden waren zu Besuch in Leiden bei ihrem Freund, dem österreichischen Physiker Paul Ehrenfest. (© Niels Bohr Archive)

$\hbar/M_w c^2$ oder $\hbar/M_Z c^2$ in der Größenordnung von 10^{-25} Sekunden. Während dieser minimalen Zeitspanne können sie sich gerade einmal über Entfernungen in der Größenordnung von 10^{-17} Metern ausbreiten, was den Einfluss der schwachen Kernkraft innerhalb von Atomkernen begrenzt.

Auseinandersetzungen über Gedankenexperimente

Um zu verstehen, wie Heisenbergs Unschärferelation das Bohrsche Komplementaritätsprinzip erklärt, müssen wir noch einmal zum Gedankenexperiment vom Youngschen Doppelspalt zurückkehren. Einstein hielt daran fest, dass der Weg eines Teilchens durch den Doppelspalt definiert sei. Einfach einen Spalt zu verdecken, um sicherzugehen, dass das Photon oder Elektron

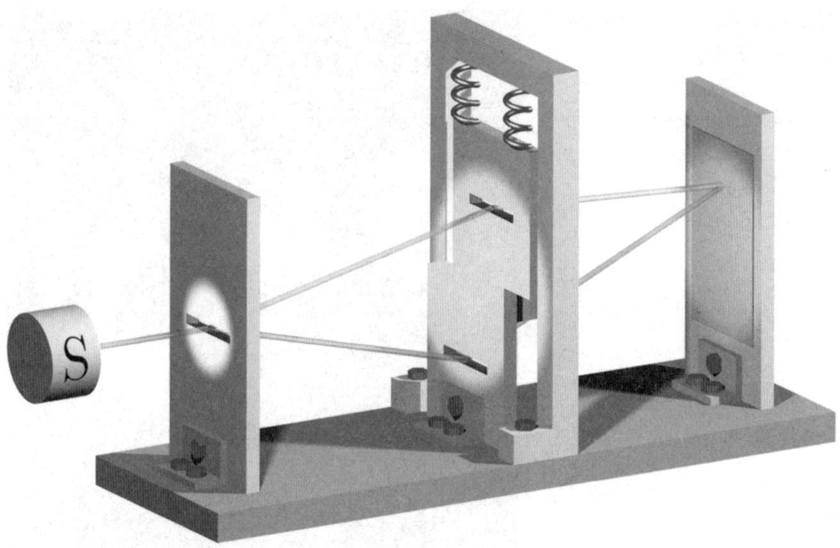

Abb. V.9. Das Gedankenexperiment mit abgeändertem Youngschen Doppelspalt. Die an Federn aufgehängte Apparatur beginnt zu schwingen, wenn das Teilchen den oberen, beweglichen Spalt passiert (von J.-M. Raimond nach einer Zeichnung von Niels Bohr rekonstruiert).

den anderen Spalt passierte, erschien ihm jedoch eine zu brachiale Methode. Er ersann eine subtilere Vorgehensweise. Die beiden Spalte sollten eine horizontale Öffnung haben und übereinander angeordnet sein. Der untere Spalt befand sich im feststehenden Schirm, der obere Spalt war Teil einer beweglichen Apparatur, nämlich einer kleinen rechteckigen Scheibe, die vertikal an einer Feder aufgehängt war und so frei nach unten und oben schwingen konnte. Dabei war Einsteins Idee recht einfach.

Wenn das Teilchen die Apparatur durch den unteren Spalt durchquerte, würde sich der obere Teil nicht bewegen. Führte ihn seine Bahn aber durch den oberen Spalt, so würde es an den Rändern des Spalts gebeugt und sein Impuls würde leicht nach unten abgelenkt. Als Reaktion darauf würde sich die an der Feder befestigte Scheibe nach oben bewegen und zu schwingen beginnen. Dieses Schwingen gäbe damit Aufschluss darüber, welcher Bahn das Teilchen gefolgt sei. Träfe es anschließend auf dem Beobachtungsschirm auf, hinterließe es dort ebenso eine Spur wie bei dem Experiment mit zwei festen Spalten. So ließe sich also die Trajektorie jedes Teilchens bestimmen und nach vielfachen Einschlägen ergäbe sich das erwartete Interferenzmuster. Konnte man sich dessen aber so sicher sein?

Bohr konnte sein Komplementaritätsprinzip mühelos retten, indem er sich auf Heisenberg berief. Um die minimale Impulsänderung zu erkennen, die durch den Durchgang des Teilchens hervorgerufen würde, müsste man den ursprünglichen Impuls der mobilen Apparatur mit einer sehr geringen Unschärfe Δp kennen, wodurch sich eine Unschärfe zur vertikalen Position des Spalts ergäbe, die mindestens $\Delta x = \hbar/\Delta p$ beträgt. Diese Unschärfe hätte zur Folge, dass der Gangunterschied zwischen den beiden Wegen verschwimmt und das Interferenzmuster verwischt. Das Teilchen würde durch den Rückstoß, dem es dem beweglichen Spalt mitgibt, abgelenkt und dann irgendwo auf dem Beobachtungsschirm und nicht etwa zwingend auf einem hellen Streifen auftreffen.

Das Gedankenexperiment verdeutlicht eine wichtige Eigenschaft eines Quantenoszillators – ob es sich nun um eine kleine Masse an einer Feder oder um ein im Schwerefeld der Erde schwingendes Pendel handelt. Genau wie das Elektron im Wasserstoffatom und genau aus demselben Grund kann ein Oszillator nicht in einem bestimmten Moment an einem präzisen Punkt lokalisiert werden, da ansonsten sein Impuls unendlich wäre. In seinem niedrigsten Energiezustand, dem Grundzustand, muss das System eine kinetische Restenergie besitzen und eine Positionsunschärfe um seinen Gleichgewichtspunkt aufweisen. Diese Verschwommenheit in Bezug auf seinen Aufenthaltsort und seinen Impuls entspricht dem mit den Unschärferelationen kompatiblen minimalen Energiezustand und definiert die sogenannten Quantenfluktuationen des Oszillators.

In dem Gedankenexperiment mit dem beweglichen Spalt bewirken diese unvermeidlichen Fluktuationen dem Bohrschen Komplementaritätsprinzip folgend, dass die Beobachtung des Beugungsmusters unvereinbar mit dem Erkennen der Bewegung des Spalts ist. Diese Einschränkungen gelten nur für ultraleichte Objekte von atomarer Größe. Bei makroskopischen Körpern, die aus einer gigantischen Zahl an Atomen bestehen, lässt die kleine Planck-Konstante die Quantenfluktuationen verschwindend gering werden. Die Spalte der Interferometer bewegen sich nicht so, dass es wahrnehmbar wäre und es werden Interferenzmuster sichtbar, ohne dass man wissen könnte, welche Bahn die Teilchen zurückgelegt haben. Das Experiment mit dem beweglichen Spalt blieb ein ideales Gedankenexperiment, dessen Realisierung sich damals niemand vorstellen konnte. Seitdem hat sich jedoch einiges verändert. Wie wir noch sehen werden, sind heute tatsächlich Abwandlungen des Experiments durchführbar.

Quantenfluktuationen sind ebenfalls wichtig für die Beschreibung von elektromagnetischen Feldmoden, die ja auch Oszillatoren sind, wie die Untersuchung der Wärmestrahlung gezeigt hat. In seinem Grundzustand, in Abwesenheit von Photonen, zeigt eine Feldmode mit der Frequenz ν Fluktuationen des Magnetfelds und des elektrischen Feldes, deren Energie dem eines halben Photons $h\nu/2$ gleichkommt. Man spricht hier von Fluktuationen des Vakuumfelds. Diese Fluktuationen haben nachweisbare Effekte auf die in dem Feld enthaltenden Atome. Sie sind insbesondere verantwortlich für die Lamb-Verschiebung der atomaren Niveaus des Wasserstoffs.

Das Vakuum in jeder Mode kann man als kleines fluktuierendes Feld betrachten, dessen elektrische und magnetische Komponenten mit der Frequenz ν mit vollkommen zufälligen Phasen vibrieren. Die Zahl der Photonen im Vakuum ist null, also mit Sicherheit bekannt. Daraus resultiert laut der Anwendung der Unschärferelation auf Oszillatoren, dass die Phase des Vakuumfelds vollkommen unbestimmt ist. Um eine definierte Phase zu erhalten, muss der Oszillator eine Unschärfe Δn seiner Quantenzahl n aufweisen – ob es sich nun wie im Falle eines Feldes um Photonen oder wie im Falle eines atomaren Oszillators um Schwingungsquanten handelt. Das Verhältnis zwischen der Unschärfe Δn zur Anzahl der Quanten und der Unschärfe $\Delta\phi$ zur Phase der Schwingung schreibt sich dann $\Delta n \cdot \Delta\phi > 1$ oder äquivalent $(\Delta n/n) \cdot \Delta\phi > 1/n$ (die Plancksche Konstante taucht in diesem Ausdruck nicht auf, ist aber implizit vorhanden, wenn man n durch die Energie $E = nh\nu$ eines Oszillators mit n Quanten ersetzt). Ein Quantenoszillator, der ein klassisches System bestmöglich beschreibt, ist ein Kompromiss, bei dem die relativen Unschärfen $\Delta n/\bar{n}$ zur Feldamplitude und zur Phase beide gleich $1/\sqrt{\bar{n}}$ sind.

An der Korrespondenzgrenze ist die Anzahl der Photonen oder Schwingungsquanten gigantisch, und man kann die Größe $1/\sqrt{\bar{n}}$ vernachlässigen. So gelangen wir zurück zur »Gewissheit« der Newtonschen Physik, in der die Amplituden und Phasen eines Oszillators mit beliebiger Genauigkeit definiert werden können. Bei kleinen Photonen- oder Schwingungsquantenzahlen ist die Quantengranularität nicht mehr zu vernachlässigen und $\Delta n/\bar{n}$ erreicht eine nennenswerte Größe, ebenso wie die Quantenphasenfluktuationen $\Delta\phi$ in der Größenordnung $1/\sqrt{\bar{n}}$. Wir werden an späterer Stelle entsprechende Beispiele kennenlernen.

Abb. V.10. Die Photonenwaage. Zeichnung von Niels Bohr. Eben dieses an einer Feder aufgehängte Kästchen hatte Gamow gebaut und Einstein und Bohr 1930 zu Weihnachten geschenkt (vgl. Abb. V.1.).

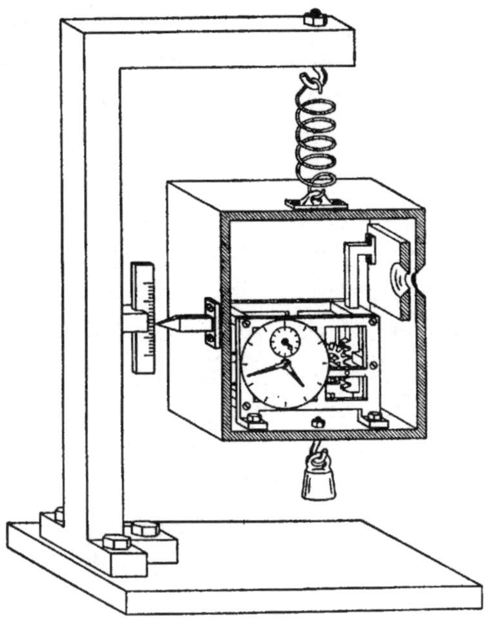

Nachdem er 1927 die Auseinandersetzung zur Unschärferelation von Ort und Impuls verloren hatte, kehrte Einstein bei der Solvay-Konferenz von 1930 zur Frage nach der Beziehung von Energie und Zeit zurück. Er präsentierte Bohr ein Gedankenexperiment, das Heisenbergs Unschärfe $\Delta E \cdot \Delta t \geq \hbar$ scheinbar außer Kraft setzte. Diese Unschärfe galt es zu respektieren, wenn man die spontane Emission eines Photons durch ein angeregtes Atom betrachtete – was aber, wenn die Ungenauigkeit darin begründet lag, dass der Experimentator den zufälligen Prozess der Emission des Lichtteilchens nicht kontrollierte? Einstein ersann eine geniale Apparatur, nämlich die berühmte Photonenwaage, die ich zu Beginn dieses Kapitels beschrieben habe und deren Nachbau durch Gamow heute im Niels-Bohr-Institut ausgestellt ist. Dem Prinzip nach sollte das Kästchen in der Lage sein, zu einem bestimmten Zeitpunkt Lichtquanten zu entsenden. Um die im Kästchen enthaltene elektromagnetische Energie zu messen, hing es an einer Feder im Gravitationsfeld der Erde und es genügte also, das Kästchen ganz normal zu wiegen, indem man ablas, wie sich der am Kästchen befestigte Zeiger über die außen angebrachte Skala bewegte. Hierzu musste man die mit der Allgemeinen Relativität formulierte Äquivalenz von Masse und Energie sowie von träger und schwerer Masse voraussetzen.

Das Experiment vereinte die neue Quantenphysik mit der Relativitätstheorie. In diesem Bereich der Physik war Einstein natürlich bestens bewandert. Das Kästchen sollte perfekt reflektierende Innenwände haben, damit die gefangenen Photonen ohne Verlust hin und her springen könnten und die Energie des Systems erhalten bliebe. Die Emission eines Photons wurde durch einen mit einer Uhr verbundenen Verschluss gesteuert, der für kurze Zeit eine Öffnung in einer der Kästchenwände freigab. Das kleine Intervall war durch den Zeigerstand der Uhr messbar. Wog man das Kästchen nun vor dem Öffnen und nach dem Schließen des Verschlusses, so konnte man die Energie, also die Anzahl der entwichenen Quanten bestimmen. Man hatte eine beliebige Zeit zur Verfügung, um die Wiegung vor und nach dem Entweichen der Photonen vorzunehmen, und es sah so aus, als könne nichts die Präzision beeinträchtigen, mit der man E für ein vom Versuchsleiter beliebig kurz gewähltes Öffnungsintervall bestimmte.

Die Heisenbergsche Unschärferelation zwischen Zeit und Energie schien ernsthaft beschädigt. Anwesende der Konferenz berichteten, wie aufgebracht Bohr gewesen sei, als er nicht sofort eine Antwort auf die von Einstein aufgeworfene Frage zu geben wusste. Es kostete den Dänen eine schlaflose Nacht, doch am nächsten Morgen konnte er eine Entgegnung zur Rettung der Quantenphysik präsentieren. Diese lautete: Einstein hatte seine eigene Allgemeine Relativitätstheorie außer Acht gelassen und vergessen, die Dehnung der von der Kästchenuhr gemessenen Zeit zu berücksichtigen!

Ohne uns in Bohrs Argumentation zu vertiefen, schauen wir uns erst einmal genauer an, was Gamow auf den Deckel seiner Photonenwaage geschrieben hat: Durch die Veränderung der im Kasten enthaltenen Massenenergie $E = mc^2$ nach dem Entweichen der Photonen würde eine Kraft auf die Feder ausgeübt – diese besäße eine Unschärfe ΔF, die proportional zu der Unschärfe Δm der Masse ist, die wir zu bestimmen versuchen. Diese Unschärfe der Kraft stünde mit der Unschärfe Δp des vom Kasten erlangten Impulses in Beziehung, wobei die Beziehung zwischen F und p einfach dem Newtonschen Gesetz entspricht, nach dem die Änderung von p pro Zeiteinheit gleich der angewandten Kraft ist. Die Unschärfe von p stünde durch die Heisenbergsche Relation zwischen Ort und Impuls mit der Unschärfe Δz in Beziehung, welche die senkrechte Position des Zeigers zur Messung des Gewichts des Metallkästchens betrifft.

Die Unschärfe Δm der zu bestimmenden Masse, die Unschärfe Δp des

Impulses, den das Kästchen durch das Öffnen des Photonenverschlusses gewinnt, und die Unschärfe Δz der Höhe des am Kästchen angebrachten Zeigers würden so in einer direkten Relationskette verbunden. Und an diesem Punkt kommt die Allgemeine Relativität ins Spiel. Ändert sich die Höhe des Kästchens im Gravitationsfeld der Erde, so ändert sich auch die von der Uhr gemessene Zeit. Der Rhythmus der Uhr, die das Zeitintervall zwischen dem Öffnen und Schließen des Verschlusses misst, ist abhängig von z, und die Quantenunschärfe Δz wirkt sich auf die Unschärfe der Öffnungszeit Δt aus. Mithilfe einer einfachen Rechnung konnte Bohr also Δm mit Δt in Beziehung zu setzen und die Unschärferelation in der Form $\Delta mc^2 \cdot \Delta t \geq \hbar$ wiederherstellen. Damit hatte ausgerechnet die Allgemeine Relativitätstheorie Heisenbergs Unschärferelation gerettet! Den Zeugen von Bohrs Triumph entging die Ironie der Situation nicht: Einstein hatte sein liebstes Kind, die Relativitätstheorie, außer Acht gelassen, und eben diese Theorie diente nun zur Untermauerung der Quantenphysik, die Einstein doch so viel Unbehagen bereitete!

Es mag auf den ersten Blick überraschen, dass die Quantenphysik auf die Relativitätstheorie, und hier vor allem die Allgemeine Relativität, angewiesen ist. Denn es fehlt weiterhin ein Modell, das die beiden Theorien auf allgemeiner Ebene verbinden würde. Dies ist jedoch nicht verwunderlich. Bei der Konzeption seines Experiments hatte Einstein selbst den Rahmen definiert, in dem es analysiert werden sollte. Eine wesentliche Rolle spielen in diesem Zusammenhang die Masse-Energie-Äquivalenz der Speziellen Relativitätstheorie und das Äquivalenzprinzip zwischen träger und schwerer Masse. Eine unausweichliche Folge hiervon ist die Zeitdilatation in Abhängigkeit von der Position in einem Gravitationsfeld – so hat es uns auch das im vorigen Kapitel beschriebene Gedankenexperiment des Karussells gezeigt. Die Berücksichtigung dieses Effekts auf die von der Kästchenuhr gemessene Zeit ist daher ein durchaus gerechtfertigtes Vorgehen und sogar unverzichtbar, wenn man die Kohärenz der Physik sicherstellen will. Dass es noch keine Theorie gibt, die Quantenaspekte unter den extremen Gravitationsbedingungen Schwarzer Löcher beschreibt, stellt für das hier vorgestellte Experiment kein Problem dar, denn es bezieht sich ja allein auf Manifestationen der Allgemeinen Relativität in sehr schwachen Feldsituationen, in denen es klassisch beschrieben werden kann.

Die Quantenverschränkung

Die Gedankenexperimente von 1927 und 1930 bargen bereits das Problem der *Quantenverschränkung* – ein Konzept, das Einstein in den 1930er-Jahren intensiv beschäftigte und zu seinem letzten Beitrag zur Quantenphysik führte. Zur Interpretation dieser Experimente ist es notwendig, nicht nur die untersuchten Teilchen, sondern auch die mit ihnen in Wechselwirkung tretende Versuchsapparatur als Quantenobjekte zu beschreiben. Beim Experiment mit dem beweglichen Spalt bilden das Teilchen und der Spalt eine untrennbare Einheit, deren physikalische Parameter stark miteinander korrelieren. Nach dem Durchgang durch den Doppelspalt entwickelt sich das System in einer Überlagerung zweier unterschiedlicher physikalischer Situationen: derjenigen, in der das Teilchen den unteren Spalt durchlaufen hat, ohne dass sich der obere Spalt bewegt, und derjenigen, in der es den oberen Spalt passiert, der daraufhin zu schwingen beginnt. Bevor das Teilchen schließlich in einem beliebig großen Abstand hinter dem Doppelspalt detektiert wird, befinden sich diese beiden Teile des Systems in einem kombinierten Quantenzustand, einem sogenannten verschränkten Zustand. Die Eigenschaften dieser Verschränkung muten einem klassisch geschulten Verstand seltsam an.

Beobachtet man den Doppelspalt, so trifft man ihn mit gleicher Wahrscheinlichkeit unbewegt oder in Schwingung an. Im ersten Fall wüsste man mit Sicherheit und sogar ohne es aufgespürt zu haben, dass das Teilchen von der aus dem unteren Spalt kommenden Welle beschrieben wird, während es im zweiten Fall mit Sicherheit zur Welle aus dem oberen Spalt gehört. Dieser perfekten Korrelation kann man sich sogar noch versichern, indem man den Versuchsaufbau verändert.

Im Falle der Photonen genügt es, wenn man den Beobachtungsschirm durch eine den Doppelspalt abbildende Linse ersetzt, und an der Stelle, an der sich die Bilder formen, Detektoren platziert. Sodann könnte man sehen, dass das eintreffende Photon bei unbewegtem lockeren Spalt immer mit dem Bild des festen Spalts übereinstimmt, während das Gegenteil der Fall ist, wenn sich der lockere Spalt bewegt.

Der verschränkte Zustand zweier Systeme, die in Wechselwirkung standen und sich dann getrennt haben, stellt einen Sonderfall dar. Denn nun kann kein System mehr unabhängig vom anderen beschrieben werden. Der

Gesamtquantenzustand enthält Informationen über die Korrelation, liefert aber keine Informationen über das jeweils einzeln betrachtete System. Das Teilchen landet mit gleicher Wahrscheinlichkeit in dem einen oder dem anderen Detektor, und der Spalt wird ebenfalls mit gleicher Wahrscheinlichkeit in Bewegung angetroffen oder nicht. Welches dieser Ergebnisse durch eine Messung beobachtet wird, ist nicht vorhersehbar. Der verschränkte Quantenzustand beinhaltet als einzige Information, dass die beiden Ergebnisse immer in Korrelation stehen. Das *einzelne* Teilchen befindet sich nicht mehr in einer Überlagerung von Zuständen, es *teilt* diese Überlagerung mit dem Spalt, der die Information über den Weg des Teilchens trägt.

Diese Teilung erklärt auch das Verschwinden des Beugungsmusters. Selbst wenn kein Beobachter den beweglichen Spalt im Auge behält, kann man immer davon ausgehen, dass sein Zustand aufgezeichnet wird und zu jedem späteren Zeitpunkt ausgelesen werden kann. Allein diese Möglichkeit zwingt das Teilchen, den einen oder anderen Spalt zu durchlaufen – je nach dem Ergebnis der virtuellen Messung. Wir befinden uns damit in einer Situation, die sich nicht grundlegend von der unterscheidet, in der einer der beiden Spalte nach dem Zufallsprinzip geschlossen wird. Und so erklärt sich auch, dass sich in diesem Fall keine Interferenzmuster bilden. Weil das Teilchen seinen Quantenzustand mit einem anderen System teilt, wird die Quantenüberlagerung, nach der es sich auf beiden Bahnen befindet, durch eine klassische Alternative ersetzt. Das Teilchen ist dann mit der Welle aus dem einen *oder* dem anderen Spalt verknüpft und nicht mehr als eine Überlagerung *beider* Wege zu verstehen, damit kommt zu keinen Interferenzen.

Die Quantenverschränkung trägt also wesentlich zur Erklärung des Komplementaritätsprinzips bei. Der Wellencharakter wird nur dann beobachtet, wenn keinerlei Informationen über die Teilchenbahn in eine Umgebung entweichen kann, die diese Informationen aufzeichnet. Kommt es zu einer Abgabe von Information, so wird das untersuchte Teilchen mit seiner Umgebung verschränkt und die Interferenzeffekte verschwinden. Das System ist gezwungen, einer klassischen Trajektorie zu folgen, die durch die in die Umgebung entwichenen Informationen festgelegt ist. Eben dieses Phänomen erklärt auch, warum Quantenteilchen in Blasen- oder Funkenkammern Spuren von präzisen Trajektorien hinterlassen. Ihre ständige Wechselwirkung mit der Flüssigkeit in der Kammer oder den Potentialen der Detektordrähte zwingen sie, eine Flugbahn zu wählen und tilgen den Wellencharakter ihres Verhaltens.

Die Analyse der Gedankenexperimente von 1927 und 1930 brachte Einstein dazu, das Phänomen der Verschränkung genauer zu untersuchen. Das Ergebnis ist ein berühmter mit seinen Assistenten Boris Podolsky und Nathan Rosen verfasster Artikel des Jahres 1935, der schlicht »EPR-Papier« genannt wird. Einstein und seine Kollegen betrachten darin zwei Teilchen, die sich in entgegengesetzter Richtung voneinander wegbewegen, ohne in Wechselwirkung zu treten. An einem bestimmten Punkt befinden sie sich in einer Überlagerung von Zuständen, in denen sie alle möglichen Impulswerte mit gleicher Wahrscheinlichkeit besitzen. Laut den Regeln der Quantenphysik und den Eigenschaften der Fourier-Transformation weist die räumliche Wellenfunktion des Systems dann eine perfekte Korrelation zwischen den Positionen der Teilchen auf. Diese befinden sich im festen Abstand x_0 zueinander. Das verschränkte Paar beschreibt damit eine Situation, in der die Information im Verhältnis der Teilchen enthalten ist, während deren individuelle Positionen und Impulse unbestimmt bleiben. Wenn der für das eine Teilchen festgestellte Impuls p_1 ist, dann entspricht der Impuls p_2 des anderen $-p_1$. Ergibt die Messung der Abszisse des einen Teilchens x_1, so folgt daraus für das andere: $x_2 = x_1 + x_0$. Während Position und Impuls eines Teilchens aufgrund der Heisenbergschen Unschärferelation nicht gleichzeitig bestimmt werden können, lassen sich die Werte $p_1 + p_2$ und $x_1 - x_2$ sehr wohl simultan definieren.

Dies ist vergleichbar mit der – klassischen – Situation zweier identischer Billardkugeln, die mit gleicher Geschwindigkeit aufeinander zurollen, frontal zusammenstoßen und in entgegengesetzte Richtungen abprallen. Aufgrund der Erhaltungssätze der klassischen Mechanik bleiben die Positionen und Impulse der beiden Kugeln während ihrer Bewegung entgegengesetzt. Das Verhältnis der Impulse entspricht dem der EPR-Situation. Dabei wird das Verhältnis der Kugelpositionen dieses Mal durch die Summe und nicht durch die Differenz ihrer Abszissen bestimmt. Davon abgesehen besteht ein wesentlicher Unterschied zwischen klassischer Situation und Quantensituation darin, dass sich die beiden Teilchen vor ihrer Messung in einer Zustandsüberlagerung von *nicht existenten* Positionen und Geschwindigkeiten befinden.

Die von Bohr unterstützte Kopenhagener Deutung betont ja, dass Positionen und Impulse keine physikalische Realität besitzen, solange sie nicht gemessen werden. Ihre Werte können sich nur dann aktualisieren beziehungsweise überhaupt einen Sinn annehmen, wenn ein Messapparat, der darauf abgestimmt ist, entweder die Geschwindigkeit oder den Aufenthaltsort eines

Teilchens zu bestimmen, ein präzises Ergebnis liefert. Eben dieses Argument ermöglichte Bohr in der 1927 aufflammenden Diskussion mit Einstein, die Frage danach, welchen Spalt das Photon oder Elektron im Youngschen Experiment nimmt, als sinnwidrig zu kennzeichnen.

In seinem EPR-Papier kehrte Einstein nun zu dieser Problematik zurück und stellte eine These auf, die sehr einleuchtend erschien und offenbar dem »gesunden Menschenverstand« entsprach. Sind die Teilchen durch eine große Entfernung voneinander getrennt und eines wird von Alice und die andere von Bob beobachtet, so muss Alice gar keine Messung vornehmen, wenn sie die Position ihres Teilchens erfahren möchte. Sie muss es nicht berühren oder irgendwie in Wechselwirkung mit ihm treten, sondern kann ganz einfach Bob bitten, die Messung an seinem Teilchen vorzunehmen und ihr das Ergebnis per Funk oder Telefon mitzuteilen, um so auch die Position ihres Teilchens zu erfahren. Dabei gälte für die Messung von Impuls und Geschwindigkeit dasselbe Verfahren: Die von Bob durchgeführte Messung würde Alice den Wert des entsprechenden Parameters liefern, ohne dass sie mit ihrem Teilchen in Kontakt käme. Natürlich könnte Bob Position und Impuls nicht zugleich ermitteln, da dies dem Unschärfeprinzip widerspräche. Die Messung der einen Größe würde das Ergebnis für die andere Größe beeinflussen.

Einstein stellte diese lokale Eigenschaft der Quantenphysik nicht mehr infrage, doch er konstatierte etwas anderes: Wenn das Messergebnis zu einer dieser Größen bekannt sein konnte, ohne dass man in irgendeiner Weise mit dem untersuchten Teilchen in Wechselwirkung trat, so musste dieser Wert ein »Element der Wirklichkeit« sein, wie Einstein es nannte. Dieser musste real existieren, und zwar schon vor jeder Messung. Bei der Entstehung des Teilchenpaars musste etwas geschehen sein, das ab diesem Moment die Werte festlegte, welche die Parameter bei einer späteren Messung annehmen würden. Die Quantenunschärfe musste sich auf die eine oder andere Weise auf eine klassische Unsicherheit reduzieren lassen, nämlich auf die Unkenntnis von im System versteckten Parametern, welche die Messung bei einem der beiden Teilchen zu bestimmen erlaubte, während das andere Teilchen unberührt bliebe. Diese Argumentation brachte Einstein zu der Überzeugung, dass die von der Quantenphysik gegebene Beschreibung der mikroskopischen Welt unvollständig sei. Seiner Ansicht nach musste es dort noch versteckte Variablen geben, welche sie momentan nicht zu erfassen vermochte.

Das nichtlokale Verhalten der Physik, das die Kopenhagener Deutung unterstellte, missfiel Einstein sehr. Ihm widerstrebte die Vorstellung, dass »Gott würfelt«, wenn es darum ging, das Ergebnis einer Messung an einem Punkt der Raumzeit zu aktualisieren. Noch schwerer zu akzeptieren war es, wenn dieser Zufall zudem nicht lokal sein sollte. Dass das zufällige Ergebnis einer von Bob durchgeführten Messung den Wert des korrelierten, von Alice beobachteten Parameters direkt beeinflussen sollte, schien ihm undenkbar.

Und doch behauptete Bohr genau das in seiner Erwiderung auf das EPR-Argument. Ihm stellte sich der Zusammenhang folgendermaßen dar: Die Physik eines Quantensystems aus räumlich entfernten Teilen bildet ein untrennbares Ganzes. Korrelierte physikalische Größen, die sich in einem Abstand zueinander befinden, erlangen erst dann im gesamten Raum Realität, wenn an einem Teil des Systems eine Messung durchgeführt wird. Das Bekanntwerden des Ergebnisses, der sogenannte *Kollaps der Wellenfunktion* an einem bestimmten Punkt, ist ein nichtlokales Phänomen der Informationsgewinnung. Unabhängig davon, ob die Messungen zur gleichen Zeit oder in beliebiger zeitlicher Reihenfolge durchgeführt werden, gilt es, die Korrelationen jederzeit zu verifizieren, ohne die Existenz versteckter Variablen geltend zu machen. Bohr begriff intuitiv, dass es solche Variablen nicht geben konnte. Ihre angenommene Existenz stellte das gesamte Konstrukt der Quantentheorie infrage.

Erst drei Jahrzehnte nach dem Erscheinen des EPR-Artikels wurde die Einstein und Bohr entzweiende Frage so gestellt, dass man sie experimentell nachprüfen konnte. Der irische Physiker John Bell widmete sich 1964, nachdem die Protagonisten des Streits bereits verstorben waren, dem Problem der versteckten Variablen. Bell nahm sich das Gedankenexperiment aus dem EPR-Papier vor und führte aus, dass sich durch eine Messung von nicht nur zwei konjugierten Variablen wie x und p, sondern einer Menge von kombinierten Observablen dieser Größen zeigen ließ, dass eine Theorie der versteckten Variablen nicht in der Lage wäre, die von der Quantenphysik vorhergesagten Interferenzeffekte der Wahrscheinlichkeitsamplituden zu beschreiben.

Bell stellte hierzu eine mathematische Ungleichung auf, die eine Summe von Wahrscheinlichkeiten korrelierter Messergebnisse erfüllen müsste, wenn die verborgenen Variablen existierten: Diese Ungleichung verletzte die Vorhersagen der Quantenphysik. Ein erster Versuch, die Bellsche Ungleichung zu überprüfen, wurde 1972 von dem amerikanischen Physiker John Clauser unternommen. Er untersuchte die Korrelationen zwischen den Polarisationen von Paaren verschränkter Photonen und stellte fest, dass das Messergebnis mit den Vorhersagen der Quantentheorie übereinstimmte. Allerdings gab es etwas an dem Experiment auszusetzen: Die Polarisationen der Photonen waren im Voraus festgelegt wurden, wodurch nicht ausgeschlossen war, dass es einen kausalen Einfluss der einen Messung auf die andere gab. Eine entscheidende Verbesserung dieses Experiments nahm dann 1982 mein Kollege Alain Aspect von der Universität Orsay vor. Auch er arbeitete mit Paaren verschränkter Photonen, doch integrierte er einen zufälligen Wechsel der Ausrichtung der vor den Photodetektoren platzierten Polarisatoren, und zwar in einem kürzeren Zeitintervall als jenem, den das Licht brauchte, um sich von einem Detektor zum anderen auszubreiten. Sein Experiment bestätigte, dass die von Bell aufgestellten Ungleichungen tatsächlich verletzt wurden, und bewies damit, dass Bohr recht hatte. Das Ergebnis ist seitdem durch zahllose, immer genauere Experimente bestätigt worden, bei denen sich vor allem die Physiker Anton Zeilinger aus Österreich und Nicolas Gisin aus der Schweiz hervorgetan haben.

Laut einem Argument, mit dem die Möglichkeit eines Kollaps der Wellenfunktion an zwei voneinander entfernten Punkten negiert werden soll, widerspricht diese dem Prinzip der Relativität und gar der Kausalität. Doch dies ist nicht der Fall, und auch Einstein hat ein solches Argument nicht als Einspruch gegen die Kopenhagener Deutung eingesetzt. Die Relativitätstheorie verbietet den Austausch von Informationen zwischen zwei Punkten mit einer Geschwindigkeit, die jene des Lichts übersteigt. Doch das komplett zufällige Ergebnis einer nichtlokalen Quantenmessung transportiert keine Information. Diese ist allein in den von Alice und Bob beobachteten Ergebniskorrelationen enthalten, welche nur festgestellt werden können, wenn die beiden Beobachter ihre Beobachtungen austauschen, und zwar auf einem klassischen Weg (etwa über elektromagnetische Wellen) unter Beachtung des Relativitätsprinzips. Die nichtlokalen Korrelationen der Quantenphysik sind seltsam: Einstein nannte sie eine »spukhafte Fernwirkung«. Dennoch stehen sie keinem physikalischen Prinzip entgegen.

Kehren wir noch einmal zurück zum Youngschen Doppelspaltexperiment – dieses Mal mit Blick auf seine letzte Wendung durch den amerikanischen Physiker John Wheeler, den Erfinder des Begriffs »Schwarzes Loch«. Als dieser über die Seltsamkeit einer Welt nachdachte, in der ein physikalisches System vor einer Messung zwischen verschiedenen Realitäten schweben kann, ersann er eine Version des Interferenzexperiments, in der das Photon nicht wählen muss, ob es den einen und/oder anderen Spalt durchqueren soll. Selbst nach der Passage des Doppelspalts gäbe es hier keine Entscheidung! Wir haben es hier mit dem sogenannten Delayed-Choice-Experiment zu tun. Hierzu werden hinter den festen Spalten, die beide geöffnet sind (es gibt keinen beweglichen Spalt mehr), entweder der Beobachtungsschirm oder eine Linse platziert, die den Doppelspalt auf einer nachfolgenden Ebene abbildet, wo zwei Detektoren die Photonen zählen, aus denen diese Bilder bestehen.

Der Wechsel zwischen Beobachtungsschirm und Linse findet zufällig und im schnellen Rhythmus statt, währenddessen sich die Photonen, die den Doppelspalt bereits durchwandert haben, im Innern des Interferometers frei ausbreiten. Naiv ausgedrückt »wissen« die Photonen beim Durchgang durch den Doppelspalt nicht, ob sie dies in einem Zustand der Überlagerung tun (was dazu führen würde, dass sich Beugungsmuster zeigen, wenn auf ihrem späteren Weg ein Beobachtungsschirm steht), oder aber auf einer Trajektorie, die durch den einen oder den anderen Spalt führt (was sie mit Sicherheit auf einen der beiden Detektoren lenken würde, falls die Linse statt des Schirms im Einsatz ist).

Nach der Kopenhagener Deutung muss die Wellenfunktion der Photonen nichts »entscheiden«. Ob es eindeutige Trajektorien oder Wellen gibt, weiß man erst, wenn man dem Photon eine genaue Frage stellt, indem man zufällig den einen oder anderen Versuchsaufbau wählt. Dies kann selbst dann noch geschehen, wenn das Photon den Doppelspalt passiert hat. Je nach Fragestellung beobachtet man immer entweder ein dichotomes Ergebnis (das Photon kommt auf dem einen oder dem anderen Detektor an) oder aber ein wellenförmiges Verhalten (auf dem in seinem Weg liegenden Schirm landet das Photon stets auf einem hellen Streifen und niemals auf einem dunklen Streifen).

Das von Wheeler in den 1980er-Jahren vorgeschlagene Experiment wurde 2007 von Jean-François Roch in abgewandelter Form durchgeführt. Roch verwendete einen anderen Interferometertyp, ging aber nach dem gleichen Prinzip vor. Der Versuch lieferte ein Ergebnis in voller Übereinstimmung mit der Kopenhagener Deutung. Stellt man ein Quantenteilchen vor eine verzögerte Wahl, so ist es unabhängig vom jeweils eintretenden Versuchsaufbau »bereit«, ein Ergebnis in Übereinstimmung mit den seltsamen Vorhersagen der Quantenphysik zu liefern.

Schrödingers Katze und die Grenze zwischen klassischer Welt und Quantenwelt

Unter den Gedankenexperimenten, die Schwachpunkte der Kopenhagener Deutung aufzeigen sollten, hat eines besonders Berühmtheit erlangt – nämlich jenes von Schrödingers Katze. Im Verlauf eines 1935 veröffentlichten Artikels, in dem er zum ersten Mal explizit das von ihm benannte Konzept der Quantenverschränkung diskutiert, stellt sich der österreichische Physiker das Schicksal einer Katze vor, die mit einem angeregten Atom in eine Kiste eingesperrt ist. Das Atom kann in den Grundzustand zurückfallen, indem es radioaktive Strahlung beziehungsweise ein radioaktives Teilchen oder Photon abgibt. Dieser Vorgang setzt einen Mechanismus in Gang, durch den die Katze getötet wird: Entweder öffnet sich eine Giftkapsel oder aber es wird ein Revolverschuss auf das arme Tier losgelassen, die genaue Methode spielt keine Rolle … Das fatale Ereignis kann jederzeit eintreffen, solange der angeregte Zustand anhält. Die Zeitspanne wird als sehr groß angenommen, und solange sie andauert und solange die Kiste nicht geöffnet wird, um nachzuschauen, was sich im Innern abspielt, beschreibt die Quantenphysik den Zustand des Atoms als eine Überlagerung von angeregtem Zustand und Grundzustand in Anwesenheit des emittierten Teilchens. Die Katze steht in Wechselwirkung mit dem Atom und befindet sich also ebenfalls in einer Überlagerung von Zuständen: Zum einen ist sie lebendig, zum anderen ist sie tot, da das Killerteilchen den Mechanismus ausgelöst hat.

Die Frage lautet nun, ob auch in diesem Extremfall die Kopenhagener Deutung gilt: Muss man annehmen, dass der Zustand der Katze keine physikalische Realität hat, bis er beobachtet wird? Befindet sich das bedauernswerte Tier zwischen zwei sehr unterschiedlichen klassischen Realitäten, die überdies imstande sind, Interferenzphänomene auszulösen? Schrödinger glaubte nicht daran. Er beschrieb das Experiment allein als Beispiel für die grotesken Konsequenzen, die sich seiner Ansicht nach ergaben, wenn man die Vorhersagen der Quantentheorie wörtlich nahm.

Die Situation der armen Katze unterscheidet sich nicht grundlegend von der des beweglichen Spalts im Youngschen Experiment. Auch er schwebt aufgrund seiner Wechselwirkung mit dem den Doppelspalt passierenden Photon zwischen zwei Realitäten (er schwingt und schwingt nicht). Das Verdienst

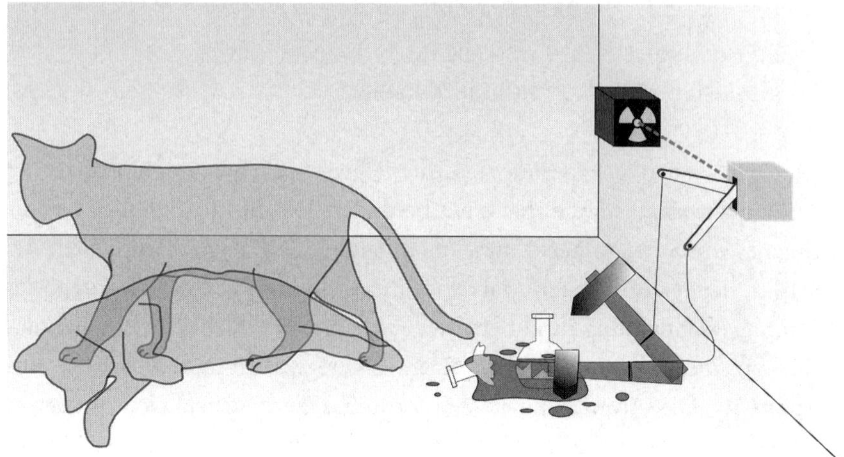

Abb. V.11. »Schrödingers Katze« – ein Gedankenexperiment. (*Wikimedia Commons*)

Schrödingers besteht darin, die Seltsamkeit der Quantenwelt und das Konzept der Verschränkung nicht etwa an das niemanden berührende Schicksal eines banalen Oszillators mit einem beweglichen Spalt zu knüpfen, sondern an ein lebendiges Tier, dessen Ergehen die Leser sicher mehr berührt.

Das Experiment ist nicht nur für die Definition der Überlagerung interessant, sondern wirft auch die Frage nach der Grenze zwischen der klassischen Welt und der Quantenwelt auf. Alle in diesem Kapitel beschriebenen Gedankenexperimente gehen davon aus, dass die verwendeten Apparaturen empfindlich auf Quantenphänomene reagieren, und zwar um den endlichen Wert der Planckschen Konstante. Damit durch ein streifendes Photon oder Elektron ein Rückstoß erzeugt wird, muss der bewegliche Spalt im Youngschen Versuchsaufbau sehr leicht sein. Dasselbe gilt für die Photonenwaage, damit sie einen messbaren Rückstoß erfährt, wenn ein einzelnes Photon entweicht.

Ab einer bestimmten Größe verschwimmen die Quanteneffekte und die Verschränkung verschwindet oder tritt zumindest verschleiert auf. Das Gleiche gilt für den dramatischen Fall der Katze. Das Ausblenden von Quantenphänomenen bei zunehmender Größe der betrachteten Systeme wird als *Dekohärenz* bezeichnet. Um diese zu verstehen, müssen wir uns anschauen, auf welche Weise sich Quantensysteme mit ihrer Umgebung verschränken. Wie wir noch sehen werden, ermöglichen hier neueste Experimente detaillierte Untersuchungen.

Die seltsamen Gesetze der Quantenphysik, wie sie sich durch die Analyse der Gedankenexperimente der 1920er- und 30er-Jahre offenbarten, sind schlussendlich von der Mehrheit der Physiker angenommen worden, um sie – mit bekanntem Erfolg – zur Analyse der mikroskopischen Eigenschaften von Materie einzusetzen. Man gehorchte dem Motto der Zeit, das da hieß: »Shut up and compute«. Anders als jene, die wie Einstein über die Seltsamkeit der Quantenwelt stolperten, interessierten sich die Physiker der 1930er- bis 80er-Jahre nicht besonders für Fragen der Auslegung der Theorie. Das lag zum einen daran, dass man nur große Teilchenmengen aus Atomen, Molekülen oder Elektronen direkt beobachten konnte. In diesem Maßstab zeigen sich Quantenphänomene wie Quantensprünge oder Zustandsüberlagerungen nur auf statistischer Ebene. Es reichte daher aus, die Wellenfunktion als eine mathematische Größe anzusehen, die Auskunft über die Wahrscheinlichkeiten von Messergebnissen für große Teilchenmengen gibt. So war man ja in der klassischen statistischen Physik seit dem 19. Jahrhundert verfahren.

Die Frage, ob der Begriff der Wellenfunktion auf der Ebene einzelner Teilchen, von denen ja die Gedankenexperimente handelten, weiterhin relevant sei, war für das Verständnis der Physik von Atomen, Molekülen oder Festkörpern oder auch von chemischen Reaktionsprozessen mit makroskopischen Mengen an Ausgangsstoffen nicht wesentlich. Wenn es gelang, die Anwesenheit einzelner Teilchen in einem Experiment aufzuzeichnen, so erschienen diese als Bündel von Trajektorien in Blasen- oder Funkenkammern, denen man eine eindeutige klassische Beschreibung geben konnte.

Die Feinheiten, die man in Gedankenexperimenten analysierte, die sich aus der Interpretation der Wellenfunktion eines isolierten Quantensystems ergaben, blieben experimentell nicht greifbar. Eben das wollte Schrödinger wohl ausdrücken, als er von den »burlesken Fällen« sprach, die sich aus den Vorhersagen der Quantenphysik im Hinblick auf individuelle Teilchen konstruieren ließen. Viele Physiker hielten derartige Experimente für unmöglich realisierbar und fanden es daher unnötig, sich mit ihren Aussagen zu beschäftigen. Dies hat sich mit den 1980er-Jahren geändert, da technische Fortschritte die Manipulation isolierter Quantenobjekte im Labor ermöglicht haben. Seitdem enthüllt sich das »rein Quantische« in Experimenten, die wir uns in den nachfolgenden Kapiteln näher anschauen werden. Eine entscheidende Rolle in dieser Entwicklung spielt der Laser: Einmal mehr erhellt das Licht die Physik und ermöglicht ihr, in neue Richtungen vorzustoßen. Die seltsame Welt, die sich in den Gedankenexperimenten andeutete, lässt sich nun direkt erforschen.

Bevor wir uns der Beschreibung dieser Experimente widmen, machen wir noch einen Moment am Übergang zur Moderne halt und blicken auf die in den vier vorangegangenen Kapiteln geschilderte Geschichte des Lichts zurück. Dabei müssen wir feststellen, dass sich der Hauptschauplatz verschoben hat: Während die großen Entdeckungen des 19. und 20. Jahrhunderts zum Großteil in Europa gemacht wurden, haben die Vereinigten Staaten im Laufe der Jahre immer mehr an Bedeutung gewonnen und sind zum Epizentrum der Wissensgewinnung aufgestiegen. Die zunehmende industrielle und wirtschaftliche Macht der USA nach dem Amerikanischen Bürgerkrieg wurde von einem Aufstieg der Wissenschaften begleitet, der sich unter anderem in der Gründung der National Academy of Sciences im Jahre 1865 zeigte (die Londoner und die Pariser Akademie der Wissenschaften waren ganze zweihundert Jahre zuvor entstanden).

Die Erfindungen von Thomas Edison und Alexander Graham Bell, aber auch Michelsons Grundlagenexperimente zur Interferometrie und die theoretischen Arbeiten von Gibbs im Bereich der Thermodynamik verdeutlichten ab dem Ende des 19. Jahrhunderts, dass man mit den Vereinigten Staaten zu rechnen hatte, wenn es darum ging, Wissenschaft und Technik voranzubringen. Die Versuche Millikans zum photoelektrischen Effekt und die Experimente von Davisson und Germer zur Beugung von Elektronen haben entscheidend dazu beigetragen, die Konzepte der Quantenphysik herauszubilden. Hinzu kommen die Untersuchungen, die der Amerikaner Arthur Compton 1922 zur Ausbreitung von Röntgen- und Gammastrahlen unternahm: Sie überzeugten die Physikergemeinschaft vollends von der Realität der Photonen.

Die herausragende Stellung Europas und insbesondere Deutschlands während der 1920er-Jahre blieb jedoch prägend. Es war weiterhin so, dass Studierende und Forschungsbegeisterte von Westen nach Osten über den Atlantik reisten, um sich in Europa ausbilden zu lassen. Der zukünftige Begründer der Magnetresonanz etwa, der Amerikaner Isidor Rabi, kam Anfang der 1920er-Jahre nach Hannover, um dort bei Otto Stern alles über die Atomstrahltechnologie zu lernen. Und einige Jahre später war es ein Student von Rabi, nämlich Robert Oppenheimer, der Vater der Atombombe, der sich auf die gleiche Reise machte, um in Deutschland bei Max Born und Werner Heisenberg zu arbeiten.

Die Machtergreifung der Nationalsozialisten und die Verfolgung jüdischer Wissenschaftler in Deutschland verlagerte Anfang der 1930er-Jahre den Schwerpunkt der Forschung auf die andere Seite des Atlantiks. Dass Einstein aus Berlin wegging und sich 1933 in Princeton niederließ, war eine symbolische Etappe dieser Entwicklung. Einstein folgten viele andere Wissenschaftler, denen wir in diesem Kapitel begegnet sind, darunter Otto Stern, Enrico Fermi und George Gamow. Mit dem Ende des Zweiten Weltkriegs pendelte sich das Gleichgewicht weitgehend wieder ein. Die USA bleibt international dominant, doch Europa als Wiege der Wissenschaft ist erneut blühendes Zentrum der Forschung, und das im Bereich des Lichts wie in vielen anderen Disziplinen. Frankreich folgt der starken Tradition, die es seit Fresnels Optik entwickelt hat, und nimmt im Herzen Europas eine wichtige Rolle ein.

Eine weitere Konkurrenz entsteht derzeit mit dem Forschungsausbau in Fernost, allem voran in China. Die moderne Wissenschaft ist seit ihrer Entstehung im 16. und 17. Jahrhundert eine globale Tätigkeit, die keine Grenzen kennt. Davon gibt die derzeitige Entwicklung in der ganzen Welt Zeugnis. Seine der Forschung zugestandenen Mittel sind schon immer ein Spiegel der wirtschaftlichen Macht und der Ambitionen eines Staates. Es bleibt zu hoffen, dass der Alte Kontinent, auf dem doch die Wissenschaft ihren Anfang nahm, in dieser immer schärferen Konkurrenz den Willen und die Mittel aufbringt, weiterhin eine tragende Rolle im großen Abenteuer der Wissenserweiterung zu spielen.

Kapitel VI

LASER, PHOTONEN UND RIESENATOME

2012 wurde mir gemeinsam mit meinem Kollegen und Freund David Wineland der Nobelpreis für Physik verliehen, und zwar für »die Entwicklung bahnbrechender experimenteller Methoden zur Messung und Manipulation individueller Quantensysteme«. Bei den auf diese Weise geehrten Forschungen handelt es sich um die labortechnische Verwirklichung bestimmter von den Begründern der Quantentheorie ersonnener Gedankenexperimente, die Thema des vorigen Kapitels waren. Die ersten Versuche unserer beiden Forschungsgruppen – eine in Paris, die andere in Boulder, Colorado – liefen in den 1980er-Jahren an, also ein halbes Jahrhundert nach den Gesprächen zwischen Einstein und Bohr bei den Solvay-Konferenzen. Der technologische Fortschritt und vor allem die Entwicklung von Lasern hatten nun ermöglicht, wovon die großen Physiker zu Beginn des 20. Jahrhunderts nur hatten träumen können: die Manipulation von einzelnen Quantenteilchen und damit eine direkte Anschauung der seltsamen Logik der mikroskopischen Welt.

In meinem Fall hatte dieses Abenteuer gut zwanzig Jahre zuvor begonnen, nämlich während meines im ersten Kapitel umrissenen Studiums. Wie für die Grundlagenforschung typisch, wurden meine Kollegen und ich zuallererst von Neugier angetrieben: Uns spornte der Wunsch an, die Natur zu begreifen. Dabei sind wir einem Weg mit Abschweifungen und Umwegen gefolgt, wir haben unerwartete Entdeckungen gemacht und Überraschungen wie Misserfolge erlebt. Auch wenn die grobe Richtung unserer Forschungen von Anfang an feststand – nämlich unsere Kenntnisse über die atomare Welt unter Zuhilfenahme von Licht zu vertiefen –, hat sich das letztendlich erreichte Ziel – die zerstörungsfreie Manipulation und Messung einzelner Photonen –

erst nach und nach herausgebildet. Über lange Strecken war nicht klar, wohin wir mit unseren Forschungen gelangen würden. In diesem Kapitel möchte ich nun vor allem die Anfänge dieser langen Entdeckungsreise schildern.

Ein mit Photonen »bekleidetes« Atom

Das Abenteuer begann während meiner von Claude Cohen-Tannoudji betreuten Doktorarbeit. Ich habe ja bereits im ersten Kapitel davon berichtet, welche prägenden Erfahrungen mich in die Forschung geführt haben. Ich beschäftigte mich damals damit, mithilfe einer gewöhnlichen Lichtquelle den Drehimpuls oder »Spin« von Quecksilberatomkernen auszurichten und ihre Bewegungen unter dem Einfluss eines Hochfrequenzfelds zu untersuchen. Jeder Spin hat zwei Energieniveaus: E_+ und E_-. Dabei ist das magnetische Moment jeweils parallel oder antiparallel zu dem an die Atome angelegten statischen Magnetfeld B_0 ausgerichtet. Die Energiedifferenz $E_+ - E_-$ ist proportional zur Amplitude des Feldes B_0, die Frequenz des entsprechenden Übergangs $\nu_0 = (E_+ - E_-)/h$, die sogenannte Larmorfrequenz, ist gleich 760 Hz für ein Feld von 1 Gauß oder 10^{-4} Tesla (das Erdmagnetfeld hat eine Größenordnung von 0,6 Gauß).

Ein weiteres Magnetfeld B_1, das in einer zu B_0 senkrechten Ebene mit der Larmorfrequenz ν_0 rotiert, veranlasst die zunächst im Zustand E_+ befindlichen Spins, in den Zustand E_- zu wechseln, um dann in einer als Rabi-Oszillation bezeichneten sinusförmigen Bewegung wieder in den Zustand E_+ zurückzukehren. Diese periodische Umbesetzung trägt den Namen des amerikanischen Physikers Isidor Isaac Rabi, der das Phänomen in den 1930er-Jahren erstmals beobachtete, als er die Magnetresonanz entdeckte. Die Rabi-Oszillation ν_R zwischen den Zuständen + und – ist proportional zur Amplitude des Hochfrequenzfelds B_1 und darf nicht mit der Larmorfrequenz ν verwechselt werden, die ihrerseits proportional zur Amplitude des statischen Feldes B_0 ist.

Obwohl der Spin eines Teilchens eine Quanteneigenschaft ist, die eine Observable beschreibt, die für das jeweilige Atom ausschließlich diskrete Werte annimmt, und obgleich dasselbe für die an den Experimenten beteiligten Hochfrequenzfelder gilt, die aus Photonen mit sehr großen Wellenlängen (300 Kilometer bei einer Frequenz von 1 kHz) bestehen, lässt sich der Tanz der Spins klassisch beschreiben. In unserer Resonanzzelle konnten wir Milliarden von Spins in konzertierter Bewegung beobachten, wobei die diese Bewegung hervorrufenden Hochfrequenzfelder Trillionen Photonen pro Sekunde mit sich führten. Eine Quantengranularität der Materie oder auch des Feldes war absolut nicht festzustellen. Bis dahin waren die seit Rabis Pionierarbeit durchgeführten Magnetresonanz-Experimente also in klassischen Bildern beschrieben worden.

Claude jedoch fand es interessant, den Körnchenaspekt unserer Versuche genau zu beleuchten. Er gab mir daher den Auftrag, die beteiligten Quantenzustände der Atome und des Feldes unter die Lupe zu nehmen. Auf der Grundlage des Bohrschen Modells zur Beschreibung des Energieaustauschs zwischen Atom und elektrischem Feld untersuchten wir zuerst einmal, was mit einem Spin im höheren Energiezustand E_+ geschieht, wenn ein Photonenvakuum herrscht. Dabei notierten wir den Gesamtzustand von Atom und Feld mit dem Symbol |+,0>, wobei sich der erste Term in der Klammer »| >« auf den Zustand des Atoms und der zweite auf den des Feldes (0-Photon) bezieht. Die Notation wurde von Paul Dirac in den 1920er-Jahren eingeführt, um einen allgemeinen Quantenzustand zu definieren. Wenn das Atom durch Aussenden eines Hochfrequenz-Photons von + auf – umschaltet, geht das System vom Zustand |+,0> in den Zustand |–,1> über; die Notation ist dabei eindeutig.

Die elementare Rabi-Schwingung entspricht in diesem Fall einer reversiblen Bewegung zwischen den Zuständen |+,0> und |–,1>. Diese beiden Zustände sind keine wohldefinierten Energiezustände des umfassenden Atom-Feld-Systems. Wären sie das, so müssten sie gemäß der Unschärferelation zwischen Zeit und Energie unendlich lange in diesen Zuständen verbleiben. Die stationären Zustände dieses Problems, die sogenannten *Energieeigenzustände*, sind die Kombinationen |H_0^+> = |+,0> + |–,1> und |H_0^-> = |+,0> – |–,1>, Überlagerungen der beiden Zustände |+,0> und | –,1>, mit entgegengesetzten relativen Wahrscheinlichkeitsamplituden. Die Energien der beiden Zustände |H_0^+> und |H_0^-> sind durch ein Intervall ΔE_0 getrennt, das der sogenannten Vakuum-Rabi-Frequenz $\nu_{R,0} = \Delta E_0/h$ entspricht.

Aus dieser Perspektive erscheint die Rabi-Oszillation als Quanteninterferenz. Beim Anfangszustand des Gesamtsystems|+,0> handelt es sich im Grunde um die Überlagerung der beiden Energieeigenzustände |H_0^+> und |H_0^->. Das globale Atom-Feld-System befindet sich im Anfangszustand also zwischen zwei verschiedenen Quantenenergiezuständen, ähnlich wie beim Youngschen Doppelspalt, wo sich das Teilchen beim Durchqueren des Schirms in der Überlagerung zweier verschiedener klassischer Ortszustände befindet. Wird zu einem späteren Zeitpunkt *t* der Spin des Atoms gemessen, erhält man das Ergebnis + oder – mit einer Wahrscheinlichkeit, die sich aus der Interferenz der beiden Amplituden ergibt, die den Komponenten $|H_0^+>$ und $|H_0^->$ des Anfangszustands entsprechen. Aus diesen Amplituden, deren Phasen sich zum Zeitpunkt *t* um den Wert $2\pi\nu_{R,0}t$ unterscheiden, ergibt sich die Wahrscheinlichkeit, das Atom im Zustand + oder – anzutreffen, wobei es im zeitlichen Verlauf zwischen diesen beiden Zuständen hin und her schwingt. Genauso führen die Amplituden beim Youngschen Doppelspalt zu räumlichen Schwingungen, wodurch sich das Teilchen an verschiedenen Punkten des Beobachtungsschirms auffinden lässt. Die räumliche Interferenz wird hier zu einer zeitlichen Interferenz, die Physik ähnelt aber jener des Doppelspalt-Experiments. Man drückt sie mit denselben mathematischen Gleichungen aus – nur ersetzt man die Variablen von Ort und Impuls aus dem Youngschen Versuch durch die Variablen von Zeit und Energie aus Rabis Experiment.

Nun galt es noch ein Problem zu lösen: Die Quantenberechnung der Oszillation zwischen den Photonenzuständen 0 und 1 hängt von einem entscheidenden Parameter ab, nämlich der Fluktuationsamplitude des Vakuumfelds, das die Rabi-Frequenz $\nu_{R,0}$ bestimmt. Für unsere extrem niederfrequenten Felder war die Amplitude dieser Fluktuationen so klein, dass das Energieintervall ΔE_0 und die dazugehörige Rabi-Frequenz $\Delta E_0/h$ winzig ausfielen. So kam es zu extrem langsamen Spinwechseln, die im Maßstab unserer Versuche unmöglich zu beobachten waren. Wie kam es dann, dass unsere Rabi-Frequenz messbar war? Tatsächlich beobachteten wir die Entwicklung der magnetischen Momente der Atome nicht im Vakuumfeld, sondern in einem Hochfrequenzfeld mit einer riesigen Photonenzahl. Betrachtet man der Einfachheit halber eine sehr große, aber wohldefinierte Zahl *n*, so bleibt die gesamte vorangegangene Analyse gültig – vorausgesetzt, man beschreibt die Entwicklung des Gesamtsystems zwischen den Zuständen $|+,n>$ und $|-,n+1>$, die dem Spin im Zustand + oder – in Gegenwart von *n* oder $n+1$ Photonen entsprechen. Die Energieeigenzustände des Gesamtsystems sind dann $|H_n^+>$ und $|H_n^->$, Überlagerungen der beiden Zustände $|+,n>$ und $|-,n+1>$. Die Energiedifferenz dieser Zustände, $\Delta E_n = \Delta E_0\sqrt{n+1}$, steigt proportional zur Quadratwurzel der

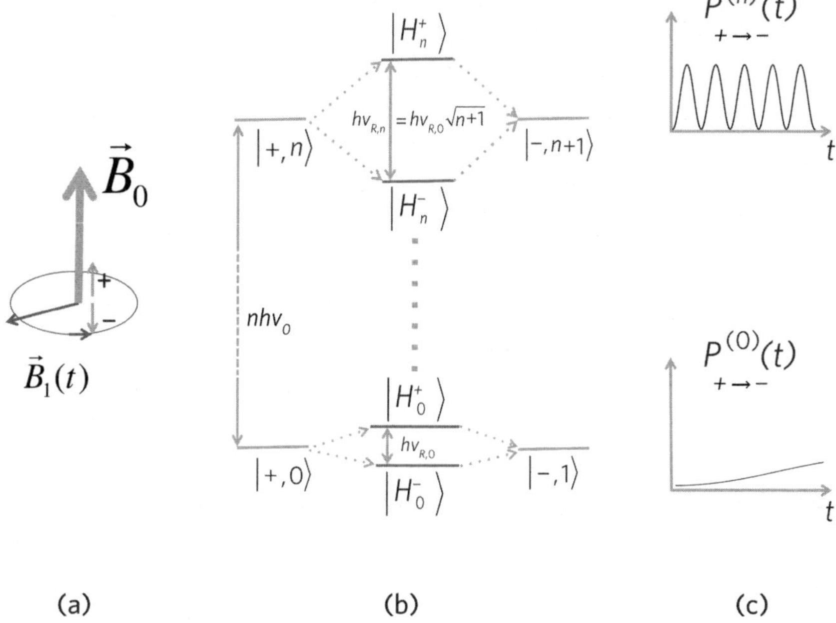

Abb. VI.1. Die Rabi-Oszillation in der Dressed-Atom-Theorie. (a) Feldkonfiguration: Die Spinzustände + und – sind parallel beziehungsweise antiparallel zum statischen Magnetfeld B_0 ausgerichtet. Das zirkular polarisierte Hochfrequenz-Magnetfeld B_1 rotiert mit der Larmorfrequenz ν in einer zu B_0 senkrechten Ebene. Es induziert eine Spin-Oszillation

zwischen den Zuständen + und – mit der Rabi-Frequenz ν_R. (b) Energieniveaus des »bekleideten« beziehungsweise beleuchteten Atoms: Die Kopplung zwischen den Zuständen $|+,0\rangle$ und $|-,1\rangle$ erzeugt ein Dublett der Zustände $|H_0^+\rangle$ und $|H_0^-\rangle$. Der Abstand zwischen diesen beiden Zuständen entspricht der sehr kleinen Vakuum-Rabi-Frequenz $\nu_{R,0}$. Die Abbildung zeigt einen Teil der Energieniveaus des beleuchteten Atoms, wobei $nh\nu_0$ einer sehr großen Photonenzahl n entspricht. Die Verdoppelung der Energie zwischen den beleuchteten Zuständen $|H_n^+\rangle$ und $|H_n^-\rangle$ entspricht der Rabi-Frequenz $\nu_{R,n} = \nu_{R,0}\sqrt{n+1}$ (die Darstellung ist nicht maßstabgerecht, denn der Vergrößerungsfaktor $\sqrt{n+1}$ der Rabi-Frequenz ist gigantisch). (c) Die Wahrscheinlichkeit $P(t)$ für den Spinwechsel von + zu – als zeitliche Funktion oszilliert zwischen 0 und 1 – unter Einfluss der Quanteninterferenz, die mit der Entwicklung des Systems in einer Überlagerung der beiden beleuchteten Zustände in jeder der Dubletten in Verbindung steht. Im Falle des Vakuums (untere Kurve) ist diese Schwingung so langsam, dass sie nicht nachweisbar ist. Ihre Periode ist beobachtbar und liegt – für Hochfrequenzfelder, die eine sehr große Anzahl n an Photonen enthalten – in der Größenordnung von einigen Hundert Hertz (die Zeitachsen der beiden hier dargestellten Schwingungen für $n = 0$ und für n = groß haben nicht denselben Maßstab).

Photonenzahl und führt bei der sehr hohen Photonenzahl in den von uns durchgeführten Experimenten zu einer Rabi-Frequenz $\nu_{R,n} = \nu_{R,0}\sqrt{n+1}$ in der Größenordnung von etwa hundert Hertz.

Im Anstieg der Rabi-Frequenz mit der Anzahl der im Feld vorhandenen Photonen zeigt sich das von Einstein 1916 entdeckte Phänomen der stimulierten Emission (siehe Kapitel IV). Je größer das Feld ist, das auf ein Atom einfällt, desto größer ist die Wahrscheinlichkeit, dass das Atom anschließend ein zusätzliches Photon in dieses Feld aussendet. Die Formel $\Delta E_n = \Delta E_0\sqrt{n+1}$ drückt eigentlich das Phänomen der Feldverstärkung aus, das in einem anderen Zusammenhang für den Lasereffekt verantwortlich ist.

Indem wir das Atom und das mit ihm wechselwirkende Feld als ein Gesamtsystem beschrieben, haben wir ein Konzept in die Magnetresonanz eingeführt, das seither das Dressed-Atom-Modell (Modell des ›bekleideten‹ Atoms) genannt wird. Das Atom ist hier mit einer Hochfrequenz-Photonenwolke »umhüllt« (*atome habillé*). Die Idee zu dieser Benennung kam Claude durch die Analogie zur Quantenelektrodynamik, welche die Eigenschaften des Elektrons und der Atome als Ergebnis einer »Umhüllung« dieser Teilchen durch die sie umgebenden Vakuumfluktuationen beschreibt (siehe Kapitel I). Im Falle unserer Spins erfolgte diese Umhüllung nicht spontan. Sie wurde durch die Felder hervorgerufen, denen wir unsere Atome aussetzten. Die Idee aber war ähnlich. Claude hatte diese Parallele bereits einige Jahre zuvor in seiner Dissertation angedeutet, als er entdeckte, dass ein Lichtfeld, das nicht mit den Atomen in Resonanz steht und eine große Anzahl an Photonen enthält, die Position der atomaren Energieniveaus in gleicher Weise verändern kann wie es Vakuumfluktuationen bei der sogenannten *Lamb-Verschiebung* tun. Diese Lichtverschiebungen (oder *light shifts*, wie sie in der englischsprachigen Literatur genannt werden) waren also bereits ein Beispiel für die Umhüllung von Atomen durch Photonen.

Indem ich dieses Modell weiterentwickelte, tat ich um Grunde nichts anderes, als es an Hochfrequenzen anzupassen. Ich weitete seine Anwendung auf verschiedene Situationen aus, und zwar abhängig von den verschiedenen Ausrichtungen des statischen Feldes B_0 und der Polarisation des den Atomspin umgebenden hochfrequenten Magnetfelds B_1. Die Methode war sehr allgemein gehalten. Es galt für jede Feldkonfiguration die richtigen Energieniveaus des umhüllten Atoms zu bestimmen. Dabei beschrieb ich die Experimente als Interferenz zwischen den Wahrscheinlichkeitsamplituden, die jeweils mit den Pfaden verbunden sind, denen das System folgen könnte, während es sich in Überlagerungen von Zuständen zwischen diesen Niveaus bewegt. Die synthetische Darstellung des Niveaudiagramms des ›bekleideten‹ oder umhüllten Atoms enthüllte auf einen Schlag neue Effekte, die in der klassischen Beschreibung der Magnetresonanz nicht so klar erkennbar gewesen waren. Auf der Grundlage dieses Modells entdeckte ich neuartige Resonanzen und nie zuvor beobachtete Effekte bei den vom Feld umhüllten Atomen.

Verteidigt habe ich meine Doktorarbeit im Juni 1971. Zur Jury gehörte Anatole Abragam, der französische Pionier der Magnetresonanz. Claude hegte große Bewunderung für den so charmanten wie scharfsinnigen Wissenschaftler und Professor am Collège de France, der ihm gut fünfzehn Jahre zuvor am französischen Forschungszentrum für Kernenergie CEA die Quantenphysik und die Prinzipien des Kernmagnetismus nahegebracht hatte. Nach meinem Vortrag, in dem ich meine Ergebnisse zu dem von Hochfrequenz-Photonen umhüllten Atom vorgestellt hatte, fragte mich Abragam mit der für ihn typischen sprachlichen Eleganz und dem dazugehörigen ironischen Lächeln, warum um Himmels willen ich mir denn die Mühe gemacht hätte, das gesamte Arsenal der Quantentheorie aufzubieten, um Effekte zu beschreiben, die doch durch die klassische Analyse des elektromagnetischen Feldes wunderbar erläutert würden – etwa so, wie von ihm selbst in dem Standardwerk *Principes du magnetisme nucleaire* (Prinzipien des Nuklearmagnetismus) dargelegt.

Die weitgehend rhetorisch gemeinte Frage war vor allem an das anwesende Publikum gerichtet, denn Claude und ich hatten Abragam unser *atome habillé* bereits ans Herz gelegt und erläutert, wie unser synthetischer, Atome und Feld symmetrisch behandelnder Ansatz es ermöglichte, die Magnetresonanz noch einmal ganz anders zu beleuchten, und wie diese neue Perspektive uns neue Phänomene entdecken ließ. Ich jedenfalls freute mich, dass Abragam mir Gelegenheit gab, diese Argumente noch einmal vor allen Anwesenden auszubreiten. Im Anschluss führte er seine Frage weiter und wollte wissen, ob ich mir neuartige Effekte vorstellen könnte, für die eine Quantenbeschreibung des Feldes nicht nur ein nützliches Konstrukt, sondern ein notwendiges Werkzeug wäre. Anders gesagt: Gab es Quantenphänomene, bei denen sich die Granularität der Strahlungsquanten auf eine Weise manifestierte, wie sie eine klassische Beschreibung des Feldes nicht erklären könnte?

Ich antwortete, dass man hierzu die Anzahl der die Atome umhüllenden Photonen auf einige Einheiten reduzieren müsse, damit der Unterschied zwischen n und $n+1$ Photonen signifikant würde. Die Idealsituation entspräche der Rabi-Schwingung zwischen 0 und 1 Strahlungsquant. All das war damals rein theoretisch. Es fehlten mindestens zwanzig Größenordnungen, um die Kopplung zwischen Atom und Feld so zu verstärken, dass die Oszillation in einer überschaubaren Zeit auftrat und die Dauer eines durchführbaren Experiments nicht überschritt – auch wenn man für eine Dissertation immerhin einige Jahre zur Verfügung hatte.

Ich gebe hier eine Diskussion wieder, die fast ein halbes Jahrhundert zurückliegt, und wahrscheinlich schildere ich sie im Rückblick gefärbt durch meine nachfolgenden Erkenntnisse. Doch kann ich sagen, dass Abragams nachhakende Frage nach Phänomenen, die eine Quantisierung des elektromagnetischen Feldes erforderlich machten, meine Forschung ab diesem Tag angespornt und geleitet hat. Lapidar zusammengefasst, ging es dabei um die Jagd nach immer kleineren Größenordnungen, um am Ende die Periode der Rabi-Oszillation im Vakuum von mehreren Milliarden Jahren auf einige Mikrosekunden zu verkürzen. Das Instrument, das diesen Raffer ermöglichen würde, war der Laser. Ihn hatte ich für meine Doktorarbeit nicht verwendet, doch nun galt es, mich mit der Technik vertraut zu machen. Ich beschloss also, nach meinem Militärdienst ein Postdocpraktikum an der Universität von Stanford in Kalifornien anzutreten, um dort in der Forschungsgruppe von Arthur Schawlow zu arbeiten – einem der Erfinder dieser neuen, extrem vielversprechenden Lichtquelle.

Kalifornische Laserschulung

Der Laser brachte im Vergleich zu klassischen Lichtquellen wie der Sonne oder Glüh- beziehungsweise Entladungslampen mehrere entscheidende Vorteile für quantenweltaffine Physiker: Seine intensive und gerichtete Strahlung, seine Monochromatik und seine zeitliche Kohärenz ermöglichten ganz neue Erkenntnisse. Zahlreiche Experimente der Grundlagenforschung des vergangenen halben Jahrhunderts haben diese Eigenschaften (einzeln oder gebündelt) genutzt und so bis zu ein Dutzend Größenordnungen gewonnen – also einen Vorteil in der Genauigkeit und Empfindlichkeit der Messungen in Bezug auf deren zeitliche Auflösung oder auch die Temperaturen der unter-

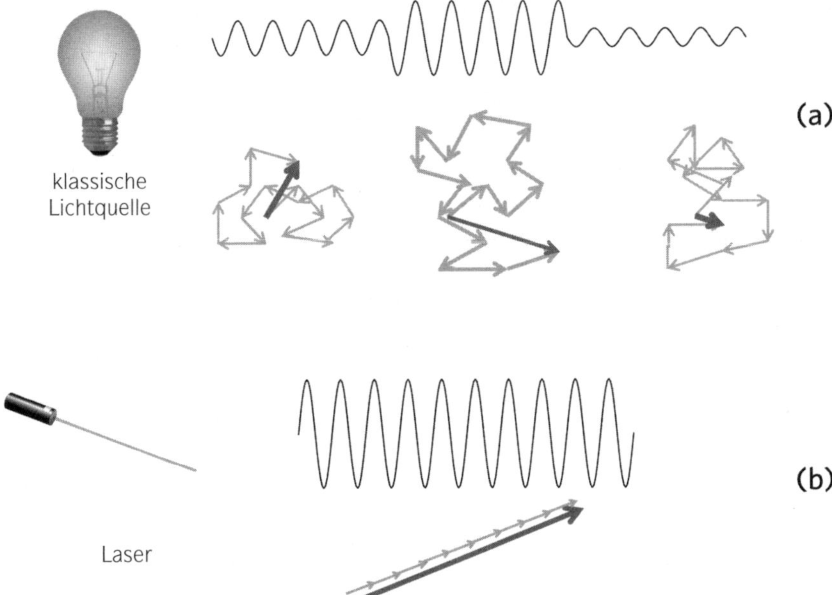

Abb. VI.2. (a) Strahlung einer klassischen atomaren Quelle: Der das Gesamtfeld in der Fresnelschen Fläche darstellende Vektor ist die Summe willkürlicher, eine Zufallsbewegung bildender Schritte. Die Atome ändern schnell und unabhängig voneinander ihre Phase (die Abbildung zeigt drei verschiedene Figuren dieses *random walk*), was zu schnellen Sprüngen in der Amplitude und Phase des Lichts führt. (b) Laserstrahlung: Die Atome emittieren im Einklang, mit der gleichen Phase. Das Feld ergibt sich aus einer festgelegten Wanderung in der Fresnelschen Fläche und besitzt eine große Amplitude und stabile Phase.

suchten Phänomene. Diese quantitativen Sprünge haben die Entdeckung qualitativ neuer Phänomene ermöglicht und Perspektiven eröffnet, die wir damals nicht für möglich gehalten hätten.

Die Einfarbigkeit (Monochromatik) und die Kohärenz der Laserstrahlung – die Tatsache, dass ihr elektromagnetisches Feld ohne jede Schwankung der Amplitude oder Phase mit einer gigantischen optischen Periode oszilliert – rühren daher, dass die Atome oder Moleküle des Verstärkermediums Photonen im Einklang erzeugen, und zwar in derselben Feldmode. Das von Einstein entdeckte Phänomen der stimulierten Emission steht der spontanen Emission einer klassischen Lichtquelle gegenüber, bei der die Atome unabhängig voneinander Photonen abstrahlen, deren Frequenz, Emissionsrichtung und Polarisation zufällig verteilt sind. In der Darstellung nach Fresnel (siehe Kapitel III) sind die Vektoren, die den von den verschiedenen Laseratomen emittierten Feldamplituden zugewiesen werden, allesamt gleich ausgerichtet und addieren sich durch konstruktive Interferenz. Bei einer klassischen Lichtquelle zeigen sie dagegen in verschiedene Richtungen, und das aus der Addition der Elementarvektoren resultierende Gesamtfeld beschreibt in der Fresnelschen Fläche einen zufälligen Weg, einen *random walk*. So erklärt sich, dass Laserlicht über eine größere Intensität verfügt als klassisches Licht. Die zeitliche Kohärenz ist darauf zurückzuführen, dass die Atome im Lasermedium lange Zeit dieselbe Strahlungsphase beibehalten, was dem Fresnelschen Vektor des resultierenden Feldes eine stabile Richtung verleiht. Bei einer herkömmlichen Quelle wechseln die von den verschiedenen Atomen ausgesandten Wellenzüge in sehr kurzen zeitlichen Abständen die Phase, nämlich im Takt der Lebensdauer der angeregten Atomniveaus. Dies führt zu einer schnellen Veränderung in der Verteilung der den verschiedenen Mediumatomen zugeordneten Vektoren und zu zufälligen Sprüngen in der Amplitude und Phase des daraus resultierenden Feldes.

Damit das Phänomen der stimulierten Emission dominant wird, muss die Anzahl der Atome oder Moleküle im angeregten Zustand eine kritische Schwelle erreichen, sodass sich die Intensivierung des Lichts durch die angeregten Atome stärker auswirkt als seine Absorption durch die im Grundzustand verbleibenden Atome. Die Anregung erfolgt in der Regel durch eine elektrische Entladung oder durch eine herkömmliche intensive Lichtquelle, die das Verstärkermedium erhellt. Um die Oszillationsschwelle des Lasers zu senken, wird dieses Medium in der Regel zwischen zwei einander gegenüberliegenden reflektierenden Spiegeln angeordnet, sodass das Licht das Medium mehrfach durchqueren kann und sich der lichtverstärkende Weg verlängert. Die Spiegel bilden einen optischen Hohlraum der Länge L, in dem sich das Feld durch konstruktive Interferenz aufbaut, wenn L einer ganzen Zahl halber Wellenlängen entspricht.

Die Lasertechnologie hat sich im Laufe der Zeit erheblich weiterentwickelt. Inzwischen verfügen wir über eine Vielzahl von Lichtquellen, mit denen wir bestimmte Strahlungseigenschaften für einzelne Anwendungen optimieren können. Es gibt Laser mit gasförmigen, flüssigen oder festen Verstärkermedien, die immer weiter verfeinert worden sind. Ihre Größe und Leistung reichen heute von gigantischen, mehrere Zehn Meter langen Lasern, die innerhalb kürzester Zeit eine Lichtstärke mit der Leistung mehrerer Kernkraftwerke erzeugen, bis hin zu winzigen Laserdioden mit einer Leistung von wenigen Milliwatt, mit denen etwa unsere CD- oder DVD-Player ausgestattet sind.

Als ich 1972 in Stanford ankam, steckte die Lasertechnologie noch in den Kinderschuhen. Zwei Eigenschaften der neuartigen Lichtquellen waren für die Atomphysik besonders attraktiv: ihre Einfarbigkeit und ihre Abstimmbarkeit – also die Möglichkeit, Strahlung einer genau definierten Frequenz über ein breites Spektralintervall zu führen, um eine Kongruenz der Lichtfrequenz und den Frequenzen der Übergänge zwischen den Niveaus der zu untersuchenden Atome oder Moleküle zu erreichen. Die ersten Laser, die diese Option boten, wurden von einem jungen deutschen Forscher aus dem Labor von Arthur Schawlow entwickelt: von Theodor Hänsch, den in den USA alle nur Ted nannten. Diese Laser verwendeten als Verstärkungsmedium organische, in einer kleinen mit Alkohol gefüllten Küvette aufgelöste Farbstoffmoleküle. Die Küvette wurde von ultravioletten Lichtblitzen beleuchtet, die ein Pumplaser erzeugte, in dem Stickstoffgas durch kurze elektrische Entladungen angeregt wurde.

Einer der Spiegel des Farbstofflasers wurde durch ein dispersives Gitter aus feinen Streifen auf einem Glassubstrat ersetzt. Die Wellenlänge des Farbstofflasers ließ sich grob einstellen, indem das Gitter mit einer Mikrometerschraube in einer senkrecht zum Laserresonator verlaufenden Achse gedreht wurde, wodurch sich die Farbe des vom Gitter zurück zum Verstärkergefäß reflektierten Lichts veränderte (die von Young entdeckte Farbzerlegung des Lichts durch ein Beugungsgitter habe ich in Kapitel III besprochen).

Zur Verfeinerung des Lichtspektrums wurde eine dünne, flächenparallele reflektierende Platte in den optischen Resonator integriert. Diese feine Schicht filtert durch Interferenzwirkung die Wellenlängen, deren halbzahliges Vielfaches mit ihrer Dicke zusammenfällt. Wie wir in den Kapiteln II und III gesehen haben, war es Newton, der diese chromatische Eigenschaft von dünnen Schichten entdeckte; erklärt wurde sie später von Young und Fresnel. Bei der Drehung des Gitters zur Grobeinstellung der Lichtfrequenz musste diese Rotation mit jener der Filterschicht synchronisiert werden: So ließ sich der Weg des Lichts durch die Schicht verändern, und die gefilterte Frequenz war kontinuierlich steuerbar.

Auf diese Weise wurde ein kontinuierlicher Scan über einen Wellenlängenbereich von mehreren Dutzend Ångström erreicht. Durch den Wechsel

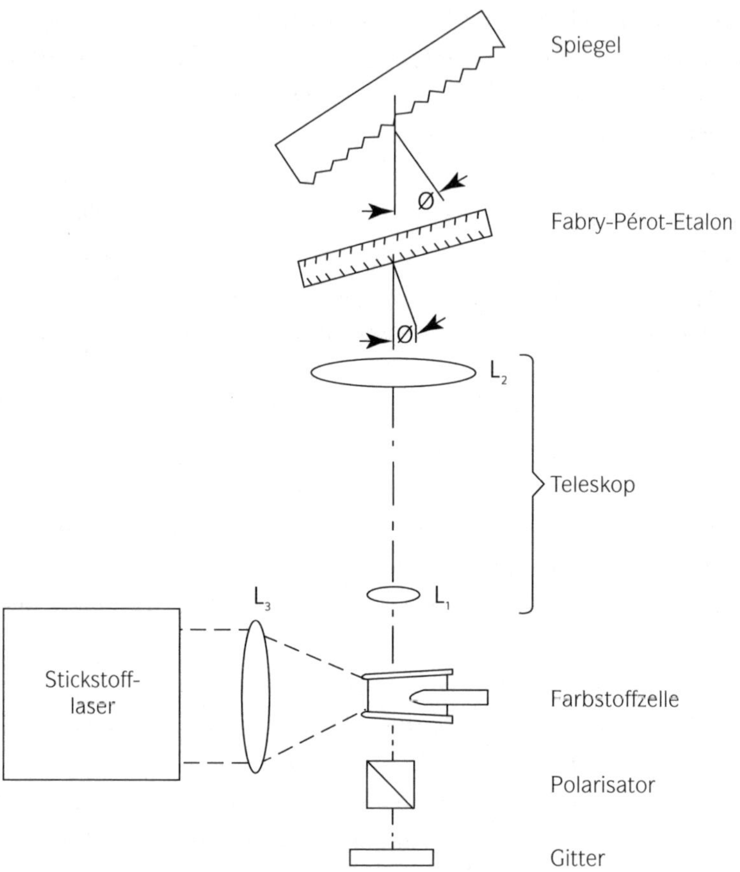

Abb. VI.3. Aufbau des ersten Farbstofflasers von Ted Hänsch. Ein Stickstofflaser pumpt die den Farbstoff enthaltende Zelle. Der Laserresonator ist unten durch einen Spiegel und oben durch ein wellenlängenselektives Gitter abgeschlossen. Ein zwischen der Zelle und dem Gitter eingefügtes Teleskop verbreitert den auf das Gitter auftreffenden Strahl und erhöht so dessen Auflösung. Ein Interferenzfilter (Fabry-Perrot-Etalon) verfeinert das Spektrum. Ein optionaler Polarisator legt die Polarisation des Lichtstrahls fest. (nach T. Hänsch, in: *Applied Optics 11*, 1972, S. 895)

des Farbstoffs konnte das gesamte sichtbare oder nahinfrarote Spektrum abgedeckt werden. Die Laserfrequenz ließ sich verdoppeln, indem man den Lichtstrahl durch einen Kristall schickte, der nichtlinear auf die Lichteinstrahlung reagierte – ein Phänomen, das kurz nach der Erfindung des Lasers in den 1960er-Jahren entdeckt worden war. Das intensive Laserlicht mit der

Frequenz ν ruft in den Kristallatomen oszillierende Dipole mit einer Fourier-Komponente der Frequenz 2ν hervor, die dann ein harmonisches Feld in Richtung des einfallenden Laserstrahls ausstrahlen.

Durch diese Frequenzverdopplung konnte man das Spektrum der Laserstrahlung bis ins Ultraviolette erweitern und damit die Bandbreite der möglichen Spektroskopie-Experimente erheblich vergrößern. Um ein Spektrum aufzuzeichnen, maß man die Intensität des Lichts, das die Zelle mit dem zu untersuchenden Gas passierte, und registrierte daraufhin die Abnahme des Signals aufgrund der Absorption des Lichts durch die Atome, wenn die Laserfrequenz mit einem atomaren Übergang zusammenfiel. Es war auch möglich, das Fluoreszenzlicht der Atome in einer zum Laserstrahl senkrechten Richtung zu sammeln; der Strahl verstärkte sich deutlich, wenn das Licht mit den Atomen in Resonanz trat.

Ted verstand es meisterhaft, mit den verschiedenen optischen Bauteilen wie Spiegeln, Gittern, Interferenzfiltern oder frequenzverdoppelnden Kristallen zu jonglieren. Er justierte sie akribisch und veränderte immer wieder ihre Anordnung, um die Spektralbreite des Laserlichts so gering wie möglich zu halten. Ich bewunderte seine experimentelle Handfertigkeit, seine enorme Vorstellungskraft und seine physikalische Intuition, die ihn in den darauffolgenden dreißig Jahren noch viele großartige Entdeckungen machen ließen. Die ersten abstimmbaren Stickstoff-Pumplaser waren im Vergleich zu heutigen Geräten etwa so primitiv wie die Fluggeräte des frühen 20. Jahrhunderts gegenüber modernen Jumbojets. Sämtliche Elemente mussten manuell bedient werden. Die Apparaturen brummten schrecklich laut, dazu kam das stechende Ticken der Laserblitze. Es kam häufig zu Ausfällen, und keinesfalls durfte das Gerät automatisch Daten aufzeichnen, ohne dass Studenten die Experimente steuerten und permanent überwachten, dass auch alles störungsfrei lief. Computer waren damals eben noch nicht in der Lage, dem Menschen die Steuerung von Maschinen abzunehmen.

Ich war in Stanford ebenso erstaunt über die engen Beziehungen zwischen Forschern und in Privatunternehmen tätigen Ingenieuren, die dort erste kommerzielle Laser entwickelten. In dieser Zusammenarbeit zwischen dem akademischen Bereich und der Privatwirtschaft waren bereits alle Elemente versammelt, die ein Jahrzehnt später die Entstehung des Silicon Valley befördern sollten. Die gegenseitige Duldung und Zusammenarbeit von universitärer Forschung und ingenieurtechnischer Produktentwicklung machte innerhalb kurzer Zeit kommerzielle Geräte verfügbar, die robuster und anwendungsfreundlicher waren als die im Labor zusammengebastelten Apparaturen. Die neuen Geräte wurden rasch perfektioniert: Das Pumpen des Farbstoffs durch kurze Impulse des Stickstoff-Lasers wurde durch eine konstante Anregung mittels eines Argonionen-Lasers ersetzt. Diese kontinuierlichen Lichtquellen erzeugten eine viel monochromatischere Strahlung als die Impulslaser der ersten Generation und sorgten so für deutlich präzisere Messungen.

Beim Rennen um immer größere Präzision hatten die Forscher in Stanford einen entscheidenden Vorteil gegenüber ihren Kollegen in Paris: Sie profitierten unmittelbar von den technischen Fortschritten der entstehenden Laserfertigung. Die ersten Prototypen wurden ihnen zum Vorzugspreis verkauft oder auch gratis zur Verfügung gestellt. Die spektakulären Experimente, die Forscher mit diesen Apparaturen anstellten, wurden in angesehenen Wissenschaftsjournalen veröffentlicht und dienten so wiederum als exzellente Werbung für die Hersteller. Damit war die Zusammenarbeit zwischen Forschung und Wirtschaft eine ausgesprochene Win-win-Situation.

Ich erinnere mich an den großen Enthusiasmus und die positive Dynamik, die damals in Arthur Schawlows Labor vorherrschten. Dieser warmherzige, humorvolle Genussmensch leitete eine Gruppe junger Forscher, die unter dem Druck einer starken internationalen Konkurrenz stets mit vollem Einsatz am Werk war, und dennoch war die Atmosphäre entspannt und locker und es wurde viel gescherzt. Schwalow kam eines Tages auf die Idee, dass sogar der Wackelpudding, den er so gerne zum Frühstück aß, als Verstärkermedium für den ersten essbaren Laser dienen könnte. Sogleich wurde das entsprechende Experiment durchgeführt, und es kam sogar zu einer Veröffentlichung der Ergebnisse in einer renommierten Zeitschrift. Dagegen wirkte das Labor von Kastler und Brossel beinahe asketisch. Dort hätte man einen solchen Versuch niemals in Betracht gezogen, obgleich es auch in Paris an Humor nicht mangelte. Natürlich haben wir Franzosen kulinarisch gesehen nicht ganz den gleichen Geschmack wie die Amerikaner, aber es fehlte uns eben auch die Phantasie für einen solchen Wackelpudding-Laser.

Spaß beiseite: Die Wissenschaftler in Stanford sorgten damals für zahlreiche Premieren in der Atom- und Molekülspektroskopie. Herausstellen möchte ich vor allem die Fortschritte hin zu einer größeren Auflösung, mit der man den ärgsten Feind der Atomspektroskopie ausschaltete: den Dopplereffekt. Um eine besonders feine atomare und molekulare Resonanzlinie zu erhalten, genügt es nicht, eine möglichst monochromatische Quelle zur Anregung der Atome zu wählen. Hinzu kommt, dass die Atome oder Moleküle sich nicht zu stark bewegen sollten. Wandern sie in Richtung der Lichtquelle, so verschiebt sich das in ihrem Bezugsfeld beobachtete Feld hin zu den hohen Frequenzen; entfliehen sie dem Laserstrahl, so ist die Feldfrequenz dagegen verringert. Dieser Effekt wurde schon im 19. Jahrhundert von dem deutschen Physiker Christian Doppler entdeckt und von Hippolyte Fizeau im Detail erläutert (Letzteren kennen wir aus Kapitel IV, in dem es um die Messung der Lichtgeschwindigkeit ging). Der Dopplereffekt tritt genauso bei Schallwellen auf: Man kennt den Effekt, wie der Klang des Martinshorns eines vorbeifahrenden Krankenwagens oder Feuerwehrautos von hell nach dunkel wechselt.

Für den Dopplereffekt gibt es eine simple Teilcheninterpretation auf der Ebene der Photonen. Um ein Lichtquant zu absorbieren, muss das Atom einen Prozess durchlaufen, bei dem sowohl die Energie als auch der Gesamtimpuls von Materie und Feld erhalten bleiben. Absorbiert ein Atom mit der Masse M, das sich in Lichtrichtung bewegt, ein Photon mit dem Impuls $h\nu/c$, so erhöht sich sein Impuls p um diesen Betrag, und seine Geschwindigkeit $V = p/M$ nimmt um $\Delta V = h\nu/Mc$ zu. Seine kinetische Energie $E_c = (1/2)(MV^2)$ steigt um den Wert $\Delta E_c = MV\Delta V = h\nu\ (V/c)$. Das Atom, das von einem internen elektronischen Energiezustand E_1 in den angeregten Energiezustand E_2 gebracht wird, erfährt eine Erhöhung seiner Gesamtenergie um die Menge $E_2 - E_1 + \Delta E_c$. Diese Energie ist gleich der Energie $h\nu$ des absorbierten Photons. Wir erhalten also die Gleichung $E_2 - E_1 = h\nu - \Delta E_c = h\nu\ (1 - V/c)$, die sich, wenn V/c gegenüber 1 sehr klein ist, auch $\nu = [(E_2 - E_1)/h](1 + V/c)$ schreiben lässt. Ein Photon, das sich in der Bewegungsrichtung eines Atoms ausbreitet, kann also nur dann absorbiert werden, wenn seine Frequenz ν um einen Bruchteil von V/c (also seiner Geschwindigkeit im Verhältnis zur Lichtgeschwindigkeit) größer ist als die Planck-Frequenz $(E_2 - E_1)/h$.

Man kann also sagen, dass das sich in seinem Bezugsrahmen bewegende Atom das Feld mit einer kleineren Frequenz schwingen »sieht« als das stillstehende Atom. Damit das Feld mit dem Atomübergang schwingt, muss man die Frequenz daher um den Wert $\nu(V/c)$ anheben. Der Abstand der Absorptionsfrequenz ändert das Vorzeichen und wird negativ, wenn sich das Photon entgegengesetzt zum Atom bewegt. Das Atom wird jedes Mal, wenn es ein Photon absorbiert, verlangsamt – ein Effekt, der sich als wesentlich für die Laserkühlung erweisen sollte. Der Einfachheit halber habe ich hier nur die beiden Fälle dargelegt, in denen der Laserstrahl parallel oder antiparallel zur Geschwindigkeit des Atoms verläuft. Es sollte einfach nur gezeigt werden, dass der Dopplereffekt allein von der Projektion der atomaren Geschwindigkeit entlang des Laserstrahls abhängt. Für Atome, die sich senkrecht zum Strahl bewegen, ist er daher gleich null.

Wie wir bereits gesehen haben, liegt V/c bei Atomen, die sich mit thermischen Geschwindigkeiten bei Raumtemperatur bewegen, in der Größenordnung von 10^{-6}. Die Dopplerverschiebung für ein Lichtfeld von 10^{15} Hz liegt also bei 1 GHz (10^{9} Hz). Beleuchtet ein monochromatischer Laser ein Atomgas aus Atomen mit zufälligen Geschwindigkeiten, so hat die Absorptionslinie eine Breite von einem Gigahertz, wodurch alle Fein- oder Hyperfeinstrukturen in den Atomspektren, die auf die Wechselwirkung der magnetischen und elektromagnetischen Kräfte zurückzuführen sind und typischerweise in der Größenordnung von einigen Zehn Megahertz liegen, in eine einzige Resonanzlinie eingebettet werden. Man könnte den Dopplereffekt beseitigen und diese Strukturen beobachten, wenn man die Atome eines Atomstrahls, in dem sich alle Atome entlang einer genau definierten Richtung ausbreiten, mit einem senkrecht zu diesem Strahl gerichteten Laser beleuchtete – eine funktionierende Methode, die aber eine ziemlich schwere Apparatur mit einem Ofen zur Emission der Atome und einer von sämtlichen Restgasen befreiten Kammer erfordert.

Ted versuchte es erst einmal mit einer anderen Methode, die auf die Atome eines in einer kleinen Glaszelle enthaltenen Gases einwirkt, gleichzeitig aber dafür sorgt, dass das Resonanzsignal nur für die Atome empfindlich ist, deren Geschwindigkeit im Gas senkrecht zur Richtung des Laserstrahls verläuft. Dazu nutzte er ein optisches Phänomen namens *gesättigte Absorption*, das er einige Jahre zuvor in Deutschland im Rahmen seiner Doktorarbeit entdeckt hatte.

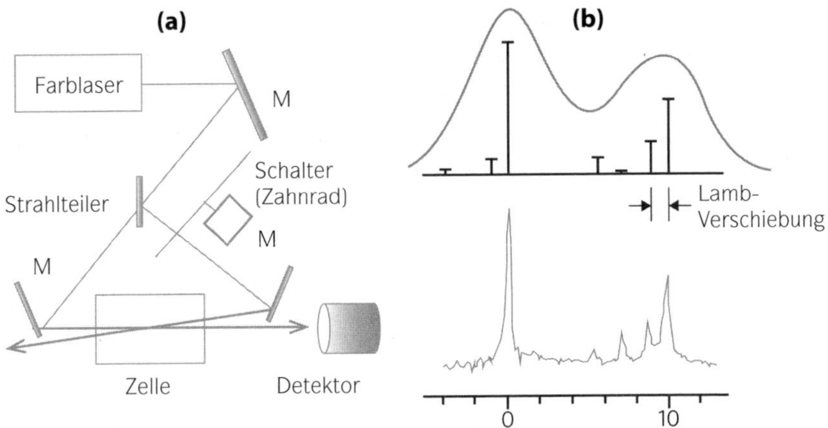

Abb. VI.4. Sättigungsspektroskopie mittels des Wasserstoffübergangs zwischen den Hauptquantenzahlstufen $n = 2$ und $n = 3$. (a) Versuchsaufbau: Der Strahl eines roten Farbstofflasers (durchstimmbar um 633 Nanometer) wird durch einen Strahlteiler zweigeteilt, um eine das Wasserstoffgas H_2 enthaltende Zelle mit zwei gegenläufigen Wellen zu beleuchten. Eine elektrische Entladung zerlegt den Wasserstoff in seine atomare Form H und hebt die Atome auf die Stufe $n = 2$. In Abhängigkeit von der Wellenlänge des Lasers misst ein Photodetektor die veränderte Intensität des Lichts, das von dem die Zelle von links nach rechts durchwandernden Strahl ausgeht. Ein Zahnrad unterbricht den gegenläufigen Strahl periodisch von rechts nach links, moduliert so das Signal und isoliert die auf Absorptionssättigung beruhende Komponente durch Subtraktion. (b) Von Ted Hänsch et al. beobachtetes Spektrum ohne (oben) und mit (unten) gegenläufigem Strahl (vgl. *Nature* 235, 1972, S. 63). Die vertikalen Balken geben die anhand der Theorie der Quantenelektrodynamik berechneten Frequenzen der Übergänge an. In Abwesenheit eines gegenläufigen Strahls sind die Fein- und Hyperfeinstrukturen vollständig in eine Dopplerbreite von 3 bis 4 GHz eingebettet, die Sättigungsspektroskopie dagegen macht die Strukturen deutlich sichtbar. Erstmals ist so die Lamb-Verschiebung (Trennung der $^2S_{1/2}$- und $^2P_{1/2}$-Niveaus von Wasserstoff, siehe Kapitel I) in der Größenordnung von 1 GHz direkt in einem optischen Spektrum zu beobachten.

Die Resonanzzelle mit den zu untersuchenden Atomen wird nun von zwei Strahlen beleuchtet, die sich in entgegengesetzte Richtungen ausbreiten. Hierzu wird der Laserstrahl in zwei Wellen aufgespalten, die über eine Spiegelanordnung in die Atomgaszelle gesendet werden. Fällt die Laserfrequenz ν nicht mit der Frequenz des Atomübergangs der unbewegten Atome ν_0 zusammen, so tritt das Licht mit zwei im Gas vorhandenen Atomklassen in

Wechselwirkung. Die Atome, deren Geschwindigkeitsprojektion auf die Laserachse gleich $c\ (\nu-\nu_0)/\nu$ ist, werden durch den Strahl angeregt, der in die eine Richtung geht, und die Atome, deren Geschwindigkeitsprojektion den entgegengesetzten Wert $-c\ (\nu-\nu_0)/\nu$ annimmt, werden durch den Strahl angeregt, der in die andere Richtung geht. Wenn ν nicht gleich ν_0 ist, treten diese mit entgegengesetzten Geschwindigkeiten bewegten Atomklassen unabhängig voneinander in Wechselwirkung mit dem Licht und tragen mit dem von einem der Strahlen übertragenen Licht zu einer Absorptionsresonanz mit Dopplerbreite bei.

Hat das Laserlicht dagegen genau die Frequenz ν_0, so fallen die beiden Geschwindigkeitsklassen bei $v = 0$ zusammen, und die entsprechenden Atome breiten sich ganz normal im Lichtstrahl aus. Sie werden dann einer doppelt so hohen Lichtintensität ausgesetzt wie die Atome, die mit nur einem Strahl wechselwirken. Bei hoher Lichtintensität können sie aber nicht doppelt so viel absorbieren wie Atome, deren Geschwindigkeit entlang des Laserstrahls ungleich null ist. Der Bereich der Lichtintensität, in dem die Atome nicht mehr proportional auf die Laseranregung reagieren können, entspricht der sogenannten *nichtlinearen Optik*, einem Teilgebiet der Lichtforschung, das mit der Erfindung des Lasers entstanden ist.

Der Sättigungseffekt der atomaren Reaktion sorgt für eine leichte Senke im Zentrum des von einem der Strahlen übertragenen Resonanzprofils. Das Phänomen ist als *Lamb-dip* bekannt und wurde erstmals von Willis Lamb, dem Entdecker der Lamb-Verschiebung, berechnet. Die Spektralbreite der Einsattelung ist im Idealfall gleich der natürlichen Breite des angeregten Atomniveaus, die ja – wie gesehen – dem Kehrwert der Lebensdauer dieses Niveaus entspricht. Die natürliche Breite ergibt sich aus der Heisenbergschen Unschärferelation zwischen Energie und Zeit. Sie ist in der Regel um zwei oder drei Größenordnungen kleiner als die Dopplerbreite. Um das gesättigte Absorptionssignal deutlich hervortreten zu lassen, kann man die in Anwesenheit des Sättigungsstrahls gemessene Lichtintensität von der Lichtintensität subtrahieren, die von der Zelle übertragen wird, wenn der Strahl blockiert ist. Dann tritt nur der *Lamb-dip* hervor und enthüllt die Details des Spektrums, die der Dopplereffekt in der normalen Spektroskopie verbirgt.

Ted Hänsch war nicht der Einzige, der auf diese elegante Methode zur Überwindung des Dopplereffekts kam. Christian Bordé, ein junger französischer Forscher, hatte den Effekt Ende der 1960er-Jahre unabhängig von Ted im Rahmen seiner Doktorarbeit entdeckt und untersucht. Auch ich habe mich für die Theorie der gesättigten Absorption interessiert und sogar einen Artikel zu dem Thema verfasst – zusammen mit Francis Hartmann, einem Forscher am CNRS, der mich 1971, kurz nach dem Abschluss meiner Doktorarbeit, für einige Zeit in sein Hochschullabor in Orsay aufnahm. Ich absolvierte dort ein Praktikum als sogenannter »scientifique du contingent«, das mich vor dem Wehrdienst bewahrte – damals konnte man diesen durch die Arbeit in einem Forschungslabor ersetzen. Ich kannte mich also zumindest theoretisch mit der gesättigten Absorption aus und war fasziniert davon, was Ted aus ihr machte, als er die Möglichkeit entdeckte, sie auf Atome anzuwenden, die er mit seinen Farblasern bestrahlte.

Er führte insbesondere ein großartiges Experiment zur gesättigten Absorption von Wasserstoff durch, dem am einfachsten aufgebauten Atom, dessen Energieniveaus Bohr, Schrödinger und Dirac zu Beginn der Quantenphysik berechnet hatten. Hänschs Experiment offenbarte erstmals die von Dirac vorhergesagten Fein- und Hyperfeinstrukturen in einem optischen Spektrum – ebenso wie die berühmte Lamb-Verschiebung, die man bis dahin nur in Versuchen zur Magnetresonanz zwischen angeregten Atomzuständen nachweisen hatte können.

Für diesen ersten Versuch mit Wasserstoff verwendete Ted einen gepulsten Farbstofflaser, der durch Blitze eines Stickstofflasers gepumpt wurde. Die Spektralbreite des Lasers in der Größenordnung von etwa 100 MHz wurde durch den Kehrwert der Impulsdauer in der Größenordnung von einigen Zehn Nanosekunden begrenzt. Später konnte Ted die Methode erheblich verbessern, indem er kommerzielle Farbstofflaser verwendete, die kontinuierliches Licht erzeugen.

Einige Jahre später ersetzte er die gesättigte Absorption durch eine andere nichtlineare optische Methode: die *Dopplerfreie Zwei-Photonen-Absorption.* Der Versuchsaufbau ist der gleiche wie bei der gesättigten Absorption, nur kommt nun ein intensiver, gefalteter Laserstrahl zum Einsatz. Dessen Frequenz ist so eingestellt, dass sie *mit der Hälfte* der Frequenz eines Übergangs zwischen Grundzustand und angeregtem Zustand übereinstimmt. Das Atom kann daher angeregt werden, indem es in einem energieerhaltenden Prozess *nicht nur ein, sondern zwei Photonen* gleichzeitig absorbiert. Der Dopplereffekt wird aufgehoben, wenn die Atome in jedem der gegenläufigen Strahlen ein Photon absorbieren. Die Dopplereffekte der beiden Photonen haben dann gegenteilige Vorzeichen und heben sich gegenseitig auf. So tragen alle Atome zum Resonanzsignal bei – und nicht mehr nur diejenigen, die sich in einer zu den Lichtstrahlen senkrechten Ebene ausbreiten.

Die Zwei-Photonen-Methode hatte Bernard Cagnac, ein Kollege von Claude Cohen-Tannoudji an der École normale supérieure, Anfang der 1970er-Jahre ersonnen, und zwar in Zusammenarbeit mit seinem Studenten Gilbert Grynberg, einem meiner Kommilitonen während der Promotionsjahre. Unabhängig davon hatte sie auch der russische Forscher Weniamin Tschebotajew vorgeschlagen. Ted Hänsch und Cagnacs Studenten in Paris setzten das Verfahren dann raffiniert ein, um die Spektralanalyse des Wasserstoffatoms zu verfeinern. Ted hat seine Experimente in dieser Richtung bis in die vergangenen Jahre weiterverfolgt. Man bekommt eine Vorstellung von den seit jener Zeit erreichten Fortschritten, wenn man sich die Linienbreiten anschaut, die Ted und sein Team aktuell erzielen: Diese liegen in der Größenordnung von wenigen Hertz, bei Übergangsfrequenzen in der Größenordnung von 10^{16} Hz. Nicht nur tritt kein Dopplereffekt mehr auf, sondern zudem ist die natürliche Breite der Resonanzlinie nun extrem gering, da sie der Anregung eines Niveaus mit sehr langer Lebensdauer (in der Größenordnung von einer Zehntelsekunde) entspricht.

Quantenschwebungen

Während meines Jahrs in Stanford habe ich mich nicht nur damit beschäftigt, mir die Lasertechnik anzueignen und Teds Experimentierkunst zu bewundern. Arthur Schawlow stellte mir ein Labor mit einem Farbstofflaser zur Verfügung und bat mich zudem, einen seiner Studenten, Jeffrey Paisner, zu betreuen. So durfte ich erstmals mein Forschungsthema frei wählen und bekam dazu die Verantwortung, nun selbst einen jungen Wissenschaftler auszubilden. Ich entschied mich, die zeitliche Abhängigkeit des fluoreszenten Lichts zu untersuchen, das Cäsiumatome emittieren, wenn sie durch kurze Impulse eines Farbstofflasers angeregt werden.

Wenn Atome zu einem bestimmten Zeitpunkt in einen angeregten Zustand mit der Lebensdauer τ gebracht werden, erwartet man, dass sie in den Grundzustand zurückfallen, indem sie Licht emittieren, dessen Intensität mit einer τ entsprechenden Zeitkonstante exponentiell abnimmt. Bei den von mir untersuchten angeregten Niveaus von Cäsium liegt diese Zeitspanne in der Größenordnung von etwa 100 Nanosekunden. Die Niveaus sind in hyperfeine Strukturen unterteilt, wobei die Abstände zwischen benachbarten Niveaus ein paar Dutzend Megahertz betragen. Diese Strukturen sind auf die Wechselwirkung zwischen den elektromagnetischen Momenten und dem Spin des Atomkerns zurückzuführen. Ein Laserpuls mit der Dauer T von einigen Nanosekunden hat eine Spektralbreite von mindestens $1/T$ und regt innerhalb eines Energiefensters $\hbar/T$ alle Niveaus der Hyperfeinstruktur auf einmal an. Beobachtet man das nach dieser Anregung in einer bestimmten Richtung und mit einer bestimmten Polarisation emittierte Fluoreszenzlicht, so erwartet man ein Abklingen der Lichtintensität, das Frequenzmodulationen zeigt, die den Abständen zwischen den gleichzeitig angeregten Hyperfeinniveaus entsprechen. Es handelt sich dabei um einen typischen Quanteninterferenzeffekt. Mit jedem Laserimpuls folgen die Atome mehreren Pfaden zugleich und durchlaufen die verschiedenen angeregten Niveaus, bevor sie wieder in den gleichen Grundzustand zurückfallen. Die mit den Pfaden verbundenen Wahrscheinlichkeitsamplituden überlagern sich, sofern keine Informationen über den von den Atomen eingeschlagenen Pfad verfügbar sind. Wie beim Youngschen Doppelspalt befindet sich das einzelne Atom im Moment der Anregung in einer Zustandsüberlagerung, und die Frage, ob es sich nun in diesem oder jenem Zustand befindet, ergibt keinen Sinn.

Jeff und ich bereiteten rasch das entsprechende Experiment vor. Nach einigen Wochen intensiven Arbeitens konnten wir endlich Fluoreszenzsignale auf einem Oszilloskop empfangen, das den Durchschnitt von Tausenden Spuren bildete, die durch aufeinanderfolgende Impulse des anregenden Lasers ausgelöst wurden und sich im Rhythmus von zehn Anregungen pro Sekunde wiederholten. Zu Beginn eines jeden Experiments beobachteten wir eine fallende einfache Exponentialkurve mit breiter, verrauschter Spur. Nach einigen Minuten konnten wir eine kleine Modulation in diesem Rauschen erkennen, die allmählich deutlicher hervortrat, bis nach einer halben Stunde das erwartete schwingende Signal sichtbar wurde. Die Freude in diesen ersten Augenblicken, in denen sich ein Geheimnis der Natur offenbart, ist nur schwer zu beschreiben. Dieses Signal hatten wir zuvor berechnet und konnten nun feststellen, dass die Atome in der kleinen Glaszelle genau wie vorhergesagt auf die Lichtimpulse reagierten. Die von den Atomen offenbarte modulierte Signatur

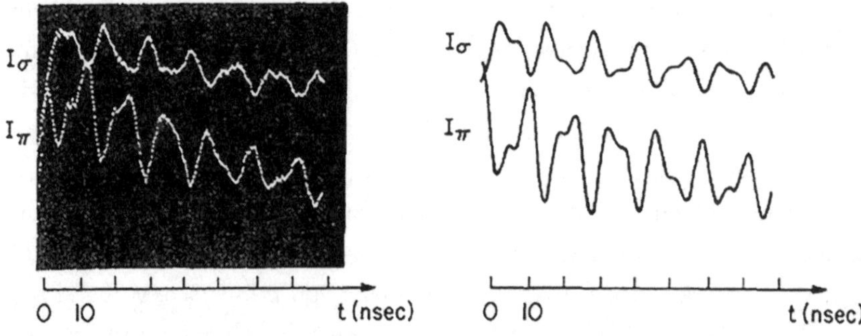

Abb. VI.5. Quantenschwebungen des Cäsiumatoms. Links: Signale des Fluoreszenzlichts, das in zwei orthogonalen Polarisationen emittiert wird, nachdem eine kurze Laseranregung die Atome in eine kohärente Überlagerung von drei Hyperfeinstrukturniveaus gebracht hat. Jedes Signal ist die Summe von drei gedämpften Sinusschwingungen. Rechts sind die theoretisch berechneten Signale zu sehen. Die perfekte Übereinstimmung zwischen Experiment und Theorie beweist, dass die Methode zur Bestimmung unbekannter Fein- oder Hyperfeinstrukturen geeignet ist. (vgl. *Physical Review Lett*ers 30, 1973, S. 948)

war absolut individuell, etwa so wie ein digitaler Fingerabdruck, und zeigte sich als Summe gedämpfter Sinuskurven. Ihre Fourier-Transformation, die uns ein Computer lieferte, enthielt sämtliche Frequenzen, die mit den Übergängen zwischen den verschiedenen durch das Licht angeregten Hyperfeinniveaus verknüpft waren. Es handelte sich um ein Demonstrationsexperiment, das uns keine neuen Erkenntnisse zum Cäsiumspektrum brachte, denn dessen Strukturen hatte man bereits mit anderen Methoden gemessen.

Das Phänomen der sogenannten *Quantenschwebungen* war schon in anderen experimentellen Zusammenhängen aufgetaucht. Wir hatten nun lediglich gezeigt, dass diese Schwebungen problemlos durch einen gepulsten Farbstofflaser induziert werden konnten. Damit war der Weg für eine neue Methode der optischen Spektroskopie geebnet, die sich als nützlich für die Messung anderer, bisher unbekannter Strukturen erweisen sollte. Ich kann nicht genau sagen, was mich dazu gebracht hat, dieses besondere Phänomen zu untersuchen; die Gründe dafür sind vielfältig. Im Laufe meiner Dissertation hatte ich Gelegenheit, mich mit dem Oxforder Professor George Series auszutauschen, der sich für von klassischen Lichtquellen erzeugte Schwebungen interessierte, deren Strahlung man stückelt, um Impulse von einigen Mikrosekunden zu erzeugen – ähnlich wie bei Fizeaus Experimenten aus dem 19. Jahrhundert. Die Dauer der Impulse erlaubte die Beobachtung nur sehr langsamer Modulationen der atomaren Fluoreszenz. Und so kam ich auf die Idee, dass das viel intensivere und kürzere Laserlicht ideal wäre, um eben diese Experimente wiederaufzunehmen und ihnen einen praktischen Nutzen zu verleihen.

Zudem trieb mich der Gedanke an, dass mein Spektroskopieverfahren die Methode ergänzen könnte, an der Ted Hänsch im Labor neben mir tüftelte. Er untersuchte die Frequenzreaktion von Atomen, die durch einen Laser angeregt wurden, dessen Wellenlänge er abtastete, während ich ihre zeitliche Reaktion auf einen Lichtimpuls aufzeigte. Dass das Licht der ersten Farbstofflaser aus kurzen Impulsen bestand, war ein Nachteil für Teds Experimente, da dadurch die Schärfe der beobachteten Linien begrenzt war. Für mich dagegen war dieser Umstand von Vorteil, denn so konnte ich ein größeres Spektralintervall erfassen und umso mehr Niveaus anregen, desto kürzer die Lichtimpulse ausfielen.

Obgleich man von *Quanten*schwebungen spricht, konnte die entsprechende Methode in klassischen Bildern interpretiert werden, da die beobachteten Signale den Durchschnitt der Reaktionen der Milliarden in der Glaszelle enthaltenen angeregten Atome wiedergaben. Dennoch gehorchte hier jedes Atom der seltsamen Logik der Quantenphysik. Die Quantenschwebungen konnten nur die Summe einzelner atomarer Phänomene sein. Das Licht zweier verschiedener Atomen, welche die Zelle mit unterschiedlichen Geschwindigkeiten durchqueren, konnte nicht interferieren – und sei es nur, weil der für die beiden Atome unterschiedliche Dopplereffekt die entsprechenden Schwebungen verwischte. Wollte man auf irgendeine Weise herausfinden, welches Anregungsniveau ein Atom durchlaufen hatte, so verschwand die Modulation. Beispielsweise konnte man einen Interferenzfilter in den Laserstrahl einbauen und das Spektrum so verfeinern, dass jeweils nur ein Hyperfeinniveau angeregt wurde. Doch dadurch verlängerte sich die Dauer der Lichtimpulse, und die Quantenschwebungen verschwanden. Genauso konnte man die Polarisation des Lichts beeinflussen, um die Anregungswahrscheinlichkeit eines bestimmten Hyperfeinniveaus zu verändern. Das jedoch wirkte sich auf den Kontrast der Modulationen aus, wenn der Grundsatz der Komplementarität gewahrt blieb.

Je mehr Informationen man über den Weg eines einzelnen Atoms erlangte, desto schwächer war der Kontrast der beobachteten Schwingungen. Es war also möglich, in der physikalischen Diskussion dieses sehr simplen Systems sämtliche Argumente vorzubringen, die wir aus dem Doppelspalt-Gedankenexperiment kennen. Meine Untersuchungen stärkten das Vertrauen in meine Fähigkeit, die Natur auf neue Weise zu erforschen. Es war das erste Mal, dass ich ein persönliches Forschungsprojekt ersonnen und zu Ende geführt hatte. Ich hatte mein Versprechen gegenüber Arthur Schawlow und Jeff Paisner erfüllt – und noch dazu begann eine langjährige Freundschaft mit Ted.

Kalifornische Anekdoten

Dieser erste Aufenthalt in Kalifornien bestärkte mich auch in dem Gefühl, dass ich Teil einer privilegierten Forschungsgemeinschaft war, deren Mitglieder trotz ihrer verschiedenen Erfahrungen und Lebensweisen von derselben Neugier angetrieben wurden. Diese Gemeinschaft bezog sich auf die Geschichte der Physik von Licht und Elektromagnetismus – eine Vergangenheit, die in Stanford auch noch besonders spürbar war. Bei einem der geselligen Abendessen, zu denen Arthur Schawlow und seine Frau Aurelia einluden, lernte ich Felix Bloch kennen, den Entdecker (neben Edward Purcell) der Magnetresonanz. Er war es auch, der zu Beginn der 1930er-Jahre die Struktur von Metallen anhand der Quantenphysik erklärt hatte. Aus derselben Generation wie Dirac und Heisenberg stammend, war er mit Letzterem Ende der 1920er-Jahre in den bayrischen Alpen Ski gefahren. Mit ausgesprochener Freundlichkeit bekundete er Interesse an mir, dem jungen Forscher. Ich war tief beeindruckt, mich mit einem der großen Akteure und Zeugen der wissenschaftlichen Revolution des 20. Jahrhunderts unterhalten zu können – jemandem, der zudem die Tragödien der Geschichte erlebt hatte und wie Einstein bei Hitlers Machtergreifung aus Europa nach Amerika emigriert war. Claudine, die ja keine Naturwissenschaftlerin ist, war weniger gebannt von diesen Hintergründen. Ihr fiel es leichter, mit Bloch zu plaudern, und sie hat unseren Austausch sicher befördert.

Claudine freundete sich mit Aurelia Schawlow an, der Schwester von Charles Townes, dem Erfinder des *Maser*. Dieses Instrument, das erstmals die stimulierte Emission nutzte, war im Bereich der Mikrowellen der Vorläufer des Laser (»Maser« steht für *microwave amplification by stimulated emission ra-*

diation). Ich erinnere mich an eine Anekdote, die der Gastgeber Schawlow bei einem der Abendessen erzählte: Im Sommer 1952 teilten sich Charles Townes und Arthur Schawlow ein Zimmer in einem Washingtoner Hotel. Die beiden Freunde und zukünftigen Schwager waren wegen einer Konferenz der Amerikanischen Physikalischen Gesellschaft angereist. Charles hatte kleine Kinder, wodurch die Nächte recht unruhig ausfielen, und er hatte sich angewöhnt, sehr früh aufzustehen. So kam es, dass er Arthur im Hotelzimmer weiterschlafen ließ, während er selbst sich noch im Morgengrauen draußen am Franklin Square, einem ruhigen kleinen Park in der Nähe des Weißen Hauses, auf eine Bank setzte und nachsann. Und eben dort kam ihm, wie eine plötzliche Eingebung, die Idee zum Maser, mit dem er das Phänomen der stimulierten Emission bei Ammoniakmolekülen in einem Mikrowellenhohlraum ausnutzen wollte. Und so begann ein großes technologisches und wissenschaftliches Abenteuer, das einige Jahrzehnte später in einem Jahresumsatz von Lasertechnik im Bereich von mehreren Zehnmilliarden Dollar gipfeln sollte. 1964 erhielt Townes für seine Entdeckungen den Physik-Nobelpreis, Schawlow musste bis 1981 auf diese hohe Auszeichnung warten.

1973 erzählte Schawlow mit seinem einnehmenden Lächeln von dieser Begebenheit und theoretisierte anschließend über die Vorteile des Familienlebens und dessen Begünstigung großer Entdeckungen. Damals in Washington hatte er nämlich selbst noch keine Kinder, konnte die Nacht seelenruhig durchschlafen und hatte keine Ahnung von Charles' Entdeckerfreuden. Claudine und ich waren mit unseren kleinen Kindern Julien und Judith nach Kalifornien gereist, und ich konnte gut nachempfinden, wieso Charles Townes mit seinem Ausflug in die Sommernacht ein wenig Ruhe gesucht hatte.

Einige Jahre später verfassten Townes und Schawlow gemeinsam einen Artikel, in dem sie darlegten, wie der Maser-Effekt auf Lichtwellen übertragen werden könnte. Das entsprechende Instrument nannten sie einen »optischen Maser«. Sie versuchten auch, das erste derartige Gerät zu bauen, wurden aber 1960 von Theodore Maiman überholt, einem Ingenieur der privatwirtschaftlichen Hughes Laboratories. Das Akronym »Laser«, bei dem schlicht ein L für *light* das M aus »Maser« ersetzt, wurde von Gordon Gould geprägt, einer weiteren schillernden Figur in dieser Geschichte. Als Doktorand an der Columbia University in den 1950er-Jahren – also zur der Zeit, als Townes dort Professor war – hatte Gould die Idee für den Laser gehabt. Aber anstatt sie wie Townes und Schawlow zu veröffentlichen, hatte er sie geheim gehalten und in einen Patententwurf fließen lassen. Als die ersten Lasergeräte aufkamen, begann Gould eine langwierige juristischen Auseinandersetzung, da er die Rechte an der Erfindung und ihren Anwendungen beanspruchte. In einigen Aspekten wurde diesem Anspruch von amerikanischen Gerichten stattgegeben, und Gould wurde ein reicher Mann – allerdings erst in den 1980er-Jahren, also lange nach der Zeit, die ich hier schildere.

Das Verhältnis von Townes und Schawlow zu Gould war schwierig, und das wahrscheinlich nicht zuletzt wegen ihrer unterschiedlichen Einstellung zur Forschung: Die beiden wählten den akademischen Weg – sie veröffentlichten ihre Ideen in einer wissenschaftlichen Zeitschrift und machten sie damit allen zugänglich –, während Gould, da er das enorme wirtschaftliche Potential des Lasers vorausahnte, lieber im Verborgenen arbeitete und seine privaten Forschungen in einem Unternehmen betrieb, das er eigens für den Bau und die Vermarktung des neuen Geräts ins Leben gerufen hatte. Gould gab seine Doktorarbeit an der Columbia University auf, wodurch er sich noch weiter von Townes entfernte. Am Ende wurde auch er beim Wettrennen um den ersten funktionsfähigen Laserprototyp überholt. Dieses Scheitern wog für Gould schwerer als für Townes und Schawlow, die ebenfalls Patente eingereicht, ihre Erkenntnisse aber zugleich verfügbar gemacht hatten. Anstatt seine Ideen einem wissenschaftlichen Publikum mitzuteilen, hatte Gould sie in einen unverständlichen, an Juristen und Anwälte gerichteten Patenttext gepresst. Diese waren jedoch unfähig, die wahre Bedeutung der Lasertechnik zu ermessen.

Die Angelegenheit verkomplizierte sich noch durch den Umstand, dass Gould in seiner frühen Jugend Kommunist gewesen war. Als solcher galt er dann auch während der McCarthy-Ära, und so wurde ihm vom FBI untersagt, mit den Wissenschaftlern und Ingenieuren seiner eigenen Firma in Kontakt zu treten, die sich dort vergeblich bemühten, das erste Lasergerät zu konstruieren. Das Ganze war eine unglaubliche, faszinierende Geschichte, die Politik, Geld und Wissenschaft miteinander vermengte. Als ich sie aus Arthur Schawlows Munde hörte, der sie mir mit Humor und mit so klarer wie verständlicher Antipathie gegenüber Gould erzählte, wurden mir ganz neue, unerwartete Aspekte der Forschung vor Augen geführt. Ähnliches hätte ich in Paris im Umgang mit den idealistischen Wissenschaftlern Kastler, Brossel und Claude sicher nicht erlebt. Amerika war jedenfalls ein erstaunliches Land, was mir auch durch die Senatsanhörungen anlässlich der Watergate-

Affäre deutlich wurde, die das amerikanische Fernsehen in jenem Frühjahr 1973 in Dauerschleife sendete.

Die erste große internationale Konferenz

Im Sommer desselben Jahres wurde es Zeit, nach Paris zurückzukehren. Zuvor aber sollte ich meine Arbeit zu den Quantenschwebungen bei der ersten Tagung zur Laserspektroskopie vorstellen, die in Vail, Colorado stattfand. Dort traf ich – umrahmt von den majestätischen Rocky Mountains – mit sämtlichen Akteuren dieser neuartigen Physik zusammen. Meine Lehrer Claude Cohen-Tannoudji und Jean Brossel waren angereist und Christian Bordé aus der Nachbarstadt Boulder herübergekommen, wo er ein Postdocpraktikum im Labor von John Hall, einem der großen Laserspezialisten, absolvierte. Mit seinem Team am JILA, dem Joint Institute of Laboratory Astrophysics, das ich vier Jahre zuvor auf meiner ersten USA-Reise (siehe Kapitel I) besucht hatte, konnte Hall die genaueste Messung der Lichtgeschwindigkeit vornehmen, die ihm einen Wert von c = 299 792 458 m/s (mit einer Unsicherheit von 3 Milliardsteln) lieferte. Die Methode war dem Prinzip nach sehr einfach. Die Forscher am JILA bestimmten sowohl die Frequenz ν als auch die Wellenlänge λ eines Lasers, der auf eine schmale Linie im Nahinfrarot des Methanmoleküls CH_4 fixiert war. Dabei verwendeten sie die Technik der gesättigten Absorption, um den Dopplereffekt zu eliminieren. Sie leiteten den Wert von c ab, der dem Produkt $\nu\lambda$ entspricht.

Die Messung von λ erfolgte interferometrisch, indem die Anzahl der Wellenlängen des molekularen Übergangs von CH_4 in einem Meter gezählt wurde, der dann als Vielfaches der Wellenlänge einer roten Linie des Kryptonatoms definiert wurde. Es handelte sich also um einen einfachen Vergleich zweier Wellenlängen per Interferometrie. Die Unsicherheit betrug etwa 10^{-9} und war durch die Definition des Meters begrenzt, die damals von der Genauigkeit des Krypton-Resonanzpunktes abhing. Dieser wiederum wurde durch den Dopplereffekt in der Gaszelle begrenzt.

Komplizierter gestaltete sich die Messung von ν, der Frequenz des molekularen Übergangs von CH_4, die in der Größenordnung von 10^{14} Hz liegt. Kein Instrument war in der Lage, diese Frequenz direkt zu bestimmen. Die

Forscher am JILA begannen mit einer niedrigen Frequenz im Mikrowellenbereich, die direkt mit einer Atomuhr gemessen werden konnte, und synthetisierten nach und nach höhere Frequenzen, das heißt Vielfache der Ausgangsfrequenz. Hierzu verstärkten sie die aufeinanderfolgenden Signale, indem sie Laser auf die verschiedenen Oberwellen abstimmten, bis eine Frequenz erreicht wurde, die groß genug war, um mittels Schwebung direkt mit der eines auf den Methanübergang abgestimmten Lasers verglichen zu werden. Diese experimentelle Meisterleistung, deren Ergebnisse in Vail vorgestellt wurden, hatten die Forscher in einem riesigen Hangar durchgeführt, um alle gleichzeitig arbeitenden Elemente der Frequenzkette unterzubringen, mit denen dann eine Brücke zwischen den Mikrowellen und den optischen Frequenzen hergestellt werden konnte.

Dies war nun die ultimative Messung der Lichtgeschwindigkeit, denn es wurde schnell klar, dass man die Präzision nicht weiter steigern können würde, da die Unsicherheit in dem für die Messung verwendeten Längenmaß bestand. Einige Jahre später kehrten die Metrologen das Problem dann um und beschlossen, die Lichtgeschwindigkeit per Konvention auf den von der JILA gefundenen Wert festzulegen und den Meter als die Länge zu definieren, die ein Lichtstrahl im 1/299 792 458sten Bruchteil einer Sekunde zurücklegt. Sie machten damit die Einheit der Länge von der Einheit der Zeit abhängig, die man dank der Atomuhr mit viel größerer Präzision bestimmen konnte: Die Sekunde war ein exaktes Vielfaches der Dauer eines Mikrowellenübergangs des Cäsiumatoms. Welch langer Weg war hier seit der ersten Lichtgeschwindigkeitsmessung durch Römer zu Zeiten des Sonnenkönigs zurückgelegt worden (siehe Kapitel II)! Damals hatte der Fehler bei 30 bis 40 % gelegen, und als Längenmaß hatte der nicht genau bekannte Durchmesser der Erdumlaufbahn gedient. Drei Jahrhunderte später hatte man nun neun Größenordnungen bei der Bestimmung dieses grundlegenden physikalischen Parameters gewonnen. Und die Geschichte ging noch weiter: In den fünfzig Jahren seit der Tagung in Vail hat die Messung optischer Frequenzen enorme Fortschritte gemacht. Es wurden noch einmal neun Größenordnungen gewonnen, wodurch sich neue, faszinierende Perspektiven für die instrumentelle Optik und Metrologie eröffnet haben. Einen Hangar braucht es heute für die Frequenzketten nicht mehr. Er wurde durch einen Laser mit einem sogenannten »Frequenzkamm« ersetzt, der in einem Gehäuse von knapp einem Meter Kantenlänge Platz hat – eine sagenhafte Erfindung, die wir John Hall und Ted Hänsch verdanken und für die sie 2005 gemeinsam den Nobelpreis erhielten.

Die unbekannte Welt der Riesenatome

Nach der Rückkehr nach Paris im Herbst 1973 begann ich ein besonderes experimentelles Projekt, für das ich den Farbstofflaser einsetzte, mit dem ich mich in Kalifornien vertraut gemacht hatte. Die Versuche zu den Quantenschwebungen hatten mir gezeigt, dass diese Lichtquelle es ermöglichte, Atome auf Niveaus mit großen Abstand zum Grundzustand zu heben. Mithilfe von Photonen mit immer kürzeren Wellenlängen oder durch eine stufenweise Anregung, bei der das Atom nacheinander zwei Photonen absorbiert und dabei einen Zwischenzustand durchläuft, wollte man Werte nahe der Ionisationsgrenze des Atoms erreichen. Diese Grenze entspricht einer gegen null gehenden Bindungsenergie des äußersten Elektrons. Die stark angeregten Zustände ließen sich mit herkömmlichen Lichtquellen nicht herstellen, da bei einer Annäherung an die Ionisationsgrenze die Wahrscheinlichkeit der Absorption eines Photons durch das Atom sehr schnell abnimmt. Die Laser aber, mit ihrer hohen, auf einen kleinen Spektralbereich konzentrierten Intensität, waren in der Lage, Atome sehr wirkungsvoll anzuregen. So eröffneten sie den Weg zur labortechnischen Erforschung dieser Terra incognita der Atomphysik.

Diese hoch angeregten Zustände sind nach dem schwedischen Physiker Johannes Rydberg benannt, der Ende des 19. Jahrhunderts die Formel für die Wellenlängen der Übergänge aufstellte, die diese Niveaus mit dem Grundzustand des Atoms verbinden. Rydbergs empirische Formel, die er aus spektroskopischen Beobachtungen von Wasserstoff ableitete, als es noch keine Theorie gab, die sie erklären konnte, diente Bohr später als Grundlage für die Entwicklung des ersten Quantenmodells des Atoms. Als Rydberg-Atome bezeichnet man in einer semantischen Verkürzung Atome in diesem hoch angeregten Zustand. Dabei handelt es sich nicht um neue Elemente des Periodensystems, sondern um gewöhnliche Atome, denen diese bestimmte Eigenschaft in dem Moment zugesprochen wird, wenn ihr äußerstes Atom in großem Abstand um den Kern kreist.

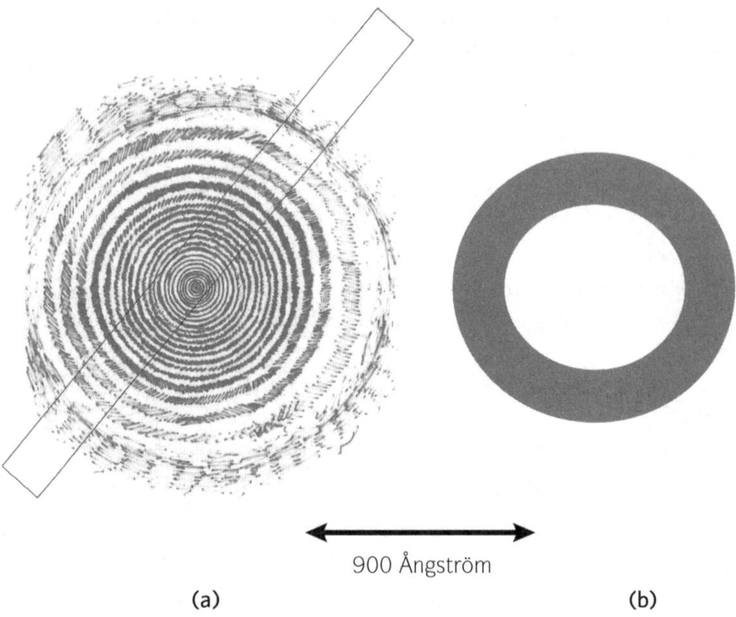

Abb. VI.6. Verteilung der Elektronenwolke in einem Rydberg-Atom. (a) Zeichnung des Autors für einen 1978 in *La Recherche* veröffentlichten Artikel. Sie zeigt das Elektronenorbital des 30S-Zustands von Wasserstoff mit der Hauptquantenzahl $n = 30$ und dem Bahndrehimpuls null. Die Wellenfunktion wird aus 30 konzentrischen Wellen gebildet, die immer größere Abstände voneinander haben, je weiter man sich vom Atomkern, dem unsichtbaren Punkt im Zentrum, entfernt. Das schmale Rechteck, welches das Atom überlagert, zeigt zum Vergleich die Abmessungen des Tabakmosaikvirus. (b) Das Elektronenorbital desselben Atoms im Niveau $n = 30$ des maximalen Drehimpulses (kreisförmiges Rydberg-Atom). Das Elektron dreht sich klassischerweise auf einem Kreis, dessen Radius das Neunhundertfache des Bohr-Radius (450 Ångström) beträgt. Ich habe die torusförmige Fläche dargestellt, in der die Wahrscheinlichkeit der Anwesenheit eines Elektrons die Hälfte ihres Maximalwerts beträgt.

Die Astrophysik weiß seit den 1960er-Jahren um die Existenz dieser Zustände. Im interstellaren Raum entstehen Rydberg-Atome aus Wasserstoff, Helium oder Kohlenstoff, wenn Elektronen von Ionen dieser Elemente eingefangen werden. Sie zeigen sich durch die Mikrowellen, die sie aussenden, wenn sich das Elektron dem Atomkern nähert, wobei es mit jedem Niveau Energie verliert. Nach ihrer langen Reise durch den Weltraum können diese Mikrowellen von Radioteleskopen nachgewiesen werden. Rydberg-Atome sind sehr zerbrechlich, weil ihre Elektronen nur schwach an den Kern gebunden sind und durch Zusammenstöße mit anderen Atomen leicht gestört werden können. Im nahezu perfekten Vakuum des Weltraums jedoch können sie relativ lange bestehen. Ihre Beobachtung im Labor würde neben dem Einsatz von Lasern besondere Vorsichtsmaßnahmen erfordern.

Wie kam ich nun darauf, mich mit diesen besonderen Atomen zu beschäftigen? Sicher hat mich der Gedanke gereizt, Atomphysik auf einem ungewöhnlichen Level zu betreiben. Wird ein Atom in den Rydberg-Zustand gebracht, so werden die Dimensionen, auf die sich die elektronische Wellenfunktion bezieht, im Vergleich zum Grundzustand ins Gigantische gesteigert. Seit Rydberg und Bohr wird die Energie dieser Zustände mit einer Hauptquantenzahl n (hier nicht zu verwechseln mit der Photonenzahl) angegeben, wobei die Bindungsenergie zwischen Elektron und Kern nach $1/n^2$ abnimmt. Allgemein spricht man von einem Rydberg-Zustand, wenn die ganze Zahl n in der Größenordnung von 10 oder mehr liegt. Die Abmessungen der Elektronenbahn wachsen mit n^2 an, wobei es im Prinzip keine Grenze für den Wert von n gibt. Ein Rydberg-Atom mit $n = 50$ ist 2500-mal größer als ein Atom im Grundzustand und liegt damit bei um die 0,25 Mikrometer. Damit nähern wir uns der Größe von biologischen Objekten wie Viren oder Bakterien. Bei $n = 1000$ erhalten wir Atome von etwa einem Zehntelmillimeter, also etwa der Dicke eines Haares. Würde n gar den Wert von 10 000 erreichen, so hätte das Atom die Größe einer Erbse oder eines Kirschkerns.

Um auf den Boden der Tatsachen zurückzukehren: Mir war natürlich klar, dass die von $1/n^2$ abhängige Bindungsenergie des äußersten Elektrons in diesen künstlich »aufgeblasenen« Atomen immer kleiner würde, je mehr diese anwüchsen. Ich musste also spezielle Vorkehrungen treffen, um diese fragilen Gebilde vor Störungen zu bewahren. Dabei war ebenso klar, dass ihre Anfälligkeit sie zu idealen ultraempfindlichen Sensoren ihrer Umgebung machte. Ich sah ein Abenteuer à la Gulliver im Lande der Riesen vor mir: die Erforschung einer Welt mit ungewohnten Größenordnungen, die voller Überraschungen stecken musste.

Und noch etwas nahm mich für die Rydberg-Atome ein: Sie sind sehr einfache Quantensysteme. Sobald sich das äußerste Elektron vom Kern entfernt, erscheint dieser fast als Punktladung, wird also quasi identisch mit einem einzelnen Proton. Dass es sich in Wahrheit um ein komplexes System handelt, das aus einem Kern mit der Ladung Z besteht, der von Z – 1 Elektronen umgeben ist, die in einem Abstand von etwa 1 Ångström um ihn kreisen, ist unbedeutend, wenn es um die Dynamik eines mit Tausenden Ångström Abstand kreisenden Elektrons geht, das den Mittelpunkt des Atoms einfach als Punkt betrachtet. Sobald *n* eine bestimmte Größe erreicht, ähneln die Rydberg-Atome aller Elemente also dem Wasserstoff im angeregten Zustand. Die gesamte Physik lässt sich in einer guten Annäherung auf das Verhalten eines Elektrons reduzieren, das sich im zentralen Feld des Kerns bewegt. Es bleiben zwar kleine Effekte, die mit der Struktur des Atomkerns zusammenhängen und die Rydberg-Zustände der verschiedenen Elemente unterscheiden; diese sind aber unwesentlich und in erster Näherung zu vernachlässigen.

Auch die Analogie zur Astronomie motivierte mich. Schließlich galt, wie ich in Kapitel I geschildert habe, der Sternenkunde meine anfängliche wissenschaftliche Begeisterung. Das den Kern umkreisende Rydberg-Elektron lässt sich mit einem Planeten vergleichen, der die Sonne umwandert. Natürlich haben wir es mit einem Quantensystem zu tun, in dem die Vorstellung einer Bahn eigentlich sinnlos ist – doch bleibt das klassische Bohrsche Modell ein nützliches Instrument zur Beschreibung des Systems und zur Einschätzung der Größenordnungen der verschiedenen Parameter, die das System definieren.

In der Astronomie gehorchen die Planeten Keplers empirischen Gesetzen, die durch die Berechnungen von Newton bestätigt wurden und ganz einfach auf der Tatsache beruhen, dass die Anziehungskraft mit $1/r^2$ variiert, wobei r der Abstand zwischen der Sonne und den Planeten ist. Die gleiche Abhängigkeit vom Kernabstand kennzeichnet auch die Kraft, die das Elektron im Atom erfährt. Daher müssen auch hier Keplers Gesetze gelten. Das dritte dieser Gesetze besagt, dass das Quadrat der Umlaufzeit eines Planeten um die Sonne geteilt durch den Kubikradius seiner Umlaufbahn eine für alle Planeten geltende Konstante ist. Übertragen auf die Atomphysik besagt das Gesetz, dass das Quadrat der Umlaufzeit des Rydberg-Elektrons in einer Bohrschen Umlaufbahn mit n^6 variieren muss, was gleich der dritten Potenz des zu n^2 proportionalen Radius ist. Daraus lässt sich ableiten, dass die Umlaufzeit des Rydberg-Elektrons mit n^3 variiert. Die durch das Bohrsche Modell ermittelte Periode ist proportional zur Wellenlänge der Photonen, die das Rydberg-Atom beim Sprung von einer Umlaufbahn zur nächsten aussendet, da n sich von n zu $n - 1$ ändert. Für $n = 50$ sind die untersuchten Wellenlängen millimetergroß und damit mehrere Tausend Mal länger als die mikrometergroßen Wellenlängen der optischen Photonen, die bei den Übergängen zwischen den tiefen Energieniveaus des Atoms ausgesandt werden. Sie fallen in den Mikrowellenbereich, der Frequenzen von einigen Zehn Gigahertz entspricht. Eine einfache Berechnung der Größenordnung basierend auf diesem astronomischen Vergleich machte mir deutlich, dass Rydberg-Atome ultrapräzise und ultraempfindliche Sonden für Mikrowellenphotonen darstellen mussten.

Mich reizte die Herausforderung, Atomzustände zu untersuchen, die nie zuvor im Labor beobachtet worden waren, und mich trieb die Hoffnung an, dass die ungewöhnlichen Größenordnungen dieser Systeme neue Effekte zutage fördern würden. Vielleicht spielte auch die Idee mit hinein, dass diese konzeptuell einfachen Systeme in der Wechselwirkung mit elektromagnetischen Wellen Effekte zeigen würden, mit denen sich die seltsamen Gesetze der Quantenphysik klar und direkt illustrieren ließen. Aber an dieser Stelle nehme ich wohl vorweg, was sich erst nach und nach herauskristallisieren sollte. Als ich nach meinem Jahr in Kalifornien nach Paris zurückkehrte, hatte ich erst eine vage Vorstellung davon, was die Rydberg-Atome offenbaren würden.

Um mich in mein Forschungsabenteuer stürzen zu können, musste ich lediglich einen gut zwei Seiten langen handgeschriebenen Brief aus Stanford an Jean Brossel schicken, in dem ich ihm – in knapperer Form als hier – schilderte, warum mir die Untersuchung von Rydberg-Atomen interessant erschien. Ich versprach kein spezifisches Ergebnis, sondern bekundete nur den Willen, der Sache nachzugehen und dann zu schauen, wohin mich diese Forschungen führen würden. Ich benötigte Geld für einen Stickstofflaser, mit dem sich der Farbstofflaser pumpen ließe, sowie für optische und elektronische Teile zum Bau von abstimmbaren Lasern. Ich brauchte eine Apparatur, mit der ich einen Strahl aus Alkaliatomen herstellen konnte, denn Rydberg-Atome mit einer hohen Zahl n könnten nur in einem Strahl überleben, der sich in einem möglichst perfekten Vakuum ausbreitet, das die Bedingungen des Weltraums nachbildet. Außerdem müsste man mir die Verantwortung für die Betreuung von ein oder zwei Studenten übertragen. Brossel vertraute mir und gewährte mir sofort und ohne lange Rücksprache, worum ich bat. Die entsprechenden Mittel nahm er von den Zuteilungen des CNRS an sein Labor. So konnte ich mich unbeschwert auf ein Abenteuer einlassen, das mehrere Jahrzehnte dauern sollte.

Ich kann nicht umhin, meine damalige Situation mit jener der heutigen jungen Forscherinnen und Forscher zu vergleichen, die ein bestimmtes Projekt ins Auge gefasst haben. Selbst mit einer Stelle am CNRS oder an einer Universität, die praktisch keine laufenden Mittel mehr zur Verfügung haben, muss heutzutage stante pede ein Forschungsprojekt präsentiert und eine Finanzierung bei der Nationalen Forschungsagentur ANR oder dem Europäischen Forschungsrat ERC beantragt werden. Ein solcher Antrag bedeutet wochenlange Arbeit. So müssen Dutzende von Tabellen mit Zahlen gefüllt und im Detail erläutert werden, was man herauszufinden hofft. Man soll die Phasen eines Forschungsprojekts beschreiben, das per definitionem unvorhersehbar ist, und man soll eine möglichst genaue Vorstellung davon haben, wofür die jeweiligen Untersuchungen eines Tages nützlich sein könnten.

In den Händen von Expertenkomitees und im direkten Wettbewerb mit Hunderten anderen Projekten haben die Antragsteller von vornherein nur eine zehnprozentige Chance auf Erfolg und müssen das Prozedere mehrfach wiederholen, um irgendwann eventuell mit der Arbeit beginnen zu können. Auf diese Weise lässt sich jungen Forschungsbegeisterten gut der Wind aus den Segeln nehmen. Erfolg haben meist diejenigen, die auf ein ehrgeiziges oder gewagtes Projekt verzichten und stattdessen auf eine konventionellere und unmittelbar »nützliche« Untersuchung setzen. Hätte ich all diese Hindernisse überwinden müssen – die doch unweigerlich dazu führen, dass man sich zu stark anpreist und Resultate verspricht, die man vorher gar nicht absehen kann –, ich hätte das Abenteuer glaube ich nicht gewagt. Ich hätte mir wahrscheinlich eine andere Arbeit gesucht oder wäre in den USA geblieben.

Nach meiner Rückkehr nach Paris übte ich mich zunächst fünf Jahre lang in der Herstellung und in dem Nachweis von Rydberg-Atomen der Alkalimetalle Natrium, Cäsium und Rubidium. Deren äußeres Elektron kreist um einen Kern, dessen geschlossene Elektronenhülle die kompakte und chemisch inerte Struktur eines Edelgases besitzt.

Die optische Impulsanregung erfolgte in zwei aufeinanderfolgenden Schritten mit zwei abstimmbaren Lasern unterschiedlicher Farbe, welche die Atome auf ein Zwischenniveau brachten, bevor sie das endgültige Rydberg-Niveau erreichten. Ich begann mit der Anregung von Quantenschwebungen auf Niveaus mit Hauptquantenzahlen von 10 bis 20 und erhielt Atome von noch moderater Größe, die in einer Resonanzzelle recht gut überdauerten. Durch den Nachweis der Fluoreszenzmodulationen dieser Atome nach ihrer Kurzpulsanregung konnte ich die Intervalle ihrer Feinstruktur messen, die durch die sogenannte Spin-Bahn-Kopplung verursacht wird. Dabei handelt es sich um einen relativistischen Effekt, bei dem das elektrische Feld des Atomkerns im Bezugssystem des Rydberg-Elektrons in ein Bahnmagnetfeld umgewandelt wird, das an das magnetische Moment des Elektronenspins gekoppelt ist. Je nachdem, ob der Spin in Richtung des Bahnmagnetfelds oder in die entgegengesetzte Richtung zeigt, erhält das Rydberg-Atom eine kleine zusätzliche positive oder negative magnetische Energie.

Daraus ergibt sich, dass für jeden Zustand des Bahndrehimpulses zwei leicht unterschiedliche Feinstruktur-Energieniveaus vorhanden sind. Ihre gleichzeitige Anregung durch Farblaserimpulse rief Fluoreszenz-Quantenschwebungen hervor, welche die Feinstruktur offenlegten und die Messung des Magnetfelds aus der Sicht des Rydberg-Elektrons ermöglichten. Der Effekt wurde mit zunehmender Atomgröße kleiner. Dies liegt sowohl an der Abnahme des elektrischen Feldes, das sich für das Elektron in immer größerer Entfernung vom Kern befindet, als auch an der verringerten Geschwindigkeit des Elektrons, das sich immer langsamer auf einer immer größeren Umlaufbahn bewegt, wodurch die relativistischen Effekte abnehmen. Die Fluoreszenz von Atomen, die in einen niedrig angeregten atomaren Zustand zurückfallen, wird ebenfalls schwächer und schwieriger nachzuweisen, je weiter man sich auf der Skala der Rydberg-Niveaus nach oben bewegt, denn die Wahrscheinlichkeit der Emission optischer Photonen aus diesen Zuständen nimmt mit ihrem Anregungsgrad ab. Es wurde schwierig, Atome mit einer Hauptquantenzahl über 20 mit dieser Methode zu untersuchen, und wir mussten uns anderen Verfahren zuwenden.

Also stellten wir die Rydberg-Zustände her, indem wir einen Strom von Alkaliatomen mit unseren Farbstofflasern beleuchteten. Die Atome wurden durch Verdampfen einer geringen Probe von Natrium, Rubidium oder Cäsium in einem mit einem kleinen Loch versehenen Ofen in einem luftleeren Hohlraum gewonnen. Die Atome verließen den Ofen in einer geraden Linie und bildeten einen leicht divergierenden Strahl, der sich im Vakuum ausbreitete. Die Laser regten die Atome kurzpulsig an, worauf diese zu einem Detektor flogen. Dieser bestand aus zwei parallelen Metallplatten, zwischen denen eine elektrische Potentialdifferenz angelegt worden war. Das elektrische Feld zwischen den Platten ionisiert die Atome, indem es die Rydberg-Elektronen herausreißt, sobald seine Amplitude die des Feldes übersteigt, das sie im Atomkern gehalten hat. Das Feld nimmt mit dem Grad der Anregung des Atoms ab, und diese Abhängigkeit ermöglichte es uns, selektiv Rydberg-Niveaus mit unterschiedlichen Bindungsenergien aufzuspüren, und zwar mit

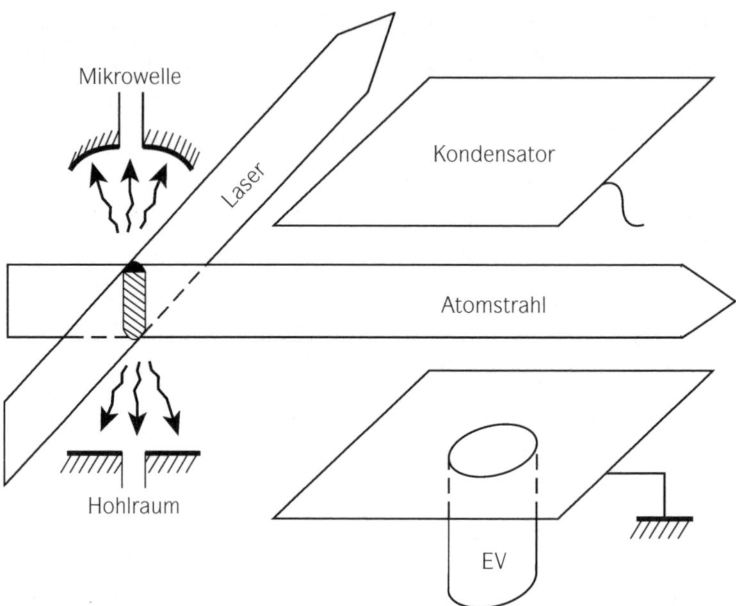

Abb. VI.7. Schema des ersten Versuchsaufbaus zur Untersuchung der Mikrowellenspektren von Rydberg-Atomen. Laser regen einen atomaren Strahl in einem offenen Hohlraum aus Spiegeln an (links). Nachdem die Atome den Hohlraum durchquert haben, gelangen sie in einen Kondensator, wo sie durch ein elektrisches Feld ionisiert werden. Die ausgestoßenen Elektronen werden vom Elektronenvervielfacher (EV) gezählt.

einer weitaus höheren Empfindlichkeit als bei der Beobachtung ihrer Fluoreszenz.

Die dem Atomkern entkommenden Elektronen wurden in Richtung eines aus aufeinanderfolgenden, kaskadenartig arbeitenden Kathoden bestehenden Elektronenvervielfachers beschleunigt. Dabei entzieht jedes Rydberg-Elektron der ersten Kathode mehrere Elektronen; diese erste Kathode entzieht wiederum der zweiten Kathode Elektronen – und so weiter. Dies führte zu einer deutlichen Verstärkung des Stroms, der am Ende von einem Speicheroszilloskop aufgezeichnet wurde. Dieses registrierte die von den aufeinanderfolgenden Laserimpulsen hervorgerufenen Signale, die sich mit einer Rate von etwa zehn pro Sekunde wiederholten. In unseren ersten Experimenten konnten wir eine große Anzahl gleichzeitig angeregter Atome nachweisen. Indem wir die Intensität des Laserlichts verringerten, gelang es uns allmählich, von einer immer geringeren Anzahl an Rydberg-Atomen erzeugte Signale zu beobachten. Schließlich konnten wir Signale nachweisen, die im Mittel der Entstehung eines einzelnen Rydberg-Atoms pro Laserimpuls entsprachen.

Die Entstehung der Hohlraum-Quantenelektrodynamik

Wir begannen also mit systematischen Experimenten zur Mikrowellenspektroskopie. Zwischen ihrer Anregung durch den Laser und ihrem Nachweis waren unsere Atome dem Feld einer im Millimeterwellenbereich strahlenden Quelle ausgesetzt, deren Frequenzen in der Größenordnung von einigen Zehn Gigahertz lagen. Das Mikrowellenfeld wurde in einem kleinen Hohlraum mit Kupferspiegeln in Form von einander zugewandten Kugelhauben konzentriert. Von der Quelle zum Hohlraum breitete es sich in einem Wellenleiter aus, der an einem kleinen Loch in einem der Spiegel endete. Nun wurden die mit einer thermischen Geschwindigkeit von einigen Hundert Metern pro Sekunde bewegten Atome während der wenigen Mikrosekunden, die sie den Hohlraum durchquerten, dem dort gespeicherten Feld ausgesetzt.

Die Mikrowellenfrequenz wurde zeitgleich mit dem Abstand zwischen den Hohlraumspiegeln verschoben, sodass sich das Feld durch konstruktive Interferenz aufbaute (dazu musste der Abstand L zwischen den Spiegeln ein Vielfaches der halben Feldwellenlänge betragen). Wir beobachteten Schwankungen des Nachweisstroms der Rydberg-Atome, wenn die Frequenz des Feldes mit der eines Übergangs vom ersten angeregten Niveau zu einem endgültigen Rydberg-Niveau zusammenfiel. Klassisch ausgedrückt, bestand das Experiment darin, die Präzessionsfrequenzen der Rydberg-Elektronen auf ihren Bohrschen Bahnen zu messen. Wie wir gesehen haben, liegen diese Frequenzen nahe denen eines Elektrons des Wasserstoffatoms auf den entsprechenden Bahnen. Die geringen Unterschiede zu den Wasserstoff-Frequenzen liegen im Störeffekt des Atomkerns begründet, der in erster Näherung einer Punktladung gleichkommt. Die systematische Aufzeichnung dieser Spektren der Alkaliatome und der Rydberg-Zustände mit verschiedenen Werten von n und dem Bahndrehimpuls l ermöglichte uns eine gründliche Analyse der Wechselwirkungen zwischen Rydberg-Elektron und Atomkern.

Die Abweichungen vom Wasserstoffspektrum lassen sich anhand eines einfachen Modells darstellen. Die Bindungsenergien der Rydberg-Elektronen variieren nicht wie beim Wasserstoff mit $1/n^2$, sondern mit $1/(n - \delta_l)^2$, wobei δ_l, der sogenannte *Quantendefekt*, eine gegenüber *n* kleine Zahl ist, die von der Wahrscheinlichkeit abhängt, dass das Rydberg-Elektron in den »Punktkern« des Atoms eindringt. Diese Wahrscheinlichkeit variiert im Bohrschen Modell mit der Ellipsität der Umlaufbahn beziehungsweise dem Drehimpuls *l* des Elektrons. Bahnen mit kleinem *l* ($l = 0$, 1 oder 2) sind stark elliptisch, und das Elektron kommt an seinem Perihel dem Kern sehr nahe, was zu einem relativ großen Quantendefekt δ_l (> 1) führt. Orbitale mit größerem *l* ($l = 3, 4 \ldots$) dringen praktisch nicht ins Atominnere ein, und ihre Quantendefekte sind sehr gering. Sie heben sich jedoch nicht vollständig auf, denn selbst außerhalb des Atomkerns wird das Rydberg-Elektron noch schwach von diesem beeinflusst.

Der Vergleich mit der Astronomie veranschaulicht diesen Effekt: Wie wir wissen, ruft der um die Erde kreisende Mond das Phänomen der Gezeiten hervor. Die Gravitationskraft, die unser Trabant auf die Erde ausübt, verlagert die Ozeanmassen und deformiert so im wiederkehrenden Rhythmus das Geoid unseres Planeten, was wiederum Auswirkungen auf sein Gravitationsfeld hat. Die Umlaufzeit des Mondes ist damit eine leicht andere, als wenn die Erde ein starrer Festkörper wäre. Genau so verändert das Rydberg-Elektron durch sein elektrisches Feld die Verteilung der Elektronenladungen im Atomkern der Alkalimetalle, was Einfluss auf seine Bewegung hat. Das weiter oben beschriebene Modell erklärt diese Veränderung durch die Existenz eines minimalen verbleibenden Quantendefekts, der mit *n* und *l* abnimmt.

Eines Tages im Jahr 1979 erlebten wir bei der Durchführung dieser Experimente eine Überraschung. Wir untersuchten den Übergang zwischen einem Rydberg-Niveau von $n = 23$ und einem weniger angeregten Niveau von $n = 22$ im Natriumatom, dessen Frequenz im Bereich von 340 GHz lag. Das Mikrowellenfeld hatten wir noch gar nicht eingeschaltet. Darum waren wir umso verdutzter, dass die Atome dennoch – *ganz ohne Mikrowellenfeld* – von einem Niveau zum anderen sprangen; es genügte der passende Abstand zwischen den Spiegeln. Das Signal für eine Übertragung zwischen der oberen und der unteren Ebene durchlief ein Resonanzmaximum, wenn der Abstand *L* zwischen den Spiegeln die Resonanzbedingung für ein Feld erfüllte, *das gar nicht vorhanden sein musste!* Wir begriffen recht schnell, was da geschehen war: Wir hatten unbeabsichtigt einen *Rydberg-Atom-Maser* geschaffen. Wie die Ammoniakmoleküle im Maser von Charles Townes strahlten auch unsere Rydberg-

Atome durch stimulierte Emission ein kohärentes Feld in den Hohlraum. Dieses Feld ließ sie allesamt in den unteren Zustand des Übergangs wechseln. Es handelte sich um einen gepulsten Maser, dessen Emission mit der Wiederholrate unseres anregenden Lasers übereinstimmte. Wir ermittelten nun den Schwellenwert dieses Masers, indem wir die durchschnittliche Anzahl der bei jedem Impuls erzeugten Rydberg-Atome schrittweise verringerten. Dazu mussten wir lediglich die Intensität des anregenden Lasers herunterschrauben.

Zu unserer großen Überraschung fanden wir heraus, dass die Schwelle dieses Masers extrem niedrig war: Der Effekt verschwand erst, als wir weniger als zwei- oder dreihundert Atome pro Impuls erzeugten. Bei Townes dagegen mussten sich Milliarden von Molekülen im Hohlraum befinden, um seinen Maser zum Schwingen zu bringen. Das Ergebnis war eine Offenbarung. Die extreme Empfindlichkeit der Rydberg-Atome gegenüber Mikrowellen ermöglichte es uns, ein System zu beobachten, das sich der Idealvorstellung annäherte, die ich zum Ende meiner Dissertation acht Jahre zuvor hatte: In unserem Hohlraum wechselwirkten einige Hundert Atome mit einigen Hundert Mikrowellenphotonen.

Wir hatten noch nicht die ultimative Situation mit einem Atom und einem Photon erreicht, aber wir kamen der Sache nahe. Bis dahin hatten wir der Qualität unseres Hohlraums wenig Aufmerksamkeit geschenkt. Jetzt aber begriffen wir, dass sich eine Situation erreichen ließ, in welcher der Maser nur ein Atom zum Betrieb benötigte – vorausgesetzt, wir könnten seinen Qualitätsfaktor Q erhöhen. (Der Faktor Q ist proportional zur Anzahl der Reflexionen, die ein Photon zwischen den Spiegeln erfährt, bevor es absorbiert wird).

Wir ersetzten daher den Kupferhohlraum durch zwei Spiegel aus Niob – einem Metall, das unterhalb von 9 Kelvin zum Supraleiter wird. Die theoretisch unendliche Leitfähigkeit dieser Spiegel sollte ihr Reflexionsvermögen und damit den Faktor Q des Hohlraums erheblich erhöhen.

Die neue Technologie erforderte die Umstellung auf einen sehr weit heruntergekühlten Versuchsaufbau. Hierzu wurde der Kern des Experiments auf die Temperatur von flüssigem Helium abgesenkt, wobei die Spiegel mit dem Heliumbehälter in thermischem Kontakt standen. Diese Kryotechnik hatte einen weiteren Vorteil: Da die Temperatur der Spiegel fiel, verringerte sich auch die Temperatur des Wärmefelds, das sie spontan abstrahlen. Bei $T = 4K$, so besagt es das Plancksche Gesetz, ist weniger als ein thermisches Photon der Frequenz 340 GHz in einem Hohlraum vorhanden. So konnten wir die Quanteneffekte der Wechselwirkung zwischen Atomen und Feld untersuchen, ohne dass uns das bei Raumtemperatur vorhandene Wärmerauschen behinderte.

Wir passten also unseren Versuchsaufbau den Tieftemperaturen an und konnten das Experiment 1983 wagen – und tatsächlich stellten wir fest, dass ein einzelnes Atom vom oberen zum unteren Niveau des Übergangs sprang, wenn der Niob-Hohlraum entsprechend angepasst war. Damit waren wir in den Bereich vorgestoßen, in dem ein Atom mit einem einzelnen Photon wechselwirkt und es zu einem nachweisbaren Signal kommt. Das war erhebend, aber es fehlten uns noch ein paar Größenordnungen zum vollständigen Glück. Das im Hohlraum emittierte Photon verschwand nämlich in dessen Wänden, bevor es wieder mit dem Atom in Wechselwirkung treten konnte. Die Lebensdauer des Photons betrug etwa 300 Nanosekunden, was einem Q-Faktor von $7 \cdot 10^5$ entspricht. Es fehlten noch ein oder zwei Größenordnungen, damit das Photon lange genug im Hohlraum blieb, um die Rabi-Oszillation im Vakuumfeld zu beobachten.

Wir wussten aber, was nun zu tun war: Wir mussten die Lebensdauer der Photonen im Hohlraum und auch die der Rydberg-Atome verlängern. Die Atome, die wir bis dahin durch die Anregung mit zwei Laserimpulsen erzeugt hatten, entsprachen stark elliptischen Bahnen mir schwachem Drehimpuls, in denen das Rydberg-Elektron mit einer Spanne von wenigen Hundert Nanosekunden relativ kurz überdauerte. Um auf längere Zeiten zu kommen, musste man schwach elliptische Rydberg-Atome mit einem starken Drehimpuls schaffen – idealerweise ein kreisförmiges Rydberg-Niveau mit dem maximalen Bahndrehimpuls $l = n - 1$. Zur parallelen Erhöhung der Lebensdauer von Photonen wie Atomen brauchte es einen neuen Versuchsaufbau, und wir mussten neue Technologien anwenden, die uns Schritt für Schritt zu den Experimenten führten, die ich im folgenden Kapitel beschreibe.

Wir waren nicht die Einzigen, die sich in den 1980er-Jahren für die Eigenschaften von Rydberg-Atomen in Hohlräumen interessierten. In den USA führte Daniel Kleppner – ein Physiker am MIT, mit dem ich seit unserer Begegnung bei der Tagung in Vail 1973 befreundet war – ein eindrucksvolles Experiment durch, mit dem er zeigte, dass die Lebensdauer eines Rydberg-Atoms verlängert werden konnte, wenn man es in einen Hohlraum einschloss, der keine Moden zuließ, in denen es spontan ein Photon emittieren konnte. Für seinen 1983 erfolgten Versuch nutzte Kleppner die oben erwähnten kreisförmigen Rydberg-Atome und wandte dabei das von mir ersonnene Verfahren zu ihrer Erzeugung an. Sein Experiment verhinderte also eine Emission und war damit das Gegenteil von dem, was wir mit unserem Rydberg-Maser und einem einzelnen Atom erreicht hatten. In unserem Fall erhöhte der Hohlraum die Wahrscheinlichkeit für eine spontane Emission des Atoms, beim MIT-Experiment war diese Emission durch den Hohlraum unterbunden worden.

Diese Veränderungen der Lebensdauer von Atomen durch das Vorhandensein eines Hohlraums waren 1946 in einer kurzen Notiz aus der Feder von Edward Purcell, dem Erfinder der Magnetresonanz, vorhergesagt worden. Purcell interessierte sich für die Veränderungen der spontanen Emission eines Spins, wenn dieser mit den Resonanzspulen gekoppelt wurde, die zur Induktion der Magnetresonanz von festen und flüssigen Stoffen dienten. Der Kontext unterschied sich von dem unserer Experimente mit Atomen im Hohlraum, der Effekt aber war ähnlich. Die »Umkleidung« eines Quantensystems durch Metallwände oder -drähte verändert die Vakuummoden der das Atom umgebenden Strahlung und verändert so die spontanen Strahlungseigenschaften dieses Systeme. Daniel Kleppner taufte diese neue Physik auf den Namen »Hohlraum-Quantenelektrodynamik« beziehungsweise die englische Kurzformel *cavity QED*.

Auch andere Physiker widmeten sich fortan dem Thema. In Deutschland führte Herbert Walther sehr schöne Experimente mit Rydberg-Atom-Masern durch, bei denen aufeinanderfolgende Atome das Feld eines supraleitenden Hohlraums nähren, in das sie nach und nach Photonen abgeben. Verschiedene Forschungsgruppen in den Vereinigten Staaten und in Europa übertrugen die Konzepte der Quantenelektrodynamik auf den Bereich der Optik, indem sie Mikrohohlräume entwickelten, in denen sichtbare Lichtphotonen auf superkleinem Volumen eingeschlossen sind und mit den Hohlraum durchquerenden Atomen im Grundzustand gekoppelt werden.

Lehre und Forschung auf beiden Seiten des Atlantiks

Ich denke mit Wehmut und Freude an die konzentrierte Arbeitsatmosphäre, an die Überraschungen und Entdeckungen im Labor von Kastler und Brossel zurück. Unsere kleine Forschungsgruppe aus drei Doktoranden und Philippe Goy, einem Kollegen aus der Festkörperphysik, der mir bei der Mikrowellen- und Kältetechnik half, teilte nicht nur die Begeisterung für die Physik der Atome und Photonen, die sich da vor unseren Augen auftat, sondern genauso viele andere Interessen – von der Musik über die Malerei bis zur Politik. Wir gingen humorvoll miteinander um und retteten uns damit über manche Widrigkeit des Alltags. Meine ersten Studenten Michel Gross und Claude Fabre halfen mir beim Aufbau des Labors. Die oben von mir skizzierten Forschungen waren Thema ihrer Doktorarbeiten und die beiden haben ihre wissenschaftliche Laufbahn am französischen Wissenschaftszentrum CNRS und an der Universität fortgesetzt. Mein nachfolgender Student war eine meiner großen Entdeckungen: Jean-Michel Raimond stieß 1978 als junger »Normalien« (Student der École normale supérieure) zu unserer Gruppe und hat sie seitdem nicht mehr verlassen. Er begann als mein Doktorand und wurde bald zum akademischen Kollegen. Sein tiefgehendes Verständnis der Physik, seine umfangreichen Kenntnisse in der Informatik, seine beeindruckende naturwissenschaftliche wie geisteswissenschaftliche Bildung, sein mitreißender Humor – all das hat zum besonderen Esprit unserer Gruppe beigetragen. Dieser war geprägt durch freundschaftliche Verbundenheit und die glückliche Überzeugung, dass wir am großen Abenteuer der laserunterstützten Erforschung der Quantenwelt teilnahmen.

Unsere Forschungen beschäftigten uns oftmals ganze Nächte, da wir Experimente durchführten, die eine lange Datensammlung erforderten. Das Leben eines Wissenschaftlers wird nicht durch feste Bürozeiten getaktet. Atome und Photonen offenbaren oftmals erst nach stundenlangen Vorbereitungen und Anpassungen der Versuchsanordnungen ihre Geheimnisse. Wenn es an der Zeit ist, endlich Daten zu ernten, ist nicht selten die Nacht angebrochen. In der besonderen Atmosphäre und Stille, die dann im Labor herrschen, entscheidet sich oftmals, was ein Experiment an Erkenntnis bringt. Also muss man doppelt aufmerksam bleiben, gegen die Müdigkeit ankämpfen und die Sinne wachhalten. Das Arbeiten im freundschaftlichen Miteinander ist auch dann ein entscheidender Vorteil.

Ein weiterer wichtiger Punkt war das Verfassen von wissenschaftlichen Beiträgen, mit denen wir die Ergebnisse unserer Arbeit vorstellen. Hier galt es, unsere Untersuchungen in die entsprechende Forschungsrichtung einzuordnen, zugleich aber ihre Originalität und ihre vielversprechende Fortsetzung hervorzuheben. Wenn ein Manuskript von den *Physical Review Letters*, der hoch angesehenen Zeitschrift der American Physical Society, akzeptiert wurde, sahen wir unsere Bemühungen gekrönt. Titel, Einleitung und Literaturliste eines Artikels – oft die einzigen Teile, die gelesen würden – mussten besondere Sorgfalt gewidmet werden. Es galt, mit wenigen Schlüsselbegriffen die Aufmerksamkeit der überall auf der Welt im selben Bereich forschenden Kollegen zu wecken. Die auf wenige Seiten beschränkte, konzise Darstellung durfte nicht auf Kosten der Genauigkeit gehen. Im Prinzip musste nach der Lektüre jeder in der Lage sein, das Experiment plus der entsprechenden Berechnungen durchzuführen. All diesen verschiedenen Anforderungen widmeten wir uns in Teamarbeit: Wir schrieben bestimmte Teile gemeinsam, wir kritisierten und ermutigten uns gegenseitig wohlmeinend und humorvoll, bis wir am Ende zu einem zufriedenstellenden Resultat gelangten.

Aber die Forschungsarbeit war nicht alles. War ich anfangs noch am CNRS tätig gewesen, so wurde ich 1975 mit dreißig Jahren als Professor an die Universität Pierre-et-Marie-Curie berufen. Meine Lehrtätigkeit konnte ich aufteilen zwischen den Pro- und Hauptseminaren an der Universität und der Anleitung von »Normaliens« und Doktoranden unter Jean Brossel, bei dem ich zehn Jahre zuvor studiert hatte. Ich war froh über den Wechsel vom CNRS an die Universität, denn ich hatte immer Freude an der Lehre. Durch die Bemühung, die komplizierten Konzepte der modernen Physik verständlich zu machen, habe ich selbst viel dazugelernt. Die pädagogischen Anforderungen der Lehre haben mir oft selbst zu einem tieferen Verständnis verholfen. Manches Mal bin ich so auf Ideen für Experimente gekommen, die mir wahrscheinlich nicht eingefallen wären, wenn ich mich ausschließlich als Forscher betätigt hätte. Wenn sie nicht überhandnimmt, ist die Lehrtätigkeit eine Chance, auf neue Gedanken zu kommen und den der Forschung innewohnenden Problemen eine Weile zu entfliehen, bevor man sie mit frischem und erholtem Geist wiederaufnimmt.

An der Wende von den 1980er- zu den 90er-Jahren wurde ich vor eine schwere Wahl gestellt. Sollte ich in Frankreich bleiben, in dem Labor, das mich ausgebildet hatte und mir alle erdenklichen Freiheiten zur Ausübung der mir am Herzen liegenden Forschung gewährt hatte? Oder sollte ich dem Ruf nach Amerika folgen, wo man mir eine Stelle an einer renommierten Universität anbot? Meine Forschungen zu Rydberg-Atomen hatten die Runde gemacht. Ich wurde zu internationalen Kongressen eingeladen, um dort Seminare oder Vorträge zu halten. Ich hatte das Profil eines dieser vielversprechenden jungen Forscher, um die sich Harvard, das MIT oder auch Stanford reißen, weil sie hoffen, die Exzellenz ihrer Forschungsabteilungen noch weiter zu steigern.

Das Angebot war verlockend. Die ehrgeizige und zugleich entspannte Atmosphäre während meines Postdocstudiums in Kalifornien hatte mir durchaus gefallen und die Vorstellung, dort wieder einzutauchen und dieses Mal auch noch für eine eigene Forschungsgruppe zuständig zu sein, kam mir sehr entgegen. Außerdem imponierte mir die große Mobilität der amerikanischen Forscher, die durch den intensiven Wettbewerb zwischen den Universitäten dieses riesigen Landes angetrieben wurden, in Bewegung zu bleiben und die verschiedensten, immer neuen Erfahrungen zu machen. Mir war bewusst, dass dies eine Bereicherung und Erweiterung des wissenschaftlichen Blickwinkels mit sich bringen musste, während die Anbindung an die École normale supérieure zu einer gewissen Enge im Denken und einer Einschränkung der Forschungsmöglichkeiten führen könnte. Zugleich ahnte ich, dass es schwierig sein würde, auf der anderen Seite des Atlantiks denselben Geist wiederzufinden, der in meiner Pariser Forschungsgruppe herrschte. In den USA zu forschen, das hieß damals schon, sich nicht nur als Wissenschaftler, sondern auch als geschickter Unternehmer hervorzutun, der Gelder gewinnen und seine Interessen gegenüber jenen seiner Kollegen und seiner jeweiligen Institution geltend machen kann. Diese Strukturen unterschieden sich stark von dem, was ich gewohnt war, da ich doch unter der schützenden Hand eines besonders aufgeschlossenen Laborleiters in Person von Jean Brossel arbeiten durfte.

Um mich nicht endgültig zwischen Frankreich und den USA entscheiden zu müssen, schlug ich der Yale University vor, mir eine halbe Stelle zu geben, sodass ich dort jeweils für ein Semester des Jahres lehren und forschen würde. Das andere Semester würde ich in Paris verbringen, meine Lehrtätigkeit fortsetzen und vor allem meiner Forschungsgruppe treu bleiben, mit der ich so viel erreicht hatte: Wir wollten unbedingt den Traum weiterverfolgen, eines Tages isolierte Quantenteilchen handhaben zu können. Die von 1983 bis 1992 in Yale verbrachten Semester möchte ich nicht missen: Durch sie genoss ich das Leben eines amerikanischen Professors in der besonderen Atmosphäre einer Eliteuniversität an der Ostküste. Zunächst einmal sind die Professoren der verschiedenen Fachbereiche in den Natur- und Geisteswissenschaften dort enger miteinander bekannt als in Frankreich. Die akademische Abschlussfeier, die von den Amerikanern komischerweise »Commencement

Day« genannt wird; die verschiedenen feierlichen Anlässe, zu denen Lehrende und Studierende in Roben erschienen; die wöchentlichen Zusammenkünfte der Fachbereiche, bei denen man beratschlagte, welche Professoren man an Bord holen sollte; die Empfänge im Club der Universität, bei denen Präsident und Dekane ihre zeitweiligen Kollegen in zugleich formeller und entspannter Atmosphäre begrüßten – alle diese Ereignisse und Begegnungen ließen mich Traditionen miterleben, die aus der akademischen Welt Frankreichs mehr oder minder verschwunden waren.

Was das Fachliche angeht, so gefiel mir in Yale der Umgang mit Studenten, die sich sehr von meinen »Normaliens« unterschieden. Diese aus aller Welt stammenden jungen Menschen waren nach ganz unterschiedlichen Kriterien ausgewählt worden und bildeten eine weniger homogene Gruppe als die Lernenden an der École normale supérieure. Sie verfügten allgemein über weniger Kenntnisse in der Mathematik und beherrschten die Grundlagen der Physik weniger gut als meine Pariser Studenten. Doch das amerikanische Bildungssystem ermutigte sie umso mehr, sich zu äußern, Fragen zu stellen und sich für eventuelle Wissenslücken nicht zu schämen. Und tatsächlich schüchterten ihre unzureichenden Kenntnisse sie keineswegs ein, die Kurse liefen meist nur umso lebhafter ab. Zudem konnte ich in Yale interessanten Forschungen nachgehen, und zwar mit meinen Kollegen Edward Hinds und Dieter Meschede, die wie ich aus Europa kamen. Unsere Arbeiten stelle ich hier nicht vor, da sie in keinem Zusammenhang mit den Forschungen stehen, die später mit dem Nobelpreis ausgezeichnet werden sollten.

Obgleich mein Doppelstatus diesseits und jenseits des Atlantiks durchaus seine Reize hatte, stellte sich nach einigen Jahren heraus, dass ich nicht länger in einer solchen »kohärenten Überlagerung« zwischen zwei weit entfernten »Zuständen« verbleiben könnte. Auch für die Familie gestaltete sich die Situation immer schwieriger. Claudine forschte als Gesellschaftswissenschaftlerin ebenfalls am CNRS und konnte mich problemlos nach Yale begleiten, wo sie ihre Arbeit in der dortigen, ganz hervorragenden Universitätsbibliothek fortsetzte. Unsere damals jugendlichen Kinder Julien und Judith aber brauchten Stabilität und konnten nicht ständig mit mir hin und her reisen. Sie verbrachten das Schuljahr in Paris, was die Familie vor einige logistische Schwierigkeiten stellte. 1992 beschloss ich dann, wieder in Vollzeit in Paris zu arbeiten. Unsere Forschungen zu Atomen und Photonen nahmen gerade eine vielversprechende Wendung. Jean-Michel Raimond hatte während meiner Abwesenheit einen außergewöhnlich talentierten jungen Studenten engagiert: Michel Brune sollte unser Team für das bald folgende Abenteuer vervollständigen.

Ein revolutionäres Verfahren: die Laserkühlung

Die begeisterte Stimmung, in der wir uns damals befanden, wurde durch eine Flut von Entdeckungen und Erfindungen im Zusammenhang mit dem Laser angeheizt. Die 1970er-Jahre waren das Jahrzehnt der rasanten Fortschritte in der Laserspektroskopie. In der Folgezeit erwies sich der Laser zudem als ideales Instrument zur Kontrolle der Bewegung von Atomen: Auf einmal konnte man Teilchen anhalten, einfangen und einzeln untersuchen. Atome lassen sich in ihrer Bewegung nahezu stoppen, indem man ihre kinetische Energie durch eine starke Temperatursenkung (nahezu) aufhebt. Das Verfahren wurde bald unter dem Begriff Laserkühlung (*laser cooling*) bekannt. Bei unseren Experimenten ging es ja vor allem um die Kontrolle und Manipulation von Lichtteilchen, den Photonen. Wenn wir also auch nicht direkt beteiligt waren, so verfolgten wir doch aufmerksam die Fortschritte unserer Kollegen beim Kühlen und Fangen von Atomen und Ionen. Die beiden Forschungsfelder haben viele Gemeinsamkeiten, und wie in der Grundlagenforschung oft der Fall, kommen die Entwicklungen des einen Bereichs dem anderen zugute. Die entsprechenden Forschungen auf dem Gebiet der Laserkühlung fanden auf beiden Seiten des Atlantiks statt, und durch meine häufigen Besuche in den Vereinigten Staaten konnte ich das Fortschreiten der Experimente und den intensiven Wettbewerb zwischen amerikanischen und europäischen Forschern aus der Nähe verfolgen.

Das Abkühlen und Einfangen von Atomen bis hin zum Erstarren ihrer Bewegung (soweit die Quantenphysik dies zulässt) wurde schnell zum ultimativen Ziel der Spektroskopie. Jetzt konnte man den Feind der Metrologie in Gestalt des Dopplereffekts endgültig loswerden. Zwar ermöglichten die nichtlinearen Methoden der Optik aus den 1970er-Jahren eine gewisse Unterdrückung dieses Störeffekts, doch hierzu mussten die Atome starken Lichtfeldern ausgesetzt werden, was wiederum zu Störungen der Energieniveaus führte, da die Spektralstreifen um so große Werte verschoben und vergrößert wurden, dass es der Korrektur bedurfte. Zudem setzte man bei diesen Experimenten

Proben mit einer großen Teilchenzahl ein, wodurch es zu Kollisionen kam, die wiederum auf andere Weise für eine Verbreiterung und Verschiebung der Atomübergänge sorgten. Es stellte sich schnell heraus, dass sich diese Unannehmlichkeiten am besten vermeiden ließen, wenn man die Atome anhalten und möglichst isolieren und auf Abstand halten könnte. Genau das konnten Laser leisten. Anfangs sollte so die Präzision der Spektroskopie weiter erhöht werden. Doch dann schoss die Entwicklung gar über dieses von Metrologen ersehnte Ziel hinaus und zog weitere fundamentale und vollkommen unerwartete Entdeckungen mit sich.

Das Verfahren der Laserkühlung beruht auf dem Strahlungsdruck, den Licht auf Materie ausübt. Weiter oben haben wir gesehen, wie ein Atom durch die Absorption eines Photons den Drehimpuls des Lichtteilchens mindert. Bewegt sich das Atom auf die Laserquelle zu, so verringert sich seine Geschwindigkeit. Nachdem das Atom das Photon absorbiert hat, fällt es durch spontane Emission in den Grundzustand zurück. Da die Emission in eine zufällige Richtung erfolgt, ist der Impuls, den das Atom während dieses Rückfallprozesses empfängt, im Mittel gleich null, denn die Wahrscheinlichkeiten der spontanen Emission in zwei entgegengesetzte Richtungen sind gleich. Unter dem Einfluss des intensiven Lichts eines resonanten Laserstrahls, der entgegengesetzt zu ihrer Geschwindigkeit ausgerichtet ist, durchlaufen die Atome in einem Strahl mehrfach pro Sekunde Absorptions- und Emissionszyklen und büßen dabei einen kleinen Teil ihrer Geschwindigkeit ein.

Damit das Verfahren auch wirklich greift und die Atome quasi zum Stillstand gebracht werden, müssen sie in Resonanz mit dem Laserlicht gehalten werden, um so die Schwankungen des Dopplereffekts zu kompensieren. Der Dopplereffekt bewirkt, dass die Atome Licht mit einer höheren Frequenz »sehen«, als sie der Laser im Bezugssystem des Labors hat. Diese scheinbare Frequenz nimmt jedoch mit der Verlangsamung der Atome ab. Um zu verhindern, dass der Laser aus der Resonanz tritt und die Wirksamkeit der Strahlungsbremse nachlässt, kann man eine Eigenschaft des atomaren Magnetismus nutzen. Wie wir in Kapitel I erfahren haben, verhalten sich Atome wie kleine Magnete, und ihre Energien werden um einen Wert verschoben, der proportional zur Amplitude des Magnetfelds ist, dem die Atome ausgesetzt sind. Man spricht hier vom Zeeman-Effekt, nach dem niederländischen Physiker und ehemaligen Doktoranden von Lorentz, der Ende des 19. Jahrhunderts den Einfluss eines Magnetfelds auf Atomspektren untersuchte.

Der Zeeman-Effekt kann zur Laserkühlung beitragen, wenn man den Atomstrahl durch eine Zylinderspule leitet, die ein inhomogenes, entlang des Strahls ausgerichtetes Magnetfeld erzeugt. Die Anzahl der Drahtwindungen pro Zentimeter nimmt entlang der Spulenachse ab, sodass die verlangsamten Atome einem abnehmenden Magnetfeld ausgesetzt sind. Der Zeeman-Effekt kompensiert dann genau die Abweichung durch den Dopplereffekt und hält die Atome auf ihrem gesamten Weg in Resonanz mit dem Licht.

Die raffinierte Apparatur, ein sogenannter *Zeeman-Slower*, wurde von William Phillips erfunden, einem ehemaligen Studenten von Daniel Kleppner am außerhalb Washingtons gelegenen National Institute of Standards and Technology (NIST). 1983 gelang es Phillips, die durch einen gelben Farbstofflaser angeregten Atome eines Natriumstrahls anzuhalten. Er war der Erste, der am Ausgang der Zylinderspule eine kleine fluoreszierende Wolke aus fast unbeweglichen Atomen mit bloßem Auge beobachtete und fotografierte.

Zwei Jahre später war es ein weiterer Amerikaner, nämlich Steven Chu von den Bell Laboratories in New Jersey, der die von Phillips aufgezeigte eindimensionale Abkühlung auf alle drei Dimensionen des Raums ausweitete. Hierzu wurde ein Natrium-Atomstrahl, der zunächst mit einem gegenläufigen Laser und einem *Zeeman-Slower* vorgekühlt wurde, mit drei Laserstrahlpaaren bestrahlt, die sich in beiden Richtungen entlang dreier orthogonaler Achsen ausbreiteten. Im Schnittpunkt dieser Achsen wurden die Atome auf diese Weise einem sie verlangsamenden Licht ausgesetzt, das sich ihrer Geschwindigkeit in drei Richtungen entgegensetzte. Zugleich aber kamen sie mit Photonen in Berührung, die sie in ihre Ausbreitungsrichtung schubsten und damit beschleunigten. Um den Effekt der Verlangsamung stärker hervortreten zu lassen als den der Beschleunigung, verrückte Chu die Frequenz der sechs Laserstrahlen leicht ins Rote. Der Dopplereffekt sorgte nun dafür, dass die Atome das sich entgegengesetzt zu ihrer Geschwindigkeit ausbreitende Licht in größerer Resonanznähe sahen als das Licht, das in dieselbe Richtung wie sie wanderte. Sie wurden daher stärker gebremst als beschleunigt und schließlich innerhalb eines Sekundenbruchteils in allen drei Richtungen auf eine sehr geringe Geschwindigkeit verlangsamt.

Die Idee, den Dopplereffekt auf diese Weise zur Verlangsamung von Atomen in einer Anordnung mit sechs Laserstrahlen zu nutzen, war bereits 1975 von Hänsch und Schawlow vorgeschlagen worden. Doch die Durchführung des Experiments musste noch gut zehn Jahre warten, bis sich die Lasertechno-

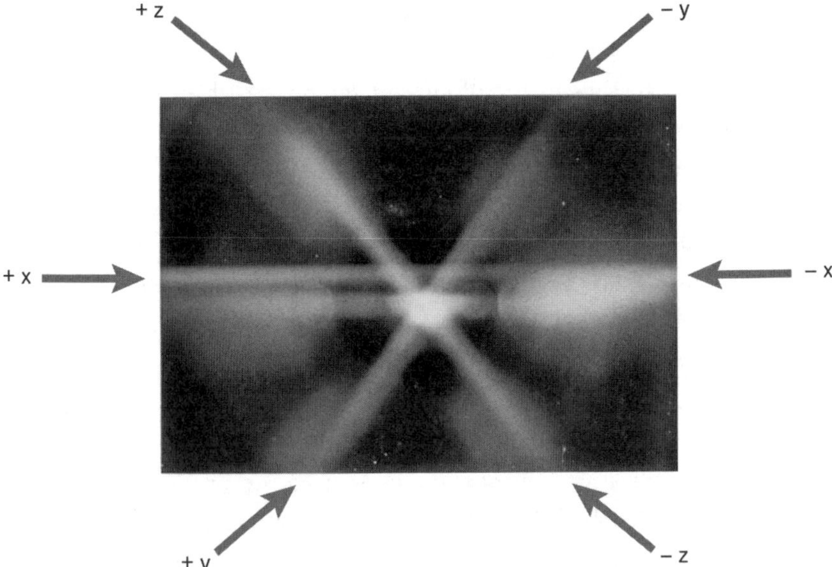

Abb. VI.8. Optische Melasse von Natriumatomen, fotografiert im Labor von William Phillips am NIST. Die sich entlang dreier orthogonaler Achsen hin und her bewegenden sechs Laserstrahlen werden dadurch sichtbar, dass das Licht von den schnellen Atomen gestreut wird, auf die sie unterwegs treffen. Am Schnittpunkt der Strahlen verrät ein intensiverer Streufleck die Anwesenheit von etwa einer Milliarde kalten Atomen, die mit einer Geschwindigkeit von einigen Zehn Zentimetern pro Sekunde einer willkürlichen Brownschen Bewegung folgen. Der horizontale Lichtstrahl erscheint doppelt. Über den horizontalen Lasern der Melasse sieht man den Laser, der den Strom der Natriumatome vorgekühlt hat.

logie so verfeinert hatte, dass Steven Chu sie derart geschickt für seine Versuche einsetzen konnte. Die Atome in dem gekühlten Gas bewegten sich unter Einwirkung der Lichtstrahlung langsam durch den Schnittpunkt der sechs Laserstrahlen und erfuhren dabei eine Kraft, die proportional zu ihrer Geschwindigkeit und dieser entgegengesetzt war. Diese Kraft ist vergleichbar mit der Viskosität, die der Bewegung einer in einen Honigtopf fallenden Murmel entgegenwirkt – daher der Name »optische Melasse« für den Versuchsaufbau. Die Endgeschwindigkeit der Atome schien durch den zufälligen Rückstoßeffekt der von den Atomen beim Zurückfallen in den Grundzustand ausgesandten Fluoreszenzphotonen begrenzt zu sein. Die Theorie rechnete mit einer Grenztemperatur des gekühlten Gases von einigen Hundert Mikrokelvin, was einer durchschnittlichen Geschwindigkeit der Atome von einigen Metern pro Sekunde entsprechen würde.

Als er Chus Experiment aufgriff, machte Phillips es sich zur Aufgabe, diese Temperatur experimentell zu messen. Dazu unterbrach er abrupt die Laserstrahlen einer optischen Melasse, überließ die Atome für einige Millisekunden der Dunkelheit und schaltete dann das Licht wieder ein, um die Endposition der Atome anhand der von ihnen ausgesandten Fluoreszenz zu ermitteln. Aus dieser Messung konnte er die Verteilung ihrer Anfangsgeschwindigkeiten in der Melasse ableiten und die Temperatur des Gases bestimmen. Zu seiner großen Überraschung stellte er fest, dass diese Temperatur in der Größenordnung von einigen Mikrokelvin lag, also hundertmal niedriger als erwartet.

Es war Claude Cohen-Tannoudji, der in Zusammenarbeit mit seinem damaligen Studenten Jean Dalibard die überzeugendste Erklärung für diesen überraschenden Befund lieferte. Rubidiumatome besitzen in ihrem Grundzustand eine Struktur, und das zur Abkühlung eingesetzte Laserlicht wechselwirkt unterschiedlich mit den Atomen – je nachdem, ob sie in die eine oder andere Unterform des Grundzustands zurückfallen. Der Impulsaustausch zwischen Atomen und Licht wird also auf raffinierte Weise mit einem optischen Pumpeffekt kombiniert, der die Atome dazu bringt, in das Unterniveau zurückzufallen, in dem sie maximal verlangsamt werden.

Claude und Jean tauften diesen Mechanismus »Sisyphus-Kühlung«, da doch die Atome immer wieder in den Zustand zurückfielen, in dem sie kinetische Energie verloren, ganz so wie der Held der griechischen Mythologie, der immer wieder von Neuem seinen Felsblock einen Hügel hinaufstemmen muss. Chu, Phillips und Claude machten also in den 1980er-Jahren jene Entdeckungen, für die sie 1997 mit einem gemeinsamen Nobelpreis für Physik geehrt werden sollten. Ich war ein privilegierter Beobachter dieser Forschungen, die sich einerseits in Paris in meinem Nachbarlabor abspielten, und andererseits in Forschungseinrichtungen an der Ostküste der USA, die ich während meiner Aufenthalte in Yale besuchen konnte.

Ich nahm während dieser Zeit erneut Kontakt mit Steven Chu auf, den ich in den 1970er-Jahren in Kalifornien kennengelernt hatte, wo er in Berkeley, ein paar Dutzend Kilometer von Standford entfernt, als Doktorand tätig gewesen war. Wir sind Freunde geworden und ich habe seine spätere Karriere, die ihn zur Biologie und sogar in die Politik geführt hat, mit Bewunderung verfolgt. In der ersten Amtszeit von Präsident Obama in den Jahren 2008 bis

2012 war er Energieminister der Vereinigten Staaten und hat sich intensiv mit den Problemen beschäftigt, die sich in wissenschaftlicher wie in politischer Hinsicht durch die Klimaerwärmung und die erforderliche Nutzung sauberer und erneuerbarer Energien ergeben.

Die Verschiebung der Energieniveaus eines Atoms, das nichtresonantem Licht ausgesetzt ist, sollte in der Forschung zur Laserkühlung eine wichtige Rolle spielen. Wie bereits geschildert, hatte Claude den Effekt im Rahmen seiner Doktorarbeit entdeckt. Während die Lichtverschiebungen bei herkömmlichen Lampen mit geringer Lichtintensität äußerst gering waren und als Kuriosum durchgingen, gewannen sie beim Laserlicht große Bedeutung. Die Überlagerung von Laserstrahlen geeigneter Richtung und Polarisation erzeugt durch Interferenz optische Feldkonfigurationen mit periodischen Strukturen, bei denen sich Maxima und Minima der Lichtintensität abwechseln. Die Energien der diesem Licht ausgesetzten Atome zeigen eine räumliche Abhängigkeit – ähnlich einer Kugel, die über eine Oberfläche mit Vertiefungen und Unebenheiten rollt und daher eine räumliche Veränderung ihrer potentiellen Gravitationsenergie erfährt.

Ist die kinetische Energie der Kugel zu gering, um sie von einer Vertiefung in die nächste zu befördern, so bleibt sie darin gefangen. In ähnlicher Weise können lasergekühlte Atome in dem Netz optischer Potentiale steckenbleiben, das durch Konfigurationen von interferierenden, nichtresonanten Laserstrahlen entsteht. Durch das Einleiten eines abgekühlten Atomgases in diese optischen Strukturen lassen sich Anordnungen gefangener Atome herstellen. Die Erforschung dieser Atomnetze entwickelt sich seit Beginn der 1990er-Jahre, wodurch das Spektrum der experimentellen Möglichkeiten erheblich erweitert wurde.

Bei einer Temperatur von 1 Mikrokelvin bewegen sich die Atome mit Geschwindigkeiten von einigen Zentimetern pro Sekunde. Um zu verhindern, dass sie in das Schwerefeld der Erde fallen, müssen sie einer Kraft ausgesetzt werden, die der Schwerkraft entgegenwirkt. Jean Dalibard erfand hierzu ein raffiniertes Hilfsmittel, das die Wirkungen des Strahlungsdrucks mit denen eines räumlich variierenden Magnetfelds kombiniert. Seine magnetooptische Falle (MOT, *magneto-optical trap*) wird seit den 1980er-Jahren in zahlreichen Labors eingesetzt. Auch andere rein magnetische Atomfallen, durch deren Einsatz die Teilchen im Dunkeln bleiben und keine Lichtstörung erfahren, wurden seitdem erfunden. In diesen Fallen, einer Art »magnetischer Flasche«

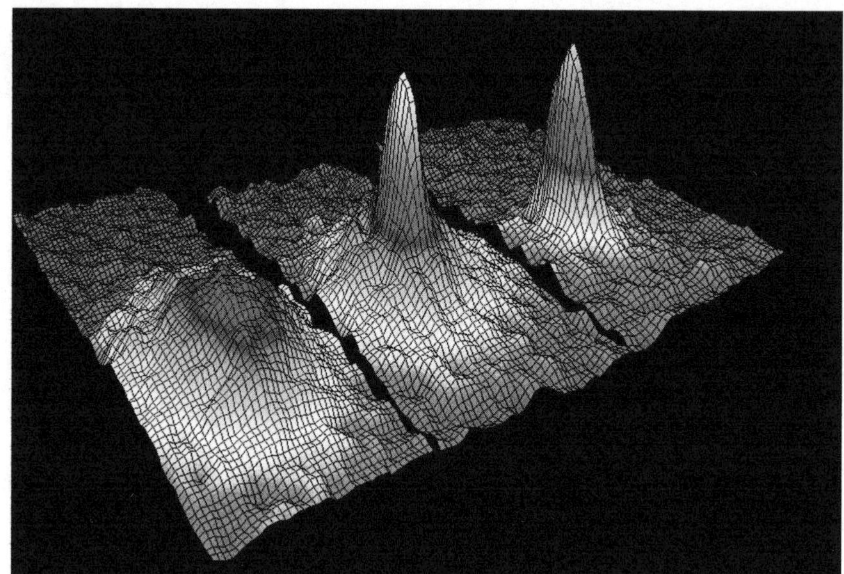

Abb. VI.9. Erstes Bild eines Bose-Einstein-Kondensats (Titelseite der Zeitschrift *Science* aus dem Sommer 1995). Ein in einer magnetischen Flasche eingeschlossenes Gas aus ultrakalten Rubidiumatomen wird durch Verdampfung weiter abgekühlt. Um die Verteilung der Atome in den verschiedenen Stadien der Abkühlung zu messen, wird die Falle abrupt entfernt, und nach einer Verzögerung kann anhand der Absorption einer Lasersonde die Position der Atome in der sich ausdehnenden Wolke ermittelt werden. So erhält man die Verteilung der Atomgeschwindigkeiten zum Zeitpunkt der abgeschalteten Falle. Diese Verteilung ist hier für drei von links nach rechts abnehmende Temperaturen in einem 3-D-Falschfarbenbild dargestellt, wobei die atomare Dichte in der senkrechten Ebene aufgetragen ist. Auf der linken Seite ist die relativ breite thermische Verteilung der Atome oberhalb der kritischen Kondensationstemperatur zu sehen. Ist die kritische Temperatur erreicht (mittleres Bild), so erscheint eine schmale Spitze der Geschwindigkeit null in der Mitte eines breiteren Sockels nicht kondensierter Atome. Bei niedrigeren Temperaturen (rechtes Bild) verschwindet dieser Sockel, und die meisten Atome fallen in die kondensierte Phase.

mit immateriellen Wänden, übt die Anordnung der Felder eine magnetische Kraft auf den Spin der Atome aus, sodass diese auf einen kleinen Bereich des Raums eingegrenzt werden.

Carl Wieman und Eric Cornell, zwei Forscher des JILA-Labors in Boulder – wo John Hall 1972 die Lichtgeschwindigkeit gemessen hatte – machten sich Ende der 1980er-Jahre daran, ein in einer solchen magnetischen Flasche gefangenes, bereits stark abgekühltes Bosonengas noch weiter abzukühlen. Ziel war es, die Schwellentemperatur der Bose-Einstein-Kondensation zu erreichen, bei der sich Atome mit Geschwindigkeiten in der Größenordnung von einem Millimeter pro Sekunde bewegen, was De-Broglie-Wellenlängen in der Größenordnung von einem Mikrometer entspricht. Nach Einsteins siebzig Jahre zuvor getroffenen Vorhersage (siehe Kapitel IV), sollten sich die Bosonen dann alle im Grundzustand der Falle sammeln, der durch eine einzige Wellenfunktion für alle Atome beschrieben wird.

Eine Temperatur in der Größenordnung von einem hundertstel Nanokelvin ließ sich mit dem Verfahren der Laserkühlung nicht erreichen. Wieman und Cornell setzten daher die Methode der *Verdunstungskühlung* ein. Durch eine schrittweise Absenkung der die Atome einhegenden magnetischen Barriere wird hier den wärmsten Atomen mit der höchsten kinetischen Energie ein Entkommen ermöglicht. Die verbleibenden Atome stellen daraufhin über gegenseitige Kollisionen ein niedrigeres Temperaturgleichgewicht her. Der Prozess ähnelt unserm intuitiven Vorgehen, wenn wir ein heißes Getränk vor uns haben: Durch Pusten beschleunigen wir das Verdampfen der schnellsten, nahe der Oberfläche befindlichen Moleküle. Die mittlere kinetische Energie der in der Flüssigkeit verbleibenden Moleküle wird durch den Wärmeaustausch abgeschwächt und sie kühlen sich ab.

Wieman und Cornell benötigten mehrere Jahre, bis es ihnen 1995 schließlich gelang, die Schwelle für eine Bose-Einstein-Kondensation von Rubidiumgas zu erreichen, wodurch sie einen neuen Aggregatzustand mit faszinierenden Eigenschaften schufen. Einige Monate später gelang es dem am MIT tätigen deutschen Physiker Wolfgang Ketterle, ein Gas aus Natriumatomen zu kondensieren. 2001 teilten sich Wieman, Cornell und Ketterle für diese Entdeckung den Physik-Nobelpreis.

Ionenfallen und Quantensprünge

Um diesen Überblick über die Forschung zur Atomkühlung in den 1980er-Jahren zu vervollständigen, muss ich auch auf die Physik der gefangenen Ionen und Elektronen eingehen. Ein Ion ist ein Atom, dem durch Photoionisation oder durch Kollision mit anderen Teilchen ein Elektron entzogen wurde. Es trägt also eine positive Elementarladung, und in einem elektrischen Feld erfährt es eine Kraft. Verschiedene Konfigurationen von statischen oder oszillierenden Feldern, die durch Elektroden und Stromschleifen erzeugt werden, können Ionen in einer Gleichgewichtsposition halten, indem sie auf ihre Ladung und ihr magnetisches Moment einwirken. Die Kräfte, die eine Elementarladung dabei erfährt, sind viel stärker als der Strahlungsdruck, der auf die neutralen Atome wirkt. Ionenfallen sind daher viel tiefer und stabiler als die oben beschriebenen optischen Fallen. Sie sind in der Lage, Teilchen zurückzuhalten, deren Temperaturen in der Größenordnung von einem Kelvin oder mehr liegen und damit tausendfach höher sind als jene der in den Lichtfallen gefangenen Atome. Das gleiche Verfahren wird bei Elektronen und Positronen angewandt, die weniger massiv sind als Ionen, doch ebenfalls eine Elementarladung besitzen, auf die die Feldkonfigurationen eine Rückstellkraft ausüben.

Die Bewegung der gefangenen Teilchen ruft oszillierende Ströme im Metall der Elektroden oder Drähte hervor, aus denen die Falle aufgebaut ist. Der Nachweis dieser Ströme ermöglichte es seit den 1950er-Jahren, die Dynamik der Teilchen zu untersuchen. Pionier auf diesem Gebiet war der deutsche Physiker Wolfgang Paul, der in den 1960er- und 70er-Jahren extrem ausgeklügelte Experimente an einzelnen Elektronen oder Positronen durchführte. In einer Versuchsreihe, die eine wahre technische Meisterleistung darstellte, gelang es Hans Dehmelt, einem weiteren deutschen Physiker, der nach Seattle in den Vereinigten Staaten ausgewandert war, zuerst ein einzelnes Elektron und dann auch ein einzelnes Positron einzufangen und mehrere Monate lang in seiner Apparatur zu halten.

Unter Ausnutzung der elektrischen Signale, welche die Teilchen in den Wänden der Falle hervorriefen, ließen sich ihre magnetischen Momente mit erstaunlicher Präzision bestimmen. Es handelte sich hier um die erste Untersuchung von Quantenteilchen, die man aus ihrer Umgebung isoliert hatte. Nun waren die idealen Bedingungen für die Gedankenexperimente der 1920er-Jahre geschaffen und die Theorie der Quantenelektrodynamik ließ sich präzise überprüfen: Wie sich herausstellte, stimmten die Ergebnisse von Theorie und tatsächlichem Experiment bis auf die neunte signifikante Stelle überein.

Als der Laser in der Atomphysik zum Einsatz kam, erkannte Dehmelt schnell, wie sich dieser zur Beobachtung und Manipulation von gefangenen Ionen einsetzen ließe. Mit seinem deutschen Kollegen Peter Toschek führte er 1978 das erste spektakuläre Experiment zum optischen Nachweis eines iso-

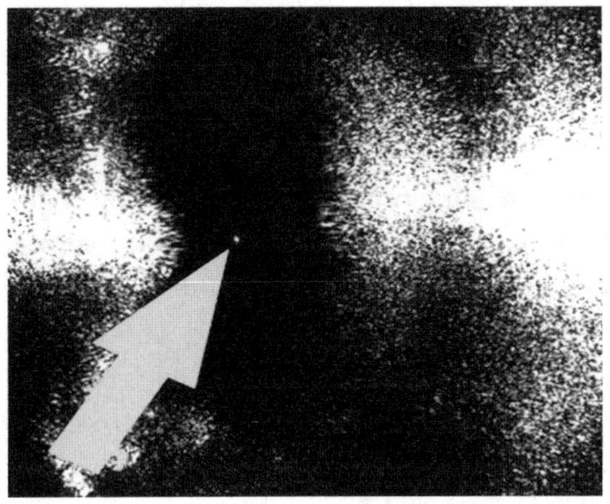
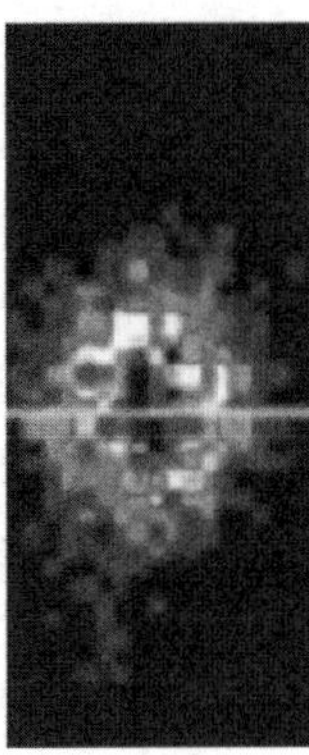

Abb. VI.10. Erstmalige Beobachtung eines einzelnen Atoms: Ein Bariumion, das durch sein Fluoreszenzlicht nachgewiesen wird. Das analoge Foto auf Kodak-Film haben Dehmelt und Toschek 1978 mit einer Belichtungszeit von 10 Minuten aufgenommen. Das parasitäre Streulicht der Fallenelektroden hat den kleinen, durch den Pfeil angezeigten hellen Fleck nicht ganz verdunkelt. Daneben ist das digitale Bild eines einzelnen Magnesiumions zu sehen, wie es heute in modernen Ionenfallenexperimenten routinemäßig im Bruchteil einer Sekunde aufgenommen wird.

lierten Ions durch. Indem sie eine kleine Bariumionenwolke mit einem Laser bestrahlten, dessen Resonanz einem Übergang entsprach, der den Grundzustand der Ionen mit einem angeregten Zustand koppelte, konnten die beiden Forscher das Fluoreszenzlicht der Atomprobe mithilfe eines Mikroskops beobachten.

Die vom intensiven Laserlicht ständig neu angeregten Ionen schossen Millionen Photonen pro Sekunde auf das Objektiv des Mikroskops. Durch die Abschwächung der elektrischen Entladung, welche die einzufangenden Ionen erzeugte, konnten sie die Füllrate der Falle verringern, bis nur noch ein einziges Ion übrig blieb, das wie ein kleiner, schwach strahlender Stern in der Mitte der Falle fluoreszierte. Die von Dehmelt und Toschek aufgenommenen Fotos waren die ersten, die ein isoliertes, im Vakuum schwebendes Atom zeigten – ein Quantenteilchen also, das beobachtet werden konnte, ohne es durch Lichteinfluss zu zerstören. Schrödingers Vorhersage, dass derartige Experimente lächerliche Konsequenzen mit sich brächten, war damit spektakulär widerlegt.

Sehr bald wurden Laser nicht nur zur Beobachtung, sondern auch zur Manipulation gefangener Ionen eingesetzt. Mit David Wineland, der in seinem Labor ein Postdocpraktikum absolvierte, nachdem er in Harvard seine Doktorarbeit abgeschlossen hatte, ersann Dehmelt 1975 eine Methode zur Laserkühlung von Ionen, die analog zu dem Verfahren war, das Hänsch und Schawlow im selben Jahr für neutrale Atome vorgestellt hatten. Indem man die schwingenden Ionen in der Falle mit einem Laserstrahl beleuchtete, der so abgestimmt war, dass er leicht unter einer ihrer Resonanzfrequenzen lag, sollten sie dazu gebracht werden, bevorzugt Photonen zu absorbieren, die sich entgegengesetzt zu ihrer Bewegung ausbreiten, wodurch sie Schwingungsenergie verloren. Die Bewegung eines Ions in seiner Falle kann in erster Näherung als die eines kleinen, um seine Gleichgewichtsposition schwingenden Oszillators beschrieben werden. Die Energieniveaus dieses Oszillators sind quantisiert, genauso wie die Niveaus einer elektromagnetischen Feldmode. Die Energieskala der Schwingungsquanten besteht aus äquidistanten Balken, wie bei Photonen in einem Hohlraum. Das niedrigste dieser Niveaus ist der Grundzustand der Schwingung in der Falle.

Das im Grundzustand gefangene Teilchen ist dann so unbeweglich wie die Quantenphysik es zulässt. Seine Position und sein Restimpuls weisen Fluktuationen auf, die der Heisenbergschen Unschärferelation gehorchen. Durch die Anwendung der Laserkühlung bei gefangenen Ionen gelang es Wineland (der nach seinem Praktikum in Seattle nach Boulder gegangen war), ein einzelnes Ion auf den Grundzustand der Schwingung abzukühlen. Als er das Ion anschließend mit einem Laser beleuchtete, dessen Frequenz der des Ionenübergangs *plus* der eines Schwingungsquants entsprach, konnte er verschiedene angeregte Schwingungszustände sowie Überlagerungen verschiedener Schwingungszustände herstellen und so die mit der Bewegung eines gefangenen Teilchens verbundenen Freiheitsgrade immer präziser manipulieren.

Ich interessierte mich sehr für diese Experimente und konnte mich während der 1980er-Jahre auf mehreren Kongressen mit David Wineland austauschen. Aus dem Kollegen wurde schnell ein Freund. Sein in der Falle schwingendes Ion zeigte große Ähnlichkeiten mit dem Rydberg-Atom, das in unserem Hohlraum mit Mikrowellenphotonen wechselwirkte. In beiden Fällen wurde der Zustand des Systems über zwei Quantenparameter beschrieben: Zum einen über den internen elektronischen Zustand des Atoms oder Ions (den man in der Mehrzahl der Experimente auf die Zustände *e* für »excited« und *g* für »ground« reduzieren kann), und zum anderen über den Anregungszustand des mit dem Atom gekoppelten Oszillators (bei den Rydberg-Atomen im Hohlraum entspricht dieser Zustand der Anzahl der Photonen, bei dem in der Falle oszillierenden Ion der Anzahl der Schwingungsquanten).

Betrachten wir ein Ion, das aus dem Schwingungsgrundzustand in den elektronischen Zustand *g* gebracht wird. Dieses lassen wir nun mit einem Laser wechselwirken, der auf die Übergangsfrequenz des Ions zwischen den beiden elektronischen Niveaus *g* und *e* abgestimmt ist, die noch um die Frequenz eines Schwingungsquants *erhöht* wird. Die Energieerhaltung bei der Absorption von Licht erfordert, dass die elektronische Anregung des Ions von einer Anregung seiner Bewegung in der Falle begleitet wird. Das angeregte Ion oszilliert dann zwischen den Zuständen |e,0> und |g,1>, was jeweils 0 beziehungsweise 1 Schwingungsquant entspricht. In ähnlicher Weise würde das in unseren Pariser Experimenten untersuchte System aus Hohlraum und Rydberg-Atom zwischen zwei Zuständen oszillieren, die mit der Anwesenheit von 0 oder 1 Photon verbunden sind.

Die Physik des Rydberg-Atoms in einem Resonanzraum und die Physik des durch einen Laser angeregten gefangenen Ions folgen derselben Gleichung. In beiden Fällen sollte man das Phänomen der Rabi-Oszillation zwischen zwei Zuständen beobachten. In unserem Experiment mussten diese Oszillation spontan auftreten, und zwar aufgrund der Kopplung von Rydberg-Atom und entsprechend abgestimmten Hohlraumfeld. Im Falle des gefangenen Ions wurde sie durch das Laserlicht induziert. Diese Parallelen waren David Wineland und mir aufgefallen, bevor wir die Phänomene im Labor eindeutig beobachten konnten. So arbeiteten wir während der 1980er-Jahre mit jeweils anderen Mitteln auf dasselbe Ziel hin. Vielfach hat uns die Ähnlichkeit zwischen unseren beiden Versuchsaufbauten dazu gebracht, neue, von der Arbeit des anderen inspirierte Experimente zu ersinnen.

Ich muss hier besonders ein Ionenfallen-Experiment der 1980er-Jahre nennen, das mich zum Nachdenken anregte und das ich in der Folge auf unsere Versuche im Bereich der Hohlraum-Quantenelektrodynamik zu übertragen versuchte. Uns ist ja inzwischen bekannt: Bestrahlt man ein in seiner Falle isoliertes Ion mit einer Lasersonde, die mit einem Übergang schwingt, der den Grundzustand *g* mit einem angeregten Zustand *e* koppelt, so streut dieses Ion einen großen Photonenfluss pro Sekunde. Diese Fluoreszenz kann mit einem einfachen Mikroskop beobachtet werden.

Betrachten wir nun ein weiteres angeregtes Niveau des Ions, das ich *d* nenne. Ein zweiter, mit dem Übergang zwischen *g* und *d* schwingender Laser wird auf das Ion gerichtet. Die Kopplung mit diesem zweiten Laser ist schwächer als mit dem ersten, sodass die Wahrscheinlichkeit der Anregung des Ions von *g* nach *d* viel geringer ist als die der Absorption eines Photons beim Übergang von *g* nach *e*. Was lässt sich sodann über die Fluoreszenz des Ions mit der Frequenz der Lasersonde beobachten? Das Mikroskop empfängt einen deutlichen Photonenfluss, solange das Atom den Übergang von *g* nach *d* noch nicht geschafft hat. Hat aber der zweite Laser das Atom auf das Niveau *d* gehoben, so erlischt plötzlich die intensive Fluoreszenz des Ions und signalisiert, dass es das Niveau *g*, in dem das Licht der Lasersonde streuen kann, verlassen hat. Das plötzliche Verschwinden der Fluoreszenz markiert also einen Quantensprung des Ions vom Streuzustand *g* in den »Dunkelzustand« (oder *dark state*) *d*, in dem das Licht der Sonde nicht länger diffundiert. Nach einer Weile fällt das Atom spontan von *d* auf *g* zurück und das Fluoreszenzlicht taucht genauso plötzlich wieder auf, wie es verschwunden ist.

Das Experiment wurde 1986 von Wineland und seiner Forschungsgruppe in Boulder an einem Quecksilberion durchgeführt. Dehmelt in Seattle sowie Toschek in Deutschland führten in derselben Zeit ähnliche Experimente durch und konnten plötzliche Sprünge eines einzelnen Ions zwischen zwei Niveau beobachten. Ich erinnere mich, dass auf einer internationalen Tagung eben in diesem Jahr 1986 ein kurzer Film gezeigt wurde: Die anwesenden Zuschauer verfolgten gebannt, wie ein einzelnes, in einer Falle isoliertes Ion wie ein kleiner funkelnder Stern in willkürlichen Abständen aufblitzte und erlosch. Die von Bohr vorhergesagten Quantensprünge, an deren Existenz Schrödinger nicht glauben konnte, wurden hier zum ersten Mal direkt sichtbar.

Das Experiment war ein Schock für die in der Atomphysik Forschenden, die sich doch in zwei Gruppen aufteilten: Jene, die an die Existenz der Quantensprünge glaubten, und jene, die sie wie Schrödinger für unmöglich hielten. Die Skepsis Letzterer rührte daher, dass bis dahin nur Teilchenmengen beobachtet worden waren, deren statische Entwicklung die Existenz einzelner atomarer Sprünge verschleierte. Theoretisch sagt die Schrödinger-Gleichung keine Diskontinuität in der Entwicklung der Wellenfunktion eines Quantensystems voraus. Misst man die Theorie an Experimenten mit Teilchenmengen, so drängt sich der Begriff des Sprungs gar nicht auf. Die Beobachtung eines isolierten Teilchens veränderte die Situation jedoch radikal.

Die Frage nach der Realität dieser Sprünge kann auch so formuliert wer-

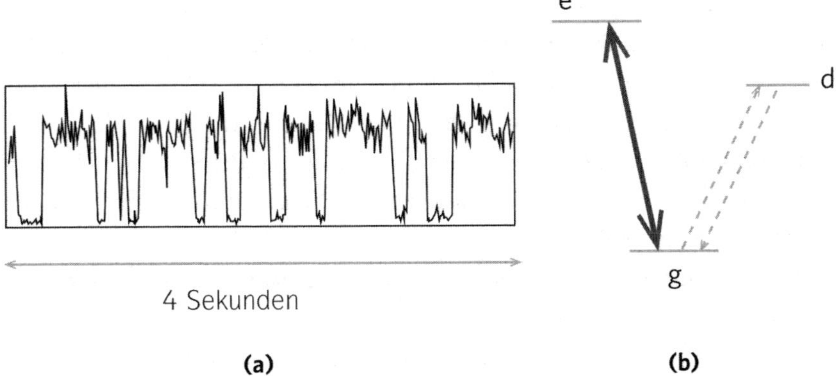

Abb. VI.11. (a) Quantensprünge eines gefangenen Ions, beobachtet an den Unregelmäßigkeiten des von einem gefangenen Quecksilberion emittierten Fluoreszenzlichts. (b) Darstellung der Energieniveaus des Ions: Die Fluoreszenz wird durch einen intensiven Laserstrahl ausgelöst, der das Atom beim Übergang zwischen Niveau *g* und Niveau *e* schnell zurückholt. Ein Laser provoziert gleichzeitig den Übergang zwischen *g* und *d*, einem sehr langlebigen Niveau. Die Fluoreszenz bricht ab, wenn das Atom von *g* nach *d* gehoben wird, und setzt schlagartig wieder ein, wenn das Ion spontan nach *g* zurückfällt.

den: Springt das Atom durch die Wechselwirkung mit dem Laser, der den Übergang von *g* zu *d* anregt, diskontinuierlich in den »dunklen« Zustand *d*, auch wenn keine Lasersonde vorhanden ist, der die Anwesenheit des Ions im »leuchtenden« Zustand *g* misst? Mit anderen Worten: Gibt es einen Quantensprung des ursprünglich in Zustand *g* befindlichen Ions, auch wenn man diesen Zustand nicht beobachtet? Die Antwort der Kopenhagener Schule fällt klar aus: Einen Sprung gibt es nur, solange das System betrachtet wird. Ohne Kopplung mit einem Messinstrument bewegt sich das Ion, ausgehend vom Zustand *g*, kontinuierlich in einer kohärenten Überlagerung von Zustand *g* und Zustand *d*, nämlich unter Einwirkung der Rabi-Oszillation, die durch den mit dem Übergang von *g* zu *d* schwingenden Laser induziert wird. Eine Aussage, die das Ion auf den einen oder anderen Zustand festlegt, ist bedeutungslos. Ist nun die Lasersonde eingeschaltet, so muss das Ion die zufällige Wahl treffen, ob es sich in *g* befindet – in diesem Fall beginnt es Licht zu streuen und es hat keinen Sprung gegeben – oder aber in *d* – dann fluoresziert es nicht und bleibt unsichtbar, was signalisiert, dass ein Sprung stattgefunden hat. Misst die Lasersonde weiter den Zustand des Atoms, besteht eine hohe

Wahrscheinlichkeit, dass das Ion, kurz nachdem es in Zustand *g* angetroffen wurde, für einige Zeit dort verbleibt, da die schwache Anregung durch den Laser, die es auf das Niveau *d* bringt, nur langsam die Wahrscheinlichkeitsamplitude erhöht, es in diesem »Dunkelzustand« anzutreffen. Die Fluoreszenz des Ions wird dann über ein bestimmtes Zeitintervall beobachtet. Irgendwann jedoch springt das Ion nach *d* und die Fluoreszenz des »leuchtenden Zustands« *g* erlischt abrupt.

Man erkennt in dieser Analyse dieselben Argumente wie bei der Interpretation des Youngschen Doppelspalts. Ob sich das Ion in Abwesenheit eines Sondenstrahls in dem einen oder dem anderen Zustand befindet, ist ebenso wenig eine sinnvolle Frage wie die, ob ein Teilchen das Youngsche Interferometer durch den einen oder den anderen Spalt passiert hat, wenn kein Gerät in der Lage ist, hierauf eine Antwort zu geben. In beiden Fällen befindet sich das Quantensystem in einer kohärenten Überlagerung von Zuständen und verharrt darin, solange man nicht versucht, die Mehrdeutigkeit durch eine Messung zu beseitigen.

Ionenfänger nutzen Lichtstrahlen, um isolierte Materieteilchen zerstörungsfrei zu manipulieren. Dagegen versuchten mein Team und ich seit den späten 1980er-Jahren, die Rollen von Materie und Licht zu vertauschen. So wollten wir Atomstrahlen aus Rydberg-Atomen verwenden, um in einem Hohlraum gefangene Photonen zu manipulieren. Dabei stellte sich die große Schwierigkeit, dass Lichtquanten viel fragiler sind als Ionen oder Atome. Die eingefangenen Teilchen neigen dazu, im Kontakt mit Materie rasch zu verschwinden. Eine konstante, zerstörungsfreie Beobachtung, um Quantensprünge eines elektromagnetischen Feldes festzustellen, schien ein Ding der Unmöglichkeit. Wir brauchten fünfzehn Jahren, bis uns das Kunststück gelang und wir die im folgenden Kapitel beschriebenen Experimente durchführen konnten, die uns die Grenze zwischen Quantenwelt und klassischer Welt mithilfe von Photonen erforschen ließen.

Kapitel VII

SCHRÖDINGERS KATZE ZÄHMEN

Schauen und beobachten gehört zu den natürlichsten Beschäftigungen der Welt. Unaufhörlich erfassen wir die Realität und alles, was uns umgibt – und zwar dank des Lichts, das Lichtquellen aussenden und Gegenstände in unserem Umfeld abstrahlen. So erhalten wir einen wesentlichen Teil der Informationen, die unser Gehirn verarbeitet, um uns einen Eindruck der von uns bewohnten Welt zu geben. Alle diese Informationen übermitteln Photonen – ebenso allgegenwärtige wie scheue Teilchen, die mit Lichtgeschwindigkeit durch den Raum jagen. Indem sie mit der Materie wechselwirken – mit den Objekten in unserer Umgebung, mit der Netzhaut unserer Augen, mit den unsichtbaren und sichtbaren Strahlungsdetektoren unserer Experimente –, liefern sie uns ein Bild von der Welt. Photonen geben uns Auskunft über die direkt wahrnehmbaren Dinge und ermöglichen uns so ein intuitives Verständnis unserer Umwelt. Indem wir sie mithilfe ausgeklügelter Instrumente nachweisen, gewähren sie uns zudem Erkenntnisse über das Universum und einen Einblick, wie es entstanden ist und sich entwickelt hat.

Welche Informationen Photonen überbringen, hängt von ihren verschiedenen Eigenschaften ab. Ein wesentlicher Parameter ist ihre Farbe: Sie wird über die Spektroskopie, also die Messung der Wellenlängen des Lichts, analysiert. Spektrallinien geben Aufschluss über die verschiedenen Elemente, die in Sternen und im interstellaren Raum vorkommen. Ihre Frequenzen ändern sich in Abhängigkeit von der relativen Geschwindigkeit der Quelle und des Beobachters. Über den Dopplereffekt wiederum erhalten wir Auskunft, wie sich Atome bewegen – ganz gleich, ob diese sich in unseren Laboren auf der Erde befinden oder uns Botschaften von den Gestirnen schicken, die auf ihren Bahnen durch das Universum wandern. Die Farbe ändert sich ebenso mit dem Rhythmus des Zeitflusses in den Gravitationsfeldern, aus denen die Photonen ausgesandt werden, die uns erreichen. Der Zeitdehnungseffekt der Allgemeinen Relativitätstheorie informiert uns über die Krümmung der Raumzeit. Die Polarisation der Photonen, deren Ebene sich um die Richtung der Magnetfelder dreht, entlang derer sie sich ausbreiten (dabei handelt es sich um den in Kapitel III erwähnten *Faraday-Effekt*), gibt uns darüber Aufschluss, wie diese Felder im Umkreis von Sternen und Planeten verteilt sind. Die Wellenlänge der Photonen verändert sich infolge der Ausdehnung des Universums, wodurch sich die Entfernungen über kosmologische Zeiträume hinweg verlängern. Dieser Umstand erklärt auch, warum sich die fossile Strahlung abgekühlt hat, deren Wellenlängen ursprünglich sehr kurz waren und inzwischen in das Radiowellenspektrum gewandert sind.

Ein wesentlicher Teil der Informationen, welche die Photonen übermitteln, beruht einfach auf ihrer Strahlungsintensität. Die Photonenanzahl, die sekündlich aus verschiedenen Richtungen im Weltraum auf unserer Netzhaut ankommt, unser Kameraobjektiv erreicht oder unsere Teleskopschalen trifft, erzeugt die Bilder der Welt, die wir erblicken und betrachten. Eine weitere, verstecktere Komponente ist in der Phase des elektromagnetischen Feldes enthalten, die nur festgestellt werden kann, wenn Interferenzphänomene beobachtet werden. Das Prinzip besteht darin, die Wellenphase, die von einem Objekt ausgeht, mit der Referenzwelle, welche die Welle überlagert, zu vergleichen. Diese Überlagerung zeigt räumliche Veränderungen in der Amplitude. Die Information, die in der Phase der Objektwelle enthalten ist, wird so in eine Information über ihre Intensität umgewandelt und diese sammelt man ganz einfach auf einer Fotoplatte.

Indem man äußerst geschickt die Informationen zur Wellenstärke *und* zur Wellenphase gleichzeitig ausnutzt, erhöht sich die Leistung optischer Geräte erheblich und verfeinert die Bildgebung der sichtbaren wie der unsichtbaren Wellen erstaunlich. Ein Beispiel hierfür sind *Hologramme*: Hier registriert eine Fotoplatte die Interferenzen zwischen einem Laserstrahl und dem Licht, das ein von diesem Laserstrahl beleuchtetes Objekt abstrahlt. Die Platte sammelt damit Informationen, die mittels eines Ausleselasers oder sogar natürlichen Lichts ein dreidimensionales Bild des Objekts entstehen lassen – während die traditionelle Fotografie lediglich die Intensität des Lichts nutzt und daher nur zwei Dimensionen wiedergeben kann. Als Astronomen die Prinzipien der Interferometrie und der Holographie auf die Himmelsbeobachtung übertragen haben, gelang es ihnen, Planeten- und Sternenbilder beträchtlich genauer aufzulösen, sowie die Phasenschwankungen des Lichts, die durch die Turbulenzen unserer Atmosphäre verursacht werden, raffiniert zu verringern.

Die bis hierher skizzierten Bildgebungsverfahren lassen sich – abgesehen von relativistischen Effekten – als »klassisch« bezeichnen. Sie berufen sich auf die Gesetze der geometrischen Optik und der Wellenoptik sowie auf die seit Fresnel, Doppler, Fizeau und Maxwell bekannten Phänomene. Das Photon – das dürfen wir nicht vergessen – ist ein Chamäleon: Es ist nämlich sowohl Welle als auch Teilchen. Einsteins Erkenntnis dieses Dualismus im Jahr 1905 war der Ausgangspunkt für die Quantenphysik. In den von Photonen transportierten Informationen steckt ein Anteil, der sich nicht auf die separat betrachteten Teilchen- oder Wellenaspekte reduzieren lässt. Die Mehrdeutigkeit, die sich darin äußert, dass das Photon vor einer Messung nicht »entscheidet«, ob es eine Welle oder ein Teilchen ist, ist eine rein quantenmechanische Eigenschaft. Sie war Gegenstand der in Kapitel V vorgestellten Debatten und Gedankenexperimente der 1920er- und 30er-Jahre. Mit meiner Forschungsgruppe verfolgte ich nun das Ziel, diese Mehrdeutigkeit an eingefangenen Photonen im Labor zu untersuchen – denn es erschien uns auf einmal möglich, dies mit den Methoden der Hohlraum-Quantenelektrodynamik zu erreichen.

Unser Unternehmen hatte mit zwei Schwierigkeiten zu kämpfen. Zum einen sind Photonen hochgradig zerbrechlich. Im freien Raum überdauern sie ewig – das zeigt sich nicht zuletzt in der kosmischen Hintergrundstrahlung, die seit gut 13 Milliarden Jahren durch unser Universum reist. Versucht man aber, Photonen einzufangen, dann gehen sie im Kontakt mit Materie sehr schnell verloren. Selbst superreflektierende Spiegel und extrem transparente Medien absorbieren die Lichtteilchen rasch. Aber sogar die leistungsstärksten Glasfaserleitungen schwächen das Licht über einige Dutzend Kilometer hinweg, welche die Photonen in weniger als 1 Millisekunde durchlaufen.

Die zweite Schwierigkeit ist eine Folge dieser Zerbrechlichkeit. Bei der üblichen Erkennung von Photonen werden diese zerstört – sei es in unserem Auge, in einem Fotovervielfacher, einer Fotozelle, einer Infrarotkamera oder einer Radioantenne. Der 1905 von Einstein analysierte photoelektrische Effekt beschreibt dieses Phänomen hervorragend: Das Photon verschwindet, weil es seine Energie an ein Elektron abgibt, das wiederum von der Metallkathode ausgestoßen wird, auf die das Photon gefallen ist. Das daraus resultierende

Klicken signalisiert den Tod des Photons. Der Effekt ist vergleichbar mit den Spuren, die in Beschleunigern untersuchte Teilchen hinterlassen und die sich in den nach ihren Zusammenstößen zurückbleibenden Trümmern zeigen.

In einem ganz anderen Energiebereich erinnert der Nachweis von Photonen an Schrödingers Einschätzung der Flugbahnen in einer Blasenkammer, die er als Post-mortem-Signale von aufgelösten Teilchen betrachtete. Bei den von gewöhnlichen Photodetektoren aufgezeichneten Klicks und auch beim Auge ist es nichts anderes: Das entdeckte Photon ist immer ein verschwundenes Teilchen. Um Photonen in vivo beobachten zu können, ohne sie zu zerstören, mussten wir einen Hohlraum herstellen, der sie über einen längeren Zeitraum gefangen hält, und sie dann mithilfe hochempfindlicher Atome aufspüren, die in der Lage sein mussten, ihnen Informationen zu entlocken, ohne sie zu zerstören.

Diese neue Art, das Licht zu kontrollieren, zu manipulieren und zu beobachten, führte uns in die Grundlagenforschung. Über die zerstörungsfreie Betrachtung von Photonen konnten wir auf einmal neue, ungewohnte Kleider für das Licht schneidern. Uns gelang es, verschiedene Zustände von Licht zu überlagern, in denen es gleichzeitig in zwei entgegengesetzten Phasen schwingt. Zustände ließen sich erzeugen, in denen das Licht die Spiegel des Hohlraums, in dem es gefangen ist, beleuchtet und zugleich im Dunkeln lässt. Wir haben die extreme Zerbrechlichkeit dieser exotischen Feldzustände nachgewiesen und gezeigt, wie blitzschnell sie in gewöhnliches klassisches Licht zurückfallen. Die Grenze zwischen der mikroskopischen Quantenwelt und der makroskopischen Welt unserer Alltagserfahrung galt es auszuloten. Unsere Aufmerksamkeit richteten wir dabei auf Methoden, mit denen wir den seltsamen Quantenzustand in unserem Hohlraum so lange wie möglich halten konnten – und so eröffnete sich die Möglichkeit, Quantentechnologie für eine innovative Datenverarbeitung einzusetzen. Von diesem Abenteuer handelt das aktuelle Kapitel.

Die Photonenfalle

Die am Ende von uns konstruierte Photonenfalle hat nur wenig Ähnlichkeit mit der Photonenwaage, die Gamow in Erinnerung an ihre Streitgespräche bei der Solvay-Konferenz von 1930 an Bohr und Einstein überreichte. Immerhin enthält sie aber manche ihrer Elemente, und es lässt sich eine ganz besondere Uhr integrieren, die Auskunft darüber gibt, in welchem Moment die Photonen in die Kammer eintreten beziehungsweise wann sie sie verlassen. Die Geometrie des Hohlraums unserer ersten Experimente, der aus Spiegeln in Form einander zugewandter Kugelkappen bestand, haben wir beibehalten, seine Qualität aber konnten wir schrittweise verbessern. So steigerten wir die Reflexion der Metalloberflächen, indem wir sie aus optisch geschliffenem Kupfer fertigten, das wir zudem mit einer dünnen Schicht aus supraleitendem Niob, einem sogenannten Übergangsmetall der Vanadiumgruppe im Periodensystem, überzogen. Die Oberflächenunregelmäßigkeiten unserer Spiegel liegen inzwischen bei wenigen Nanometern, sodass die Mikrowellenstreuung außerhalb des Hohlraums äußerst gering ist. Die nahezu unendliche Leitfähigkeit der dünnen supraleitenden Schicht minimiert zudem die Absorption von Photonen in das Metall.

Die zwischen 1990 und 2006 erzielten Fortschritte lassen sich durch den Vergleich zweier Zahlen bemessen: Konnten die Photonen an unseren ersten supraleitenden Spiegeln aus massivem Niob nur hunderttausendmal abprallen, so werden sie an unseren mit Niob beschichteten Kupferspiegeln mehr als eine Milliarde Mal reflektiert, bevor sie verschwinden. So nutzen wir sowohl die hohe mechanische Qualität des viel leichter zu verarbeitendem Kupfers als auch die Supraleitfähigkeit von Niob, mit dem das Kupfer gut zehn Mikrometer dick beschichtet ist.

Die Schwingungsmode in diesem Hohlraum bildet eine stehende Welle und zeigt neun ›Bäuche‹ zwischen den 2,6 Zentimeter voneinander entfernten Spiegeln. Die Knoten zwischen diesen ›Bäuchen‹, also die Punkte, an denen sich die Amplitude des Hohlraumfelds aufhebt, sind 2,95 Millimeter voneinander entfernt. Das entspricht der halben Wellenlänge von 5,9 Millimetern der mit 51 GHz schwingenden Mikrowellenstrahlung. Die zwischen den Spiegeln unseres optimalen Hohlraums hin und her springenden Photonen überleben durchschnittlich 130 Millisekunden und legen dabei rund 40 000 Kilometer zurück – eine Strecke, die ungefähr dem Erdumfang entspricht. Spricht man von einer Flugbahn dieser Photonen, so bezieht man sich auf ein klassisches Bild, welches in der Quantenphysik eigentlich keine Bedeutung hat. Die Photonen sind in der stehenden Welle vollständig delokalisiert. Das Quadrat der Welle ist proportional zu der Wahrscheinlichkeit, dass man die Photonen an einem beliebigen Punkt entdeckt – vorausgesetzt, dass dort ein Detektor angebracht ist.

Abb. VII.1. Die Photonenfalle der École normale supérieure. Das 51-Gigahertz-Mikrowellenfeld wird zwischen zwei kugelförmigen Kupferspiegeln gespeichert, die mit supraleitendem Niob beschichtet sind. Die Photonen prallen mehr als eine Milliarde Mal an den Spiegeln ab und bleiben durchschnittlich 130 Millisekunden gefangen. Die Verluste sind auf die Restabsorption in das Metall und die Beugung der Mikrowellen an Oberflächenunregelmäßigkeiten zurückzuführen. Der Hohlraum wird auf 0,8 Kelvin temperiert. Bei dieser Temperatur liegt die mittlere thermische Photonenzahl bei 0,05. Für manche Experimente wird ein kleines kohärentes Feld mit wenigen Photonen in den Hohlraum eingebracht. Dieses Feld wird von einem kleinem Horn in der Nähe der Spiegel abgestrahlt, das über einen Wellenleiter mit einer herkömmlichen Mikrowellenquelle verbunden ist (in der Abbildung nicht dargestellt). Sie wird durch Beugung an den Spiegelkanten in die Hohlraummode eingekoppelt.

Wollen wir uns die Eigenschaften dieses Hohlraums vorstellen, dann denken wir daran, was passiert, wenn wir in einer Aufzugskabine mit Spiegelwänden stehen. Beim Blick auf eine der Spiegelfläche entdecken wir mehrere Abbilder unserer selbst, die aufgrund der unvollkommenen Reflexion in der Ferne verschwimmen. Stünden wir dagegen in einer Aufzugskabine mit Spiegeln, die bezogen auf den Frequenzbereich des sichtbaren Lichts genauso perfekt wären wie die Spiegel in unserem Mikrowellen-Hohlraum, so könnten wir mehr als eine Milliarde Kopien von uns selbst sehen – eine Menschenkette, welche die Einwohner von China oder Indien umfasst! Allerdings befänden wir uns in einer ziemlich unangenehmen Lage, weil die Spiegel auf der mehr als eisigen Temperatur von 0,8 Kelvin gehalten werden müssten, um die Leitfähigkeit der Oberflächen fast unendlich zu machen und ihre Wärmestrahlung praktisch zu eliminieren.

Zu dieser idealen Anordnung sind wir über langwieriges Herantasten, über viele in Sackgassen führende Ansätze und über diverse von Zwischenfällen durchkreuzte Experimente gelangt. Bei der Suche nach dem perfekten Hohlraum halfen uns die Forscher und Ingenieure des Pariser Atomforschungszentrums Saclay, die erstaunlich beschlagen sind, Mikrowellenhohlräume für Teilchenbeschleuniger zu erzeugen. Die Anforderungen an ihre Hohlräume unterscheiden sich jedoch stark von den unseren, und wir mussten ihre Herstellungsverfahren an unsere Experimente anpassen.

Obwohl wir wussten, dass es kein theoretisches Hindernis für die Herstellung des gewünschten Hohlraums gab, war nicht sicher, ob wir unser Ziel tatsächlich erreichen würden. Ein klitzekleiner Kratzer auf dem Kupfersubstrat, ein Staubkörnchen, das sich auf den Spiegeln absetzt, ein winziger Defekt in der Haftung der Niobschicht – minimale Störungen wie diese reichten aus, um die Lebensdauer der Photonen um mehrere Größenordnungen zu verkürzen und die angestrebten Experimente zunichtezumachen. Ich erinnere mich, wie froh und erleichtert wir an jenem Tag im Frühjahr 2006 waren, als Michel Brune mit einem breiten Lächeln in mein Büro kam, um mir mitzuteilen, dass unsere Studenten es nun tatsächlich geschafft hatten, eine Photonenlebensdauer von über hundert Millisekunden nachzuweisen. Ab diesem Tag wussten wir, dass die von uns erträumten Experimente möglich geworden waren.

Das kreisförmige Atom

Um Experimente auszuführen, benötigten wir mehr als einen nahezu perfekt verspiegelten Hohlraum. Um dessen Feld zu sondieren, bedurfte es spezieller Atome, die auf ein Niveau mit langer Lebenszeit und hoher Sensibilität für Mikrowellen-Atome gebracht werden mussten. Die von uns verwendeten

Sonden sind *kreisförmige Rydberg-Atome*, deren Hauptquantenzahl *n* bei 50 liegt. Das äußere Elektron dieser Atome umwandert den Ionenkern in einem Kreis, der einen 2500-mal größeren Umfang hat als ein normales Atom im Grundzustand.

Diese riesigen kreisförmigen Atome unterscheiden sich von den Teilchen aus unseren ersten Experimenten. Diese hatten einen geringen Drehimpuls, was einer stark elliptischen klassischen Bahn des äußeren Elektrons entspricht – ähnlich den lang gestreckten Bahnen der Kometen im Sonnensystem. Die Atome wurden durch Absorption von zwei oder drei Laserphotonen hergestellt, von denen jedes nur eine Drehimpulseinheit zum Elektron beitragen konnte. In diesen Zuständen nähert sich das Rydberg-Elektron am Perihel der elliptischen Umlaufbahn dem Kern, und seine hohe Beschleunigung in Kernnähe steigert die Wahrscheinlichkeit, dass es ein Photon abstrahlt und in einen weniger angeregten Zustand fällt. Die Lebensdauer dieser elliptischen Zustände war auf wenige Mikrosekunden beschränkt und damit zu kurz, als dass die Atome gute Sonden für die Mikrowellenphotonen in unseren Hohlräumen abgegeben hätten. Im kreisförmigen Zustand hingegen dreht sich das Außenelektron auf einer Kreisbahn und bleibt immer gleichmäßig weit vom Atomkern entfernt. Daher wird es nur minimal beschleunigt, was dem Atom eine Lebensdauer von etwa 30 Millisekunden verleiht – dies entspricht der Größenordnung, die auch die Photonen in unserem Hohlraum aufweisen.

Daniel Kleppner vom MIT stellte 1983 erstmals kreisförmige Atome her. Das Verfahren hat zwei Etappen: Zunächst wird das Atom durch eine Zwei- oder Drei-Photonen-Laseranregung in einen hoch angeregten Zustand mit geringem Drehimpuls gebracht. Dann wird es einem zirkular polarisierten Hochfrequenzfeld ausgesetzt, von dem es etwa 50 sehr niederfrequente Photonen absorbiert. Jedes dieser Photonen führt dem äußeren Elektron eine Drehimpulseinheit zu und erhöht damit geringfügig dessen Energie. Das Verfahren erinnert an die Korrektur der Umlaufbahn von künstlichen Satelliten, deren Elliptizität durch kleine Schübe mit einer Booster-Rakete verändert wird. Kreisförmige Atome sind im Grunde die am meisten klassischen Atome, bei denen die räumliche Verteilung der elektronischen Wellenfunktion einer klassischen Umlaufbahn sehr nahekommt. Der Bereich des Raums, in dem sich das Elektron mit einer beträchtlichen Wahrscheinlichkeit aufhält, hat die Form eines Torus – die Figur ähnelt einem Lkw-Reifen, dessen Dicke etwa siebenmal kleiner ist als sein Radius.

Dieser Torus definiert eine leicht verschwommene Kreisbahn. Die Unmöglichkeit, den Radius der Umlaufbahn genau zu bestimmen, geht auf die Heisenbergsche Unschärferelation zwischen Position und Impuls des Elektrons zurück. Den Elektronenzustand beschreibt die De-Broglie-Wellenfunktion, die im Torusraum rotiert. Die Stabilität des Orbits verlangt eine ganzzahlige Anzahl Wellenlängen auf seinem Umfang. Diese Quantisierungsbedingung entspricht der, die Bohr 1913 in seiner ersten Quantentheorie des Wasserstoffatoms empirisch entdeckt hat. Die Hauptquantenzahl n des kreisförmigen Atoms misst einfach den Umfang des Orbits in Einheiten von De-Broglie-Wellenlängen.

In einem kreisförmigen Rydberg-Atom mit der Quantenzahl n ist die Energie des äußeren Elektrons perfekt definiert. Aufgrund der Heisenbergschen Unschärferelation zwischen Zeit und Energie kann daher seine zu einem bestimmten Zeitpunkt gegebene Position auf der Umlaufbahn nicht exakt festgelegt werden. Die Quantenphysik beschreibt also ein Teilchen, das mit einer genauen Frequenz, aber mit einer undefinierten Phase auf seiner Bahn kreist. Da sich die elektronische Ladung mit gleicher Wahrscheinlichkeit an zwei entgegengesetzten Punkten der Umlaufbahn befindet, fällt das Zentrum der elektronischen Verteilung mit der Position des positiv geladenen Atomkerns zusammen. Der elektrische Dipol, der den Abstand zwischen den Schwerpunkten der positiven und der negativen Ladungen des Atoms misst, ist daher in einem kreisförmigen Rydberg-Zustand gleich null.

Es ist jedoch möglich, die Position des Elektrons auf seiner Umlaufbahn zu präzisieren und seiner Rotation eine genau definierte Phase zu geben, indem man einen elektrischen Dipol ungleich null im Atom erzeugt. Dazu müssen zwei benachbarte Kreiszustände mit den Quantenzahlen n und $n+1$ überlagert werden, also etwa mit $n = 50$ und $n = 51$. Ein auf die Frequenz des Übergangs zwischen diesen beiden Zuständen (etwa 51 GHz) abgestimmter Mikrowellenimpuls löst eine Rabi-Oszillation zwischen ihnen aus, die das Atom in eine Überlagerung der beiden Zustände bringt. Es lässt sich so eine Überlagerung mit kontrollierten Wahrscheinlichkeitsamplituden herstellen, indem man Dauer und Phase der Mikrowellenanregung anpasst. Unterbrechen wir diese Anregung beispielsweise nach einer Zeit, die einem Viertel der Periode der Rabi-Oszillation entspricht (im Magnetresonanz-Jargon ein »$\pi/2$-Puls« genannt, da er ein Viertel einer vollständigen Rabi-Oszillation von 2π Radiant dauert). Das Atom befindet sich dann in einer

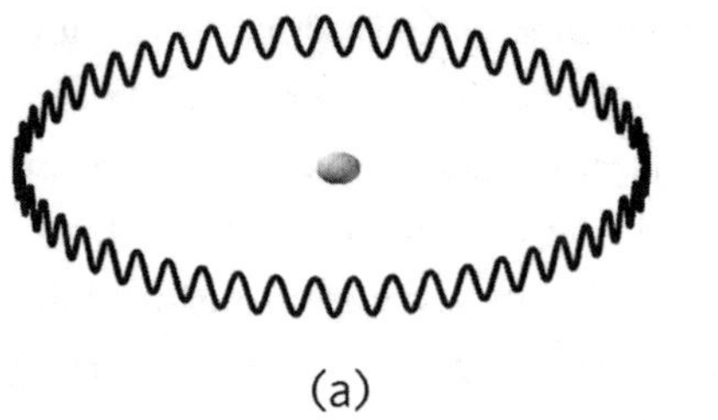

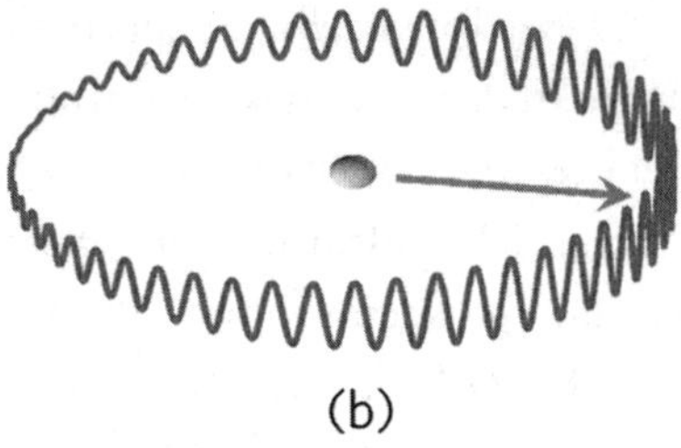

Abb. VII.2. Darstellung eines kreisförmigen Atoms durch die De-Broglie-Welle seines äußeren Elektrons. (a) Der kreisförmige Orbit $n = 50$ steht für eine um den Atomkern kreisende Welle, deren Umfang 50 De-Broglie-Wellenlängen entspricht. Die Amplitude der Welle ist konstant, der elektrische Dipol des Atoms ist gleich null. (b) Die Überlagerung der kreisförmigen Orbits $n = 50$ und $n = 51$ durch einen $\pi/2$-Mikrowellenimpuls erzeugt eine kreisende Welle mit sich auf der Elektronenbahn gegenüberliegenden Bäuchen und Knoten. Das Atom erhält einen elektrischen Dipol (Pfeil), der mit der Bohrschen Frequenz des Übergangs zwischen den Niveaus $n = 50$ und $n+1$ (etwa 51 GHz) um den Atomkern kreist.

gleichgewichtigen Überlagerung der beiden Kreiszustände der Hauptquantenzahlen n und $n+1$.

Die um den Atomkern kreisende De-Broglie-Elektronenwelle wird dann zur Überlagerung von zwei Wellen mit 50 und 51 Schwingungen entlang von Umlaufbahnen mit für beide Zustände quasi identischen Radien. Sind die beiden Wellen an einem Punkt der Umlaufbahn gleichphasig, so sind sie am gegenüberliegenden Punkt gegenphasig, da die Differenz zwischen den jeweils von den beiden Wellen zurückgelegten Wegen entlang des halben Kreisumfangs genau eine halbe Wellenlänge beträgt.

Die Interferenz zwischen den beiden Materiewellen ist damit auf der einen Seite des Orbits konstruktiv und auf der anderen destruktiv. Durch die Überlagerung entsteht eine sichelförmige Welle, in der sich ein Bauch und ein Knoten diametral gegenüberliegen. Das durch Interferenz lokalisierte Paket aus zwei De-Broglie-Wellen rotiert mit der Frequenz des Übergangs zwischen den beiden Überlagerungszuständen um den Ionenkern (das heißt mit 51 GHz im Falle der hier betrachteten Zustände $n = 50$ und $n = 51$). Dadurch entsteht ein rotierender Dipol auf dem Atom, vergleichbar mit einem um die Sonne kreisenden Planeten oder mit einem Uhrzeiger, der sich über das Zifferblatt dreht. Die Phase dieser Drehung kann über die Phase des Mikrowellenimpulses gesteuert werden, der die Überlagerung der beiden Zustände erzeugt hat. Und zuletzt kann die Rotationsfrequenz des Elektrons geringfügig verändert werden, indem man senkrecht zur Umlaufbahn ein statisches elektrisches Feld an das Atom anlegt. Auf diese Weise lassen sich die Energien der beiden Rydberg-Niveaus und damit die Frequenz des sie trennenden Übergangs leicht verschieben.

In der Theorie sind kreisförmige Rydberg-Atome sehr einfache Quantensysteme, in der Praxis aber sind sie sehr schwer herzustellen und zudem kaum vor Störungen ihrer Umgebung zu schützen. Um die Atome von ihrem Grundzustand in den kreisförmigen Zustand zu bringen, mussten wir die von Kleppner erfundene Methode an unseren Versuchsaufbau anpassen: So galt es, Laser- und Mikrowellenimpulse mit der Anwendung perfekt kalibrierter elektrischer und magnetischer Felder zu kombinieren und den Atomstrahl in einer extrem (unter 1 Kelvin) gekühlten Kammer zu halten. Irgendwann konnten wir dann auch die Geschwindigkeit und Position der Atome kontrollieren. Indem wir sie mit zwei räumlich und zeitlich getrennten Laserimpulsen stufenweise anregten, konnten wir Atome mit einer definierten Geschwindigkeit zwischen 200 und 300 m/s aus dem Atomstrahl auswählen.

Über diesen Geschwindigkeitsfilter konnten wir zu jedem Zeitpunkt die Position der Atome bestimmen – von der Zone, in der sie in den kreisförmigen Zustand gebracht werden, bis hin zu ihrer Durchquerung des Hohlraums. In neueren Versionen des Experiments haben wir zudem sehr langsame kreisförmige Atome erzeugt, die sich mit Geschwindigkeiten in der Größenordnung von wenigen Metern pro Sekunde bewegen. Diese werden durch Anregung von lasergekühlten Atomen in einem vertikalen Atomstrahl gewonnen.

Die Entwicklung dieser komplexen Manipulationen hat uns über mehrere Jahre beschäftigt – und zwar parallel zu den Bemühungen, unsere Hohlraumspiegel zu optimieren. In dieser Zeit haben wir ein Komplementaritätsprinzip bewiesen, das nichts mit der Quantenphysik zu tun hat: Je mehr man versucht, ein Experiment konzeptionell zu vereinfachen, indem man sämtliche Parameter so klar und präzise wie möglich festlegt, desto komplexer werden die konkreten technischen Verfahren. Konzeptionell haben wir versucht, eine möglichst einfache Situation zu schaffen: Ein im Kreis rotierendes atomares Elektron interagiert mit wenigen, zwischen zwei Spiegeln schwingenden Photonen. Die beiden wechselwirkenden Systeme sind sowohl Wellen als auch

Teilchen und offenbaren je nach Messung den einen oder anderen Aspekt ihrer Quantendualität.

Quanten-Pingpong

Der entscheidende Test, durch den sich deutlich offenbarte, wie sehr sich das System Atom-Hohlraum für unsere quantenelektrodynamischen Experimente eignete, war die Beobachtung der Rabi-Oszillation im Vakuumfeld. Von ihrem Nachweis hatte ich seit meiner Doktorarbeit und den Gesprächen mit Anatole Abragam im Jahre 1971 geträumt. Die Bewegung der an die Vakuumfluktuationen zwischen den Spiegeln unseres Hohlraums gekoppelten kreisförmigen Rydberg-Atome war leicht zu berechnen. Die im vorigen Kapitel dargelegte Theorie des ›bekleideten‹ Atoms (*dressed atom*) besagt, dass ein Atom, das in den kreisförmigen Zustand $n = 51$ gebracht wurde und in den anfänglich leeren Hohlraum eintritt, zwischen diesem Zustand und dem kreisförmigen Zustand $n = 50$ oszilliert und dabei periodisch ein einzelnes Photon aussendet und absorbiert. Dieses Phänomen musste bei der Rabi-Frequenz $\nu_{R,0} = 50$ kHz auftreten, deren Wert allein vom Radius unserer Riesenatome und vom Rauminhalt des Hohlraumfelds abhing.

Um diese Oszillation beobachten zu können, musste die Frequenz des atomaren Übergangs zwischen den Zuständen $n = 51$ und $n = 50$ (im Folgenden als e und g bezeichnet) genau mit der des Hohlraumfelds übereinstimmen. Diese Resonanzbedingung ließ sich über die Amplitude des zwischen den Spiegeln befindlichen elektrischen Feldes herstellen. Die Oszillation entspricht einer periodischen Bewegung des Atom-Feld-Systems zwischen den Zuständen $|e,0>$ und $|g,1>$, die das Atom in Zustand e in Gegenwart des Vakuums beziehungsweise in Zustand g in Gegenwart eines einzelnen Photons beschreiben. Wie wir im vorigen Kapitel gesehen haben, kann sie als ein Quanteninterferenzeffekt zwischen den Wahrscheinlichkeitsamplituden interpretiert werden, die mit zwei Pfaden verbunden sind, denen das System im Energiediagramm des vom Hohlraumfeld umhüllten Atoms folgt. Um die Oszillation beobachten zu können, muss das Photon zwischen den Spiegeln länger überdauern als die Zeitspanne $1/\nu_{R,0}$ von 20 Mikrosekunden. Daher konnten wir sie bereits 1996 mit einem noch unvollkommenen Resonator beobachten, der die Photonen nur etwa 100 Mikrosekunden lang festhielt.

Das einzelne kreisförmige Atom durchlief den Hohlraum auf einer horizontalen Bahn. Es wurde im Zustand *e* injiziert und konnte über eine festgelegte Zeitspanne *t* mit dem Hohlraumfeld wechselwirken, bevor die Kopplung von Atom und Feld durch eine abrupte Änderung des zwischen den Spiegeln liegenden elektrischen Feldes unterbrochen wurde. Da die Resonanzbedingung nun nicht mehr erfüllt war, wurde die Entwicklung des Systems zu diesem Zeitpunkt eingefroren, und das den Hohlraum verlassende Atom wurde per Ionisierung in dem Zustand nachgewiesen, den es zum Zeitpunkt *t* erreicht hatte.

Durch zahlreiche Wiederholungen des Experiments konnte die Wahrscheinlichkeit ermittelt werden, dass sich das Atom zum Zeitpunkt *t* im Zustand *e* oder *g* befindet. Dann wurde der Beobachtungszeitpunkt geändert und die Datenerfassung zu einem anderen Zeitpunkt *t'* wiederholt. Auf diese Weise konnte man die zeitabhängige Wahrscheinlichkeit rekonstruieren, mit der das Atom in *e* oder *g* angetroffen wird. Diese Wahrscheinlichkeit zeigte das typische Schwingungssignal, auf das wir seit unseren Experimenten mit dem Rydberg-Atom-Maser vor gut zehn Jahren so sehnsüchtig gewartet hatten. Der kohärente Austausch eines Quants zwischen Atom und Hohlraum spielte sich als faszinierendes Quanten-Pingpong vor unseren Augen ab.

Damals beobachteten wir nur drei oder vier Schwingungen. Deren Anzahl war einerseits durch die Lebensdauer des Photons und andererseits durch die Zeitspanne von rund hundert Mikrosekunden begrenzt, welche ein Atom brauchte, um den Hohlraum mit einer thermischen Geschwindigkeit von 200 bis 300 m/s zu durchqueren. Seitdem haben wir viele weitere Rabi-Oszillationen im Vakuum beobachtet, indem wir langsame, lasergekühlte Atome mit hochwertigen Resonatoren wechselwirken ließen. Die vertikal von unten nach oben in den Hohlraum injizierten Atome durchlaufen diesen in einer Millisekunde, womit wir derzeit bis zu zwanzig Schwingungen erreichen.

Die Rabi-Oszillation im Vakuumfeld erzeugt eine Quantenverschränkung zwischen Atom und Feld. Die Wechselwirkungszeit zwischen diesen beiden Systemen kann so eingestellt werden, dass sie sich beim Verlassen des Hohlraums im Zustand $|e,0\rangle + |g,1\rangle$ befinden, der die von Einstein in der berühmten EPR-Arbeit analysierte Quantenkorrelationen wiedergibt (siehe Kapitel V). Um diese Verschränkung zu erzeugen, ist nur eine Viertel-Rabi-

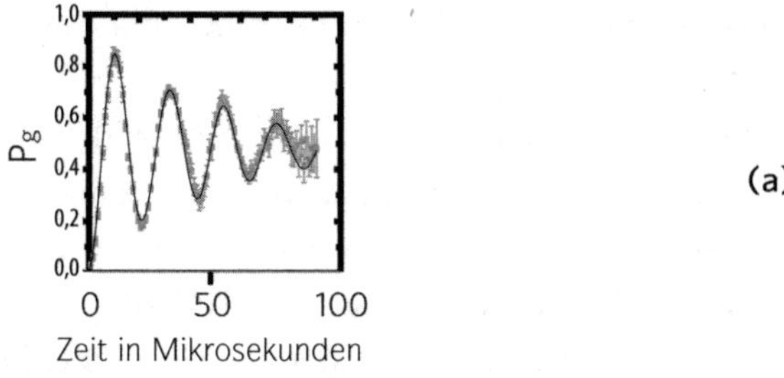

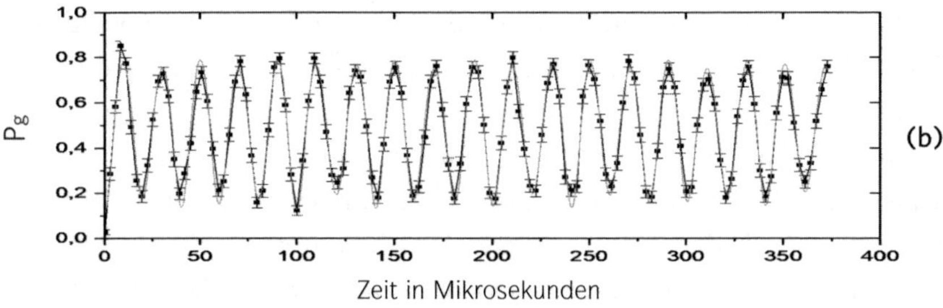

Abb. VII.3. Rabi-Oszillationen im Vakuumfeld. (a) 1996 beobachtetes Signal mit kreisförmigen Rydberg-Atomen, die den Hohlraum in etwa 100 Mikrosekunden durchqueren. Die Lebensdauer des im Hohlraum befindlichen Photons liegt in der Größenordnung von 100 Mikrosekunden. Injiziert man die Atome nacheinander im Zustand *e* in einen leeren Hohlraum und wiederholt das Experiment viele Male mit zunehmender Wechselwirkungszeit zwischen Atom und Hohlraum, so stellt man fest, dass die zeitabhängige Wahrscheinlichkeit, das Atom im Zustand *e* anzutreffen, regelmäßig oszilliert, wie bei einem Quanten-Pingpong: Atom und Feld tauschen reversibel ein Energiequant aus. Bei den Maxima und Minima der Schwingung befindet sich das Atom-Feld-System in den Zuständen |g,1> beziehungsweise |e,0>. Dazwischen befindet sich das System in einem verschränkten Zustand zwischen Atom und Feld. (*Nach Brune et al., Physical Review Letters, 1996*). (b) Dasselbe Signal wird bei »kalten« kreisförmigen Rydberg-Atomen in einem Hohlraum beobachtet, der das Photon 10 Mikrosekunden festhält. Bei diesem Experiment ist der Atomstrahl vertikal. Die Rubidiumatome werden durch Laserbestrahlung in einer magnetooptischen Falle unterhalb des Hohlraums gekühlt. Anschließend injiziert man sie durch einen vertikalen Laserimpuls mit einer Geschwindigkeit von 8 m/s in den Hohlraum. Dort werden sie in den kreisförmigen Rydberg-Zustand gebracht. Dies geschieht durch optische Anregung und anschließende Wechselwirkung mit einem zirkular polarisierten Hochfrequenzfeld, das durch Elektroden erzeugt wird, die den Hohlraumspiegel umgeben. Das Quanten-Pingpong dauert nun viel länger, mit etwa zwanzig Austauschen anstelle von drei oder vier. (*Experiment von Fréderic Assemat und Sébastien Gleyzes, 2019*)

Oszillation nötig, und so konnten wir die Experimente, die das Phänomen aufzeigen, bereits 1996 durchführen.

Quantenknoten

Die uns auf diese Weise gebotene Möglichkeit, die Verschränkung von Atom und Feld zu untersuchen, war für uns ungemein aufregend, denn sie näherte uns einer Forschungsrichtung an, die sich zu dieser Zeit sehr aktiv entwickelte: Die Quanteninformatik nämlich, die darauf abzielte, Rechen- und Kommunikationsmethoden mithilfe der Quantenlogik zu erneuern. Die Manipulation einzelner Quantensysteme wurde plötzlich in einem neuen Licht gesehen.

Informationen in manipulierbare Quantensysteme einzuschreiben, die an Ionen, Atomen oder Photonen forschende Wissenschaftler in ihren Labors entwickelten – diese Vision regte die Phantasie von Informatikern und Mathematikern an. Sie erfanden Algorithmen, welche die Eigenart der Quanten ausnutzten, um effizienter oder schneller zu rechnen oder zu kommunizieren als dies mit herkömmlichen Geräten möglich war.

Umgekehrt führte das Auftauchen der Algorithmen dazu, dass Atomphysiker ihre Forschung hin zur Quanteninformatik ausrichteten, indem sie ihre Experimente als Demonstration grundlegender Verfahren der Quantenrechnung beziehungsweise Quantenkommunikation darstellten. Artur Ekert, ein britischer Quanteninformationstheoretiker, spielte Mitte der 1990er-Jahre eine wichtige Rolle bei der Annäherung von experimenteller Atomphysik und Computerwissenschaft. Als wir uns einmal auf einer Tagung begegneten, erklärte er mir, unser Versuchsaufbau mit Rydberg-Atomen im Hohlraum sei die ideale Apparatur zur Herstellung eines Quantengatters, das doch die Grundlage für das liefere, was eines Tages ein Quantencomputer sein könne. Ich ging aus diesem Gespräch wie Molières Bürger Jourdain, der doch stets gewöhnliche Prosa gesprochen hatte, ohne es zu wissen … Nur sah es hier so aus, als würde ich Quanteninformatik betreiben, ohne mir dessen bewusst zu sein!

Auf gewisse Weise machte die von uns so geliebte Grundlagenforschung nun einen Schlenker in die angewandte Wissenschaft. Ich muss zugeben, dass meine Forschungsgruppe dieser Tendenz widerstrebend gegenüberstand, denn unserer Ansicht nach gab es noch viel Theoretisches zu klären, bevor man an mögliche Anwendungen denken konnte. Wir befürchteten, wenn wir bei der Präsentation unserer Arbeiten zu früh eine nutzvolle Anwendung garantierten, würden wir zu hoch pokern – ein Phänomen, das in der Wissenschaft nicht selten ist.

Bei der weiteren Verbesserung unserer Resonatoren sind wir jedoch dem Hype um die Quanteninformatik gefolgt und haben einen Teil unserer Arbeit in die neue Richtung gelenkt, indem wir den Eigenschaften von Rabi-Oszillationen im Vakuumfeld nachgingen. Insbesondere interessierten wir uns für die Eigenschaften verschränkter Zustände der Form |e,0>+|g,1>, die durch die Oszillation erzeugt werden, wenn diese auf eine Viertel-Rabi-Periode begrenzt ist.

Durch den Nachweis des Atoms am Ausgang des Hohlraums brachten wir das Feld dazu, in einen Photonenzustand zu kollabieren, der mit dem gemessenen Atomzustand korreliert. Trafen wir das Atom im Zustand *e* an, so war das Feld leer. Es handelte sich dagegen um einen Ein-Photonen-Zustand, wenn wir das Atom im Zustand *g* antrafen. Mischten wir die Atomzustände *e* und *g* durch einen Mikrowellenimpuls, nachdem das Atom den Hohlraum verlassen hatte, so rief die endgültige Messung des Atoms ein Feld im Zustand |0> + |1> oder |0> – |1> hervor.

Eine kohärente Überlagerung von Photonenzuständen ließ sich auch herstellen, indem wir ein Atom im überlagerten Zustand |e> + |g> in den Hohlraum schickten, bevor wir es einem halbperiodischen Rabi-Impuls im Vakuumfeld aussetzten. Das Ergebnis eines solchen Vorgangs war leicht vorherzusagen, wenn man das Prinzip der Überlagerung anwandte: Ein Atom im Zustand |e> würde sich nach einer halben Oszillation im Zustand |g> befinden, wenn es ein Photon in den Hohlraum abgegeben hatte. Falls es sich im Zustand |g> befand, würde es dagegen in diesem Zustand verharren und der Hohlraum bliebe leer. Präparierte man das Atom in der Überlagerung dieser beiden Zustände, so würde man am Hohlraumausgang die Überlagerung der beiden Situationen vorfinden – das Atom würde im Zustand |g> austreten, und zwar mit einem im Zustand |0> + |1> vorbereiteten Feld. Umgekehrt konnte dieser Zustand in eine atomare Überlagerung zurückverwandelt werden, wenn man ein zweites Atom im Zustand *g* durch den Hohlraum schickte, wo es ebenfalls eine halbe Rabi-Oszillation erfahren würde. Diese Experimente offenbarten das Wirken eines »Quantengedächtnis«, das den Quantenzustand eines Atoms ins Hohlraumfeld einschreibt, aus dem er anschließend mithilfe eines weiteren Atoms ausgelesen werden kann.

In der Fortsetzung dieser Experimente gelang uns dank der Wechselwirkung zwischen Atom und Feld die Überlagerung von zwei oder sogar drei aufeinanderfolgenden Atomen. Diese »Quantenknoten«-Experimente nutzen die Kombination von Rabi-Pulsen mit einer Viertelperiode (Rabi-Puls $\pi/2$), einer halben Periode (Puls π) und einer vollen Periode (Puls 2π). Man kann in ihnen elementare Schritte einer quantischen Informationsverarbeitung sehen. Die in den 1990er-Jahren erworbene Kunstfertigkeit beim Jonglieren mit Atomen und Photonen kam uns sehr zugute, da wir die von uns geplanten Experimente zur Grundlagenphysik mit einem Hohlraum durchführen konnten, in dem Photonen über eine Zehntelsekunde gefangen waren.

Wie kann man Photonen sehen, ohne sie zu zerstören?

Während all dieser Jahre träumten wir davon, Photonen und Atome so zu handhaben, dass sich Licht kontrollieren ließe, ohne es zu zerstören. Wir stellten uns exotische Feldzustände für unseren Hohlraum vor. Im Jahr 2006 wurde der Traum Wirklichkeit. Bevor wir aber zu den konkreten Experimenten kommen, möchte ich kurz in die virtuelle Welt der Gedankenexperimente zurückkehren. So lassen sich die Grundsätze verständlich machen, die uns bei der Entwicklung unserer Methoden zur zerstörungsfreien Kontrolle von Licht geleitet haben. Das wichtigste Prinzip lautet, dass eine auf dem Energieaustausch zwischen Licht und Materie beruhende Feldmessung unbedingt zu vermeiden ist. Wie wir gesehen haben, werden die Photonen in diesem Fall unweigerlich zerstört. Den Photonen müssen Informationen daher viel vorsichtiger entnommen werden. Und als Erstes kommt einem an dieser Stelle in den Sinn, nicht die Energie der Photonen, sondern ihren Impuls nachzuweisen.

Stellen wir uns hierzu vor, unsere einander zugewandten Spiegel bewegten sich frei im Raum, in einem Inertialsystem, das sich in weiter Entfernung von jeglicher Gravitationsmasse befindet. Die zwischen den Spiegeln gefangenen, reflektierten Photonen springen ohne Verlust hin und her. Bei jedem Abprall an den Spiegeln wechselt der Impuls der Photonen das Vorzeichen, und die

Erhaltung dieser Größe bringt mit sich, dass die Spiegel eine Erhöhung ihres eigenen Impulses erfahren. Infolge des Strahlungsdrucks dehnt sich der Hohlraum kontinuierlich aus, wobei der Abstand zwischen den Spiegeln mit der Zeit zunimmt. Würde man nun die auf die Spiegel einwirkende Kraft messen, könnte man also im Prinzip die den Hohlraum durchquerenden Photonen zählen, ohne sie zu zerstören. Dabei handelt es sich natürlich um ein virtuelles Experiment, dessen Realisierung noch unmöglicher ist als Einsteins Photonenwaage.

Zu beachten ist hier, welch wichtige Rolle die Energieerhaltung spielt. Wenn die Spiegel beschleunigt werden, steigt ihre kinetische Energie. Diese Energie kann nur aus der Energie der Photonen gewonnen werden, deren Frequenz nach jedem Abprallen an den Spiegeln abnehmen muss. Die Rotverschiebung des im Hohlraum gefangenen Lichts ist in Wirklichkeit nur ein Dopplereffekt: Ein Beobachter in einem der beweglichen Spiegel würde das auf ihn zukommende Licht zu den längeren Wellenlängen hin verschoben sehen, und diese Verschiebung würde sich nach dem Abprall verdoppeln. Die Ausdehnung des Hohlraums geht also mit einer Spreizung der Wellenlänge der darin enthaltenen Photonen einher, so wie die Ausdehnung des Universums zur kosmologischen Rotverschiebung der Urknallstrahlung geführt hat.

Ein im interstellaren Raum schwebender Hohlraum ist wohl kaum zu verwirklichen. Stellen wir uns also ein etwas realistischeres Experiment vor. Unsere Spiegel sind nun fest im irdischen Labor installiert und fangen dennoch eine Reihe von Photonen des sichtbaren Lichts ein, die verlustfrei zwischen ihnen hin und her springen. Nehmen wir an, zwischen den Spiegeln befände sich eine dünne Scheibe aus vollkommen transparentem Glas. Die Ausbreitungsgeschwindigkeit der Photonen wird dann durch einen Faktor geteilt, der dem Brechungsindex des Glases entspricht. Hierdurch verändert sich Wellenlänge der Strahlung im Innern der Scheibe.

Aber wie eine zwischen zwei Punkten befestigte Geigensaite muss die Feldmode immer eine ganzzahlige Anzahl von Bäuchen zwischen den unbewegten Spiegeln enthalten. Um die längere Laufzeit in der Scheibe auszugleichen, muss die Wellenlänge des Feldes außerhalb des Glases abnehmen, was eine leichte Verschiebung der Feldfrequenz mit sich bringt. Der Einbau der Glasscheibe geht also auch mit einem geringfügigen Energieaustausch zwischen Photonen und Materie einher.

Bei näherer Betrachtung des Experiments zeigt sich, dass die Photonen ab dem Moment, da das Glas in die Mode integriert wird, eine leichte Ablenkung erfahren, wenn sie den Rand der Scheibe passieren. Durch diese Ablenkung ändert sich ihr Impuls und – gemäß dem Prinzip von Aktion und Reaktion – ebenso der Impuls der Scheibe in die entgegengesetzte Richtung. Die Arbeit der auf die Scheibe wirkenden Kraft verändert deren kinetische Energie, wenn auch nur geringfügig. Könnten wir diese Veränderung messen, wären wir auch hier in der Lage, Photonen zerstörungsfrei zu zählen. Das Gedankenexperiment erinnert dann an den beweglichen Spalt im Youngschen Interferometer aus Kapitel V. Es ist in der Praxis ebenso wenig durchführbar, bringt uns aber der tatsächlichen Situation näher.

Ersetzen wir die makroskopische transparente Scheibe, die kein sichtbares Licht absorbiert, durch ein einzelnes Rydberg-Atom, das *nicht* mit dem Mikrowellenfeld in unserem Hohlraum in Resonanz geht. Die Kraft, die das Atom durch das Feld erfährt, führt wie bei der virtuellen transparenten Scheibe zu einer minimalen Veränderung der Energie des Atoms. Durch den Nachweis dieser Veränderung können Informationen über die Anzahl der Photonen im Hohlraum gewonnen werden, ohne sie zu zerstören. Natürlich muss das Atom außerordentlich empfindlich gegenüber dem elektromagnetischen Feld sein – aber genau diese Eigenschaft besitzt ja unser kreisförmiges Rydberg-Atom.

Halten wir jedoch fest, dass die Messung die Photonen zwar nicht zerstört, aber doch beeinflusst. Wie bei dem Gedankenexperiment mit der transparenten Scheibe wird die Frequenz der Photonen leicht verändert, solange diese mit dem sie sondierenden Atom in Wechselwirkung stehen. Dieser Effekt ermöglicht uns im Gegenzug, die Phase des Hohlraumfelds zu kontrollieren. So lässt sich ein Quantenzustand herstellen, der an die Situation von Schrödingers Katze erinnert – dem armen Tier also, das sich zwischen zwei klassisch unterschiedlichen Zuständen befindet. Die zerstörungsfreie Messung von Photonen und die Untersuchung von unbestimmten Zuständen, die Schrödinger als »burleske« Konstrukte bezeichnete, stellen also verwandte Experimente dar, die grundlegende und komplementäre Aspekte der Quantenphysik herausstellen.

Sobald wir im Sommer 2006 in der Lage waren, das Feld in unserem Resonator einzufangen, führten wir ein einfaches erstes Experiment durch: Es gelang uns, erstmals ein Photon kontinuierlich nachzuweisen, ohne es zu zerstören. Hierzu setzten wir kreisförmige Atome ein, die nicht mit dem Feld in Resonanz gehen und die Rolle der oben erwähnten transparenten Scheibe einnehmen. Wir schickten die Atome einzeln in den Hohlraum, dessen Spiegel auf 0,8 Kelvin gekühlt waren, und maßen die verbleibende Wärmestrahlung der Hohlraummode. Das Plancksche Gesetz sagt voraus, dass bei dieser Temperatur das Feld im Hohlraum (mit einer Wahrscheinlichkeit von 95 %) leer sein muss oder (mit einer Wahrscheinlichkeit von 5 %) ein einzelnes Photon enthält. Die Anzahl der Photonen ist also in diesem Fall ein binärer Parameter und nimmt den Wert 0 oder 1 an. Nur in Ausnahmefällen enthält der Hohlraum zwei oder mehr Photonen. Wir mussten daher ein optimales Verfahren entwickeln, durch das das Atom, das ja ebenfalls ein binäres System darstellt, im kreisförmigen Zustand e ($n = 51$) zum Ausgang des Hohlraums gebracht wurde, wenn sich ein Photon in der Feldmode befand, oder aber im kreisförmigen Zustand g ($n = 50$), wenn der Hohlraum leer war.

Das Hohlraumfeld sollte also den Zustand des Atoms kontrollieren, ohne dabei absorbiert zu werden. Wenn ein Atom die Anwesenheit eines Photons meldete, sollten weitere, im Hohlraum aufeinander folgende Atome dieses Ergebnis bestätigen. Im Physikjargon spricht man hier von einer zerstörungsfreien Quantenmessung, einem *Quantum Nondemolition Measurement* (QND). Diese Art der Feldmessung unterscheidet sich grundlegend von der gewöhnlichen Photodetektion, bei der der Hohlraum nach einem Klick, der das Vorhandensein eines Photons signalisiert, für das darauf folgende Sondenatom leer bleibt.

Die erstmalige Durchführung des Experiments fiel auf den 11. September 2006, meinen 62. Geburtstag. Als ich abends mit meinen Gästen beim Essen saß, rief mich Stephan Kuhr an, der deutsche Postdoktorand, der den Versuch an diesem Abend überwachte. Er sagte mir, dass man den ganzen Tag noch feinste Anpassungen vorgenommen hätte, nun aber bereit sei, mit den Messungen zu beginnen. Noch vor dem Nachtisch eilte ich zurück ins Labor, um dort zu verfolgen, wie sich das lang ersehnte Signal auf dem Computerbild-

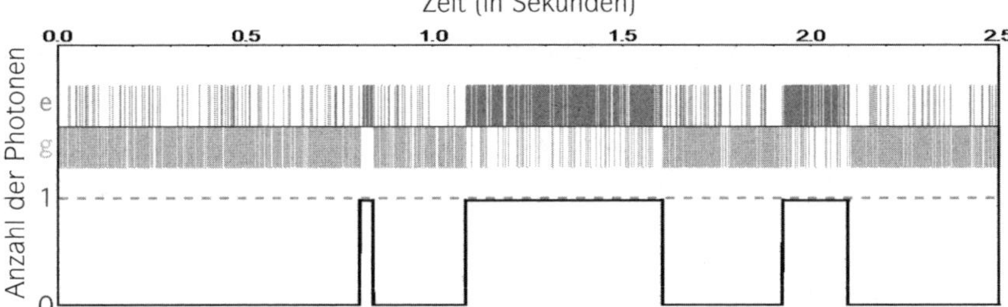

Abb. VII.4. Leben und Tod eines Photons. 200 Atome pro Sekunde durchlaufen den Hohlraum und messen zerstörungsfrei die Anzahl (0 oder 1) der zwischen den Spiegeln eingeschlossenen thermischen Photonen (die Wahrscheinlichkeit, dass der Hohlraum zwei oder mehr Photonen enthält, ist bei der Temperatur des Experiments zu vernachlässigen). Die Balken entsprechen den Atomen, die im Zustand *e* ($n = 51$) beziehungsweise im Zustand *g* ($n = 50$) nachgewiesen wurden. Das Signal setzt sich aus aufeinanderfolgenden Atomen zusammen, die zumeist im gleichen Zustand entdeckt werden. Die Reihen sind unterbrochen von Quantensprüngen, die für die Geburt oder den Tod eines Photons stehen. Der Nachweis von Atomen, die sich auf einer anderen Ebene befinden als die Mehrheit, ist auf experimentelle Unzulänglichkeiten zurückzuführen. Das in der Mitte der abgebildeten Spur entdeckte Photon überdauerte mehr als eine halbe Sekunde – das Dreifache der durchschnittlichen Lebensdauer der Photonen in unserem Hohlraum.

schirm aufbaute: Eine Abfolge roter vertikaler Balken, die anzeigten, dass die Atome den Hohlraum im Niveau *e* verließen – was bedeutete, dass der Hohlraum ein Photon enthielt. Und kurz danach eine Reihe blauer Balken, die das Niveau *g* abbildeten und damit signalisierten, dass der Hohlraum leer war.

Das Experiment wurde im Sekundentakt wiederholt, wobei jedes Mal eine andere Spur aus roten, von blauen Intervallen abgegrenzten Intervallen entstand. Die roten Sequenzen, die von Hunderten nacheinander den Hohlraum durchquerenden Atomen stammten, stellten eindeutig die lichterhaltende Qualität des Verfahrens heraus. Statistisch gesehen betrug die durchschnittliche Dauer der roten Intervalle 5 % der gesamten Beobachtungszeit und die der blauen Intervalle 95 %. Sämtliche Eigenschaften des Planckschen Gesetzes traten direkt zutage. Nach jahrelangen Bemühungen erleben zu können, wie die Natur uns hier eine ihrer grundlegenden Eigenschaften offenbarte, war eine unbeschreibliche Freude. Ich ging nach Hause, um Claudine und der Familie die Neuigkeit zu überbringen. Man hatte schon auf mich gewartet und über die Unsitte von Physikern gescherzt, zu unmöglichen Zeiten zu arbeiten. Wir stießen an diesem Abend nicht nur auf meinen Jahrestag, sondern auch auf das geglückte Experiment an. Später nahm ich noch ein paar Flaschen Champagner mit zur ENS, wo wir erneut das Glas erhoben, während wir die ganze Nacht hindurch Daten aufzeichneten, von denen wir unsere Blicke kaum abwenden konnten.

Wie lässt sich nun die Information zur Photonenzahl aus dem Zustand der zwischen den Spiegeln hindurchgehenden Rydberg-Atome ablesen? Die Frequenz des Übergangs zwischen den Niveaus e und g weicht geringfügig von der Frequenz der Hohlraummode ab. Eine Frequenzverstimmung δ von rund 100 kHz reicht aus, um jegliche Photonenabsorption durch das Atom zu vernachlässigen. Jedes auf diese Weise »transparent« gemachte Atom verändert die Feldfrequenz durch einen Indexeffekt – und zwar auf dieselbe Weise, wie es ein in den Hohlraum eingesetztes mikroskopisches Glasplättchen tun würde. Je nachdem, ob sich das Rydberg-Atom im Niveau e oder g befindet, erhöht oder verringert sich diese Frequenz geringfügig um den Wert $\Delta\nu$ in der Größenordnung von einigen Kilohertz. Der Wert dieser Frequenzverschiebung hängt von der Frequenzfehlanpassung δ zwischen Atom und Hohlraummode ab und kann fein abgestimmt werden. Die Gesamtenergie eines Hohlraums mit N Photonen verändert sich also um $\pm Nh\Delta\nu$. Durch das Prinzip der Energieerhaltung erfährt das zwischen den Spiegeln befindliche Atom eine Energieveränderung seiner Niveaus um eben diesen, zur Anzahl der Photonen proportionalen Wert. Dieser Effekt ist nichts anderes als die uns schon bekannte, von Claude Cohen-Tannoudji entdeckte Lichtverschiebung, die bei Experimenten zur Laserkühlung von Atomen eine wichtige Rolle spielt.

Die Frequenzverschiebung des Feldes und die Verschiebung der Atomenergien sind also zwei komplementäre Effekte, die in den Prozessen der nichtresonanten Wechselwirkung zwischen Materie und Licht gewissermaßen für das Prinzip von Aktion und Reaktion stehen. Die Messung der Photonenzahl läuft daher auf die Messung der Energie $Nh\Delta\nu$ hinaus, die bei dieser nichtresonanten Wechselwirkung vom Feld auf das Atom übertragen wird. Diese Energie ist im Vergleich zur Gesamtenergie $Nh\nu$ des Feldes äußerst gering. Die durch ein Atom hervorgerufene relative Frequenzverschiebung des Hohlraums $\Delta\nu/\nu$ liegt in der Größenordnung von 10^{-7}, also einem Zehnmillionstel. Der Aufwand an Energie, der für die Bestimmung der Photonenzahl im Hohlraum zu zahlen ist, ist also winzig im Vergleich zu dem, was eine Messung durch den photoelektrischen Effekt kosten würde, bei der die Photonen aus dem Hohlraum absorbiert würden.

Bei näherer Betrachtung kostet die zerstörungsfreie Messung eigentlich gar nichts. Denn die Energie $Nh\Delta\nu$ wird nur vorübergehend zwischen Feld und Atom ausgetauscht. Wenn das Atom den Hohlraum nach dessen Durchquerung verlässt, hören Materie und Licht auf wechselzuwirken, und jedes der beiden Systeme erhält seine ursprüngliche Energie zurück, ohne dass sich die Anzahl der Photonen geändert hätte. Will man die Metapher des Tauschhandels fortführen, ist es daher zutreffender zu sagen, dass sich das Atom kurzzeitig einen sehr kleinen Teil der Feldenergie ausleiht und ihn zurückgibt, bevor es gemessen wird. Die kurze Aneignung ermöglicht es ihm, Informationen über die Anzahl der Photonen aufzuzeichnen, die wir anschließend entschlüsseln müssen.

Ein klassisches Entschlüsselungsverfahren bestünde darin, die unmittelbare Auswirkung der vom Feld auf das Atom ausgeübten Kraft zu messen. Denn das Atom wird ja vorübergehend beschleunigt oder verlangsamt, während es zwischen den Spiegeln hindurchläuft. Anstatt diese direkte, praktisch nicht durchführbare Messung vorzunehmen, nutzen wir eine Methode der Quanteninterferometrie, die auf der Phasenmessung einer Überlagerung von den Hohlraum durchquerenden Atomzuständen beruht.

Bevor das einzelne Atom in das System eintritt, wird es in einem kleinen zusätzlichen Hohlraum R_1 einem $\pi/2$-Mikrowellenimpuls ausgesetzt, der es vom Zustand g in eine gleichgewichtige Überlagerung der beiden kreisförmigen Rydberg-Zustände e und g bringt. Diese Überlagerung entspricht ja einem elektrischen Dipol, der in der Kreisbahnebene mit der Frequenz des atomaren Übergangs zu rotieren beginnt. Die Frequenz ist um den Betrag $2N\Delta\nu$ verschoben, wenn sich N Photonen im Hohlraum befinden (ein Niveau ist um $+Nh\Delta\nu$, das andere um den entgegengesetzten Betrag $-Nh\Delta\nu$ verschoben, daher der Faktor 2 im Ausdruck für die Frequenzverschiebung der Überlagerung).

Die Information über die Photonenzahl wird also in die Phase des rotierenden Dipols eingeschrieben. Die feldinduzierte Phasenakkumulation von N Photonen während der Zeitspanne T, die das Atom zwischen den Spiegeln verbringt, beträgt somit $2N\Delta\nu T$. Die Empfindlichkeit der kreisförmigen Rydberg-Atome gegenüber dem Feld ist so groß, dass die Phasenverschiebung pro Photon $2\Delta\nu T$ den Wert π (also 180°) erreichen kann. Zur Messung der Phase der Zustandsüberlagerung wird ein zweiter Mikrowellenimpuls angewandt, der das Atom beim Verlassen des Hohlraums in einem weiteren, mit R_1 baugleichen zusätzlichen Hohlraum R_2 trifft. Der endgültige Zustand des Atoms wird dann in einem Ionisationsdetektor hinter R_2 gemessen. Das Ergebnis ist eine binäre Information, die angibt, ob sich das Atom in *e* oder *g* befindet. Die zusätzlichen Hohlräume R_1 und R_2 mit dem photonenspeichernden Hohlraum in ihrer Mitte bilden zusammen ein Ramsey-Interferometer. Es ist nach dem amerikanischen Physiker Norman Ramsey benannt, der Schüler von Rabi und wiederum Mentor von David Wineland war und die Apparatur 1949 erfand, um die Quantenphase eines zwischen zwei Niveaus schwingenden Systems präzise zu messen.

Das anfangs im Zustand *g* vorbereitete und am Ende im Zustand *e* oder *g* nachgewiesene Atom durchläuft zwei Pfade, deren Wahrscheinlichkeitsamplituden sich in der Anordnung überlagern. Wenn es am Ende in *e* angetroffen wird, dann entweder, weil es in R_1 von *g* nach *e* gewechselt ist und auch beim Durchqueren von R_2 in *e* geblieben ist, oder aber weil es nach dem Impuls in R_1 in *g* geblieben ist und erst in R_2 von *g* nach *e* übergegangen ist. Im ersten Fall hat es sich innerhalb des Hohlraums im Zustand *e* befunden, im zweiten Fall hat es ihn im Zustand *g* durchquert. Da das Experiment keinerlei Auskunft über den Zustand des Atoms zwischen R_1 und R_2 geben kann, überlagern sich die den beiden Wegen zugeordneten Wahrscheinlichkeitsamplituden und es kommt zu einem Interferenzphänomen. Um dieses zu beobachten, genügt es, die Frequenz ν der zusätzlichen Mikrowelle, welche die Impulse $\pi/2$ in R_1 und R_2 ausführt, im Bereich der Atomfrequenz ν_0 abzutasten. Die Wahrscheinlichkeit, das Atom schließlich in *e* anzutreffen, schwankt bei der Abtastung von ν periodisch zwischen 0 und 1 und bildet ein sogenanntes Ramsey-Signal. Dessen Streifen sind umso schmaler, je weiter die beiden Impulse R_1 und R_2 zeitlich auseinanderliegen. Die Empfindlichkeit der Streifen gegenüber kleinen Schwankungen von ν ist also umso größer, je langsamer das Atom ist, da es länger braucht, um den Hohlraum auf seinem Weg von R_1 nach R_2 zu durchqueren. Misst man statt der Wahrscheinlichkeit, das Atom in Zustand *e* anzutreffen, die Wahrscheinlichkeit, es in *g* zu entdecken, so erhält man gegenphasige Ramsey-Streifen, wobei die beiden Streifenreihen einfach ihre Maxima und Minima austauschen.

Interessant ist dieses Interferometrieverfahren vor allem deshalb, weil es so empfindlich auf eine Phasenänderung in der Überlagerung der untersuchten

Zustände reagiert. Wenn sich die Phasendifferenz zwischen den beiden Wahrscheinlichkeitsamplituden um π ändert, verschieben sich die Ramsey-Streifen um genau einen halben Zwischenstreifen, wodurch ein Wahrscheinlichkeitsmaximum zu einem Minimum wird. Stellt man die Frequenzverstimmung des Rydberg-Atoms mit dem Hohlraum so ein, dass die Phasenverschiebung pro Photon $2\Delta\nu T$ gleich 180° ist, so erhält man Streifen mit entgegengesetzter Phase, je nachdem, ob der Hohlraum 0 oder 1 Photon enthält. Legt man ν so fest, dass man das Atom garantiert in *e* antrifft, wenn der Hohlraum 1 Photon enthält, so trifft man es mit Sicherheit in *g* an, wenn dieser leer ist. Eben diese idealen Bedingungen ermöglichten es uns, die am 11. September 2006 beobachteten Signale zu erhalten. Enthält der Hohlraum übrigens eine größere Anzahl an Photonen, so misst das auf diese Weise eingestellte Ramsey-Interferometer die Verteilung der Photonenzahl, da bei $N = 1{,}3{,}5 \ldots$ sämtliche Atome in *e*, und bei $N = 0{,}2{,}4 \ldots$ in *g* nachgewiesen werden.

Dabei fällt auf, wie sehr sich die Interferometer von Ramsey und Young gleichen. Die Bereiche R_1 und R_2 spielen eine ähnliche Rolle wie der Youngsche Doppelspalt. Da man unmöglich wissen kann, ob das Atom in R_1 oder in R_2 von *g* zu *e* übergeht, bleibt die Quantenambiguität erhalten, die zur Beobachtung der Ramsey-Streifen führt. Und genauso kommt es durch die Unwissenheit darüber, welchen Spalt das Teilchen in Youngs Experiment nimmt, zu den sich statistisch aufbauenden Interferenzstreifen auf dem Beobachtungsschirm. Die Änderung der Phasenakkumulation des atomaren Dipols zwischen R_1 und R_2 durch Einbringen eines Photons in den Hohlraum entspricht dem Einsetzen einer durchsichtigen Scheibe hinter einem der beiden Youngschen Spalte. Durch eine Veränderung des Gangunterschieds zwischen den beiden Pfaden verschiebt die Scheibe die Streifen, so wie das Photon im Hohlraum die Ramsey-Streifen verschiebt. Auch hier zeigen sich die komplementären Rollen von Atom und Feld. Das Atom verändert die Phase (und damit die Frequenz) des Feldes, das Photon verändert die Phase der den Hohlraum durchquerenden atomaren Überlagerung.

Die Frequenzverschiebung $\Delta\nu$, die der atomare Übergang zwischen den Zuständen *e* und *g* erfährt, wenn der Hohlraum ein Photon enthält, wird durch das Dressed-Atom-Modell mit der Frequenz $\nu_{R,0}$ der Rabi-Oszillation des Atoms im Vakuumfeld in Beziehung gesetzt. Es wird in guter Näherung gezeigt, dass $\Delta\nu$ gleich $\nu_{R,0}{}^2/2\delta$ ist. Wenn die Frequenzverstimmung δ in der Größenordnung von $2\nu_{R,0}$ liegt – was ausreicht, um die Absorptionswahrscheinlichkeit des Photons durch das Atom vernachlässigbar zu machen –, bewirkt die Streuwirkung der Atom-Feld-Kopplung also im atomaren Übergang eine Frequenzverschiebung $2\Delta\nu$ in der Größenordnung von $\nu_{R,0}/2$ = 25 kHz liegt. Die Zeit *T*, die das nichtresonante Atom benötigt, um eine Verschiebung von π Radiant pro Photon im Interferometer zu akkumulieren, beträgt dann etwa 20 Mikrosekunden – was in der gleichen Größenordnung liegt wie die Zeit, die für zwei vollständige Rabi-Oszillationen im Vakuumfeld benötigt wird, wenn das Atom in Resonanz ist. In beiden Fällen ist das Atom in der Lage, innerhalb kürzester Zeit Informationen über das Photon zu erhalten – die Spanne liegt in der Größenordnung von einem Tausendstel der Lebensdauer des Hohlraumfelds. Diese extreme Empfindlichkeit des Atoms gegenüber Mikrowellenfeldern hat sich als wesentliche Voraussetzung für sämtliche Experimente zur Photonenzählung und Photonenmanipulation erwiesen, die wir seit 2006 im Rahmen der Hohlraum-Elektrodynamik durchführen konnten.

Zurück zum Youngschen Experiment mit beweglichem Spalt

Die Entwicklung des Ramsey-Interferometers brachte uns Anfang der 2000er-Jahre dazu, über den Unterschied zwischen den vakuuminduzierten Rabi-Oszillationen in unserem Resonator und den Mikrowellenimpulsen nachzudenken, welche die Überlagerungen der Atomzustände in den Ramsey-Zonen vor und hinter dem Hohlraum herbeiführen. Das Feld, welches bewirkt, dass das Atom in diesen Zonen zwischen den Zuständen *e* und *g* schwebt, ist ein klassisches Feld. Es bringt das Rydberg-Atom in eine Zustandsüberlagerung, ohne selbst verändert zu werden. Die in diese Zonen injizierten Photonen verbleiben dort nur kurze Zeit und können keine Informationen über den Zustand der von ihnen beeinflussten Atome aufzeichnen. Damit verhalten sich die Zonen wie der feste Spalt des Youngschen Interferometers im Gedankenexperiment von Einstein und Bohr.

Das Hohlraumfeld, das zwischen 0 und 1 Photon oszilliert, wenn ein Atom hindurchgeht, ist dagegen analog zu dem beweglichen Spalt im Versuchsaufbau des Gedankenexperiments, weil sein Endzustand mit dem des Atoms verschränkt ist. Dieser Unterschied brachte uns auf die Idee, ein Interferometer

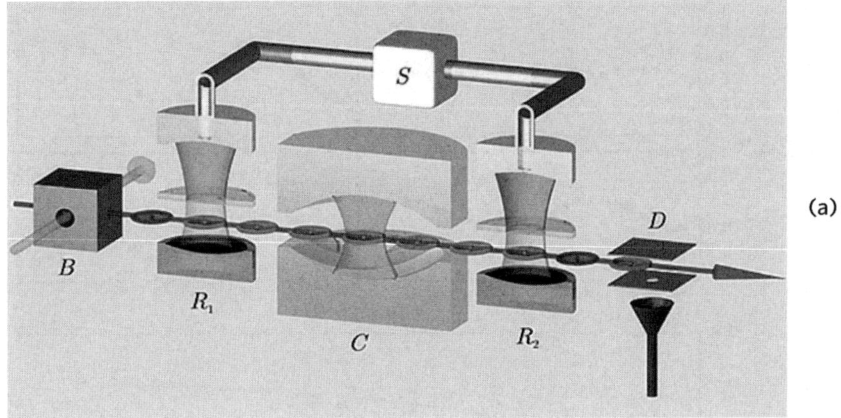

(a)

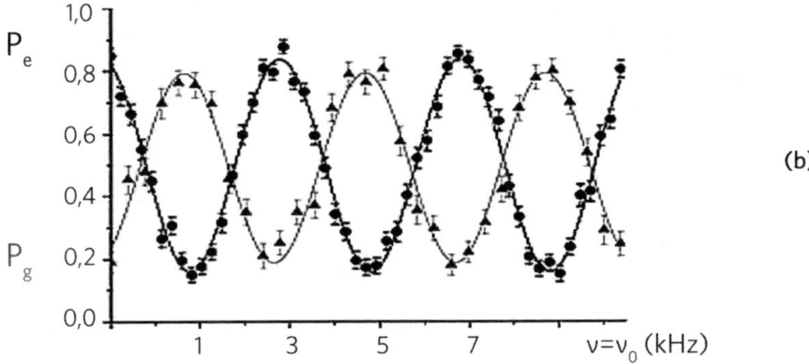

(b)

Abb. VII.5. Mit dem Ramsey-Interferometer lassen sich Photonen zählen, ohne sie dabei zu zerstören. (a) Schematische Darstellung der Apparatur: Die in Kasten B erzeugten kreisförmigen Atome durchlaufen den Hohlraum C, bevor sie in D nachgewiesen werden (durch Ionisierung in einem elektrischen Feld, das selektiv die Zustände *e* und *g* misst). Vor und nach dem Durchqueren von *C* setzt man die Atome in den nebenliegenden Hilfshohlräumen R_1 und R_2 zwei $\pi/2$-Mikrowellenimpulsen aus, die von der kohärenten Quelle *S* erzeugt werden. (b) Wahrscheinlichkeit des Nachweises von Atomen in *e* (Punkte) und *g* (Dreiecke) in Abhängigkeit von der Frequenz ν der im Bereich der Atomfrequenz ν_0 abgetasteten Mikrowelle. Die Phasenverschiebung pro Photon des atomaren Dipols ist gleich π. Reguliert man ν so, dass das Interferometersignal an das Maximum eines Streifens angepasst ist, dann werden die Atome – abhängig davon, ob das Feld eine gerade oder ungerade Anzahl Photonen enthält – in dem einen oder dem anderen Zustand nachgewiesen.

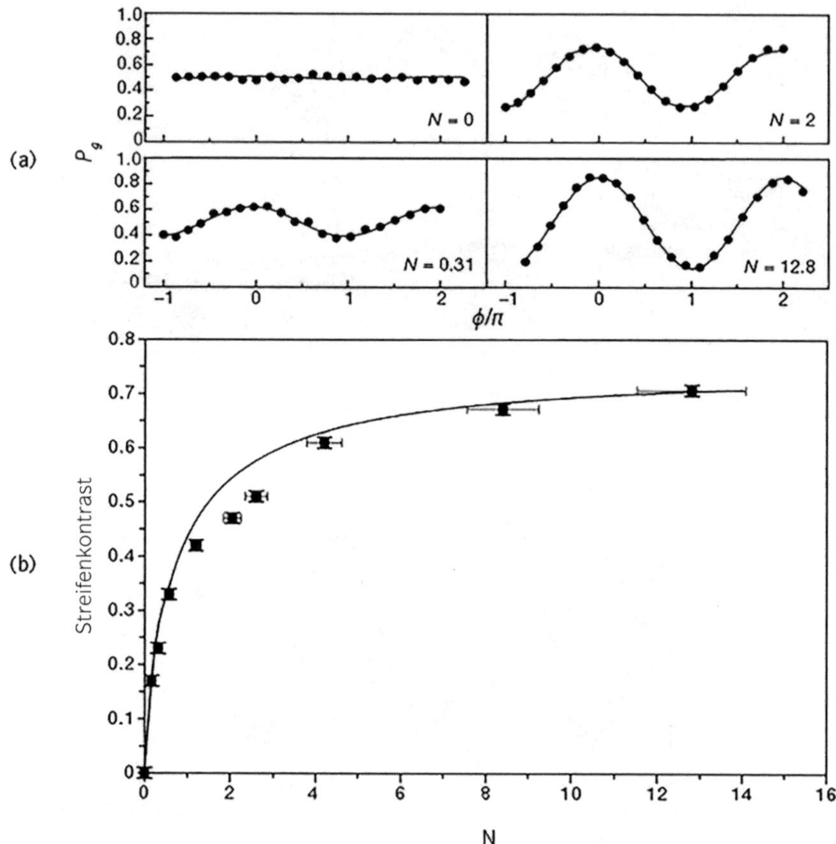

Abb. VII.6. (a) Streifen eines Ramsey-Interferometers, bei dem der erste Impuls $\pi/2$ in einem kohärenten Feld erzeugt wird, das im Mittel eine sehr geringe Photonenzahl N enthält. Der zweite Impuls erfolgt klassisch. Auf diese Weise erhält man das Äquivalent zu dem Gedankenexperiment mit einem kleinen beweglichen Youngschen Spalt. Es ist zu erkennen, dass der Streifenkontrast, der für $N = 0$ gleich null ist, stetig zunimmt, je klassischer das Feld wird. (b) Streifenkontrast in Abhängigkeit von N (experimentelle Punkte und theoretische Kurve).

zu bauen, das die beiden Impulsformen kombiniert: zum einen vermischen sich die Zustände *e* und *g* nach Quantenart, indem Atom und Hohlraumfeld miteinander verschränkt werden, zum anderen wird das Atom einem klassischen Mikrowellenimpuls ausgesetzt. Auf diese Weise ließe sich ein Interferenzexperiment durchführen, das dem Versuch nahekäme, den sich Einstein und Bohr mit ihrem beweglichen Spalt vorgestellt hatten.

Als wir die kreisförmigen Rydberg-Atome durch die derart veränderte Ramsey-Apparatur laufen ließen, stellten wir fest, dass sich keine Streifen bildeten. Auf dem Weg, den das Atom in der Apparatur zurücklegte, hinterließ der erste Impuls offenbar eine im Prinzip lesbare Information. Hätten wir ein leeres Hohlraumfeld angetroffen, so hätte das Atom das Interferometer im Zustand e durchquert, wohingegen es dies im Zustand g getan hätte, wenn wir im Hohlraum ein Photon gestoßen wären. Es war nicht notwendig, das Feld nachzuweisen, damit die Streifen verschwanden. Allein die Tatsache, dass ihre Erkennung möglich war, genügte zu ihrer Auslöschung.

Zur Vervollständigung des Experiments führten wir den ersten Impuls mithilfe eines kleinen kohärenten Feldes mit ansteigender Amplitude aus, das wir in den Hohlraum injizierten, indem wir diesen kurzzeitig mit einer klassischen Mikrowellenquelle koppelten.

Um sicherzustellen, dass der Impuls die Atome immer zu einer Viertel-Rabi-Oszillation veranlasst, verringerten wir die Wechselwirkungszeit der Atome mit dem Hohlraum umgekehrt proportional zum Amplitudenanstieg des so erzeugten Quantenfelds. Anschließend beobachteten wir ein progressives Wiederauftauchen der Streifen, wenn die Amplitude schrittweise erhöht wurde. Sobald das Hohlraumfeld im Mittel mehrere Photonen enthielt, war nicht mehr nachweisbar, ob das Atom dort ein Photon hinterließ, und die Interferenz konnte sich aufbauen. In ähnlicher Weise würde man im Gedankenexperiment nach Young beobachten, wie sich Streifen mit zunehmendem Kontrast aufbauten, wenn die Masse des beweglichen Spalts erhöht würde, um ihn immer klassischer werden zu lassen. Damit konnten wir das Prinzip der Komplementarität veranschaulichen, indem wir uns so genau wie möglich an die von Einstein und Bohr ausgetauschten Argumente aus dem Jahr 1927 hielten.

Lichtquanten zählen, Quantensprünge sehen

Kehren wir nun zu den Experimenten mit unserem Hohlraumresonator zurück. Nachdem wir einzelne Photonen beobachten konnten, ohne sie zu zerstören, weiteten wir unser Verfahren aus, um nun Photonenzahlen über null zerstörungsfrei zu zählen. Wie wir noch sehen werden, weist der Versuch

Ähnlichkeiten zum zweiten berühmten Gedankenexperiment von Bohr und Einstein auf: der Photonenwaage.

Zum besseren Verständnis des Experiments müssen wir einen genaueren Blick auf das in den Hohlraum injizierte Feld werfen. Es handelt sich um ein kleines kohärentes Feld, das von einer konventionellen Quelle erzeugt wird. Es strahlt einen sehr kurzen Mikrowellenimpuls in die leere Kammer ab, der quer zur Achse der Spiegel verläuft. Einige Photonen werden an den Rändern der reflektierenden Oberflächen gebeugt und fallen in den Hohlraummodus, wo sie etwa einhundert Millisekunden gefangen bleiben. Die Vorbereitung des Feldes lässt sich damit vergleichen, eine Glocke mit einem kurzen Schlag in eine Schwingung zu versetzen, die dann allmählich abklingt. Das auf diese Weise erzeugte Feld schwingt mit einer definierten Phase – nämlich der Phase der klassischen Quelle, die das Feld hervorgerufen hat. In unseren Experimenten wird diese Quelle stark abgeschwächt, und der Mittelwert der in den Hohlraum injizierten Photonen liegt in der Größenordnung von wenigen Einheiten.

Die Photonenzahl weist ebenso wie die Phase des Feldes bedeutende Fluktuationen auf, womit die in Kapitel V erörterte Heisenbergsche Unschärferelation eingehalten wird. Das kohärente Feld kann mit einer komplexen Zahl assoziiert werden, deren Amplitude und Phase die Mittelwerte der fluktuierenden Variablen des Quantenfelds sind. Diese Zahl wird durch einen Vektor dargestellt, einen kleinen Pfeil in der Fresnelschen Strahlungsfläche, die wir in Kapitel III kennengelernt haben. Die mit Quantenfluktuationen verbundene »Unschärfe« kann als Unsicherheit über die genaue Position der Spitze dieses Vektors beschrieben werden.

Die Quantenfluktuationen spiegeln die Tatsache wider, dass das Feld unserer klassischen Quelle in einer kohärenten Überlagerung von Zuständen mit unterschiedlicher Photonenzahl vorbereitet ist. Diese Überlagerungen und ihre Eigenschaften hat der amerikanische Physiker Roy Glauber eingehend untersucht, daher werden sie oft auch Glauber-Zustände genannt. Die Wahrscheinlichkeit, die verschiedenen Werte von N für die Überlagerung durch zerstörungsfreies Zählen zu finden, ist theoretisch durch eine glockenförmige Kurve gegeben, die um einen Mittelwert N_m zentriert ist, mit einer Streuung in der Größenordnung von $\sqrt{N_m}$ um diesen Wert. Die diese Kurve beschreibende Formel heißt Poissonsches Gesetz und ist nach dem Mathematiker des 19. Jahrhunderts und Zeitgenossen Fresnels benannt, den wir in unserer Geschichte des Lichts kennengelernt haben. Daher wissen wir auch, dass Poisson Anhänger der Teilchentheorie war und den Wellencharakter der Strahlung infrage stellte. Dass sein Name nun zweihundert Jahre später mit einem Gesetz in Verbindung steht, dass beide Aspekte vereint, erscheint doch etwas seltsam. Denn das Poissonsche Gesetz drückt ja aus, wie die Quantenphysik beide Facetten der Strahlung verbindet, sodass diese einerseits eine Wellenphase und andererseits eine Teilchenkörnung erhält.

Das in den Hohlraum injizierte kohärente Feld ist nun die Entsprechung zu einem transparenten Quantenplättchen, das zwischen mehreren Schichtendicken »schwebt« und die Phase des atomaren Dipols gleichzeitig um mehrere verschiedene Winkel verschiebt. Wenn wir nun die Anzahl der Photonen zählen – oder, um in dem Vergleich zu bleiben: die Dicke des Plättchens messen –, schicken wir hierzu eine Reihe von kreisförmigen Rydberg-Atomen in das Ramsey-Interferometer. Und jedes Atom übermittelt uns durch seine Entdeckung in *e* oder in *g* eine binäre Informationseinheit. Nachdem einige Dutzend Atome den Hohlraum in einer im Vergleich zu seiner Dämpfungsdauer kurzen Zeit durchlaufen haben, reduziert sich die Anzahl der Photonen auf einen einzigen Wert.

Ohne nun im Detail zu erläutern, wie diese Informationen erworben werden, stellen wir einfach das Prinzip heraus. Angenommen, die Ramsey-Streifen sind so eingestellt, dass das Atom nicht im Zustand *e* nachgewiesen werden kann, wenn sich eine Anzahl von N_1 Photonen im Feld befindet. Mit anderen Worten: Die Phase der mit N_1 Photonen assoziierten Ramsey-Streifen wird so eingestellt, dass der Nachweis des Atoms in *e* eine Wahrscheinlichkeit von null für diese Dicke des Quantenplättchens hat. Wird das Atom in diesem Zustand entdeckt, so kann man nur zu dem Schluss kommen, dass keine N_1 Photonen vorhanden sind, da wir es ansonsten mit einem mit der Beobachtung unvereinbaren Ergebnis zu tun hätten. Die Information, die uns das in *e* entdeckte Atom liefert, ermöglicht uns, N_1 aus der anfänglichen Verteilung der Photonenzahl zu streichen. Ein weiteres Atom, welches das Interferometer mit einer anderen Streifenkorrektur durchquert, ermöglicht dann, eine weitere Photonenzahl N_2 zu löschen – und so weiter, bis nur noch eine Zahl N übrigbleibt. Die Gewinnung von Informationen durch *Eliminierung* wendet den Satz von Bayes an – dieser ist nach Thomas Bayes benannt, einem englischen Geistlichen, der im 18. Jahrhundert die Wahrscheinlichkeitstheorie mitbegründete. Er führte die sehr leistungsfähige

Argumentationsweise für die Bewertung von a priori unbekannten Größen ein. Hierzu schätzt man die Wahrscheinlichkeit von Parameterwerten ein, die Einfluss auf ein beobachtetes Phänomen haben, und erhält auf diese Weise Informationen zur Ursache eines Phänomens, da das Gesetz bekannt ist, das die Ursache mit der Wahrscheinlichkeit für dieses oder jenes Messergebnis verknüpft.

In unserem Fall kennen wir das Gesetz, das die Wahrscheinlichkeiten für den Nachweis von Atomen in *e* oder *g* für verschiedene Werte von N bestimmt, die in diesem Experiment als die zu messenden Parameter fungieren. Diese Wahrscheinlichkeiten werden durch die den verschiedenen Photonenzahlen entsprechenden Ramsey-Streifen beschrieben und sind sinusförmige Funktionen der Frequenz ν, die um $4\pi\Delta\nu T$ verschoben sind, wenn N um eine Einheit zunimmt. Durch die geschickte Wahl der Streifenphase für jedes Atom werden nach und nach unterschiedliche Photonenanzahlen dezimiert. Am Ende der Tests, denen das Feld durch die nacheinander den Hohlraum durchlaufenden Atome unterzogen wird, bleibt schließlich eine einzige Anzahl übrig. So wird das Feld, dessen Anfangsenergie unbekannt war, zu einem Zustand mit genau definierter Photonenzahl und Energie, dem sogenannten Fock-Zustand – zu Ehren des russischen Physikers Wladimir Fock, einem Spezialist für Quantenfeldtheorie der 1940er- und 50er-Jahre.

Das Experiment wird von einem Computer gesteuert, der die Parameter des Interferometers anpasst und die aufeinanderfolgenden Nachweise von Atomen im Niveau *e* und *g* in Echtzeit aufzeichnet. Aus diesen Daten rekonstruiert der Computer mit dem aufeinanderfolgenden Eintreffen der Atome die mittels der Bayesschen Logik aktualisierten Wahrscheinlichkeiten für die möglichen Photonenzahlen. Die Abfolge der Atomzustände, die in wenigen Millisekunden, lange vor dem Abklingen des Feldes, festgestellt wird, zeigt sich als eine Reihe der Form *eegeggeeeg* …, die wie ein Strichcode die durch die Messung erzeugte endgültige Anzahl der Photonen bestimmt.

Ist diese Zahl ermittelt, so fährt der Computer mit der Entschlüsselung der Informationen fort, welche ihm die im Interferometer aufeinanderfolgenden Atome liefern. Die Atome bestätigen das ursprüngliche Ergebnis über eine gewisse Zeit und belegen, dass unsere Zählmethode tatsächlich zerstörungsfrei ist. Schließlich wird das Feld jedoch von den Spiegeln absorbiert. Dies führt dazu, dass die Anzahl der Photonen abrupt von N auf $N–1$, auf $N–2$ usw. fällt, bis sie null erreicht. Jedes Mal, wenn die Messung auf demselben Aus-

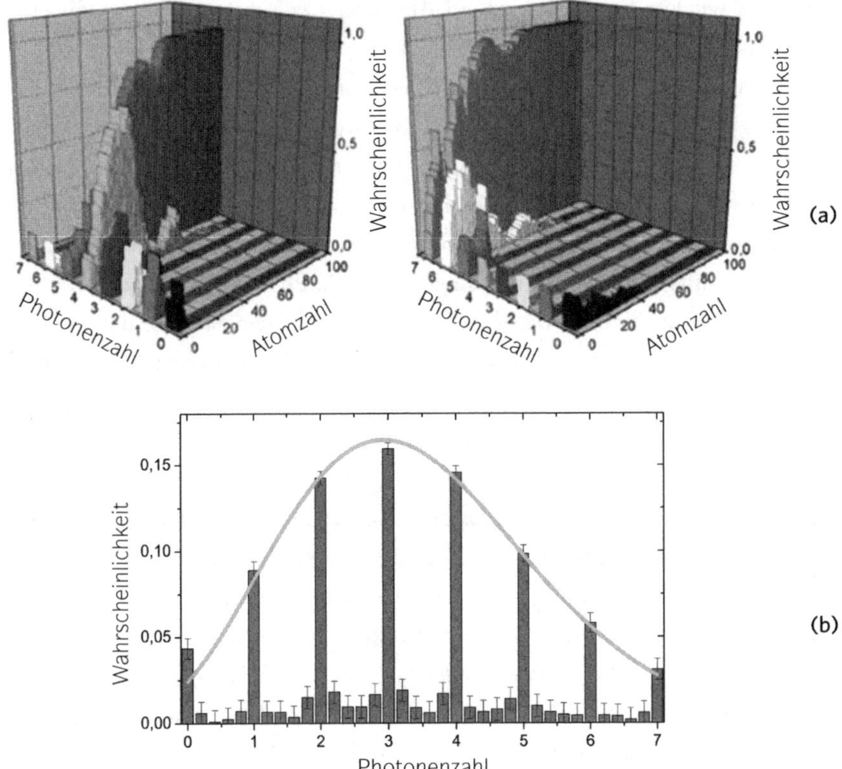

Abb. VII.7. (a) Entwicklung der Histogramme, welche die Wahrscheinlichkeit für die verschiedenen Photonenzahlen im Hohlraum – abhängig von der Anzahl der entdeckten Atome, bei zwei Durchführungen des Zählverfahrens – darstellen. Zu Beginn ist die Verteilung der Photonenzahl flach und liegt zwischen 0 und 7, da die einzige verfügbare Information ist, dass die gesuchte Zahl wahrscheinlich kleiner als 8 ist (die Quelle, die das Feld in den Hohlraum injiziert hat, ist so eingestellt, dass der Mittelwert der Photonen im kohärenten Feld nahe 3 liegt). Wenn nach und nach in jeder Sequenz Atome nachgewiesen werden, wird die Photonenzahlverteilung durch die Bayessche Schlussfolgerung aktualisiert. Schließlich konvergiert das Feld auf 5 Photonen in der linken und 7 Photonen in der rechten Darstellung. (b) Verteilung der Photonenzahlen im gemessenen kohärenten Feld, rekonstruiert nach 2000 unabhängigen Zählsequenzen. Die Kurve entspricht der theoretischen Poisson-Verteilung.

gangsfeld wiederholt wird, wird ein Abwärtssignal erzeugt und es geht eine Treppenstufe hinab.

Startpunkt und Stufendauer ändern sich bei jeder Durchführung des Experiments zufällig. Eine schnelle Abfolge von zwei aufeinanderfolgenden Schritten deutet auf einen Quantensprung im Feld hin, ähnlich wie man ihn in den 1980er-Jahren an isolierten Atomen in Ionenfallen beobachtete, als eine plötzlich unterbrochene telegraphische Photonensequenz auf atomare Sprünge hinwies. In unserem Experiment zeigen sich die Photonensprünge durch die Veränderung des Signals, das durch die telegraphische Abfolge der binären Ergebnisse der atomaren Messungen entsteht. Dabei tauschen Materie und Licht die Rollen, doch werden in beiden Experimenten die gleichen Quanteneigenschaften veranschaulicht – eben nur gespiegelt.

Durch eine Vielzahl von Wiederholungen desselben Experiments lassen sich die statistischen Eigenschaften des ursprünglichen kohärenten Feldes rekonstruieren. Die Wahrscheinlichkeiten für die Zählung von N Photonen zu Beginn eines jeden Stufensignals folgen der theoretischen Poisson-Verteilung. Die Dauer der Stufen mit N Photonen erfährt mit jeder Durchführung eine zufällige Variation. Die mittlere Dauer τ_N ist gleich T_c/N, wobei T_c die Dämpfungszeit der Feldamplitude im Hohlraum ist. Dieses Gesetz nach $1/N$ spiegelt die zunehmende Fragilität der Fock-Zustände mit definierter Photonenzahl, deren Aufrechterhaltung im Hohlraum in dem Maße wie N zunimmt, immer schwieriger wird.

Das für unsere Experimente so wesentliche Ramsey-Interferometer wird in allen seit den 1950er-Jahren entwickelten Mikrowellen-Atomuhren verwendet. Dies gilt insbesondere für Cäsium-Uhren, welche die Sekunde im internationalen Einheitensystem definieren und wichtige Bestandteile von GPS-Navigationssystemen sind. Hier werden Cäsiumatome in einem horizontalen Atomstrahl zwei $\pi/2$-Mikrowellenimpulsen am 9,2-GHz-Übergang zwischen den beiden Hyperfeinstrukturniveaus ihres Grundzustands ausgesetzt. Die Mikrowellenfrequenz, die an der Spitze des zentralen Ramsey-Streifens fixiert ist, bildet das Taktsignal, das bis auf eine Abweichung von 10^{-14} stabil ist.

Um die Streifen zu verfeinern und die Genauigkeit der Uhr weiter zu erhöhen, verwendet eine modernere Version langsame Atome, die mit einem Laser gekühlt und im Gravitationsfeld der Erde vertikal in die Höhe geschossen werden. Die Atome haben eine Geschwindigkeit von einigen Metern pro Sekunde und beschreiben dann einen fontänenartigen Strahl mit einer erst

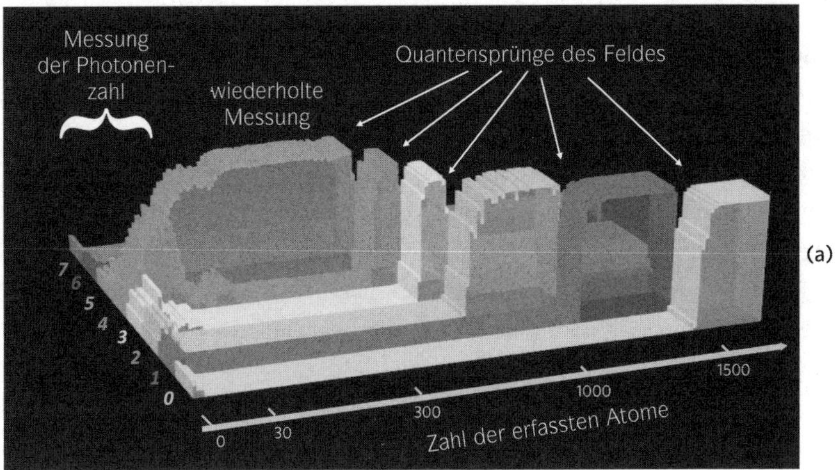

(a)

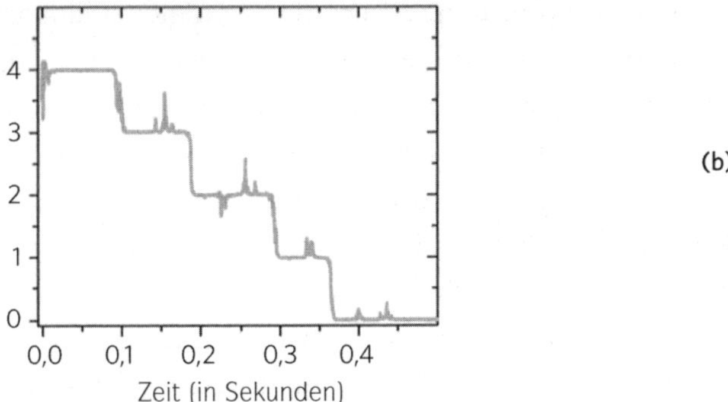

(b)

Abb. VII.8. Beobachtung von Quantensprüngen des Feldes. (a) Entwicklung des Histogramms der Photonenzahlverteilung in einer langen Zählsequenz. Die Photonenzahl konvergiert bei dieser Durchführung zunächst gegen 5. Wiederholte Messungen nach dieser Konvergenz bestätigen den Wert, bevor sich Hohlraumverluste in sukzessiven Quantensprüngen manifestieren, die die Photonenzahl stufenweise gegen 0 führen. (b) Entwicklung der Photonenzahl in einer anderen Folge, ausgehend von einem Fock-Zustand mit 4 Photonen. Das stufenweise Abklingen des Feldes tritt deutlich hervor. (Gleyzes et al., *Nature*)

ansteigenden und dann abfallenden Parabelbahn. Sie erfahren im gleichen Bereich des Raums $\pi/2$-Impulse, und das beim Aufstieg wie beim Abfall. Wenn man sie auf ihrem abfallenden Weg optisch erfasst, erhält man hundertmal feinere Streifen als mit dem Standardgerät mit horizontalem Strahl. Die Zeitstabilität der Uhr liegt in der Größenordnung von 10^{-16}: Sie geht also über eine Zeitspanne von über hundert Millionen Jahren weniger als eine Sekunde ungenau.

Unser Versuchsaufbau ist im Grunde eine besondere Atomuhr, deren Takt auf die Anzahl der Photonen reagiert, die in dem von den beiden Ramsey-Zonen umschlossenen Hohlraum gespeichert sind. Aufgrund der extremen Empfindlichkeit der Rydberg-Atome gegenüber dem Feld verändert ein einziges Photon die Periode der Uhr um etwa ein Zehnmillionstel, also eine Sekunde in drei Monaten. Durch diese kleine, ohne Lichtabsorption erreichte Verschiebung ist unsere Uhr in der Lage, auf ein einziges Photon zu reagieren.

Auch wenn sich unsere Apparatur konzeptionell stark von Einsteins und Bohrs Photonenwaage unterscheidet, weist sie doch verblüffende Ähnlichkeiten mit ihr auf. Beide messen die Energie der Strahlung, ohne sie zu zerstören, wobei im Gedankenexperiment die Gravitation und in unserem Versuchsaufbau die dispersive Wechselwirkung zwischen Materie und Licht genutzt wird. In beiden Experimenten kommt eine Uhr zum Einsatz, mit der festgestellt wird, wann ein Photon den Kasten verlässt. In dem von Einstein und Bohr entwickelten Gerät aktiviert die Uhr einen Verschluss. In unserem Fall erkennt es den Moment, in dem sich ein Quantensprung ereignet und so das Verschwinden eines Photons signalisiert.

Einsteins Photonenwaage wurde erdacht, um Heisenbergs Unschärferelation zwischen Zeit und Energie auf die Probe zu stellen. Wie wir in Kapitel V erfahren haben, hat sich diese Unschärfe durch die tiefgehende Analyse der Funktionsweise der Waage bestätigt. Geht unser Experiment nun in dieselbe Richtung? Es zeigt, dass ein Fock-Zustand mit N Photonen eine Lebensdauer von $\tau_N = T_c/N$ hat, die N-mal kürzer als die klassische Dämpfungszeit T_c des Hohlraumfelds ist. Die klassische Fourier-Analyse besagt nun, dass sich die Frequenz eines über die Zeitspanne T_c gedämpften Feldes in einem Fenster der Breite $1/T_c$ um seine mittlere Frequenz definiert. Infolgedessen wird die Energie von N Photonen mit der Ungenauigkeit $\Delta EN = N\hbar/T_c$ definiert und das Verhältnis $\Delta EN \cdot \tau_N = \hbar$ bestätigt sich tatsächlich, in Übereinstimmung mit der Heisenbergschen Unschärferelation.

Das zerstörungsfreie Zählen von Photonen veranschaulicht die grundlegenden Prinzipien der Quantenmessung. Unser Experiment zeigt, wie Informationen über das beobachtete Quantensystem (das Feld) aus einer Wechselwirkung zwischen diesem System und einer Messapparatur (Atome, die das

Ramsey-Interferometer nacheinander durchlaufen) gewonnen werden. Da jedes Atom nur eine binäre Informationseinheit (das »Bit« der Computersprache) liefert, lassen sich nur aus einer Abfolge von Atomen Informationen ablesen. Die Information wird also nach und nach aufgebaut, und über den das Experiment steuernden Computer können wir diese Entwicklung in einer realen Quantenmessung erstmals verfolgen. Vor der irreversiblen Messung, durch die eine Information entsteht (in unserem Fall der Nachweis des einzelnen Atoms in *e* oder *g*, ein Zufallsprozess, dessen Ergebnis nur statistisch vorhergesagt werden kann), sind das zu messende System und die Messapparatur in einem verschränkten Zustand. Befindet sich das Feld in einer Überlagerung verschiedener Zustände von *N*, so verschiebt jeder dieser Zustände die Phase der atomaren Dipole um einen anderen Winkel, und das Gesamtsystem entwickelt sich in einer Überlagerung korrelierter Atom- und Photonenzustände und damit einem stark verschränkten Zustand. Die Messung des einzelnen Atoms hebt diese Verschränkung auf, indem sie es nach dem Verlassen des Hohlraums zerstört, sie »zwingt« das Feld in einen irreversiblen Zustand, der von der Information abhängt, die das Messergebnis (*e* oder *g*) liefert. Diese unumkehrbare Entwicklung nennt man auch den »Kollaps« des Quantenzustands des Feldes.

Bei der Beschreibung des Prozesses habe ich darauf geachtet, nicht den Eindruck zu vermitteln, die Messung fördere ein a priori unbekanntes Ergebnis zutage, das sich quasi im Hohlraum versteckt hielte. Man könnte ja meinen, die anfängliche Unsicherheit in Bezug auf die Photonenzahl sei statischer Natur und liege in einer unzureichenden Kenntnis des Systems begründet: Die Photonenzahl würde sich dann durch die Zählung offenbaren, so wie man Murmeln in einer Schachtel zählt.

Die Quantensituation ist jedoch eine ganz andere. Die Anzahl der Photonen *existiert nicht*, bevor sie nicht gemessen wird. Dies haben wir ja bereits in der Diskussion zu den Gedankenexperimenten ausgeführt. Es lässt sich eigentlich nur sagen, dass das Feld im anfänglichen Glauber-Zustand Wahrscheinlichkeitsamplituden für verschiedene Photonenzahlen besitzt. Diese Amplituden sind komplexe Zahlen mit Modul und Phase und neigen dazu, sich gegenseitig zu überlagern, wenn Experimente zur Feststellung der klassischen Feldphase vorgenommen werden. Die aus dem Messverfahren hervorgehende Zahl *N* wird durch diesen Prozess erst erschaffen und hat vorher nicht existiert. Jeder Versuch, ihr vor erfolgter Messung eine klassische Bedeutung zu geben, führt zu Unvereinbarkeiten und Paradoxen, wie wir sie in Kapitel V kennengelernt haben.

Die Analyse der Photonenzählung kann uns den Begriff der *zerstörungsfreien Messung* in der Quantenphysik nahebringen. Während Informationen angesammelt werden, verändert sich der allgemeine Zustand des Systems. So geht es etwa von einem Glauber-Zustand, also einer Überlagerung von Fock-Zuständen mit verschiedenen N, zu einem Zustand mit einer genau definierten Photonenzahl über. Die Energie dieses Zustands, $Nh\nu$, unterscheidet sich in der Regel von der mittleren Energie des kohärenten Ausgangszustands. Das bedeutet jedoch nicht, dass die Messung die Energie des Systems im klassischen Sinne verändert hätte. Die Feldenergie stellt sich zu Beginn etwas unscharf dar, was auf die Streuung der Werte von N in der anfänglichen Zustandsüberlagerung zurückzuführen ist. Diese Unschärfe wird durch die Messung beseitigt. Nach dem Kollaps des Systemzustands konzentriert sie nämlich die gesamte Wahrscheinlichkeit auf eine genaue Anzahl von Photonen – etwa so, wie man bei einem optischen Instrument die durchgehende Strahlung fokussiert und ein verschwommenes Bild scharfstellt.

Es kann vorkommen, dass die durch die Messung entstandene Photonenzahl mehrere Einheiten von der dem Mittelwert N_m am nächsten liegenden Photonenzahl im kohärenten Anfangsfeld abweicht. Diese Ereignisse sind Ausdruck von Quantenfluktuationen der Lichtstärke. Werden die Messungen über eine Vielzahl von Versuchsdurchführungen gemittelt, ergibt sich jedoch immer der Beweis, dass die Feldenergie statistisch erhalten bleibt. Sobald die Energie auf diese Weise festgelegt ist, bestätigen spätere Messungen das Ergebnis, solange das Feld nicht den unvermeidlichen Auswirkungen der Dämpfung unterliegt. In diesem Sinne wird die Methode als nichtdestruktiv beziehungsweise zerstörungsfrei bezeichnet.

Die Messung der Feldenergie schöpft nicht alle Informationen aus, die das Feld enthält. Da sie sich auf die Bestimmung der Photonenzahl konzentriert, geht sie nicht auf die Phasenbeziehungen zwischen den mit verschiedenen Photonenzahlen verknüpften Wahrscheinlichkeitsamplituden ein. Diese Phasenbeziehungen werden nämlich durch die Messung der Energie zerstört. Ausgehend von einem kohärenten Feld mit definierter Phase führt die Messung zu einem Feld im Fock-Zustand, dessen Energie genau bekannt, dessen Phase aber völlig unbestimmt ist. Der Erwerb von Informationen über die Energie des Systems bringt die Informationen über seine Phase völlig durcheinander und veranschaulicht damit das Bohrsche Komplementaritätsprinzip. Der Photonenzähler, der den Teilchencharakter des Feldes aufzeigt, ist völlig unempfindlich gegenüber seinem Wellencharakter.

Radiographie des Quantenfelds

Unser Experiment stellte uns also vor eine weitere Herausforderung: Ließ sich durch eine einfache Veränderung des Versuchsaufbaus die Entschlüsselung von sämtlichen in einem beliebigen Quantenfeld enthaltene Informationen erreichen? Könnte man den kompletten Quantenzustand rekonstruieren? Diese Rekonstruktion müsste sich aus der Verarbeitung einer Vielzahl von Messungen von verschieden Variablen ergeben, die entweder von der Feldstärke oder der Feldphase beeinflusst würden. Da die Messung einer Observablen sämtliche Informationen über die komplementäre Variable tilgt, könnte die Rekonstruktion nicht über eine einmalige Durchführung des Experiments erfolgen. Man müsste eine Vielzahl identischer Systeme zur Verfügung haben, die in den gleichen Zustand gebracht werden, und an denen man sodann Messverfahren anwendet.

Diese Zusammenhänge unterstreichen eine wesentliche Eigenschaft der Quantenphysik. Denn der Zustand eines Systems ist hier ein statistisches Konzept und es ist unmöglich, die Wellenfunktion eines unbekannten Systems zu bestimmen, wenn man nur eine Darstellung von ihm hat. Mit anderen Worten: Der Quantenzustand oder die Wellenfunktion eines Systems ist kein reales Objekt im klassischen Sinne, sondern eine mathematische Abstraktion, mit der die Quantenidentität des Systems dargestellt wird. Sie ermöglicht, die Wahrscheinlichkeiten für Ergebnisse von an ihm durchführbaren Experimenten zu bestimmen. Diese Quantenidentität kann nicht kopiert werden, ohne die Informationen auf dem ursprünglichen System zu löschen. Diese Eigenschaft drückt das sogenannte No-Cloning-Theorem aus.

Wäre das Klonen von Quantenzuständen möglich, so würde es ausreichen, einen Quantenkopierer in ein Messgerät einzubauen, das seine Messungen komplementärer Variablen dann an verschiedenen Untergruppen von Kopien durchführte. Der vollständige Quantenzustand würde dann aus einem einzigen System rekonstruiert werden. Dies aber würde der Wellenfunktion einen Status von Individualität und Realität verleihen, der den Annahmen der Quantenphysik widerspricht. Die einzige Möglichkeit, einen Quantenzustand zu rekonstruieren, besteht darin, Messungen an einer Vielzahl von Exemplaren durchzuführen, welche man durch wiederholte Vorbereitung dieses Zustands in identischen physikalischen Systemen gewonnen hat.

In unserem Experiment können wir beliebig viele Ensembles von Feldern in verschiedenen Quantenzuständen erzeugen. Dabei kann es sich um kohärente Zustände mit nur ein paar Photonen handeln, die durch wiederholtes Ankoppeln des Hohlraums an eine klassische Quelle (siehe oben) erzeugt werden, oder auch um Fock-Zustände, die man durch zerstörungsfreies Zählen der Photonen in diesen kohärenten Zuständen erhält. Wie wir später noch sehen werden, können verschiedene Quantenüberlagerungen des Feldes auch reproduzierbar hergestellt werden. Man nimmt dann an jeder Repräsentation eine Messung vor, lässt das Feld anschließend in das Photonenvakuum zurückkehren und beginnt mit einer neuen Vorbereitung des Systems im Anfangszustand von vorn.

Die Photonenzählung an diesen Ensembles stellt einen Teil der Rekonstruktion des Zustands dar. Um zusätzliche Informationen über die Feldphase zu erhalten, wird unmittelbar nach der Vorbereitung des Zustands, den wir zu rekonstruieren versuchen, eine kohärente »Feldsonde« mit kontrollierter Amplitude und Phase in den Hohlraum injiziert. Die Quelle dieser abstimmbaren Feldsonde ist mit dem Ramsey-Interferometer gekoppelt und wird so zu einem festen Bestandteil unserer Messapparatur. Das zu messende Feld und die Sonde überlagern sich im Hohlraum, und es erfolgt die sofortige Zählung der sich aus dieser Interferenz ergebenden Photonen im Feld. Nach einer Vielzahl an Messungen erhält man ein Histogramm der Wahrscheinlichkeitsverteilung der Photonenzahl im resultierenden Feld. Diese Verteilung gibt Aufschluss über den Zustand der Interferenz zwischen Ausgangsfeld und Feldsonde. Die Messung wird dann mit Sonden unterschiedlicher Amplitude und Phase wiederholt. Sämtliche gesammelten Informationen werden im dem Computer gespeichert, der das Experiment steuert. Anhand der Daten lässt sich der vollständige Quantenzustand der identischen, ursprünglich vorbereiteten Systeme rekonstruieren. Die Methode hat Ähnlichkeit mit der Holographie, deren Prinzip zu Beginn dieses Kapitels erwähnt wurde, denn auch sie besteht darin, Phaseninformationen über ein Lichtfeld durch Messung seiner

Intensität zu erhalten, nachdem man es mit Referenzfeldern bekannter Phase und Amplitude gemischt hat.

Man nennt diese Methode auch Quantentomographie, da es auf ähnliche Weise Daten sammelt wie das Bildgebungsverfahren in der Radiologie, bei der die Stärke von Röntgenstrahlen gemessen wird, die den Körper des Patienten aus verschiedenen Winkeln durchleuchten. Wenn wir das untersuchte Feld wie in unserem Fall mit verschiedenen Amplituden und Phasen kombinieren, entspricht dies der Winkelveränderung bei der medizinischen Computertomographie. Die von den Detektoren des Röntgenscanners entsprechend den verschiedenen Bestrahlungsrichtungen erfassten Rohdaten muss ein Computer in ein Bild des durchleuchteten Körpers umwandeln. Auf ähnliche Weise werden bei der Quantentomographie die Informationen aus den Histogrammen, welche die mit Sonden verschiedener Amplitude und Phase gemessenen Feldkombinationen wiedergeben, in Zahlen kodiert, die der Computer in ein dreidimensionales Bild umwandelt. Er liefert uns so eine visuelle Darstellung des Quantenzustands des Feldes. Aus der Betrachtung dieser Bilder können wir die Eigenschaften der rekonstruierten Quantenzustände ableiten. Wie in der medizinischen Radiologie erfordert dies das geschulte Auge eines Spezialisten, und ich werde hier lediglich beschreiben, was diese Bilder darstellen.

Beim kohärenten Feld befinden wir uns auf einem für einen klassischen Physiker vertrauten Terrain. Der Zustand des Feldes wird in der Fresnelschen Fläche dargestellt – so, wie wir es bereits in Kapitel III kennengelernt und eingehend untersucht haben. Ein zu einem bestimmten Zeitpunkt gegebenes klassisches Feld wird dort durch einen Vektor beschrieben, dessen Ursprung mit dem der Koordinatenachsen zusammengelegt werden kann. Der Endpunkt dieses Vektors, ein diskreter Punkt in der Fresnelschen Fläche, fasst alle Informationen über die gesicherte Amplitude und Phase dieses Feldes zusammen. Will man dieser Beschreibung eine dritte Dimension hinzufügen, so stellt man ein klassisches Feld durch eine unendlich feine vertikale Spitze dar, die in der horizontalen Fresnelschen Fläche aufragt. Bei Berücksichtigung der Quantenfluktuationen eines kohärenten Zustands verwandelt sich diese Spitze in einen Hügel, dessen mathematisches Profil durch eine glockenförmige Funktion gegeben ist – die Gauß-Funktion nämlich, benannt nach dem deutschen Mathematiker Karl Friedrich Gauß, dem wir in Kapitel III begegnet sind und der diese für die Wahrscheinlichkeitstheorie sehr wichtige

Funktion untersucht hat. Der Gaußsche Hügel ist in einem vom Ursprung von $\sqrt{N_m}$ entfernten Punkt zentriert, und seine kreisförmige Basis hat einen Flächeninhalt von 1, sodass die Unschärferelation zwischen der Amplitude und der Phase des Quantenfelds erfüllt ist.

Das Vakuum ist ein Sonderfall des kohärenten Feldes und wird durch einen Hügel im Ursprung der Achsen der Fresnelsche Fläche dargestellt. Die Erweiterung der Basis beschreibt dann die Fluktuationen des Vakuumfelds. Kohärente Felder mit endlicher Amplitude werden durch identische Gaußsche Hügel dargestellt, die einfach in die Fresnelschen Fläche übersetzt werden. Nimmt die mittlere Photonenzahl stark zu, so wird der Radius der Hügelbasis (der gleich 1 ist) im Vergleich zur Entfernung der Hügel vom Ursprung vernachlässigbar und die Quanteneffekte verschwinden. Diese Bilder lassen sich auf jedes Quantenfeld übertragen, das in der Fresnelschen Fläche durch eine Landschaft aus Hügeln positiver Höhe oberhalb der Fläche und Tälern negativer Tiefe unterhalb der Fläche dargestellt wird. Das Relief kann in einer 3-D-Perspektive oder in einem zweidimensionalen Bild dargestellt werden, wobei die Höhen nach Art der Geographen farblich gekennzeichnet werden.

Die Zwei-Variablen-Funktion der Fresnelschen Fläche, die ich soeben qualitativ beschrieben habe, wird als *Wigner-Funktion* des Quantenfelds bezeichnet. Der ungarisch-amerikanische Physiker Eugene Paul Wigner nämlich führte sie in die Quantenphysik ein. Es handelt sich gewissermaßen um eine Wellenfunktion mit reellen Werten. Sie enthält sämtliche Informationen, mit denen sich die Ergebniswahrscheinlichkeiten für alle möglichen, am Feld vorgenommenen Messungen berechnen lassen. Wie diese Funktion aus den Photonenzählverfahren rekonstruiert wird, muss hier nicht näher erläutert werden. Im Prinzip reicht es aus, jedem Histogramm eine Zahl zu entnehmen, die den Unterschied zwischen den Wahrscheinlichkeiten für das Antreffen einer geraden oder ungeraden Photonenzahl misst. Diese Differenz, eine reelle Zahl zwischen +1 und –1, gibt den Wert der Wigner-Funktion an einem Punkt in der Fresnelschen Fläche an. Über die Gesamtheit der mit Sonden unterschiedlicher Amplitude und Phase durchgeführten Messungen wird die allgemeine Wigner-Funktion des Quantenfelds rekonstruiert. In der Praxis ist die Situation komplizierter, weil die gemessenen Signale von einem Rauschen beeinträchtigt sind, durch das das ideale Profil der theoretischen Wigner-Funktionen verwischt. Es gibt jedoch klassische Methoden der Datenauswertung und -extraktion (die ich hier in ihrer Breite nicht ausführen

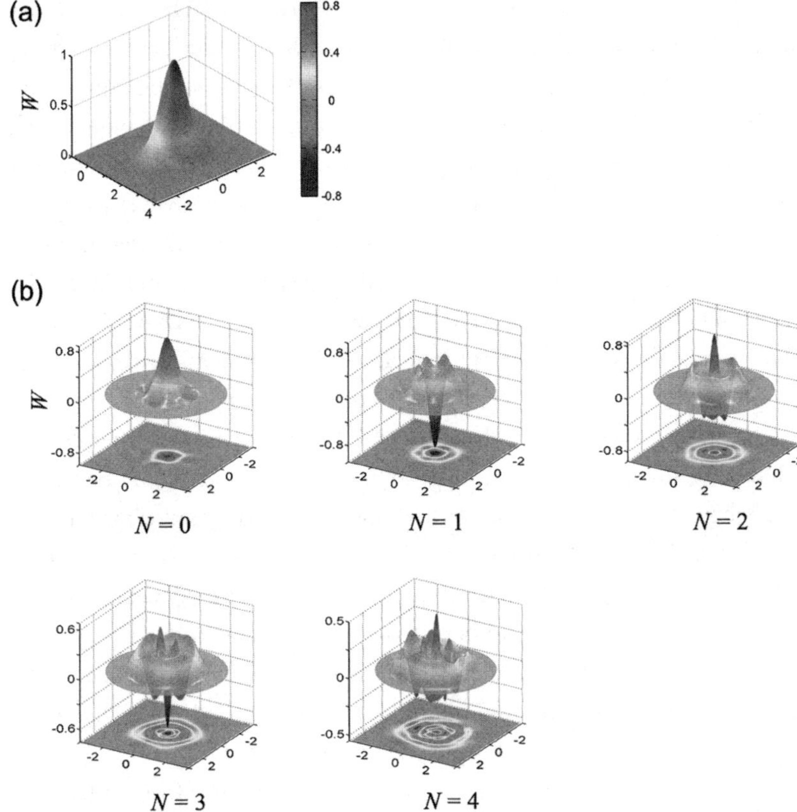

Abb. VII.9. Experimentelle Rekonstruktion des Quantenzustands im Hohlraumfeld. (a) Das kohärente Feld hat eine Gaußsche Wigner-Funktion; (b) Fock-Zustände: der Zustand $N = 0$ wird durch eine Gaußsche Funktion dargestellt, die im Ursprung der Fresnelschen Fläche zentriert ist (Strahlungsvakuum). Der Zustand $N = 1$ hat eine Wigner-Funktion in »Sombrero«-Form mit einem stark negativen Wert in der Mitte. Aufeinanderfolgende Fock-Zustände ($N = 2, 3, 4 \ldots$) zeigen kreisförmige Wellen mit positiven Spitzen und negativen Tälern (die Wigner-Funktionen sind oben in 3-D und unten in einer 2-D-Version dargestellt.

kann), mit denen sich diese Fehler minimieren und schöne Bilder unserer Quantenstrahlungszustände herstellen lassen.

Nachdem wir also den Vakuumzustand und den Zustand von kohärenten Feldern verschiedener Amplituden und Phasen rekonstruiert und ihre elegante Gaußsche Form bewundert hatten, untersuchten wir die Wigner-Funktion der

Fock-Zustände. Diese wurden nach dem Zufallsprinzip durch eine Photonenzählung eines kohärenten Zustands hergestellt. Sobald der gewünschte Zustand erreicht war, wurden tomographische Messungen durchgeführt, bevor die Dämpfung des Feldes einsetzte. Die Ergebnisse wurden über eine mehrere Stunden umfassende Datenerfassung akkumuliert, während der alle Parameter des Experiments stabil bleiben mussten. Die Wigner-Funktionen der Fock-Zustände zeigten sich schließlich als kreisförmige Wellen, die um den Ursprung der Fresnelschen Fläche zentriert sind und den Wellen ähneln, die ein ins Wasser geworfener Stein hervorruft. Die Zahl der Spitzen ist gleich der Photonenzahl des Zustands, wobei die Amplitude der Wellen mit dem Abstand vom Ursprung zunimmt. Die letzte kreisförmige Spitze ist die höchste: ihr Radius ist gleich der Quadratwurzel der Photonenzahl. Die Invarianz dieser Funktionen bei Drehung um den Ursprung zeigt, dass Fock-Zustände keine bevorzugte Phase haben. Man könnte auch sagen: ihre Phase ist völlig unbestimmt.

Die Täler, in denen die Wigner-Funktion negative Werte annimmt, stehen für den eigentlichen Quantencharakter der Fock-Zustände. Solange die Wigner-Funktion positiv ist, wie es bei kohärenten Zuständen der Fall ist, kann sie in der Tat als Wahrscheinlichkeitsverteilung betrachtet werden, indem man die Quantenunschärfe mit einem klassischen Rauschen gleichsetzt, das die genaue Bestimmung von Amplitude und Phase beeinträchtigt. Wechselt die Wigner-Funktion jedoch das Vorzeichen, so ergibt diese Interpretation im Sinne der klassischen Wahrscheinlichkeiten keinen Sinn mehr, da sie absurde negative Wahrscheinlichkeiten mit sich zieht. Die tiefen Täler des Wigner-Reliefs sind damit Ausdruck der grundlegend nichtklassischen Eigenschaften des im Hohlraum eingeschlossenen Feldes.

Diese nichtklassischen Aspekte sind an extrem fragile Quanteninterferenzeffekte gebunden, die sich bei der leisesten Störung auflösen. Die Wellen der Wigner-Funktion verwischen in einem sehr kurzen Zeitraum verglichen mit der Dämpfungszeit T_c der Energie des Hohlraumfelds, wodurch sich die Quantenzustände schnell in ein statistisches Gemisch mit positiver Wigner-Funktion verwandeln, dem man erneut eine klassische Interpretation geben kann. Man bezeichnet dieses Phänomen auch als Quantendekohärenz. Es lässt sich qualitativ verstehen, wenn man die zeitliche Entwicklung der mit den Fock-Zuständen assoziierten Wigner-Funktionen mit jener der kohärenten Zustände vergleicht. Die zu Letzteren gehörenden Gaußschen Spitzen entwickeln sich kontinuierlich von ihrer Ausgangsposition in Richtung

Vakuum, ohne ihre Form zu verändern. Sie nähern sich dem Koordinatenursprung gemäß einem exponentiell abnehmenden Gesetz, das die klassische Dämpfung der Feldamplitude beschreibt. Diese Entwicklung vollzieht sich in einer durchschnittlichen Zeit in der Größenordnung von T_c.

Die Wigner-Funktionen der Fock-Zustände mit *N* Photonen hingegen ändern ihr Aussehen sehr schnell, innerhalb einer Spanne in der Größenordnung von T_c/N. Die Theorie zeigt, dass die Wellen dieser Funktionen verwischen und die negativen Täler verschwinden, wodurch es zu einer klassischen kreisförmigen Spitze kommt, deren Radius sich innerhalb einer Zeit in der Größenordnung von T_c zusammenzieht. Diese Verwischung der Quanteneigenschaften des Feldes ist darauf zurückzuführen, dass der Zustand mit *N* Photonen innerhalb von T_c/N einen Quantensprung zum Zustand *N-1* vollzieht, der wiederum schnell zu *N-2* springt, und so weiter. Die Zeitpunkte dieser Sprünge variieren je nach Realisierung des Ausgangsfelds, und die Quantenrekonstruktion beschreibt somit einen statistischen Durchschnitt, der allen möglichen Entwicklungen des Systems entspricht. Es ist also klar, dass sich die resultierende Wigner-Funktion sehr schnell in Richtung einer klassischen Zustandsmischung entwickeln muss, analog zu der eines thermischen Feldes, in dem die mit den verschiedenen Photonenzahlen assoziierten Wahrscheinlichkeitsamplituden keine Phasenbeziehungen untereinander haben. Das sehr schnelle Verschwinden der Quantensignatur dieser Zustände erklärt, warum es immer schwieriger wird, ihre Wigner-Funktion zu rekonstruieren, sobald *N* einige Einheiten überschreitet.

Schrödingers Lichtkatzen

Bei den spektakulärsten Experimenten, die wir ab 1996 zu den nichtklassischen Feldzuständen durchführten, ging es um die Analyse »photonischer Schrödinger-Katzen«. In der durch unsere supraleitenden Spiegel von der Außenwelt abgeschirmten Umgebung konnten wir Zustandsüberlagerungen herstellen, mit denen wir das Schicksal der berühmten Mieze nachbildeten, die sich der österreichische Wissenschaftler als zwischen zwei klassischen, unvereinbaren Zuständen schwebend vorstellte. Wir brachten hierfür ein Feld mit mehreren Photonen in einen Quantenzustand, der zwei verschiedene

Phasen oder Amplituden *zugleich* hatte. Durch die Herstellung dieser Zustände und die anschließende Beobachtung des schrittweisen Verlusts ihrer Quanteneigenschaften konnten wir die Grenze zwischen Quantenwelt und klassischer Welt erkunden und die wesentlichen Aspekte der Quantendekohärenz untersuchen.

Um vorneweg jegliches Missverständnis aus dem Weg zu räumen: Der Name für diese Zustände ist rein metaphorisch aufzufassen. Unsere Systeme enthalten nur wenige Teilchen und sind weit davon entfernt, so groß und komplex zu sein wie das Tier aus Schrödingers Fabel. Der »Katzen-Zustand« ist in der Wissenschaftsgemeinde und darüber hinaus populär geworden, weil die mit diesen Systemen untersuchten Fragen zu Quantenverschränkung, Messung und Dekohärenz eben jene Fragen sind, die Schrödinger mit seiner Katzen-Metapher provokativ in den Raum stellte.

Unsere Experimente haben wir mit dem Ramsey-Interferometer durchgeführt, das auch zur Photonenzählung eingesetzt wurde, nur nutzten wir nun dessen komplementäre Informationen. Anstatt zu untersuchen, wie die Phase eines atomaren Dipols durch das Feld verändert wird, interessierten wir uns dieses Mal für den umgekehrten Effekt, nämlich die Veränderung der Feldphase durch das Atom. Wie beim Zählexperiment begannen wir mit der Herstellung eines Feldes im Glauber-Zustand, dessen mittlere Photonenzahl kontinuierlich zwischen null und einigen Einheiten variiert werden kann.

Das Feld wird in der Fresnelschen Fläche durch eine Gaußsche Spitze dargestellt. Diese Spitze zentriert sich am Ende des Fresnel-Vektors, der mit dem klassischen Feld derselben Phase und Amplitude assoziiert ist. Wie wir inzwischen wissen, verschiebt ein einzelnes Atom die Frequenz ν des Feldes um $+\Delta\nu$ oder $-\Delta\nu$ – je nachdem, ob es sich in Niveau e oder g befindet.

Vor dem Eintritt in den Hohlraum wird das Atom vorbereitet, indem es den Bereich R_1 in einer gleichgewichtigen Überlagerung dieser beiden Niveaus durchläuft. Das Feld beginnt dann mit beiden Frequenzen *zugleich* zu schwingen, wobei die eine kleiner und die andere größer als ν ist. Verlässt das Atom den Hohlraum, nachdem es über eine Zeit T mit dem Feld in Wechselwirkung stand, so hat es *zugleich* zwei verschiedene Phasen angenommen, wobei eine schneller und eine langsamer als $\Delta\nu T$ ist. Der mit dem Feld assoziierte Fresnel-Vektor zeigt daher in zwei Richtungen *zugleich*.

Dieses »doppelte« Feld ist mit dem Atom verschränkt. Der Gesamtzustand

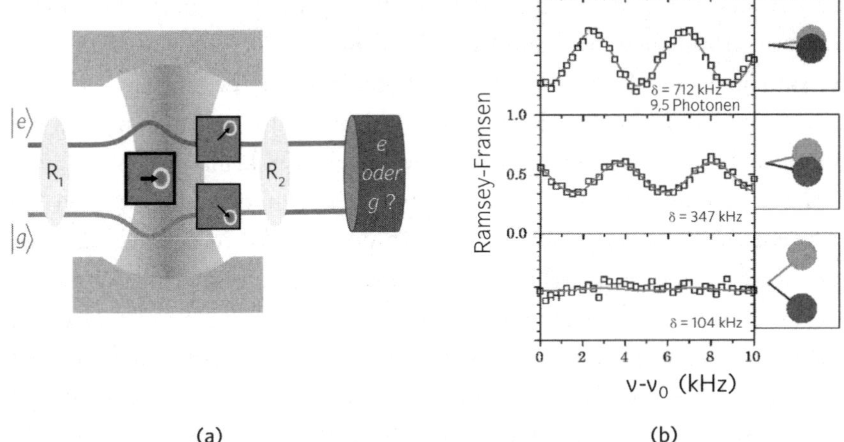

Abb. VII.10. Herstellung einer photonischen Schrödinger-Katze aus einem kohärenten Feld, das im Mittel 9 Photonen enthält. (a) Versuchsaufbau: Ein mit einem $\pi/2$-Mikrowellenimpuls in R_1 präpariertes Atom durchläuft den Hohlraum und verleiht dem Feld gleichzeitig zwei entgegengesetzte Phasen. Das Atom erfährt darauf in R_2 einen weiteren $\pi/2$-Impuls, bevor es in e oder g nachgewiesen wird. (b) An den Atomen festgestellte Ramsey-Streifen für drei verschiedene Werte der Phasenverschiebung zwischen den beiden »Katzen«-Komponenten. Diese Phasenverschiebung kann über die Veränderung der Frequenzverstimmung zwischen Atom und Hohlraum eingestellt werden. Die obere Kurve zeigt gut kontrastierte Streifen, da der Abstand zwischen den Katzen-Komponenten gering ist. Mit zunehmendem Abstand nimmt der Kontrast der Streifen ab (mittlere Spur). Er verschwindet vollends (untere Spur), wenn die beiden Komponenten scharf voneinander getrennt sind. Der Streifenkontrast nimmt also ab, während die Information über den Atomzustand im Hohlraum immer deutlicher ins Feld eingeschrieben ist – so verdeutlicht sich noch einmal das Prinzip der Komplementarität.

des Systems Atom plus Feld ist die Summe zweier Terme: einer steht für das Atom im Zustand *e* in Gegenwart eines Feldes, dessen Fresnel-Vektor um $\Delta\nu T$ phasenverfrüht ist, der andere entspricht dem Atom im Zustand *g* mit einem Feld, dessen Fresnel-Vektor um den gleichen Betrag phasenverspätet ist. Die Situation, in der sich unser Feld befindet, erinnert somit an die der Katze, die tot und lebendig *zugleich* mit einem Atom verschränkt ist, das erregt und nicht erregt *zugleich* ist. In diesem Experiment ist das Hohlraumfeld quasi das Instrument, das die Energie des Atoms misst. Es wird durch einen Pfeil in der Fresnelschen Fläche dargestellt – ähnlich wie der Zeiger eines

Zifferblatts, der in zwei verschiedene Richtungen zeigt, je nachdem, welche der beiden Energien das Atom hat. Wir betrachten hier die erste Stufe einer Quantenmessung, bei der das Messgerät (das Feld) mit dem gemessenen System (dem Atom) in Wechselwirkung tritt, damit die Information über die Observable von einem System zum anderen gelangen kann.

Man beachte, dass in diesem Stadium kein Unterschied zum oben beschriebenen Experiment zur Photonenzählung besteht. In dem Moment, da die Wechselwirkung zwischen Materie und Licht aufhört, lässt sich beides sagen: Das Atom misst die Energie des Feldes (indem es auf seinem Dipol eine Information über die Anzahl der Photonen mitnimmt), und das Feld misst das Atom (indem es sich in der Fresnelschen Fläche um einen Winkel dreht, der von der Energie des Atoms abhängt). Ein Umstand jedoch durchbricht die Symmetrie: Das Atom ist ein mikroskopisches Teilchen, das sich in diesem Experiment nur zwischen zwei Zuständen bewegen kann, während das Feld ein – wenn auch kleines – Objekt ist, dessen Anzahl an Zuständen beliebig erhöht werden kann, indem man einfach immer mehr Photonen in den Hohlraum injiziert. Bei einem Experiment, für das wir nur ein Atom mit einem mehrere Photonen enthaltenden Feld wechselwirken lassen, geht man daher eher davon aus, dass Letzteres als Messapparat fungiert. Durch die Erhöhung der Photonenzahl können wir uns kontinuierlich von einer Situation entfernen, in der das anfangs als Quantensystem beschriebene Messinstrument zu einem zunehmend klassischen Objekt wird.

Setzen wir nun die Geschichte unseres Atoms fort: Es wurde auf seinem Weg durch den Hohlraum mit dem Feld verschränkt und beendet seine Reise durch das Interferometer, nachdem es in der Ramsey-Zone einen zweiten $\pi/2$-Mikrowellenimpuls erhalten hat. Wie groß ist die Wahrscheinlichkeit, es schließlich in e oder in g anzutreffen? Ergibt sich diese Wahrscheinlichkeit durch den Quanteninterferenzeffekt zwischen den Amplituden der beiden im Interferometer zurücklegten Wege – je nachdem, ob das Atom den Hohlraum in e oder in g durchquert hat? Die Antwort auf diese Frage hängt vom Feldzustand ab. Wenn der Hohlraum leer ist, kommt es zu Interferenzen, weil das Atom keine Spuren hinterlassen hat. Wenn man das Experiment viele Male wiederholt und dabei die Frequenz ν der $\pi/2$-Impulse in R_1 und R_2 abtastet, erhält man deutliche Ramsey-Streifen. Enthält der Hohlraum dagegen zunächst ein kohärentes Feld aus mehreren Photonen, so nimmt der Kontrast der Streifen ab und kann sogar verschwinden. Tatsächlich haben wir dieses

Experiment lange vor den Versuchen zur vollständigen Zustandsrekonstruktion durchgeführt, da hier nur ein einziges Atom in jedem Präparat des Katzen-Zustands nachgewiesen werden muss und man es daher mit einem weniger leistungsstarken Hohlraum durchführen kann.

Im Grunde handelt es sich bei diesem 1996 durchgeführten Experiment um einen Nachweis der Komplementarität. Wird nämlich die Information über den vom Atom zurückgelegten Weg in ein Element des Interferometers eingeschrieben, so hebt sich die Quantenmehrdeutigkeit auf und die Streifen verschwinden. In unserem Interferometer wird die Information umso deutlicher an das Hohlraumfeld übertragen, je größer der Abstand zwischen seinen beiden Komponenten ist. Bei konstanter mittlerer Photonenzahl lässt sich dieser Abstand über die Phasenverschiebung des durch das Atom induzierten Feldes variieren, indem man einfach die Frequenzverstimmung zwischen Atom und Hohlraum verändert. Bei einer großen Verstimmung ist die Phasenverschiebung gering und die beiden Gaußschen Feldkomponenten überlappen sich, wodurch die Unbestimmtheit des Atomzustands im Hohlraum bestehen bleibt und sich deutlich sichtbare Fransenmuster ergeben. Wird die Verstimmung zwischen Atom und Hohlraum nach und nach verringert, so erhöht sich der Abstand der Feldkomponenten und der Streifenkontrast nimmt ab. Er hebt sich vollständig auf, wenn sich die beiden Gaußschen Komponenten des Katzen-Zustands gar nicht mehr überschneiden. Wie bei dem oben beschriebenen Experiment mit dem modifizierten interferometrischen Aufbau, bei dem einer der Ramsey-Impulse durch ein Quantenfeld ersetzt wurde, finden wir auch hier die Komplementarität zwischen der Unterscheidbarkeit der Pfade und der Sichtbarkeit der Interferenz.

Dabei sei nochmals darauf hingewiesen, dass keine explizite Feldmessung vonnöten ist, damit die Interferenz verschwindet. Die einfache Tatsache, dass das Feld die Pfadinformation durch die Verschränkung mit dem Atom registrieren konnte, reicht aus, um die Quantenmehrdeutigkeit zu beseitigen. Erst zehn Jahre nach diesem Experiment war uns eine Messung des Feldes überhaupt möglich. Wir wussten allein durch die Beobachtung der verschwindenden Streifen, dass wir in unserem Hohlraum einen Zustand hergestellt hatten, der dem von Schrödingers Katze gleichkam.

Schlussendlich konnten wir die Existenz des Katzen-Zustands durch 2006 und 2007 erfolgte Versuche belegen, für die uns dann ein Hohlraum mit deutlich längerer Dämpfungszeit zur Verfügung stand. Kehren wir nun zurück zu unserem Atom und betrachten es kurz vor seinem Nachweis. Es ist zu diesem Zeitpunkt mit dem Feld, das es im Hohlraum zurückgelassen hat, nichtlokal verschränkt – damit haben wir eine Situation, die derjenigen ähnelt, die Einstein mit dem berühmten EPR-Paradoxon beschrieben hat. Die Messung des Atoms zerstört dann die Verschränkung und führt den Zusammenbruch des Feldzustands herbei – und das mit eben der »spukhaften Fernwirkung«, die Einstein so gestört hat. Da sich die Atomzustände in R_2 vermischt haben, lässt sich über seinen Nachweis in *e* oder *g* nicht feststellen, in welchem Zustand es sich beim Durchqueren des Hohlraums befunden hat. Die R_2-Zone spielt somit die Rolle eines *Quantenradierers*, der die vom Feld bei der Wechselwirkung mit dem Atom erlangte Phaseninformation löscht. Die Uneindeutigkeit der Feldphase überdauert also den Nachweis. Die Messung zerstört die Verschränkung von Atom und Feld, doch schwebt dieses weiterhin zwischen zwei Zuständen, nämlich in einer Überlagerung von zwei kohärenten Feldern mit unterschiedlicher Phase. Je nachdem, ob das Atom in *e* oder *g* entdeckt wird, verändert sich die relative Phase zwischen den beiden Wahrscheinlichkeitsamplituden um den Wert π. Aus Gründen, die ich später noch genauer erläutern werde, sprechen wir hier von einem »geraden« und »ungeraden« Katzen-Zustand.

In unserem Experiment wurden diese Zustände durch Quantentomographie rekonstruiert, indem wir nacheinander Atome durch das Interferometer schickten und mit der »Photonenkatze« interferierende Feldsonden injizierten. Die Abfolge dieser experimentellen Schritte, einschließlich der Vorbereitung des Katzen-Zustands und seiner Messung, erfolgte jeweils innerhalb von wenigen Millisekunden, also einer sehr kurzen Spanne im Vergleich zur Dämpfungszeit des Feldes. Nachdem wir eine große Anzahl identischer Katzen-Zustände erzeugt hatten, rekonstruierten wir ihre Wigner-Funktion. Diese offenbarte zwei deutlich voneinander getrennte Gaußsche Gipfel entsprechend den beiden kohärenten Zuständen der verfrühten und der verspäteten Phase. Zwischen den Maxima nehmen die Wellen abwechselnd positive und negative Werte an. Dabei handelt es sich um Quanteninterferenzen, die den kohärenten Charakter der Überlagerung zwischen den beiden Zuständen bestätigen. Die geraden und ungeraden Katzen-Zustände zeigen die gleichen Gaußschen Gipfel und unterscheiden sich nur durch die Vorzeichen ihrer Wellen. Wenn man sie addiert, hebt sich die Interferenz auf und man erhält eine Wigner-Funktion, die nur aus den beiden Peaks besteht und eine klassi-

Abb. VII.11. Experimentell rekonstruierte Wigner-Funktionen eines geraden (a) und eines ungeraden (b) Katzen-Zustands, die aus einem kohärenten Feld mit durchschnittlich 3 Photonen hergestellt wurden. Die Katzen-Zustände ergeben sich durch den Nachweis von Atomen im Zustand *e* (ungerade) oder *g* (gerade). Die den Katzen-Komponenten zugeordneten Gaußschen Gipfel und die abwechselnd positive und negative Werte annehmenden Interferenzstreifen zwischen ihnen treten deutlich hervor. Die Interferenzen haben im ungeraden und im geraden Zustand entgegengesetzte Vorzeichen. Wird zwischen den beiden atomaren Zuständen nicht unterschieden, so kommt dies einer Addition der Wigner-Funktionen der beiden Katzen-Zustände gleich. Wir erhalten dann die in (c) dargestellte Funktion. Sie beschreibt eine klassische Mischung, in der die Interferenzstreifen verschwunden sind. Das Hohlraumfeld schwingt mit der einen oder anderen Phase und nicht mehr mit beiden Phasen zugleich.

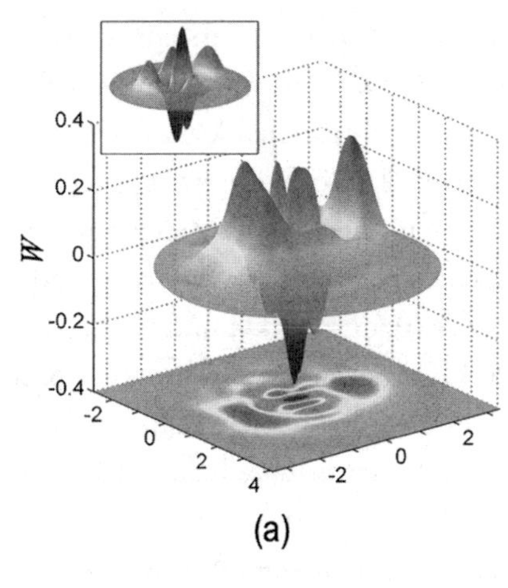

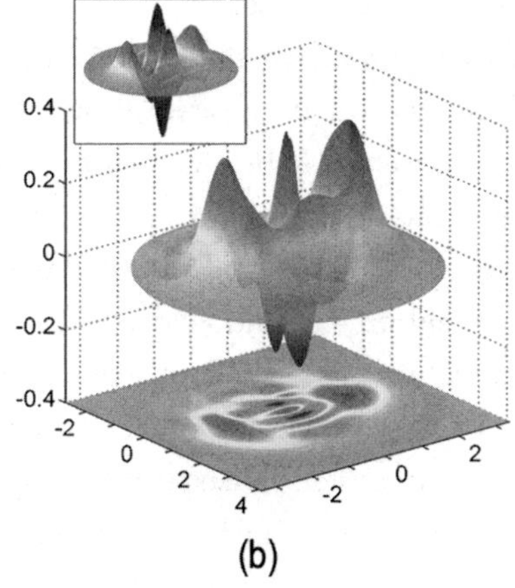

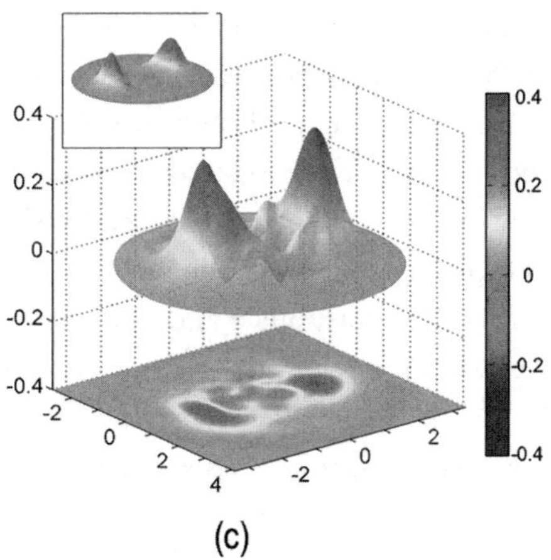

sche statistische Situation darstellt. Diese würde sich ergeben, wenn man die Messungen an zwei Ensembles durchgeführt hätte, für die das Feld zunächst mit der einen *oder* anderen klassischen Phase vorbereitet worden wäre.

Die Katzen-Zustände unserer Experimente enthielten maximal eine Handvoll Photonen. Über diese Mengen hinaus war ein kreisförmiges Rydberg-Atom nicht mehr in der Lage, umfassend auf das Quantenfeld einzuwirken, ohne dass Sättigungseffekte und starke Verzerrungen der Wigner-Funktionen die eben beschriebene ideale Situation beeinträchtigt hätten. Die Phasendifferenz zwischen den beiden Feldkomponenten betrug 135°. Das Geschehen lässt sich einfacher beschreiben, wenn dieser Unterschied 180° beträgt – eben diese Situation konnten wir inzwischen herstellen, indem wir das gleiche Experiment mit langsameren Atomen durchführten, die dem Feld eine größere Phasenverschiebung geben.

Analysieren wir nun diese ideale Situation. Sie entspricht der Phaseneinstellung, die wir in unserem ersten Experiment zur Zählung von 0 oder 1 Photon verwendet haben: ein Atom verschiebt die Feldphase um +90° oder –90°, und umgekehrt verändert ein einzelnes Photon die Phase des atomaren Dipols um 180°. In diesem Fall wird das Atom je nach gerader oder ungerader Photonenzahl im Zustand *e* oder *g* nachgewiesen. Mit anderen Worten: Der Photonenzähler misst die Parität der Photonenzahl (diese Parität ist mit der Photonenzahl selbst gleichgesetzt, wenn diese nicht größer als 1 sein kann, wie es bei unserem ersten Zählexperiment der Fall war).

So rechtfertigt sich auch der Name, der diesen Zuständen gegeben wird. Wenn die Phasenverschiebung zwischen den beiden kohärenten Zuständen der Überlagerung genau π beträgt, dann enthält der Katzen-Zustand, in dem die beiden Wahrscheinlichkeitsamplituden das gleiche Vorzeichen haben, nur gerade Anzahlen an Photonen, während der Katzen-Zustand, in dem diese Amplituden entgegengesetzte Vorzeichen haben, nur ungerade Anzahlen enthält. In den Photonenverteilungen dieser beiden Katzen-Zustände erscheint also jeder zweiter Wert von *N*. Das Fehlen von ungeraden beziehungsweise geraden Photonenzahlen in diesen Histogrammen ist ein Quanteninterferenzeffekt ähnlich den dunklen Streifen in einem Interferometer und signalisiert die nichtklassische Eigenschaft dieser Zustände. Dass es in der Wigner-Funktion von geraden und ungeraden Katzen-Zuständen Wellen mit negativen Tälern gibt, kann nämlich nicht in klassischen Wahrscheinlichkeitsbegriffen interpretiert werden.

Die Erzeugung von Katzen-Zuständen als erster Schritt einer zerstörungsfreien Photonenzählung verdeutlicht einmal mehr das Prinzip der Komplementarität. Misst man die Energie des Feldes mit aufeinanderfolgenden Atomen, so wird die Information über seine Phase allmählich zerstört. Die Herstellung eines Katzen-Zustands mit zwei Komponenten stellt die erste Stufe dieser Zerstörung dar. Die abgesehen von der Quantenunsicherheit wohldefinierte Phase des Ursprungsfelds büßt durch die Verdopplung an Genauigkeit ein. Nach dem zweiten Atom wird jede Komponente erneut aufgespalten und der Verdopplungsprozess setzt sich fort, bis die Phase sich gleichförmig auf 360° verteilt. Hierdurch gelangt man zur Wigner-Funktion eines Fock-Zustands mit vollkommen unbestimmter Phase. In diesem Sinne ist ein Zustand mit definierter Photonenzahl eine Schrödinger-Katze mit vielfachen Komponenten, die zwischen einer Vielzahl kohärenter Zustände mit gleichmäßig zwischen 0 und 2π verteilten Phasen schwebt.

Schauen wir uns die auf diese Weise vorbereiteten und rekonstruierten Zweikomponenten-Zustände in ihrer Seltsamkeit noch einmal genauer an. Man könnte naiverweise annehmen, die Situation entspräche der, die man erhält, wenn man zwei Felder mit unterschiedlichen Phasen gleichzeitig oder nacheinander in den Hohlraum gibt. Es ist jedoch leicht zu erkennen, dass die beiden Versuche keineswegs zum gleichen Ergebnis führen. Im Falle der zwei Injektionen würde man ein klassisches Interferenzexperiment durchführen, das darauf hinausläuft, zwei Vektoren der Fresnelschen Fläche zu addieren. Man erhielte dann einfach ein kohärentes Feld, dessen Amplitude die Summe (im Richtungssinn der Vektoren) der Amplituden der beiden Felder wäre. Dieses Ergebnis unterscheidet sich natürlich stark von dem Katzen-Zustand, der durch unser Experiment erzeugt wird. Bei zwei Feldern mit entgegengesetzter Phase würde die Addition das Feld einfach in das Vakuum zurückbringen und damit ein triviales Ergebnis liefern. Die Energie des Feldes wäre dann die der Vakuumfluktuationen, der von uns erzeugte Katzen-Zustand aber hat die Energie von mehreren Photonen. Um Schrödinger-Katzen vorzubereiten, reicht eine klassische Manipulation kohärenter Felder nicht aus. Es muss eine Quantenoperation durchgeführt werden, die zunächst eine Überlagerung von Atomzuständen erzeugt und diese dann mit dem Feldzustand verschränkt.

Wem die Vorstellung eines zwischen zwei verschiedenen Phasenzuständen schwebenden Feldes zu wenig anschaulich ist, kann sich einen ganz ähnlichen, doch überraschenderen Katzen-Zustand vorstellen. Nachdem eine

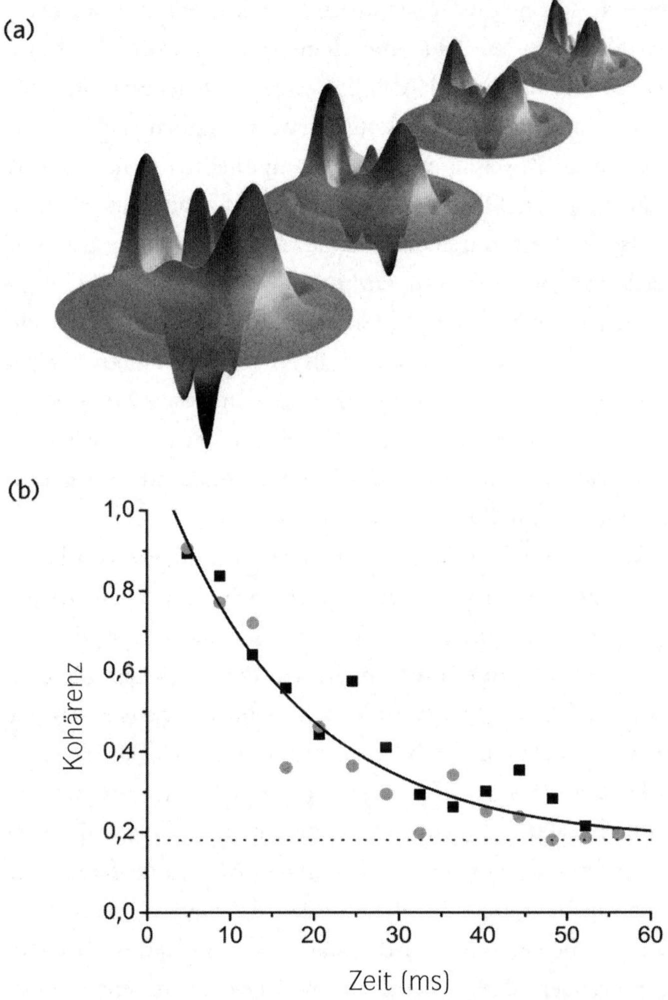

Abb. VII.12. Dekohärenz eines Katzen-Zustands. (a) Wigner-Funktionen des Katzen-Zustands, dargestellt an drei aufeinanderfolgenden Zeitpunkten nach seiner Erzeugung. Wir beobachten ein allmähliches Verschwinden der Interferenzen, während sich die Position der Gaußschen Gipfel nur wenig verändert. Es zeigt sich also, dass die Dekohärenzzeit viel kürzer ist als die Dämpfungszeit des Hohlraumfelds. (b) Messung des zeitlichen Abklingens des Kohärenzterms für gerade Quadrate und ungerade Kreise Katzen-Zustände. Aus diesen Kurven ergibt sich das exponentielle Zerfallsgesetz der Kohärenz der Katzen-Zustände, mit einer Dekohärenzzeit, die in *1/N* variiert.

Überlagerung von kohärenten Zuständen mit gleicher Amplitude und entgegengesetzter Phase erzeugt wurde, wird ein Feld in den Hohlraum injiziert, das mit einer der Komponenten dieses Katzen-Zustands identisch ist. Dadurch addiert es sich zu dieser Komponente, was deren Wert verdoppelt, während es von der anderen Überlagerungskomponente subtrahiert wird und diese zurück ins Vakuum überführt. Wir haben damit unsere Phasenkatze in eine Amplitudenkatze umgewandelt und erhalten einen Hohlraum, der *zugleich* leer und mit einem kohärenten Feld gefüllt ist, das im Mittel bis zu ein Dutzend Photonen enthält.

Die Wigner-Funktion dieses Katzen-Zustands wird von jener der Phasenkatze abgeleitet, und zwar durch eine Verschiebung, die einen Peak der Funktion auf den Ursprung der Fresnelschen Fläche zurücksetzt. Die Quanteneigentümlichkeit dieser Überlagerung wird durch Wellenbewegungen der Wigner-Funktion beschrieben. Mit Ausnahme der Verschiebung entsprechen diese Wellen jenen der Anfangsphase des Katzen-Zustands. So ergibt sich eine klassische absurde Situation, nämlich eine Kiste, die sowohl leer als auch gefüllt ist – wobei die Möglichkeit besteht, Interferenzphänomene zwischen den beiden Elementen dieser Alternative zu beobachten. Um bei Schrödingers Katzen-Metapher zu bleiben: Wir haben eine Situation geschaffen, in der die Kiste leer ist und *zugleich* eine Katze gefangen hält, und zwar mit Quantenamplituden gleicher Größe. Um diesen seltsamen Zustand zu untersuchen, könnte man eine »Quantenmaus« in die Kiste schicken, die im ersten Element der Alternative von der Katze gefressen wird und im zweiten am Leben bleibt.

Am Übergang vom Klassischen zum Quantischen

Die Zerbrechlichkeit einer Phasenkatze konnten wir überprüfen, indem wir ihre Wigner-Funktion als Funktion der Zeit rekonstruierten. Hierzu überließen wir das Hohlraumfeld eine Weile sich selbst, bevor wir es tomographisch untersuchten. Betrachten wir Aufnahmen der Wigner-Funktion mit zunehmender Entwicklungszeit, so stellen wir fest, dass die Quantenwellen schnell abebben. Die Wigner-Funktion wandelt sich rasch zu einer einfachen Überlagerung von zwei Gaußschen Gipfeln, die dann langsam in Richtung Vakuum konvergieren. Man unterscheidet bei dieser Entwicklung also einerseits eine schnelle Zeitkonstante in der Größenordnung von T_c/N, welche die mittlere Lebensdauer der Quantenkohärenz misst, und eine langsame Zeitkonstante T_c, die mit dem klassischen Zerfall des Feldes im Hohlraum assoziiert ist.

Wie lässt sich die rasche Dekohärenz erklären? Auch hier können wir das Komplementaritätsprinzip anführen. Sobald ein Photon in der Umgebung verschwindet, nimmt es Informationen über die Phase des eingefangenen Feldes mit, wodurch die Quantenkohärenz zerstört wird. Enthält das Feld im Mittel N Photonen mit einer durchschnittlichen Lebensdauer von T_c, so verschwindet das erste dieser Photonen innerhalb einer Spanne der Größenordnung T_c/N und die Quantenkohärenz kann nicht länger überdauern.

Leicht begreifbar ist diese Dekohärenz im Falle eines Katzen-Zustands, dessen Komponenten entgegengesetzte Phasen haben. Handelt es sich um einen Katzen-Zustand mit einer geraden Photonenzahl, so wird dieser durch den Verlust des ersten Photons in einen ungeraden Katzen-Zustand verwandelt, worauf sich nach dem Verlust von zwei Photonen ein gerader Katzen-Zustand ergibt, und so weiter. Da die Zeitpunkte der Photonenverluste nicht tomographisch gemessen werden, wandelt sich die Wigner-Funktion des rekonstruierten Katzen-Zustands nach einer Zeitspanne der Größenordnung T_c/N zur Summe der Funktionen von geraden und ungeraden Katzen-Zuständen, in welcher dann kein Quanteninterferenzterm mehr vorhanden ist. Mit anderen Worten: Der Verlust der Information über die Parität der Photonenzahl zerstört die Quantenambiguität und reduziert sie auf eine einfache klassische Unschärfe. Der Katzen-Zustand hat nicht mehr die eine *und* die andere Phase, sondern die eine *oder* die andere Phase.

Die Wigner-Funktion entspricht keinem einzelnen Ergebnis (die Katze wird lebendig oder tot aufgefunden), sondern gibt beiden Möglichkeiten das gleiche statistische Gewicht, da die Rekonstruktion Messungen an einer Vielzahl identischer Systeme berücksichtigt. Die Dekohärenz führt zu einer klassischen Situation, in der die Katze in 50 % der Fälle tot (oder lebendig) ist. Diese Analyse lässt sich auf jede Überlagerung zweier kohärenter Zustände verallgemeinern, selbst wenn diese nicht in Phasenopposition stehen. Ihre Dekohärenz tritt innerhalb einer Zeitspanne auf, die umgekehrt proportional zum Quadrat des Abstands der den Komponenten dieses Zustands zugeordneten Gaußschen Spitzen ist.

Das Experiment veranschaulicht die sehr unterschiedlichen Schicksale von zwei Zustandsfamilien des im Hohlraum gefangenen Feldes, wenn diese sich unter dem Einfluss von Spiegelverlusten frei entwickeln können. Die kohärenten Zustände, die ein gut lokalisiertes Feld in der Fresnelschen Fläche beschreiben, behalten eine invariante Wigner-Funktion bei, die sich kontinuierlich in Richtung der für das Vakuum stehenden Gaußschen Glockenkurve entwickelt. Ihre Überlagerungen aber sind sehr instabil und verlieren ihre Quantenkohärenz umso schneller, je weiter voneinander entfernt ihre Komponenten in der Fresnelschen Fläche sind.

Durch die kontinuierliche Kopplung des Feldes an die es erzeugende Mikrowellenquelle können die Hohlraumverluste kompensiert und ein stationärer kohärenter Zustand aufrechterhalten werden. Bis auf die Unschärferelationen, die dem Feld eine kleine Gaußsche Unschärfe auferlegen, beschreiben die kohärenten Zustände also eine klassische Situation, die weder Young noch Fresnel verdutzt hätte. Wenn man jedoch der Dämpfung des Feldes durch eine kontinuierliche Kopplung von Hohlraum und Feldquelle entgegenwirkt, lässt sich eine Schrödinger-Katze nicht kohärent zwischen zwei von unterschiedlichen Peaks repräsentierten Zuständen in der Schwebe halten. Das Verschwinden nichtklassischer Wellen in der Wigner-Funktion photonischer Schrödinger-Katzen ist unumkehrbar und kann nicht durch klassische Methoden kompensiert werden.

Warum sind kohärente Zustände stabil, ihre Überlagerungen aber derart zerbrechlich? Der tiefere Grund dafür liegt in der unterschiedlichen Art und Weise, wie sie sich an die Umwelt koppeln und Informationen an sie freigeben. Schauen wir uns diesen Unterschied einmal genauer an. Das Hohlraumfeld wird durch seine Streuung an kleinen Unebenheiten und durch die Restabsorption der Spiegel gedämpft. Wir müssen diese Phänomene gar nicht in allen Einzelheiten analysieren, sondern können sie modellhaft betrachten und ganz allgemein annehmen, dass das aus dem Hohlraum austretende Feld kleine Oszillatoren in der äußeren Umgebung anregt – seien es Moden des elektromagnetischen Feldes, die seitlich außerhalb des Hohlraums gestreut werden, oder Elektronenschwingungen in den Spiegeln. Ein kohärentes Hohlraumfeld kann man sich wie eine kleine Strahlungsquelle vorstellen: einen kleinen Radiosender, der Energie verliert und mit definierter Phase strahlt, da er sich an sämtliche Oszillatoren der Umgebung koppelt. Jeder dieser Oszillatoren verhält sich wie eine kleine unabhängige Antenne, die das Signal aus dem Hohlraum aufnimmt und in Phase mit ihm zu schwingen beginnt.

Diese Antennen erhalten alle die gleiche Information, welche anzeigt, dass das Hohlraumfeld mit gegebener Phase und Amplitude schwingt. In diesem Fall tritt keine Verschränkung zwischen dem Feld und seinen Detektoren, also den äußeren Oszillatoren, auf. Der Zustand des Gesamtsystems ist einfach das Produkt aus Feldzustand und Umgebungszustand. Dass sie derart unempfänglich für Verschränkungen sind, ist eine grundlegende Eigenschaft von kohärenten Strahlungszuständen und erklärt ihre große Stabilität.

Befindet sich das Hohlraumfeld jedoch in einer Überlagerung kohärenter Zustände, so korreliert jede Komponente des Katzen-Zustands mit einem bestimmten Phasen- und Amplitudenzustand einer der kleinen »Spähantennen«. Dadurch kommt es sehr schnell zu einer Verschränkung zwischen dem Katzen-Zustand und seiner Umgebung, wie von Einstein im EPR-Artikel erörtert. Der Gesamtzustand aus Feld und umgebenden Antennen hat dann zwei Komponenten, die sich kohärent überlagern. In jedem Fall hat das Hohlraumfeld eine definierte Phase, die mit der aller Antennen korreliert. Die Messung einer dieser mikroskopisch kleinen Umgebungsantennen, deren Zustand einem Vakuum sehr nahekommt, liefert nur partielle Informationen über den Zustand der Katze. Es gibt jedoch viele dieser Spähantennen, sodass die Messung ihres Gesamtzustands sehr schnell Aufschluss über den Zustand des Hohlraumfelds gibt. Es ist übrigens nicht notwendig, dass diese Messung über die Umgebung tatsächlich durchgeführt wird. Allein die Tatsache, dass sie möglich ist, reicht aus, um alle Interferenzeffekte im Zusammenhang mit der Kohärenz des Katzen-Zustands zu zerstören. Wir treffen also auch hier auf das Argument der Komplementarität.

Es besteht eine erstaunliche Ähnlichkeit zwischen den Zuständen des Hohlraumfelds und denen eines Teilchens – Elektron oder Ion –, das sich wie eine kleine Masse verhält und unter der Einwirkung der Rückstellkraft der es einschließenden Falle linear schwingt. Der Zustand dieses Teilchens zu einem bestimmten Zeitpunkt kann klassischerweise durch einen Punkt in einer Ebene ähnlich der Fresnelschen Fläche dargestellt werden. Die x- und y-Koordinaten des Punkts beschreiben dann die Position und die Geschwindigkeit des Teilchens. Die Heisenbergsche Unschärferelation ersetzt diesen diskreten Punkt nun durch einen kleinen Bereich, in dem die Wahrscheinlichkeit, die Position und Geschwindigkeit des Teilchens zu finden, durch das Gaußsches Gesetz ausgedrückt wird. Wir stellen also einen kohärenten Zustand des Oszillators dar, dessen mathematische Beschreibung mit der eines kohärenten Zustands unseres Hohlraumfelds identisch ist.

David Wineland und seiner Forschungsgruppe ist die Herstellung eines Teilchens gelungen, das in einer Überlagerung von zwei Zuständen gefangen ist, in denen es gleichzeitig mit zwei verschiedenen Phasen schwingt – ein Zustand also, der die gleichen Eigenschaften wie unsere photonischen Katzen-Zustände aufweist. Die Wissenschaftler haben diese ionischen Schrödinger-Katzen und ihre Dekohärenz in ganz ähnlichen Experimenten wie den unseren untersucht und sind zu demselben Ergebnis gelangt: Zustände, die ein Teilchen beschreiben, das sich gleichzeitig an zwei verschiedenen Punkten mit zwei unterschiedlichen Geschwindigkeiten befindet, verlieren ihre seltsamen Quanteneigenschaften umso schneller, je weiter diese Punkte voneinander entfernt sind.

Diese an Photonen oder Ionen durchgeführten Experimente ermöglichen es uns, einen grundlegenden Aspekt der Quantenmessung und des Übergangs zwischen Quantenwelt und klassischer Welt zu beleuchten. Am widerstandsfähigsten gegen Dekohärenz sind Systeme, die gut lokalisiert sind, sei es im realen Raum (im Fall von Ionen) oder in der Fresnelschen Fläche (bei Photonen). Die Informationen über ihren Standort verbreiten sich in der Umgebung, ohne sich mit ihr zu verschränken. Ein Ion beispielsweise gibt Auskunft über seine Position, indem es Laserphotonen streut, die es bis auf einen Bruchteil einer Lichtwellenlänge genau orten. Jeder die Umgebung lesende Beobachter erhält dieselben Informationen über die Position des Systems, wodurch die Variable einen klassischen Charakter erhält. Dasselbe gilt für ein Feld in einem kohärenten Zustand. Die Signale, die es in die Umgebung aussendet, geben alle eine eindeutige Information über seine Position in der Fresnelfläche. Man kann also sagen, dass Position und Geschwindigkeit eines Teilchens oder auch Amplitude und Phase eines Feldes *halbklassische* Größen sind, denen wir – mit Ausnahme der Heisenbergschen Unschärfe – eine objektive Realität zuschreiben können, da unabhängige Beobachter, die jeweils an unterschiedlichen Teilen der Umgebung Messungen durchführen, in ihren Ergebnissen übereinstimmen werden.

Man spricht in diesem Fall von einem »Zeigerzustand« (*pointer state*), der idealerweise die Spitze eines an ein Quantensystem gekoppelten Zeigers darstellt, der in eine bestimmte Richtung zeigt und damit eindeutige Informationen über eine Observable des betreffenden Systems liefert. Im Falle unseres Quantenfelds also deutet der kohärente Zustand in eine Richtung, die es ermöglicht, die Energie des den Hohlraum durchquerenden Atoms zu messen.

Ganz anders sieht es bei Überlagerungen von kohärenten Zuständen aus. Diese Zustände, deren Positionen uneindeutig sind, verschränken sich quasi sofort mit ihrer Umgebung und werden rasch zu klassischen statistischen Gemischen. Die Zeit, in der sie in ihrem »Schwebezustand« zwischen verschiedenen klassischen Realitäten gehalten werden können, nimmt umgekehrt proportional zum Quadrat der Größe ab, welche die »Trennung« zwischen den Positionen ihrer Komponenten misst. Im Falle des Feldes entspricht diese Trennung der Vektorlänge zwischen den Gaußschen Gipfeln der Überlagerung (bei geraden und ungeraden Katzen-Zuständen ist sie proportional zur Quadratwurzel aus der mittleren Zahl N_m der Photonen, und die Dekohärenzzeit ist umgekehrt proportional zu N_m). Im Falle eines materiellen Teilchens, also eines Ions oder Atoms, ist diese Trennung proportional zum – in De-Broglie-Wellenlängen gemessenen – Abstand zwischen den Positionen der Überlagerungskomponenten.

Die so zusammengefasste Theorie der Dekohärenz lässt einen Parameter unbesetzt. Denn sie besagt, dass die charakteristische Dekohärenzzeit umgekehrt proportional zum Quadrat der Trennung zwischen den Katzen-Komponenten ist – doch die Konstante dieses Proportionalitätsgesetzes hängt von der Geschwindigkeit ab, mit der die Energie des Systems an die Umgebung verlorengeht. Bei unseren Experimenten ist diese Konstante die Dämpfungszeit unseres Hohlraums, die von der Qualität seiner Spiegel abhängt. Es handelt sich also um einen technischen Parameter, der misst, wie gut wir die Quantenkohärenzen unserer Schrödinger-Katzen-Zustände schützen können. Es gibt keine zwingende theoretische Grenze für das Niveau der Quantenisolation. Unser Rekordhohlraum hatte eine Dämpfungszeit von 130 Millisekunden, aber man könnte sich auch zehnmal längere Zeiten vorstellen, die es ermöglichen würden, Katzen-Zustände mit zehnmal so vielen Photonen über eben diese Spanne aufrechtzuerhalten. Damit existiert keine klare Grenze zwischen klassischer Welt und Quantenwelt. Das Verschieben dieser Grenze durch die Herstellung immer größerer Schrödinger-Katzen ist eher eine technologische Herausforderung als ein Problem der Grundlagenphysik. Zentral wird diese Aufgabe jedoch, wenn man bestrebt ist, die Quantenlogik für praktische Anwendungen zur Datenverarbeitung zu nutzen.

Um auf Schrödingers Katze zurückzukommen: Man versteht nun, warum es praktisch unmöglich ist, ein Tier in eine kohärente Überlagerung der Zustände »lebendig« und »tot« zu bringen. Denn eine solche Überlagerung würde bedeuten, dass es sich zu Beginn des Experiments in einem wohldefinierten Quantenzustand befinden müsste. Unsere Katze ist jedoch ein komplexes System, das an ein riesiges Umfeld aus Molekülen und thermischen Photonen gekoppelt ist, die für ihr Überleben unerlässlich sind. Die Mieze ist also permanent in eine Umgebung eingebettet, in der Informationen über alles, was mit ihr geschieht, sofort aufgezeichnet werden. Anders ausgedrückt: die Dekohärenztheorie besagt, dass die Katze ab Beginn des Experiments ein klassisches Objekt ist, das nur lebendig *oder* tot, niemals aber lebendig *und* tot sein kann. Sperren wir sie mit einem radioaktiven Atom in einen Kasten, so dient eben sie selbst, also das klassische System, als Messinstrument, das den Zustand des Atoms bestimmt. Das Sterben der Katze legt den Zeitpunkt des Quantensprungs des Atoms fest. Schrödingers Katze kann nur als Metapher dienen, um die nichtklassischen Überlagerungszustände einer Handvoll Teilchen zu beschreiben, die in den Experimenten mit Hohlraumphotonen oder gefangenen Ionen untersucht wurden.

Antrieb unserer Forschung waren Neugier und der enthusiastische Wunsch, die seltsamen Gesetze der Quantenphysik so deutlich wie möglich offenzulegen. Eine konkrete Anwendung hatten wir dabei nicht im Sinn. Und so sind wir in die Fußstapfen der Begründer der Quantentheorie getreten – mit dem Vorteil, über eine Technologie zu verfügen, von der diese nicht einmal träumen konnten. In unserer Arbeit haben wir stets theoretische und experimentelle Aspekte miteinander verbunden. Beim Entwickeln eines Themas hatten wir immer im Kopf, welche Experimente hierzu durchführbar wären. So erläuterten wir die notwendigen Methoden für die oben beschriebenen Atom- und Photonenmanipulationen in mehreren wissenschaftlichen Artikeln, noch bevor wir sie tatsächlich durchführten.

Unsere theoretische Arbeit wurde von zwei brasilianischen Forschern unterstützt: Luiz Davidovich und Nicim Zagury, mit denen ich mich bei einem franko-brasilianischen Physikerkolloquium in Rio Ende 1983 angefreundet hatte. Damals machte Brasilien erste Schritte aus seiner langjährigen Diktatur. Luiz und Nicim kamen uns dann in den 1980er- und 90er-Jahren oftmals in Paris besuchen.

Gemeinsam verfassten wir die vorbereitenden Aufsätze über unsere späteren Experimente zur zerstörungsfreien Photonenmessung. Während der Arbeit an diesen Texten wurde uns klar, dass unsere Zählmethode die Herstellung photonischer Katzen quasi automatisch einbezog. Das bot uns also die

Gelegenheit, deren Dekohärenz experimentell zu erforschen. Dabei hatte der amerikanische Forscher Wojciech Zurek bereits eine allgemeine, theoretische Analyse des Phänomens geliefert. Durch seine Beiträge inspiriert legten wir dar, wie sich unser Versuchsaufbau der Hohlraum-Quantenelektrodynamik anpassen ließe, um nun eine experimentelle Untersuchung anzuschließen.

Diese theoretische Arbeit war Gegenstand mehrerer Vorlesungen, die ich am Collège de France hielt. 2001 hatte man mich auf Vorschlag von Claude Cohen-Tannoudji und Pierre-Gilles de Gennes in den Kreis der Lehrenden aufgenommen. Bei beiden Professoren, die inzwischen beeindruckende wissenschaftliche Karrieren aufwiesen, hatte ich in den 1960er-Jahren Vorlesungen zur Quantenphysik gehört. Unsere Überlegungen zu Schrödinger-Katzen, zur zerstörungsfreien Photonenzählung und zur Dekohärenz haben Jean-Michel Raimond und ich in einem über die Jahre 2001 bis 2006 verfassten Buch detailliert dargestellt. Das Buch mit dem Titel *Atoms, Cavities and Photons* (Atome, Hohlräume und Photonen) wurde im Sommer 2006 veröffentlicht – nur wenige Wochen darauf wurden die darin beschriebenen Experimente im Labor durchführbar. Dieser Umstand hinterließ ein Gefühl der Unvollständigkeit, und wir haben oft an eine Fortsetzung unseres Werks gedacht, in der dann alle seitdem durchgeführten Experimente beschrieben würden. Das vorliegende, weniger technisch ausgeprägte Buch erfüllt diesen Wunsch zum Teil. Ich hoffe, auf diese Weise einem breiten Publikum die Experimente nahegebracht zu haben, die uns über so viele Jahre beschäftigt haben. Und ich hoffe auch, dass ich meinen Lesern unsere Faszination für die Quantenphysik und ihre Paradoxien mitteilen konnte.

Quantencomputer: Utopie oder zukünftige Realität?

Jedes Mal, wenn ich die Ergebnisse unserer Arbeiten in einem Seminar oder bei einem Vortrag vorstelle, kommt unweigerlich die Frage auf, wann diese zur Konstruktion eines echten Quantencomputers führen werden. Die Frage ist ein wenig frustrierend, weil unsere Forschungen gar nicht auf dieses Ziel ausgerichtet waren. Dennoch muss ich versuchen, eine Antwort zu geben und bemühe mich also, eine Vorstellung von der noch mythischen Apparatur zu geben. In einem »klassischen« Computer werden die elementaren Operationen durch Logikgatter ausgeführt, die binäre elektrische Signale miteinander verknüpfen. Diese Signale nehmen zwei Werte an, die als klassische Bits 0 oder 1 kodiert werden können. Bei jedem Gatter bestimmt ein sogenanntes »Kontrollbit«, das während der Operation unverändert bleibt, was mit einem anderen sogenannten »Zielbit« geschieht. So bleibt das Zielbit unverändert, wenn das Kontrollbit 0 ist, wechselt aber von einem Zustand in den anderen, wenn das Kontrollbit 1 ist. Jegliche Berechnung des Computers erfolgt durch eine geeignete Kombination einer sehr großen Anzahl solcher an einer sehr großen Anzahl von Bits durchgeführt Operationen.

In einem Quantencomputer würden die Bits zu Quantenobjekten, den sogenannten Qubits, die so vorbereitet werden können, dass sie sich in einer kohärenten Überlagerung von 0 und 1 bewegen. Die Gatter würden nach demselben Prinzip funktionieren wie klassische Gatter, aber die sie speisenden Bits gehörten dann zum Raum der überlagerten Zustände der Quantenphysik. Solche Gatter wurden seit den 1990er-Jahren in David Winelands Forschungsgruppe mit gefangenen Ionen hergestellt, nachdem Peter Zoller und Ignacio Cirac, zwei Theoretiker der Quantenoptik, einen entsprechenden Vorschlag gemacht hatten. Auch meine Forschungsgruppe konnte zeigen, dass es möglich ist, ein Quantengatter zu betreiben, bei dem das Hohlraumfeld mit 0 oder 1 Photon das Kontroll-Qubit und das Rydberg-Atom das Ziel-Qubit ist. Vielfache Experimente mit einer begrenzten Zahl Qubits haben ab den 1990er-Jahren gezeigt, dass eine auf diese Gatter zugeschnittene Verschränkung herstellbar und nachweisbar ist.

Der Betrieb aufeinanderfolgender Gatter mit einer großen Menge an Qubits würde eine massive Verschränkung erzeugen, und die Maschine würde sehr schnell in einen riesigen Überlagerungszustand versetzt werden, in dem die Entwicklung der Bits nicht nur zwischen einigen wenigen, sondern sehr vielen verschiedenen klassischen Pfaden schweben würde. Es zeigt sich, dass diese Überlagerung die Ausführung bestimmter Berechnungen auf eine Weise beschleunigen kann, die weit über die Leistung eines klassischen, jeweils nur einem Pfad folgenden Computers hinausgeht. Am Ende der Quantenberechnung würde das gesuchte Ergebnis durch eine Messung ermittelt, die auf einen Interferenzeffekt zwischen allen von der Maschine parallel verfolgten Pfaden anspricht.

Ein Beispiel für eine Berechnung, die von der Quantenbeschleunigung profitieren würde, wäre etwa die Zerlegung einer Zahl mit Hunderten von

Ziffern in Primfaktoren. Ein herkömmlicher Computer ist nicht in der Lage, diese Aufgabe in einer physikalisch vertretbaren Zeit zu bewältigen. Ein von dem amerikanischen Mathematiker Peter Shor erfundener Algorithmus könnte dies aber sehr wohl. Für die Finanzwelt ist diese Möglichkeit besorgniserregend. Die Verschlüsselung, die zur Gewährleistung des Bankgeheimnisses und zum Schutz von Kreditkarten verwendet wird, verlässt sich nämlich darauf, dass es extrem schwierig ist, die Primfaktoren einer sehr großen, öffentlich zugänglichen Zahl zu ermitteln. Die Entwicklung eines Quantencomputers wäre in diesem Bereich also eine Gefahr. Die Tatsache, dass sich die großen Internetunternehmen – Google, Microsoft und IBM – in den vergangenen Jahren an dieser Forschung beteiligt haben, ist ein Zeichen für das strategische Interesse, das die hypothetische Maschine weckt.

Bei der Konstruktion eines Quantencomputers müssten jedoch enorme Schwierigkeiten überwunden werden. Denn man müsste quasi eine riesige rechnende Schrödinger-Katze erschaffen, die logische Operationen vornähme, die zu einer massiven Verschränkung ihrer Bits führen würden, ohne dass es zur Dekohärenz kommen dürfte – also ohne dass Informationen über die Berechnung in die Umgebung abgegeben würden. Ab einer bestimmten Systemgröße ist die Dekohärenz jedoch unvermeidlich. Es ist zwar mit großem Aufwand möglich, einige Dutzend elementare Quantengatter zu betreiben, die auf einige Dutzend Qubits wirken, doch jenseits dieser Größenordnungen kann man die Bits unmöglich passiv vor Dekohärenz zu schützen. Auf diesem minimalen Niveau aber sind keine nutzvollen Berechnungen möglich und somit sind wir weit davon entfernt, eine Maschine zum Laufen zu bringen, die schneller und besser rechnen würde als ein herkömmlicher Computer.

Eine Lösung des Problems bestünde darin, die Kohärenz der Rechenmaschine aktiv aufrechtzuerhalten, indem man die von der Umgebung verursachten Störungen erkennt und ihre Auswirkungen beim Auftreten korrigiert. Ein Ansatz dieser sogenannten Quantenfehlerkorrektur besteht darin, zufällige Quantensprünge, die mit Informationsverlusten in der Umgebung einhergehen, zu erkennen und dann rückwirkend auf das System Einfluss zu nehmen, um es in den Zustand vor dem Sprung zurückzuführen. In unseren Experimenten haben wir gezeigt, dass ein nichtklassischer Zustand – ein Fock-Zustand der Strahlung – über eine unbestimmte Zeit im Hohlraum aufrechterhalten werden könnte. Eine Abfolge von Atomen misst kontinuierlich die Anzahl der Photonen, und wenn sich diese ändert, werden andere »korrigierende« Atome in den Hohlraum injiziert, um ein Photon hinzuzufügen oder abzuziehen. Dieses Verfahren eignet sich jedoch nicht dazu, eine Quantenmaschine vor den Auswirkungen der Dekohärenz zu schützen.

Es gibt inzwischen subtilere Methoden, um die Kohärenz von geraden und ungeraden Schrödinger-Katzen-Zuständen in einem Hohlraum aufrechtzuerhalten. Die entsprechenden Experimente werden in einem neuartigen experimentellen Bereich der Quanteninformatik durchgeführt, nämlich der Schaltkreis-Quantenelektrodynamik (*circuit QED*). Unsere Rydberg-Atome werden hier durch künstliche Quantensysteme ersetzt, die durch supraleitende Schaltkreise erzielt werden. Die kleinen Schaltkreise haben quantisierte Niveaus, zwischen denen sie sich durch Absorption oder Emission von Hochfrequenzphotonen bewegen können. Die Photonen können in supraleitenden Resonatoren gespeichert werden, deren Aufbau sich von den in unseren Experimenten verwendeten Hohlräumen unterscheidet. Die zugrunde liegende Physik aber ist der Hohlraum-Quantenelektrodynamik sehr ähnlich. Bei den supraleitenden Schaltkreisen handelt es sich um Qubits, die durch direkte elektrische Kontakte oder aber durch die Kopplung an die Photonen eines Mikrowellenhohlraums miteinander verbunden sind, wobei ähnliche Mechanismen wie in unseren Experimenten zum Tragen kommen.

Die Systeme entwickeln sich rascher, da die künstlichen Qubits von makroskopischer Größe eine viel stärkere Mikrowellenkopplung haben als unsere Rydberg-Atome. Die Zeitkonstanten der elektrodynamischen Schaltungen werden in Nanosekunden gemessen – statt in Mikrosekunden wie bei unseren Experimenten. Auch die Dekohärenz ist schneller, sodass die Anzahl der ohne Fehlerkorrektur durchführbaren Operationen immer noch begrenzt ist.

Eine innerhalb dieser Forschungen entwickelte, clevere Methode zur Bekämpfung der Dekohärenz besteht darin, die 0- und 1-Bits in geraden und ungeraden photonischen Schrödinger-Katzen-Zuständen mit durchschnittlich ein oder zwei Photonen zu kodieren, die in supraleitenden Hohlräumen gespeichert sind. Die logischen Operationen der Gatter werden durch die Kopplung dieser Felder an supraleitende Qubits erzeugt. Die Dekohärenz äußert sich durch einen Photonenverlust, wodurch die Parität der Katzen-Zustände springt und ein photonisches Qubit von 0 auf 1 beziehungsweise umgekehrt wechselt. Diese Veränderung wird durch supraleitende Qubits nachgewiesen, welche die Parität des Feldes ebenso zerstörungsfrei wie in unseren Experimenten messen. Fehler, die sich als Paritätssprünge des Katzen-Zustands

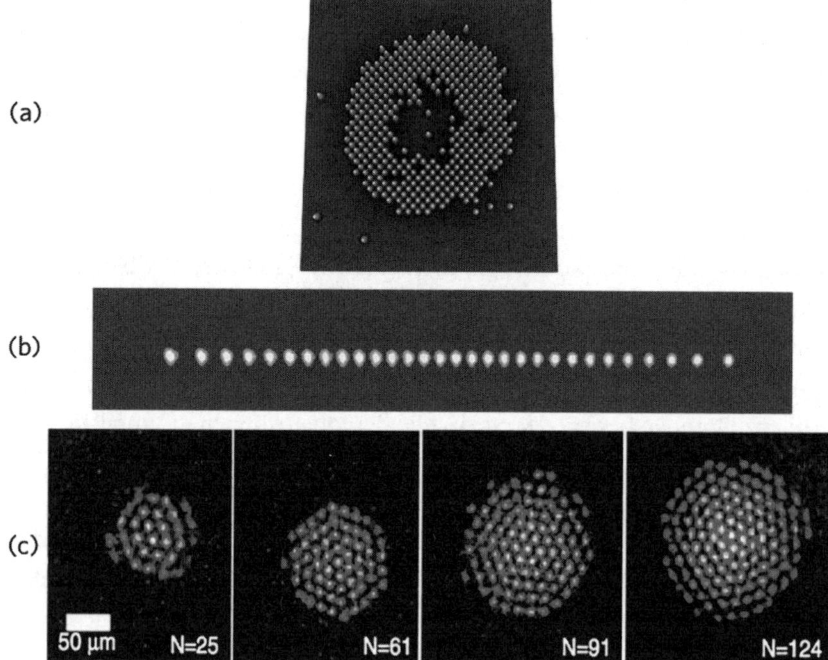

Abb. VII.13. Beispiele für Quantensimulatoren. (a) Ultrakalte Rubidiumatome, die in einem zweidimensionalen optischen Gitter gefangen sind. Jeder Punkt in dieser hochauflösenden Mikroskopaufnahme entspricht einem lichtstreuenden Atom (der Abstand zwischen den Atomen beträgt 0,53 Mikrometer). (© *Immanuel Bloch, München; erstmals von Immanuel Bloch durchgeführtes Experiment*). (b) Kette von 30 Kalziumionen in einer eindimensionalen Falle. Die Ionen befinden sich aufgrund ihrer Anziehung zum Zentrum der Falle und ihrer Coulombschen Abstoßung im Gleichgewicht (der Abstand zwischen den Ionen beträgt 3 Mikrometer). Jedes Ion ist ein Qubit, das zwischen einem lichtstreuenden und einem nicht lichtstreuenden Zustand wechselt. Die Kopplung der Qubit-Zustände mit einer gemeinsamen, durch Laserimpulse erzeugten Schwingungsmode des Ensembles ermöglicht kontrollierte Wechselwirkungen zwischen den Ionen. (© *Rainer Blatt, Innsbruck; erstmals durchgeführt von Rainer Blatt, Innsbruck*) (c) Berylliumionenkristalle in einer Falle (die Anzahl der Ionen ist jeweils in der Abbildung angegeben). Die Ionen ordnen sich unter den kombinierten Auswirkungen ihrer Anziehung zum Zentrum der Falle und ihrer Coulombschen Abstoßung in einem geordneten Gitter an. (*Entnommen aus J. Bollinger, NIST, Science 2016, 352, 1297; erstmals durchgeführt von J. Bergquist, Boulder*)

äußern, werden durch rückwirkendes Eingreifen in das Feld korrigiert. Zur Durchführung dieser Verfahren muss ein logisches Qubit in zwei verschränkten photoelektrischen Qubits kodiert werden. Die Erkennung und Korrektur von Fehlern zieht komplexe Operationen an den Feldern und supraleitenden Qubits mit sich, auf die ich hier nicht näher eingehen werde. Die von Robert Schoelkopf, Michel Devoret und Steven Girvin an der Universität Yale entwickelten Korrekturverfahren bleiben vorerst im Bereich der Grundsatzbeweise und lassen sich nur schwer auf Systeme mit mehr als ein paar Qubits ausdehnen.

Feynmans Traum: Die Quantensimulation

Während der Quantencomputer also noch nicht greifbar ist, erscheinen andere Anwendungen der Manipulation einzelner Quantensysteme kurz- bis mittelfristig weitaus realistischer. Bei der Quantensimulation werden die Teilchenanordnungen der Physik der kondensierten Materie in künstlichen, ein- oder dreidimensionalen Architekturen aus Qubits nachgeahmt. Kalte Atome können in einem Gitter aus optischen Potentialen festgesetzt werden, das durch die Überschneidung interferierender Laserstrahlen entsteht. Oder aber es lassen sich Ionenensembles fangen, die sich durch das Zusammenspiel der Anziehung der Falle und ihrer gegenseitigen Abstoßung in einem regelmäßigen Muster im Raum anordnen. Oder aber man koppelt ein Ensemble von supraleitenden, auf einen Chip gedruckten Qubits: Über die Anpassung der Wechselwirkungen zwischen diesen Qubits will man die Wechselwirkungen zwischen den Atomen im imitierenden realen System in einem anderen Maßstab reproduzieren. Heutige Computer sind nicht in der Lage, das Verhalten von solchen Atomensembles genau zu berechnen, sobald deren Zahl einige Dutzend übersteigt. Die Quantenüberlagerungen werden dann zu zahlreich und die zu lösende Schrödinger-Gleichung enthält zu viele Variablen. Indem man das reale System im Labor mit individuell steuerbaren und messbaren Qubits emuliert, kann man die Entwicklung des künstlichen Systems beobachten und auf das Verhalten des realen Systems unter ähnlichen Bedingungen schließen – wozu ein herkömmlicher Computer nicht in der Lage ist.

Während die Atome in einem Molekül oder Festkörper durch Abstände in der Größenordnung von Ångström getrennt sind, liegen die Abstände zwischen den Qubits in Quantensimulatoren aus ultrakalten Atomen im Bereich von Mikrometern. Für die Teilchenabstände in der Ionenfalle gilt die gleiche Größenordnung. Bei Atomen wie bei Ionen sind die Wechselwirkungsenergien viel geringer als bei kondensierter Materie, in der wir einen tausend- bis zehntausendmal kleineren interatomaren Abstand haben.

Um diese geordneten Systeme aufrechtzuerhalten, muss man bei extrem niedrigen Temperaturen arbeiten, die im Fall von lasergekühlten Atomen im Bereich von einigen Mikrograd Kelvin oder weniger liegen. Die Quantenphysik ist jedoch trotz der unterschiedlichen Größenordnungen dieselbe, und was in den Simulatoren geschieht, kann auf die Gegebenheiten der viel dichteren und heißeren realen Materie übertragen werden.

Diese Simulationen, deren Entwicklung Richard Feynman schon in den 1980er-Jahren vorhersah, sind jeweils an die Probleme angepasst, die sie lösen sollen. So untersuchen sie beispielsweise die verschiedenen Phasen oder Konfigurationen, die atomare oder elektronische Systeme annehmen können – je nachdem, um welche Art von Teilchen (Bosonen oder Fermionen) es sich handelt. Man analysiert das Ausmaß ihrer Wechselwirkungen, die Dimension (Linie, Fläche oder Raum) des sie einschließenden Netzes, oder auch ihre Temperatur. Man hofft, auf diese Weise auf neuartige atomare Konfigurationen zu stoßen, die interessante, für bestimmte Anwendungen nutzbare Eigenschaften aufweisen könnten.

Die Quantensimulationen könnten zum Beispiel Wege zur Herstellung von supraleitenden Hochtemperaturmaterialien oder zur Synthese großer Moleküle mit neuartigen therapeutischen Eigenschaften eröffnen. Die gezielten Simulationen zur Lösung spezifischer Probleme können ein gewisses Maß an Dekohärenz aushalten, die ja auch in der natürlichen Materie vorkommt, die wir zu emulieren versuchen. Das Verfahren benötigt daher keine systematische Fehlerkorrektur und ist viel einfacher zu implementieren als ein Quantencomputer. Die ersten ermutigenden Ergebnisse deuten darauf hin, dass sich dieser Forschungsbereich in den kommenden Jahren rasch weiterentwickeln wird.

Spukhafte Fernwirkung und geheime Kommunikation

Eine weitere Richtung dieser neuen Physik ist die Quantenkommunikation, die inzwischen in vielen Labors Gegenstand fortgeschrittener Forschung ist. Ziel ist es, verschränkte optische Photonen zwischen räumlich entfernten Punkten auszutauschen – dies geschieht entweder über Glasfasern oder über die Atmosphäre, unter Zuhilfenahme von Satelliten als Relais. Die Verschränkung kann die Polarisation der Photonen, ihre Energie oder Emissionszeiten betreffen. Der Nachweis der verschränkten Photonen liefert den Kommunikationspartnern einen gemeinsamen Zufallsschlüssel, eine Folge von Nullen und Einsen, mit dem sie ihre Nachrichten kodieren und dekodieren können. So ermöglicht die spukhafte Fernwirkung, die Einstein so sehr missfiel, im Zusammenspiel mit einem konventionellen elektromagnetischen Signalaustausch die geheime Übertragung von Informationen zwischen verschiedenen Standorten. Jeder Versuch, den Kodierungsschlüssel abzufangen, hätte eine nachweisbare Zerstörung der Verschränkung zur Folge und man könnte die Kommunikation unterbrechen, bevor es zur Übermittlung einer fremden Nachricht käme.

Möchte man eine Quantenkommunikation per Glasfaser über große Entfernungen ermöglichen, so muss eine Dämpfung der Photonen verhindert werden – diese werden nämlich absorbiert, sobald ihr Weg einige Dutzend Kilometer überschreitet. Hierzu sind *Quantenrepeater* erforderlich, die Faserabschnitte miteinander verbinden und so die Verschränkung über lange Wege weitertragen. Geräte dieser Art sind wesentlich schwieriger zu entwickeln als die herkömmlichen Glasfaserrepeater, mit denen man die optischen Signale des herkömmlichen Internets verstärkt. Denn die von den Photonen in einem Faserabschnitt transportierte Quanteninformation muss über ein Verbindungsstück aus Atomen oder künstlichen Qubits an den nächsten Abschnitt weitergeleitet werden, wobei sich der Informationsaustausch zwischen Licht und Materie in einem ähnlichen Prozess vollziehen könnte wie in den Experimenten der Hohlraum-Quantenelektrodynamik. Die Entwicklung dieser Geräte ist Gegenstand zahlreicher Studien in verschiedenen Labors. Ich habe hier die von Artur Ekert Anfang der 1990er-Jahre vorgestellte Methode der Schlüsselverteilung unter Verwendung von verschränkten Qubits beschrieben. Dabei sind weitere Methoden unter Ausnutzung der Heisenbergschen Unschärferelation möglich. Unabhängig von der Art der Schlüsselverteilung wird die Geheimhaltung durch Quantenprinzipien gewährleistet, die besagen, dass es unmöglich ist, ein System zu messen, ohne dass es zu einer Störung oder einem Quantenklonen kommt.

Verfügen sie über verschränkte Qubit-Paare, so können die weit voneinander entfernten Partner Alice und Bob einander den Zustand |ψ> eines Qubits übermitteln, also eine Überlagerung der Zustände |0> und |1> mit beliebigen Wahrscheinlichkeitsamplituden. Das Prinzip dieser als *Quantenteleportation* bezeichneten Operation wurde in den 1990er-Jahren von einer Gruppe Quanteninformatiker unter der Leitung des Kanadiers Gilles Brassard und des Amerikaners Charles Bennett erdacht – einige Jahre zuvor hatten die beiden das erste Protokoll für den Austausch von kryptographischen Schlüsseln vorgestellt. Um die Teleportation durchzuführen, lässt Alice das Teilchen im |ψ>-Zustand mit dem Qubit eines verschränkten Paares wechselwirken, das sie mit Bob teilt. Wenn sie eine Messung an diesem System vornimmt, wird das Qubit in Bobs Besitz in einen Zustand gebracht, der vom erhaltenen Ergebnis abhängt. Dieses Ergebnis teilt Alice Bob mit, worauf er mithilfe dieser klassischen Information eine Operation auf sein Qubit anwenden kann, die es mit Sicherheit in den Zustand |ψ> bringt. Weder Alice noch Bob kennen den Zustand, den sie auf diese Weise untereinander ausgetauscht haben. Im Gegensatz zu einem herkömmlichen Fax, bei dem eine Kopie der übertragenen Information erhalten bleibt, zerstört die Teleportation den teleportierten Zustand schon bei Alice, da das *Klonverbot* die Duplizierung eines Quantenzustands verbietet.

Erfolgreiche Versuche zur Teleportation von durch Photonen übertragenen Qubits wurden bereits in den 1990er-Jahren von Forschungsgruppen unter Anton Zeilinger, Francesco De Martini und Nicolas Gisin in Europa und von dem Amerikaner H. Jeff Kimble in Kalifornien durchgeführt. Ein Experiment, bei dem der Zustand eines Photons über große Entfernungen, nämlich zwischen einer Bodenstation und einem Satelliten, teleportiert werden konnte, wurde kürzlich in China von der Forschungsgruppe um Jian-Wei Pan durchgeführt. Würde der Quantencomputer eines Tages Wirklichkeit werden, so könnte die Teleportation von Quanteninformationen zwischen weit auseinanderliegenden Orten die Vernetzung von Quantenmaschinen über den Austausch von Qubits ermöglichen. Auf diese Weise könnte so etwas wie ein Quanteninternet entstehen.

Quantenmetrologie und Lichtuhren

Zu guter Letzt sei noch die Quantenmetrologie erwähnt. Hier fungiert ein kontrolliertes und manipuliertes individuelles Quantensystem als hyperempfindliche Sonde zur Messung der physikalischen Parameter, von denen seine Entwicklung abhängt. In einer idealen klassischen Situation verhält sich das in einen »Zeiger«-Zustand gebrachte System wie die Nadel eines Messinstruments, die sich je nach dem Wert des zu messenden Parameters in verschiedene Richtungen bewegt. Die Heisenbergsche Quantenunsicherheit führt zu einer Unschärfe in der Ausrichtung der Nadel und damit zu einer grundlegenden Ungenauigkeit der Messung, die als »Standard-Quantengrenze« bezeichnet wird. In einigen Fällen ist es möglich, diese Grenze zu überwinden, indem das Sondensystem in einem nichtklassischen Zustand vorbereitet wird. Die Quantennadel kann zum Beispiel in einen Zustand ähnlich der Schrödinger-Katze versetzt werden, wodurch sie in zwei verschiedene Richtungen zugleich zeigt. Durch Beobachtung eines mit dieser Überlagerung verbundenen Quanteninterferenzeffekts erhält man Informationen über den gemessenen Parameter, deren Genauigkeit die Standardgrenze überschreitet.

Dieses bemerkenswerte Ergebnis können wir uns veranschaulichen, wenn wir die Wigner-Funktion einer photonischen Schrödinger-Katze betrachten, die im Mittel N_m Photonen enthält. Die Gaußschen Gipfel dieser Funktion haben in der Fresnelfläche eine Breite in der Größenordnung von 1, die Wellenkämme zwischen den Gipfeln dagegen haben nur einen Abstand von $1/\sqrt{N_m}$. Es ist daher denkbar, dass bei einer Störung des Systems (etwa durch Hinzufügen eines sehr kleinen kohärenten Feldes in den Hohlraum) die feinen kohärenten Wellen im Katzen-Zustand empfindlicher reagieren als die breiten Gaußschen Gipfel. Die Umsetzung dieser ultrapräzisen Messmethoden ist heikel. Insbesondere muss dabei eine Zeitspanne eingehalten werden, die kürzer ist als die Dekohärenzzeit. Meine Forschungsgruppe hat die entsprechenden Möglichkeiten in aktuellen Experimenten zu photonischen und atomaren Katzen-Zuständen aufgezeigt.

Die spektakulärsten Fortschritte hat die Quantenmetrologie in den letzten Jahren aber vor allem im Bereich der Zeitmessung gemacht. Wir haben ja bereits gesehen, wie eng die Erforschung des Lichts im Laufe der Jahrhunderte mit der Entwicklung von immer präziseren Uhren verbunden war. Wenn wir nun abschließend die neuesten wissenschaftlichen Fortschritte auf diesem Gebiet betrachten, können wir die immensen Fortschritte würdigen, die in den letzten Jahren bei der Zeitmessung per Laser erzielt wurden.

Die Huygensschen Uhren, die in den Anfängen der modernen Wissenschaft eine so wichtige Rolle spielten, wichen ein Jahrhundert später den mechanischen Chronometern von Harrison. Auf Schiffen mitgeführt, ermöglichten diese die ersten genauen Messungen der geographischen Länge. Zu Beginn des 20. Jahrhunderts ersetzten Quarzuhren die Periodenzählung bei mechanischen Oszillatoren durch die Zählung elektrischer Schwingungen, die in einem wie eine kleine Stimmgabel schwingenden Kristall angeregt werden. In vier Jahrhunderten hat sich der Fehler in der Zeitmessung von etwa zehn Sekunden auf eine Millisekunde pro Tag verringert – eine Verbesserung um vier bis fünf Größenordnungen, die im Wesentlichen auf die Erhöhung der Frequenz der gezählten Schwingungen zurückzuführen ist (eine pro Sekunde beim Pendel, mehrere Zehntausend Sekunden beim Quarz).

Die Einführung von Atomuhren, welche die Perioden der von Cäsiumatomen absorbierten und emittierten Mikrowellen zählen, ermöglichte Mitte des letzten Jahrhunderts einen »Quantensprung« von sechs Größenordnungen in der Abweichung der Uhren: Diese wurde innerhalb weniger Jahre auf eine Nanosekunde pro Tag reduziert. Gelingen konnte dies durch eine weitere Erhöhung der Frequenz, die für Cäsiumuhren nun bei etwa 9,2 GHz liegt. Wie wir gesehen haben, ermöglicht die Verwendung gekühlter Atome eine Verlängerung der Abfragezeit der Atome, wodurch sich die bereits außergewöhnliche Präzision um weitere zwei Größenordnungen erhöht. Die Abweichung liegt somit bei etwa 10 Pikosekunden pro Tag (also einem Zehntausendstel einer Milliardstelsekunde), was einer Unsicherheit von 10^{-16} entspricht.

Einen letzten gigantischen Sprung gab es Anfang der 2000er-Jahre. Denn nun gelang es, die viel schnelleren Schwingungen des Lichts zu zählen, das Atome aussenden oder absorbieren, wenn sie sich in einem optischen Übergang zwischen Grundzustand und einem langlebigen angeregten Niveau befinden. Die Frequenz der Schwingungen liegt hier in der Größenordnung von Hunderten von Terahertz, also zwischen 10^{14} und 10^{15} Hz. Die Ungenauigkeit der neuesten Forschungsuhren reduziert sich inzwischen auf einige Zehn Femtosekunden pro Tag (ein Zehnmillionstel einer Milliardstelsekunde), was einer Unsicherheit von $3 \cdot 10^{-19}$ entspricht. Geht man davon aus, dass das

Alter des Universums etwa 10^{18} Sekunden (eine Milliarde mal eine Milliarde Sekunden) beträgt, so bedeutet dies, dass zwei am Anbeginn der Zeit synchronisierte optische Uhren heute nicht mehr als zwei oder drei Zehntelsekunden voneinander abweichen würden! Dieser weitere außergewöhnliche Fortschritt in der Präzision wurde erreicht, als es gelang, optische Frequenzen zu zählen, indem man sie durch einen Faktor in der Größenordnung von Hunderttausend teilte, um sie auf Frequenzen zu bringen, die direkt von elektronischen Schaltungen gemessen werden können.

Das Instrument, das diese Aufteilung ermöglicht, ist der im vorigen Kapitel erwähnte Frequenzkamm. Hierbei handelt sich um einen Laser, der in hunderttausend äquidistanten Moden schwingt, die eine Oktave zwischen Infrarot und Ultraviolett abdecken. Ihre Moden sind phasenverriegelt und erreichen ihre periodisch aufeinanderfolgenden Schwingungsmaxima exakt zum gleichen Zeitpunkt. Die Verriegelung resultiert aus einer Kopplung sämtlicher Moden, die alle aus demselben verstärkenden Medium hervorgehen. Huygens entdeckte ein ähnliches Phänomen in der Mechanik, als er krank im Bett lag und die Schwingungen von zwei Pendeln beobachtete, die an einer Wand gegenüber hingen: Unter dem Einfluss der durch die Schwingungen in der Wand hervorgerufenen Vibrationen kamen die Pendel in Phase und schwangen im Gleichklang.

Die Geschichte der Wissenschaft ist voll von solchen bemerkenswerten Anknüpfungspunkten, die ihren Zusammenhang und ihre Vernetzung über die Jahrhunderte hinweg verdeutlichen. Es ist doch erstaunlich, dass der große Uhrmacher des 17. Jahrhunderts mit der Entdeckung des Phasengleichlaufs von Uhren den Schlüssel zu einem Effekt lieferte, der dreieinhalb Jahrhunderte später seine Nachfahren, die Atomuhrmacher des 21. Jahrhunderts, dazu brachte, ihren Instrumenten eine spektakuläre Genauigkeit zu verleihen.

Die Verriegelung der gleichmäßig beabstandeten Lasermoden führt zu einer periodischen konstruktiven Interferenz aller Wellen. Daraus resultiert eine Reihe von Lichtimpulsen, welche mit einer Periode aufeinanderfolgen, die der Umlaufzeit des Lichts zwischen den Laserspiegeln entspricht. Man erhält damit eine Uhr, deren Takt durch die Klickgeräusche der nach und nach aus dem Hohlraum austretenden Lichtimpulse erzeugt wird. Diese Uhren verwirklichen das (in Kapitel IV beschriebene) Gedankenexperiment Einsteins, mit dem er das Phänomen der Zeitdilatation veranschaulichen konnte.

Um die Genauigkeit der Uhren zu gewährleisten, sondiert ein extrem fre-

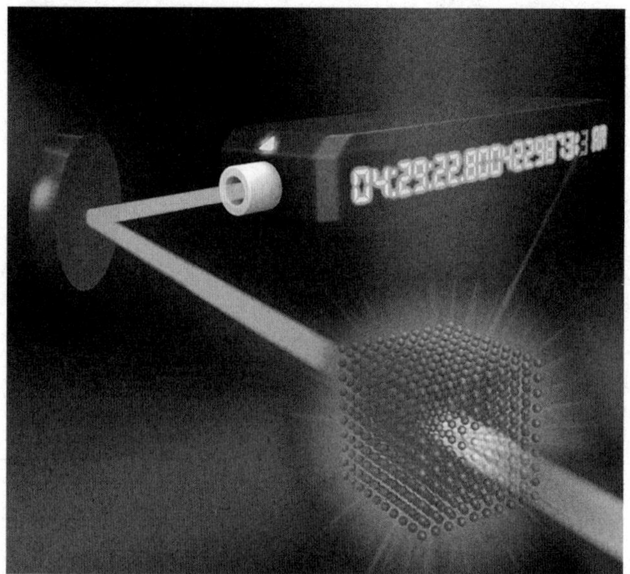

Abb. VII.14. Vereinfachte Darstellung einer optischen Uhr aus ultrakalten Strontiumatomen. Die Frequenz eines sehr stabilen Lasers ist an die Frequenz eines optischen Übergangs von Strontiumatomen angebunden, die in einem dreidimensionalen optischen Gitter gefangen sind. Derselbe Laser stabilisiert einen Frequenzkammlaser (nicht abgebildet), der die optische Frequenz in den Mikrowellenbereich überträgt. Die Unsicherheit dieser Uhr liegt bei $3 \cdot 10^{-19}$ Sekunden – das entspricht einem Fehler von weniger als einer Sekunde bezogen auf das Alter des Universums. Die Frequenz des Strontiumübergangs lässt sich auf 17 signifikante Stellen genau bestimmen ($\nu = 429\,228\,004\,229\,873{,}13$ Hz). Diese Genauigkeit hängt von der Präzision der Hochleistungs-Cäsiumuhren ab, mit denen wir derzeit noch die Sekunde definieren. Am Ende wird die Sekunde an die Frequenz einer optischen Uhr gekoppelt sein, deren genauer Wert per Übereinkunft festgelegt wird. (*Die Strontiumuhr hat die Forschungsgruppe von Jun Ye im JILA-Labor in Boulder entwickelt; © Jun Ye, JILA)*).

quenzstabiler Laser die ultrafeine Absorptionslinie eines gefangenen Aluminium-Ions oder eines kleinen Ensembles von ultrakalten, in einem optischen Gitter eingeschlossenen Strontium- oder Ytterbium-Atomen. Die Frequenz der Lasersonde wird auf das Zentrum der Ionen- oder Atomlinie eingestellt und dann mit der Frequenz einer der Moden des Frequenzkammlasers verglichen, der wiederum durch die Feinabstimmung des Spiegelabstands eingestellt wird. Die Schwebung zwischen zwei aufeinanderfolgenden Moden des Kamms ist dann ein genauer Teiler der optischen Frequenz. Ein Quarzoszillator, dessen Frequenz von einem elektronischen Digitalzähler abgelesen wird, ist auf diese Schlagfrequenz eingestellt. Die Kalibrierung des Geräts erfolgt durch den Abgleich mit einer Cäsiumuhr.

Die so erreichte Präzision übertrifft die der Mikrowellenuhr bei Weitem. Die Stabilität dieser optischen Zeitmesser kann nur durch den Vergleich von zwei Geräten festgestellt werden. Am Ende aber wird die Cäsiumuhr wohl verschwinden und die *neue Sekunde* wird in einigen Jahren als ein Vielfaches der Schwingungsfrequenz einer dieser neuen optischen Uhren definiert werden. Ihre Genauigkeit ist so groß, dass sich die von der Allgemeinen Relativitätstheorie vorhergesagte Veränderung der Zeit in Abhängigkeit von der Höhe im Labor messen lässt. Der Effekt von 10^{-16} Abweichung pro Meter wurde vor gut zehn Jahren von David Wineland demonstriert, der mit zwei Aluminium-Ionenuhren arbeitete: Eine von ihnen montierte er auf einer hydraulischen Hebevorrichtung, mit der er sie auf eine einstellbare Höhe im Verhältnis zur anderen bringen konnte. Wineland beobachtete, dass ein Höhenunterschied von einem Fuß (31 Zentimetern) eine Abweichung von $3 \cdot 10^{-17}$ zwischen den beiden Uhren zur Folge hat. Die in den vergangenen zehn Jahren erreichten Fortschritte würden heute ermöglichen, den Unterschied in der Zeitanzeige zweier Uhren nachzuweisen, deren Standorte sich nur um wenige Millimeter Höhe unterscheiden.

Die ultrapräzise Zeitmessung basiert gänzlich auf Lasern, die in den verschiedenen Elementen des Geräts eine wesentliche Rolle spielen. Ein Laser kühlt das Referenz-Ion in der Aluminiumuhr, indem er es in den Grundschwingungszustand um seine Gleichgewichtsposition bringt und so jeglichen Dopplereffekt eliminiert, der die Stabilität des Oszillators gefährden könnte. Bei den Uhren mit neutralen Strontiumatomen sind es wiederum Laser, die das optische Gitter erzeugen, das die Atome in einem perfekten künstlichen Kristall festhält. Weitere Laser dienen zur Kühlung der Atome in diesen optischen Gittern. Hinzu kommt ein ultrastabiler Laser zur Sondierung des Referenzübergangs und zur Weiterleitung der Informationen an den letzten Laser, den Frequenzkamm.

Dieser außergewöhnliche Beitrag des Lichts zur Zeitmessung steht für den Abschluss eines ganzen Forschungszyklus und hebt den multidisziplinären Aspekt der Wissenschaft hervor. Es waren die ersten mechanischen Uhren der Neuzeit, die eine Bestimmung der Lichtgeschwindigkeit ermöglichten und damit den Weg für weitere grundlegende Entdeckungen in der Optik ebneten. Mehrere Jahrhunderte später nun verleiht das Licht der Metrologie die Möglichkeit, sich in einem Maße zu vervollkommnen, wie es sich die Uhrmacher des 17. Jahrhunderts niemals hätten vorstellen können.

Die Geschichte ist hier noch nicht zu Ende. Die Quantenmetrologie eröffnet weitere Wege zur Verbesserung der Genauigkeit dieser Uhren. In den derzeitigen Geräten, die gefangene kalte Atome abtasten, reagieren die Teilchen unabhängig voneinander auf die Lasersonde. Durch eine Verschränkung der Atome ließe sich eine Situation erreichen, in der sich das durch das optische Feld des Lasers untersuchte Atomensemble in einer Art Schrödinger-Katzen-Zustand entwickelt. Dann würden sich alle Atome *sowohl* im Grundzustand *als auch* im angeregten Zustand des untersuchten Übergangs befinden.

Die Quantenkohärenz dieses nichtklassischen Zustands würde sich über die Zeit noch schneller entwickeln als jene der einzelnen Atome, wodurch sich die Sensibilität für die Zeitmessung weiter erhöhen würde. Gelänge es, etwa einhundert Atome in einen solchen Zustand zu bringen, so würde die jetzt schon erstaunliche Präzision optischer Uhren um eine weitere Größenordnung ansteigen.

Wozu dienen nun Uhren, die derart empfindlich auf relativistische Effekte reagieren? Zusammen mit den Informationen, die unsere modernen GPS-Systeme liefern, werden sie es eines Tages ermöglichen, das Geoid der Erde, also die Oberfläche gleicher Erdgravitation, mit einer Genauigkeit von wenigen Millimetern zu kartieren. Änderungen des Meeresspiegels oder der Eisschilddicke werden ebenso wie die Kontinentalverschiebung mit größerer Genauigkeit messbar sein. Es könnte möglich werden, kleinste Schwankungen der Schwerkraft zu erkennen, die Vorboten für Erdbeben sind.

Auch diese Forschungen führen uns zurück in die Vergangenheit. Die nun möglichen, äußerst präzisen Messungen der Erdform erinnern uns an die Abenteuer von La Condamine und Maupertuis. Heute misst man die Erdform nicht mehr auf Kilometer, sondern auf Millimeter genau. Mögen die Größenordnungen auch unterschiedlich sein, der Forschungsdrang ist derselbe. Diesen Dingen wird nachgegangen, weil es Menschen gibt, die sie in Erfahrung bringen wollen. Und wie Maupertuis im 18. Jahrhundert sind sie davon überzeugt, dass ihr Wissensdurst eines Tages nützlich sein wird.

Der Ausblick in die Zukunft, an dem ich mich hier versuche, hat natürlich seine Grenzen. Erinnern wir uns hierzu nur an die Postkarten von der Pariser Weltausstellung aus dem Jahr 1900, auf denen zu sehen ist, wie man sich das

Jahr 2000 vorstellte. Welche zukünftigen Anwendungen die heutige Grundlagenforschung ermöglichen könnte, bleibt größtenteils unvorhersehbar, und gerade das macht doch den Charme der Forschung aus. Alle Wissenschaftler, mit denen ich im Laufe meines Lebens durch Zusammenarbeit oder Austausch verbunden war, wurden von dem Wunsch angetrieben, die Gebiete unseres Wissens immer weiter auszudehnen. Und das nicht, weil gewisse Erkenntnisse von Nutzen sein könnten, sondern weil diese Forscher die eigene Neugier befriedigen und Dinge durchschauen wollten. Ich hatte das Privileg, mich in Gemeinschaft mit ihnen an diesem großen Abenteuer zu beteiligen, das vor vier Jahrhunderten begonnen hat und dessen roter Faden immer das Licht war. Die Geschichte ist hier nicht zu Ende, sie wird fortgesetzt. Sie wird unser Wissen weiter vertiefen und uns neuartige Instrumente liefern, die noch ungewöhnlichere und erstaunlichere Formen annehmen werden als wir es uns heute vorstellen können.

ANHANG

NACHWORT – WISSENSCHAFT UND WAHRHEIT

Anhand der Geschichte des Lichts habe ich darzulegen versucht, was es mit der Suche nach Wahrheit in der Wissenschaft eigentlich auf sich hat. Der schrittweise Weg zu einem immer tieferen Verständnis der Eigenschaften des Lichts hat der Menschheit grundlegende Erkenntnisse über das Universum und die von uns bewohnte Welt gebracht. Dass ich diesen Weg über das vergangene halbe Jahrhundert hinweg mitgehen konnte, war mir ein erhebendes Abenteuer, das mich in die Gedankenwelt der großen Köpfe vergangener Zeiten eintauchen ließ und mich mit Wissenschaftlern aus aller Welt in Kontakt gebracht hat, die diese Forschungen ins Heute geführt haben. Als Wissenschaftler lernte ich die besondere Freude kennen, die man bei der ersten Beobachtung eines Phänomens empfindet, das einen verborgenen Aspekt der Natur ans Licht bringt. Und ich durfte Zeuge großer Entdeckungen von Kollegen sein – was eine andere, aber nicht weniger tiefe Freude in einem Forscherherz weckt.

Um ihren Vorhaben erfolgreich nachzugehen, benötigen Wissenschaftler Zeit und Vertrauen. Zeit braucht es, da die Natur ihre Geheimnisse nicht immer sofort enthüllt: Oft führt sie uns auf Abwege und stellt unsere Geduld und Entschlusskraft auf die Probe. Was das Vertrauen angeht, so hat dieses viele Facetten: Zuerst einmal ist da das Vertrauen, das wir in uns selbst haben müssen – in unsere Analysefähigkeit, unsere Auffassungsgabe und das Vermögen, neue Ansätze zu entwickeln, wenn sich unerwartete Situationen ergeben. Genauso zählt die Überzeugung, dass Naturphänomene rationalen Gesetzen folgen und die von uns konstruierten Modelle der Welt ein zusammenhängendes Netz ergeben, an dem die Wissenschaft Tag für Tag und mit jeder neuen Entdeckung weiterknüpft.

Natürlich benötigen wir Forscher das Vertrauen der Institutionen, die uns materielle wie moralische Unterstützung zusichern sollten. Vor allem aber geht es auch um das Vertrauen der Gesellschaft, die den Wissensdurst der Forscher teilen sollte – genauso wie die Überzeugung, dass dieser Erkenntnisdrang ein elementarer Bestandteil unserer Kultur und Zivilisation ist. Ich selbst durfte in einem Umfeld arbeiten, in dem alle diese Voraussetzungen erfüllt waren. An Zeit und Vertrauen hat es mir nicht gemangelt. Lange Zeit hatte ich den Eindruck, dass diese Situation nichts Außergewöhnliches sei und Wissenschaftler allgemein von der Öffentlichkeit und den Regierenden unterstützt und verstanden würden.

Inzwischen aber wird mein Optimismus auf die Probe gestellt. In Frankreich wie in vielen anderen Ländern haben wirtschaftliche Schwierigkeiten dazu geführt, dass der Forschung weniger Mittel zugestanden werden, wodurch sich die Arbeitsbedingungen insbesondere für Nachwuchswissenschaftler arg verschlechtert haben. Noch schwerer wiegt jedoch etwas anderes: Nie war die Wissenschaft reicher an Entdeckungen als in der Zeit, in der wir heute leben. Neue Erkenntnisse erweitern unseren Blick auf die Welt und lassen uns die Natur auf eine Weise begreifen und formen, wie es noch vor wenigen Jahrzehnten undenkbar gewesen wäre. Und dennoch wird die Wissenschaft von der breiten Öffentlichkeit oftmals missverstanden, ja sie wird schlechtgemacht und angegriffen. Wissenschaftsfeindliche Strömungen gab es immer, doch nehmen sie derzeit eine bedrohliche Gestalt an, da »postfaktisches Denken« und »alternative Fakten« immer mehr Aufwind gewinnen.

Die Wissenschaft ist nicht das einzige Ziel dieses neuartigen Ansturms aus Falschinformationen und Lügen, doch ist sie besonders empfänglich für derlei Attacken. Verschwörungstheorien stützen sich auf einen zerstörerischen Zweifel, der vollkommen entgegengesetzt zum vernünftigen, konstruktiven Zweifel der Wissenschaft arbeitet. Indem sie ein grundlegendes Element des wissenschaftlichen Vorgehens auf diese Weise parodieren und pervertieren, haben sich Wissenschaftsgegner eine effiziente und umso zynischere Strategie angeeignet.

Was ist geschehen, dass sich Wissenschaftler vierhundert Jahre nach dem Durchbruch der modernen Wissenschaft gezwungen sehen, sich gegen Lügen zu verteidigen? Die Gründe hierfür hängen mit der Entwicklung von Gesellschaften in einer von Krisen gebeutelten Welt zusammen – mit der Psychologie von Individuen, die sich zunehmend isoliert fühlen und dazu neigen, sich wie Stammesangehörige an Kulturen oder Religionen zu binden, die ihnen Trost und Sicherheit versprechen. Durch die Globalisierung der Wirtschaft und des Marktes sind viele Menschen ins Hintertreffen geraten. Ihre durch diese schutzlose Lage hervorgerufene Angst lässt jegliche globale Tätigkeit als Bedrohung erscheinen – so auch die Wissenschaft als Trägerin universeller Werte, die keine Gruppe für sich beanspruchen kann.

Ein solches wissenschaftsfeindliches Stammesverhalten ruft Missverständnisse seitens der Öffentlichkeit hervor. Ihr fehlt es an Verständnis für die wissenschaftliche Methodik, weshalb sie sich leicht beeinflussen lässt. Die Wahrnehmung bestimmter Bereiche der Physik, Chemie, Biologie und Medizin wird verzerrt, sie wird bewusst oder unbewusst durch ideologische Verbohrtheit oder finanzielles Interesse verfälscht. Man hört in diesen Kreisen etwa, dass die Klimaerwärmung eine chinesische Erfindung sei, die den Westen schwächen solle, dass genetisch veränderte Pflanzen unsere Agrarflächen verunreinigen oder dass Impfungen unsere Kinder gefährden würden. Diese Verschwörungsszenarien erwecken den Eindruck, als wollten Wissenschaftler geheime Macht über die Gesellschaft ausüben.

Solche vor allem im Internet erschreckend effizient verbreiteten Gegenwahrheiten stellen wissenschaftliche Theorien auf die gleiche Stufe wie Meinungen, die man beweislos verneinen und wie eine unter vielen traditionsgebundenen Denkweisen behandeln kann. Dahinter steht ein neuer kultureller Relativismus, der von bestimmten Strömungen der Soziologie und Anthropologie vorangebracht wird. Wenn die Wissenschaft nur eine Tätigkeit ist, deren Ergebnisse von den sozialen und kulturellen Bedingungen abhängen, in denen sie erfolgt, warum sollte man ihre Theorien dann nicht wie Meinungen behandeln, deren Ablehnung keine Nachweise erfordert?

Kulturrelativismus mag vielleicht nicht die einzige Ursache der Schwierigkeiten sein, mit denen die heutige Wissenschaft zu kämpfen hat – sicher aber ist er eine Begleiterscheinung in ihrem direkten Umfeld. Zur Verteidigung der Wissenschaft und ihrer Werte sollte man die soziologischen wie psychologischen Wurzeln der kursierenden Unwahrheiten in den Blick nehmen und insbesondere die Funktionsweise der sozialen Netzwerke analysieren: Diese begünstigt ja, dass sich Internetnutzer einem Wahn anschließen, indem sie sich in abgeschlossenen Gruppen gegenseitig befeuern. Die Auswirkungen eines permanenten und unkontrollierten Zugangs zu einer immer rasanteren Flut von Informationen spielen in die Krise hinein, in der wir uns derzeit befinden. Über diese Problematik habe ich mich oftmals mit Claudine ausgetauscht, die sich in ihrer Tätigkeit als Soziologin in jüngster Zeit vermehrt mit solchen Fragen beschäftigt hat.

Als Wissenschaftler fand ich, die beste Verteidigung der Wissenschaft, die ich aufbieten könnte, bestünde darin, der Öffentlichkeit – und insbesondere der nichtwissenschaftlichen Öffentlichkeit – die Überzeugungskraft und auch die Schönheit der wissenschaftlichen Methode darzulegen. Eben das habe ich mit meinem vorliegenden Buch über das Licht versucht. Ich möchte darin hervorheben, was wissenschaftliche Wahrheit eigentlich ist, wie sich die Erkenntnis geduldig entwickelt und wandelt, und zwar im permanenten Austausch zwischen Beobachtung, Experiment und Theorie. Dabei bin ich auch auf die Zweifel und Fragen zu sprechen gekommen, die der wissenschaftlichen Methode innewohnen, da die entwickelten Modelle durchgängig infrage gestellt und immer schärferen und genaueren Tests unterzogen werden.

Es war mir daran gelegen, deutlich zu machen, mit welcher Kraft sich die Physik als Erklärungs- und Interpretationsmuster unserer Welt durchgesetzt hat und uns so Möglichkeiten schenkt, die Natur zu beeinflussen. Dazu kommt der reduktionistische Aspekt der Wissenschaften: Aus der Verbundenheit all ihrer Teile folgt, dass ihre gesamte Weltbeschreibung ins Wanken geraten kann, sobald ein Aspekt ihrer Wahrheit infrage gestellt wird. Die von mir skizzierte Geschichte soll illustrieren, dass die Wissenschaft entgegen den Thesen des Kulturrelativismus Universalität besitzt und keine Grenzen kennt. Und schließlich habe ich mir auch angeschaut, welche Schwierigkeiten Wissenschaftler im Laufe der Geschichte zu überwinden hatten. Sie mussten Vorurteile und Illusionen aus dem Weg räumen, die uns lange Zeit wie Scheuklappen daran hinderten, eine Natur zu sehen und zu begreifen, deren Beschreibung unserer Intuition immer deutlicher zuwiderläuft.

Die Geschichte des Lichts ist reich und komplex und voller Überraschungen. Es gab Wolken, die uns manches Mal den Blick vernebelten, genauso aber (Geistes-)Blitze, die auf einen Schlag neue Horizonte eröffneten – so wie vor einem Jahrhundert das Aufkommen von Relativität und Quantenphysik. Heute erleben wir erneut eine Schlüsselphase, in der uns das Licht zu weiteren Erkenntnisse über die Welt führen wird. Nicht umsonst sind einige der besonders tiefgreifenden Fragen der Wissenschaft immer noch mit dem Begriff des Lichts verknüpft. Spricht man von Dunkler Materie, Dunkler Energie und Schwarzen Löchern, so meint man die Abwesenheit von Licht.

Und wenn es um die unvollendete Verbindung der Allgemeinen Relativitätstheorie mit der Quantenphysik geht, so strebt man im Grunde eine endgültige Vereinheitlichung der physikalischen Gesetze an, die sich womöglich an vorangegangenen Prinzipien orientiert, in denen das Licht eine wesentliche Rolle spielt.

Wer den Versprechen der Quanteninformatik nachgeht, der setzt sein Vertrauen wiederum ins Licht, nämlich in Licht als Träger von Information und als Instrument der Kontrolle und Manipulation von Quantenmaterie. Da ist so viel, was sich noch entdecken und erfinden lässt. Ich stelle mir gerne vor, wie Galilei, Newton, Fresnel, Maxwell oder Einstein staunen würden, wenn sie noch einmal zu uns zurückkehrten und erführen, was nachfolgende Forscher durch das Jonglieren mit Photonen begriffen und erreicht haben. Auch ich würde gerne – wie der Zwilling aus Langevins Geschichte – in fünfzig oder hundert Jahren auf der Erde landen, wenn auch nur für einen Augenblick, und erfahren, was die Forschergenerationen nach mir herausgefunden haben werden. Doch das ist ein irrealer Traum. Keine Rakete kann schnell genug sein, um mich auf diese Weise in die Zukunft zu befördern. Dieses Wissen verdanke ich der Relativitätstheorie – und damit wiederum: dem Licht.

DANK

Dieses Buch verdankt sich in der Hauptsache den Studierenden, Kollegen und Postdocs, mit denen ich im Laufe der Jahre versucht habe, unser Wissen über Atome und Licht zu vertiefen. Ich hatte das Glück, Teil einer Gemeinschaft zu sein, in der die wissenschaftliche Neugierde uneingeschränkt zum Zuge kommen konnte und in der wir Forscher in einer Atmosphäre des Vertrauens und der Freundschaft arbeiten durften. Wären diese Bedingungen nicht erfüllt gewesen, so hätte ich nichts erreicht. Mein Dank gilt in erster Linie Jean-Michel Raimond und Michel Brune, die mir bei dem Abenteuer zur Seite standen, das uns schließlich zur Zähmung der Photonen geführt hat. All diejenigen, die aus der ganzen Welt für eine Zeit lang zu unserer Forschungsgruppe stießen, haben wichtige Beiträge zu den verschiedenen Phasen unserer Forschung geleistet. Für die meisten von ihnen begann so eine glänzende Karriere in Frankreich oder im Ausland. Ich kann die Beteiligten hier nicht alle nennen, aber sie sollen wissen, dass ich glücklich und stolz bin, spannende Momente dieses Abenteuers mit ihnen geteilt zu haben. Da ich kein Fan von inklusiven Schreibweisen bin, möchte ich klarstellen, dass ich mit »Kollegen« und »Forschern« auch alle Studentinnen und jungen Wissenschaftlerinnen meine, die mit uns zusammengearbeitet haben.

Jetzt, da ich das Alter erreicht habe, da man den Stab übergibt, bin ich von Verwaltungs- und Lehraufgaben befreit. Was bleibt, ist das Privileg, die Forschungen der nachfolgenden Generation verfolgen zu dürfen. Sébastien Gleyzes, Igor Dotsenko und Clément Sayrin, die nun in einem viel schwierigeren administrativen und finanziellen Kontext mit Michel und Jean-Michel zusammenarbeiten, gelingen Jahr für Jahr Entdeckungen, die ihre Forschungen in neue, vielversprechende Richtungen führen. Ich bewundere ihren Erfindungsreichtum und ihren Eifer, und ich bin ihnen dankbar, dass sie und ihre Studierenden die Begeisterung für das Wissen aufrechterhalten – denn ohne diese Leidenschaft ist keine Forschung möglich.

In dem Bewusstsein, dass jede Wissenschaftlergeneration nur ein Glied in der Kette aus im Laufe der Zeit angesammeltem Wissen ist, war mir daran gelegen, diese Kette bis zu ihrem Ankerpunkt im 17. Jahrhundert zurückzuverfolgen, dem Ursprung des modernen wissenschaftlichen Denkens. Für diesen Abriss vom Epos der Lichtwissenschaft habe ich mich auf die Arbeiten von Wissenschaftshistorikern gestützt. Ich hatte das Vergnügen, mich insbesondere mit Olivier Darrigol auszutauschen, der mir die so hintergründigen wie widersprüchlichen Vorstellungen beschrieben hat, die sich Wissenschaftler vergangener Jahrhunderte vom Licht gemacht haben. Ich danke ihm für erhellende Einblicke, die mir bei der Ausarbeitung der Kapitel I und III sehr geholfen haben.

Ich möchte mich zudem bei zwei besonders aufmerksamen Lesern bedanken: Jean-Michel Raimond, der das Manuskript mit dem Blick eines Experten unter die Lupe genommen hat und mir so ermöglichte, einige Ungenauigkeiten zu korrigieren, und meinem Schwiegersohn Thomas Peugeot, der diese Seiten aus der Perspektive eines wissenschaftlich interessierten Laien gelesen hat. Der Rat und der Ansporn der beiden waren mir viel wert.

Schließlich möchte ich Odile Jacob danken, die mir vorgeschlagen hat, dieses Buch zu schreiben, und die dann auch noch abwartete, bis die Umstände mir die Zeit dazu gaben. Das gesamte Team von Odile Jacob hat mir geholfen, die vielen sehr konkreten Probleme zu lösen, die mit einem solchen Buchprojekt einhergehen; dafür bin ich sehr dankbar.

Am meisten aber, so muss ich abschließend sagen, habe ich meiner Gefährtin Claudine zu verdanken. Sie begleitet mich seit Beginn meiner beruflichen Laufbahn, sie hat mich stets unterstützt und mir auf so mannigfaltige Weise geholfen, wie es sich hier unmöglich aufzählen lässt. Mein Leben als Wissenschaftler ist unmöglich von der Fülle unseres Privatlebens zu trennen, und ich kann mir nicht vorstellen, wo ich ohne Claudine stünde. Es wäre lächerlich, ihr für all das danken zu wollen. Ich kann mich höchstens dafür bedanken, dass sie auch während der langen Monate zu mir gehalten hat, in denen mich das Verfassen dieser Seiten in Anspruch nahm.

Paris, im Februar 2020

BIBLIOGRAPHIE

Eine Auswahl an Werken zur vertiefenden Lektüre

Diese bei Weitem nicht vollständige Liste enthält zum einen Werke, aus denen ich Ideen für meine Darstellung geschöpft habe, und zum anderen Bücher, in denen der Leser manchmal romanhafte Schilderungen von Personen oder Episoden aus der Wissenschaftsgeschichte findet, die auch in diesem Buch erwähnt werden. Zwei meiner Bücher vervollständigen die Bibliographie. Das erste mit dem Titel *Physique quantique* ist der Text meiner Antrittsvorlesung am Collège de France im Jahr 2001. Beim zweiten, *Exploring the Quantum: Atoms, Cavities and Photons*, das ich zusammen mit Jean-Michel Raimond verfasst habe, handelt es sich um eine detaillierte Darstellung der Hohlraum-Quantenelektrodynamik und ihrer Beziehung zu anderen Bereichen der modernen Quantenphysik.

Biographien und Autobiographien der zitierten Wissenschaftler

Anatole Abragam, *De la physique avant toute chose?,* Paris: Odile Jacob 2000.

C. D. Andriesse, *Huygens, The Man Behind the Principle*, Cambridge: Cambridge University Press 2011.

Bernard Cagnac, *Alfred Kastler*, Paris: Éditions Rue d'Ulm 2013.

Claude Cohen-Tannoudji, *Sous le signe de la lumière*, Paris: Odile Jacob 2019.

Niccolo Guicciardini, *Isaac Newton and Natural Philosophy*, London: Reaction Books 2018.

Alan W. Hirshfeld, *The Electric Life of Michael Faraday*, New York: Walker Publishing Company 2006.

James Lequeux, *Le Verrier, savant magnifique et détesté*, EDP Sciences 2009.

James Lequeux, *Hippolyte Fizeau, physicien de la lumière*, EDP Sciences 2014.

Thomas Levenson, *Einstein in Berlin*, Bantam Books 2004.

Walter J. Moore, *Schrödinger: Life and Thoughts*, Cambridge: Cambridge University Press 1992.

Abraham Pais, *Subtle is the Lord, the Science and the Life of Albert Einstein*, Oxford: Oxford University Press 2005.

Abraham Pais, *Niels Bohr's Times*, Oxford: Clarendon Press 1991.

Dava Sobel, *Galileo's Daughter; A Drama of Science, Faith and Love*, New York: Walker & Company 1999.

(dt.: *Galileos Tochter*, München: Piper 2010.)

Zur Geschichte der Optik und des Elektromagnetismus

Jed Z. Buchwald, *The Rise of the Wave Theory of Light: Optical Theory and Experiment in the Early Nineteen Century*, Chicago: The University of Chicago Press 1984.

Olivier Darrigol, *A History of Optics: From Greek Antiquity to the Nineteenth Century*, Oxford: Oxford University Press 2012.

Olivier Darrigol, *Electrodynamics, From Ampère to Einstein,* Oxford: Oxford University Press 2000.

Zur Geschichte der Seefahrt und der Erdmessung

Ken Alder, *The Measure of All Things: The Seven-Year Odyssey and Hidden Error that Transformed the World*, New York: The Free Press 2002.

(dt.: *Das Maß der Welt : die Suche nach dem Urmeter,* München: Bertelsmann 2003.)

Peter Galison, *Einstein's clocks, Poincaré's Maps*, New York: Norton & Company 2003.

Alan W. Hirshfeld, *Parallax: The Race to measure the Cosmos*, London: Palgrave Macmillan 2001.

Dava Sobel, *Longitude: The True Story of a Lone Genius Who Solved the Greatest Scientific Problem of His Time*, New York: Walker & Company 2007.

(dt.: *Längengrad: Die wahre Geschichte eines einsamen Genies, welches das größte wissenschaftliche Problem seiner Zeit löste,* München: Piper 2013.)

Florence Trystram, *L'épopée du méridien terrestre*, J'ai Lu, 1979.

Zur Relativitätstheorie und ihren Beweisen

Albert Einstein, *Relativity, the special and the general theory, 100th Anniversary Edition*, Princeton: Princeton University Press 2015.

Hanoch Gutfreund, Jürgen Renn, *The Road to Relativity, the History and Meaning of Einstein's »The Foundation of General Relativity«*, Princeton: Princeton University Press 2015.

John Waller, *Einstein's Luck: The Truth Behind Some of the Greatest Scientific Discoveries*, Oxford: Oxford University Press 2002. (Hier besonders das 3. Kapitel des 1. Teils über Eddingtons Beobachtung der Sonnenfinsternis im Jahre 1919.)
Richard Wolfson, *Simply Einstein: Relativity Demystified*, New York: Norton & Company 2003.

Zu den Grundlagen der Quantenphysik und ihren philosophischen Implikationen

Niels Bohr, *Atomphysik und menschliche Erkenntnis: Aufsätze und Vorträge aus den Jahren 1930 bis 1961*, Wiesbaden: Vieweg und Teubner 1985.
Roland Omnès, *Les Indispensables de la mécanique quantique*, Paris: Odile Jacob 2006.
Abraham Pais, *Inward Bound: Of Matter and Forces in the Physical World*, Oxford: Clarendon Press 1986.
Erwin Schrödinger, *Gesammelte Abhandlungen*, Bd. 3: *Beiträge zur Quantentheorie*, Wiesbaden: Vieweg und Teubner 1984.

Einsteins Beitrag zur Entstehung der Quantenphysik und sein Widerstand gegen die »Kopenhagener Deutung«

Edmund Blair Bolles, *Einstein Defiant*, Washington: Joseph Henry Press 2004.
Albert Einstein, Max Born, *Briefwechsel 1916–1955*, München: Nymphenburger Verlagshandlung 1969.
A. Douglas Stone, *Einstein and the Quantum: The Quest of the Valiant Swabian*, Princeton: Princeton University Press 2013.

Zu den neuesten lasergestützten Entwicklungen in der Quantenoptik und Atomphysik

Claude Cohen-Tannoudji, David Guéry-Odelin, *Avancées en physique atomique. Du pompage optique aux gaz quantiques*, Paris: Éditions Hermann 2016.
Nicolas Gisin, *L'Impensable Hasard, Non-localité, téléportation et autres merveilles quantiques*, Paris: Odile Jacob 2012.
Anton Zeilinger, *Dance of the Photons, From Einstein to Quantum Teleportation*, New York: Farrar, Straus and Giroux 2010.

Bücher des Autors mit Beiträgen zur Manipulation einzelner Quantensysteme

Serge Haroche, *Physique quantique*, Paris: Fayard 2005.
Serge Haroche, Jean-Michel Raimond, *Exploring the Quantum: Atoms, Cavities and Photons*, Oxford: Oxford University Press 2006.

PERSONENREGISTER

D

E

F